“十三五”国家重点图书出版规划：重大出版工程
中国人工智能自主创新研究丛书

国家科学技术学术著作出版基金资助出版

命题级泛逻辑与柔性神经元

何华灿　张金成　周延泉　著

北京邮电大学出版社
www.buptpress.com

内 容 简 介

在智能信息处理过程中，经常使用的是逻辑推理法（如知识工程）和神经网络法（如深度学习），面对现实世界中存在的各种不确定性和信息不完全性，仅使用刚性逻辑（数理形式逻辑）的算子和二值神经元是不够的，需要命题泛逻辑算子和柔性神经元的参与，而且两者可以是一体两面的关系，不需要两套不同的理论。作者于 1996 年提出了泛逻辑学概念，目标是构造一个逻辑算子生成器，可按应用需求有针对性地生成各种逻辑算子或神经元，统称这种逻辑算子生成器为命题泛逻辑理论与柔性神经元原理，它可统一而无差别地支撑各种场景的人工智能研究，具有强可解释性和自适应性。

本书是系统介绍命题泛逻辑和柔性神经元基本原理和方法的学术专著，本书内容包括泛逻辑的研究纲要、命题泛逻辑的研究内容、命题泛逻辑运算模型的生成规则、生成元完整簇、命题泛逻辑的理论体系、柔性神经元内部结构和工作原理、应用的健全性原则和应用实例等。

具有高等数学、数理逻辑和神经网络初步知识的读者均可以顺利阅读本书。本书可作为高等院校人工智能专业、计算机专业、信息专业、控制专业和逻辑专业的研究生及高年级本科生的选修课教材，也可供人工智能、信息处理、智能控制、计算机科学、数理逻辑和信息哲学等领域的科技人员及其他有关人员参阅。

图书在版编目(CIP)数据

命题级泛逻辑与柔性神经元 / 何华灿，张金成，周延泉著. -- 北京：北京邮电大学出版社，2021.7

ISBN 978-7-5635-6386-9

Ⅰ. ①命… Ⅱ. ①何… ②张… ③周… Ⅲ. ①人工智能—研究 Ⅳ. ①TP18

中国版本图书馆 CIP 数据核字(2021)第 106799 号

策划编辑：刘纳新 陈岚岚 **责任编辑**：孙宏颖 **封面设计**：七星博纳

出版发行：北京邮电大学出版社
社 址：北京市海淀区西土城路 10 号
邮政编码：100876
发 行 部：电话：010-62282185 传真：010-62283578
E-mail：publish@bupt.edu.cn
经 销：各地新华书店
印 刷：唐山玺诚印务有限公司
开 本：720 mm×1 000 mm 1/16
印 张：27.75
字 数：556 千字
版 次：2021 年 7 月第 1 版
印 次：2021 年 7 月第 1 次印刷

ISBN 978-7-5635-6386-9 定价：88.00 元

《中国人工智能自主创新研究丛书》
总　序

人工智能是**以自然智能(特别是人类智能)为原型,探索和研究具有智能水平的人工系统,为人类提供智能服务的学科**。毫无疑问,这在整个人类科学研究发展的进程中,是一个前所未有的历史性巅峰。

2016 年,人工智能在全球范围内“火”起来了!

2017 年,国务院印发的《新一代人工智能发展规划》提出了我国人工智能发展三步走的战略:2020 年前我国人工智能研究达到与国际同步的水平,到 2025 年实现人工智能基础理论的重大突破,到 2030 年人工智能理论、技术与应用总体达到世界领先水平。

2018 年,习近平总书记提出:要加强基础理论研究,支持科学家勇闯人工智能科技前沿的“无人区”,努力在人工智能发展方向和理论、方法、工具、系统等方面取得变革性、颠覆性突破,确保我国在人工智能这个重要领域的理论研究走在前面、关键核心技术占领制高点。

可以看出,党和国家对人工智能的研究,特别是对人工智能基础理论的研究给予了极大的关注:只有实现了人工智能基础理论的重大突破,我国的人工智能才能实现领跑世界的目标。

回顾科学技术发展的历史,从工业革命至今的数百年间,我国科学研究总体上处于引进、学习、跟踪的地位。那么,怎样才能做到“勇闯无人区,取得变革性、颠覆性突破,确保我国在人工智能这个重要领域的理论研究走在前面”呢?

值得庆幸的是,在引进、消化、吸收、跟踪、学习的主流之下,我国确有一些具有整体科学观和辩证方法论素养以及自主创新精神的学者,长期以来坚韧不拔地在人工智能基础理论研究领域艰辛探索,勤奋耕耘。

他们敏锐地注意到:人工智能学科整体被“分而治之”方法论分解为结构主义的人工神经网络、功能主义的专家系统、行为主义的感知动作系统三大学派,无法实现统一;同时,人工智能研究的信息、知识、智能被"纯粹形式化"的方法摒弃了内容和价值因素,使人工智能系统的智能水平低下。

由此他们认识到:传统科学的方法论(连同它的科学观)已经不适合人工智能理论研究的需要,人工智能需要新的科学观和方法论。这正是自主创新的最重要立足点。

他们不甘心跟在国际人工智能研究的主流思想后面随波逐流。他们顽强地坚持"整体论的科学观"和"辩证论的方法论"思想,独立自主地展开人工智能基础理论研究。经过几十年的艰苦努力,他们先后创建了一批体现整体观和辩证论精神,极富创新性和前瞻性的人工智能学术成果。

《中国人工智能自主创新研究丛书》的出版目的,就是通过展示这些科技工作者在人工智能基础理论领域取得的变革性、颠覆性突破和开辟崭新理论空间的杰出成就,弘扬我国学者在人工智能科技前沿领域自主创新的奋斗精神。丛书的成功出版可以证明,**中国科技工作者有志气、有能力在当代最重要的科技前沿驾驭和引领世界学术大潮,而不再仅是学习者和跟踪者。**

《中国人工智能自主创新研究丛书》的撰写、编辑和出版,得到了我国科技工作者的强烈反响,得到了北京邮电大学出版社的大力支持。在此,丛书编委会表示由衷的感谢。

根据作者们完稿的先后顺序,丛书编委会将分批推荐这些优秀的自主创新学术著作出版,与广大读者共同分享。

丛书编委会也将继续与北京邮电大学出版社和作者们一起,共同为出版、传播我国信息科技领域(包括信息、智能、量子等科技领域)的创新成果而努力,为实现我国"两个一百年"奋斗目标做出积极的贡献。

《中国人工智能自主创新研究丛书》编委会

(钟义信执笔)

2020 年冬日

前　言

一、有计算机何须人工智能

(1) 为打赢第二次世界大战,美国防部不惜斥巨资于 1946 年研制成功了第一台电子数字计算机 ENIAC,其计算速度是人的 1 000 倍,开启了用工具完成部分脑力劳动的先河。人工智能诞生后,当时计算机已从电子管时代进入晶体管时代,性能和速度有数量级的提升,能完成许多复杂计算、推理和日常管理查询等工作,且准确无误,不知疲倦。人类有了计算机为何还要创立人工智能学科?难道说计算机还不够得心应手?是的,相对于人的智能,计算机确实很呆板。

(2) 因为传统计算机应用遵循"数学+程序"的模式,所以其解决问题须满足 3 个先决条件:①能建立该问题的数学模型;②能找到该数学模型的算法解;③能根据算法解编写实际可运行的程序。这是"三能"。可理论计算机科学家却发现:①绝大部分人的智能活动无法建立数学模型;②绝大部分数学模型不存在算法解;③绝大部分算法解是指数型的,其程序实际不可计算。"三绝"对应"三能"是 20 世纪 50 年代困扰理论计算机科学和计算机应用学者的"理论危机",它直接导致了人工智能学科的诞生。

(3) 人可解的许多问题,"数学+程序"的计算机应用模式却无能为力,这说明计算机相对于人的智能确实很不聪明。单纯依靠计算机来完成部分脑力劳动的愿望落空了。人工智能学科创始人希望通过对人脑智能活动规律的模拟来克服上述算法危机,使计算机更加"聪明"。可见,人工智能学科诞生的目的,就是要模拟人脑智能活动规律,以弥补计算机的不足。由于人类对自己智能的奥秘知之甚少,所以**整个人工智能学科的发展史就是探索人在哪些方面比计算机更"聪明"**。这是我们考察人工智能学科发展过程和未来方向的核心线索,离开了这个核心线索,就会偏离人工智能学科发展的正常轨道。

下面围绕这个核心线索来考察人工智能 70 多年的历史实践,总结经验教训,助力未来发展,建立健全智能科学理论基础(智能机理、数学基础和逻辑基础)。

二、三起三落的历史启示

智能的组成因素十分复杂，而人类一直在忙于认识客观世界，对自己的智能知之甚少。所以，自 20 世纪中叶人工智能问世以来，一直是在黑暗中摸索前进：猜中某个因素就前进一步，稍微扩大范围就遭遇失败，70 多年来反复经历了 3 次浪潮。

(1) 第一次浪潮(1943—1980 年)。最早猜中的因素是逻辑推理。人们依靠逻辑推理在定理证明、通用问题求解、博弈、LISP 语言和模式识别等领域取得了从 0 到 1 的重大突破，数理形式逻辑扮演了基础理论的角色。于是先驱者预言，依靠几个有待发现的推理、定理和计算机的高速度及大容量，可在十年内基本解决智能模拟问题。但经过深入研究发现，这些预言都无法实现。推理和搜索与数值计算一样存在组合爆炸，仍无法回避算法危机。

这段历史的正面经验是：①逻辑推理是智能的重要因素之一，它描述的问题求解过程可在计算机上自动执行，并获得结果；②启发式搜索原理对逻辑规则的高效使用具有决定性作用，可大幅度缓解组合爆炸。其负面教训是：①数理形式逻辑存在应用局限性，它在计算机上机械运行，会使组合爆炸来得更快、更猛烈；②启发式搜索是经验性知识，因人因事而异，没有确定的规律可循。

可见，逻辑推理的关键不是速度问题，而是技巧问题。资深数学家之所以能够证明一个复杂的定理而初学者不能，除了遵守逻辑规则的必要条件外，更重要的是他能够根据对定理特征的分析和以往经验，猜出一个大致的证明路径，并在证明过程中不断调整这个路径，以便快速接近目标。这是人比计算机更聪明的原因之一。

(2) 第二次浪潮(1981—2000 年)。其次猜中的因素是专家的经验性知识。知识就是力量，对专家经验性知识的模拟及其向更宽泛的知识工程中的推广，让人工智能从实验室研究走向实际应用。1965 年费根鲍姆等人研制成功了第一个专家系统 DENDRAL，同年扎德发表了论文“Fuzzy Sets”，1977 年费根鲍姆提出了知识工程的概念，确立了知识处理在人工智能中的核心地位，使人工智能研究从逻辑推理模式转向知识应用模式。为适应知识工程的需要，1981 年日本宣布了第五代电子计算机研制计划，促使世界各大国都纷纷制订新一代智能计算机的研制计划，使人工智能研究进入基于知识的兴旺时期。

但好景不长，人工智能也出现了类似计算机科学的理论危机：①确认了数理逻辑的局限性，无法解决知识工程中的经验性知识推理问题；②虽然有些非标准逻辑能够解决部分经验性知识推理问题，但偶尔会出现违反常识的异常结果，说明非标准逻辑在理论上不成熟。人工智能研究处于既没有成熟的逻辑可用，也难以使用专家经验性知识(不仅难以获取，更难以正常使用)的尴尬局面！原因仍是计算机没有人脑的理解能力和创造能力，它就是一个严格按照程序规定办事的呆板机器。逻辑如何规定，程序如何导向，它都机械执行，遇到组合爆炸就同归于尽。专家系统的能力仅局限于某些特定情景，它没有应对复杂情况的能力，不仅维护费用高，且难以升级和泛化。1991 年人们发现十年前日本人宏伟的“第五代计算机”计划并没有如期实现，只能宣告失败。

这段历史的正面经验是：①专门经验知识是智能的重要组成因素之一，它可快速接近目标，获得满意的结果；②经验知识推理包含各种不确定性，需要新的逻辑理论支撑。其负面教训是：①各种非标准逻辑理论上不成熟，随便使用会出现违反常识的异常结果；②有效的专家经验性知识是稀缺资源，难以获取。

(3) 第三次浪潮(2001 年至今)。最后猜中的因素是基于大数据样本的自主学习。感知智能阶段确实需要大量样本进行学习训练，以便为认知阶段和综合决策阶段提供准确的素材。1943 年提出的人工神经元 M-P 模型开启了人工神经网络的研究方向，它是人工智能中最早的研究分支。由于数据、算法、算力三要素的长足发展，神经网络开始有能力解决复杂的实际问题，切实为产业带来红利，大量资金的涌入是本次浪潮的主要驱动因素。在这个阶段，结构主义的研究找到了深度神经网络，大数据和云计算的支撑使其可支持功能强大的深度学习；功能主义的研究找到了知识瓶颈最少的专门领域——规则清晰、信息透明的机器博弈程序，它打败了国际象棋冠军。更令人震撼的是基于结构主义的深度学习与基于功能主义的机器博弈相互结合，在复杂的围棋博弈领域用 AlphaGo 程序完胜了 60 多位世界顶尖高手，使人工智能重铸辉煌。为此社会对人工智能的态度从怀疑和恐惧变为好奇和认同。

在辉煌的成就面前，业内滋生了一种盲目乐观的情绪，认为基于大数据和云计算的深度神经网络就是人工智能的最好模式，可一直按照这个模式发展下去。与此盲目乐观情绪形成鲜明对照的是有著名的人工智能学者相继指出，当今的人工智能研究已陷入概率关联的泥潭，所谓深度学习的一切成就都不过是曲线拟合而已，它在用机器擅长的关联推理代替人类擅长的因果推理，这种“大数据小任务”的智能模式并不能体现人类智能的真正含义，具有普适性的智能模式应该是“大任务小数据”。他们认为基于深度神经网络的人工智能是不能解释因而无法理解的人工智能，如果人类过度依赖它并无条件地相信它，那将是十分危险的，特别是在司法、法律、医疗、金融、自动驾驶、自主武器等诸多人命关天的领域，更是要慎之又慎，千万不能放任自流。

他们列举了现有人工智能面临的局限性：①有智能没有智慧，即无意识和悟性，缺乏综合决策能力；②有智商没有情商，即机器对人的情感理解与交流还处于起步阶段；③会计算不会“算计”，即人工智能可谓有智无心，更无人类的谋略；④有专才无通才，即会下围棋的不会下象棋。

归纳起来说，目前人工智能正面临着六大发展瓶颈。①数据瓶颈：需要海量的有效数据支撑；②泛化瓶颈，即深度学习的结果难于推广到一般情况；③能耗瓶颈，即大数据处理和云计算的能耗巨大；④语义鸿沟瓶颈，即在自然语言处理中存在语义理解鸿沟；⑤可解释性瓶颈，即人类无法知道深度神经网络结果中的因果关系；⑥可靠性瓶颈，即无法确认人工智能结果的可靠性。由此可知，人工智能的发展正面临着又一次的发展瓶颈，本书统称为“可解释性瓶颈”。

这段历史的正面经验是：①感知智能是一个重要组成因素，它是认识外部世界的第一关，是认知智能和决策智能的必要前提；②解决复杂的现实问题，给企业带来真正的红利是人工智能被社会认可的关键因素。其负面教训是：①不可将感知智能当成人类智能的全部，它会矮化人工智能，知识和逻辑是人类智能的重要特征，智能工具缺少了它们将难以和人有效沟通；②神经网络的结构不能从头到尾使用一种信息粒度，应适时归纳抽象，不断增大信息粒度，并分层、分区、分块存放，这样才能避免组合爆炸，方便问题求解，保持可解释性。

三、智能可为计算机提供的聪明素

历史事实证明，人工智能确实可让计算机越来越“聪明”。如果今天仍有人反过来强调“人工智能只不过是计算机科学的一个应用分支而已”，他就是在无视历史事实。如今的人工智能已是一个独立于计算机科学的综合性交叉学科，其内涵远大于计算机学科。计算机只不过是智能工具的物质载体之一，而人工智能诞生的使命之一就是要为计算机补充聪明素。人工智能的三起三落为我们积累了大量经验和教训，事不过三，现在是举一反三并进行总结的时候了。到底有哪些因素能让呆板的计算机“聪明”起来？主要有：

(1) 所谓智能是人类为生存和发展的需要，主动去认识外部世界的状态及其变化规律，然后按客观规律去改造世界，并在改造世界的过程中提高自身认识世界和改造世界的能力。智能是人类在不断演化发展过程中形成的整体功能，各部分之间、人和环境之间都有密切的信息交互，如果把人与环境分开，把人再“大卸八块”，这些信息交互就会消失，智能就不存在了。现在把人的部分智能赋予机器，让其代替人完成部分智能工作，要遵守整体性原则，不可随意分割。人工智能三大学派是分而治之的产物，所以至今难以统一。接受这个历史教训，就要遵守整体论信息科学观和信息生态方法论。传统的数学、逻辑和计算机都是决定论科学观和还原论方法论的产物，它们缺少的就是人类智能的灵性，这是计算机首先需要补充的聪明素。

(2) 智能的内涵十分丰富，包含的因素五花八门，如果要用最简单的几个字来概括，那就是“有目标，会算计，善学习”。本书是讨论逻辑的专著，将重点讨论“算计”。按对手的不同算计有两种表现：①针对常势对手(即没有智能的确定问题)，算计是指能根据自己对问题特征的分析和以往经验，猜出一个解决问题的可行路径，并在解题过程中不断微调，以期快速接近目标；②针对非常势对手（即会算计的博弈方），算计是指使用《孙子兵法》的36计："兵者，诡道也。……利而诱之，乱而取之，实而备之，强而避之，怒而挠之，卑而骄之，佚而劳之，亲而离之，攻其无备，出其不意。"这是呆板的图灵机和递归函数中根本没有的东西，人工智能则要给计算机补充这些聪明素。

（3）到目前为止，进入人工智能领域的数学家很少，进来的几个都是搞概率论与数理统计的，他们天生亲近关联关系，排斥因果关系。传统的数学观只研究纯客观的数学规律，甚至要在证明中排除几何直观和运动直观。这在研究动力工具时是有效的，但在研究智力工具时就失效了。因为智能系统有自我意识，有目标牵引下的主观能动性，善用因素分析将低效率的关联关系变成高效率的因果关系，进而形成高深莫测的算计策略，可以说离开了主观因素就根本没有智能。所以，数学家要跟上时代的前进步伐，尽快投入智能科学需要的数学理论研究中来，时不待我，稍纵即逝。有人从20世纪80年代就开始研究有关智能的因素空间理论，是这方面的先驱者，值得数学家们学习。

（4）知识和逻辑是智能中的重要因素。人工智能发展史上的三起三落都与知识和逻辑相关，它证明数理形式逻辑只对全部逻辑要素都满足"非此即彼性"约束的理想问题有效，属于象牙塔的逻辑范式。而要有效处理包含各种"亦此亦彼性"甚至"非此非彼性"的现实问题，需要重新创立下里巴逻辑范式。

为什么智力工具时代会给逻辑学带来如此巨大的冲击，以至于使长期稳定不变的逻辑观发生颠覆性变化？因为智力工具不同于动力工具，开放的复杂性巨系统不同于简单的机械系统，智力工具必须直接面对现实世界，而现实世界本身是千姿百态和发展变化的，无法将它完全压缩到一个二值的、封闭的、全息的、固定不变的刚性世界中去，狭义逻辑观已经阻碍了智力工具时代各个新兴学科的发展。所以，数学和逻辑学必须为适应智力工具和开放的复杂性巨系统的发展需要而改变。

四、智能信息处理的逻辑基础

众所周知，逻辑是思维的法则，是判断是非的标准，人的科学思维离不开逻辑。

阅读本书的读者将看到作者是如何在思想上完成智能化时代必须的逻辑观变革与从传统逻辑推理范式到柔性逻辑推理范式的彻底转变的。

是什么翻天覆地的力量非要把有效使用了600多年的传统狭义逻辑观和基于数理（形式）逻辑的推理范式（简称刚性逻辑范式，俗称象牙塔逻辑范式）改变成广义逻辑观和基于数理辩证逻辑的推理范式（简称柔性逻辑范式，俗称下里巴逻辑范式）？难道不改变就过不下去了吗？

是的，时至今日不变革现有的科学范式和逻辑范式确实无法继续前进了！人工智能学科诞生时沿用的是传统的科学范式和传统的逻辑推理范式，它们是在动力工具时期形成和完善起来的。决定论科学观和还原论方法论及数理逻辑都可有效描述封闭简单机械系统的各种行为，在动力工具的设计、生产、使用和维护中发挥过不可替代的重要作用，并在数学、计算机科学中验证了它的有效性。现在人类已进入智能工具时代，核心科学问题发生了根本性改变。人脑是开放的复杂性巨系统，它有自觉的目的性，有为达到目的的主观能动性，有识别对象和环境并根据实际情况随机应变解决问题的能力，有总结经验教训、学习完善自我的进化机制，有会“算计”的聪明天赋，等等。智能工具自然不同于以往的任何工具，理应属于开放的复杂性巨系统，所以需重新建立新的演化论科学观、整体观和辩证论结合的方法论及柔性逻辑范式才能进行精准描述。

请读者注意：逻辑推理范式的彻底变革是突破刚性逻辑的思维定式，并不是将刚性逻辑推倒重建。相反，应在它的基础上不断进行扩张，以便适应处理现实问题中的辩证矛盾和各种不确定性。因为刚性逻辑的各个逻辑要素都全面受到非此即彼性约束，所以所谓的普适性只是在全面受到非此即彼性约束的理想世界（即象牙塔）中的普适性，一旦离开象牙塔来到现实世界，它就无能为力了。刚性逻辑在人工智能中适用的范围十分狭小。所谓突破刚性逻辑的束缚是指突破它的思想禁锢，去寻找更多满足现实世界需要的辩证逻辑规律，而不是推翻原有的形式逻辑规律。读者将从本书学到，为满足人工智能处理现实问题的需要，如何在刚性逻辑的基础上进行扩张，在某个（些）逻辑要素上引入亦此亦彼性，一层层有序展开，最后形成整个命题泛逻辑理论体系。

本书主要从应用层面系统介绍我们泛逻辑研究团队 20 多年来取得的主要理论成果（用于描述各种具有亦此亦彼性的不确定性类问题），以及合作伙伴张金成的 S-型超协调逻辑（用于描述非此非彼性的演化类问题），以期为从事智能科学技术方面的学者和工程技术人员提供全方位的统一无差别的逻辑支撑。本书对各种逻辑规律的数学证明相对较简略，重点放在诠释各种逻辑规律的物理意义和正确使用条件上。需要详细研究数学证明过程的读者请参看我主编的《泛逻辑学原理》（科学出版社，2001 年）和张金成的专著《悖论、逻辑与非 Cantor 集合论》（哈尔滨工业大学出版社，2018 年）。

根据我一路走过来的亲身体验，静下心来看懂这些逻辑运算公式并不困难，困难的是从思想上真正接受这些逻辑规律，因为它们与传统的逻辑观念格格不入，刚一接触可能立刻就会让人想起反逻辑和伪科学，产生排斥心理。但是只要你能够走出象牙塔的非此即彼世界，回到充满各种辩证矛盾和不确定性的现实世界，一切就会理所当然了。

本书前 12 章和 13.1 节由我代表团队全体成员执笔写成（团队成员的贡献见附录），文责由我负。从 13.2 节开始到 14 章由张金成执笔写成，文责由他负。作者周延泉是泛逻辑仿真系统研制者的代表，书中机器绘制的图形都是仿真系统的贡献，大约占全书篇幅的15%。泛逻辑仿真系统先后研制了3个版本：第一版的研制者是王华；第二版的研制者是艾丽蓉和她的硕士生朱团结；第三版的研制者是周延泉和她的硕士生张留杰等5人。

由于作者的学术水平和研究视角有限，错误和疏漏在所难免，欢迎读者批评指正，作者邮箱：hehuac@nwpu.edu.cn。

主编　何华灿

2020年10月8日于长安悟道斋

本书使用的符号

1. 广义相关系数和泛逻辑运算模型的生成元

(1) $h\in[0,1]$是广义相关系数,$k\in[0,1]$是广义自相关系数,又称为误差系数,$\beta\in[0,1]$是相对权重系数,又称为偏袒系数。

(2) $\phi(x)$是自守函数,也是三角范数的 N 性生成元,$\Phi(x,k)$是一级泛非运算模型的 N 性生成元完整簇,它们的上下极限分别是 $\mathbf{\Phi}_3$ 和 $\mathbf{\Phi}_0$。

(3) $F(x)$是三角范数的 T 性生成元,$F(x,h)$是零级泛逻辑运算模型 T 性生成元完整簇,$F(\Phi(x,k),h)$是一级泛逻辑运算模型 T 性生成元完整超簇,它们的上下极限分别是 $\mathbf{F}_3$ 和 $\mathbf{F}_0$。

(4) $G(x)$是三角范数的 S 性生成元,$G(x,h)$是零级泛逻辑运算模型 S 性生成元完整簇,$G(\Phi(x,k),h)$是一级泛逻辑运算模型 S 性生成元完整超簇,它们的上下极限分别是 $\mathbf{G}_3$ 和 $\mathbf{G}_0$。

(5) 生成泛逻辑运算完整簇的机制如下。

① k 对一元运算的影响机制:

$$N(x,k)=\Phi^{-1}(N(\Phi(x,k)),k)$$

② k 对二元运算 $L(x,y)$ 的影响机制:

$$L(x,y,k)=\Phi^{-1}(L(\Phi(x,k),\Phi(y,k)),k)$$

③ h 对二元运算 $L(x,y)$ 的影响机制:

$$L(x,y,h)=F^{-1}(L(F(x,h),F(y,h)),h)$$

④ β 对二元运算 $L(x,y)$ 的影响机制:

$$L(x,y,\beta)=L(2\beta x,2(1-\beta)y)$$

⑤ k, h 对二元运算 $L(x,y)$ 的共同影响机制:

$$L(x,y,k,h)=\Phi^{-1}(F^{-1}(L(F(\Phi(x,k),h),F(\Phi(y,k),h),h),k)$$

⑥ k, β 对二元运算 $L(x,y)$ 的共同影响机制:

$$L(x,y,k,\beta)=\Phi^{-1}(L(2\beta\Phi(x,k),2(1-\beta)\Phi(y,k)),k)$$

⑦ h，β 对二元运算 $L(x,y)$ 的共同影响机制：

$$L(x,y,h,\beta)=F^{-1}(L(2\beta F(x,h),2(1-\beta)F(y,h),h)$$

⑧ k，h，β 对二元运算 $L(x,y)$ 的共同影响机制：

$$L(x,y,k,h,\beta)=\Phi^{-1}(F^{-1}(L(2\beta F(\Phi(x,k),h),2(1-\beta)F(\Phi(y,k),h),h),k)$$

2. 特殊论域、特殊集合及推理

(1) $\boldsymbol{U}$ 是谓词的个体变域或集合的论域，$A,B\subseteq\boldsymbol{U}$ 是 $\boldsymbol{U}$ 中的分明集合或模糊集合。

(2) $\boldsymbol{E}$ 是命题的因素空间，$X,Y\subseteq\boldsymbol{E}$ 是 $\boldsymbol{E}$ 中的分明集合。$\varnothing$是空集。

(3) $\mathbf{R}=(-\infty,\infty)$是实数域，$\mathbf{R}_+=(0,\infty)$是正实数域，$\mathbf{R}_-=(-\infty,0)$是负实数域。

(4) $\neg,\cap,\cup$是集合的补、交、并运算。

(5) $\vdash$为推理符号，$\models$为有效推理符号。$\top$为存在符号，$\bot$为不存在或无定义符号。

3. 泛逻辑学的真值域

(1) 泛逻辑学的真值域是分维超序空间 $W=\{\bot\}\cup[0,1]^n<\alpha>,n>0$，其中，$W=[0,1]$是线序空间，$W=[0,1]^n,n=2,3,\cdots$是偏序空间，$W=\{\bot\}\cup[0,1]^n<\alpha>$，$n=1,2,3,\cdots$是多维超序空间。

(2) 特殊真值域有：

- $[0,1]$是单位全域，简称全域，$(0,1)$是单位开域，简称开域。
- k 表示不偏真也不偏假的中性状态，称为一级阈元，零级阈元称为中元，$e=0.5$。
- $\{0,1\}$是二值域，$\{0,u,1\}$是三值域，其中 u 有 3 种不同的含义：k、$(0,1)$、不知道。

4. 特别约定

(1) 一般用 p,q,r 表示柔性命题，用 $x,y,z\in[0,1]$表示它们的真度。如果需要特别标明是有误差的真度，则用 $x^*,y^*,z^*\in[0,1]$表示。在有些情况下，也用 p,q,r 同时表示命题和它的真度。

(2) 用 $\sim,\wedge,\vee,\rightarrow,\leftrightarrow$ 表示二值逻辑和模糊逻辑中的命题连接词。用 $\sim_k$，$\wedge_{k,h}$，$\vee_{k,h}$，$\rightarrow_{k,h}$，$\leftrightarrow_{k,h}$，Ⓟ$_{k,h}$，Ⓒ$^e_{k,h}$ 表示泛逻辑学中的命题连接词，用 $\sim,\wedge,\vee,\rightarrow,\leftrightarrow$,Ⓟ,Ⓒ^{e}表示它们的基模型。它们的运算模型分别用大写斜体字母表示：

- 基模型和三角范数，$N(x)$，$T(x,y)$，$S(x,y)$，$I(x,y)$，$Q(x,y)$，$M(x,y)$ 和 $C^e(x,y)$。
- 零级模型，$N(x)$，$T(x,y,h)$，$S(x,y,h)$，$I(x,y,h)$，$Q(x,y,h)$，$M(x,y,h)$ 和 $C^e(x,y,h)$。

- 一级模型，$N(x,k)$，$T(x,y,k,h)$，$S(x,y,k,h)$，$I(x,y,k,h)$，$Q(x,y,k,h)$，$M(x,y,k,h)$和$C^e(x,y,k,h)$。

其上下极限表示为 $\mathbf{N}_3$ 和 $\mathbf{N}_0$、$\mathbf{T}_3$ 和 $\mathbf{T}_0$、$\mathbf{S}_3$ 和 $\mathbf{S}_0$、$\mathbf{I}_3$ 和 $\mathbf{I}_0$、$\mathbf{Q}_3$ 和 $\mathbf{Q}_0$、$\mathbf{M}_3$ 和 $\mathbf{M}_0$、$\mathbf{C}_3^e$ 和 $\mathbf{C}_0^e$。

(3) 用♂$^\alpha$，$\oint^\alpha$，♀$^\alpha$，$\int^\alpha$，\$$^\alpha$ 表示泛逻辑学中的柔性量词，其中♂$^\alpha$表示阈元量词，$\oint^\alpha$ 表示范围量词，♀$^\alpha$ 表示位置量词，$\int^\alpha$ 表示过渡量词，\$$^\alpha$ 表示假设量词，其中 $\alpha=x*c$ 表示量词的约束条件：x 表示被约束变元，$*$ 表示约束关系，c 表示约束值，它刻画了量词的柔性。

(4) 如果 $x\leqslant y$ 为真，则用 $p\Rightarrow q$ 表示；如果 $x=y$ 为真，则用 $p\Leftrightarrow q$ 表示。

(5) 条件表达式 $\text{ite}\{\beta|\alpha;\gamma\}$ 表示：如果 α 为真，则 β；否则 γ。$\text{ite}\{\beta_1|\alpha_1;\beta_2|\alpha_2;\gamma\}=\text{ite}\{\beta_1|\alpha_1;\text{ite}\{\beta_2|\alpha_2;\gamma\}\}$。

(6) $[a,b]$上的上下限幅函数 $\Gamma_a^b[x]=\text{ite}\{b|x>b;a|x<a$ 或虚数$;x\}$，$a=0$ 时简写为 $\Gamma^b[x]$，$b=1$ 时简写为 $\Gamma[x]$。

5. 极限函数的定义式

(1) 生成元的上下极限

$\mathbf{\Phi}_3=\text{ite}\{1|x=1;0\}$；$\mathbf{\Phi}_0=1+\ln x$ 或 $\mathbf{\Phi}_0=\text{ite}\{0|x=0;1\}$。

$\mathbf{F}_3=\text{ite}\{1|x=1;\pm\infty\}$；$\mathbf{F}_2=1+\ln x$ 或 $\mathbf{F}_2=\text{ite}\{0|x=0;1\}$；$\mathbf{F}_0=\text{ite}\{1|x=1;0\}$。

$\mathbf{G}_3=\text{ite}\{0|x=0;\pm\infty\}$；$\mathbf{G}_2=-\ln(1-x)$ 或 $\mathbf{G}_2=\text{ite}\{1|x=1;0\}$；$\mathbf{G}_0=\text{ite}\{0|x=0;1\}$。

(2) 范数即命题连接词运算模型的上中下极限

$\mathbf{N}_3=1-\mathbf{\Phi}_3=\text{ite}\{0|x=1;1\}$；$\mathbf{N}_0=1-\mathbf{\Phi}_0=\text{ite}\{1|x=0;0\}$。

$\mathbf{T}_3=\min(x,y)$；$\mathbf{T}_2=xy$；$\mathbf{T}_0=\text{ite}\{x|y=1;y|x=1;0\}$。

$\mathbf{S}_3=\max(x,y)$；$\mathbf{S}_2=x+y-xy$；$\mathbf{S}_0=\text{ite}\{x|y=0;y|x=0;1\}$。

$\mathbf{I}_3=\text{ite}\{1|x\leqslant y;y\}$；$\mathbf{I}_2=\min(1,y/x)$；$\mathbf{I}_0=\text{ite}\{y|x=1;1\}$。

$\mathbf{Q}_3=\text{ite}\{1|x=y;\min(x,y)\}$；$\mathbf{Q}_2=\min(x/y,y/x)$；$\mathbf{Q}_0=\text{ite}\{x|y=1;y|x=1;1\}$。

$\mathbf{M}_3=\max(x,y)$；$\mathbf{M}_2=1-((1-x)(1-y))^{1/2}$；$\mathbf{M}_0=\min(x,y)$。

$\mathbf{C}_3^e=\text{ite}\{\min(x,y)|x+y<2e;\max(x,y)|x+y>2e;e\}$；$\mathbf{C}_2^e=\text{ite}\{xy/e|x+y<2e;(x+y-xy-e)/(1-e)|x+y>2e;e\}$；$\mathbf{C}_0^e=\text{ite}\{0|x,y<e;1|x,y>e;e\}$。

(3) 变换函数

① 冒险的变换函数$\Delta_0(x)=\text{ite}\{0|x=0;1\}$。

② 保险的变换函数$\Delta_1(x)=\text{ite}\{1|x=1;0\}$。

目　　录

第1章　逻辑学需要适应智能化时代的需求

一方面，逻辑是思维的法则，是人类认识世界和改造世界的准绳，是规范一切学说和理论的标准，一切学说和理论都可看成应用逻辑；另一方面，逻辑又是一切学说和理论中关于判断和推理规律的提炼和抽象，它不能孤立于各种学说和理论的发展之外而单独存在。所以，如果一个理论不合乎逻辑，它就不能称为理论；反之，如果现有的逻辑已经无法解释新的科学发现和科学理论，这个逻辑就需要跟着时代向前发展，不能故步自封，成为时代发展的绊脚石。泛逻辑学（universal logics）正是为了适应智能科学和复杂性科学的时代需要而诞生的新兴学科，它是一种能包容标准逻辑（即数理逻辑，严格讲是数理形式逻辑）和一切有用的非标准逻辑的新型逻辑理论体系，最终的发展目标是数理辩证逻辑。《泛逻辑学原理》（科学出版社，2001）是泛逻辑理论的奠基之作[HEWL01]，本书是它的姊妹篇，其中不仅增加了2001年以来新的研究成果（不可交换的命题泛逻辑、柔性神经元模型等），而且内容更加偏重于在智能科学技术中的应用需求。

本章将讨论我们为什么要提出泛逻辑学，系统介绍它的研究目标和主要研究内容，分析泛逻辑学与其他各种逻辑的关系，给出一条建立命题泛逻辑和柔性神经元的可行途径，最后介绍本书的主要内容和各章安排。

1.1　研究泛逻辑学的原因

1.1.1　逻辑学正面临第二次数理逻辑革命

逻辑学是一门古老而又充满活力的大学科，它曾经是哲学的重要组成部分，也是哲学的基础理论之一，后来历经无数次的发展变化，逐步分离出来成为独立的逻辑学科。在逻辑学的发展史上，古典逻辑占据了两千多年，开始是各种逻辑经验碎片段兼收并蓄，无法分辨泾渭，后来被人粗分为形式逻辑（它专门研究形式判断和推理的真伪性）和辩证逻辑（它把形式和内容结合，研究判断和推理的真伪性）两部分。早在公元前4世纪古希腊哲学家亚里士多德（B. C. Aristotle，公元前384—前322）就集前人之大成，建立了第一个形式演绎推理公理系统，创立了古典形式逻辑体系。

1. 逻辑学正在酝酿新的质变

作者注意到，在近代逻辑学发展史上发生过一次具有划时代意义的数理逻辑革命。

这次数理逻辑革命始于18世纪德国大数学家莱布尼茨（G. W. Leibniz，1646—1716年），他倡导用通用符号语言和逻辑演算改革形式逻辑，以便克服自然语言的多义性。到19世纪德国大数学家弗雷格（G. Frege，1848—1925年）等人建立了命题演算和一阶谓词演算系统，共同创立了数理逻辑理论体系，历时250多年。他们用精确的数学方法研究理想二值世界中的形式逻辑问题，彻底改变了古典逻辑的哲学式研究和论述风格，将形式逻辑的概念、规则和推理过程的自然语言描述，转化为抽象的形式语言描述和符号演算，把推理的形式和内容严格地区分开来，使形式逻辑的表达有了严谨的数学形式，大大地促进了形式逻辑研究的深入完善和广泛应用。命题演算和一阶谓词演算系统的建立，以及公理集合论、递归函数论、模型论和证明论等“四论”的出现，是数理逻辑在理论上成熟的标志[MOSK89，ZHAN93]，常称为经典逻辑或标准逻辑，其主要特点是：命题的真值域是二值的，命题连接词、量词和推理规则集都是固定不变的，推理所需要的证据完全已知且固定不变，推理过程具有封闭性、时不变性、演绎性和单调性。本书特称数理逻辑为刚性逻辑（rigid logic）。刚性逻辑实现了大部分形式逻辑的符号化和数学化，已经是一个完整的数学理论体系，在描述真理的绝对性和永恒性方面十分有效，可以解决许多理想化的二值类推理问题，如在证明数学定理的成立、是/非类问题的形式推理等方面，都取得了绝对的成功。数理逻辑不仅被公认为数学的一个重要组成部分，而且是整个数学的基础，许多大数学家认为，数学只不过是应用逻辑而已。面对这一系列巨大的成功，出现了这样一种以偏概全的错觉：似乎“只有数理逻辑才是逻辑”“只有满足数理逻辑约束的问题才是逻辑问题，其他都是非逻辑问题”“如果一个理论不合乎逻辑，它就不是科学理论”，进而形成了“中国古代没有逻辑，也没有科学”的论断。作者把这些看法称为狭义逻辑观，它在数学实践中形成，在近现代科学实践中被强化，就连刚出现不足百年的现代通信技术、自动化技术和计算机科学技术也是在数理逻辑的基础上建立和发展起来的，似乎数理逻辑已经是无所不能、无所不包的普适性逻辑，离开它再也不会有逻辑了！

客观地看，第一次数理逻辑革命仅实现了形式逻辑的数学化，只能称为数理形式逻辑，且只能在简单的机械系统中和在理想化的条件下进行形式演绎，根本解决不了辩证逻辑中的问题(所以他们只能把辩证逻辑问题定义为“非逻辑问题”,以此来屏蔽掉,以显示其无所不能)。时至今日,人类社会已从动力工具时代跨入智力工具时代,时代的基本科学问题已从简单的机械系统变成了开放的复杂性巨系统,人们关注的核心已从确定论系统的运动规律变成了演化论系统的运动规律。为了适应这种时代巨变,有种种迹象表明逻辑学正在酝酿形成第二次数理逻辑革命,以便实现辩证逻辑的数学化。这次逻辑学革命的主要任务是突破狭义逻辑观的思想局限性,让数理逻辑由刚性逻辑向*柔性逻辑*(flexibility logic)过渡,逐步建立数理辩证逻辑,确立广义逻辑观在复杂性科学中的统治地位。柔性逻辑将继承数理形式逻辑中通用符号语言和逻辑演算的基本思想,但突破了刚性逻辑的各种非此即彼性约束,逐步引入各种亦此亦彼性和非此非彼性,是一种面向真实世界的、灵活的、自适应的逻辑学,具有真实世界中不可忽视的一切属性:相对性、时变性、开放性、不确定性、不完全性、非演绎性、非单调性和非协调性等。这就是说,广义逻辑观将把狭义逻辑观已排除在外的“非逻辑”问题重新找回来加以研究,建立新的逻辑理论,它将在描述真理的相对性和非永恒性方面发挥重要作用,使辩证逻辑逐步实现数学化。

为什么智力工具时代会给逻辑学带来如此巨大的冲击,以至于使长期稳定不变的逻辑观发生颠覆性变化?因为智力工具不同于动力工具,开放的复杂性巨系统不同于简单的机械系统[QIXS91],智力工具必须直接面对现实世界,而现实世界本身是千姿百态和发展变化的,无法将它完全压缩到一个二值的、封闭的、全息的、固定不变的刚性世界中去,狭义逻辑观已经阻碍了智力工具时代各个新兴学科的发展。所以,数学和逻辑学必须为适应智力工具和开放的复杂性巨系统的发展需要而改变(见图 1.1)。

从图 1.1(a)可以看出,数学之所以能用刚性推理求解问题,是因为它事先已将现实问题中所有不确定性全部忽略,抽象为规律确定不变、状态真假分明、已知条件齐全的理想化问题,因而可机械式求解。其中更深层的哲学信念是:能如此理想化抽象是因为人们相信世间万物都受确定不变的客观规律控制,时间是标量,不确定性是人对客观规律和问题的状态掌握不完全引起的近似性。人类认知的前进方向是不断消除这些认知不确定性,实现对客观规律和状态参数的全部掌握,最后实现绝对的确定性。可是,耗散结构理论创立者伊·普里戈金(I. Prigogine,1917—2003 年)的《确定性的终结——时间、混沌与新自然法则》(1996 年问世,1998 年出中文版)已经宣告了确定性哲学信念的终结,它不符合客观实际情况,犯了认知的方向性误判[PRIGG96]。

从图 1.1(b)可以看出,复杂性科学不仅要处理理想世界中的非真即假类问题,还要处理现实世界中广泛存在的亦真亦假类问题,更要面对偶然冒出来的非真非假类问题(在数学中这类问题通常用无定义“⊥”来屏蔽)。如果忽略了这些现实世界中的辩证矛盾和不确定性,复杂性科学就没有了存在的空间。更深层的哲学背景是:世间万事万物都处在不断演化发展过程中,时间是矢量,过去、现在和未来扮演着不同的角色,不确定性是客观世界的本质属性,确定性是人在局部环境中的短暂时间内产生的近似性认知。人类认知的前进方向是不断消除这些近似性认知,精准把握各种不确定性在生态平衡中的演化发展规律和各种影响,理想化只是权宜之计。这才是复杂性科学存在的真正意义和价值。所以,全面描述人类思维实际需要广义的逻辑观,它允许一部分逻辑要素受非此即彼性约束,其他的逻辑要素则可是亦此亦彼性的,也可是非此非彼性的。如果在智能科学中仍然坚持狭义逻辑观,拒绝广义逻辑观,那等于是自废武功,把面向现实世界的智能科学退化为面向理想世界的数学,这是智能化时代绝对不能允许的。相反,数学要适应智力工具时代的需求,改变过去排斥主观性,只研究纯客观属性的传统数学习惯,积极投身到新时代的大潮中去,研究复杂性系统的演化规律,研究智能主体的主观能动性,研究如何处理现实世界中的各种辩证矛盾和不确定性,建立直接支撑复杂性科学和智能科学的智能数学[WANPZ18]。

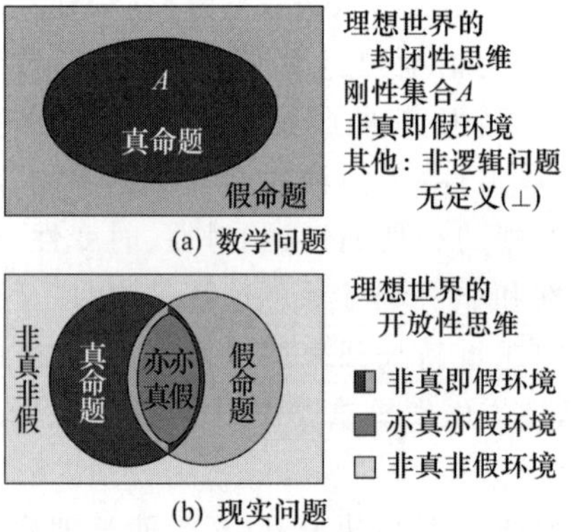

图 1.1　智能科学面对的现实环境比数学面对的理想环境更复杂

下面详细分析逻辑学中酝酿形成第二次数理逻辑革命的有关情况[HEHW06]。

2. 模糊数学和模糊逻辑的巨大冲击

逻辑学的核心任务是研究判断和推理的真伪程度,它涉及的第一个问题是度量命题真伪程度的有序空间,所以人们选择的第一个突破方向是命题的真值域,任务是引入命题的真值柔性,其典型代表是概率性和模糊性。众所周知,经典逻辑和经典集合仅适用于描述对立充分的二值世界,在这个世界中一个命题要么为真,要么为假,二者必居其一;一个元素要么属于这个集合,要么不属于这个集合,非此即彼。这种绝对化的观点不允许亦此亦彼的中间过渡状态存在,无法满足描述对立不充分的现实世界中各种柔性的需要。

应该承认,在人类认识史上数和形概念的产生,研究数量关系和空间形式规律的数学的出现,标志着人类开始学会了精确思维,这是人类认识能力的一大飞跃。近几百年来科学技术的成就都得益于精确数学和二值逻辑,用精确定义的概念和严格证明的定理描述现实世界的数量关系和空间形式,用精确控制的实验方法和精确的测量计算探索客观世界的规律，建立严密的理论体系，这是近代科学的特点。这一事实使人们越来越相信，一切都应该精确化，一切都能够精确化，只是时间迟早的问题。定量化和数学化已成为各学科现代化的标志，精益求精更是科学家的美德。在这种背景下，越来越多的人认为，只有精确的方法才是科学的，模糊的方法是非科学的或找到科学方法之前的权宜之计。这是一种绝对化的观点，它导致了片面追求精确化、排斥模糊性的思想在数学、逻辑和科学方法论中长期占据统治地位。但世上的事物都是一分为二的，精确性和模糊性本身是一对矛盾，精确性是相对于模糊性而存在的[LIUDB93, DOZZ95]。在现实生活中，结果的精确性常常以方法的复杂性为代价。不相容性原理告诉我们，当一个系统的复杂性增大时，我们使它精确化的能力将减少，在超过一定阈值后，复杂性和精确性将相互排斥。生活中有大量事例表明，几句模糊语言可以准确地描述一个复杂事物，而过分精确的描述反而叫人不知所措。可见在处理复杂事物时，模糊概念和模糊思维反而准确高效，这就不难理解为什么人类的语言大多是模糊的，人类的思维离不开模糊性。

科学的价值在于它能提供可普遍适用的概念和方法。科学方法是能够如实反映客观事物本来面目，按事物本来规律处理问题的方法。不同质的问题要用不同质的方法才能解决，精确方法和模糊方法都应该作为科学方法，不可偏废。事实上精确数学和二值逻辑是适应力学、天文、物理、化学等学科的需要而产生的，在后来的相对论、量子力学、分子生物学、原子能、计算机和空间技术的研究中得到了充分的发展和印证。这些系统大都是无生命的机械系统，其中的事物大多是界限分明的清晰事物，允许人们作出非此即彼的判断，进行精确的测量，因而适于用精确的方法进行描述和处理。但在当今日益重要的生命科学、社会科学、思维科学、智能科学、生态系统、气象系统和各种复杂巨系统等学科中，研究的对象大多是没有明确界限的模糊事物或混沌现象，既不允许对它们作出非此即彼的判断，也无法进行精确的测量，精确数学和二值逻辑的方法对它们失去了效力。20世纪中叶以来，现代科学发展的总趋势是多学科的交叉与综合，原来截然分明的学科界线一个个被打破，边缘学科大量涌现出来。整体性地研究复杂性是现代科学发展阶段的特点，是当今科学历史性转折的标志[ZHKY93]。在这样的大背景下，边界不分明的模糊对象或混沌现象，以多种多样的形式普遍地、经常地出现在学科的前沿，要求给出系统的说明和处理，建立与之相适应的科学理论体系和方法论框架[MIAO87]。数学和逻辑学面临着新的发展需求。当过学生的人都有这个体验，如果老师评价你的考试成绩只使用了“通过”和“不通过”两档，中间没有过渡分数，那一定是对你学习成绩的最粗糙刻画，只有百分制中的95分才是对你学习成绩的精细刻画。这与二值逻辑中的“只有非真即假的判断才最精准的认识”正好相反，请想想为什么会这样？

在这种大的历史背景下，1965 年美国自动控制专家扎德（L. A. Zadeh，1921—2017 年）在他的论文“Fuzzy Set”中首先提出并阐明了模糊集合的概念，并引入隶属函数来描述对立不充分模糊世界的各种中间过渡状态［ZADEH65］，据此他提出了一种全新的数学和逻辑学，称为模糊数学和模糊逻辑。Zadeh 的工作开创了用精确的数学方法研究模糊问题的先河，一改统治了科学界几百年的排斥模糊性，片面追求精确化的传统思想方法，把精确性和模糊性辩证地统一起来，丰富了科学方法论的内容。Zadeh 的工作标志了模糊数学和模糊逻辑的诞生，对数学和逻辑学的发展带来了巨大的冲击。

尽管 Zadeh 在提出模糊集合概念后的 20 年中受到了不少非议和轻视，但历史已经证明无论是从集合论、逻辑学、数学还是从科学方法论上看，他都是一个有划时代贡献的伟人！

其实，在逻辑学的发展史上，早就有人注意到真、假之间的对立不充分性，当时称为不分明（vague）状态，主张逻辑学可以是多值的。1920 年卢克西维兹（J. Lukasiewicz，1878—1956 年）就在《论三值逻辑》一文中拓展了二值逻辑的真值域{0,1}，提出了包含不分明状态 u 的 Lukasiewicz 三值逻辑，之后又出现了包含不可知状态的 Kleene 强三值逻辑和计算三值逻辑［WANYY89，ZHAN93］。语言值模糊逻辑则把命题的真值域定义在{真，极真，非常真，很真，相当真，比较真，有点真，不真不假，有点假，比较假，相当假，很假，非常假，极假，假}上，是 15 值逻辑。在连续域［0,1］上也有人提出过概率逻辑［KEYN21，REIC49］。

3. 非标准逻辑和现代逻辑大量涌现

纵观{0,1}上的二值逻辑、{0,u,1}上的三值逻辑、15 值语言值模糊逻辑和［0,1］上的概率逻辑与模糊逻辑，它们都是一维空间的线序逻辑。为了描述多维偏序空间和伪多维偏序空间的逻辑规律，又出现了多维偏序逻辑，如$\{0,1\}^2$ 上的四值逻辑、$\{0,1\}^3$ 上的八值逻辑［LUHC92］、$[0,1]^2$ 上的灰色逻辑［WANQY96］和区间逻辑［CAGU91］、$[0,1]^3$ 上的未确知逻辑［LWWL97］等。还有一些问题涉及无定义状态或真值的附加特性，它们都超出了多维偏序空间，叫超序逻辑。如$\{\perp\}\cup\{0,1\}$上的超序二值逻辑（即 Bochvar 三值逻辑）、$[0,1]<a,b,c>$上的云逻辑［LIDY95］等，这些逻辑都涉及命题真值域空间维数的多样性，它们是正整数维偏序空间。混沌科学涉及分维偏序空间，其中的逻辑规律应该用分维偏序逻辑学来描述，这种逻辑学正等待着人们去揭开它的面纱。隐藏在命题真值域空间维数连续可变性后面的是维数柔性。

逻辑学的另一个基本问题是如何由原子命题构造分子命题，由相对简单的命题构造更为复杂的命题，这涉及命题连接词的定义和相应的推理规则集。一部分非标准逻辑沿用了标准逻辑中的命题连接词，但赋予了其新的含义，因而调整了相应的推理规则集。如荷兰数学家布劳威尔（L. E. J. Brouwer，1981—1966 年）根据数学中有许多定理既不能证明它成立，也不能证明它不成立的事实，在 20 世纪 20 年代创立了直觉主义逻辑，他重新定义了命题连接词，在推理规则集中排除了排中律 $\sim p \vee p$ 和 $(p \to q) \vee (q \to p)$，$\sim\sim p \to p$ 等规则[ZHAN93]。在三值逻辑和模糊逻辑中，排中律也不再成立。现在看来，这些研究实际上已经触及了柔性命题连接词多样性的蛛丝马迹。

逻辑学的另一个突破方向是引入新的量词。量词的功能是约束个体变元、谓词和命题，在标准逻辑中只有约束个体变元的全称量词 $\forall$ 和存在量词 $\exists$。$\forall x(p(x))$ 的基本含义是在个体变元 x 的论域 $\boldsymbol{U}$ 中，所有 $p(x)$ 为真；$\exists x(p(x))$ 的基本含义是在个体变元 x 的论域 $\boldsymbol{U}$ 中，存在 $p(x)$ 为真。之后又引入了唯一存在量词 $\exists!$，$\exists! x(p(x))$ 的基本含义是在个体变元 x 的论域 $\boldsymbol{U}$ 中，唯一存在一个 $p(x)$ 为真。可见它们的逻辑意义都是刚性的。为了描述真实世界中的柔性约束，一部分非标准逻辑在标准逻辑中扩充引入了新的量词和相应的推理规则，如模态词 $\Box$ 和 $\Diamond$、模糊量词 $\oint^c$ 等。$\Box x(p(x))$ 的基本含义是在个体变元 x 的论域 $\boldsymbol{U}$ 中，绝大多数 $p(x)$ 为真(曾经有人认为 $\Box x(p(x)) \Rightarrow \forall x(p(x))$，引出了一些矛盾，不得不取消)；$\Diamond x(p(x))$ 的基本含义是在个体变元 x 的论域 $\boldsymbol{U}$ 中，有少数 $p(x)$ 为真(模态逻辑)。模态词 $\Box$ 和 $\Diamond$ 还可以派生出其他各种含义，如时态逻辑、动态逻辑、知道逻辑等[RAYM84, WAHS92]。模糊量词 $\oint^c x(p(x))$ 的基本含义是在个体变元 x 的论域 $\boldsymbol{U}$ 中，$p(x)$ 有程度为 c 的可能性为真[LIULIU96, SHLI93]。在模糊逻辑中，还有修饰模糊谓词的量词，如"十分""不太"等，它们的实际作用是影响模糊谓词在个体变域 $\boldsymbol{U}$ 上的真值分布，改变其过渡特性的急缓程度。现在看来，这些研究实际上已经触及了量词中的程度柔性。

在逻辑学中，很早就出现了一种摹状词 ι，$\iota x(p(x))$ 的基本含义是在个体变元 x 的论域 $\boldsymbol{U}$ 中唯一存在的，使 $p(x)$ 为真的那个 x，所以它实际上是一种函词[RUJZ91]。

在刚性逻辑中，只有演绎推理模式，它是从一般到特殊的推理过程，即从已知的一般性知识(前提)出发，根据推理规则，推出某个特殊性知识(结论)。如果这个结论是我们事先不知道的，如一个待证的定理，我们就获得了一个"新"的知识。但严格地讲，这个特殊性"新"知识已经逻辑地蕴涵在一般性知识和推理规则之中，所以演绎推理模式只能解决如何有效地运用知识的问题，它不能真正发现新的知识。在人类思维中使用最多，也是最基本的推理方式是归纳推理模式，它是从特殊到一般的推理过程，能根据某些特殊性知识，归纳出一般性知识。如果特殊性知识已经直接或间接地包含了一般性知识的所有可能情况，则结论完全有效，是完全归纳推理，仍然属于形式逻辑学；否则结论可能有效，也可能无效，是不完全归纳推理。在人类思维中还经常使用类比推理模式和假设推理模式，类比推理是从特殊到特殊的推理过程，它根据相似性原理，由一个已知系统具有某些属性，猜想另一个未全知系统也具有这些属性，类比推理的结论可能有效，也可能无效，需要客观验证[YIXU91]。假设推理模式是指由于推理需要的前提知识不完全，不得不根据经验或信念加以补充，进行含有不一定可靠的假设性知识的推理，待获得新的知识或推出矛盾时再行调整，各种非单调性推理和开放逻辑都属于假设推理模式[LIYZ92，LIULIU95，LINZ93，LISH90，LIWE921，LIWE922，POOL91，ZHDA95，JIHU90，BEWC93]。

不完全归纳推理、类比推理和假设推理模式都是发现和完善新知识的过程，属于辩证逻辑学。在柔性逻辑学中，上述推理模式的差别不是绝对的，它们可以在一定条件下相互转化，这就是模式柔性。

4. 泛逻辑学思潮应运而生

一方面众多逻辑的出现反映了信息科学的强烈需求，另一方面各种逻辑的互不相容又妨碍了逻辑的理论研究和广泛应用。逻辑的多样性引发了人们探索逻辑的本质和一般规律的兴趣，泛逻辑学(universal logics)思潮应运而生。在20世纪90年代中期，世界上有两个人开始注意到逻辑多样性带来的问题，希望能通过研究逻辑的一般规律来解决问题；他们都认为泛逻辑是逻辑的一般理论，是统一逻辑多样性的途径和方法，是能用于所有逻辑的一般概念和工具箱，可根据给定的条件生成特殊的逻辑。但他们提出的时间、理论体系和研究方法完全不同(见图1.2)。

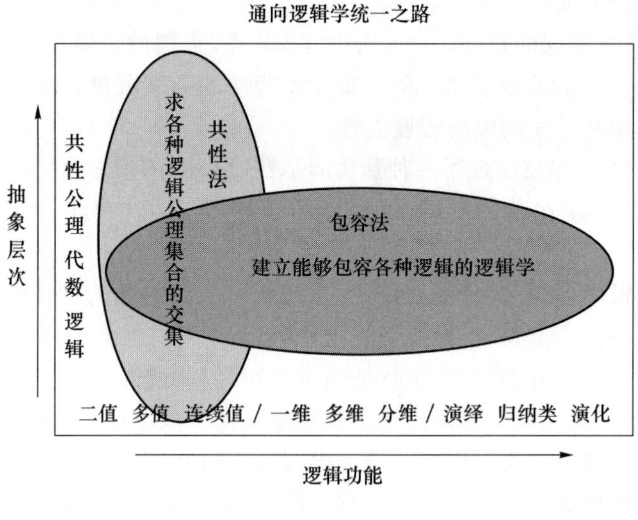

图1.2 逻辑学的统一之路

(1) 逻辑要素的柔性化法(包容法)

逻辑要素的柔性化法由本书作者何华灿提出。20世纪80年代我在长期从事人工智能的研究中感悟到柔性思维是处理各种矛盾和不确定性的关键，1995年我从概率论3个相关准则和Drastic算子之间的关系中悟出了柔性逻辑运算的思想，之后又从逻辑学四要素入手，提出了实现数理逻辑柔性化的《泛逻辑学研究纲要》，2001年根据《泛逻辑学研究纲要》建立了可交换的命题泛逻辑学，为整个泛逻辑学研究奠定了基础。我认为从底层入手，通过在逻辑学四要素中逐步引入各种柔性参数和相应的调整机制，可一步步地建立命题泛逻辑学、谓词泛逻辑学和其他各种形态的泛逻辑学。在这些泛逻辑的基础上，才能逐步建立和完善数理辩证逻辑的理论体系[HELH96，HEWL01]。

（2）逻辑的通用结构法（共性法）

逻辑的通用结构法由瑞士的Jean-Yves Béziau提出，他1990年开始接触次协调逻辑，之后从抽象代数中感悟到逻辑是一种数学结构，受泛代数的启发于1994年提出“Universal Logic”的概念，1995年以“Universal Logic”为题完成了数学博士论文。他的学术思想是试图从顶层入手，建立逻辑的通用结构理论，统一各种逻辑。他认为泛逻辑只是一种在逻辑研究中使用的普适性方法和工具箱，而不是直接建立具体的逻辑理论体系[BEZJY01，BEZJY05]。

这两个理论体系一个自底向上，另一个自顶向下，是相互补充而不可相互取代的。

2005年3月在瑞士日内瓦召开了首届世界泛逻辑大会，会议主席由Beziau担任，何华灿是两个大会报告人之一，全球30多个国家的200多位代表参加了会议。2007年8月第二届世界泛逻辑大会在中国西安举行，会议主席由何华灿和Beziau共同担任，国内外30多个国家的200余名专家学者出席。之后这个会议一直在世界各国轮流举办。

由于生命科学、社会科学、系统科学、思维科学和智能科学研究的不断深入，开放的复杂性巨系统问题[QIXS91]日益突出，现实世界中的不完全信息下的不精确性推理问题已成为制约许多新兴学科发展的瓶颈之一，所以21世纪将是各种形态的现代逻辑学大显身手的世纪，泛逻辑学是逻辑学自身发展的必然趋势。

5. 从协调逻辑学到超协调逻辑学的突破

在刚性逻辑中，只研究协调系统中的逻辑规律，如果遇到非真非假的意外结果出现，通常的处理办法是规定其无定义（⊥）。如论域U上建立的公理化数学是一个封闭性体系，它要求其中定义的任何运算$y=f(x_1,x_2,\cdots,x_n)$都必须是一个从$U^n \to U$的映射，即参与运算的所有输入变量都应该是U中的元素，运算的输出变量也只能是U中的元素。但是，从运算$y=f(x_1,x_2,\cdots,x_n)$的内在特质看，它本质上不会受这种论域封闭性的约束。如在正整数及其比值（正有理数）的论域U_1上定义的四则运算（包括平方和开方运算），可生成U_1之外的0、负数、虚数$i=\sqrt{-1}$和无理数$\sqrt{2}$；在实数论域U_2上定义的四则运算（包括指数运算），可生成U_2之外的复数$a+ib$等。数学的处理办法是规定它们无定义（⊥），以便维持数学理论的协调性。其实，这些非真非假意外结果的发现，是新的数学对象存在的提示信号,我们不应该消极地回避它,甚至将它当成悖论和理论危机对待,而是要积极研究它!所以,在数理辩证逻辑中不仅要有研究非此即彼性和亦此亦彼性的协调逻辑,还应该有研究非此非彼性的超协调逻辑。超协调逻辑将为研究客观世界中广泛存在的超协调现象(如光的波-粒二相性、物质-反物质等),建立超协调理论体系奠定逻辑基础。

1.1.2 人工智能学科的发展对逻辑学的需求

如果从正式提出“Artificial Intelligence”算起,人工智能学科已走过了超过一个甲子的成长之路,图 1.3 是这 60 多年来的整体态势图。其中:

- 曲线①是主波,它说明人类社会已不可逆转地进入信息社会,智能化是当今时代的主旋律,它必然会扶摇直上九重天,势不可挡,这是时代发展的大趋势。
- 曲线②是叠加在主波上的次波,它说明各个时期推动人工智能发展走向高潮的基本原理和关键技术,虽然在一定范围内能够解决某些智能模拟局部问题,效果突出,但是一旦把它推广到更大范围使用时,因仍然缺乏人类智能活动的某些重要属性,效果会立马下降,甚至闹出大笑话。这说明人的智能活动并不是由几个确定性因素决定的简单信息处理过程,而是由众多不确定性因素参与的复杂信息处理过程,其中广泛存在非线性涌现效应,特别是人类的主观能动性的驱使出现的种种算计行为。所以研究人工智能是一个由点到面、由浅入深、长期试错、不断发现、不断完善的演化过程。本书仅从逻辑学视角讨论影响人工智能深入发展的一些因素。

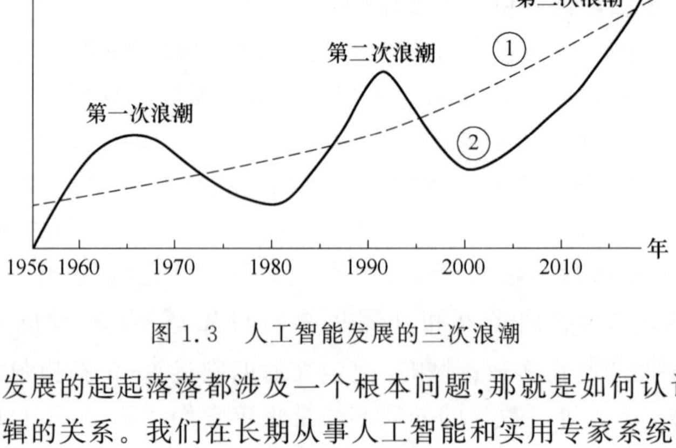

图 1.3 人工智能发展的三次浪潮

人工智能发展的起起落落都涉及一个根本问题,那就是如何认识和处理好智能与知识及逻辑的关系。我们在长期从事人工智能和实用专家系统的教学科研实践中体会到，人工智能学科对逻辑学的需求典型地代表了整个开放的复杂性巨系统对逻辑学的需求[HEHC88，ZHOYX18]。下面展开详细讨论，从中可以获得许多经验和教训，以利于未来的发展。

1. 从刚性逻辑到对人脑智能的模拟

数学和计算机的软硬件设计原理都是严格按照刚性逻辑建立的，为什么还会诞生人工智能学科呢？因为在计算机科学中出现了算法危机[HEHC88，SHHU93，ZHOYX14]！

众所周知，传统计算机应用都遵循“数学＋计算机程序”的信息处理模式，要解决任何一个问题都必须满足 3 个先决条件：

① 能找到该问题中输入和输出之间的数量关系，建立数学模型；

② 能找到该数学模型的算法解；

③ 根据算法解能编制出在计算机上可实际运行的程序。

上述 3 点都没有逾越刚性逻辑的约束，但是理论计算机科学家却研究发现：

① 人脑思维中的大部分智能活动无法建立数学模型；

② 能找到的数学模型大部分都不存在算法解；

③ 能找到的算法解大部分都是指数型的，实际不可计算。

为什么人脑智能可以解决的问题，“数学＋计算机程序”的模式却解决不了？这说明计算机仅依靠“数学＋计算机程序”的模式还不够“聪明”，人工智能学科的创始者们希望通过对人脑智能活动规律的研究和模拟，来克服上述算法危机，使计算机更“聪明”。可见从人工智能学科诞生之日起，就确定了要用模拟人脑智能功能的方法来弥补数学和计算机程序的不足。

人工智能最初的 20 年是人工智能的逻辑推理时期，主要是发现了逻辑推理在抽象思维中的重要作用，并依靠这些发现很快在定理证明、问题求解、博弈、LISP 语言和模式识别等关键领域取得了重大突破，刚性逻辑在人工智能研究中扮演了基础理论的角色。于是人工智能的先驱者们乐观地预言，依靠刚性逻辑中几个有待发现的推理定理和计算机的高速度与大容量，一定可在不久的将来完全解决智能模拟问题。但经过对消解原理和通用问题求解程序的深入研究后发现，这些预言都是无法实现的，人工智能中的推理和搜索与计算机的数值计算一样，都存在组合爆炸问题，依然无法回避算法危机。依靠刚性逻辑和通用问题求解程序解决智能模拟的设想失败了，人们发现“人更聪明”的因素是带有经验色彩的启发式搜索原理，它对刚性逻辑的高效使用具有决定性作用。但是，这种启发式搜索因人因事而异，目前没有确定的逻辑规律可循。

2. 从精确性推理到不精确性推理

专家系统出现后的 10 年是人工智能的知识工程时期，主要是发现了知识在智能中的重要作用，知识表示、知识利用和知识获取成为人工智能的三大关键技术，知识工程的方法很快渗透到人工智能的各个研究分支领域，并迅速地产生了许多奇迹般的效果，推动人工智能开始从实验室研究走向实际应用，当时有人断言一个智能化的时代已经到来。

众所周知，高效率的专家知识常常是没有完备性和可靠性保证的经验性知识，问题的状态也不一定是真假分明的二值状态，标准逻辑对它们已经无能为力。为了处理专家的经验性知识，许多不精确性推理模型在人工智能中先后被提出来。所谓不精确性推理，其核心问题是要在推理过程中解决如何表示经验性知识的不精确性和证据的不精确性的问题，并给出这些不精确性在推理过程中的组合传播规律。归纳起来讲不精确性推理模型要解决以下 10 个基本问题[ZHLI96，TUXY06]。

关于证据 e 的可信度 $C_1(e)$ 有 3 个基本问题要回答，它们是：

① 当 e 为真时 $C_1(e)$ 的最大元如何定义？

② 当 e 为假时 $C_1(e)$ 的最小元如何定义？

③ 当 e 未知时 $C_1(e)$ 的中元如何定义？

关于规则 $e\rightarrow h$ 的可信度 $C_2(e\rightarrow h)$ 有 3 个基本问题要回答，它们是：

④ 当 e 为真，h 为真时 $C_2(e\rightarrow h)$ 的最大元如何定义？

⑤ 当 e 为真，h 为假时 $C_2(e\rightarrow h)$ 的最小元如何定义？

⑥ 当 e 对 h 无影响时 $C_2(e\rightarrow h)$ 的中元如何定义？

关于可信度的组合传播规律 $g(*)$ 有 4 个基本问题要回答，它们是：

⑦ 如何由证据的 $C_1(e)$ 和规则的 $C_2(e\rightarrow h)$ 推出结论的 $C_1(h)=g_1(C_1(e), C_2(e\rightarrow h))$？

⑧ 如何合并两个不同的结论 $C_{11}(h)$ 和 $C_{12}(h)$ 为一个结论 $C_1(h)=g_2(C_{11}(h), C_{12}(h))$？

⑨ 如何由证据的 $C_1(e)$ 推出它非的 $C_1(\sim e)=g_3(C_1(e))$？

⑩ 如何由两个证据的 $C_1(e_1)$ 和 $C_1(e_2)$ 得到与的 $C_1(e_1\wedge e_2)=g_4(C_1(e_1),C_1(e_2))$？

不同的不精确性推理模型对上述 10 个基本问题的回答不同，但它们都突破了标准逻辑学的范围[CAXY91，LIYZ92]。

(1) 概率模型

概率模型用随机性的观点来研究不精确性，用概率来表示事件的可信度，用条件概率来表示事件之间的关系。于是有：$p=1$ 表示必然事件，是证据可信度的最大元；$p=0$ 表示不可能事件，是证据可信度的最小元；$p=0.5$ 是证据可信度的中元。如果事件 e 有可信度 $p(e)$，则非事件 $\sim e$ 有可信度 $p(\sim e)=1-p(e)$。如果事件 e_1 和 e_2 是独立的，则 $p(e_1\wedge e_2)=p(e_1)p(e_2)$；否则 $p(e_1\wedge e_2)=p(e_1)p(e_2|e_1)=p(e_2)p(e_1|e_2)$，其中 $p(e_1|e_2)$ 是 e_2 发生时出现 e_1 的条件概率。如果 $p(e|h)$ 表示假设 h 发生时出现证据 e 的条件概率，则证据 e 发生时出现假设 h 的条件概率

$p(h|e)=(p(e|h)p(h))/(p(e|h)p(h)+p(e|\sim h)p(\sim h))$。

如果是单一证据 e，有穷多 m 个彼此独立假设 h_i 的情况，则

$$p(h_i \mid e) = (p(e \mid h_i)p(h_i)) \Big/ \left(\sum_{k=1}^{m} p(e \mid h_k)p(h_k)\right)$$

如果是有穷多 n 个彼此独立的证据 e_j，有穷多 m 个彼此独立假设 h_i 的情况，则

$$p(h_i \mid e_1, e_2, \cdots, e_n) = (p(e_1 \mid h_i)p(e_2 \mid h_i)\cdots p(e_n \mid h_i)p(h_i)) / \left(\sum_{k=1}^{m} p(e_1 \mid h_k)p(e_2 \mid h_k)\cdots p(e_n \mid h_k)p(h_k)\right)$$

广泛使用的贝叶斯网络模型就是一种概率模型，它的优点是有概率论这个可靠的理论基础，计算公式简单，但缺点是先验概率和条件概率难以得到，证据之间的独立性难以保证，它的推理过程难以用显式表达的知识进行解释。

主观贝叶斯模型是另一种概率模型，它把概率转化为机率：

$$o(e)=p(e)/(1-p(e))=p(e)/p(\sim e)$$

机率的最大元是∞，最小元是 0，中元是 1。由于

$$p(h|e)=(p(e|h)p(h))/p(e)$$
$$p(\sim h|e)=(p(e|\sim h)p(\sim h))/p(e)$$
$$p(h|e)/p(\sim h|e)=(p(e|h)/p(e|\sim h))\times(p(h)/p(\sim h))$$

所以有 $o(h|e)=\mathrm{Ls}\times o(h)$，其中 $\mathrm{Ls}=p(e|h)/p(e|\sim h)$ 是大于 0 的实数，Ls 越大表示 e 对 h 的支持越强，当 $\mathrm{Ls}\to\infty$ 时表示 e 的出现导致 h 为真，所以 Ls 是规则 $e\to h$ 成立的充分性度量。

同理有 $o(h|\sim e)=\mathrm{Ln}\times o(h)$，其中 $\mathrm{Ln}=p(\sim e|h)/p(\sim e|\sim h)$ 是大于 0 的实数，Ln 越小表示 $\sim e$ 对 h 的支持越弱，当 $\mathrm{Ln}=0$ 时表示 e 的不出现导致 h 为假，所以 Ln 是规则 $e\to h$ 成立的必要性度量。一条规则的可信度需要用两个独立的变量(Ls,Ln)来刻画，即表示成 $e\to h$(Ls,Ln)。

由于在实际使用中，Ls，Ln 和 $o(h)$ 都是由专家根据自己的经验给出的，所以称为主观贝叶斯模型。在著名的 PROSPECTOR 专家系统中，主观贝叶斯模型得到了成功的应用。

(2) 确定性模型

确定性模型是 Shortliffe 等人于 1975 年提出的，它是建立在确定性因子cf(*)基础上的不精确性推理模型，在著名的 MYCIN 专家系统中得到了成功的应用。

对于证据 e，如果 e 为真则 $\mathrm{cf}(e)=1$ 是最大元；如果 e 为假则 $\mathrm{cf}(e)=-1$ 是最小元；如果对 e 一无所知则 $\mathrm{cf}(e)=0$ 是中元。对于规则 $e\to h$，如果 e 为真时 h 为真，则 $\mathrm{cf}(e\to h)=1$ 是最大元；如果 e 为真时 h 为假，则 $\mathrm{cf}(e\to h)=-1$ 是最小元；如果 h 与 e 无关，则 $\mathrm{cf}(e\to h)=0$ 是中元。一般情况下有

$$cf(e \to h)=(Mb(h,e)-Md(h,e))/(1-\min(Mb(h,e),Md(h,e)))$$

其中 $Mb(h,e)$ 和 $Md(h,e)$ 都是通过概率定义的。

$$Mb(h,e)=ite\{1 \mid p(h)=1;(\max(p(h|e),p(h))-p(h))/(1-p(h))\}$$

表示 e 支持 h 的程度，叫信任增长度，$Mb(h,e)=0$ 表示 e 对 h 为真没有影响。

$$Md(h,e)=ite\{1 \mid p(h)=0;(p(h)-\min(p(h|e),p(h)))/p(h)\}$$

表示 e 不支持 h 的程度，叫不信任增长度，$Md(h,e)=0$ 表示 e 对 h 为假没有影响。

在实际使用中 $cf(e)$ 和 $cf(e \to h)$ 都由专家根据经验直接给出。

cf 的组合传播规律是：

$$cf(h)=cf(e \to h)\max(0,cf(e))$$
$$cf(\sim e)=-cf(e)$$
$$cf(e_1 \wedge e_2)=\min(cf(e_1),cf(e_2))$$

并行组合规则：如果关于假设 h 已经分别推得 $cf_1(h)$ 和 $cf_2(h)$，则可合并为

$$cf(h)=ite\{cf_1(h)+cf_2(h)-cf_1(h)cf_2(h) \mid cf_1(h)>0,cf_2(h)>0;$$
$$cf_1(h)+cf_2(h)+cf_1(h)cf_2(h) \mid cf_1(h)<0,cf_2(h)<0;$$
$$(cf_1(h)+cf_2(h))/(1-\min(|cf_1(h)|,|cf_2(h)|))\}$$

串行组合规则：如果已知 $cf(e \to m)$，$cf(m \to h)$ 和 $cf(\sim m \to h)$，则

$$cf(e \to h)=ite\{cf(e \to m)cf(m \to h) \mid cf(e \to m)\geqslant 0;-cf(e \to m)cf(\sim m \to h)\}$$

(3) 证据理论模型

证据理论由 A. P. Dempster 提出，经 G. Shafer 发展而成，简称 D-S 理论。1981 年 J. A. Barnett 把它引入专家系统中，建立了证据理论模型。它的基础是概率论，但定义在幂集上，它解决了概率论中的两个难题：一个是不知道的表示；另一个是非事件的概率计算。

令 E 是证据空间，θ 是互斥的有穷个假设组成的假设空间，θ 的幂集是 2^{θ}，θ 的每一个子集 A 对应一个假设，证据对假设 A 的影响大小用定义在[0,1]上的一个数表示，叫基本概率赋值(bpa)，记为 $m(A)$，$A\subseteq\theta$。其意义是若 $A\neq\theta$，则 $m(A)$ 表示对 A 的精确信任程度；若 $A=\theta$，则 $m(\theta)$ 表示对信任度不知如何分配。显然 $m(\varnothing)=0$，$\sum_{A\subseteq\theta} m(A)=1$。

定义假设 A 的信度函数 $Bel(A)$ 为它的所有子集 B 的 bpa 值之和，$Bel(A)=\sum_{B\subseteq A} m(B)$。信度函数有以下性质：

① 空假设的信度为 0，即 $Bel(\varnothing)=m(\varnothing)=0$；

② θ 的信度为 1，即 $Bel(\theta)=1$；

③ 由于 A 的所有子集加上 $\neg A$ 的所有子集小于 θ 的所有子集，所以有 $Bel(A)+Bel(\neg A)\leqslant 1$，$A\subseteq\theta$。

信度函数 $Bel(A)$ 是假设 A 为真的可能性度量，必然函数 $Pl(A)$ 是假设 A 为

真的必然性度量，它定义为 $Pl(A)=1-Bel(\neg A)$。对 $\forall A\subseteq\theta$ 有 $Pl(A)\geqslant Bel(A)$，称 $[Bel(A),Pl(A)]$ 为假设 A 的信度区间，A 的可信度一定落在信度区间内，所以在证据理论模型中，假设 A 的可信度是用区间值 $A[Bel(A),Pl(A)]$ 表示的。既不支持 A 又不支持 $\neg A$ 的那一部分信度 $u(A)=Pl(A)-Bel(A)$ 代表了对假设 A 的无知程度。$u(A)$ 越小，表明证据对假设 A 的支持越明确，否则越不确定。$A[0,0]$ 表示 A 确定的假，是最小元；$A[1,1]$ 表示 A 确定的真，是最大元；$A[0.5,0.5]$ 表示 A 确定的半真半假，是中元；$A[0,1]$ 表示对 A 一无所知；$A[0.25,1]$ 表示对 A 有部分信任，不确定程度是 0.85；$A[0,0.85]$ 表示对 A 有部分不信任，不确定程度是 0.85；$A[0.25,0.85]$ 表示对 A 和 $\neg A$ 都有部分信任，不确定程度是 0.6。

如果有两个证据 E_i 和 E_j 支持同一假设 A，E_i 所对应的 bpa 为 m_i，E_j 所对应的 bpa 为 m_j，合成后的 bpa 为 $m_i\oplus m_j$，则证据理论的组合规则为

$$m_i\oplus m_j=\mathrm{ite}\{n/(1-n)\mid A\neq\varnothing;0\}$$

其中 $n=\sum_{X\cap Y=\varnothing}m_i(X)m_j(Y),X,Y\subseteq\theta$。

本模型的优点是克服了概率论中的两大困难，在特殊情况下计算复杂度相当低，将证据与子集相关，容易把问题的范围缩小。缺点是要求每一个证据都是独立的，这常常无法满足，组合规则没有理论上的根据，有时计算复杂度是指数型的。当概率已知时，证据理论就退化为概率论，当先验概率难以获得时，证据理论是一个好的方法。

（4）可能性模型

前面的几种方法都是基于概率论的，它们事实上默认了不确定性来源于随机性，可能性模型是 Zadeh 于 1978 年根据模糊逻辑提出的不精确性推理模型，他认为不确定性来源于模糊性。模糊性是指事物在性状和类属方面的亦此亦彼性，它承认两极对立的不充分性和自身同一的相对性，认为对立的两极通过连续变化的中介相互联系、相互转化，共存于一体。模糊性和随机性有本质上的差别，前者反映的是事物内在的不确定性；后者反映的是事物外在的不确定性。

可能性模型把模糊逻辑中的隶属度解释为可能性度量 $poss(e)$，其最大元是 1，最小元是 0，中元是 0.5，组合传播规律是

$$poss(\sim e)=1-poss(e)$$
$$poss(e_1\wedge e_2)=\min(poss(e_1),poss(e_2))$$
$$poss(e_1\vee e_2)=\max(poss(e_1),poss(e_2))$$

其推理过程借助模糊关系进行，由翻译法则、评估法则和推理法则三部分组成，其中的许多问题尚待研究完善。

还有人直接将 $\{0,1\}$ 上的命题逻辑和一阶谓词逻辑移植到 $[0,1]$ 上，称为模糊命题逻辑和模糊谓词逻辑[LILI95B]，用于模糊知识的不精确性推理[LIFA98, HEXG98]。

上述不精确性推理模型虽然有一些成功的应用,说明它们抓住了经验性知识中的某些本质,但它们的推理运算或者是一些固定的经验公式,没有理论根据;或者是公式有理论根据,但强加了一些使用条件,如必须是独立相关的,必须知道条件概率等,因而限制了它们的适用范围。在使用过程中也发现了不少问题,如经验数据的可靠性、规则强度的多义性、规则之间的相关性、不知如何处理的例外等。这些都说明它们还只是一些经验性模型,迫切需要建立关于不精确性推理的逻辑理论来规范和指导人工智能的使用。

3. 从确定性推理到常识推理

知识工程时期兴旺了10年,人们就发现了专家系统的致命弱点:一个没有常识支持的专家系统只能在一个十分受限的信息空间中工作,面对现实世界中的实际问题,它常常会干出许多蠢事来。然而常识的海量性和不完全性是目前的知识工程技术和逻辑学无法应付的,人工智能的发展陷入深刻的理论危机之中。20世纪80年代中叶,在国际上爆发了人工智能基本问题的大辩论,并很快波及国内,这场争论的焦点是逻辑在人工智能中的地位和作用[BEWC93, LINDA92, SHWU91]。

众所周知,数理逻辑发展到今天,已经可以把一部成熟的数学理论专著,用标准逻辑完整地描述出来,但标准逻辑无法完整描述人们对这些数学原理的认知过程。认识的发生、发展和完善的过程不符合标准逻辑,其中充满了辩证思维过程。而常识在概念的形成、规律的发现和完善及知识的运用过程中,都扮演了十分关键的角色。人工智能要继续向前发展,离不开常识的表示和运用,常识推理问题被提上了议事日程。常识与专家知识都是经验性知识,都具有不精确性和不完全性。专家知识是仅涉及某个狭窄领域的专门化知识,它突出的特点是不精确性;常识是涉及认知主体和生存环境方方面面的经验,它突出的特点是海量性和不完全性。常识的海量性涉及知识工程的各种基本技术,信息不完全下的推理涉及逻辑学的革新[BEWC93],标准逻辑学必须的二值、全息、封闭、精确、不变的推理环境被打破。近十多年来根据常识推理的某些特点,人们提出了一系列的逻辑框架[LIYZ92],如从常识推理的非单调性出发建立的非单调推理[LIULIU95, LISH90, ZHDA95]、从常识推理的缺省性出发建立的缺省推理[POOL91]、从常识推理的开放性出发建立的开放逻辑[LIWE921,LIWE922]、从常识推理的真值调整过程出发建立的真值维护系统、从常识推理的非协调性出发建立的超协调逻辑[LINLI94, LINLI95, LINZ95]、从常识推理的合理性出发建立的合情推理[WANHS92]、从常识推理的容错性出发建立的容错逻辑[LINZ93]、从常识推理的受限性出发建立的限制推理[JIHU90]等。

4. 深度神经网络向知识和逻辑的回归

20世纪80年代中期爆发的人工智能"理论危机"无情地揭露了刚性逻辑、启发式搜索原理和经验知识推理的应用局限性：首先是刚性逻辑本身的推理效率十分低下，如果没有启发式知识的引导，单纯机械式地按照刚性逻辑的规则进行推理，必然因算法的指数复杂度带来组合爆炸，把计算机的时空资源迅速吞噬殆尽；其次是在启发式搜索和经验知识推理中，客观存在的各种不确定性和演化过程都超出了刚性逻辑的有效适用范围，尽管出现了一些非标准逻辑（如模糊逻辑和各种不确定性推理理论）能解决某些实际问题，但有时会出现违反常识的异常结果，这说明非标准逻辑在理论上并不成熟可靠，无法在人工智能中安全可靠地使用。要有效解决包含各种不确定性和演化的现实问题，只能寄希望于尽快建立数理辩证逻辑理论体系，可是在当时的情况下，学术界的思想和理论准备都严重不足，建立数理辩证逻辑谈何容易！

在这种数理辩证逻辑严重缺位的背景下，人工智能研究的主流不得不偏离刚性逻辑和经验性知识推理的原有方向，转入完全不需要逻辑和经验知识支撑，仅依靠数据统计的人工神经网络、计算智能、多 Agent 和统计机器学习的新方向。应该说这个研究转向也是有积极意义的，它体现了人类智能另外的某些特征，能够有效地解决一些智能模拟问题，所以曾经推动人工智能的发展进入第二次高潮。后来人们为了克服神经网络、计算智能、多 Agent 和统计机器学习中的“局部极值”瓶颈，又在深度学习和深度神经网络中，依靠大数据和云计算，不惜耗费巨大的计算资源，义无反顾地增加神经网络的中间层次，从几层、几十层增加到几百层，甚至是几千层，来拟合海量数据，根本忘记了二值神经元和布尔逻辑算子原本具有等价关系的基本属性和人脑的神经网络也是分层分区处理不同信息的事实。深度神经网络这种不惜一切代价取得的成功，反过来鼓励一些学者产生主观臆想：“深度神经网络的中间层次越多，获得的结果越精准”，而且“神经网络是无须逻辑和知识的智能，没有发展瓶颈”。这种盲目乐观的思潮弥漫在当今人工智能学界和产业界，似乎现在的深度神经网络能够把第三次浪潮一直推动下去，它才是人工智能学科发展的最终方向！

在盲目乐观思潮弥漫的今天，已有一些著名的人工智能学者清醒地认识到，当前基于大数据和云计算的深度神经网络方向，已经面临无法逾越的发展局限[TANTL18]。

① 有智能没有智慧：无意识和悟性，缺乏综合决策能力。

② 有智商没有情商：机器对人的情感理解与交流还处于起步阶段。

③ 会计算不会“算计”：人工智能可谓有智无心，更无人类的谋略。

④ 有专才无通才：会下围棋的不会下象棋。

归纳起来说，当前基于深度神经网络的人工智能发展正面临着六大发展瓶颈。

① 数据瓶颈：需要海量的有效数据支撑。

② 泛化瓶颈：深度学习的结果难于推广到一般情况。

③ 能耗瓶颈：大数据处理和云计算的能耗巨大。

④ 语义鸿沟瓶颈：在自然语言处理中存在语义理解鸿沟。

⑤ 可解释性瓶颈：人类无法知道深度神经网络结果中的因果关系。

⑥ 可靠性瓶颈：无法确认人工智能结果的可靠性。

由此可知，当前人工智能正面临着新的发展瓶颈，可统称为“关联关系瓶颈”。这些局限性对于人类智能来说并不明显存在，为什么却在当今的人工智能研究中成了难以逾越的巨大困难？作者认为这些困难是无视逻辑和知识在智能模拟中的重要价值，过度依赖数据统计和关联关系引起的，是最近 20 年来人工智能发展方向太偏的必然结果，人工智能研究必须回归知识和逻辑，这是人类智能的最大优势。

2011 年图灵奖的得主 Judea Pearl 曾是 20 世纪 80 年代推动机器以概率（贝叶斯网络）方式进行推理的领头人，现在他却明确指出[PEARLJ18]：当前的人工智能已陷入概率关联泥潭，所谓深度学习的一切成就不过是曲线拟合而已，它在用机器擅长的关联推理代替人类擅长的因果推理，这种“大数据小任务”的智能模式并不能体现人类智能的真正含义，具有普适性的智能模式应该是“小数据大任务”。如果人类过度依赖基于深度神经网络的人工智能并无条件地相信它，那将是十分危险的。特别是在司法、法律、医疗、金融、自动驾驶、自主武器等诸多人命关天的领域，更要慎之又慎，千万不能放任自流。

回想起来，人工神经网络学派曾经提出“人工智能死了，神经网络万岁”的偏激口号，鼓吹“神经网络是无须知识和逻辑的人工智能”。这是一个方向性错误，它把人类智能降低为感知智能或者动物智能，已经落入条件反射的层次，怎么能够担当人类智能模拟的大任？而人类智能的灵魂是认知智能和辩证思维，是在目标牵引下的主观能动性。

从上述历史回顾可看清楚人工智能对其逻辑基础的客观需求是：

人工智能（含神经网络）的深入发展需要各种逻辑形态和推理模式的支撑，但人工智能不能建立在一大堆互不相容的逻辑上，它迫切需要一个统一的、能描述智能活动全过程思维规律的逻辑学作为基础理论。这个逻辑学应能适应认识的发生、发展、完善和应用等各个阶段，能够完成刚性推理、专家经验性知识推理、常识推理和情感推理。

我们称这种能够包含各种逻辑形态和各种推理模式的开放的、灵活的、自适应的逻辑学为柔性逻辑学。泛逻辑学是研究刚性逻辑、柔性逻辑和超协调逻辑共同规律的逻辑学。人工智能要从经验验证科学走向理论科学，离不开泛逻辑学这个基础理论。

1.1.3 从思维的理性到理性思维

上面从逻辑学自身的发展过程和智能化时代对逻辑学的需求两个层面讨论了

研究泛逻辑的必要性,下面从人脑思维的逻辑规律层面进一步深入讨论。

如果说狭义逻辑观强调的是思维的理性,即学术研究要严格按照形式逻辑的规范进行思维,有就是有,无就是无,真就是真,假就是假,一切都受非此即彼性约束。那么,广义逻辑观强调的是理性思维,即人类的一切思维活动都有逻辑规律可循,在模拟人类的智能活动时,只有严格遵循这些逻辑规律才能获得成功(见图 1.4)。可见,狭义逻辑观只关心人类思维的第二个层次(知性思维阶段),所以适应范围十分有限;广义逻辑观全面关心人类思维的三个层次(感性思维阶段、知性思维阶段和理性思维阶段),能够适应各方面的需要。

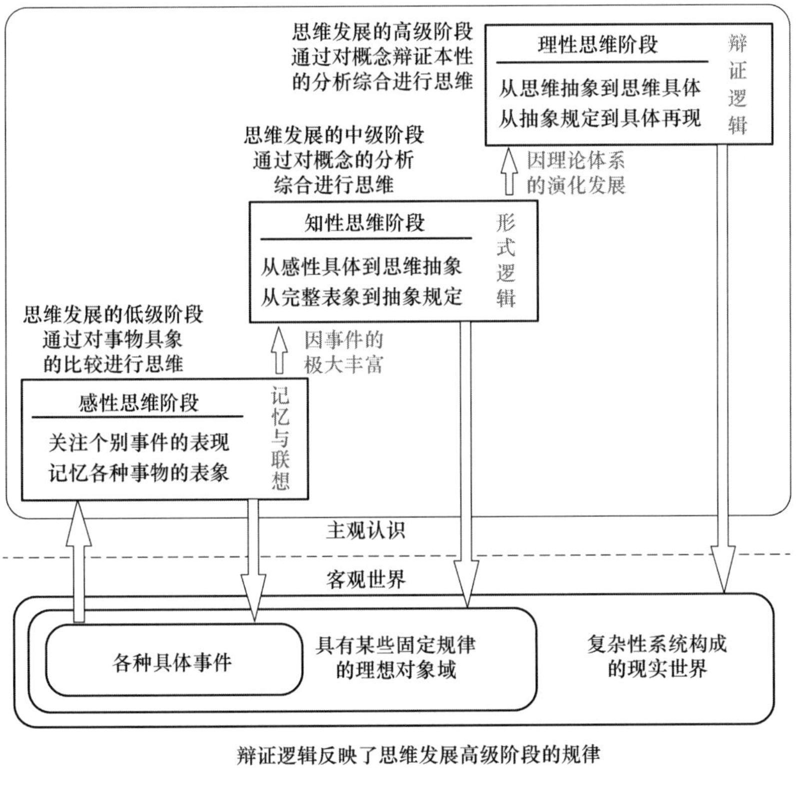

图 1.4　人类思维的 3 个不同层次

广义逻辑观认为,人类思维的不同层次对应不同的客观对象,遵循不同的逻辑规律。

① 感性思维阶段。它是人类思维发展的初级阶段,通过对事物具象的比较进行思维。其特征是面对客观世界的各种具体事件,关注个别事件的表现,记忆各种事物的表象。在使用时利用大脑的记忆和联想功能,按照输入的条件提取结论即可。动物的思维一般都处在这个阶段。

② 知性思维阶段。它是人类思维发展的中级阶段,通过对概念的分析综合进行思维。其特征是面对具有某些固定规律的理想对象域的事物,完成从感性的具体到思维的抽象、从完整的表象到抽象的规定。在使用时依靠形式逻辑演绎获得结论。一般动物没有这个能力,这是人类才有的思维能力。

③ 理性思维阶段。它是人类思维发展的高级阶段,通过对概念辩证本质的分析综合进行思维。其特征是面对复杂性系统构成的现实世界,从思维抽象到思维具体,从抽象规定到具体再现。在使用时依靠辩证逻辑进行辨证论治。

由此可见,在智能化时代如果我们的逻辑学仍留在形式逻辑层面那就太不合时宜了,因为形式逻辑在静态地刻画一个事物,真者恒真,假者恒假;动者恒动,静者恒静;有者恒有,无者恒无等。唯有上升到辩证逻辑才能动态刻画一个事物的发生、发展和消亡全过程,如真者如何变假,假者如何变真;动者如何归静,静者如何归动;有者如何变无,无者如何变有等。智能的灵魂是主观能动性、算计、变被动为主动、机动灵活地处理问题、趋利避害、辨证论治对症下药等,这些都只有通过辩证逻辑才能实现。

由此可见,狭义逻辑观试图用知性思维阶段局部有效的逻辑规律(数理形式逻辑)作为描述和规范人类整个思维全过程的逻辑标准,所谓思维理性,这是在排除人脑的其他思维阶段,搞削足适履,结果只会导致人脑的思维僵化,误以为其他思维都是不理性的,因而是不科学的。唯有广义逻辑观提倡全面研究思维过程各个阶段的逻辑规律,特别是理性思维阶段的逻辑规律,这才是在实践中可以广泛使用的数理辩证逻辑,让人类能够按照逻辑规律机动灵活地处理各种问题,把自己的主观能动性发挥到极致。

1.2 泛逻辑学研究纲要

泛逻辑学是研究逻辑一般规律的科学,它能包容所有已知的逻辑,并能根据应用需要生成各种各样的逻辑。目前已经出现的数十种不同形态和用途的非标准逻辑为泛逻辑学提供了研究素材。但这个研究目标不是少数几个人,花几年时间就可以完成的,它可能需要几代人持续不断地努力,才能达到目的。所以,在这里只能提出泛逻辑学的研究总目标,构造出包含刚性逻辑学在内的柔性逻辑学理论框架,并示范性地在这个框架中装入一些初步的研究成果。

1.2.1 泛逻辑学的研究目标

① 泛逻辑学研究的总目标是在排斥逻辑矛盾的前提下,包容各种辩证矛盾和

不确定性，逐步建立数理辩证逻辑的理论体系。为此要探索逻辑学的一般规律，建立能够生成各种逻辑的逻辑生成器，以便把数理辩证逻辑中需要的各种各样逻辑按照需要构造出来。

② 泛逻辑学的近期研究目标是在二值逻辑、多值逻辑和模糊逻辑的基础上，研究柔性逻辑学的命题真值域，统一柔性逻辑学中各种柔性命题连接词的定义，根据这些定义推导出各种命题逻辑公式和标准推理模式，建立可交换的命题泛逻辑学和不可交换的命题泛逻辑学，并研究它们的各种应用，包括它们在柔性神经网络中的应用。

③ 泛逻辑学的中期研究目标是在上述命题泛逻辑学的基础上，进一步研究柔性逻辑学的谓词和它的论域，统一柔性逻辑学中各种柔性量词的定义，根据这些定义推导出各种谓词逻辑公式和标准推理模式，建立标准谓词泛逻辑学，并研究它的各种应用。

④ 泛逻辑学的远期研究目标是在上述谓词泛逻辑学的基础上，进一步研究建立描述混沌世界逻辑规律的混沌泛逻辑学，形成能够满足各方面需要的数理辩证逻辑理论体系。

1.2.2　泛逻辑学研究的主要内容

我们深信在千姿百态的逻辑学中蕴涵着一个共同的规律，就像生物那样它虽然种类繁多、五花八门，却被一个共同的 DNA 双螺旋结构所统一。在这里只有两个基本问题：一是 DNA 信息的表达，即描述生命现象的语法规则；二是 DNA 信息在生命体中的实现，即遗传密码的语义解释。在泛逻辑学研究中同样需要探索逻辑学的语法规则和语义解释，建立逻辑学的通用理论框架。

泛逻辑学是研究一切已有和尚未提出的逻辑学一般规律的科学，它不是从底层研究某个有特殊形态和用途的具体逻辑，而是从高层研究一切逻辑的一般规律，即抽象逻辑学(abstract logics)。泛逻辑学的形成不仅可以规范逻辑学的研究行为，而且可以利用已知的逻辑规律派生出一些未知的逻辑，各种具体的逻辑都将作为泛逻辑学的特例而存在。

具体讲，泛逻辑学的研究内容包括逻辑学的语法规则和语义解释两部分。根据我们所能收集到的逻辑学样本分析，现有逻辑学都包含在以下理论框架内。

1. 泛逻辑学的语法规则

任何一个逻辑学的语法规则都至少由以下四部分组成。

(1) 泛逻辑学的论域

泛逻辑学的论域包括命题的真值域 W 和谓词的个体变域 U 两部分，在它们的基础上人们定义了命题、真值、谓词、个体变元和个体变元函数等概念。

逻辑学是研究判断真伪程度的科学，一个直接的判断是一个命题，它的真伪程度叫命题的真值。任何逻辑学都首先要涉及命题真值的度量空间，它必须是有序的，但可以是线序，也可以是偏序，还允许是超序。所以，W 的一般形式是任意的多维超序空间：

$$W=\{\perp\}\cup[0,1]^n<\alpha>,\ n>0$$

其中，$[0,1]$是 W 的基空间；n 是 W 的空间维数；$\perp$ 表示无定义或超出讨论范围，可以没有；α 是有限符号串，可是空串 ε，它代表命题或谓词的附加特性。这种分维超序空间真值域为研究、描述、认识全过程思维规律提供了更多的可能性。目前讨论的仅是 $n=1,2,3,\cdots$。

如果判断是一个定义在 U 上的有限 m 元命题函数，则称为 m 元谓词，谓词的个体变域 U 可以是任意集合。在 U 上还可以定义 $U^m\rightarrow U$ 的个体变元函数。

(2) 泛逻辑学的命题连接词

任何逻辑学都需要解决如何用原子命题构造分子命题，用简单命题构造复杂命题的问题，这涉及命题连接词，命题连接词的功能是由逻辑运算模型实现的。泛逻辑学的命题连接词包括在 $W=\{\perp\}\cup\{0,1\}^n<\alpha>$，$n=1,2,3,\cdots$上定义的泛非、泛与、泛或、泛蕴含、泛等价、泛平均和泛组合等。

在 W 的基空间是$[0,1]$的情况下，在命题连接词的定义中不仅存在命题真值的柔性(如模糊性)，还存在命题之间的关系柔性。模糊逻辑的缺陷之一是在命题连接词的定义中未考虑关系柔性，在泛逻辑学中将系统研究真值柔性和关系柔性对命题连接词运算模型的影响。

(3) 泛逻辑学的量词

在逻辑学中还需要考虑各种量词，量词的作用则是约束命题、个体变元和谓词。在标准逻辑学中只有约束个体变元范围的全称量词$\forall$和存在量词$\exists$，在模态逻辑中增加了约束个体变元范围的必然量词$\Box$和可能量词$\Diamond$，在模糊逻辑中增加了约束个体变元的模糊量词∮。

在泛逻辑学中，将系统研究定义在多维超序空间 $W=\{\perp\}\cup[0,1]^n<\alpha>$，$n=1,2,3,\cdots$上的标志命题真值阈元的阈元量词♂^{k}、标志假设命题的假设量词$\$^k$、约束个体变元范围的范围量词∮$^\alpha$、指示个体变元与特定点的相对位置的位置量词♀$^\alpha$和改变谓词真值分布过渡特性的过渡量词$\int^\alpha$ 等。k,α 表示量词的约束条件，α 的一般形式是 $x*c$，其中 x 表示被约束变元，$*$ 表示约束关系，c 表示约束程度值，它刻画了量词的柔性。例如：

- 阈元量词♂^{k}指出后面命题真值的误差状况，$k\in[0,1]$表示阈元的大小。
- 假设量词$\$^k$标志后面的判断是根据假设作出的，$k\in[0,1]$表示假设的可信程度。
- 范围量词∮$^{x:c}$把其后面谓词的个体变元 x 约束在一定的范围内，$c\in[0,1]\cup\{+,!\}$表示 x 论域 D 的全部或部分：$c=1$ 表示 x 论域 D 的全部，与传统的全称量词$\forall x$ 相当；$c\geqslant0.5$ 表示 x 论域 D 的大部分，与传统的必然量词$\Box x$

相当；$c<0.5$ 表示 x 论域 D 的小部分，与传统的可能量词$\Diamond x$ 相当；$c>0$表示在 x 论域 D 中存在，与传统的存在量词$\exists x$ 相当，用特殊符号$\oint^{x:+}$表示，传统的唯一存在量词$\exists!x$ 用特殊符号$\oint^{x:!}$表示。

- 位置量词$♀^{x*d}$把 x 的论域 D，按相对于指定点 $d\in D$ 的位置不同，划分为三部分：$x<d$，$x=d$，$x>d$，即 $*\in\{<,=,>\}$。例如时序逻辑中的“过去、现在和将来”、空间逻辑中的“左、中、右”。
- 过渡量词$\int^{x:c}$将改变后面谓词真值在 x 轴上分布的过渡特性，$c\in \mathbf{R}_{+}$：$c>1$ 表示模糊集合的边缘将被锐化；$c<1$ 表示模糊集合的边缘将被钝化；$c=1$ 表示模糊集合的边缘不变。

可见这些量词的意义都是柔性的，我们称为程度柔性。在泛逻辑学中我们将详细研究真值柔性、关系柔性和程度柔性对量词定义的影响。

(4) 泛逻辑学的常用公式集和推理模式

由命题连接词和量词的性质可以得到常用公式集，根据常用公式集可以设计各种推理模式。泛逻辑学的常用公式集和推理模式内容十分丰富，是研究的重点和难点，包括在上述三要素基础上定义的演绎推理、归纳推理、类比推理、假设推理、发现推理、进化推理等推理模式。这些推理模式不是决然分开的，它们可以在一定条件下相互转化，我们称这种柔性为模式柔性。演绎推理的模式是最基本的，仅包含演绎推理模式的逻辑学是标准逻辑学。

四要素中每一个要素都有许多不同的形态，有的已经发现，有的尚待研究。诸要素不同形态的组合就形成了不同形态的逻辑学。我们不排除存在更多逻辑学要素的可能性，所以本理论框架是一个开放的结构(见图 1.5)。

由于泛逻辑学中允许真值柔性、关系柔性、程度柔性和模式柔性存在，所以它可以描述矛盾的对立统一及转化过程，这为辩证逻辑的数学化和符号化提供了可能性。

在柔性世界中还有其他柔性，例如在分维空间$[0,1]^n$，$n>0$ 中，空间的维数 n 是连续可变的，我们称为空间维数柔性。所以我愿意在此大胆预言：在柔性逻辑学中还存在其他的柔性，例如，将泛逻辑学的真值域拓展到 $W=\{\perp\}\cup[0,1]^n<\alpha>$，$n>0$ 后，就会出现定义在分维超序空间上的混沌逻辑学。陈志成在他的博士论文中已经成功地建立了一种简单的混沌逻辑，作者相信：顿悟与混沌、类比推理与分维现象、认识的发生与发展过程都是混沌逻辑学可以大显身手的典型问题。如混沌逻辑有一天大行其道，泛逻辑学会把它

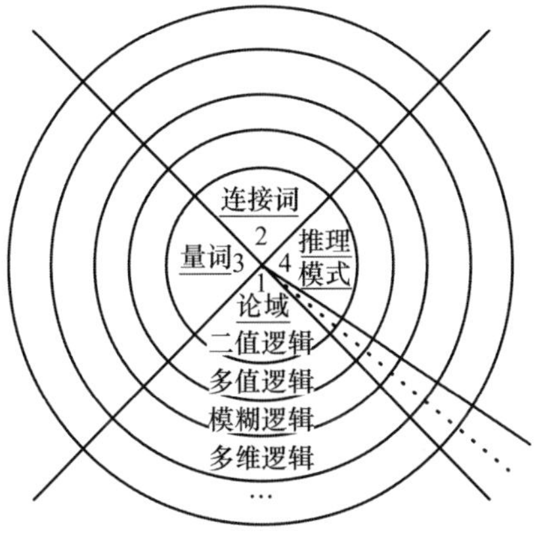

图 1.5　泛逻辑学的理论框架是一个开放的结构

视为自己的更高发展阶段。辩证逻辑学将借助这种柔性逻辑学而得到充分的发展,我们衷心期待这一天早点到来!

2. 泛逻辑学的语义解释

泛逻辑学的语义解释就是给各种抽象的逻辑符号赋予具体应用领域的语义。

① 0,1 的基本语义解释是"假""真",也可是其他语义,如:

- 0 可以代表假、低、断、灭、小、否、负、无、健康、反对、失败、不可信等。
- 1 可以代表真、高、通、亮、大、是、正、有、生病、赞成、成功、可信任等。

② W 的基空间[0,1]有各种变种,如[0,100],$[0,b]$,$[0,\infty]$,$[-1,1]$,$[-5,5]$,$[-b, b]$,$(-\infty,\infty)$,$[a,b](b>a\geqslant 0)$等,可以通过坐标变换把$[0,1]^n$ 中的规律变换到它的各种变种中去。

- 单向有限扩展$[0,1]\to[0,b]$:$x'=bx$,中元 $e'=b/2$。
- 单向无限扩展$[0,1]\to[0,\infty]$:$x'=x/(1-x)$,中元 $e'=1$。
- 任意有限扩展$[0,1]\to[a,b]$:$x'=(b-a)x+a$,中元 $e'=(b+a)/2$。
- 双向有限扩展$[0,1]\to[-b,b]$:$x'=2bx-b$,中元 $e'=0$。
- 双向无限扩展$[0,1]\to(-\infty,\infty)$:$x'=(x-0.5)/x(1-x)$,中元 $e'=0$。

③ 关系柔性不同,命题连接词的运算公式将不同。

④ 程度柔性不同,量词的意义将不同。

⑤ 模式柔性不同将实现不同的推理模式,同一种推理模式将有多种语义解释。

通过语义解释后的泛逻辑学就特化为一个有很强应用针对性的某某逻辑。

这就是整个泛逻辑学要探索解决的基本问题,也是我们的研究总纲领。

1.2.3 泛逻辑学的分类

1. 按逻辑学要素分类

如果在逻辑中只考虑命题演算问题,则是命题泛逻辑学;如果还需要考虑谓词演算问题,则是谓词泛逻辑学。

2. 按真值域的基空间分类

如果逻辑真值域的基空间与[0,1]同构,则是连续值泛逻辑学。如果逻辑真值域的基空间与{0,1}同构,则是二值泛逻辑学。如果逻辑真值域的基空间与$\{0,u,1\}$同构,则是三值泛逻辑学,余者类推。

3. 按真值域的有序性分类

- 当 $W=[0,1]$时是线序(linear order)泛逻辑学,如模糊逻辑和概率逻辑。$W=\{0,1\}$和 $W=\{0,u,1\}$分别是它的特例二值逻辑和三值逻辑。
- 当 $W=[0,1]^n$,$n=2,3,\cdots$时是 n 维偏序泛逻辑学(partial order),例如 $W=[0,1]^2$ 是二维偏序泛逻辑学,如区间逻辑和灰色逻辑,$W=\{0,1\}^2$ 是

它的特例四值逻辑；$W=[0,1]^3$ 是三维偏序泛逻辑学，如未确知逻辑，$W=\{0,1\}^3$ 是它的特例八值逻辑。在偏序泛逻辑学中，按照非运算规则的不同，又分为偏序和伪偏序(pseudo partial order)两种。

- 当 $W=[0,1]^n<\alpha>$，$n=1,2,3,\cdots$ 时，表示命题真值有附加特性，是 n 维超序(hyper order)泛逻辑学，如 $W=[0,1]<a,b,c>$ 是云逻辑，其中 $\alpha=a,b,c$ 代表云谓词的真值在个体变域 $\boldsymbol{U}$ 和真值域 W 上的分布特性[LIDY95]。
- 当 $W=\{\bot\}\cup[0,1]^n$，$n=1,2,3,\cdots$ 时，表示命题真值中有无定义状态 $\bot$，也是 n 维超序泛逻辑学，如 $W=\{\bot\}\cup\{0,1\}$ 是超序二值逻辑(即 Bochvar 三值逻辑)。

在混沌逻辑(chaos logic)中命题真值域是分维超序空间 $W=\{\bot\}\cup\{0,1\}^n<\alpha>$，$n>0$。

4. 按推理模式分类

如果逻辑中只有演绎推理模式，则是演绎逻辑学(即标准泛逻辑)；如果包含了归纳推理、类比推理、假设推理、发现推理、进化推理等模式，就是非标准泛逻辑。

5. 按语义解释分类

由于对各种逻辑学成分的语义解释不同，所以会形成不同的逻辑，如开关逻辑、动态逻辑、时态逻辑、空间逻辑、程度逻辑等。

1.3　生成命题泛逻辑的可行途径

1.3.1　泛逻辑学入口的意外发现

俗话说“打开一扇小窗户，发现一个大世界”。到哪里去寻找打开泛逻辑世界的小窗户呢？这要从 1995 年年初发生的一件小事说起，一次偶然的机会，当我(主编，下同)把概率论中常用的 3 个相关准则(最大相吸、独立相关、最大相斥)和突变逻辑放在一起，与柔性命题连接词运算模型的变化规律联系起来思考时，突然间有了顿悟：原来柔性命题连接词运算模型的基本属性应该是连续可变的，只有在二值逻辑中它们才退化为一个固定不变的算子。于是一个逻辑的算子应该是固定不变的传统观念被突破了，泛逻辑的一片新天地在眼前出现了，从此各种新奇的逻辑规律不断涌现！当时的具体情况如下。

早年学习二值逻辑时，我曾经穷其可能证明过布尔算子组有 4 种等价的表示形式：

$$x\wedge y=\min(x,\ y)=xy=\Gamma[x+y-1]=\mathrm{ite}\{\min(x,\ y)\mid\max(x,\ y)=1;\ 0\}$$

$$x\vee y=\max(x,\ y)=x+y-xy=\Gamma[x+y]=\mathrm{ite}\{\max(x,\ y)\mid\min(x,\ y)=0;\ 1\}$$

$$x\rightarrow y=\mathrm{ite}\{1\mid x\leqslant y;\ y\}=\min(1,\ x/y)=\Gamma[1-x+y]=\mathrm{ite}\{y\mid x=1;\ 1\}$$

这次,当我把命题的真度从 $x, y, z \in \{0,1\}$ 扩张为 $x, y, z \in [0,1]$ 时,突然发现它们再也不等价了,分别扩张为 4 种完全不同的柔性逻辑:

模糊逻辑　$x \wedge y = \min(x, y)$;　$x \vee y = \max(x, y)$;　$x \rightarrow y = \mathrm{ite}\{1 \mid x \leqslant y;\ y\}$

概率逻辑　$x \wedge y = xy$;　$x \vee y = x + y - xy$;　$x \rightarrow y = \min(1, x/y)$

有界逻辑　$x \wedge y = \Gamma[x + y - 1]$;　$x \vee y = \Gamma[x + y]$;　$x \rightarrow y = \Gamma[1 - x + y]$

突变逻辑　$x \wedge y = \mathrm{ite}\{\min(x, y) \mid \max(x, y) = 1;\ 0\}$;

$x \vee y = \mathrm{ite}\{\max(x, y) \mid \min(x, y) = 0;\ 1\}$;$x \rightarrow y = \mathrm{ite}\{y \mid x = 1;\ 1\}$

从逻辑算子的三维图形(见图 1.6)可以清楚地发现:4 个柔性逻辑中同类算子的边界条件完全一致,仅中间的过渡值在随输入变量单调变化(单调增或单调减),其中模糊逻辑是上极限算子,依次是概率逻辑和有界逻辑,最后的突变逻辑是下极限算子。这 4 个柔性逻辑算子组如此整齐划一从大到小单调变化的事实,已透露出柔性逻辑的一些基本规律!这不得不让人联想:4 个柔性逻辑的空隙之中,一定还存在无限多个柔性逻辑,它们有什么性质和用途?是什么客观因素或数学函数在驱使这种逻辑算子的连续变化?

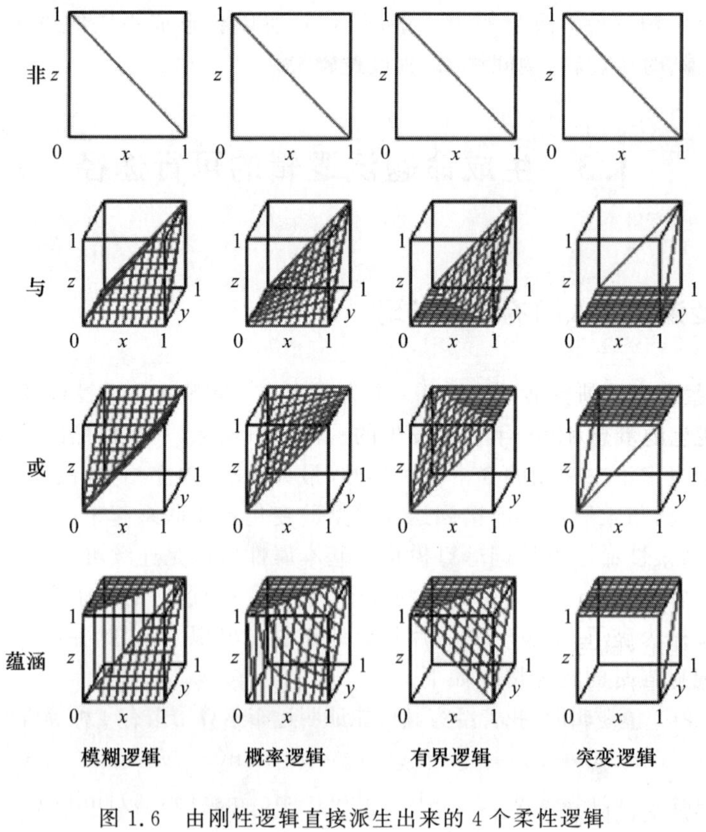

图 1.6　由刚性逻辑直接派生出来的 4 个柔性逻辑

经过反复研究探索，我们终于在三角范数(triangle norms)理论中找到了数学根据。原来这 4 个柔性逻辑是 Schweizer 算子簇中的 4 个特殊成员，它们之间从最大到最小有无穷多个逻辑算子，其连续变化受形式参数 $m \in (-\infty, \infty)$ 的控制，后来我们进一步研究发现了 $m \in (-\infty, \infty)$ 与广义相关系数 $h \in [0,1]$ 的关系(见图 1.7)。狭义逻辑观的思想禁锢被突破之后，逻辑运算基模型、不确定性调整参数和调整机制、逻辑算子完整簇等概念由此而生！

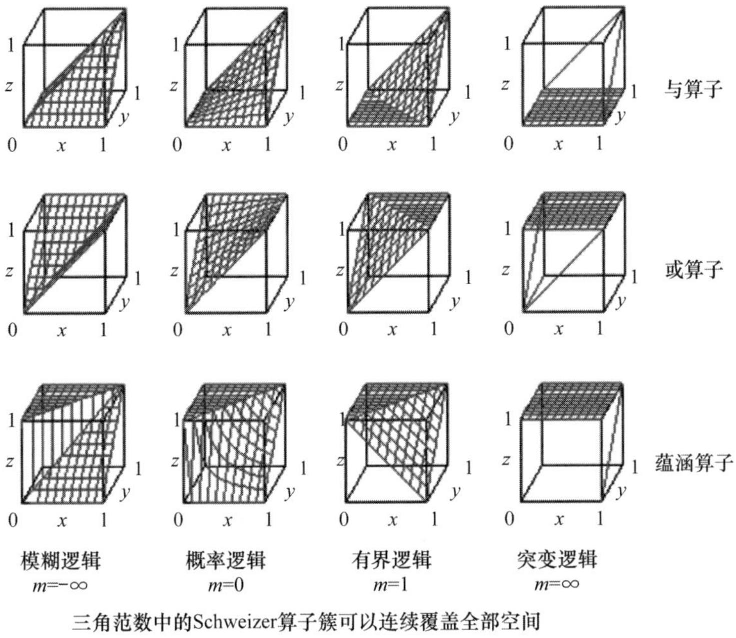

图 1.7　这 4 个柔性逻辑是 Schweizer 算子簇中的特殊点

于是，我改变了研究计划和打算，放弃了实用专家系统的系列研发计划，冷冻了航空智能化的梦想和仿智学原理的写作，全身心地投入人工智能逻辑基础泛逻辑学的研究中。由于这是一个原始的理论创新，所以富有挑战性，先后跟随我的博士生和硕士生大多数都自愿投入与泛逻辑有关的研究之中。这一下彻底乱套了！本来[0,1]区间的算子簇已问世 50 多年，应用效果不错，深受各个特殊领域专业学者的欢迎。但是，一旦有人把它们与柔性逻辑运算模型完整簇联系起来，整合成一个柔性逻辑理论，就与当时占有绝对统治地位的狭义逻辑观发生了正面冲突。因为尽管柔性逻辑还是一个摇篮中的婴儿，对谁都没有实际威胁，大可让他自生自灭，不必刻意去扼杀他，但在有些人看来，它的存在本身就是对狭义逻辑观统治地位的严重威胁！于是在学术圈内反对或质疑的声音从此而起，“反逻辑”“伪科学”“永动机”等贬义词随着各种评审意见四面而来。我唯一能做的只是积极宣传：智能化的时代到来了,开放的复杂性巨系统已经成为时代的核心科学问题,狭义逻辑观的思想局限性暴露了,需要进行第二次数理逻辑革命,树立广义逻辑观。对于团队中的其他成员来说,他们虽然不怕“查重检查”的威胁,但是与传统逻辑观的正面对抗让他们感觉自己没有这个本钱。所以整个研究团队经受的思想压力很大,研究成果的发表难度异常大,我们不得不韬光养晦,暂避锋芒,想方设法曲线突围。

令人欣慰的是也有人积极支持和鼓励我们的探索和原始理论创新。如1996年《中国科学》(E辑、F辑)以最快的速度用中英文发表了我的第一篇泛逻辑文章《经验性思维中的泛逻辑》[HELH961, HELH962],2001年科学出版社出版了我主编的《泛逻辑学原理》[HEWL01],获得国家自然科学基金面上项目的资助(60273087,经验知识推理理论研究,20万,2003年1月—2005年12月)和西北工业大学基础理论研究基金重点项目的资助(W018101,信息科学的逻辑基础研究,50万,2007年9月—2009年12月)等。这一切实在是大旱逢雨,雪中送炭,对于摇篮中的婴儿来说,显得特别珍贵。20多年来泛逻辑研究就是这样不温不火、迂回曲折地走过来了,由于它与国际人工智能主流学派不合拍(一个是无视知识和逻辑的作用,凭借现代计算机网络具有的算法和算力优势,强力解决感知智能的模拟问题;另一个是紧紧抓住知识、逻辑和神经网络的内在联系,试图灵巧地解决认知智能和理性思维的模拟问题),所以,当时泛逻辑很难找到大型应用的切入点。现在,深度神经网络的关联关系瓶颈出现了,感知智能模拟的局限性暴露了,泛逻辑和柔性神经元有了迫切的应用需求,局面开始发生根本性变化。我们希望本书对人工智能研究度过即将到来的第三次寒冬有一点帮助,为我国的人工智能研究在十年内从跟踪阶段跨越到引领阶段做一点小小的贡献。

1.3.2 探索命题泛逻辑的实现途径

泛逻辑的概念和研究纲要提出之后,经过团队二十多年锲而不舍的共同努力和不断积累,其中包括20多位博士(刘永怀、白振兴、艾丽蓉、谷晓巍、周延泉、王拥军、张保稳、李新、陈丹、金翊、鲁斌、陈志成、杜永文、付利华、张静、张剑、罗敏霞、张小红、赵敏、何汉明、毛明毅、马盈仓、刘扬、薛占熬、王澜、胡麒、刘丽、贾澎涛、林卫、张宏、范艳峰、王万森、李梅、陈佳林等)和王华、陈虹等十多位硕士生和本科生的积极参与,现已全面完成命题泛逻辑理论体系和柔性神经元模型的建立,以及小范围的实验验证,具体成果如下。

① 扩张刚性逻辑的命题真值域{0,1}为[0,1],建立了泛逻辑的逻辑运算基模型,它们是泛非运算、泛与运算、泛或运算、泛蕴含运算、泛等价运算、泛平均运算和泛组合运算等7种。

② 引入广义相关系数 $h\in[0,1]$ 和误差系数 $k\in[0,1]$ 及它们对7种基模型的

调整机制，建立了可交换的命题泛逻辑，研究了它的语构理论和语义理论。

③ 引入相对权重系数 $\beta\in[0,1]$及其对 7 种基模型的调整机制和顺序，建立了不可交换的命题泛逻辑。

④ 揭示了以往使用非标准逻辑出现异常结果的逻辑原因，建立了使用柔性命题逻辑算子的健全性标准，保证了辨证论治对症下药的精准实施。

⑤ 建立了可满足智能信息处理各种需要的完备命题级算子库，以后台软件形式提供给应用程序调用，为进一步设计制造泛逻辑芯片准备了条件。

⑥ 针对当前人工智能研究的关联关系瓶颈，给出了柔性逻辑算子和柔性神经元的一一对应关系，为实现深度神经网络的强可解释性提供了理论基础。

总结这些研究经验，可以用图 1.8 来系统地概括，这是一条业已证明切实可行的，将刚性逻辑扩张为柔性逻辑的，逐步实现泛逻辑研究开局的有效途径，是否存在更快捷的开局途径，读者可以继续探索。

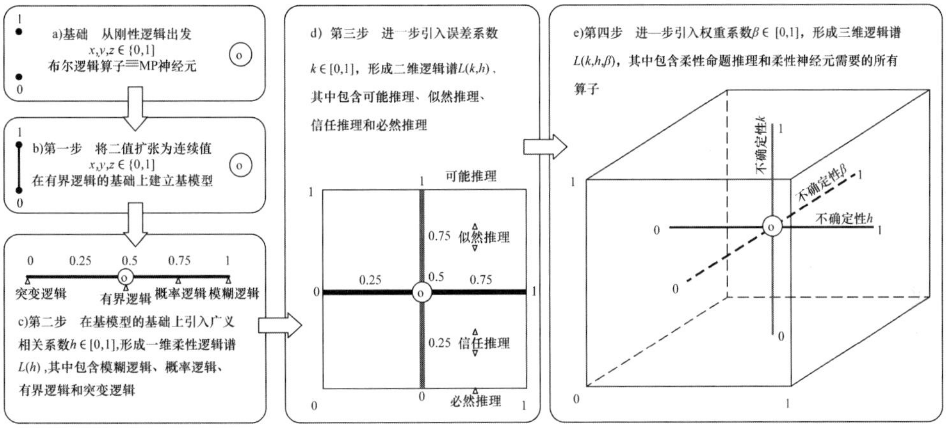

图 1.8　从刚性命题逻辑扩张到柔性命题逻辑的一条可行途径

1.4　本书的主要任务和内容

本书的主要任务是全面介绍基于泛逻辑学研究纲要具体建立的命题泛逻辑和柔性神经元模型的全貌，概要介绍 S-型超协调逻辑。

具体的内容安排如下。

第 1 章的标题是“逻辑学需要适应智能化时代的需求”，这是本书的一个闪光点。其他书在提到逻辑时都强调逻辑是思维的准绳，是判断是非的标准，必须严格按逻辑办事等，其高大上的统治地位不容怀疑。作者却强调逻辑学要走下神坛，投入火热的智能革命中去，根据时代发展的需要改造自己，积极进行第二次数理逻辑革命。本章从多个层面讨论为什么要研究泛逻辑学，以及它的研究目标和内容，给出建立命题泛逻辑和柔性神经元的可行途径，最后介绍本书的主要任务和内容。

第 2 章讨论命题泛逻辑中的关系柔性。我们（指研究团队，下同）把模糊逻辑作为泛逻辑研究的一面铜镜，首先讨论了模糊逻辑的成功经验和失败教训；再用现实生活的实例，揭示了狭义逻辑观的思想局限性（在柔性逻辑中必须考虑关系柔性对逻辑运算模型的影响，不能再用一个固定不变的逻辑算子来定义任何一个逻辑运算模型，而应该是一个完整算子簇，从而开启了进入广义逻辑观的大门）；最后指出，现有的模糊测度理论可为研究关系柔性对逻辑运算模型的影响提供理论支撑。

第 3 章讨论泛逻辑运算模型的生成规则。在泛逻辑中一切都需要按规则办，首先介绍了泛逻辑运算模型生成基的规则、基模型的统一表达形式和溯源；然后介绍了泛逻辑运算模型的生成元规则，包括零级生成元、一级生成元、偏序泛逻辑运算、伪偏序泛逻辑运算等；最后讨论了含无定义的泛逻辑运算和有真值附加特性的逻辑运算等。

第 4 章介绍了 N 范数的一般原理，包括 N 范数的定义、主要性质、生成定理和运算的广义自封闭性，给出了逻辑运算模型的 N 性生成元完整簇。本章是研究各种柔性逻辑非运算模型的理论基础。

第 5 章讨论 T 范数和 S 范数的一般原理。本章介绍另外两个生成元，包括 T 范数和 S 范数的定义、主要性质和生成方法（T 性/S 性生成元、T 范数的生成定理、S 范数的生成定理），NTS 范数之间的弱对偶关系（弱半对偶关系、NTS 范数之间的弱对偶关系），求 T 范数和 S 范数的生成元等。

第 6 章讨论 T/S 范数和 T/S 性生成元完整簇。本章进一步介绍 T/S 性生成元完整簇生成 T/S 范数完整簇的过程，包括零级 T 性生成元完整簇、零级 S 性生成元完整簇、广义相关系数 h 的确定、相容条件和 Frank 相容算子簇、零级 T 范数和 S 范数完整簇、零级 T 范数和 S 范数相容簇、零级弱 T 范数和弱 S 范数完整簇、零级 T 范数/S 范数完整簇内范数分布的单调性、一级 T 范数和 S 范数完整超簇内范数分布的单调性、几个重要的逻辑性质、一级 T/S 完整超簇上 N 运算的广义自封闭性等。本章是研究各种多元柔性逻辑运算模型的理论基础。

第 7 章讨论泛逻辑的二元命题连接词。本章在上述理论铺垫的基础上正式给出了可交换命题泛逻辑各种运算模型完整（超）簇（泛与、泛或、泛蕴涵、泛等价、泛平均和泛组合）的定义，讨论了它们的性质和物理意义。至此，可交换命题泛逻辑理论体系可以正式建立完成。

第 8 章讨论不可交换的命题泛逻辑。本章在可交换命题泛逻辑的基础上，首先在泛平均运算完整（超）簇上尝试了命题算术加权、命题指数加权和生成元完整簇加权 3 种加权方式的效果，对它们的全局合理性进行了评估，最后确定采用生成元完整簇加权方式;然后生成了不可交换的命题泛逻辑中各种逻辑运算完整超簇,包括泛与运算、泛或运算、泛蕴涵运算、泛等价运算、泛平均运算和泛组合运算等,讨论了它们的性质和物理意义。

第 9 章归纳总结命题泛逻辑理论体系。本章首先介绍了命题泛逻辑学的组成要素,包括泛逻辑运算模型的生成基和线序泛逻辑运算模型的各种生成元完整簇、线序泛逻辑中各命题连接词的运算模型、常用逻辑学公式集、由线序泛逻辑运算模型生成偏序和超序泛逻辑运算模型及常用逻辑公式集的方法;然后,专门讨论了不可交换的命题泛逻辑学的一些问题和使用建议,作为进一步深入研究和应用的参考。

第 10 章讨论柔性神经元的结构和工作原理。这是当前基于深度神经网络的人工智能研究走出困难局面的希望所在。本章首先指出,逻辑算子和神经元本来就有一体两面的关系,同一阈值函数 $z=\Gamma[ax+by-e]$在 $x,y,z\in\{0,1\}$情况下,从一侧面看它是二值神经元的信息变换函数,从另一侧面看它是刚性逻辑算子;其次,我们紧紧抓住这个一体两面属性,逐步进行扩张,从 $x,y,z\in[0,1]$情况下的连续值神经元的信息变换函数和连续值逻辑的基模型,到在 $x,y,z\in[0,1]$的基础上进一步引入柔性关系参数 $k,h,\beta\in[0,1]$情况下的柔性神经元的信息变换函数和命题泛逻辑算子完整(超)簇,这种一体两面的关系始终保持不变。这就为学习过程中知识或者神经网络的逐级归纳抽象(增大信息结点的粒度),分层分块存放,因果关系提取,保持可解释性,增加鲁棒性、可移植性和适应性提供了可能。

第 11 章讨论命题泛逻辑在逻辑学中的应用,包括生成各种二值基命题逻辑,生成并分析 Bochvar 三值命题逻辑,生成各种三值命题逻辑,分析程度逻辑,完善各种连续值基命题逻辑,最后讨论了泛逻辑运算模型完整簇的物理实现问题。

第 12 章讨论命题泛逻辑在新一代人工智能中的应用,包括合理使用泛逻辑运算模型完整簇中各个算子的健全性标准,确保辨证论治对症下药的使用效果;在信息处理过程中如何实现信息粒度的归纳抽象,做到复杂度数量级的压缩;如何在目标的牵引下从关联关系网络中提取因果关系树,体现智能主体的主观能动性;如何对巨大的因果关系树进行分层分块存放,降低复杂度,增加可移植性;如何通过输入数据提取神经元或逻辑算子的$<a,b,e>$参数和$<k,h,\beta>$参数,实现小样本学习和在线优化等。

第 13 章是 S-型超协调逻辑简介。介绍本书作者张金成自己创立的超协调逻辑主要成果,包括 S-型超协调逻辑的思想精华、悖论是逻辑演算的不封闭项、逻辑演算的不封闭性、从标准逻辑到 S-型超协调逻辑的扩张。

应用 S-型超协调逻辑建立可刻画两种可能世界的两个公理集合论系统 SZF、证明 Cantor 的实数不可数定理和连续统假设都是不成立的,Gödel 不可判定命题其实是不封闭项等。

第 14 章是关于无穷公理的讨论。附录介绍了我们研究团队 1996—2019 年的研究成果和影响力。

第 2 章　命题泛逻辑中的关系柔性

我们在研究柔性世界的逻辑规律时发现，不仅命题真值的连续可变性对柔性逻辑的命题连接词运算模型有影响，而且命题之间相关关系的连续可变性对柔性逻辑的命题连接词运算模型也有影响，我们称前者为真值柔性，称后者为关系柔性。在可交换的命题泛逻辑中，柔性命题之间的关系柔性主要由两种不同的不确定性因素引起。

① 一个不确定性因素是柔性命题真度的测量误差，它通过影响非命题的真度计算，进而影响到所有的柔性逻辑运算。我们称柔性命题和它的非命题之间的相关性为广义自相关性，测度误差可由最大可能的负误差到最大可能的正误差连续变化，要用连续变化的广义自相关系数(简称"误差系数")$k\in[0,1]$来刻画。

② 另一个不确定性因素是柔性命题和柔性命题之间的关联性，它影响到二元复合命题的真度计算，我们称两个柔性命题之间的关联性为广义相关性，它可由最大相关到最小相关连续变化，要用连续变化的广义相关系数 $h\in[0,1]$来刻画。

关系柔性的发现可以帮助我们解释清楚为什么在柔性逻辑中，命题连接词的运算模型是连续可变的算子完整簇，并告诉我们应该如何正确地使用算子簇中的算子。据此我们不仅克服了模糊逻辑中命题连接词定义的缺陷，完善了模糊命题逻辑，而且建立了可交换的命题泛逻辑学理论体系。

本章将从分析模糊逻辑的理论缺陷入手，详细介绍我们提出关系柔性的客观依据，阐明关系柔性对柔性命题连接词运算模型的影响，这种影响在非刚性的泛逻辑(如三值逻辑)中普遍存在。

2.1　模糊逻辑的经验和教训

1965 年 Zadeh 提出了 Fuzzy Sets 理论，其中给出了 3 个模糊逻辑算子〔$\sim x=1-x=N(x)$，$x\wedge y=\min(x,y)=T(x,y)$，$x\vee y=\max(x,y)=S(x,y)$〕，大家把

它称为模糊逻辑,应用十分广泛,几乎刚性逻辑处理不了的问题都指望它了,在柔性信息处理中人们投入了巨大的精力,也积累了大量的经验和教训。所以,我们选择模糊逻辑作为研究柔性逻辑的一面铜镜和参照物,它的成功之处值得我们保持发扬,它的不足之处需要研究改进。

我们注意到,模糊逻辑的最大成功之处是它引入了隶属度(即命题的真度),一下子打开了狭义逻辑观的禁锢,把刚性命题变成了柔性命题,扩大了逻辑处理不确定性问题的描述能力,迎来了广义逻辑观的曙光。这就不难理解,为什么大家都知道模糊逻辑理论上还不成熟,却争先恐后地去应用它解决自己手中的问题。同时,我们也注意到,模糊逻辑的理论缺陷是对 Zadeh 算子组的引入缺少理论证明,让人们误以为这个算子组具有普适性,可以像刚性逻辑算子组一样到处适用,这也是狭义逻辑观的一种思想禁锢,有待突破。实践是检验真理的唯一标准,尽管模糊逻辑比较成功地解决了许多现实问题,但是偶然出现的违反常识的异常结果让人头疼不已,人们迫切需要知道 Zadeh 算子组到底能够解决什么问题,不能解决什么问题。于是一大批学者投入完善模糊逻辑理论的探索之中。这些探索形成了两个极端:一个极端是用公理化方法证明 Zadeh 算子组是唯一正确的模糊逻辑算子组,大家可以放心使用;另一个极端是人们提出了许多模糊算子组,作为对 Zadeh 算子组的补充和完善,供使用者根据应用场景的需要有选择地使用,如果效果不好可随意更换。下面介绍一些具体情况。

2.1.1　Zadeh 算子组的公理化证明

在模糊逻辑中为什么要引入 Zadeh 算子组?文献[BEGI73]试图从公理化的角度正面回答这个问题。为此该文献引入了隶属度应该满足的一组公理集,以此证明 Zadeh 算子组是模糊逻辑中唯一正确的算子组,大家可以放心地使用。这个结论反映在以下两个定理中[WANLI96]。

定理 2.1.1　若一元函数 $N(x):[0,1]\to[0,1]$满足以下条件:

- 公理 1　边界条件,$N(0)=1,N(1)=0$;
- 公理 2　连续性,$N(x)$是连续函数;
- 公理 3　单调性,$N(x)$是严格单调减函数;
- 公理 4　对合律,对任意 $x\in[0,1]$,有 $N(N(x))=x$;
- 公理 5　偶等性,对任意 $x\in[0,1]$,有 $N(x)=1-N(1-x)$。

则 $N(x)=1-x$。

证明:

① 当 $x\in\{0,1/2,1\}$时,显然有 $N(x)=1-x$;

② 若 $x_0\in[0,1]\backslash\{0,1/2,1\}$使 $N(x_0)=y_0>1-x_0$,可置 $1-x_0=x_1$,$N(x_1)=y_1$,

则有

$$y_1=N(x_1)=N(1-x_0)=1-N(x_0)=1-y_0<1-(1-x_0)=x_0$$

于是由公理 3 和公理 4 知，$1-x_0<N(x_0)<N(y_1)=x_1=1-x_0$，这是个矛盾。

同理可证当 $N(x_0)=y_0<1-x_0$ 时，也是个矛盾。所以本定理成立。 ▌

定理 2.1.2 若二元函数 $f(x,y)$，$g(x,y)$：$[0,1]^2\to[0,1]$满足以下条件：

- 公理 1 边界条件，$f(1,1)=1$，$g(0,0)=0$；
- 公理 2 连续性，$f(x,y)$，$g(x,y)$是连续函数；
- 公理 3 单调性，$f(x,y)$，$g(x,y)$是不减函数，且 $u(x)=f(x,x)$，$v(x)=g(x,x)$是严格增函数；
- 公理 4 结合律，$f(f(x,y),z)=f(x,f(y,z))$，$g(g(x,y),z)=g(x,g(y,z))$；
- 公理 5 交换律，$f(x,y)=f(y,x)$，$g(x,y)=g(y,x)$；
- 公理 6 分配律，$f(x,g(y,z))=g(f(x,y),f(x,z))$，$g(x,f(y,z))=f(g(x,y),g(x,z))$；
- 公理 7 有界性，$f(x,y)\leqslant\min(x,y)$，$g(x,y)\geqslant\max(x,y)$。

则 $f(x,y)=\min(x,y)$，$g(x,y)=\max(x,y)$。

证明：

① 往证 $u(x)$，$v(x)$均是$[0,1]\to[0,1]$的双射。

由公理 1 和公理 7 知：$u(0)=0$，$u(1)=1$。再由公理 2 和公理 3 知：$u(x)$是严格增连续函数。所以 $u(x)$是$[0,1]\to[0,1]$的双射。同理可证 $v(x)$是$[0,1]\to[0,1]$的双射。

② 往证对任意 $x\in[0,1]$有 $x=f(x,g(x,x))$，$x=g(x,f(x,x))$。

设 $u(x)=a$，由公理 3、公理 4、公理 6 和公理 7 知

$$u(x)=f(x,x)=a\leqslant\max(a,f(a,a))\leqslant g(a,f(a,a))=f(g(a,a),g(a,a))$$

即 $u(x)\leqslant u(g(a,a))$。由于 $u(x)$严格增，故 $x\leqslant g(a,a)$。又

$$\begin{aligned}g(a,a)&=g(u(x),u(x))=g(f(x,x),f(x,x))\\&=f(x,g(x,x))\leqslant\min(x,g(x,x))\leqslant x\end{aligned}$$

所以，$x=g(a,a)$，从而有 $x=f(x,g(x,x))$。同理可证：$x=g(x,f(x,x))$。

③ 往证对任意 $a\in[0,1]$有 $f(a,a)=a$，$g(a,a)=a$。

由②和公理 4 知

$$a=f(a,g(a,a))$$

$$\begin{aligned}f(a,a)&=f(f(a,a),g(f(a,a),f(a,a)))\\&=f(f(a,a),f(a,g(a,a)))\\&=f(f(a,a),a)\end{aligned}$$

从而有 $f(a,a)=f(f(f(a,a),a),a)=f(f(a,a),f(a,a))$，即 $u(a)=u(f(a,a))$，再由①知 $a=f(a,a)$。同理可证：$a=g(a,a)$。

④ 往证对任意 $a,b\in[0,1]$有 $f(a,g(a,b))=g(a,f(a,b))=a$。

由①和公理 7 知

$$a\leqslant\max(a,f(a,b))\leqslant g(a,f(a,b))=f(g(a,a),g(a,b))$$
$$=f(a,g(a,b))\leqslant\min(a,g(a,b))\leqslant a$$

因此 $f(a,g(a,b))=a$。同理可证：$g(a,f(a,b))=a$。

⑤ 往证对任意 $a,b\in[0,1]$有 $f(a,b)=\min(a,b)$，$g(a,b)=\max(a,b)$。

由公理 5 知：不妨设 $a\leqslant b$，令 $k(a,y)=g(a,y)$，于是 $k(a,a)=g(a,a)=a$，因此有 $k(a,1)=g(a,1)\geqslant\max(a,1)=1$，$k(a,1)=1$。固定 a，$k(a,y)$是$[a,1]$到$[a,1]$的连续函数。于是对于 $b\geqslant a$，有 $c\geqslant a$，使 $k(a,c)=g(a,c)=b$，这样一来有

$$f(a,b)=f(a,g(a,c))=g(f(a,a),f(a,c))=g(a,f(a,c))=a=\min(a,b)$$

同理可证：$g(a,b)=\max(a,b)$。所以本定理成立。

这两个定理从理论上揭示了模糊逻辑中的一个根本矛盾。

- 一方面，按照 Zadeh 的模糊理论，隶属度和 Zadeh 算子组都具有普适性，它们能用于各种模糊推理。上述隶属度的公理集和两个定理也从理论上证明了 Zadeh 算子组就是模糊逻辑运算唯一可用的模糊算子组，理论上已解决了为什么模糊逻辑要建立在 Zadeh 算子组上的问题，这一切完全符合逻辑学的传统做法。
- 另一方面，应用反复告诉人们，Zadeh 算子组只在部分情况下有效，有的情况下使用 Zadeh 算子组会出现违反常识的异常结果！为什么理论和实践有如此巨大的差异？

目前，在不确定性推理上，唯一可以依靠的理论支撑是概率论，概率论的 3 个相关性准则明确告诉我们，Zadeh 算子组只适用于概率测度是可加测度、两个事件最大相吸的特殊情况，偏离这一点，就会出现偏差，偏离越远，偏差越大，根本没有普适性。由此可知，上述公理化证明仅证明了 Zadeh 算子组的合法性和正确性，并没有证明 Zadeh 算子组的普适性。

2.1.2　Zadeh 算子组的实用性扩充

模糊逻辑中理论和实践的不一致在狭义逻辑观内无法解决，因为狭义逻辑观的传统方法就是用一个固定不变的算子来定义命题连接词的运算模型，并且承认它们具有普适性。问题集中到了一点：模糊逻辑的命题连接词究竟应该如何定义？是用一个固定不变的算子，还是用一组不确定的算子完整簇？在这个问题上，传统的逻辑学理论框架面临着如下挑战。

① 模糊命题连接词是否像二值逻辑那样只能用一个固定不变的算子来定义？

② 如果模糊命题连接词需要用一个不确定的算子簇来定义，那么引起这种不

确定性的客观原因是什么？如何在应用时合理地选择算子簇中的算子？

③ 如何描述和实现这种不确定的模糊命题连接词？

二值逻辑在人们思想上留下的烙印太深了，人们总相信命题连接词应该用一个固定不变的算子来定义。三值逻辑出现后，这个信念受到过挑战，但后来用定义不同的三值逻辑体系的方法回避过去了[WANG89]。因为在三值逻辑中，第三值 u 只有两种不同的语义：

① u 在 0，1 之间，如 u 为 0.5、不知道、不确定、过渡态等；

② u 在 0，1 之外，如 u 为 $\perp$（无定义）、超范围、无意义等。

逻辑运算的结果也只有 3 种不同的取值可能，所以只可能存在有限几种不同的三值逻辑的命题连接词定义，可以通过一一枚举的方式定义出来[HEXG98]。

然而在模糊逻辑中这个挑战已经无法回避，应用实践一再表明，模糊命题连接词的运算模型不应该是一个固定不变的算子，定理 2.1.1 和定理 2.1.2 的提出犯了解决问题的方向性偏离的错误，这就要求我们在模糊世界中找到能解释命题连接词运算模型不唯一的客观原因，并在逻辑学理论上给出严格证明。

模糊逻辑出现理论缺陷不是哪个人不够聪明的问题，人类在这里还长期存在认识上的盲区，需要用新的智慧之光去照亮它。

长期以来，由于在传统的逻辑学理论框架内还没有找到解决问题的办法，不少人为了实际应用的需要，在 Zadeh 算子组之外，又补充定义了一些类似于与、或运算功能的模糊与/或算子对，供人们在使用 Zadeh 算子对出现异常的场合选择使用，迄今人们已提出了数十种不同的模糊与/或算子对。为了使模糊与/或算子对能与逻辑运算联系起来，人们还尽可能地把这些与/或算子对用 Zadeh 算子对来表达。但他们都没有解释清楚在 Zadeh 算子对之外提出这些与/或算子对的客观依据或逻辑学理论依据，也没有给出这些与/或算子对的具体使用条件，只能算是一种在经典逻辑学理论框架之外的实用性修补。因此，目前在模糊逻辑的实际应用中，八成以上的人仍在使用 Zadeh 算子对。

为了讨论方便，我们把与模糊与算子 $\wedge$ 对应的算子记为 $\otimes$，把与模糊或算子 $\vee$ 对应的算子记为 $\oplus$。下面列出了常用的与/或算子对，它们都满足逻辑学中的 DeMorgan 定律 $p\otimes q=\sim(\sim p\oplus\sim q)$[HEZX83，DOZZ95，WALI96]。

① Zadeh 算子对 $\mathbf{Z}(\wedge,\vee)$

$$p\wedge q=\min(p,q)$$
$$p\vee q=\max(p,q)$$

② 概率算子对 $\mathbf{P}(\otimes_{\mathrm{P}},\oplus_{\mathrm{P}})$

$$p\otimes_{\mathrm{P}}q=pq$$
$$p\oplus_{\mathrm{P}}q=p+q-pq$$

③ 有界算子对 $\mathbf{F}(\otimes_{\mathrm{F}},\oplus_{\mathrm{F}})$

$$p\otimes_F q=\max(0,p+q-1)=0\vee(p+q-1)$$
$$p\oplus_F q=\min(1,p+q)=1\wedge(p+q)$$

④ 突变算子对 $\mathbf{D}(\otimes_D,\oplus_D)$

$$p\otimes_D q=\text{ite}\{\min(p,q)\mid\max(p,q)=1;0\}=\text{ite}\{p\wedge q\mid p\vee q=1;0\}$$
$$p\oplus_D q=\text{ite}\{\max(p,q)\mid\min(p,q)=0;1\}=\text{ite}\{p\vee q\mid p\wedge q=0;1\}$$

⑤ Einstein 算子对 $\mathbf{E}(\otimes_E,\oplus_E)$

$$p\otimes_E q=pq/(1+(1-p)(1-q))=p\otimes_P q/(2-(p\oplus_P q))$$
$$p\oplus_E q=(p+q)/(1+pq)=((p\oplus_P q)+(p\otimes_P q))/(1+(p\otimes_P q))$$

⑥ Hamacher 算子簇对 $\mathbf{H}(\otimes_H,\oplus_H)$

$$p\otimes_H q=pq/(\upsilon+(1-\upsilon)(p+q-pq))=p\otimes_P q/(\upsilon+(1-\upsilon)(p\oplus_P q))$$
$$p\oplus_H q=((p+q-pq)-(1-\upsilon)pq)/(\upsilon+(1-\upsilon)(1-pq))$$
$$=((p\oplus_P q)-(1-\upsilon)(p\otimes_P q))/(\upsilon+(1-\upsilon)(1-(p\otimes_P q)))$$

它是一个算子簇，其中 $\upsilon\geqslant1$ 是算子的位置标志参数，例如，$\upsilon=1$ 时是概率算子对，$\upsilon=2$时是 Einstein 算子对。算子在算子簇中的排列是单调的。

⑦ Yager 算子簇对 $\mathbf{Y}(\otimes_Y,\oplus_Y)$

$$p\otimes_Y q=1-\min(1,((1-p)^n+(1-q)^n)^{1/n})$$
$$p\oplus_Y q=\min(1,(p^n+q^n)^{1/n}),\ n\geqslant1$$

它也是一个算子簇，其中 n 是算子的位置标志参数，例如，$n=1$ 时是有界算子对，$n\to\infty$ 时是 Zadeh 算子对。算子在算子簇中的排列是单调的。

在 $\sim p=1-p$ 的条件下，Zadeh 算子对和上述模糊与/或算子(簇)对的基本性质如表 2.1 所示。

表 2.1　常见的模糊与/或算子(簇)对的基本性质

性　质	**Z** 算子	**P** 算子	**F** 算子	**D** 算子	**E** 算子	**H** 算子	**Y** 算子
1. 幂等律	√	×	×	×	×	×	√($n\to\infty$)
2. 结合律	√	√	√	√	√	√	√
3. 交换律	√	√	√	√	√	√	√
4. 分配律	√	×	×	×	×	×	√($n\to\infty$)
5. 同一律	√	√	√	√	√	√	√
6. 两极律	√	√	√	√	√	√	√
7. 对偶律	√	√	√	√	√	√	√
8. 吸收律	√	×	×	×	×	×	√($n\to\infty$)
9. 补余律	×	×	√	√	×	×	√($n=1$)

上述努力缓解了一些模糊逻辑在应用中的压力，但是对在理论上完善模糊逻

辑理论没有多少帮助，一切寄希望于完全脱离狭义逻辑观的思想禁锢，真正把广义逻辑观建立完善起来。在这个问题上，犹如黑暗中在大海里航行的船舶，迫切需要灯塔为它指明前进的方向。

科学的理念是黑暗中的灯塔，它照亮了人类文明之舟的前进方向。

2.2 关系柔性对柔性逻辑运算模型的影响

下面通过实例来进一步理解模糊逻辑在理论上的不足。

例 2.1 学生的考试成绩问题。

U 班的学生用 $u\in U$ 表示，他们的某课程考试成绩归一化后为 $p(u)=x(u)\in[0,1]$，$p(u)$是 U 上的一个成绩分布，代表 U 班学生对该课程的掌握程度。如果把 $p(u)$看成一个模糊谓词，则它确定了一个模糊集合 $A=\{(u,\ p(u))\mid u\in U\}$。应该强调的是，$p(u)$的值 $x(u)$并不是在 U 中可以直接确定的，而是在考试试卷 E 中，由学生 u 答对的知识点集合 $X(u)$在 E 中所占比例决定的。同样 V 班学生 v 对该课程的掌握程度可用模糊谓词 $q(v)=y(v)\in[0,1]$表示，它确定了一个模糊集合 $B=\{(v,q(v))\mid v\in V\}$，$q(v)$的值 $y(v)$由学生 v 答对的知识点集合 $Y(v)$在 E 中所占比例决定。如 u,v 是具体的两个学生，则 $p(u)$和 $q(v)$是两个模糊命题，有确定的真度 $x,y\in[0,1]$。与通过/不通过的二值考试方式 $x,y\in\{0,1\}$不同，模糊命题真度的连续可变性可以精确地描述学生的成绩好坏，这是模糊逻辑的成功之处。但在模糊命题真值的连续可变性基础上，模糊逻辑要进一步计算分子模糊命题的真值时，即在回答下列问题时就暴露出了模糊逻辑存在的理论缺陷：

① 学生 u 对某课程未掌握的程度 $N(x)=?$

② 学生 u,v 两人对某课程共同掌握的程度 $T(x,y)=?$

③ 学生 u,v 中对某课程至少有一人已经掌握的程度 $S(x,y)=?$

要回答第一个问题需要考虑试卷内容和评分 x 是否准确反映了学生的实际成绩。如果试卷内容和评分是无偏差的，则 $N(x)=1-x$，适合用模糊逻辑进行描述；反之，如果评分存在系统性偏差，$N(x)$将偏离 $1-x$，且偏离的方向和大小与系统偏差的方向和大小密切相关，对此 $N(x)=1-x$ 不能描述。所谓“系统性偏差”由评分标准引起：如试卷内有 100 个知识单元，每个知识单元占 1 分。精确的评分规定是任一知识单元答对几成就给零点几分；最大负偏差的评分规定是任一知识单元回答全对给 1 分，否则 0 分；最大正偏差的评分规定是任一知识单元回答全错给 0 分，否则 1 分。

回答另外两个问题需要考虑 $X(u)$，$Y(v)$之间有多少重叠部分，根据概率论的 3 个相关准则，如果一人完全抄袭另一人的试卷，$X(u)$，$Y(v)$之间存在最大相吸关系，则用模糊算子 $T(x,y)=\min(x,y)$ 和 $S(x,y)=\max(x,y)$ 能够精确刻画；如果两人完全独立答题，$X(u)$，$Y(v)$之间存在独立相关关系，则需要用概率算子 $T(x,y)=xy$ 和 $S(x,y)=x+y-xy$ 才能精确刻画；如果是两个优等生的冠军争夺赛，考试题目全会做，主要是比赛答题速度，且规定一人从卷头开始答题，另一人从卷尾开始答题，则 $X(u)$，$Y(v)$之间存在最大相斥关系，需要用有界算子$T(x,y)=\max(0,x+y-1)$和 $S(x,y)=\min(1,x+y)$才能刻画。当实际情况在这几个特殊情况之间连续变化时，结果显然应在这些算子之间连续变化。可见，从 Zadeh 提出的算子 $N(x)$，$T(x,y)$和 $S(x,y)$看，模糊逻辑仅适用于 $X(u)$，$Y(v)$之间存在最大相吸关系且不存在系统误差的特殊情况，在其他情况下运用它们都会带来无法容忍的偏差。

后来又有人补充进来一些模糊逻辑命题连接词，如蕴含算子 $I(x,y)=\min(1,1-x+y)$和等价算子 $Q(x,y)=1-|x-y|$，从概率论的 3 个相关准则可知，这两个所谓的模糊算子只能适用于 $X(u)$，$Y(v)$之间存在最大相斥关系且不存在系统误差的特殊情况，在其他情况下运用它们都会带来无法容忍的偏差。可见，模糊逻辑对命题连接词的定义是随心所欲的，内部很不协调，无法正常使用并获得精准结果。

问题出在什么地方，应该如何解决？50 多年来这个问题一直困扰着研究模糊逻辑的人们。

模糊逻辑的不完善激发了大批有志之士投身到模糊算子和模糊推理规则的研究之中，目前的情况是学术观点林立，已出现了数十种命题连接词的定义方案，众说纷纭，迫切需要有一种全新的视角，把模糊逻辑从理论层面真正建立起来。

我们认为，模糊逻辑存在理论缺陷的根源是它在将二值逻辑的真值域{0.1}创造性地推广到[0,1]后，只注意到了模糊命题真度的连续可变性，而没有认识到模糊命题连接词的运算模型的连续可变性，因而试图用一个确定不变的 Zadeh 算子组来定义命题连接词，未曾设想一个逻辑系统中的逻辑运算模型是可以连续变化的算子完整簇。其他人关于广义模糊算子的研究，虽然在数学上已发现了模糊算子的多样性和连续可变性，但仍然没有在逻辑学理论框架之内找到引起命题连接词运算模型连续可变的客观原因和合理解释，因而只能抽象地依靠数学手段在逻辑学理论框架之外对 Zadeh 算子组进行实用性修补。数学思维的一个重要原则是确定性，数理逻辑在这个问题上同样表现出一种思维定式：尽管人们已经用模糊性表示了模糊命题真度的柔性，但仍然忽视了模糊命题之间关系的柔性。在此基础上得到的基本性质、常用公式和推理规则集自然也是建立在沙滩上的城堡。尽管模糊集合论和模糊数学的应用十分广泛，但由于数学理论上的不完善，至今仍有不少数学家和数理逻辑学家不承认它是严谨的科学，这不无道理。

我们在长期从事人工智能理论和实用专家系统研究的过程中发现，柔性命题之间的关系柔性是不可回避的客观存在,需要用连续可变的算子完整簇来描述。也就是说,在对立不充分世界中,不仅要考虑柔性命题真度对逻辑运算结果的影响,而且要考虑关系柔性对逻辑运算结果的影响。事物之间的广义相关性和广义自相关性是引起关系柔性的根本原因。这些发现使我们找到了一种柔性逻辑中命题连接词运算模型具有连续可变性的客观依据和合理解释,从而有可能重新回到逻辑学理论框架之内研究柔性命题连接词的定义问题,并提出了泛逻辑学的研究目标[HELH96]。下面通过现实生活中的实例简单介绍关系柔性对柔性命题连接词运算模型的影响。

2.2.1 广义相关性对泛与/泛或运算的影响

中国古典哲学认为,世间万事万物都是相关的,不是相生(mutual promotion)就是相克(mutual restraint),非此即彼。在概率论中只研究相生关系,为了与之相区别我们在泛逻辑学中称既考虑相生相关又考虑相克相关的相关性为广义相关性(generalized correlativity)。在研究广义相关性时我们发现:

① 相生关系是各种包容关系和共生关系的抽象,其中存在吸引力 x 和排斥力 p 的一对矛盾,其相关性可用相关系数 $g=x-p$ 来刻画。当吸引力最大($x=1$)排斥力最小($p=0$)时,表现为最大相吸状态($g=1$);当吸引力和排斥力相等($x=p=0.5$)时,表现为独立相关状态($g=0$);当吸引力最小($x=0$)排斥力最大($p=1$)时,表现为最大相斥状态($g=-1$)。相生系数 $g\in[-1,1]$。

② 相克关系是各种相互抑制关系(如敌我关系和生存竞争关系)的抽象,其中存在杀伤力 s 和生存力 c 的一对矛盾,其相关性可用相克系数 $f=s-c$ 来刻画。当杀伤力最大($s=1$)生存力最小($c=0$)时,表现为最大相克状态($f=1$);当杀伤力和生存力相等($s=c=0.5$)时,表现为僵持状态($f=0$);当杀伤力最小($s=0$)生存力最大($c=1$)时,表现为最小相克状态($f=-1$)。相克系数 $f\in[-1,1]$。

③ 不难看出,最小相克与最大相斥是同一种状态,都表现为双方尽可能不接触且互不杀伤,是广义相关的中性状态(即相生性和相克性的分界线)。所以广义相关性认为,相生和相克不是两个完全独立的相关关系,从相生到相克是连续过渡的。

④ 从有利于生存的观点看,最大相吸状态是广义相关的最大状态,最大相克状态是广义相关的最小状态。随着相容性从最大不断地减少,广义相关性从最大相吸状态连续变小,经过独立相关状态到达中间状态(最大相斥状态也就是最小相克状态);接下来随着相克性的不断增大,广义相关性从最小相克状态连续变小,经过僵持状态到达最大相克状态。于是我们可以得出结论:广义相关性的大小是连续变化的。

⑤ 广义相关性是一种存在于柔性命题之间的互相关性，广义相关性的连续变化可用表示互相关程度的广义相关系数(generalized correlation coefficient) $h\in[0,1]$ 来刻画：$h=1$ 表示最大相吸状态；$h=0.75$ 表示独立相关状态；$h=0.5$ 表示最大相斥状态；$h=0.25$ 表示僵持状态；$h=0$ 表示最大相克状态。即相生相关时 $h=(3+g)/4$，相克相关时 $h=(1-f)/4$。

⑥ 在有些情况下，系统内部存在相生力和相克力的一对矛盾，其相关性可直接用广义相关系数 h 来刻画。当相生力最大相克力最小时，表现为最大广义相关状态，$h=1$；当相生力和相克力相等时，表现为中性广义相关状态，$h=0.5$；当相生力最小相克力最大时，表现为最小广义相关状态，$h=0$。

无处不在的广义相关性对模糊集合和模糊逻辑的运算都有深刻影响，这种影响仅从个体变域 $\boldsymbol{U}$ 上的隶属函数分布图(见图 2.1)上很难看出，因为两个模糊集合在同一点上的隶属度都是用一维坐标轴上从 0 开始向上画的线段来表示的，似乎大的隶属度必然包含小的隶属度，没有什么可以怀疑的，这可能就是盲目认为在模糊逻辑学中采用 Zadeh 算子组是理所当然的认识根源。

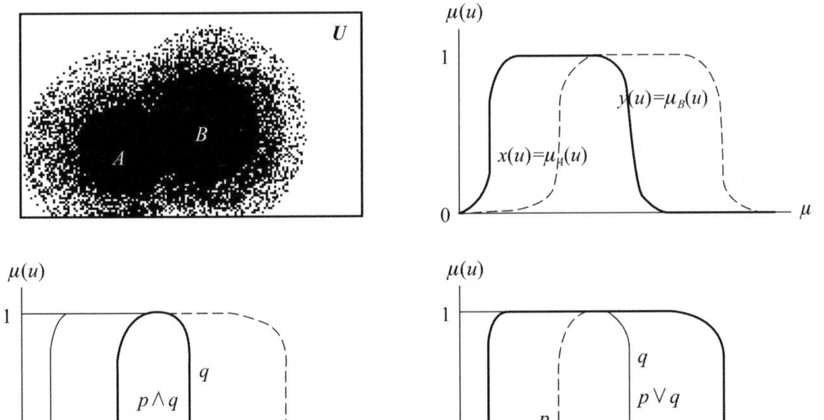

图 2.1　从隶属度图看模糊集合和模糊逻辑的关系

但我们转换一下观察问题的视角，从决定该 u 点隶属度大小的因素空间(factor space) $\boldsymbol{E}$ 上来分析问题(如在图 2.2 所示的二维空间中)，情况就大不一样了。虽然模糊集合 A 是用隶属度 $\mu_A(u)$ 在个体域 $\boldsymbol{U}$ 上的函数分布图来刻画的，但模糊集合中任意点 u 的隶属度 $\mu_A(u)$ 却是通过因素空间 $\boldsymbol{E}$ 中与该点对应的经典集合 X 的模糊测度 $m(X)$ 得到的。如在例 2.1 中已看到，$\boldsymbol{U}$ 班同学的考试成绩除以 100 后构成一个模糊集合 A，它可用 $\boldsymbol{U}$ 上的隶属度(成绩) $\mu_A(u)$ 分布图来刻画，而学生 u 的隶属度(成绩) $\mu_A(u)$ 则是由他在试卷 $\boldsymbol{E}$ 上答对试题集合 X 的模糊测度

$m(X)$决定的。由于广义相关性会影响两个经典集合之间的相对位置，所以广义相关性对因素空间 $\boldsymbol{E}$ 中的经典集合之间的集合运算有影响，这种影响通过模糊测度传递到个体域 $\boldsymbol{U}$ 上，就对模糊逻辑运算和模糊集合运算有影响。显然，Zadeh 提出的与/或算子对无法描述两个集合相对移动的影响（见图 2.3），其他人补充的模糊算子也无法描述这种影响。

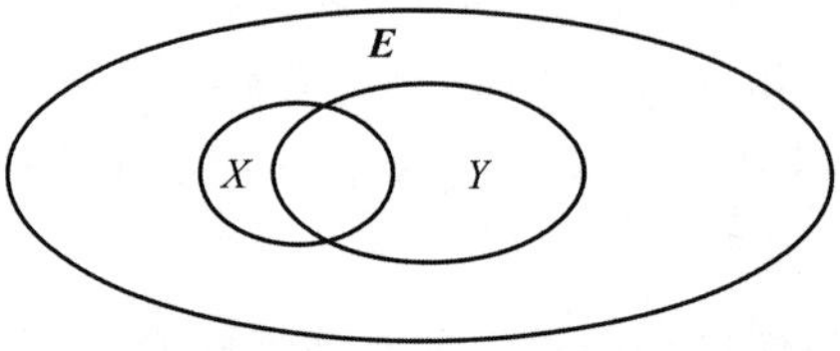

$\mu_A(u)=m(X), \mu_B(u)=m(Y), u\in U, X, Y\subseteq E$

图 2.2　Zadeh 算子对无法描述 X,Y 相对移动的影响

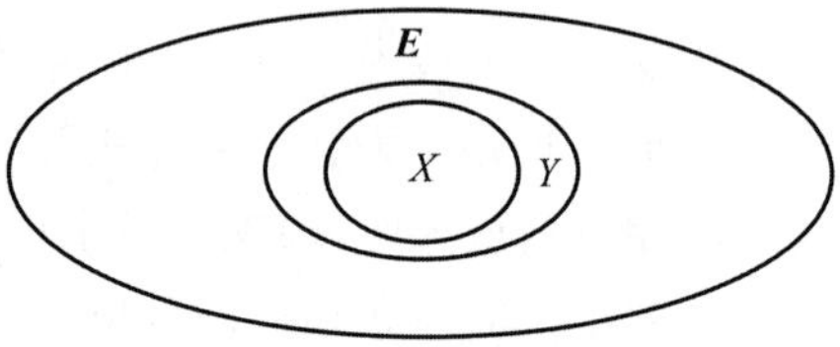

图 2.3　Zadeh 算子对只适用于最大相吸的情况

例 2.2　面积问题 1。

设有一非空的因素空间 $\boldsymbol{E}$，它是由平面上连续分布的一些点组成的分明集合，面积为一个单位，即 $s(\boldsymbol{E})=1$。定义分明子集 X 的面积 $s(X)=x$ 为 X 的模糊测度，它对应于模糊命题 p 的真度，分明子集 Y 的面积 $s(Y)=y$ 为 Y 的模糊测度，它对应于模糊命题 q 的真度。则 $s(\boldsymbol{E})=1$ 对应于一个恒真的模糊命题，空子集的面积 $s(\varnothing)=0$ 对应于一个恒假的模糊命题。试问 $p\wedge q$ 的真度即 X,Y 交集的面积 $s(X\cap Y)=T(x,y)=$？$p\vee q$ 的真度即 X,Y 并集的面积 $s(X\cup Y)=S(x,y)=$？答案显然与分明子集 X,Y 间的广义相关性有关，其典型情况有：

① $h=1$ 表示 X,Y 间最大相吸，大的集合完全包含小的集合（见图 2.3），因而有

$$T(x,y)=\mathbf{T}_3=\min(x,y),\quad S(x,y)=\mathbf{S}_3=\max(x,y)$$

这是著名的 Zadeh 算子对，$\mathbf{T}_3$ 是最大的与算子，$\mathbf{S}_3$ 是最小的或算子。

② $h=0.75$ 表示 X,Y 间独立相关，交集的面积分别与 X,Y 的面积成正比（见图 2.4），因而有

$$T(x,y)=\mathbf{T}_2=xy,\quad S(x,y)=\mathbf{S}_2=x+y-xy$$

这是著名的概率算子对，$\mathbf{T}_2$ 是中度相容与算子，$\mathbf{S}_2$ 是中度相容或算子。

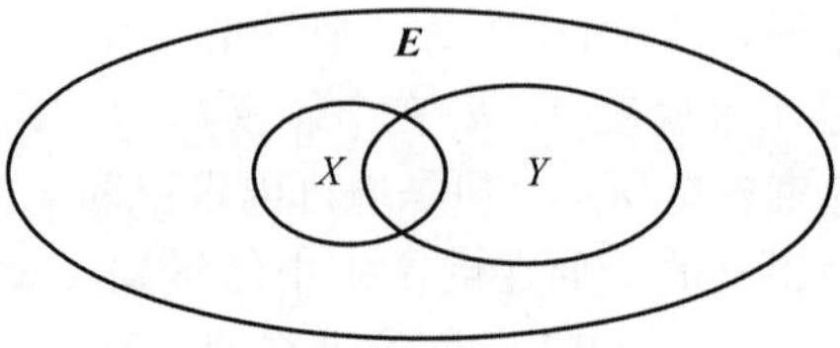

图 2.4　概率算子对只适用于独立相关的情况

注意:在这里独立相关的概念与"两集合不相交即独立"的概念不同,前者指两集合中的元素彼此独立,互不相关;后者指两集合彼此独立,互不相交。

③ $h=0.5$ 表示 X,Y 间最大相斥或最小相克,只有 $x+y>1$ 时才交集(见图 2.5),因而有

$$T(x,y)=\mathbf{T}_1=\max(0,x+y-1),\quad S(x,y)=\mathbf{S}_1=\min(1,x+y)$$

这是著名的有界算子对,$\mathbf{T}_1$ 是中心与算子,$\mathbf{S}_1$ 是中心或算子。

在整个相生关系阶段全部满足相容律:$T(x,y)+S(x,y)=x+y$。

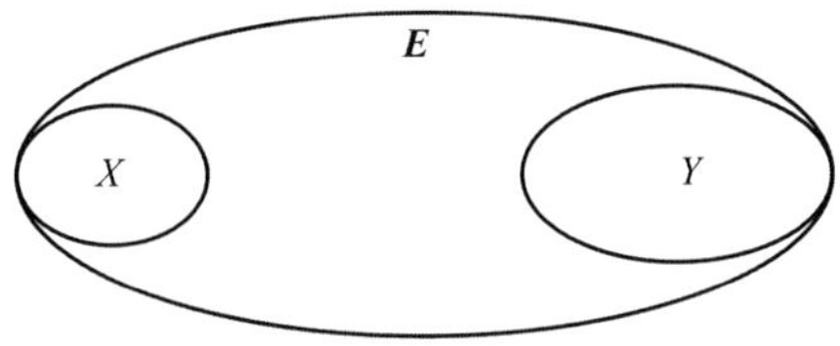

图 2.5　有界算子对只适用于最大相斥的情况

由于在相克关系中存在相互杀伤和扩军备战,所以相容律不再成立,代替它的是相克律:提前出现上饱和或者推迟出现下归零现象。

① 当 $x+y<1$ 时,双方没有接触,不会发生战争或抑制作用,但都需要扩军备战〔见图 2.6(a)〕,因而提前出现上饱和现象:

$$T(x,y)=0,\quad S(x,y)\geqslant\min(1,x+y)$$

② 当 $x+y=1$ 时,双方刚好接触上,但无冲突也无扩军余地〔见图 2.6(b)〕,因而有

$$T(x,y)=0,\quad S(x,y)=1$$

③ 当 $x+y>1$ 时,双方接触,必然发生战争或抑制作用,会造成部分死亡〔见图 2.6(c)〕,因而推迟出现下归零现象:

$$T(x,y)\leqslant\max(0,x+y-1),\quad S(x,y)=1$$

杀伤力越大(h 从 0.5 趋向 0),这种抑制和扩军的作用越明显,我们把这类算子对叫相克算子对,它的下极限是 $h=0$。

$h=0$ 表示 X,Y 间最大相克,双方是死敌,具有最大的杀伤性,只有一方为 1 时才会允许另一方存活;只有一方为 0

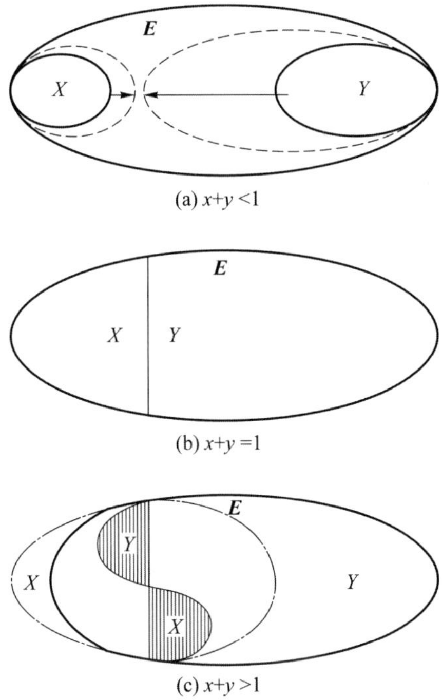

图 2.6　相克算子对只适用于相克相关的情况

时，才会停止相互断杀。因而有

$$T(x,y)=\mathbf{T}_0=\text{ite}\{\min(x,y)\mid\max(x,y)=1;0\}$$

$$S(x,y)=\mathbf{S}_0=\text{ite}\{\max(x,y)\mid\min(x,y)=0;1\}$$

其中 $\text{ite}\{\beta|\alpha;\gamma\}$是条件表达式：if α, then β; else γ。

这是著名的突变(drastic)算子对，也称为最大相克算子对。原来不知道它有什么用处，是什么含义，现在终于知道它代表了最大的杀伤力，$\mathbf{T}_0$ 是最小与算子，$\mathbf{S}_0$ 是最大或算子。

$h=0.25$ 表示 X,Y 间处于僵持状态，它是相克关系的中间状态，其中杀伤力和生存力相等，双方都需要部分地扩大自己，抑制对方，因而有

$$\mathbf{T}_0\leqslant T(x,y)\leqslant\mathbf{T}_1,\quad \mathbf{S}_0\geqslant S(x,y)\geqslant\mathbf{S}_1$$

这 4 个特殊的算子对之间有如下关系(见图 2.7)：

$$0\leqslant\mathbf{T}_0\leqslant\mathbf{T}_1\leqslant\mathbf{T}_2\leqslant\mathbf{T}_3\leqslant\mathbf{S}_3\leqslant\mathbf{S}_2\leqslant\mathbf{S}_1\leqslant\mathbf{S}_0\leqslant1$$

详细情况可用图 2.8 来说明，其中图 2.8(a)是 4 个特殊算子对的中值曲线图，它给出了在[0,1]×[0,1]空间中算子的值等于 0.5 时的分布情况。

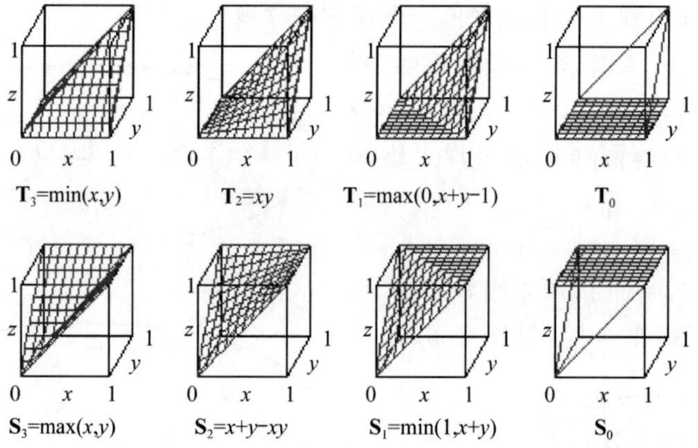

图 2.7　4 个典型与/或算子对的三维分布图

$h=0$ 时：

$\mathbf{T}_0$　$x\in[0.5,1]$时，$y=1$；$x=1$ 时，$y\in[0.5,1]$

$\mathbf{S}_0$　$x\in(0,0.5)$时，$y=0$；$x=0$ 时，$y\in[0,0.5]$

$h=0.5$ 时：

$\mathbf{T}_1$　$x\geqslant0.5$ 时，$y=1.5-x$

$\mathbf{S}_1$　$x\leqslant0.5$ 时，$y=0.5-x$

$h=0.75$ 时：

$\mathbf{T}_2$　$x\geqslant0.5$ 时，$y=0.5/x$

$\mathbf{S}_2$　$x\leqslant0.5$ 时，$y=(0.5-x)/(1-x)$

$h=1$ 时：

$$\mathbf{T}_3 \quad x\in(0.5,1)\text{时},y=0.5;x=0.5\text{ 时},y\in[0.5,1]$$

$$\mathbf{S}_3 \quad x\in[0,0.5]\text{时},y=0.5;x=0.5\text{ 时},y\in[0,0.5]$$

图 2.8(b)是算子在主对角面上的函数值分布图，它给出了在$[0,1]\times[0,1]$空间中算子在 $x=y$ 时的函数值分布情况。

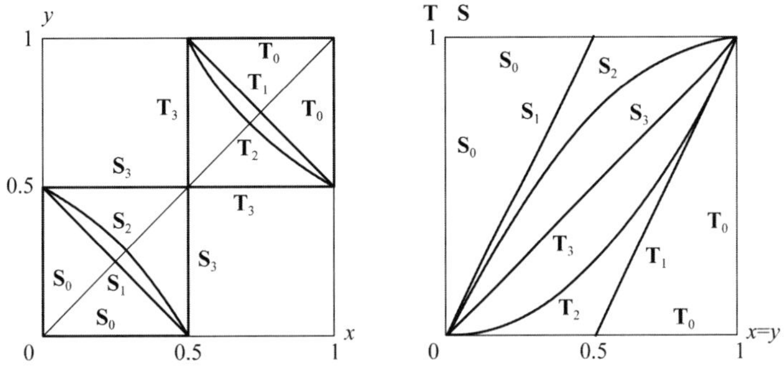

(a) 算子对的中值曲线图　　(b) 算子对在主对角面上的分布图

图 2.8　4 个算子对在$[0,1]\times[0,1]$空间中的分布图

由此我们不难设想，模糊测度的与、或运算可能是在最大算子和最小算子之间连续分布的算子簇(cluster)，其中 h 是算子的位置标志参数，算子在算子簇中的排列是单调的，且 $\mathbf{T}_3$ 和 $\mathbf{S}_3$、$\mathbf{T}_2$ 和 $\mathbf{S}_2$、$\mathbf{T}_1$ 和 $\mathbf{S}_1$ 以及 $\mathbf{T}_0$ 和 $\mathbf{S}_0$ 都有对偶关系。

与算子的变化范围是从 $\mathbf{T}_3$ 到 $\mathbf{T}_0$ 的三维空间，称为与算子的存在域。或算子的变化范围是从 $\mathbf{S}_3$ 到 $\mathbf{S}_0$ 的三维空间，称为或算子的存在域。从 $\mathbf{T}_3$ 到 $\mathbf{T}_0$ 的空间体积是 $\mathbf{T}_3$ 算子的体积，等于 1/3。同样 $\mathbf{T}_2$ 算子的体积等于 1/4，$\mathbf{T}_1$ 算子的体积等于 1/6，$\mathbf{T}_0$ 算子的体积等于 0。

于是我们猜想：模糊算子对的广义相关系数 h，在数值上可能与它的与算子$\otimes$的体积线性相关。在后面将给出我们的研究结论：零级与算子$\otimes$的广义相关系数 h 的物理意义是$\otimes$的体积与最大与算子(Zadeh 与算子$\wedge$)的体积之比。

$$\begin{aligned} h &= \int_{\mathbf{I}}\int_{\mathbf{I}}(x\otimes y)\mathrm{d}x\mathrm{d}y\Big/\int_{\mathbf{I}}\int_{\mathbf{I}}(x\wedge y)\mathrm{d}x\mathrm{d}y \\ &= 3\int_{\mathbf{I}}\int_{\mathbf{I}}(x\otimes y)\mathrm{d}x\mathrm{d}y,\quad \mathbf{I}=[0,1] \end{aligned}$$

2.2.2　广义自相关性对泛非运算的影响

在命题 p 和它的非命题$\sim p$ 之间还存在另一种相关性，叫广义自相关性。

在理论上我们可以假定因素空间 $\boldsymbol{E}$ 中的任意分明子集 X 的模糊测度 $m(X)$

都可以精确得到，它满足可加性。即对任意分明子集 $X, Y \in \boldsymbol{E}$，如果 $X \cap Y = \varnothing$，$m(X)=x, m(Y)=y$，则

$$m(X \cup Y) = m(X) + m(Y) = x + y$$
$$m(X \cup \neg X) = m(\boldsymbol{E}) = x + N(x) = 1$$

即

$$m(\neg X) = N(x) = 1 - x$$

但这只是理想情况下的非运算特性。在现实生活中，种种人类无法控制的原因会引起测量和认识偏差。除了两个极端情况 $m(\boldsymbol{E})=1, m(\varnothing)=0$ 没有误差外，其他情况下 $m(X)=x$ 都可能有误差，$m(\neg X)=N(x)=1-x$ 不再成立，而且测量和认识的偏差越大，$N(x)$ 偏离 $1-x$ 越大（见图 2.9）。

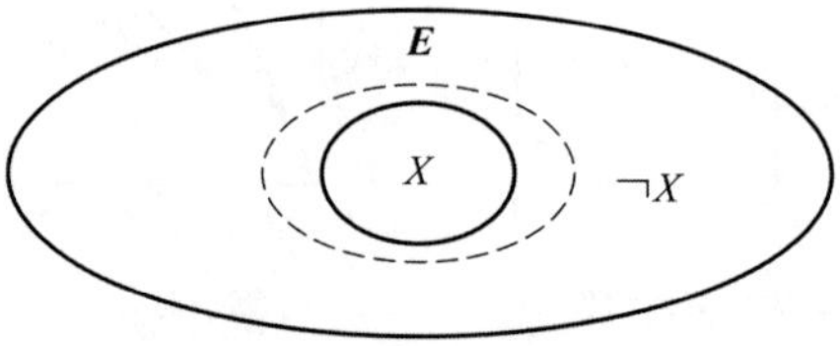

图 2.9　模糊测度有误差时 $m(X)+m(\neg X) \neq 1$

可见在模糊逻辑中，仅使用模糊非算子 $N(x)=1-x$ 是片面的，它只适合于理想的无误差模糊测度。为了刻画模糊测度误差对模糊非算子的影响，我们引入了广义自相关性（generalized autocorrelativity）和广义自相关系数（generalized autocorrelation coefficient）k。下面通过具体的实例来说明它们对非运算的影响。

例 2.3　面积问题 2。

在例 2.2 中我们默认分明子集 X 的面积 $s(X)=x$ 是可以精确得到的，它的补集 $\neg X$ 的面积当然是 $s(\neg X)=s(\boldsymbol{E})-s(X)=N(x)=1-x$，称这类可以精确得到模糊命题真度的问题为零级不确定性问题。现在假设某种原因使面积的测量存在一定偏差，x 和 $N(x)$ 的值仅是一个不太准确的近似值，虽然有 $\boldsymbol{E}=X \cup \neg X$，但 $x+N(x) \neq 1$，也就是说 $N(x)$ 的值将偏离 $1-x$。如果 $N(x)$ 的值可以通过已知的近似值 x 来估算，我们称这类问题为一级不确定性问题。在一级不确定性问题中，通常可以用下述关系来约束对 $N(x)$ 值的估算：

$$x + N(x) + \lambda x N(x) = 1$$

其中 λ 是反映测量偏差大小的修正系数，上述公式可以改写成

$$N(x) = (1-x)/(1+\lambda x) \quad 或 \quad x = (1-N(x))/(1+\lambda N(x))$$

这是著名的 Sugeno 算子簇，特记为

$$\mathrm{SN}(x, \lambda) = (1-x)/(1+\lambda x)$$

其中 λ 是 Sugeno 系数，它是算子的位置标志参数。算子簇的变化情况如图

2.10(a)所示，它具有逆等性，即 $SN(x,\lambda)=SN^{-1}(x,\lambda)$，且算子在簇中是单调排列的。

Sugeno 算子簇的数学意义和逻辑意义如下。

① 当 $\lambda=0$ 时是精确估计，$N(x)=1-x=\mathbf{N}_1$，这时的一级不确定性问题退化为零级不确定性问题，称 $\mathbf{N}_1$ 为中心非算子。

② 当 $\lambda<0$ 时是正偏差估计，带有一定冒险性质。

③ 当 $\lambda\to-1$ 时 $SN(x,\lambda)$ 的极限是 $N(x)=(1-x)/(1-x)=\mathbf{N}_3$。从数学上看它表示除了 $x=1$ 时 $N(x)$ 可为[0,1]中的任意值外，其他情况下 $N(x)=1$。从逻辑上看按非运算的性质我们应规定 $N(1)=0$，其他情况下 $N(x)=1$。即根据逻辑上的需要我们约定

$$N(x)=\mathbf{N}_3=\mathbf{N}_3{}^{-1}=\mathrm{ite}\{0\mid x=1;1\}$$

它表示只承认绝对真的否定是绝对假，其他情况下的否定都是绝对真，这是一种最冒险的估计，也是逻辑上最大可能的否定。所以 $\mathbf{N}_3$ 是最大非算子，且规定 $\mathbf{N}_3$ 的逆仍然是 $\mathbf{N}_3$。

④ 当 $\lambda=-8/9$ 时，$N(x)=(1-x)/((1-8x)/9)=\mathbf{N}_2$，这是一种中度冒险的估计。

⑤ 当 $\lambda=-1/2$ 时，$N(x)=(1-x)/(1-x/2)=\mathbf{N}_{1.5}$，这是一种弱冒险的估计。

⑥ 当 $\lambda>0$ 时是负偏差估计，带有一定保险性质。

⑦ 当 $\lambda\to\infty$ 时 $SN(x,\lambda)$ 的极限是 $N(x)=(1-x)/(1+\lambda x)=\mathbf{N}_0$。从数学上看它表示除了 $x=s(\varnothing)=0$ 时 $N(x)$ 可为[0,1]中的任意值外，其他情况下 $N(x)=0$。从逻辑上看按非运算的性质我们应该规定 $N(0)=1$，其他情况下 $N(x)=0$。即根据逻辑上的需要我们约定

$$N(x)=\mathbf{N}_0=\mathbf{N}_0{}^{-1}=\mathrm{ite}\{1\mid x=0;0\}$$

它表示只承认绝对假的否定是绝对真，其他情况下的否定都是绝对假，这是一种最保险的估计，是逻辑上最小可能的否定。所以 $\mathbf{N}_0$ 是最小非算子，且规定 $\mathbf{N}_0$ 的逆仍然是 $\mathbf{N}_0$。

⑧ 当 $\lambda=8$ 时 $N(x)=(1-x)/(1+8x)=\mathbf{N}_{0.5}$，这是一种中度保险的估计。

在图 2.10(a)中，我们首先发现曲线自身相对于坐标平面主对角线是左右对称分布的，也就是说 Sugeno 算子具有逆等性：

$$N(x)=(1-x)/(1+\lambda x),\quad x=(1-N(x))/(1+\lambda N(x))$$

在图 2.10(a)中我们还发现 $\lambda<0$ 的曲线和 $\lambda>0$ 的曲线相对于 $\lambda=0$ 的直线(坐标平面的副对角线)是上下对称分布的，也就是说 Sugeno 算子簇具有自对偶性，算子之间的对偶关系是

$$\begin{aligned}N(x)&=(1-x)/(1+\lambda x)\\&=1-(1-(1-x))/(1+\lambda'(1-x))\\&=(1+\lambda')(1-x)/((1+\lambda')-\lambda' x)\end{aligned}$$

$$\lambda=-\lambda'/(1+\lambda')$$

即 $\lambda=0,1,2,3,\cdots,n,\cdots$ 对偶于 $\lambda'=0,-1/2,-2/3,-3/4,\cdots,-n/(n+1),\cdots$。

我们还发现 Sugeno 算子的变化曲线和坐标平面主对角线的交点的坐标值 k 是非算子的不动点(fixed point),$\mathrm{SN}(k,\lambda)=k$, $k\in[0,1]$, k 和 λ 的关系是

$$\lambda=(1-2k)/k^2 \quad 或 \quad k=((1+\lambda)^{1/2}-1)/\lambda=1/((1+\lambda)^{1/2}+1)$$

k 的数学意义是对模糊命题的否定进行估计时的风险程度。

- $k\to1$ 是逻辑上的最大可能否定,对应于最冒险估计 $\mathbf{N}_3$。
- $k=0.75$ 是逻辑上的偏大否定,对应于中度冒险估计 $\mathbf{N}_2$。
- $k=0.5$ 是逻辑上的适度否定,对应于精确估计 $\mathbf{N}_1$。
- $k=0.25$ 是逻辑上的偏小否定,对应于中度保险估计 $\mathbf{N}_{0.5}$。
- $k=0$ 是逻辑上的最小可能否定,对应于最保险的估计 $\mathbf{N}_0$。

可见 k 是风险系数,反过来看 k 代表了模糊测度误差的大小,所以又叫误差系数。

k 的值也可作为非算子在算子簇中的位置标志参数。

由此可得 Sugeno 算子簇的另一种表示形式〔见图 2.10(b)〕

$$\mathrm{SN}(x,k)=(1-x)/(1+(1-2k)x/k^2), \quad k\in(0,1)$$

Sugeno 算子簇的逆等性表示为 $\mathrm{SN}^{-1}(x,k)=\mathrm{SN}(x,k)$。

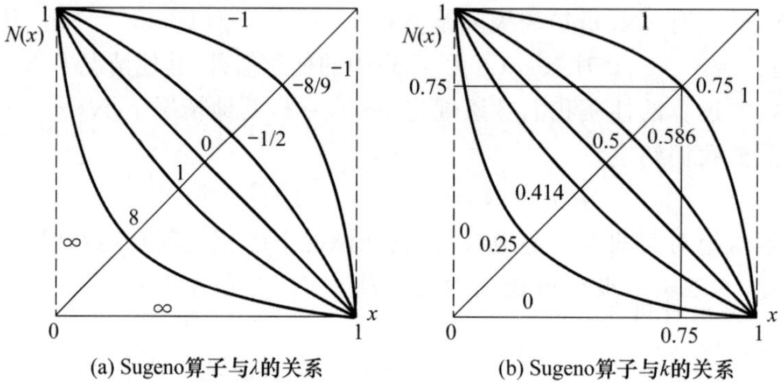

图 2.10 Sugeno 算子的物理意义

由 λ 的对偶关系 $\lambda=-\lambda'/(1+\lambda')$ 和 k 与 λ 的关系式可得 k 的对偶关系:

$$\begin{aligned}k&=((1+\lambda)^{1/2}-1)/\lambda\\&=((1+(-\lambda'/(1+\lambda')))^{1/2}-1)/(-\lambda'/(1+\lambda'))\\&=(1+\lambda')((1/(1+\lambda'))^{1/2}-1)/(-\lambda')\\&=1-((1+\lambda')^{1/2}-1)/\lambda'\\&=1-k'\end{aligned}$$

即 Sugeno 算子簇有对偶关系 $\mathrm{SN}'(x,k)=\mathrm{SN}(x,1-k)$。

严格地讲 Sugeno 算子簇 $SN(x,\lambda)$ 或 $SN(x,k)$ 只在 $\lambda\in(-1,\infty)$ 或 $k\in(0,1)$ 时有数学意义，但为了逻辑上的完整，我们约定它的上下极限 $\mathbf{N}_3$ 和 $\mathbf{N}_0$ 也属于 Sugeno 算子簇 $SN(x,k)$，且互为对偶，即 $SN(x,1)=\mathbf{N}_3=\mathbf{N}_3^{-1}$，$SN(x,0)=\mathbf{N}_0=\mathbf{N}_0^{-1}$。

这种拓广了的 Sugeno 算子簇叫广义 Sugeno 算子簇(记为 $GSN(x,k)$ $k\in[0,1]$)。由 $\mathbf{N}_3$ 和 $\mathbf{N}_0$ 包含的二维空间叫 Sugeno 算子簇的存在域。

非运算的风险程度 k 是一种存在于命题和它的非命题之间的广义自相关程度，因此 k 是描述广义自相关性大小的广义自相关系数。

由于 $GSN(k,k)=k$，当 $x<k$ 时 $GSN(x,k)>k$；当 $x>k$ 时 $GSN(x,k)<k$，所以 k 的逻辑意义是真值阈元(truth threshold value)，它是一级泛逻辑中偏真/偏假的分界线。

广义相关性和广义自相关性的概念及相关系数 h 和 k 都是由我们第一次提出并引入逻辑学的，这两个相关系数是独立存在和变化的，它们共同影响了命题连接词的运算模型。

这两个例子仅讨论了 $k,h\in[0,1]$中几个特殊点的情况，但从例 2.2 中已经可以看出，模糊集合的交、并运算和模糊逻辑的与、或运算都不是单一的公式。从例 2.3 中可以进一步看出，在一级不确定性问题中模糊集合的补运算和模糊逻辑的非运算也都不是单一的公式。而且不难想象：

① 在零级不确定性问题中，模糊测度没有误差，模糊非运算是单一的公式 $N(x)=1-x$。由于存在广义相关性，模糊与、或运算不是单一的公式 $T(x,y)=\min(x,y)$，$S(x,y)=\max(x,y)$，而是一组受广义相关系数 h 控制的可连续变化的算子簇。

② 在一级不确定性问题中，模糊测度有误差，由于存在广义自相关性，模糊非运算是一组受广义自相关系数 k 控制的可连续变化的算子簇。模糊与、或运算是一组受广义自相关系数 k 和广义相关系数 h 共同控制的可连续变化的算子超簇(supercluster)。

③ 我们称这种可在最大算子和最小算子之间连续变化的完整算子簇表示的运算为柔性运算，它可精确地描述命题之间关系的不确定性。在非运算公式簇中给定一个具体的系数 k 值，就给定了一个具体的运算公式(算子)。在与/或等运算公式超簇中给定一个具体的系数 k 值，就给定了一个具体的运算公式簇，再给定一个具体的系数 h 值，就给定了一个具体的运算公式(算子)，反之亦然。

2.3　现实世界中的关系柔性

严格地讲，现实世界本身是一个对立不充分的柔性世界，二值世界仅是一种理论上的抽象。在柔性世界中，不仅处处充满真值柔性，而且处处充满关系柔性。下面是关系柔性影响命题连接词运算模型的例子。

例 2.4 商场的丰富度。

定义商场的货物丰富度为 $f=n/N$,其中 n 是商场的货物种数,N 是市场上所有货物的总种数。今有一个市场 $\boldsymbol{E}$,其所有货物的总种数 $|\boldsymbol{E}|=N$,其中有 X,Y 两个商场,它们的货物种数分别是 $|X|=n(X)$,$|Y|=n(Y)$,货物丰富度分别是 $f(X)=n(X)/N=x$,$f(Y)=n(Y)/N=y$,问两家相同货物的丰富度 $f(X\cap Y)=T(x,y)=$? 两家合并后的货物丰富度 $f(X\cup Y)=S(x,y)=$? 答案显然要考虑 X,Y 间的广义相关性。如一家从另一家进货,则 $h=1$ 服从 Zadeh 算子 $\mathbf{T}_3$ 和 $\mathbf{S}_3$;如两家完全独立进货,则 $h=0.75$ 服从概率算子 $\mathbf{T}_2$ 和 $\mathbf{S}_2$;如两家是近邻,关系很好,尽量不进相同的货,则 $h=0.5$ 服从有界算子 $\mathbf{T}_1$ 和 $\mathbf{S}_1$。

例 2.5 生存竞争问题。

设有一个有限资源环境 $\boldsymbol{E}$,它养活着 X,Y 两种互相竞争的生物,我们可用负载系数 q 来描述环境 $\boldsymbol{E}$ 中生物的相对饱和度。定义单种生物在正常生活情况下的负载系数为 $q=in/|\boldsymbol{E}|$,其中 n 是某种生物的数量,i 是单位数量生物在正常生活情况下的资源需求,$|\boldsymbol{E}|$ 是环境 $\boldsymbol{E}$ 中的资源总数。已知环境 $\boldsymbol{E}$ 单独养活 X,Y 两种生物的负载系数分别是 $q(X)=i_X n(X)/|\boldsymbol{E}|=x$,$q(Y)=i_Y n(Y)/|\boldsymbol{E}|=y$。求 $\boldsymbol{E}$ 同时养活 X,Y 两种生物的负载系数 $q(X\cup Y)=S(x,y)=$? 当环境 $\boldsymbol{E}$ 的资源不够时,需要从环境外部紧急支援的负载系数 $q(X\cap Y)=T(x,y)=$? 显然这些答案与 $x+y$ 的多少和相克相关性有关:

① 当 $x+y\leqslant 1$ 时,$\boldsymbol{E}$ 中的资源足够养活 X,Y 两种生物,它们之间不会发生争夺资源的冲突和相互抑制作用,也不需要外部紧急支援,$T(x,y)=0$。但它们是天生的竞争对手,相互之间都有戒备心,由于竞争对手的存在,为了应付将来可能发生的资源短缺,生物都养成了储备物资的习惯,使单位数量生物的资源需求 i' 大于正常情况下的 i,因而有 $S(x,y)\geqslant x+y$ 的情况出现。

② 当 $x+y>1$ 时,$\boldsymbol{E}$ 的负载饱和,$S(x,y)=1$,且需要从环境外部紧急支援,$T(x,y)\geqslant 0$。但由于 X,Y 之间发生了争夺资源的冲突,产生相互抑制的作用,它们可能表现为生物数量的减少或单位数量生物资源需求的下降,$i'n'\leqslant in$,因而有 $T(x,y)\leqslant x+y-1$ 的现象出现。

③ X,Y 之间相互抑制能力的大小对上述结果的具体值有很大影响:当双方只有戒备之心,而无杀伤之力时,$h=0.5$,它们服从有界算子 $\mathbf{T}_1$ 和 $\mathbf{S}_1$;当双方是死敌,不消灭对方决不罢手时,$h=0$,它们服从突变算子 $\mathbf{T}_0$ 和 $\mathbf{S}_0$。即只有一方完全不存在,没有竞争对手时,才会停止储备物资行动;只有一方完全控制了环境,对方没有还手之力时,才会停止抑制和杀伤行动。当 $h\in(0,0.5)$时,结果介于上述两个极端情况之间。

例 2.6　发病率问题。

设有一个大的单位 $\boldsymbol{E}$，其中共有人员总数 M，现进行某疾病 X 的普查，发现有 m 个病人，则该单位 X 疾病的发病率是 $s(X)=m/M=x$。问无病率 $s(\neg X)=N(x)=$？这个问题显然与普查数据的准确性或信任度有关。

如果 n 是绝对准确的，则 $N(x)=(M-m)/M=1-x$，是一个零级不确定性问题；如果普查手段不完善，存在一定偏差，所得发病率 x 仅是一个不太准确的近似值，则无病率 $N(x)$ 的值不应该是 $1-x$。如果能够通过已知的发病率 x 来估算 $N(x)$ 的值，这就是一个一级不确定性问题。当我们用误差系数 k 来描述这种约束时，就有如下情况发生：

① $k=0$ 时是最保险估计，只有 $x=0$ 时才有 $N(x)=1$，否则 $N(x)=0$，$N(x)=\mathbf{N}_0$。即人们对 X 疾病极端恐惧，认为它的传染性极强，且绝对怀疑仪器漏诊，只要本单位有一人发病，就认为每个人都可能有病；只有在本单位确实找不到一个人发病时，才相信每个人都无病。在这里逻辑真/假的分界线是 0，只有 0 是假，所有大于 0 的值都偏真，其非命题自然为 0。

② $k=0.5$ 时是精确估计，$N(x)=\mathbf{N}_1=1-x$，即绝对相信仪器的诊断结果，逻辑真/假的分界线阈元是 0.5。

③ $k=1$ 时是最冒险估计，只有 $x=1$ 时才有 $N(x)=0$，否则 $N(x)=1$，即人们十分坚信自己不会得 X 疾病，且绝对怀疑仪器误诊，只要本单位有一人无病，就认为都无病；只有在本单位确实找不到一个人无病时，才相信都有病。在这里逻辑真/假的分界线是 1，只有 1 才是真，所有小于 1 的值都偏假，其非命题自然为 1。

在其他非极端情况下，结果介于它们之间。广义 Sugeno 算子簇可以用于这类问题。

2.4　模糊测度理论与关系柔性

下面我们进一步通过模糊测度理论来认识命题连接词运算模型的不确定性，这是我们提出关系柔性的理论依据。

如前所述，定义在个体域 $\boldsymbol{U}$ 上的模糊谓词 $p(u)$ 是一个真度函数，它的个体变元 $u\in\boldsymbol{U}$，$p(u)$ 的真值域是 $[0,1]$。给定一个元素 $u\in\boldsymbol{U}$，就可得到一个模糊命题 $p(u)$，它有确定的命题真度 $x\in[0,1]$，在模糊学理论中常称命题真度 x 为 u 点的隶属度。而隶属度 x 的值则是用因素空间 $\boldsymbol{E}$ 中与 u 点相对应的分明子集 X 的模糊测度 $m(X)$ 来确定的。通常人们认为隶属度是模糊测度的同义语，严格地讲是模糊测度决定了隶属度，所以我们应该用模糊测度的逻辑性质来规定隶属度的逻辑运算。

2.4.1 模糊测度之间的广义相关性

模糊测度是各种不确定性测度的总称，它可以通过经典集合来定义[ZHLI96]。

1. 模糊测度的经典集合定义

设 $\boldsymbol{E}$ 是一个非空的决定隶属度大小的因素空间，$\rho(\boldsymbol{E})$ 是 $\boldsymbol{E}$ 上所有分明子集的集合，模糊测度为一映射。

$m:\rho(\boldsymbol{E})\to[0,1]$，它满足：

① 有界性，$m(\varnothing)=0, m(\boldsymbol{E})=1$；

② 单调性，对任意 $X, Y\in\rho(\boldsymbol{E})$，若 $X\subset Y$，则 $m(X)\leqslant m(Y)$；

③ 连续性，若 $X_n\uparrow X=\bigcup X_n$ 或 $X_n\downarrow X=\bigcap X_n$，则 $\lim\limits_{n\to\infty} m(X_n)=m(X)=m(\min\limits_{n\to\infty} X_n)$。

有界性保证任何模糊测度都是[0,1]闭区间的数。单调性保证一个集合的模糊测度不小于它的任何子集的模糊测度。连续性保证在 $\boldsymbol{E}$ 是无限集合的情况下，从集合 X 的内部或外部向 X 无限逼近时，两种方法计算的结果是相同的。$\boldsymbol{E}$ 是有限集合时，连续性自动满足。如 $\boldsymbol{E}$ 是有限集合，$|X|/|\boldsymbol{E}|$ 是一种最常见的模糊测度，例 2.2 中的面积 $s(X)=x$ 就是一种模糊测度。

2. 模糊测度与/或运算的不确定性

为了讨论方便，并与常用的 Zadeh 算子组（～，∧，∨）相区别，我们定义模糊测度的逻辑运算为 $\sim_k m(X)=m(\neg X)$，$m(X)\wedge_h m(Y)=m(X\cap Y)$，$m(X)\vee_h m(Y)=m(X\cup Y)$。

由经典集合的性质可知：$X\subset X\cup Y$ 且 $Y\subset X\cup Y$；$X\cap Y\subset X$ 且 $X\cap Y\subset Y$。

利用有界性和单调性不难证明：

$$\max(m(X), m(Y))\leqslant m(X)\vee_h m(Y)\leqslant 1$$

$$\min(m(X), m(Y))\geqslant m(X)\wedge_h m(Y)\geqslant 0$$

上述模糊测度的逻辑性质从理论上进一步证实，一般来讲模糊测度的与、或运算本身都具有不唯一性，使用固定的 Zadeh 算子是片面的，它不能全面反映模糊测度的逻辑性质，即不能全面反映隶属度的逻辑运算规律。这是我们提出广义相关性的理论依据。

3. 在二值逻辑中广义相关性的作用消失

二值逻辑中的特征函数是模糊测度的特例，它只有 $m(\varnothing)=0, m(\boldsymbol{E})=1$ 两个状态，这使得逻辑运算的不确定性消失。这表明，一般来说逻辑运算本身都具有不确定性，只是在二值逻辑中因为只有 0,1 两个值，这种不确定的逻辑关系退化为一种确定的逻辑算子。如例 2.2 中的 $\mathbf{T}_3, \mathbf{T}_2, \mathbf{T}_1$ 和 $\mathbf{T}_0$ 退化为 $x\wedge y=\min(x,y)$，$\mathbf{S}_3$，$\mathbf{S}_2$，$\mathbf{S}_1$ 和 $\mathbf{S}_0$ 退化为 $x\vee y=\max(x,y)$。

2.4.2 不可加模糊测度的广义自相关性

1. 不可加模糊测度的定义

设 $m(X)$ 是 $\boldsymbol{E}$ 上的模糊测度，如果对任意分明子集 $X,Y\in\boldsymbol{E}$，$X\cap Y=\varnothing$，有

$$m(X\cup Y)=m(X)+m(Y)$$

则 $m(X)$ 叫可加模糊测度，否则 $m(X)$ 叫不可加模糊测度。

在可加模糊测度中，$m(X\cup\neg X)=m(\boldsymbol{E})=m(X)+m(\neg X)=1$，即

$$m(\neg X)=1-m(X)$$

是一个固定不变的模糊算子。

2. 不可加模糊测度非运算的不确定性

在不可加模糊测度中 $m(\neg X)=1-m(X)$ 不再成立，广义自相关性对模糊非运算的影响显现出来。例如，存在一种特殊的不可加性模糊测度[ZHLI96] $g_\lambda(\lambda>-1)$：$\rho(\boldsymbol{E})\to[0,1]$，满足条件：

① $g_\lambda(\boldsymbol{E})=1$；

② 对任意 $X,Y\in\rho(\boldsymbol{E})$，当 $X\cap Y=\varnothing$ 时，$g_\lambda(X\cup Y)=g_\lambda(X)+g_\lambda(Y)+\lambda g_\lambda(X)*g_\lambda(Y)$。

由于经典集合中 $X\cap\neg X=\varnothing$，显然有

$$g_\lambda(X\cup\neg X)=g_\lambda(\boldsymbol{E})=1=g_\lambda(X)+g_\lambda(\neg X)+\lambda g_\lambda(X)*g_\lambda(\neg X)$$

$$g_\lambda(\neg X)=(1-g_\lambda(X))/(1+\lambda g_\lambda(X))$$

即有些模糊测度的非运算是 Sugeno 算子簇，它随 λ 的改变而连续改变。当 $\lambda=0$ 时，$g_\lambda(\neg X)=1-g_\lambda(X)$ 是可加模糊测度。

可见，不可加模糊测度的非运算是不确定的，它从理论上进一步证实，某些模糊测度的非运算也具有不唯一性，仅使用固定的 $N(x)=1-x$ 算子是片面的，它不能全面反映各种模糊测度的逻辑运算规律。这是我们提出广义自相关性的理论依据。

3. 在二值逻辑中广义自相关性的作用消失

同样，在二值逻辑中由于只有 0,1 两个值，使得非运算的不确定性消失，退化为一个确定的逻辑算子。如例 2.3 中的 5 个特殊非算子 $\mathbf{N}_3$，$\mathbf{N}_2$，$\mathbf{N}_1$，$\mathbf{N}_{0.5}$ 和 $\mathbf{N}_0$ 在二值逻辑中退化为 $\mathbf{N}_1=1-x$。

2.5 小　结

通过上述实际观察和理论分析，我们可以得出一些重要的结论。

1. Zadeh 提出的模糊逻辑存在理论缺陷

受到盛行了几百年的狭义逻辑观的思想禁锢，1965 年 Zadeh 提出的模糊逻辑仍然是由固定的算子组（$\sim x=1-x$，$x \wedge y=\min(x,y)$，$x \vee y=\max(x,y)$）来定义逻辑运算的，它们虽然可描述命题真度柔性对逻辑运算结果的影响，但无法描述柔性命题之间关系柔性对逻辑运算结果中间过渡值的影响，这是一个严重的理论缺陷。这就是说，Zadeh 的模糊逻辑一只脚已跨出了狭义逻辑观的大门（引入了命题的真度柔性），但另一只脚仍留在了狭义逻辑观的门内（没有意识到命题之间还存在关系柔性）。尽管最近几十年来不断有人想弥补这个理论缺陷，但是都不得其门而入，仅在数学层面对逻辑算子组进行修修补补。我们的泛逻辑找到了从逻辑层面解决问题的根本途径，为与现有的模糊逻辑相互切割清楚，从现在开始本书使用柔性集合、柔性命题、柔性关系、柔性测度等来称谓前面提到的模糊集合、模糊命题、模糊关系、模糊测度等概念，表明我们的逻辑运算概念已经完全不同于 Zadeh 和他的追随者提出的逻辑运算概念。

2. 柔性逻辑命题连接词运算模型是连续可变的

在柔性逻辑中，各种命题连接词运算模型都有不确定性，这种不确定性的客观原因是柔性测度之间的广义相关性和广义自相关性，这种逻辑关系上的不确定性表现在命题连接词的运算模型上就是算子簇的连续可变性。根据柔性集合运算和柔性逻辑运算的关联性，我们同样可以得出结论：柔性集合的各种运算本身都具有不确定性，它的运算模型是连续可变的。柔性命题连接词运算模型连续可变的原因是关系柔性。关系柔性由两个相互独立的因素引起：广义相关性和广义自相关性。前者只影响二元逻辑运算和多元逻辑运算，后者通过影响一元运算进而影响一切逻辑运算。

3. 在二值逻辑中广义自相关性的作用消失

由前面的讨论我们已经知道，在二值逻辑中，命题的真值是 0，1 中的一个确定值，不存在不确定性，它的运算模型退化为一个固定不变的算子。所以关系柔性的影响只有在真值柔性存在的基础上才能表现出来，如果真值柔性消失，命题真度失去了中间过渡值，则关系柔性的影响随之消失。有人可能会提出质疑，既然真值柔性消失会使关系柔性随之消失，为什么不把两者统一为一个柔性？这是因为这两个柔性是可以独立变化的，当我们根据关系柔性在命题连接词运算模型的算子簇中指定一个算子时，它只是确定了实现该逻辑运算的公式，其中参与运算的命题真度仍然具有不确定性（真值柔性），所以命题真度还可以独立地变化。

4. 完善柔性命题逻辑的关键是引入关系柔性

除了模糊逻辑之外，还有许多非标准逻辑是柔性命题逻辑，要完善这些柔性命题逻辑，除了承认柔性命题真度的不确定性即命题的真度柔性外，必须同时承认柔性命题连接词运算模型的不确定性即关系柔性，承认客观世界中存在多种不同的柔性，这是一个关键的逻辑要素，不可或缺。所以，不仅完善模糊逻辑需要考虑关系柔性的影响，整个连续值非标准逻辑都需要考虑关系柔性的影响，就是在多值逻辑中，关系柔性的影响也将按一定变换规则反映在它的命题连接词定义中。这是泛逻辑区别于模糊逻辑等非标准逻辑的标志。

5. 在不可交换的命题泛逻辑中还需要考虑更多的关系柔性

上面仅讨论了在可交换的命题泛逻辑中需要考虑的关系柔性，至于在不可交换的命题泛逻辑中，将会进一步引入命题相对权重的影响，这也是一种客观存在的关系柔性，不可无视，但是它的引入会对许多良好的逻辑属性产生干扰。我们拟在有关章节中集中讨论。

第 3 章　泛逻辑运算模型的生成规则

3.1　引　言

本章在前两章的基础上进一步系统地讨论了在泛逻辑学中生成各种命题连接词运算模型的一般方法。

在泛逻辑学中,各种命题连接词的运算模型都可以通过以下 4 类规则生成。

1. 生成基规则

每个命题连接词都有自己的生成基,它是在[0,1]空间内,在命题的真值没有误差且命题之间的相关性是最大相斥时该命题连接词的运算模型,叫基模型(base model)。同一个基模型有两种不同的表达:非与表达和非或表达。表达不同,要求代入的生成元完整簇不同:非与表达的基模型要求代入 T 性生成元完整簇;非或表达的基模型要求代入 S 性生成元完整簇。

2. 生成元规则

将生成元完整簇(generator complete cluster)用在各种生成基上,就得到了线序空间[0,1]上的各种命题连接词的运算模型。生成元完整簇包括:

① 修正柔性测度误差(广义自相关性)对命题真度影响的 N 性生成元完整簇;

② 修正广义相关性对命题之间柔性关系影响的 T 性生成元完整簇或 S 性生成元完整簇。

没有误差时是零级的,有误差时是一级的。

3. 拓序规则

具体规定由线序空间[0,1]上的各种命题连接词运算模型生成泛命题连接词运算模型的方法,包括如何生成偏序空间$[0,1]^n$,$n=2,3,\cdots$和超序空间$\{\perp\}\cup[0,1]^n<\alpha>$,$n=1,2,3,\cdots$上的各种命题连接词运算模型。

4. 基空间变换规则

具体规定将真值空间$\{\bot\}\cup[0,1]^n<\alpha>$，$n=1,2,3,\cdots$的$[0,1]$基变换为任意基$[a,b]$，$a<b$，$a,b\in\mathbf{R}$时，各种命题连接词运算模型的变换方法。

3.2　泛逻辑运算模型的生成基

3.2.1　泛逻辑运算的基模型

显然，如果柔性测度$m(*)$没有误差，$k=0.5$，广义相关性是既不相容也不相克的最大相斥状态，$h=0.5$，则各种命题连接词运算模型满足以下中心算子（见图 3.1）。

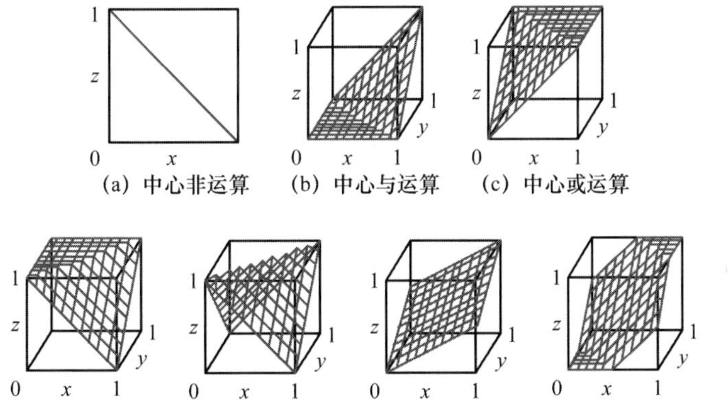

(a) 中心非运算　(b) 中心与运算　(c) 中心或运算

(d) 中心蕴涵运算　(e) 中心等价运算　(f) 中心平均运算　(g) 中心组合运算

图 3.1　泛逻辑运算的基模型

① 中心非运算，$N(x)=N(x,0.5)=\mathbf{N}_1=1-x$。

② 中心与运算，$T(x,y)=T(x,y,0.5,0.5)=\mathbf{T}_1=\max(0,x+y-1)$。

③ 中心或运算，$S(x,y)=S(x,y,0.5,0.5)=\mathbf{S}_1=\min(1,x+y)$。

④ 中心蕴涵运算，$I(x,y)=I(x,y,0.5,0.5)=\max(z\mid y\geqslant T(x,z))=\boldsymbol{I}_1=\min(1,1-x+y)$。

因为根据逻辑规律$p\wedge(p\rightarrow q)\Rightarrow q$，即满足$T(x,I(x,y))\leqslant y$，所以定义$p\rightarrow q$的真值

$$I(x,y)=\max(z\mid y\geqslant T(x,z))$$

设$I(x,y)=z$，则$T(x,z)=\max(0,x+z-1)=y'\leqslant y$，当$x+z-1\geqslant 0$时，$y'=x+z-1$，$z=1-x+y'$；当$x+z-1<0$时，$y'\geqslant x+z-1$，$z\leqslant 1-x+y'$。由于

$T(x,z)$关于 z 单调增，$y'\leqslant y$，又 $z\in[0,1]$，所以有 $I(x,y)=\min(1,1-x+y)$。

⑤ 中心等价运算，$Q(x,y)=Q(x,y,0.5,0.5)=T(I(x,y),I(y,x))=\boldsymbol{Q}_1=1-|x-y|$。

因为根据逻辑规律 $p\leftrightarrow q=(p\rightarrow q)\wedge(q\rightarrow p)$，所以定义 $p\leftrightarrow q$ 的真值 $Q(x,y)=T(I(x,y),I(y,x))$。而当 $x\geqslant y$ 时，$I(x,y)=1-x+y$，$I(y,x)=1$；当 $x<y$ 时，$I(x,y)=1$，$I(y,x)=1-y+x$，所以有 $Q(x,y)=1-|x-y|$。

⑥ 中心平均运算。

在柔性逻辑中，还有两个必不可少的逻辑运算，一个是反映对同一个命题的两个不同真值 x,y 进行逻辑上的折中的平均运算 p Ⓟ q，要求结果 $M(x,y)$在 x,y 之间，有幂等性。

根据我们对泛平均运算规律的研究(详见第 7 章中的泛平均运算模型)，特定义中心平均运算为算术平均：

$$M(x,y)=M(x,y,0.5,0.5)=\mathbf{M}_1=(x+y)/2$$

⑦ 中心组合运算。

另一个是反映对同一个命题的两个不同真值 x,y 进行逻辑上的综合的组合运算 pⒸ$^e q$，其中 e 表示弃权的幺元，在无测度误差的情况下要求综合决策的结果 $C^e(x,y)$应该满足：

- 当 $x,y<e$ 时，表示 x,y 都反对，$C^e(x,y)\leqslant\min(x,y)$；
- 当 $x,y>e$ 时，表示 x,y 都赞成，$C^e(x,y)\geqslant\max(x,y)$；
- 否则一个赞成一个反对，$C^e(x,y)$在 x,y 之间变化，其中当 $x+y<2e$ 时，具有与的某些性质；当 $x+y>2e$ 时，具有或的某些性质；否则 $C^e(x,y)=e$。

根据我们对泛组合运算规律的研究，特定义中心组合运算为

$$C^e(x,y)=C^e(x,y,0.5,0.5)=\mathbf{C}_1^e=\Gamma^1[x+y-e]$$

其中 $\Gamma^1[*]$是$[0,1]$区间的限幅函数，$\Gamma^1[x+y-e]=\min(1,\max(0,x+y-e))$。

在泛逻辑学中各种命题连接词的中心算子是它的运算模型的基模型。

3.2.2 泛逻辑运算基模型的统一形式和溯源

上述泛逻辑运算的基模型可以用一个统一的形式表达：

$$L(x,y)=\Gamma^1[ax+by-e]$$

不同命题连接词的基模型对应不同的系数(见表 3.1)，这一特性对将来设计和生产统一的泛逻辑运算芯片十分有利。

表 3.1　各种命题连接词基模型的统一表达形式

系　数	$N(x)$	$T(x,y)$	$S(x,y)$	$I(x,y)$	$Q(x,y)$	$M(x,y)$	$C^e(x,y)$
a	-1	1	1	-1	$1\|-1$	1/2	1
b	0	1	1	1	$-1\|1$	1/2	1
e	-1	1	0	-1	-1	0	e
$\Gamma^1[v]$	$v=1-x$	$v=x+y-1$	$v=x+y$	$v=1-x+y$	$v=1-\|x-y\|$	$v=(x+y)/2$	$v=x+y-e$

上述柔性逻辑运算基模型的定义或筛选有没有合理性，会不会存在理论漏洞？首先回到刚性逻辑中，考察二元二值信息处理的情况，每一个二元二值信息处理器（无论是刚性逻辑算子，还是 M-P 神经元）只有两个输入端 $x,y\in\{0,1\}$ 和一个输出端 $z\in\{0,1\}$，从图 3.2 可以看出，$x,y\in\{0,1\}$ 只有 4 种可能的组合$\{(0,0),(0,1),(1,0),(1,1)\}$，其中每一个组合的输出 $z\in\{0,1\}$ 又有两种可能（如(0,0)=0，(0,0)=1），这样输入输出的组合情况就有 16 种可能，全部反映在图 3.2 中，无一遗漏。从 M-P 神经元模型看，这 16 种信息变换可以用阈值函数 $z=\Gamma^1[ax+by-e]$ 全部刻画出来，其具体含义是：$\Gamma^1[v]$ 是一个 0，1 限幅函数，$v<0$ 时输出 0，$v>1$ 时输出 1，否则输出 v。其中 a 是 x 的权系数，b 是 y 的权系数，e 是神经元的激活阈值。从图 3.2 可以知道，这 16 种信息变换模式都有自己的 $<a,b,e>$ 参数，其中只有"等价"和"非等价"两个信息变换模式需要用 3 个阈值函数来组合刻画。更令人感兴趣的是，刚性逻辑算子的功能不仅可以用真值表刻画，同样可以用阈值函数 $z=\Gamma[ax+by-e]$ 来刻画，也就是说，同样一个阈值函数 $z=\Gamma[ax+by-e]$ 有两种不同的外在表现，从逻辑层面看它刻画的是逻辑算子，从神经元层面看，它刻画的是信息变换器。这个发现坚定了我们定义柔性逻辑基模型的信心，保证我们的泛逻辑研究一路顺利地走到了今天。

图 3.3 是在图 3.2 基础上的进一步扩张，它首先把 $x,y,z\in\{0,1\}$ 扩张为 $x,y,z\in[0,1]$，但是仍然保持原有的阈值函数 $z=\Gamma[ax+by-e]$ 不变，就得到了柔性逻辑的 16 种基模型，再考虑命题真度中间过渡值的出现，使得在二值信息处理中被与/或运算吸收了的平均运算 $z=\Gamma[(x+y)/2]$、非平均运算、组合运算 $z=\Gamma[x+y-e]$ 和非组合运算重新回来，最后得到了全部 20 种柔性信息处理的基本模式。

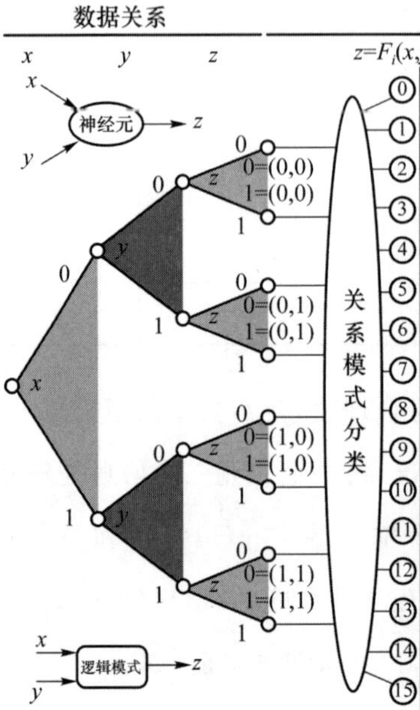

关系模式 $z=F_i(x,y),\ i\in\{0,1,2,\cdots,15\}$		神经元描述 $Z=\Gamma[ax+by-e]$	逻辑描述	
⓪	0=(0,0);0=(0,1);0=(1,0);0=(1,1)	$\langle a,b,e\rangle=\langle 0,0,0\rangle$	$z=0$	恒假
①	1=(0,0);0=(0,1);0=(1,0);0=(1,1)	$\langle a,b,e\rangle=\langle -1,-1,-1\rangle$	$z=-(x\vee y)$	非或
②	0=(0,0);1=(0,1);0=(1,0);0=(1,1)	$\langle a,b,e\rangle=\langle -1,1,0\rangle$	$z=-(x\rightarrow y)$	非蕴涵2
③	1=(0,0);1=(0,1);0=(1,0);0=(1,1)	$\langle a,b,e\rangle=\langle -1,0,-1\rangle$	$z=-x$	非x
④	0=(0,0);0=(0,1);1=(1,0);0=(1,1)	$\langle a,b,e\rangle=\langle 1,-1,0\rangle$	$z=-(x\leftrightarrow y)$	非蕴涵1
⑤	1=(0,0);0=(0,1);1=(1,0);0=(1,1)	$\langle a,b,e\rangle=\langle 0,-1,-1\rangle$	$z=-y$	非y
⑥	0=(0,0);1=(0,1);1=(1,0);0=(1,1)	组合实现$\|x-y\|$	$z=-(x\leftrightarrow y)$	非等价
⑦	1=(0,0);1=(0,1);1=(1,0);0=(1,1)	$\langle a,b,e\rangle=\langle -1,-1,-2\rangle$	$z=-(x\wedge y)$	非与
⑧	0=(0,0);0=(0,1);0=(1,0);1=(1,1)	$\langle a,b,e\rangle=\langle 1,1,1\rangle$	$z=x\wedge y$	与
⑨	1=(0,0);0=(0,1);0=(1,0);1=(1,1)	组合实现$1-\|x-y\|$	$z=x\leftrightarrow y$	等价
⑩	0=(0,0);1=(0,1);0=(1,0);1=(1,1)	$\langle a,b,e\rangle=\langle 0,1,0\rangle$	$z=y$	恒y
⑪	1=(0,0);1=(0,1);0=(1,0);1=(1,1)	$\langle a,b,e\rangle=\langle -1,1,-1\rangle$	$z=x\rightarrow y$	蕴涵1
⑫	0=(0,0);0=(0,1);1=(1,0);1=(1,1)	$\langle a,b,e\rangle=\langle 1,0,0\rangle$	$z=x$	恒x
⑬	1=(0,0);0=(0,1);1=(1,0);1=(1,1)	$\langle a,b,e\rangle=\langle 1,-1,-1\rangle$	$z=y\rightarrow x$	蕴涵2
⑭	0=(0,0);1=(0,1);1=(1,0);1=(1,1)	$\langle a,b,e\rangle=\langle 1,1,0\rangle$	$z=x\vee y$	或
⑮	1=(0,0);1=(0,1);1=(1,0);1=(1,1)	$\langle a,b,e\rangle=\langle 1,1,-1\rangle$	$z=1$	恒真

图 3.2　二元刚性信息处理的 16 种基本模式

关系模式分类		关系模式分类的一般标准	神经元描述 $Z=\Gamma[ax+bv-e]$	逻辑描述	
⓪	0=(0,0);0=(0,1);0=(1,0);0=(1,1)	$z=0$	$\langle a,b,e\rangle=\langle 0,0,0\rangle$	$z=0$	恒假
①	1=(0,0);0=(0,1);0=(1,0);0=(1,1)	$z\leqslant\min((1-x),(1-y))=1-(x\vee y)$	$\langle a,b,e\rangle=\langle -1,-1,-1\rangle$	$z=-(x\vee y)$	非或
+①	1=(0,0);$\frac{1}{2}$=(0,1);$\frac{1}{2}$=(1,0);0=(1,1)	$z\leqslant -x/2-y/2+1=1-(x\circledR y)$	$\langle a,b,e\rangle=\langle -\frac{1}{2},-\frac{1}{2},-1\rangle$	$z=-(x\circledR y)$	非平均
②	0=(0,0);1=(0,1);0=(1,0);0=(1,1)	$z\leqslant\min((1-x),y)=1-(y\rightarrow x)$	$\langle a,b,e\rangle=\langle -1,1,0\rangle$	$z=-(y\rightarrow x)$	非蕴涵2
③	1=(0,0);1=(0,1);0=(1,0);0=(1,1)	$z=1-x$	$\langle a,b,e\rangle=\langle -1,0,-1\rangle$	$z=\neg x$	非x
④	0=(0,0);0=(0,1);1=(1,0);0=(1,1)	$z\leqslant\min(x,(1-y))=1-(x\rightarrow y)$	$\langle a,b,e\rangle=\langle 1,-1,0\rangle$	$z=\neg(x\rightarrow y)$	非蕴涵1
⑤	1=(0,0);0=(0,1);1=(1,0);0=(1,1)	$z=1-y$	$\langle a,b,e\rangle=\langle 0,-1,-1\rangle$	$z=\neg y$	非y
⑥	0=(0,0);1=(0,1);1=(1,0);0=(1,1)	$z=\|x-y\|$	组合实现$\|x-y\|$	$z=\neg(x\leftrightarrow y)$	非等价
+⑦	$0<e<1$ 1=(0,0);e=(0,1);e=(1,0);0=(1,1)	$z=1-(x\copyright^{e}y)$	$\langle a,b,e\rangle=\langle -1,-1,1+e\rangle$	$z=-(x\copyright^{e}y)$	非组合
⑦	1=(0,0);1=(0,1);1=(1,0);0=(1,1)	$z\geqslant\max((1-x),(1-y))=1-(x\wedge y)$	$\langle a,b,e\rangle=\langle -1,-1,-2\rangle$	$z=-(x\wedge y)$	非与
⑧	0=(0,0);0=(0,1);0=(1,0);1=(1,1)	$z\leqslant\min(x,y)$	$\langle a,b,e\rangle=\langle 1,1,1\rangle$	$z=x\wedge y$	与
+⑧	$0<e<1$ 1=(0,0);$1-e$=(0,1);0=(1,0);1=(1,1)	$x,y<e,z\leqslant\min(x,y);x,y>e,z\geqslant\max(x,y);$ $x+y=2e,z=e;\min(x,y)\leqslant z\leqslant\max(x,y)$	$\langle a,b,e\rangle=\langle 1,1,e\rangle$	$z=x\copyright^{e}y$	组合
⑨	1=(0,0);0=(0,1);0=(1,0);1=(1,1)	$z=1-\|x-y\|$	组合实现$1-\|x-y\|$	$z=x\leftrightarrow y$	等价
⑩	0=(0,0);1=(0,1);0=(1,0);1=(1,1)	$z=y$	$\langle a,b,e\rangle=\langle 0,1,0\rangle$	$z=y$	指y
⑪	1=(0,0);1=(0,1);0=(1,0);1=(1,1)	$z\geqslant\max((1-x),y)$	$\langle a,b,e\rangle=\langle -1,1,-1\rangle$	$z=x\rightarrow y$	蕴涵1
⑫	0=(0,0);0=(0,1);1=(1,0);1=(1,1)	$z=x$	$\langle a,b,e\rangle=\langle 1,0,0\rangle$	$z=x$	指x
⑬	1=(0,0);0=(0,1);1=(1,0);1=(1,1)	$z\geqslant\max(x,(1-y))$	$\langle a,b,e\rangle=\langle 1,-1,-1\rangle$	$z=y\rightarrow x$	蕴涵2
+⑭	0=(0,0);$\frac{1}{2}$=(0,1);$\frac{1}{2}$=(1,0);1=(1,1)	$z=x/2+y/2$	$\langle a,b,e\rangle=\langle 1/2,1/2,0\rangle$	$z=x\circledR y$	平均
⑭	0=(0,0);1=(0,1);1=(1,0);1=(1,1)	$z\geqslant\max(x,y)$	$\langle a,b,e\rangle=\langle 1,1,0\rangle$	$z=x\vee y$	或
⑮	1=(0,0);1=(0,1);1=(1,0);1=(1,1)	$z=1$	$\langle a,b,e\rangle=\langle 1,1,-1\rangle$	$z=1$	恒真

图 3.3　二元柔性信息处理的 20 种基本模式

对上述泛逻辑运算的基模型可以有多种不同角度的理解，从而形成了多种不同的表达形式，最常用的是基于 N 性生成元和 T 性生成元的非与表达与基于 N 性生成元和 S 性生成元的非或表达。下面结合生成元完整簇进行介绍。

3.3　泛逻辑运算模型的生成元完整簇

3.3.1　零级生成元完整簇

如果柔性测度 $m(*)$ 没有误差，$k=0.5$，$N(x,0.5)=1-x$，是零级不确定性问题。但命题之间的广义相关性不是中间状态的最大相斥，$h\neq 0.5$，则所有二元泛逻辑运算都要偏离它的中心运算模型，必须在基模型的基础上用特殊的广义相关性调整函数完整簇 $\Psi(x,h)$ 来双向修正其影响。调整的基本思想如下。

设 $m(X)=x$，$m(Y)=y$，$m(Z)=z$ 是没有误差的柔性测度，$L(x,y,0.5)$ 是某一命题连接词的基模型，则

$$\Psi(L(x,y,h),h)=L(\Psi(x,h),\Psi(y,h),0.5)$$

$$L(x,y,h)=\Psi^{-1}(L(\Psi(x,h),\Psi(y,h),0.5),h)$$

其中 $L(x,y,0.5)$ 是 L 运算模型的基模型，$\Psi(x,h)$ 簇是泛逻辑中各种二元运算模型的零级生成元完整簇。

对 $\Psi(x,h)$ 簇的基本要求是：

① $\Psi(x,h)$ 随 x 在 $(0,1)$ 区间连续严格单调地变化，随 h 连续严格单调地变化；

② 为保证二元运算的广义自封闭性，要求 $\Psi(x,h)$ 函数簇内的复合运算有自封闭性，即对 $\Psi(x,h)$ 簇中的任意函数 $\Psi(x,h_1)$ 和 $\Psi(x,h_2)$，其复合运算 $\Psi(\Psi(x,h_1),h_2)=\Psi(x,h_3)$ 仍在 $\Psi(x,h)$ 簇中；

③ 要求 $\Psi(x,h)$ 函数簇对逆运算有自封闭性，即对 $\Psi(x,h)$ 簇中的任意函数 $\Psi(x,h_1)$，其逆运算 $\Psi^{-1}(x,h_1)$ 仍在 $\Psi(x,h)$ 簇中，详细论证请见第 5 章。

由于二元运算零级生成元完整簇 $\Psi(x,h)$ 的确定方式不同，形成了对基模型物理意义的不同理解和表达，最常用的有两种。

① 非与基表达模型。用中心与运算基模型 $\max(0,x+y-1)$ 确定 T 性生成元完整簇 $F_0(x,h)$，生成零级与运算模型，利用中心非运算和零级与运算模型直接定义其他零级二元运算模型。

② 非或基表达模型。用中心或运算基模型 $\min(1,x+y)$ 确定 S 性生成元完整簇 $G_0(x,h)$，生成零级或运算模型，利用中心非运算和零级或运算模型直接定义

其他零级二元运算模型。

生成元完整簇不同，基模型的表达形式也不同，但它们联合生成的零级泛逻辑运算模型是相同的。图 3.4 给出了典型情况下 $F_0(x,h)$和 $G_0(x,h)$的函数分布特征。应该指出，这只是生成元簇的典型形式，在满足特殊的线性相关条件下，它们有无限多种形式的变种。

下面基于图 3.4 的典型情况，讨论零级生成元完整簇。

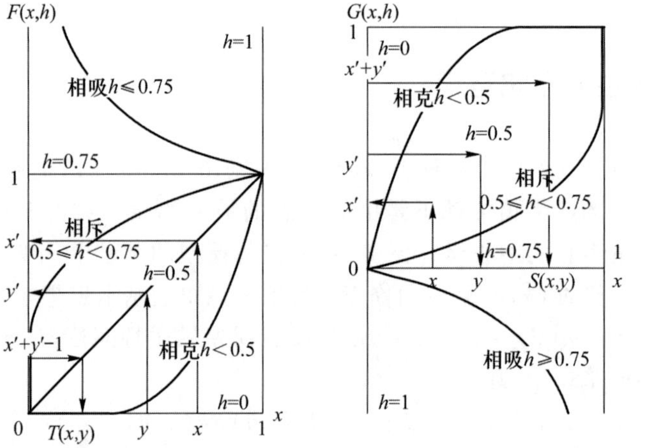

(a) 非与基模型的零级生成元$F(x,h)$　　(b) 非或基模型的零级生成元$G(x,h)$

图 3.4　泛逻辑运算模型的零级生成元

1. 零级 T 性生成元完整簇

对 T 性生成元完整簇 $F(x,h)$的特殊要求如下。

① $F(1,h)=1$，且要求：当 $h<0.5$ 时是相克相关，$F(x,h)<x$ 是单调增函数，$F(0,h)=0$；当 $0.75>h>0.5$ 时是相斥相关，$1>F(x,h)>x$ 是单调增函数，$F(0,h)=0$；当 $h>0.75$ 时是相吸相关，$F(x,h)>1$ 是单调减函数，$F(0,h)\to\infty$。

② 为了保证 $F(x,h)$的零级完整性，使泛与运算模型在其存在域内，从最大与算子经过概率与算子和中心与算子到最小与算子单调连续变化，要求：

- 当 $h=0.5$ 时，$F(x,h)=\mathbf{F}_1=x$，$\mathbf{F}_1^{-1}=x$，生成中心与算子
$$T(x,y,h)=\max(0,x+y-1)=\mathbf{T}_1$$
- 当 $h\to0.75$ 时，$F(x,h)\to\mathbf{F}_2=1-\ln x$，$\mathbf{F}_2^{-1}=\exp(1-x)$，生成概率与算子
$$T(x,y,h)=xy=\mathbf{T}_2$$
- 当 $h\to1$ 时，$F(x,h)\to\mathbf{F}_3=\text{ite}\{1|x=1;\to\infty\}$，$\mathbf{F}_3^{-1}=\text{ite}\{0|x\to\infty;1\}$，生成 Zadeh 与算子，即最大与算子
$$T(x,y,h)=\min(x,y)=\mathbf{T}_3$$
- 当 $h\to0$ 时，$F(x,h)\to\mathbf{F}_0=\text{ite}\{1|x=1;0\}$，$\mathbf{F}_0^{-1}=\text{ite}\{0|x=0;1\}$，生成跃变

与算子，即最小与算子

$$T(x,y,h)=\mathbf{T}_0=\text{ite}\{x|y=1;y|x=1;0\}$$

满足上述基本要求和特殊要求的 $F(x,h)$ 称为零级泛逻辑运算的 T 性生成元完整簇，它通过非与基模型生成的零级泛逻辑运算模型是：

(1) 泛与运算模型

$$T(x,y,h)=F^{-1}(\max(F(0,h),F(x,h)+F(y,h)-1),h)$$

它的 4 个特殊算子是

Zadeh 与	$T(x,y,1)=\mathbf{T}_3=\min(x,y)$	最大与
概率与	$T(x,y,0.75)=\mathbf{T}_2=xy$	
有界与	$T(x,y,0.5)=\mathbf{T}_1=\max(0,x+y-1)$	中心与
突变与	$T(x,y,0)=\mathbf{T}_0=\text{ite}\{x|y=1;y|x=1;0\}$	最小与

(2) 泛或运算模型

$$\begin{aligned}S(x,y,h)&=N(T(N(x,0.5),N(y,0.5),h),0.5)\\&=1-F^{-1}(\max(F(0,h),F(1-x,h)+F(1-y,h)-1),h)\end{aligned}$$

它的 4 个特殊算子是

Zadeh 或	$S(x,y,1)=\mathbf{S}_3=\max(x,y)$	最小或
概率或	$S(x,y,0.75)=\mathbf{S}_2=x+y-xy$	
有界或	$S(x,y,0.5)=\mathbf{S}_1=\min(1,x+y)$	中心或
突变或	$S(x,y,0)=\mathbf{S}_0=\text{ite}\{x|y=0;y|x=0;1\}$	最大或

(3) 泛蕴涵运算模型

$$\begin{aligned}I(x,y,h)&=\max(z|y\geqslant T(x,z,h))\\&=F^{-1}(\min(1+F(0,h),1-F(x,h)+F(y,h)),h)\end{aligned}$$

它的 4 个特殊算子是

Zadeh 蕴涵	$I(x,y,1)=\mathbf{I}_3=\text{ite}\{1|x\leqslant y;y\}$	最小蕴涵
概率蕴涵	$I(x,y,0.75)=\mathbf{I}_2=\min(1,y/x)$	
有界蕴涵	$I(x,y,0.5)=\mathbf{I}_1=\min(1,1+y-x)$	中心蕴涵
突变蕴涵	$I(x,y,0)=\mathbf{I}_0=\text{ite}\{y|x=1;1\}$	最大蕴涵

(4) 泛等价运算模型

$$Q(x,y,h)=T(I(x,y,h),I(y,x,h),h)=F^{-1}(1\pm|F(x,h)-F(y,h)|,h)$$

其中 $h>0.75$ 为+，否则为−。它的 4 个特殊算子是

Zadeh 等价	$Q(x,y,1)=\mathbf{Q}_3=\text{ite}\{1|x=y;\min(x,y)\}$	最小等价
概率等价	$Q(x,y,0.75)=\mathbf{Q}_2=\min(x/y,y/x)$	
有界等价	$Q(x,y,0.5)=\mathbf{Q}_1=1-|x-y|$	中心等价
突变等价	$Q(x,y,0)=\mathbf{Q}_0=\text{ite}\{x|y=1;y|x=1;1\}$	最大等价

(5) 泛平均运算模型

$$M(x,y,h)=N(F^{-1}(F(N(x,0.5),h)/2+F(N(y,0.5),h)/2,h),0.5)$$

它的 4 个特殊算子是

Zadeh 平均 $M(x,y,1)=\mathbf{M}_3=\max(x,y)$ 最大平均

概率平均 $M(x,y,0.75)=\mathbf{M}_2=1-((1-x)(1-y))^{1/2}$

有界平均 $M(x,y,0.5)=\mathbf{M}_1=(x+y)/2$ 中心平均

突变平均 $M(x,y,0)=\mathbf{M}_0=\min(x,y)$ 最小平均

(6) 泛组合运算模型

$$C^e(x,y,h)=\mathrm{ite}\{\Gamma^e[F^{-1}(F(x,h)+F(y,h)-F(e,h),h)]\mid x+y<2e;$$
$$N(\Gamma^{1-e}[F^{-1}(F(N(x,0.5),h)+F(N(y,0.5),h)-$$
$$F(N(e,0.5),h),h)],0.5)\mid x+y>2e;e\}$$

它的 4 个特殊算子是

Zadeh 组合 $C^e(x,y,1)=\mathbf{C}_3^e=\mathrm{ite}\{\min(x,y)\mid x+y<2e;\max(x,y)\mid x+y>2e;e\}$

概率组合 $C^e(x,y,0.75)=\mathbf{C}_2^e=\mathrm{ite}\{xy/e\mid x+y<2e;$

$(x+y-xy-e)/(1-e)\mid x+y>2e;e\}$

有界组合 $C^e(x,y,0.5)=\mathbf{C}_1^e=\Gamma^1[x+y-e]$

突变组合 $C^e(x,y,0)=\mathbf{C}_0^e=\mathrm{ite}\{0\mid x,y<e;1\mid x,y>e;e\}$

2. 零级 S 性生成元完整簇

对 S 性生成元完整簇 $G(x,h)$ 的特殊要求如下。

① $G(0,h)=0$，且要求：当 $h<0.5$ 时是相克相关，$G(x,h)>x$ 是单调增函数，$G(1,h)=1$；当 $0.75>h>0.5$ 时是相斥相关，$0<G(x,h)<x$ 是单调增函数，$G(1,h)=1$；当 $h>0.75$ 时是相吸相关，$G(x,h)>1$ 是单调减函数，$G(1,h)\to\infty$。

② 为了保证 $G(x,h)$ 的零级完整性，使泛或运算模型在其存在域内，从最小或算子经过概率或算子和中心或算子到最大或算子单调连续变化，要求：

- 当 $h=0.5$ 时，$G(x,h)=\mathbf{G}_1=x$，$\mathbf{G}_1{}^{-1}=x$，生成中心或算子

$$S(x,y,h)=\min(1,x+y)=\mathbf{S}_1$$

- 当 $h\to0.75$ 时，$G(x,h)\to\mathbf{G}_2=\ln(1-x)$，$\mathbf{G}_2{}^{-1}=1-\exp(x)$ 生成概率或算子

$$S(x,y,h)=x+y-xy=\mathbf{S}_2$$

- 当 $h\to1$ 时，$G(x,h)\to\mathbf{G}_3=\mathrm{ite}\{0\mid x=0;\to\infty\}$，$\mathbf{G}_3{}^{-1}=\mathrm{ite}\{1\mid x\to\infty;0\}$，生成 Zadeh 或算子，即最小或算子

$$S(x,y,h)=\max(x,y)=\mathbf{S}_3$$

- 当 $h\to0$ 时，$G(x,h)\to\mathbf{G}_0=\mathrm{ite}\{0\mid x=0;1\}$，$\mathbf{G}_0^{-1}=\mathrm{ite}\{1\mid x=1;0\}$，生成跃变或算子，即最大或算子

$$S(x,y,h)=\mathbf{S}_0=\mathrm{ite}\{x\mid y=0;y\mid x=0;1\}$$

满足上述基本要求和特殊要求的$G(x,h)$称为零级泛逻辑运算的 S 性生成元完整簇。显然上述两个零级生成元完整簇有对偶关系

$$G(x,h)=1-F(1-x,h)$$

$G_0(x,h)$通过非或基模型生成的零级泛逻辑运算模型如下。

(1) 泛或运算模型

$$S(x,y,h)=G^{-1}(\min(G(1,h),G(x,h)+G(y,h)),h)$$

(2) 泛与运算模型

$$T(x,y,h)=N(S(N(x,0.5),N(y,0.5),h),0.5)$$
$$=1-G^{-1}(\min(G(1,h),G(1-x,h)+G(1-y,h)),h)$$

(3) 泛蕴涵运算模型

$$I(x,y,h)=\max(z|y\geqslant T(x,z,h))$$
$$=N(G^{-1}(\max(G(1,h)-1,G(N(y,0.5),h)-G(N(x,0.5),h)),h),0.5)$$

(4) 泛等价运算模型

$$Q(x,y,h)=T(I(x,y,h),I(y,x,h),h)$$
$$=N(G^{-1}(\pm|G(N(x,0.5),h)-G(N(y,0.5),h)|,h),0.5)$$

其中 $h>0.75$ 为－，否则为＋。

(5) 泛平均运算模型

$$M(x,y,h)=G^{-1}(G(x,h)/2+G(y,h)/2,h)$$

(6) 泛组合运算模型

$$C^e(x,y,h)=\mathrm{ite}\{\Gamma_{e1}[G^{-1}(G(x,h)+G(y,h)-G(e,h),h)]|x+y>2e;$$
$$N(\Gamma_{1-e1}[G^{-1}(G(N(x,0.5),h)+G(N(y,0.5),h)-G(N(e,0.5),h)],0.5)|x+y<2e;e\}$$

3.3.2　一级生成元完整簇

1. N 性生成元完整簇

如果柔性测度 $m(X)$有误差，$k\neq 0.5$，则泛非运算将偏离中心非运算，当 p 和 $\sim_k p$ 都服从同一个误差分布时，是一级不确定性问题，可以在基模型 $N(x,0.5)=1-x$ 的基础上用特殊的广义自相关性调整函数完整簇 $\Phi(x,k)$来双向修正误差的影响。

调整的基本思想是：设 $m(X)=x^*$ 是有误差的柔性测度，它对应的精确值是 x，$\Phi(x^*,k)$的作用是修正误差对 x^* 的影响，使 $x=\Phi(x^*,k)$，$\Phi^{-1}(x,k)$的作用是恢复误差对 x 的影响，使 $x^*=\Phi^{-1}(x,k)$。显然有 $\Phi(N(x^*,k),k)=1-\Phi(x^*,k)$，$N(x^*,k)=\Phi^{-1}(1-\Phi(x^*,k),k)$。

$\Phi(x^*,k)$与误差分布函数有关，设 $\delta(x,k)$是柔性测度的误差分布函数，$x^*=$

$x+\delta(x,k)$，则有关系 $\Phi^{-1}(x,k)=x+\delta(x,k)$。本书后面在一般讨论中我们不再严格区分 x^* 和 x。

对广义自相关性调整函数完整簇 $\Phi(x,k)$ 的要求是：$\Phi(x,k)$ 首先要满足自守函数的性质，$x\in(0,1)$ 时，$\Phi(x,k)$ 是关于 x 的连续严格单调增函数，$\Phi(0,k)=0$，$\Phi(1,k)=1$，此外还特别要求：

① 为保证 $N(x,k)$ 簇随 k 连续严格单调增地变化，要求 $\Phi(x,k)$ 簇随 k 连续严格单调减地变化。

② 为保证 k 是 $N(x,k)$ 的不动点，要求 $\Phi^{-1}(0.5,k)=k$，它表示因素空间 E 的对半子集 $E/2$ 被误测为 k，$m(E/2)=k$。

③ 为保证 $N(x,k)$ 的完整性，使泛非运算模型在其存在域内，从最小非算子经过中心非算子到最大非算子单调连续变化，要求：

- 当 $k=0.5$ 时生成中心非运算，即 $\Phi(x,0.5)=\mathbf{\Phi}_1=x$，$N(x,0.5)=1-x$；
- 当 $k\to1$ 时生成最大非运算，即 $\Phi(x,k)\to\mathbf{\Phi}_3=\text{ite}\{1|x=1;0\}$，$\Phi^{-1}(x,k)\to\mathbf{\Phi}_3^{-1}=\text{ite}\{0|x=0;1\}$，$N(x,k)\to\mathbf{N}_3=\mathbf{N}_3^{-1}=\text{ite}\{0|x=1;1\}$；
- 当 $k\to0$ 时生成最小非运算，即 $\Phi(x,k)\to\mathbf{\Phi}_0=\text{ite}\{0|x=0;1\}$，$\Phi^{-1}(x,k)\to\mathbf{\Phi}_0^{-1}=\text{ite}\{1|x=1;0\}$，$N(x,k)\to\mathbf{N}_0=\mathbf{N}_0^{-1}=\text{ite}\{1|x=0;0\}$。

④ 为保证 $N(x,k)$ 算子簇内泛非运算的广义自封闭性，要求 $\Phi(x,k)$ 函数簇内的复合运算有自封闭性，即对 $\Phi(x,k)$ 簇中的任意函数 $\Phi(x,k_1)$ 和 $\Phi(x,k_2)$，其复合运算 $\Phi(\Phi(x,k_1),k_2)=\Phi(x,k_3)$ 仍在 $\Phi(x,k)$ 簇中。

⑤ 要求 $\Phi(x,k)$ 函数簇对逆运算有自封闭性，即对 $\Phi(x,k)$ 簇中的任意函数 $\Phi(x,k_3)$，其逆运算 $\Phi^{-1}(x,k_3)$ 仍在 $\Phi(x,k)$ 簇中。

满足上述要求的 $\Phi(x,k)$ 称为一级泛逻辑运算的 N 性生成元完整簇。

柔性测度的误差分布函数 $\delta(x,k)$ 不同，对应的 $\Phi(x,k)$ 和 $N(x,k)$ 将不同，如常用的 Sugeno 算子簇就是一种：

$$N(x,k)=(1-x)/(1+\lambda x)=(1-x)/(1+x(1-2k)/k^2),\quad \lambda=(1-2k)/k^2$$

$$\Phi(x,k)=x(1+\lambda)^{1/2}/(1+((1+\lambda)^{1/2}-1)x)=(1-k)x/(k+(1-2k)x)$$

2. 一级 T 性生成元完整簇

在一级不确定性问题中 $k\neq0.5$，如果命题之间的广义相关性不是中间状态，$h\neq0.5$，则所有二元运算将进一步偏离它的零级逻辑运算模型，需要同时用 $\Phi(x,k)$ 和 $\Psi(x,h)$ 来双向修正误差和广义相关性的影响，其基本思想是先用 $\Phi(x,k)$ 修正误差对 x 的影响，得到精确的 x 值，然后代入二元运算的零级泛逻辑运算模型，得到精确的二元运算结果，最后用 $\Phi^{-1}(x,k)$ 来恢复误差对结果的影响。

非与基模型的一级生成元完整簇由 N 性生成元完整簇 $\Phi(x,k)$ 和零级 T 性生成元完整簇 $F_0(x,h)$ 共同作用在非与基模型上生成，叫一级 T 性生成元完整簇 $F(x,k,h)$。

设 $F(x,k,h)=F(\Phi(x,k),h)$，$F^{-1}(x,h,k)=\Phi^{-1}(F^{-1}(x,h),k)$ 是非与基模型的一级生成元完整簇，则有：

(1) 泛与运算模型

$$T(x,y,k,h)=F^{-1}(\max(F(0,k,h),F(x,k,h)+F(y,k,h)-1),k,h)$$

(2) 泛或运算模型

$$\begin{aligned}S(x,y,k,h)&=N(T(N(x,k),N(y,k),k,h),k)\\&=N(F^{-1}(\max(F(0,k,h),F(N(x,k),k,h)+\\&\quad F(N(y,k),k,h)-1),k,h),k)\end{aligned}$$

(3) 泛蕴涵运算模型

$$\begin{aligned}I(x,y,k,h)&=\max(z\mid y\geqslant T(x,z,k,h))\\&=F^{-1}(\min(1+F(0,k,h),1-F(x,k,h)+F(y,k,h)),k,h)\end{aligned}$$

(4) 泛等价运算模型

$$\begin{aligned}Q(x,y,k,h)&=T(I(x,y,k,h),I(y,x,h,k),k,h)\\&=F^{-1}(1\pm|F(x,k,h)-F(y,k,h)|,k,h)\end{aligned}$$

其中 $h>0.75$ 为 $+$，否则为 $-$。

(5) 泛平均运算模型

$$M(x,y,k,h)=N(F^{-1}(F(N(x,k),k,h)/2+F(N(y,k),k,h)/2,k,h),k)$$

(6) 泛组合运算模型

$$\begin{aligned}C^e(x,y,k,h)=\mathrm{ite}\{&\Gamma^e[F^{-1}(F(x,k,h)+F(y,k,h)-F(e,k,h),k,h)]\mid x+y<2e;\\&N(\Gamma^{e'}[F^{-1}(F(N(x,k),k,h)+F(N(y,k),k,h)-F(N(e,k),k,\\&h),k,h)],k)\mid x+y>2e;e\}\end{aligned}$$

其中 $e'=N(e,k)$。

3. 一级 S 性生成元完整簇

非或基模型的一级生成元完整簇由 N 性生成元完整簇 $\Phi(x,k)$ 和零级 S 性生成元完整簇 $G(x,h)$ 共同作用在非或基模型上生成，叫一级 S 性生成元完整簇 $G(x,k,h)$。

设 $G(x,k,h)=G_0(\Phi(x,k),h)$，$G^{-1}(x,h,k)=\Phi^{-1}(G^{-1}(x,h),k)$ 是非或基模型的一级生成元完整簇，则有：

(1) 泛或运算模型

$$S(x,y,k,h)=G^{-1}(\min(G(1,k,h),G(x,k,h)+G(y,k,h)),k,h)$$

(2) 泛与运算模型

$$\begin{aligned}T(x,y,k,h)&=N(S(N(x,k),N(y,k),k,h),k)\\&=N(G^{-1}(\min(G(1,k,h),G(N(x,k),k,h)+\\&\quad G(N(y,k),k,h)),k,h),k)\end{aligned}$$

(3) 泛蕴涵运算模型

$$I(x,y,k,h)=\max(z\mid y\geqslant T(x,z,k,h))$$
$$=N(G^{-1}(\max(G(1,k,h)-1,G(N(y,k),k,h)-G(N(x,k),k,h)),k,h),k)$$

(4) 泛等价运算模型

$$Q(x,y,k,h)=T(I(x,y,k,h),I(y,x,k,h),k,h)$$
$$=N(G^{-1}(\pm|G(N(x,k),k,h)-G(N(y,k),k,h)|,k,h),k)$$

其中 $h>0.75$ 为－,否则为＋。

(5) 泛平均运算模型

$$M(x,y,k,h)=G^{-1}(G(x,k,h)/2+G(y,k,h)/2,k,h)$$

(6) 泛组合运算模型

$$C^e(x,y,k,h)=\text{ite}\{\Gamma_e^1[G^{-1}(G(x,k,h)+G(y,k,h)-G(e,k,h),k,h)]\mid x+y>2e;$$
$$N(\Gamma_{e'}^1[G^{-1}(G(N(x,k),k,h)+G(N(y,k),k,h)-G(N(e,k),k,h),k,h)],k)\mid x+y<2e;e\}$$

其中 $e'=N(e,k)$。

上面生成的运算模型是线序连续值泛逻辑学的命题连接词运算模型,建立在 $x\in[0,1]$ 的基础上。下面两节将在线序连续值逻辑运算模型的基础上进一步讨论逻辑运算模型的拓序规则。

3.4 偏序和伪偏序泛逻辑运算模型

3.4.1 偏序泛逻辑运算模型

在许多情况下,命题的真值域是一个 n 维偏序空间,命题的真值需要用 n 个彼此完全独立的分量来描述,即命题的真值是一个 n 维矢量:

$$\boldsymbol{x}=\langle x_1,x_2,\cdots,x_n\rangle,\ \boldsymbol{y}=\langle y_1,y_2,\cdots,y_n\rangle,\ n>1,\ x_i,y_i\in[0,1]$$

建立在偏序真值域上的逻辑学叫偏序逻辑学或多维逻辑学。

例如,关于兴建三峡水电站的论证,需要从电力、防洪、泥沙、生态、地质、地震、移民、防空等诸多方面进行独立的评估,得到相应的真值分量 x_i,整个命题的真度是

$$\boldsymbol{x}=\langle x_1,x_2,\cdots,x_n\rangle$$

这种 n 维偏序逻辑中的各个分量完全独立,它的逻辑运算模型(零级或一级)服从以下拓序规则:

$$N(\boldsymbol{x})=<N(x_1),N(x_2),\cdots,N(x_n)>$$
$$T(\boldsymbol{x},\boldsymbol{y})=<T(x_1,y_1),T(x_2,y_2),\cdots,T(x_n,y_n)>$$
$$S(\boldsymbol{x},\boldsymbol{y})=<S(x_1,y_1),S(x_2,y_2),\cdots,S(x_n,y_n)>$$
$$I(\boldsymbol{x},\boldsymbol{y})=<I(x_1,y_1),I(x_2,y_2),\cdots,I(x_n,y_n)>$$
$$Q(\boldsymbol{x},\boldsymbol{y})=<Q(x_1,y_1),Q(x_2,y_2),\cdots,Q(x_n,y_n)>$$
$$M(\boldsymbol{x},\boldsymbol{y})=<M(x_1,y_1),M(x_2,y_2),\cdots,M(x_n,y_n)>$$
$$C^e(\boldsymbol{x},\boldsymbol{y})=<C^e(x_1,y_1),C^e(x_2,y_2),\cdots,C^e(x_n,y_n)>$$

其中 $N(\boldsymbol{x})$，$T(\boldsymbol{x},\boldsymbol{y})$，$S(\boldsymbol{x},\boldsymbol{y})$，$I(\boldsymbol{x},\boldsymbol{y})$，$Q(\boldsymbol{x},\boldsymbol{y})$，$M(\boldsymbol{x},\boldsymbol{y})$和 $C^e(\boldsymbol{x},\boldsymbol{y})$是线序逻辑学中的逻辑运算模型(零级或一级)。

3.4.2　伪偏序泛逻辑运算模型

“不确定性”是一个被广泛应用的词汇，它有许多不同的含义，本书从研究泛逻辑学的需要出发，定义如下。

1. 推理的确定性

一个推理是确定性(certain)的，当且仅当它的真值域 $\mathbf{T}=\{0,1\}$，推理中的证据齐全且恒定不变，否则它是不确定性推理(uncertain reasoning)。

刚性逻辑中的单调推理是确定性推理，因为其中的逻辑真值是确定的真或假，推理中的证据齐全且恒定不变。

二值逻辑中的模态逻辑、缺省逻辑，非多维二值逻辑中的多值逻辑和连续值逻辑中的推理都是不确定性推理。推理的不确定性来源于诸多方面，它们是推理过程中使用的证据真值的不确定性、证据的不完全性、证据的动态性和混沌性。引起真值不确定性的原因有随机性、模糊性、近似性等；引起证据不完全性的原因有信息缺省、虚假信息和认识的片面性等；引起证据动态性的原因有证据真值的时间相对性、空间相对性和对环境的依赖性等。

本书研究的重点是连续值域$[0,1]^n$ 上的真值不确定性。

2. 命题真度的不确定程度

定义 3.4.1　设 $x\in[0,1]$是柔性命题 p 的真度，$\sim p$ 的真度是 $N(x)=y$，则 $U(x)=1-x-y$ 是真度 x 的不确定程度。

定义 3.4.2　命题真度的不确定性是零级的，当且仅当对任意 $x\in[0,1]$，有$U(x)=0$。

确定性真值推理和零级不确定性真度推理都满足 $N(x)=1-x$，即 $U(x)=0$。

定义 3.4.3　命题真度的不确定性是一级的，当且仅当存在 $x\in[0,1]$，使 $N(x,k)=y\neq1-x$，且 $N(x,k)$可由 x 唯一地确定。

在一级不确定性真度推理中 $U(x,k)=1-x-N(x,k)\neq0$。

在零级和一级不确定性真度推理中，知道 x 就知道了 $N(x)$ 和 $U(x)$。所以仅用一个独立变量 x 即可准确描述命题真度的不确定性，故可用一维变量 x 表示命题。

定义 3.4.4 命题真度的不确定性是二级的，当且仅当存在 $x\in[0,1]$，使 $U(x)\neq0$，且 $U(x)$ 与 x 相互独立。

在二级不确定性真度推理中，仅用一个独立变量 x 不能完全描述命题的不确定性，需要在 y 或 $U(x)$ 中再选择一个作为独立变量，才能准确描述命题的不确定性，故要用二元数组 $\boldsymbol{x}=<x_1,x_2>$ 来表示命题，即 $\boldsymbol{x}=<x,x+U(x)>$ 或 $\boldsymbol{x}=<x,1-y>$。

例如，对于一个案件 p，控方律师可以从 p 为真的角度进行辩护，得到 p 为真的程度 x，辩方律师可以从 $\sim p$ 为真的角度进行辩护，得到 $\sim p$ 为真的程度 y，案件 p 的真值状态需要用二元数组 $\boldsymbol{x}=<x,1-y>$ 表示。反之，案件 $\sim p$ 的真值状态需要用二元数组 $N(\boldsymbol{x})=<y,1-x>$ 表示。

又如，对于一个柔性命题 p，如果我们无法准确获得它的逻辑真度，但可以得到 p 必然为真的程度值 x_1 和 p 可能为真的程度值 x_2，则 p 的真度状态需要用二元数组 $\boldsymbol{x}=<x_1,x_2>$ 表示，x_1 是 $\boldsymbol{x}$ 的下限，x_2 是 $\boldsymbol{x}$ 的上限。反之，$\sim p$ 的真度状态需要用二元数组 $N(\boldsymbol{x})=<N(x_2),N(x_1)>$ 表示，$N(x_2)$ 是 $N(\boldsymbol{x})$ 的下限，$N(x_1)$ 是 $N(\boldsymbol{x})$ 的上限。

在二级不确定性真值推理中，由于两个分量是相互关联的，所以它的逻辑运算模型(零级或一级)服从以下拓序规则：

$$N(\boldsymbol{x})=<N(x_2),N(x_1)>$$

$$T(\boldsymbol{x},\boldsymbol{y})=<T(x_1,y_1),T(x_2,y_2)>,\quad S(\boldsymbol{x},\boldsymbol{y})=<S(x_1,y_1),S(x_2,y_2)>$$

$$I(\boldsymbol{x},\boldsymbol{y})=<I(x_1,y_1),I(x_2,y_2)>,\quad Q(\boldsymbol{x},\boldsymbol{y})=<Q(x_1,y_1),Q(x_2,y_2)>$$

$$M(\boldsymbol{x},\boldsymbol{y})=<M(x_1,y_1),M(x_2,y_2)>,\quad C^e(\boldsymbol{x},\boldsymbol{y})=<C^e(x_1,y_1),C^e(x_2,y_2)>$$

其中 $\boldsymbol{x}=<x_1,x_2>$，$\boldsymbol{y}=<y_1,y_2>$，$N(\boldsymbol{x})$，$T(\boldsymbol{x},\boldsymbol{y})$，$S(\boldsymbol{x},\boldsymbol{y})$，$I(\boldsymbol{x},\boldsymbol{y})$，$Q(\boldsymbol{x},\boldsymbol{y})$，$M(\boldsymbol{x},\boldsymbol{y})$ 和 $C^e(\boldsymbol{x},\boldsymbol{y})$ 是线序逻辑学中的逻辑运算模型(零级或一级)。上述思想可以推广到任意 n 级，$n\geq2$。

定义 3.4.5 命题真度的不确定性是 n 级的，当且仅当命题的真度

$$\boldsymbol{x}=<x_1,x_2,\cdots,x_n>,\quad n\geq2,\ x_i\in[0,1]$$

例如，对于一个柔性命题 p，如果我们无法准确获得它的逻辑真度，但可以得到 p 为真的期望真值 x_2，且 x_1 是 x_2 的下限，x_3 是 x_2 的上限，则 p 的真度状态需要用三元数组 $\boldsymbol{x}=<x_1,x_2,x_3>$ 表示。反之，$\sim p$ 的真度状态需要用三元数组 $N(\boldsymbol{x})=<N(x_3),N(x_2),N(x_1)>$ 表示。

在 n 级不确定性推理中，命题的真度需要用一个 n 元数组来表示，但命题的真度在本质上仍然是一维的，它的每个分量都只是从不同的角度来描述这个一维命题，所以它的多维性只是形式上的虚假现象。我们称这种虚假多维真度空间的逻

辑为伪偏序逻辑或伪多维逻辑。

在 n 级不确定性推理中，由于 n 个分量是相互关联的，所以它的逻辑运算模型（零级或一级）服从以下拓序规则：

$$N(\boldsymbol{x})=<N(x_n),N(x_{n-1}),\cdots,N(x_1)>$$

$$T(\boldsymbol{x},\boldsymbol{y})=<T(x_1,y_1),T(x_2,y_2),\cdots,T(x_n,y_n)>$$

$$S(\boldsymbol{x},\boldsymbol{y})=<S(x_1,y_1),S(x_2,y_2),\cdots,S(x_n,y_n)>$$

$$I(\boldsymbol{x},\boldsymbol{y})=<I(x_1,y_1),I(x_2,y_2),\cdots,I(x_n,y_n)>$$

$$Q(\boldsymbol{x},\boldsymbol{y})=<Q(x_1,y_1),Q(x_2,y_2),\cdots,Q(x_n,y_n)>$$

$$M(\boldsymbol{x},\boldsymbol{y})=<M(x_1,y_1),M(x_2,y_2),\cdots,M(x_n,y_n)>$$

$$C(\boldsymbol{x},\boldsymbol{y})=<C(x_1,y_1),C(x_2,y_2),\cdots,C(x_n,y_n)>$$

其中 $\boldsymbol{x}=<x_1,x_2,\cdots,x_n>$，$\boldsymbol{y}=<y_1,y_2,\cdots,y_n>$，$N(\boldsymbol{x})$，$T(\boldsymbol{x},\boldsymbol{y})$，$S(\boldsymbol{x},\boldsymbol{y})$，$I(\boldsymbol{x},\boldsymbol{y})$，$Q(\boldsymbol{x},\boldsymbol{y})$，$M(\boldsymbol{x},\boldsymbol{y})$和 $C^e(\boldsymbol{x},\boldsymbol{y})$是线序逻辑学中的逻辑运算模型（零级或一级）。

3.5　超序泛逻辑运算模型

泛逻辑学还研究另外一类逻辑学，它的真值域不仅涉及一个有序空间$[0,1]^n$，还涉及另外一些与$[0,1]^n$ 不连通的特殊空间，如无定义状态⊥形成的空间，用{⊥}表示；还有某种真值附加特性 α，用 $x<\alpha>$表示。本书特称由有序空间$[0,1]^n$和另一些不连通的特殊空间组成的空间为超序空间，以超序空间为真值域的逻辑学为超序逻辑学。

下面举一些简单的实例来说明超序逻辑学中的拓序规则。

3.5.1　包含无定义状态的泛逻辑运算模型

在有些情况下，命题的真值需要考虑无定义状态⊥，⊥的物理意义是在正常的因素空间 $\boldsymbol{E}$ 之外，存在一个孤立点⊥，它的数学意义是[0,1]之外的一个超数（见图 3.5）。

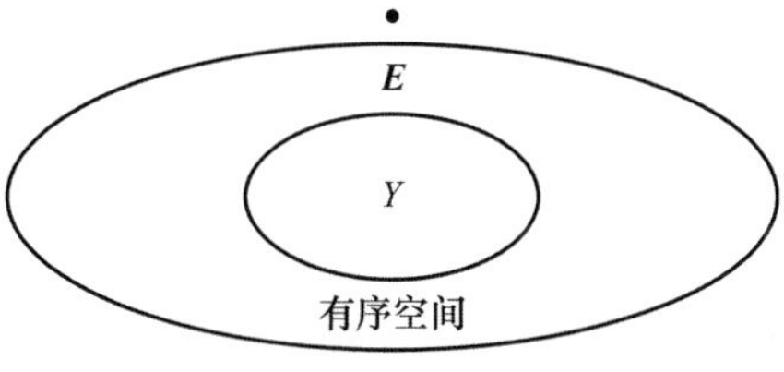

图 3.5　超序逻辑学的超序空间

在需要考虑无定义状态⊥时，逻辑学中的各种逻辑运算模型都需要作相应补充，如下。

① 曾经有人提出一个关于⊥的平凡逻辑运算规则：**凡⊥参加的逻辑运算，结果都为⊥。**

② 本书提出一个关于⊥的非平凡逻辑运算规则，具体如下。

(1) $N(\perp,k)=\perp$

意思是如果命题 p 无定义，它的非命题 $\sim p$ 也无定义。无定义问题没有真假程度之分，即⊥不在真假序列中。

(2) $T(\perp,y,h,k)=\{\perp|y=\perp;0\}$

意思是除了两个⊥点的交集仍然是⊥点外，⊥点与 $\boldsymbol{E}$ 中的任何子集 Y 的交集都为空集。

(3) $S(\perp,y,h,k)=\{\perp|y=\perp;1\}$

由泛与运算的对偶求得，意思是除⊥∨⊥为⊥外，其他为 1。

(4) $I(\perp,y,h,k)=\{1|y=\perp;\perp\}$，$I(x,\perp,h,k)=\{1|x=\perp;\perp\}$

由泛与运算的逆运算求得，意思是除⊥→⊥为 1 外，其他为⊥。

(5) $Q(\perp,y,h,k)=\{1|y=\perp;\perp\}$

由相互泛蕴涵运算的泛与运算求得，意思是除⊥↔⊥为 1 外，其他为⊥。

(6) $M(\perp,y,h,k)=y$

意思是无定义命题不参加泛平均运算中的折中过程，所以不改变运算的结果。

(7) $C^e(\perp,y,h,k)=\{\perp|y=\perp;0|y<e;1|y>e;e\}$

意思是一个命题无定义不影响另一个命题在综合决策中的作用，除非另一个命题也无定义，造成整个决策无定义。

3.5.2 逻辑真值附加特性的运算规则

在有些情况下，命题 p 除了有正常的逻辑真值 x 外，还有一些附加特性，用参数 α 表示，如 p 的逻辑真值为 $x<\alpha>$，q 的逻辑真值为 $y<\beta>$。在逻辑运算过程中，除 x,y 参加正常的逻辑运算模型 $L(x,y)$ 的运算，得到正常的逻辑真值 z 外，这些参数 α,β 也要参加附加特性运算模型 $L'(\alpha,\beta)$ 的运算，得到附加特性值 γ，即 $x<\alpha>$ 和 $y<\beta>$ 的逻辑运算结果 $z<\gamma>$ 是由两种不同的运算模型得到的，$z=L(x,y)$，$\gamma=L'(\alpha,\beta)$。例如：

1. 加权泛平均运算模型

在泛逻辑运算模型中，有时需要加权泛平均运算。

例如，在实验数据处理中，一般试验次数 n 都是有限的大数，事件 p 在一组试

验中的出现概率 x 是在有限 n 次试验中获得的近似值，如果 p 出现的次数是 a，则 $x=a/n$，可用 $x\langle n\rangle$ 表示。设关于事件 p 有两组试验 p_1 和 p_2，它们的出现概率是 $x\langle n_1\rangle$ 和 $y\langle n_2\rangle$，问在合并这两组试验后，事件 p 的总出现概率 $z\langle n\rangle$ 有多少？试验总次数 $n=n_1+n_2$，$z=a/n$。但 p 出现的总次数不一定满足 $a=a_1+a_2$，a 的值与 $a_1=n_1x$，$a_2=n_2y$ 和广义相关系数 h 及广义自相关系数 k 都有关。

① 当 $h=k=0.5$ 时，表示 a_1 和 a_2 之间最大相斥且无误差，两组试验没有相同的条件出现，$a=a_1+a_2=n_1x_1+n_2y$，$z=a/n=(n_1x_1+n_2y)/(n_1+n_2)=\alpha x+\beta y$，服从加权算术平均，其中 $n=n_1+n_2$，$\alpha=n_1/n$，$\beta=n_2/n$。如果我们把 $x\langle n_1\rangle$ 和 $y\langle n_2\rangle$ 看成加权柔性命题的逻辑真度，则加权算术平均是加权泛平均运算模型的中心算子：

$$M(x\langle n_1\rangle,y\langle n_2\rangle)\langle n\rangle=S(\alpha x,\beta y)\langle n\rangle=z\langle n\rangle$$

其中 $z=S(\alpha x,\beta y)=N(\alpha N(x)+\beta N(y))$，$n=n_1+n_2$。

② 当 $k=0.5$，h 为一般值时，$M(x\langle n_1\rangle,y\langle n_2\rangle,h,k)\langle n\rangle=z\langle n\rangle$ 也由两部分运算组成：

$$\begin{aligned}z&=M(x,y,h,0.5)\\&=S(\alpha x,\beta y,0.5,h)\\&=N(F^{-1}((\alpha F(N(x,0.5),h)+\beta F(N(y,0.5),h)),h),0.5)\end{aligned}$$

$$n=n_1+n_2$$

它的 4 个特殊算子是：

加权 Zadeh 平均	$M(x,y,1,0.5)=\mathbf{M}_3=\max(x,y)$	最大平均
加权概率平均	$M(x,y,0.75,0.5)=\mathbf{PM}_2=1-(1-x)^{\alpha}(1-y)^{\beta}$	
加权有界平均	$M(x,y,0.5,0.5)=\mathbf{PM}_1=\alpha x+\beta y$	
加权突变平均	$M(x,y,0,0.5)=\mathbf{M}_0=\min(x,y)$	最小平均

③ 当 k 和 h 为一般值时，$M(x\langle n_1\rangle,y\langle n_2\rangle,h,k)=z\langle n\rangle$ 也由两部分运算组成：

$$\begin{aligned}z&=M(x,y,h,k)\\&=S(\alpha x,\beta y,h,k)\\&=N(F^{-1}(\alpha F(N(x,k),h,k)+\beta F(N(y,k),h,k),h,k),k)\end{aligned}$$

$$n=n_1+n_2$$

加权泛平均运算服从结合律。

2. 云模型的逻辑运算

例如，在云逻辑（clouds logic）中［LIDY95，1995，CLSZ99］，每一个云谓词 $P(x)\langle a,b,c\rangle$ 都是一朵云（clouds model），其中 a 是云的形心，它反映了云所描述的概念信息中心值；b 是云的带宽，它反映了云所描述的概念亦此亦彼性的裕度；c 是云的方差，它反映了云所描述的概念离散程度（见图 3.6）。

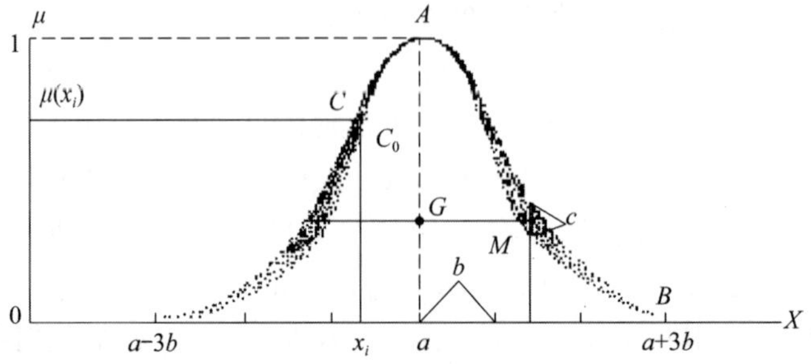

图 3.6　云模型 $P(x)<a,b,c>$ 的示意图

$P(x)<a,b,c>$ 被 x_i 每激活一次，云发生器 CG 就根据 x_i,a,b,c，产生一个云滴 $C<x_i,\mu(x_i)>$。其中隐含了 3 次正态分布规律：

$$E(\alpha,\beta)=\exp(-(x-\alpha)^2/(2\beta))$$

① 任何云滴 $C<x,\mu(x)>$ 都与期望曲线 $\mu_0(x)=E(a,b^2)$ 上的点 $C_0<x,\mu_0(x)>$ 相对应。

② $C<x,\mu(x)>$ 是以 C_0 为中心，在 $\mu(x)$ 方向上，以 σ_x 为方差正态随机分布的，$\mu(x)=E(\mu_0(x),\sigma_x)$。

③ 云层的厚度 σ_x 沿期望曲线 $\mu_0(x)=E(a,b^2)$ 变化，在 $M<a+(\ln 8)^{1/2}b, 2^{1/2}/4>$ 点达到最大值 $\sigma_{\max}=c$，在 $A<a,1>$ 点和 $B<a+3b,0>$ 点为 0。σ_x 在 M 点的两侧沿期望曲线按两个正态规律变化，并符合 $3b$ 规则。如果 $c=0$，$\mu(x)=\mu_0(x)=E(a,b^2)$，云谓词退化为带有真值分布特性约束的模糊谓词 $P(x)<a,b>$，如果没有分布特性 $<a,b>$ 的约束，$P(x)<a,b>$ 就退化为一般的模糊谓词 $P(x)$。

广义地讲，$P(x)<\alpha>$ 是有附加特性的模糊谓词，其中 α 是有限符号串，它代表逻辑的附加特性。当 $\alpha=\varepsilon$（空串）时，$P(x)<\alpha>$ 退化为一般的模糊谓词 $P(x)$。

如前所诉，不确定性由随机性、模糊性、缺省性和混沌性等多种因素综合引起：

- 随机性是有明确定义但不一定每次都会出现的事件中包含的不确定性，常用出现概率来度量，概率的逻辑运算规律与线序泛逻辑完全一致；
- 模糊性是对立不充分世界中已经出现但无法精确定义的事件中包含的不确定性，常用隶属度来度量，其中的逻辑规律可用线序泛逻辑描述；
- 缺省性是由于推理所需要的信息不完全而引起的不确定性，要进行推理必须补充有关的信息，常用各种表示缺省的量词来标志这些补充信息，形成各种模态逻辑和非单调逻辑，带有多种缺省推理模式的泛逻辑可以用于这类问题的描述；
- 混沌性是复杂巨系统中包含的不确定性，在这个系统中，它的每一个组成细胞都可能是简单的确定系统，但经过众多细胞之间的复杂耦合之后，系统的状态出现了不确定性，混沌系统中的逻辑规律尚待研究，这是混沌逻辑学的任务。

第 4 章　N 范数和 N 性生成元完整簇

本章将详细介绍三角范数理论中关于 N 范数的一般原理，利用 N 范数从理论上详细阐明广义自相关性对逻辑非运算模型的影响，从而得到了生成泛逻辑运算模型的重要元素——N 性生成元完整簇，它帮助我们发现了定义泛非（$\sim_k$）命题连接词的一般规律。

如前所述，在泛逻辑中命题 $\boldsymbol{p}$ 的真值域是 n 维连续空间 $[0,1]^n$，$n=1,2,3,\cdots$，命题 $\boldsymbol{p}$ 的真值用 n 维矢量 $\boldsymbol{x}=<x_1,x_2,\cdots,x_n>$ 表示，$\boldsymbol{x}\in[0,1]^n$，非命题 $\sim\boldsymbol{p}$ 的真度用 n 维矢量 $N(\boldsymbol{x})$ 表示，$N(\boldsymbol{x})=<N(x_1),N(x_2),\cdots,N(x_n)>$ 或 $N(\boldsymbol{x})=<N(x_n),\cdots,N(x_2),N(x_1)>$。

可见关键是研究清楚在线序连续值空间 $[0,1]$ 中定义非命题连接词的一般规律。

泛非运算是泛逻辑学中的基本运算之一，曾经有人认为它是一个固定不变的算子 $N(x)=1-x=\mathbf{N}_1$。由前面的讨论已知，中心非算子 $\mathbf{N}_1$ 只能在命题的真度可以精确得到时使用，但在许多情况下命题的真度不可能精确得到，存在偏差，它的非命题真度常常需要在一定约束条件下进行估计，所以在许多情况下泛非运算不可避免。泛非运算模型是一个可在其存在域内随广义自相关系数 k 连续变化的 N 范数完整簇。要研究和设计它，首先要了解三角范数理论中的 N 范数，找到泛逻辑运算模型的 N 性生成元完整簇。

4.1　N 范数的定义

三角范数理论中的 N 范数(n-norm)是泛逻辑学中非运算(算子)的数学原型。

在三角范数研究中很早就涉及柔性非算子，称为 N 范数，文献[ESTD81，OVCH83，WEBE83，MIZU89，SOTO99，JENE00]都研究了 N 范数，但方法和结果不尽相同。现根据三角范数理论中 N 范数的基本思想，加上我们自己的研究心得介绍如下。

4.1.1 N 范数的一般定义

设 $N(x)$ 是 $[0,1]\to[0,1]$ 的一元运算，关于 $N(x)$ 有以下条件。

- 边界条件 N1：$N(0)=1$，$N(1)=0$。
- 单调性 N2：$N(x)$ 单调减，当且仅当 $\forall x,y\in[0,1]$，若 $x<y$，则 $N(x)\geqslant N(y)$。
- 严格单调性 N2′：$N(x)$ 严格单调减，当且仅当 $\forall x,y\in[0,1]$，若 $x<y$，则 $N(x)>N(y)$。
- 连续性 N3：$N(x)$ 连续，当且仅当 $\forall x\in[0,1]$，$N(x^-)=N(x)=N(x^+)$，x^-，x^+ 是 x 的左右邻元。
- 逆等性 N4：$N(x)$ 有逆等性，当且仅当 $\forall x\in[0,1]$，$N(x)=N^{-1}(x)$，$N^{-1}(x)$ 是 $N(x)$ 的逆。

定义 4.1.1 满足条件 N1 和 N2 的 $N(x)$ 称为*弱 N 范数*(weak n-norm)，如果弱 N 范数 $N(x)$ 满足条件 N4，则称为 *N 范数*。

例如 $1-x^2$，$(1-x)^2$，$\mathbf{N}_3$，$\mathbf{N}_2$，$\mathbf{N}_1$，$\mathbf{N}_0$ 和广义 Sugeno 算子簇都是弱 N 范数(簇)，其中 $\mathbf{N}_3$，$\mathbf{N}_2$，$\mathbf{N}_1$，$\mathbf{N}_0$ 和广义 Sugeno 算子簇都是 N 范数(簇)，$\mathbf{N}_3$ 算子是最大 N 范数，$\mathbf{N}_1$ 算子是中心 N 范数，$\mathbf{N}_0$ 算子是最小 N 范数。

定义 4.1.2 如果(弱)N 范数 $N(x)$ 满足条件 $\mathbf{N}_3$，则称为*连续(弱)N 范数*。

例如 $1-x^2$，$(1-x)^2$，$\mathbf{N}_2$，$\mathbf{N}_1$ 和 Sugeno 算子簇都是连续弱 N 范数(簇)，而 $\mathbf{N}_3$ 和 $\mathbf{N}_0$ 中都存在间断点，不是连续 N 范数。

定义 4.1.3 如果(弱)N 范数 $N(x)$ 满足条件 N2′，则称为*严格单调(弱)N 范数*。

例如 $1-x^2$，$(1-x)^2$，$\mathbf{N}_2$，$\mathbf{N}_1$ 和 Sugeno 算子簇都是严格单调弱 N 范数(簇)，而 $\mathbf{N}_3$ 和 $\mathbf{N}_0$ 中都存在平台区，不是严格单调 N 范数。

定义 4.1.4 从最大 N 范数 $\mathbf{N}_3$ 到最小 N 范数 $\mathbf{N}_0$ 之间的空间 $[0,1]\times[0,1]$ 叫 N 范数的*存在域*。

存在域是 N 范数的最大可能变化范围，中心 N 范数 $\mathbf{N}_1$ 处在变化的中心位置。

中心 N 范数 $\mathbf{N}_1=1-x$ 是一个特殊的 N 范数，它具有 N 范数的各种重要性质，如连续性、严格单调性和偶等性等，是一切 N 范数簇的中心。

4.1.2 N 范数的极限及其逆等性

一般情况下我们讨论的都是连续的严格单调 N 范数。

在连续的严格单调 N 范数 $N(x)$ 中没有间断点和平台区，它的逆函数 $N^{-1}(x)$

一定存在，且仍然是连续的严格单调 N 范数，逆等性可以实现。其他情况下 N 范数的逆等性问题情况比较复杂，它包括存在间断点的非连续严格单调 N 范数、存在平台区的连续非严格单调 N 范数、存在间断点和平台区的非连续非严格单调 N 范数。从数学上看，存在平台区的非严格单调函数不能求逆，只有严格单调函数才有逆函数存在，但其逆函数只是连续的而不是严格单调的。因为严格单调的$N(x)$中如果有间断点，它的逆函数 $N^{-1}(x)$中就存在平台区，无法反向求逆实现逆等性。

一般讲连续严格单调函数簇的极限都有平台区和间断点，无法通过数学方法求逆实现逆等性，只能根据逆等性函数簇的极限也有逆等性的原则，参照其邻近的连续严格单调函数的逆和逻辑学上的需要，直接定义。例如，前面直接定义的最大 N 范数 $\mathbf{N}_3$ 和最小 N 范数 $\mathbf{N}_0$ 都是这种 N 范数。所以泛逻辑学认为非严格单调 N 范数也有逆等性，且它必然是非连续的。这就是说在泛逻辑学中，由于逆等性的需要，N 范数中非严格单调性和非连续性一定是相伴出现的。

4.2　N 范数的主要性质

定理 4.2.1(封闭性)　弱 N 范数满足 $N(x)\in[0,1]$。

证明：

由边界条件 N1 知，$N(0)=1$，$N(1)=0$，由单调性 N2 知，$N(1)\leqslant N(x)\leqslant N(0)$，所以 $N(x)\in[0,1]$，弱 N 范数具有封闭性。 ▌

定理 4.2.2(对合律)　N 范数满足 $N(N(x))=x$。

证明：

由逆等性 N4 知，$N(x)=N^{-1}(x)$，所以 $N(N(x))=N(N^{-1}(x))=x$。 ▌

定理 4.2.3(不动点)　在连续(弱)N 范数 $N(x)$中存在 $k\in(0,1)$，使 $N(k)=k$。

证明：

由定理 4.2.1 知 $N(x)\in[0,1]$，再由单调性 N2 和连续性 N3 知，当 $x\in(0,1)$时，$y=N(x)$曲线必然与主对角线($y=x$)相交，设交点 K 在 x 轴上的投影是 k，必有 $N(k)=k$。所以在连续(弱)N 范数 $N(x)$中，存在不动点 $k\in(0,1)$，使 $N(k)=k$。 ▌

例如 $1-x^2$ 的 $k=(5^{1/2}-1)/2$、中心 N 范数 $N(x)=1-x$ 的 $k=0.5$、Sugeno 算子的 $k=1/((1+\lambda)^{1/2}+1)$，非连续 N 范数的 k 包含在它的直接定义中，如 $\mathbf{N}_3$ 的 $k=1$、$\mathbf{N}_0$ 的 $k=0$。

定理 4.2.4(泛非性)　设 $k\in(0,1)$是连续(弱)N 范数 $N(x)$的不动点，则当 $k\leqslant x$时，$N(x)\leqslant k$；当 $x\leqslant k$ 时，$k\leqslant N(x)$。如果 $N(x)$是连续的严格单调(弱)N 范数，则当 $x<k$ 时，$N(x)>k$；当 $x>k$ 时，$N(x)<k$。

证明：

由定理4.2.3知，$N(k)=k$，再由单调性N2知，当$k\leqslant x$时，必有$N(x)\leqslant k$；当$x\leqslant k$时，必有$k\leqslant N(x)$。如果$N(x)$是连续的严格单调(弱)N范数，则$x<k$时必有$N(x)>k$，当$x>k$时必有$N(x)<k$。所以本定理成立。▌

定义4.2.1 如$N(x)$和$N_1(x)$都是N范数，则称$N_1'(x)=N(N_1(N(x)))$为$N_1(x)$关于$N(x)$的一级对偶，当$N(x)=1-x$时，$N_1{}'(x)=1-N_1(1-x)$，退化为$N_1(x)$的零级对偶，统一简称为对偶。任何N范数都有一级对偶和零级对偶。

定理4.2.5(自对偶性) N范数$N_1(x)$关于$N(x)$的一级对偶$N_1'(x)$是N范数，且$N_1'(x)$保持了$N(x)$和$N_1(x)$共有的主要性质。

证明：

① 由于$N(x)$和$N_1(x)$是单调函数，所以$N_1'(x)=N(N_1(N(x)))$一定存在，且有

$$N_1'(0)=N(N_1(N(0)))=N(N_1(1))=N(0)=1$$

$$N_1'(1)=N(N_1(N(1)))=N(N_1(0))=N(1)=0$$

由$N(x)$和$N_1(x)$单调减知，$N_1(N(x)$，单调增，$N_1'(x)=N(N_1(N(x)))$单调减。设$y=N_1'(x)=N(N_1(N(x)))$，则$N_1(N(x))=N^{-1}(y)$，$N(x)=N_1{}^{-1}(N^{-1}(y))$，$x=N^{-1}(N_1{}^{-1}(N^{-1}(y)))$，由$N(x)$和$N_1(x)$的逆等性知，$x=N(N_1(N(y)))$，即$N_1'(x)$有逆等性。所以$N_1'(x)$满足N1，N2和N4，是N范数，即N范数的对偶是N范数，N范数有自对偶性。

② 如果$N(x)$和$N_1(x)$满足N2′，则由$x<y$，$N(x)>N(y)$，$N_1(N(x))<N_1(N(y))$知，$N_1'(x)>N_1'(y)$，也满足N2′；如果$N(x)$和$N_1(x)$满足N3，则由$N(x^-)=N(x^+)$，$N_1(N(x^-))=N_1(N(x^+))$知，$N_1'(x^-)=N_1'(x^+)$，也满足N3；如果$N(x)$和$N_1(x)$满足N5，则由$N(0.5)=0.5$和$N_1(0.5)=0.5$知，$N_1'(0.5)=0.5$，也满足N5。所以$N_1'(x)$保持了$N(x)$和$N_1(x)$共有的主要性质。

根据上述①与②，本定理成立。▌

推论4.2.1(偶等性) 任意N范数的自对偶等于自己，$N(x)=N(N(N(x)))$。

由推论知，如把$N(x)=1-N(1-x)$当公理，就等于指定$N(x)=1-x$，十分不妥。

定理4.2.6 设$k\in(0,1)$是N范数$N_1(x)$的不动点，则$k'=N(k)$是$N_1(x)$关于$N(x)$的一级对偶$N_1'(x)$的不动点。

证明：

由一级对偶的定义知，$N_1'(x)=N(N_1(N(x)))$，由于$N_1(k)=k$，当$x=N(k)$时有

$$N_1'(N(k))=N(N_1(N(N(k))))=N(N_1(k))=N(k)$$

所以$k'=N(k)$是$N_1'(x)$的不动点。▌

4.3　N 范数的生成方法

4.3.1　N 性生成元的物理意义

由前面的讨论已知，在因素空间 $\boldsymbol{E}$ 中，对任意分明子集 X，显然有 $X\cup\neg X=\boldsymbol{E}$，当柔性测度 $m(X)$ 的值 x 可以精确得到时，$m(X)+m(\neg X)=x+N(x)=1$，$N(x)=1-x$，中心非算子成立，它是泛非运算的基模型。但当柔性测度 $m(X)$ 的值 x 无法精确得到时，设 $m(X)=x^*$，$m(X)+m(\neg X)=x^*+N(x^*)\neq 1$，$N(x^*)\neq 1-x^*$，如果需要在一定约束条件下对 $N(x^*)$ 进行估计，则约束条件的一般形式是

$$\phi(x^*)+\phi(N(x^*))=1, N(x^*)=\phi^{-1}(1-\phi(x^*)) \tag{4-1}$$

其中 $\phi(x^*)$ 是连续的严格单调增函数，$\phi(0)=0$，$\phi(1)=1$，一般称为自守函数，在泛逻辑学中特称为 N 性生成元。$\phi(x^*)$ 在式(4-1)中的作用是修正误差对柔性测度值 x^* 的影响，得到精确的柔性测度值 x。$\phi(x)=x$ 是特殊的 N 性生成元，它表示柔性测度是精确的。

N 性生成元 $\phi(x^*)$ 的物理意义是：有这样一类问题，它的因素空间 $\boldsymbol{E}$ 是确定的分明集合，全集 $\boldsymbol{E}$ 和空集 $\varnothing$ 都可以被精确地检测到，但对 $\boldsymbol{E}$ 的其他真子集 X 都存在有检测误差的情况。设 $m(X)=x$ 是 X 在理想状态下的精确模糊测度，$m(X)=x^*$ 是 X 在实际状态下的有差模糊测度，则有 $x=\phi(x^*)$。$\phi(x^*)$ 是修正 x^* 中偏差的自同构函数，满足边界条件 $\phi(0)=0$，$\phi(1)=1$，偏离这两点柔性测度都可能存在偏差，且柔性测度的偏差越大，$\phi(x^*)$ 偏离 x^* 越大。$\phi(x^*)\geqslant x^*$ 表示 $m(X)$ 是下近似，x^* 的值比精确值 x 偏小，需要放大；$\phi(x^*)\leqslant x^*$ 表示 $m(X)$ 是上近似，x^* 的值比精确值 x 偏大，需要缩小。当 $x^*=\phi(x^*)=x$ 时，表示 $m(X)$ 是理想状态下的精确模糊测度。

下面严格讨论 N 性生成元的定义和主要性质，其中一般不再严格区分 x^* 和 x。

4.3.2　N 性生成元的定义和主要性质

定义 4.3.1　$x\in[0,1]$，如果 $\phi(x)$ 是连续的严格单调增函数，且 $\phi(0)=0$，$\phi(1)=1$，则称 $\phi(x)$ 为 N 性生成元(N-generator)。

显然，N 性生成元的逆函数、复合函数和各种对偶也是 N 性生成元，且

$1-\phi(x)$和$\phi(1-x)$都是弱 N 范数。

定理 4.3.1 如果$f(x)$是[0,1]上连续的严格单调函数,且$f(x)$为有限值,则$\phi(x)=(f(0)-f(x))/(f(0)-f(1))$是 N 性生成元。

证明:

由$f(x)$在[0,1]上是连续的严格单调函数,$f(0)-f(1)\neq 0$且为有限值可知$\phi(x)=(f(0)-f(x))/(f(0)-f(1))$是连续的严格单调增函数,且$\phi(0)=0$,$\phi(1)=1$,所以$\phi(x)$是 N 性生成元。 ▮

定义 4.3.2 称定理 4.3.1 中的$f(x)$为 N 性生成元$\phi(x)$的生成函数。

$f(x)$既可以是[0,1]上连续的严格单调增函数,也可以是[0,1]上连续的严格单调减函数〔见图 4.1(a)〕。

- 如果$f(0)=0$,则$\phi(x)=f(x)/f(1)$。
- 如果$f(0)=0,f(1)=1$,则$\phi(x)=f(x)$。
- 如果$f(1)=0$,则$\phi(x)=1-f(x)/f(0)$。
- 如果$f(0)=1,f(1)=0$,则$\phi(x)=1-f(x)$。

推论 4.3.1 线性相关的生成函数$cf(x)+d$生成同一个 N 性生成元,反之不然。

定理 4.3.2 如果$\phi_1(x)$,$\phi_2(x)$是任意 N 性生成元,则$\phi(x)=\phi_1(\phi_2(x))$是 N 性生成元。

证明:

由ϕ_1,ϕ_2在[0,1]上是连续的严格单调增函数知,$\phi(x)=\phi_1(\phi_2(x))$在[0,1]上是连续的严格单调增函数,且$\phi(0)=\phi_1(\phi_2(0))=\phi_1(0)=0$,$\phi(1)=\phi_1(\phi_2(1))=\phi_1(1)=1$,所以$\phi(x)$是 N 性生成元。 ▮

4.3.3 N 性生成元的上下极限

关于 N 性生成元的上下极限,有以下规定。

如果生成函数$f(x)$不是有限值函数,利用

$$\phi(x)=(f(0)-f(x))/(f(0)-f(1))$$

$$\phi^{-1}(x)=f^{-1}(f(0)-(f(0)-f(1))x)$$

可以规定 N 性生成元的上下极限及其逆,从而将 N 性生成元的概念推广到非连续、非严格单调的情况〔见图 4.1(b)〕。因为:当$f(1)\to\pm\infty$且$f(0)$为有限值时,$\phi(x)\to\mathbf{\Phi}_3$,$\phi^{-1}(x)\to\mathbf{\Phi}_0$;当$f(0)\to\pm\infty$且$f(1)$为有限值时,$\phi(x)\to\mathbf{\Phi}_0$,$\phi^{-1}(x)\to\mathbf{\Phi}_3$。其中$\mathbf{\Phi}_3=\mathbf{\Phi}_0{}^{-1}=\mathrm{ite}\{1|x=1;0\}$,$\mathbf{\Phi}_0=\mathbf{\Phi}_3{}^{-1}=\mathrm{ite}\{0|x=0;1\}$。

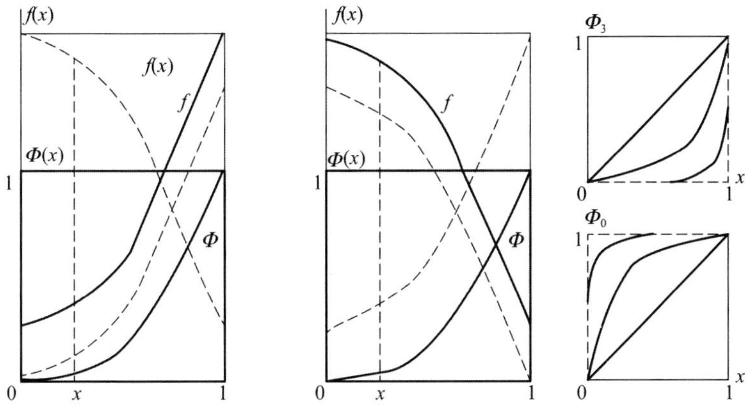

(a) N性生成元$\phi(x)$和它的生成函数 $f(x)$　　(b) N性生成元$\phi(x)$的上下极限

图 4.1　N 性生成元 $\phi(x)$的生成

4.3.4　N 范数的生成定理

定理 4.3.3(N 范数第一生成定理)　若 $\phi(x)$是 N 性生成元,$\phi^{-1}(x)$是逆函数,则 $N(x)=\phi^{-1}(1-\phi(x))$是连续的严格单调 N 范数。

证明:

由于 $\phi(x)$是 N 性生成元,$\phi(0)=0$,$\phi(1)=1$,且是连续的严格单调增函数,所以 $1-\phi(x)$满足条件 N1,N2′和 N3,由逆运算的性质知 $y=N(x)=\phi^{-1}(1-\phi(x))$,也满足条件 N1, N2′和 N3,又 $x=N^{-1}(y)=\phi^{-1}(1-\phi(y))$,即 $N^{-1}(x)=\phi^{-1}(1-\phi(x))$,满足条件 N4。所以 $N(x)$是连续的严格单调 N 范数。

例如:

① 当 $\phi(x)=\mathbf{\Phi}_1=x$ 时,$\phi^{-1}(x)=\mathbf{\Phi}_1{}^{-1}=x$,$N(x)=\mathbf{N}_1=1-x$。

② $$\phi_1(x)=x(1+\lambda)^{1/2}/(1+((1+\lambda)^{1/2}-1)x),\lambda>-1$$

$$\phi_1{}^{-1}(x)=x/((1+\lambda)^{1/2}-((1+\lambda)^{1/2}-1)x)$$

$$1-\phi_1(x)=1-x(1+\lambda)^{1/2}/(1+((1+\lambda)^{1/2}-1)x)$$
$$=(1-x)/(1+((1+\lambda)^{1/2}-1)x)$$

$$N_1(x)=\phi_1{}^{-1}(1-\phi_1(x))$$
$$=((1-x)/(1+((1+\lambda)^{1/2}-1)x))/((1+\lambda)^{1/2}-$$
$$((1+\lambda)^{1/2}-1)(1-x)/(1+((1+\lambda)^{1/2}-1)x))$$
$$=(1-x)/((1+\lambda)^{1/2}(1+((1+\lambda)^{1/2}-1)x)-((1+\lambda)^{1/2}-1)(1-x))$$
$$=(1-x)/(1+(((1+\lambda)^{1/2})^2-1)x)$$
$$=(1-x)/(1+\lambda x)$$

③ 当 $\phi_2(x)=x^n, n>0$ 时，$\phi_2^{-1}(x)=x^{1/n}$，$N_2(x)=(1-x^n)^{1/n}$。

它们都是连续的严格单调 N 范数。

通过 N 性生成元的上极限和下极限，可以将定理 4.3.3 推广到非连续、非严格单调的情况，也就是说可以利用 $\mathbf{\Phi}_3$ 和 $\mathbf{\Phi}_3^{-1}$ 构造出 $\mathbf{N}_3$，利用 $\mathbf{\Phi}_0$ 和 $\mathbf{\Phi}_0^{-1}$ 构造出 $\mathbf{N}_0$。

推论 4.3.2 如果 $f(x)$ 是 $[0,1]$ 上连续的严格单调有限值函数，则 $N(x)=f^{-1}(f(1)+f(0)-f(x))$ 是 N 范数。

定理 4.3.4（N 范数第二生成定理） 若 $N_1(x)$ 是 N 范数，$\phi(x)$ 是 N 性生成元，则 $N_2(x)=\phi^{-1}(N_1(\phi(x)))$ 是 N 范数。

证明：

设 $N_1(x)=\phi_1^{-1}(1-\phi_1(x))$，则 $\phi_2(x)=\phi_1(\phi(x))$ 是 N 性生成元，且 $\phi_2^{-1}(x)=\phi^{-1}(\phi_1^{-1}(x))$，所以

$$N_2(x)=\phi^{-1}(N_1(\phi(x)))=\phi^{-1}(\phi_1^{-1}(1-\phi_1(\phi(x))))=\phi_2^{-1}(1-\phi_2(x))$$

是 N 范数。 ▌

事实上，定理 4.2.5 已经给出了 N 范数第三生成定理：若 $N_1(x)$，$N(x)$ 是 N 范数，则 $N_1(x)$ 关于 $N(x)$ 的一级对偶 $N_1'(x)=N(N_1(N(x)))$ 也是 N 范数。

由以上生成定理可以看出，有 3 类生成 N 范数的方法：①利用连续的严格单调一元函数形成的 N 性生成元或直接利用连续的严格单调一元函数；②利用已知的 N 范数；③综合利用以上两种方法。

4.4 N 性生成元完整簇的定义

4.4.1 *k* 值的计算方法

定理 4.4.1 连续的严格单调减 N 范数 $N(x)=\phi^{-1}(1-\phi(x))$ 的不动点即广义自相关系数 $k=\phi^{-1}(0.5)$。

证明：

设 $k\in(0,1)$ 是 N 范数 $N(x)$ 的不动点，则 $N(k)=\phi^{-1}(1-\phi(k))=k$，$1-\phi(k)=\phi(k)$，$2\phi(k)=1$，$\phi(k)=0.5$，$k=\phi^{-1}(0.5)$ 是 $N(x)$ 的不动点。在极限情况下有 $\mathbf{\Phi}_3^{-1}(0.5)=k=1$，$\mathbf{\Phi}_0^{-1}(0.5)=k=0$。所以 N 范数的 $k=\phi^{-1}(0.5)$。 ▌

例如，$k=\phi_1^{-1}(0.5)=1/(2(1+\lambda)^{1/2}-((1+\lambda)^{1/2}-1))=1/((1+\lambda)^{1/2}+1)$ 是 $N_1(x)=(1-x)/(1+\lambda x)$ 的不动点，即广义自相关系数，反之 $\lambda=(1-2k)/k^2$。

又如，$k_2=\phi_2^{-1}(0.5)=(2^{-1})^{1/n}=2^{-1/n}$是 $N_2(x)=(1-x^n)^{1/n}$的不动点，即广义自相关系数，反之 $n=-1/\log_2 k_2$。

研究表明，N 性生成元完整簇的模型有无穷多种，它们与误差分布的形式有关。因而由 N 性生成元完整簇生成的 N 范数完整簇也有无穷多种，最常用的是多项式模型和指数模型。下面我们特别用 $\delta(x,k)$表示误差分布函数完整簇，用 $\Phi(x,k)$表示 N 性生成元完整簇，用 $N(x,k)$表示 N 范数完整簇。

4.4.2　N 性生成元完整簇的定义和常用模型

定义 4.4.1　设 $\Phi(x,k)$是 N 性生成元簇，$k\in[0,1]$是生成元的函数位置标志参数，$\Phi(x,k)$可随 x 在$(0,1)$区间连续严格单调增地变化，随 k 连续严格单调减地变化，满足 $k=\Phi^{-1}(0.5,k)$，且当 $k=0.5$ 时 $\Phi(x,k)=\boldsymbol{\Phi}_1=x$，当 $k\to1$ 时 $\Phi(x,k)\to\boldsymbol{\Phi}_3$，当 $k\to0$ 时 $\Phi(x,k)\to\boldsymbol{\Phi}_0$，在 $\Phi(x,k)$簇内对复合运算和逆运算有自封闭性，则称 $\Phi(x,k)$为 N 性生成元完整簇，简称 N 元簇(N-generate cluster)。

最常用的两个 N 性生成元完整簇的模型是多项式模型和指数模型。

定理 4.4.2(多项式模型)　广义 Sugeno 函数簇 $\Phi_1(x,k)=x(1+\lambda)^{1/2}/(1+((1+\lambda)^{1/2}-1)x)$，$\lambda=(1-2k)/k^2$ 是 N 性生成元完整簇。

证明：

① 由前面的讨论已经知道，广义 Sugeno 函数簇 $\Phi_1(x,k)=x(1+\lambda)^{1/2}/(1+((1+\lambda)^{1/2}-1)x)$，$\lambda=(1-2k)/k^2$ 是 N 性生成元簇，$k\in[0,1]$是生成元的位置标志参数，$\Phi_1(x,k)$可随 x 在$(0,1)$区间连续严格单调增地变化，随 k 连续严格单调减地变化，满足 $k=\Phi_1^{-1}(0.5,k)$，且当 $k=0.5$ 时 $\Phi_1(x,k)=\boldsymbol{\Phi}_1=x$；当 $k\to1$ 时 $\Phi_1(x,k)\to\boldsymbol{\Phi}_3$，当 $k\to0$ 时 $\Phi_1(x,k)\to\boldsymbol{\Phi}_0$。

② 对簇中任意两个生成元 $\Phi_1(x,k_1)$，$\lambda_1=(1-2k_1)/k_1^2$ 和 $\Phi_1(x,k_2)$，$\lambda_2=(1-2k_2)/k_2^2$，其复合生成元

$$\begin{aligned}\Phi_1(\Phi_1(x,k_1),k_2)&=\Phi_1(x,k_1)(1+\lambda_2)^{1/2}/(1+((1+\lambda_2)^{1/2}-1)\Phi_1(x,k_1))\\&=x(1+\lambda_1)^{1/2}(1+\lambda_2)^{1/2}/(1+((1+\lambda_1)^{1/2}(1+\lambda_2)^{1/2}-1)x)\\&=x(1+\lambda_3)^{1/2}/(1+((1+\lambda_3)^{1/2}-1)x)\\&=\Phi_1(x,k_3)\end{aligned}$$

其中$(1+\lambda_3)^{1/2}=(1+\lambda_1)^{1/2}(1+\lambda_2)^{1/2}$，所以有

$$\lambda_3=(1+\lambda_1)(1+\lambda_2)-1=\lambda_1+\lambda_2+\lambda_1\lambda_2,\quad k_3=((1+\lambda_3)^{1/2}-1)/\lambda_3$$

即复合运算 $\Phi_1(x,k_3)$仍在 $\Phi_1(x,k)$簇中，$\Phi_1(x,k)$簇对复合运算有自封闭性。

③ 对簇中任意生成元 $\Phi_1(x,k_1)=x(1+\lambda_1)^{1/2}/(1+((1+\lambda_1)^{1/2}-1)x)$，$\lambda_1=$

$(1-2k_1)/k_1^2$,其逆运算 $\Phi_1^{-1}(x,k_1)=x/((1+\lambda_1)^{1/2}-((1+\lambda_1)^{1/2}-1)x)$,用 $\lambda_1=-\lambda_2/(1+\lambda_2)$代入上式得

$$\begin{aligned}\Phi_1^{-1}(x,k_1)&=x/(1/(1+\lambda_2)^{1/2}-(1/(1+\lambda_2)^{1/2}-1)x)\\&=(1+\lambda_2)^{1/2}x/(1+((1+\lambda_2)^{1/2}-1)x)\\&=\Phi_1^{-1}(x,k_2)\end{aligned}$$

即逆运算 $\Phi_1^{-1}(x,k_1)$一定在 $\Phi_1(x,k)$簇内,$\Phi_1(x,k)$簇对逆运算有自封闭性。

所以 $\Phi_1(x,k)$是 N 性生成元完整簇。 ▌

与 $\Phi_1(x,k)$对应的误差分布函数完整簇是

$$\delta_1(x,k)=(1-2k)(x^2-x)/((1-k)-(1-2k)x)$$

定理 4.4.3(指数模型) 指数函数簇 $\Phi_2(x,k)=x^n,n>0,k=2^{-1/n}$是 N 性生成元完整簇。

证明:

① 由前面的讨论已知,指数函数簇 $\Phi_2(x,k)=x^n$ 是 N 性生成元簇,$k=2^{-1/n}$是生成元的位置标志参数,$\Phi_2(x,k)$可随 x 在(0,1)区间连续严格单调增地变化,随 k 连续严格单调减地变化,满足 $k=\Phi_2^{-1}(0.5,k)$,且当 $k=0.5$ 时 $\Phi_2(x,k)=\mathbf{\Phi}_1=x$,当 $k\to1$ 时 $\Phi_2(x,k)\to\mathbf{\Phi}_3$,当 $k\to0$ 时 $\Phi_2(x,k)\to\mathbf{\Phi}_0$。

② 对簇中任意两个生成元 $\Phi_2(x,k_1)=x^{n_1}$和 $\Phi_2(x,k_2)=x^{n_2}$,其复合运算和逆运算

$$\Phi_2(\Phi_2(x,k_1),k_2)=x^{n_1n_2}=\Phi_2(x,k_3),\quad \Phi_2^{-1}(x,k_1)=x^{1/n_1}=\Phi_2(x,k_1')$$

仍在 $\Phi_2(x,k)$簇中,$\Phi_2(x,k)$簇对复合运算和逆运算有自封闭性。

所以 $\Phi_2(x,k)$是 N 性生成元完整簇。 ▌

与 $\Phi_2(x,k)$对应的误差分布函数完整簇是 $\delta_2(x,k)=x^{1/n}-x$,其中 $n=-1/\log_2k$。

4.4.3 N 范数完整簇的定义和常用模型

定义 4.4.2 由 N 性生成元完整簇 $\Phi(x,k)$生成的 N 范数簇

$$N(x,k)=\Phi^{-1}(1-\Phi(x,k),k)$$

称为 N 范数完整簇,简称 N 簇(N-cluster)。

由定理 4.4.2 和定理 4.4.3 知,最常用的两个 N 范数完整簇模型是:

① 多项式模型簇,$N_1(x,k)=(1-x)/(1+\lambda x)$,$\lambda=(1-2k)/k^2$ 或 $k=((1+\lambda)^{1/2}-1)/\lambda$;

② 指数模型簇,$N_2(x,k)=(1-x^n)^{1/n}$,$n=-1/\log_2k$ 或 $k=2^{-1/n}$。

定义 4.4.3　如果 $N(x,k)$ 是 N 簇，则称 $N(1-x,k)$ 为 N 余簇（N-remainder cluster），称 $1-N(x,k)$ 为 N 补簇（N-complement cluster）（见图 4.2）。

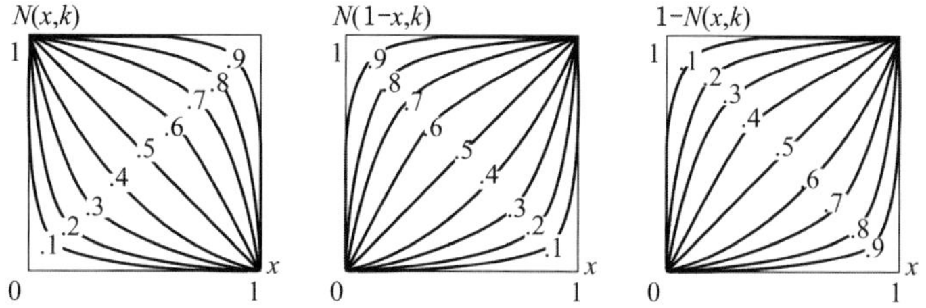

图 4.2　N 簇、N 余簇和 N 补簇

由于 $N(1-x,k)=1-N(x,1-k)$，N 余簇 $N(1-x,k)$ 和 N 补簇 $1-N(x,k)$ 是对偶关系，所以有如下推论。

推论 4.4.1　N 补簇内的算子一定在 N 余簇内。

一般情况下 N 余簇不同于 N 元簇 $\Phi(x,k)$，但 Sugeno 算子簇特殊，它的 N 余簇就是 N 元簇。

定理 4.4.4　广义 Sugeno 算子簇的 N 余簇 $N(1-x,k)$ 就是 N 元簇 $\Phi(x,k)$。

证明：

设

$$\lambda_1=(1-2k_1)/k_1{}^2,\ \Phi(x,k_1)=x(1+\lambda_1)^{1/2}/(1+((1+\lambda_1)^{1/2}-1)x)$$

$$N(x,k_1)=(1-x)/(1+\lambda_1 x)$$

$$\begin{aligned}N(1-x,k_1)&=x/(1+\lambda_1(1-x))\\&=x/(1+\lambda_1-\lambda_1 x)\\&=(x/(1+\lambda_1))/(1-\lambda_1 x/(1+\lambda_1))\\&=x(1+\lambda_2)^{1/2}/(1+((1+\lambda_2)^{1/2}-1)x)\\&=\Phi(x,k_2)\end{aligned}$$

$$\lambda_2=(1-2k_2)/k_2{}^2=(1/(1+\lambda_1)^2)-1$$

所以本定理成立。 ▌

图 4.3 给出了最常用的两个模型簇随 k 变化的曲线图，从中我们可以发现它们之间的共性和微小差异。

这两个模型簇十分相近，详细情况见图 4.4。

从图 4.4 中可以看出：当 k 为 0，0.5 和 1 时，两模型完全相等；无论 k 为何值，当 x 为 0，k 和 1 时，两模型值完全相等，且 k 和 $1-k$ 的曲线是对偶的。

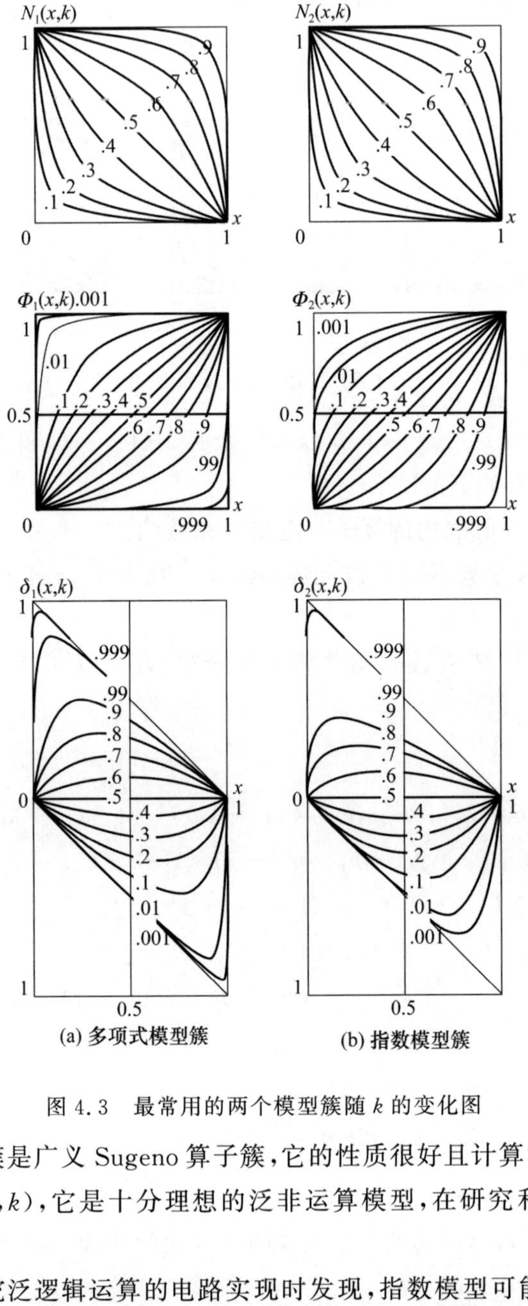

图 4.3　最常用的两个模型簇随 k 的变化图

多项式模型簇是广义 Sugeno 算子簇，它的性质很好且计算简单，它的 N 余簇就是 N 元簇 $\Phi(x,k)$，它是十分理想的泛非运算模型，在研究和应用中一般都使用它。

但我们在研究泛逻辑运算的电路实现时发现，指数模型可能更容易用物理器件实现，且能与泛与/或运算模型更好地配合，所以这两个模型各有所长。

本书后文以指数模型为主进行讨论。

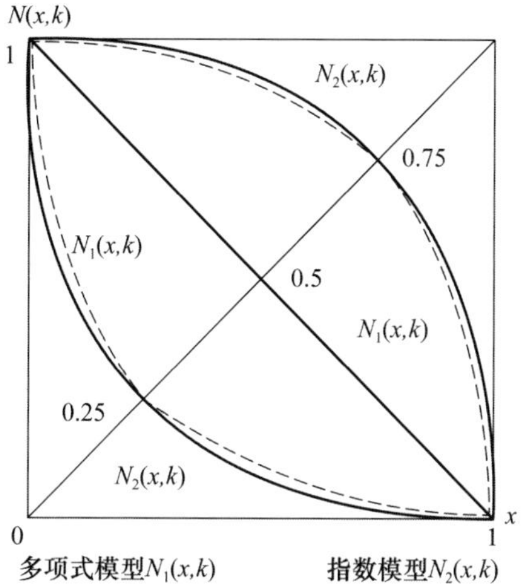

图 4.4　最常用的两个 N 范数模型的对比

指数模型与 Sugeno 算子十分相近，表 4.1 给出了典型情况下两模型的偏差值，表中 $\Delta_k = N_2(x,k) - N_1(x,k)$。由于 Δ_k 关于 k 在 0.5 上下对称，且在 0，0.5 和 1 处没有差别，所以只显示了 0.6，0.7，0.8 和 0.9 这 4 种情况。从表 4.1 可以看出，两模型的最大偏差值 $\max\Delta_k$ 在 5%以内，一般是 1%～2%，所以在有些情况下我们可以近似认为两模型相等，可以混合使用。

表 4.1　两个常用的正常模型簇的偏差表

x	0	0.1	0.2	0.3	0.4	0.5	0.6	0.7	0.8	0.9	1
$\Delta_{0.6}$	0	0.015	0.016	0.012	0.007	0.002	0	0.003	0.012	0.026	0
$\Delta_{0.7}$	0	0.014	0.021	0.022	0.019	0.012	0.004	0	0.008	**0.043**	0
$\Delta_{0.8}$	0	0.007	0.013	0.018	0.021	0.020	0.015	0.006	0	0.023	0
$\Delta_{0.9}$	0	0.001	0.003	0.005	0.008	0.011	0.013	0.013	0.008	0	0

4.4.4　N 完整簇内算子分布的单调性

定理 4.4.5　N 范数完整簇 $N(x,k)$ 内的 N 范数随 k 连续严格单调增地变化。

证明：

设 $N(x,k) = \Phi^{-1}(1-\Phi(x,k),k)$，由于 $\Phi(x,k)$ 随 k 连续严格单调减地变化，对任意 $k_1 < k_2$ 有 $\Phi(x,k_1) > \Phi(x,k_2)$，所以 $1-\Phi(x,k_1) < 1-\Phi(x,k_2)$。

又由于 $\Phi^{-1}(x,k)$ 随 k 连续严格单调增地变化，所以

$$\Phi^{-1}(1-\Phi(x,k_1),k_1)<\Phi^{-1}(1-\Phi(x,k_2),k_2),\quad N(x,k_1)<N(x,k_2)$$

同样,对任意 $k=k_2$ 有 $\Phi(x,k_1)=\Phi(x,k_2)$,所以 $N(x,k_1)=N(x,k_2)$,即 $N(x,k)$ 簇内的 N 范数随 k 连续严格单调增地变化。 ▮

4.5 N 完整簇上运算的广义自封闭性

N 范数完整簇除了具有 N 范数的一切性质外,还具有 N 簇上运算的广义自封闭性,包括各种对偶运算和奇次复合运算的自封闭性,以及偶次复合运算的余封闭性。

定理 4.5.1(N 簇内元对偶运算的自封闭性) N 簇 $N(x,k)=\Phi^{-1}(1-\Phi(x,k),k)$ 中,任意 N 范数 $N(x,k_1)$ 和其 N 元簇 $\Phi(x,k)$ 中任意 N 性生成元 $\Phi(x,k_2)$ 的元对偶 $\Phi^{-1}(N(\Phi(x,k_2),k_1),k_2)$ 仍在 N 簇中。

证明:

由定理 4.3.4 知 $\Phi^{-1}(N(\Phi(x,k_2),k_1),k_2)$ 是 N 范数,又由 $\Phi(x,k)$ 簇对复合运算有自封闭性知 $\Phi^{-1}(x,k)$ 簇对复合运算也有自封闭性,所以

$$\begin{aligned}\Phi^{-1}(N(\Phi(x,k_2),k_1),k_2)&=\Phi^{-1}(\Phi^{-1}(1-\Phi(\Phi(x,k_2),k_1),k_1),k_2)\\&=\Phi^{-1}(1-\Phi(x,k_{21}),k_{21})=N(x,k_{21})\end{aligned}$$

即元对偶 $N(x,k_{21})$ 仍然在 N 簇中。 ▮

本定理表明,N 范数和它的元对偶同簇。由于 $\Phi(N(\Phi^{-1}(x,k_1),k_1),k_1)=1-x$,$\Phi^{-1}(1-x,k_1)=N(\Phi^{-1}(x,k_1),k_1)$,所以对中心 N 范数有如下推论。

推论 4.5.1 中心 N 范数 $1-x$ 可与一切 N 范数同簇,但与 $1-x$ 同簇的两个 N 范数不一定同簇。

定理 4.5.2(N 簇内零级对偶运算的自封闭性) 在 N 范数完整簇 $N(x,k)$ 中,任意 N 范数 $N(x,k_1)$ 的零级对偶 $N'(x,k_1)=1-N(1-x,k_1)=N(x,1-k_1)$ 仍然在 N 簇中。

证明:

由定理 4.2.5 知,$N'(x,k_1)$ 是 N 范数,需要进一步证明零级对偶 $N'(x,k_1)$ 仍然在 N 簇内。

由于 $\Phi(x,k)$ 簇对逆运算有自封闭性,$\Phi^{-1}(x,k_1)=\Phi(x,k_1')$ 仍在 N 元簇内,则

$$\Phi(x,k_1)=\Phi^{-1}(x,k_1')$$

$$\Phi^{-1}(1-x,k_1)=1-\Phi^{-1}(x,k_1)=\Phi(1-x,k_2)$$

$$\Phi(1-x,k_1)=\Phi^{-1}(1-x,k_2)=1-\Phi^{-1}(x,k_2)$$

$$\begin{aligned} N'(x,k_1) &= 1-\Phi^{-1}(1-\Phi(1-x,k_1),k_1) \\ &= \Phi(\Phi(1-x,k_1),k_2) \\ &= \Phi(1-\Phi^{-1}(x,k_2),k_2) \\ &= \Phi^{-1}(1-\Phi(x,k_2'),k_2') \\ &= N(x,k_2') \end{aligned}$$

即零级对偶 $N'(x,k_1)=N(x,k_2')$ 仍然在 N 簇中。

由定理 4.2.6 知，$N'(x,k_1)=1-N(1-x,k_1)=N(x,1-k_1)$。

所以本定理成立。 ▌

本定理表明，N 范数和它的零级对偶同簇。

推论 4.5.2　$N(1-x,k_1)=1-N(x,1-k_1)$。

定理 4.5.3(N 簇内一级对偶运算的自封闭性)　在 N 簇 $N(x,k)$ 中，任意 N 范数 $N(x,k_1)$ 和 $N(x,k_2)$ 的一级对偶 $N'(x,k_2)=N(N(N(x,k_1),k_2),k_1)=N(x,N(k_2,k_1))$ 仍然在 N 簇中。

证明：

由定理 4.2.5 知 $N(N(N(x,k_1),k_2),k_1)$ 是 N 范数，需进一步证明一级对偶 $N(N(N(x,k_1),k_2),k_1)$ 仍然在 N 簇内。

由于 $\Phi(x,k)$ 簇对逆运算有自封闭性：

$$N(x,k_2)=\Phi^{-1}(1-\Phi(x,k_2),k_2)=\Phi(1-\Phi^{-1}(x,k_2'),k_2')$$

又由定理 4.5.1 和定理 4.5.2 知

$$\begin{aligned} N(N(N(x,k_1),k_2),k_1) &= \Phi^{-1}(1-\Phi(\Phi(1-\Phi^{-1}(\Phi^{-1}(1-\Phi(x,k_1),k_1),k_2'),k_2'),k_1),k_1) \\ &= \Phi^{-1}(1-\Phi(1-\Phi^{-1}(1-\Phi(x,k_1),k_{21}),k_{21}),k_1) \\ &= \Phi^{-1}(1-N(1-\Phi(x,k_1),k_{21}'),k_1) \\ &= \Phi^{-1}(N'(\Phi(x,k_1),k_{21}'),k_1) \\ &= N(x,k_{21}) \end{aligned}$$

即一级对偶 $N'(x,k_2)=N(N(N(x,k_1),k_2),k_1)$ 仍然在 N 簇中。

由定理 4.2.6 知，$N'(x,k_2)=N(x,N(k_2,k_1))$，所以本定理成立。 ▌

本定理表明，N 范数和它的一级对偶同簇。

定理 4.5.4(N 簇内 2 次复合运算的余封闭性)　在 N 范数完整簇 $N(x,k)$ 中，任意 N 范数 $N(x,k_1)$ 和 $N(x,k_2)$ 的复合运算 $N(N(x,k_1),k_2)$ 在 N 余簇中。

证明：

由定理 4.5.1 知，N 范数和它的元对偶同簇，一般地

$$\begin{aligned} N(x,k_1') &= \Phi^{-1}(N(\Phi(x,k_3),k_1),k_3),\ N(x,k_2') \\ &= \Phi^{-1}(N(\Phi(x,k_3),k_2),k_3) \end{aligned}$$

$$\begin{aligned} N(N(x,k_1'),k_2') &= \Phi^{-1}(N(\Phi(\Phi^{-1}(N(\Phi(x,k_3),k_1),k_3),k_3),k_2),k_3) \\ &= \Phi^{-1}(N(N(\Phi(x,k_3),k_1),k_2),k_3) \end{aligned}$$

即 $N(N(x,k),k_2)$ 和它的元对偶 $N(N(x,k_1'),k_2')$ 同簇。

特殊地，令 $\Phi(x,k_3)=\Phi^{-1}(x,k_1)$，则

$$N(N(x,k_1'),k_2')=\Phi(N(N(\Phi^{-1}(x,k_1),k_1),k_2),k_1)=N(1-x,k_2')$$

即 $N(N(x,k_1),k_2)$ 在 N 余簇中。 ▌

定理 4.5.5(N 簇内 3 次复合运算的自封闭性) 在 N 范数完整簇 $N(x,k)$ 中，任意 3 个 N 范数 $N(x,k_1)$，$N(x,k_2)$ 和 $N(x,k_3)$ 的复合运算 $N(N(N(x,k_1),k_2),k_3)$ 仍然在 N 簇中。

证明：

由定理 4.5.2 和定理 4.5.4 知

$$\begin{aligned}N(N(N(x,k_1),k_2),k_3)&=N(1-N(x,k_1),k_{23})\\&=N(N(1-x,1-k_1),k_{23})\\&=N(1-(1-x),k_{23})\\&=N(x,k_{23})\end{aligned}$$

即 $N(N(N(x,k_1),k_2),k_3)$ 仍然在 N 簇中。 ▌

推论 4.5.3 在 N 范数完整簇 $N(x,k)$ 中，任意偶数个 N 范数 $N(x,k_1)$，$N(x,k_2)$，…，$N(x,k_n)$ 的复合运算 $N(\cdots N(N(x,k_1),k_2),\cdots,k_n)$ 在 N 余簇中，任意奇数个 N 范数 $N(x,k_1)$，$N(x,k_2)$，…，$N(x,k_n)$ 的复合运算 $N(\cdots N(N(x,k_1),k_2),\cdots,k_n)$ 在 N 簇中。

定义 4.5.1 称 $N(x,k)$ 簇内的各种对偶运算和复合运算只能在 N 簇或 N 余簇中变化的性质为 N 簇上的广义自封闭性。

4.6 小　　结

通过对 N 性生成元完整簇的讨论，我们可以得到以下结论。

① 柔性非命题连接词的逻辑意义是具有一级不确定性的非运算，它的不确定性来源于柔性测度的不精确性，由认识偏差或测量误差引起，用广义自相关系数 k 来刻画。

② k 的逻辑意义是通过命题的真度 x 估计非命题的真度 $N(x,k)$ 时的风险程度，它是命题真度偏真/偏假的分界线(即阈元)，等于 N 范数的不动点，中心非算子代表了精确柔性测度的非运算，它的 $k=e=0.5$。

③ N 性生成元完整簇 $\Phi(x^*,k)$ 的逻辑意义是修正柔性测度误差对命题真度 x^* 的影响，得到精确的柔性测度 x。反之，$\Phi^{-1}(x,k)$ 的逻辑意义是在命题真度 x 上增加柔性测度误差的影响，得到有误差的柔性测度 x^*。$\Phi(x^*,k)$ 与测度的误差分布函数 $\delta(x,k)$ 有关。由于 $\delta(x,k)$ 簇有无限多种，所以 $\Phi(x^*,k)$ 簇也有无限

多种。

④ 在同一个逻辑推理系统中，一般只能使用同一个 $\Phi(x,k)$ 簇和 $N(x,k)$ 簇，常用的是 Sugeno 算子簇和指数算子簇。在同一个 $\Phi(x,k)$ 和 $N(x,k)$ 完整簇中，又有无限多个算子，它们以 k 为位置标志参数，随 k 连续严格单调地变化。

⑤ 在逻辑学中 $N(x,k)$ 完整簇的功能用 $\sim_k$ 表示，称为带有误差水平 k 的泛非算子。

⑥ 封闭性的逻辑意义是：命题的泛非命题仍是命题。

⑦ 泛非性的逻辑意义是：在泛非运算中，偏真命题的泛非命题一定不偏真；偏假命题的泛非命题一定不偏假。

⑧ 对偶性的逻辑意义是：泛非运算模型簇 $N(x,k)$ 是一个以中心非算子 $N(x,0.5)$ 为中心的自对偶算子簇，它的零级对偶和一级对偶都在簇中。

⑨ 对合律的逻辑意义是：命题经过偶数次相同误差 k 的泛非运算后回到原命题。

⑩ 广义自封闭性的逻辑意义是：在泛非运算完整簇内，各种非运算的复合运算结果都在 N 簇或 N 余簇内，所以一个逻辑推理系统只需要一个泛非运算完整簇即可。

⑪ N 性生成元完整簇 $\Phi(x,k)$ 是构造各种泛逻辑运算模型的基本元素。

第 5 章　T 范数和 S 范数的一般原理

如前所述，在泛逻辑学中命题的真值域是 n 维连续空间 $[0,1]^n$，$n=1,2,3,\cdots$，命题 $\boldsymbol{P},\boldsymbol{Q}\in[0,1]^n$ 的真度用 n 维矢量表示：

$$\boldsymbol{P}=<P_1,P_2,\cdots,P_n>,\quad \boldsymbol{Q}=<Q_1,Q_2,\cdots,Q_n>$$

并且有

$$\boldsymbol{P}\wedge\boldsymbol{Q}=<P_1\wedge Q_1,P_2\wedge Q_2,\cdots,P_n\wedge Q_n>,\quad \boldsymbol{P}\vee\boldsymbol{Q}=<P_1\vee Q_1,P_2\vee Q_2,\cdots,P_n\vee Q_n>$$

可见关键是研究连续值空间 $[0,1]$ 中定义泛与/泛或 $(\wedge_{k,h},\vee_{k,h})$ 命题连接词的一般规律。模糊逻辑认为与运算和或运算是固定不变的 Zadeh 算子对 $\min(x,y)$，$\max(x,y)$。在前面我们已知，只有事物之间最大相关时 Zadeh 算子对才是正确的。在一般情况下，由于受到广义相关系数 h 和广义自相关系数 k 的影响，与运算和或运算的模型都是不唯一的。我们将通过 T 范数和 S 范数理论进一步证明：当柔性测度是精确测度时，与运算 $T(x,y,h)$ 和或运算 $S(x,y,h)$ 的模型都是一个可在其存在域内随广义相关系数 h 连续变化的完整算子簇；当柔性测度存在误差时，与运算 $T(x,y,h,k)$ 和或运算 $S(x,y,h,k)$ 的模型都是一个可在其存在域内随广义相关系数 h 和广义自相关系数 k 连续变化的完整超簇，且 $N(x,k)$，$T(x,y,h,k)$ 和 $S(x,y,h,k)$ 之间是一级对偶关系。

三角范数理论中的 T 范数(t-norms)和 S 范数〔s-norms，又称为 T 余范数(t-conorms)〕是泛逻辑学中与运算和或运算的数学原型。要研究设计泛与运算模型和泛或运算模型，首先要了解三角范数理论中的 T 范数和 S 范数的有关原理。

本章将详细介绍三角范数理论中关于 T 范数和 S 范数的一般原理。

利用 T 范数和 S 范数的一般原理，可以从理论上详细阐明广义相关性对逻辑与/或运算模型的影响，从而在下一章得到生成泛逻辑运算模型的另外两个重要元素——T 性生成元完整簇和 S 性生成元完整簇，它们帮助我们发现了定义零级泛与 $(\wedge_h)$ 和泛或 $(\vee_h)$ 命题连接词的一般规律。利用 N 性生成元完整簇和 T 性生成元完整簇或 S 性生成元完整簇，可以进一步定义一级泛与和泛或 $(\wedge_{k,h},\vee_{k,h})$ 命题连接词，研究它们的性质。

5.1　T 范数和 S 范数的定义

三角范数理论中最早被提出的就是 T 范数和 S 范数，要研究其他范数，几乎都要涉及 T 范数和 S 范数。关于 T 范数和 S 范数的参考文献有很多，但各人所用的方法和结果不尽相同。现根据 T 范数和 S 范数的基本思想，加上我们自己的研究心得介绍如下。

5.1.1　T 范数的定义

设 $T(x,y)$ 是 $[0,1]^2 \to [0,1]$ 的二元运算，$x,y,z \in [0,1]$，关于 $T(x,y)$ 有以下条件：

- 边界条件 T1，$T(0,y)=0$，$T(1,y)=y$。
- 单调性 T2，$T(x,y)$ 关于 x,y 单调增。
- 连续性 T3，$T(x,y)$ 关于 x,y 连续。
- 结合律 T4，$T(T(x,y),z)=T(x,T(y,z))$。
- 交换律 T5，$T(x,y)=T(y,x)$。
- 幂小性 T6，$x \in (0,1)$，$T(x,x)<x$。

定义 5.1.1　满足条件 T1，T2 和 T5 的 $T(x,y)$ 称为弱(weak)T 范数。弱 T 范数如果满足条件 T4，则称为 T 范数。

例如 $\mathbf{T}_3,\mathbf{T}_2,\alpha\mathbf{T}_3+\beta\mathbf{T}_2,\alpha\mathbf{T}_2+\beta\mathbf{T}_1,\alpha\mathbf{T}_1+\beta\mathbf{T}_0$（其中 $\alpha+\beta=1,\alpha,\beta \geqslant 0$），$\mathbf{T}_1$ 和 $\mathbf{T}_0$ 都是弱 T 范数，其中 $\mathbf{T}_3,\mathbf{T}_2,\mathbf{T}_1$ 和 $\mathbf{T}_0$ 都是 T 范数。

定义 5.1.2　T 范数 $T(x,y)$ 如果满足条件 T3，则称为连续 T 范数。

例如，$\mathbf{T}_3,\mathbf{T}_2$ 和 $\mathbf{T}_1$ 都是连续 T 范数，而 $\mathbf{T}_0$ 是非连续 T 范数。

定义 5.1.3　连续 T 范数 $T(x,y)$ 如果满足条件 T6，则称为阿基米德(Archimedean)型 T 范数。

例如，$\mathbf{T}_2$ 和 $\mathbf{T}_1$ 都是阿基米德型 T 范数，$\mathbf{T}_0$ 和 $\mathbf{T}_3$ 是非阿基米德型 T 范数，$\mathbf{T}_3$ 是唯一一个连续的非阿基米德型 T 范数。

定义 5.1.4　阿基米德型 T 范数 $T(x,y)$ 如果在(0,1)上严格单调增，则称为严格(strict)T 范数，否则有 $T(x,y)=0$ 的平台区，称为幂零(nilpotent)T 范数。

例如，$\mathbf{T}_2$ 是严格 T 范数，$\mathbf{T}_1$ 不是严格 T 范数，而是幂零 T 范数。

5.1.2 S范数的定义

设 $S(x,y)$ 是 $[0,1]^2\to[0,1]$ 的二元运算，$x,y,z\in[0,1]$，关于 $S(x,y)$ 有以下条件。

- 边界条件 S1，$S(0,y)=y$，$S(1,y)=1$。
- 单调性 S2，$S(x,y)$ 关于 x,y 单调增。
- 连续性 S3，$S(x,y)$ 关于 x,y 连续。
- 结合律 S4，$S(S(x,y),z)=S(x,S(y,z))$。
- 交换律 S5，$S(x,y)=S(y,x)$。
- 幂大性 S6，$x\in(0,1)$，$S(x,x)>x$。

定义 5.1.5 满足条件 S1，S2 和 S5 的 $S(x,y)$ 称为弱 S 范数。弱 S 范数如果满足条件 S4，则是 S 范数。

例如 $\mathbf{S}_3$，$\mathbf{S}_2$，$\alpha\mathbf{S}_3+\beta\mathbf{S}_2$，$\alpha\mathbf{S}_2+\beta\mathbf{S}_1$，$\alpha\mathbf{S}_1+\beta\mathbf{S}_0$（其中 $\alpha+\beta=1$，$\alpha,\beta\geqslant 0$），$\mathbf{S}_1$ 和 $\mathbf{S}_0$ 都是弱 S 范数，其中 $\mathbf{S}_3$，$\mathbf{S}_2$，$\mathbf{S}_1$ 和 $\mathbf{S}_0$ 都是 S 范数。

定义 5.1.6 S 范数 $S(x,y)$ 如果满足条件 S3，则称为连续 S 范数。

例如，$\mathbf{S}_3$，$\mathbf{S}_2$ 和 $\mathbf{S}_1$ 都是连续 S 范数，而 $\mathbf{S}_0$ 是非连续 S 范数。

定义 5.1.7 连续 S 范数 $S(x,y)$ 如果满足条件 S6，则称为阿基米德型 S 范数。

例如，$\mathbf{S}_2$ 和 $\mathbf{S}_1$ 都是阿基米德型 S 范数，$\mathbf{S}_0$ 和 $\mathbf{S}_3$ 是非阿基米德型 S 范数，$\mathbf{S}_3$ 是唯一一个连续的非阿基米德型 S 范数。

定义 5.1.8 阿基米德型 S 范数 $S(x,y)$ 如果在 $(0,1)$ 上严格单调增，则称为严格 S 范数，否则有 $S(x,y)=1$ 的平台区，称为幂零 S 范数。

例如，$\mathbf{S}_2$ 是严格 S 范数，$\mathbf{S}_1$ 不是严格 S 范数，而是幂零 S 范数。

5.2 T范数和S范数的主要性质

5.2.1 T范数的主要性质

定理 5.2.1(封闭性) 弱 T 范数 $T(x,y)\in[0,1]$。

证明：

由条件 T1 和 T2 知，$0\leqslant T(0,0)\leqslant T(x,y)\leqslant T(1,1)\leqslant 1$，即 $T(x,y)\in[0,1]$。所以本定理成立。 ∎

定理 5.2.2(上界性)　弱 T 范数 $T(x,y)\leqslant\min(x,y)$。

证明:

由条件 T1 和 T2 知,$T(x,y)\leqslant T(x,1)=x$,且 $T(x,y)\leqslant T(1,y)=y$,即 $T(x,y)\leqslant\min(x,y)$,所以本定理成立。▌

推论 5.2.1(兼容性)　弱 T 范数与二值逻辑的与运算兼容:$T(0,0)=0$,$T(0,1)=0$,$T(1,0)=0$,$T(1,1)=1$。

推论 5.2.2(与幂律)　弱 T 范数 $T(x,x)\leqslant x$。

推论 5.2.3(零级补余律)　弱 T 范数 $T(x,1-x)\leqslant 0.5$。

推论 5.2.4(泛与性)　在弱 T 范数中,如果 $T(x,y)\geqslant a\in[0,1]$,则 $x\geqslant a$ 且 $y\geqslant a$。

定理 5.2.3(幂等条件)　弱 T 范数 $T(x,x)=x$,并且仅当 $T(x,y)=\min(x,y)$。

证明:

充分性:如果 $T(x,y)=\min(x,y)$,则 $T(x,x)=x$。

必要性:如果弱 T 范数 $T(x,x)=x$,则 $\min(x,y)=T(\min(x,y),\min(x,y))\leqslant T(x,y)$。

又因 $T(x,y)\leqslant\min(x,y)$,所以 $T(x,y)=\min(x,y)$。▌

本定理表明 Zadeh 算子是唯一的连续非阿基米德型 T 范数。

定理 5.2.4(一级补余律)　如果 $N(x,k)$是 N 范数,则弱 T 范数 $T(x,N(x,k))\leqslant k$。

证明:

由于 $x\leqslant k$ 时,$N(x,k)\geqslant k$;$x\geqslant k$ 时,$N(x,k)\leqslant k$。而 $T(x,y)\leqslant\min(x,y)$,所以 $T(x,N(x,k))\leqslant k$。▌

定理 5.2.5　如果 $x\leqslant x'$,$y\leqslant y'$,则弱 T 范数 $T(x,y)\leqslant T(x',y')$。

证明:

由条件 T2 知,$T(x,y)\leqslant T(x',y)\leqslant T(x',y')$,所以本定理成立。▌

推论 5.2.5　如果 $x\leqslant z$,$y\leqslant z$,则弱 T 范数 $T(x,y)\leqslant z$。

定理 5.2.6　弱 T 范数 $T(xz,y)\leqslant\min(T(x,y),T(z,y))$。

证明:

因为 $xz\leqslant\min(x,z)$,所以 $T(xz,y)\leqslant T(x,y)$,且 $T(xz,y)\leqslant T(z,y)$,即 $T(xz,y)\leqslant\min(T(x,y),T(z,y))$成立。▌

推论 5.2.6　弱 T 范数 $T(x^n,y)\leqslant T(x,y)$,$n\geqslant 1$。

定理 5.2.7　如果 $x+x'\leqslant 1$,则弱 T 范数 $T(x+x',y)\geqslant\max(T(x,y),T(x',y))$。

证明:

因为 $x+x'\geqslant\max(x,x')$,所以 $T(x+x',y)\geqslant T(x,y)$,且 $T(x+x',y)\geqslant T(x',y)$,即 $T(x+x',y)\geqslant\max(T(x,y),T(x',y))$成立。▌

上述弱 T 范数的性质全部适用于 T 范数。

推论 5.2.7 T 范数可以推广到多元运算。如果 $T(x,y)$ 是 T 范数，则 $T(T(x,y),z)=T(x,T(y,z))=T(x,y,z)$。

定理 5.2.8 $T(x,y)=\min(x,y)$ 是最大的 T 范数。

证明：

由定理 5.2.2 知，弱 T 范数 $T(x,y)\leqslant\min(x,y)$，即 $T(x,y)=\min(x,y)$ 是最大的弱 T 范数。而 $\min(x,\min(y,z))=\min(\min(x,y),z)=\min(x,y,z)$，满足 T 范数的结合律 T4。

所以 $T(x,y)=\min(x,y)$ 是最大的 T 范数。 ▮

定理 5.2.9 $T(x,y)=\mathrm{ite}\{\min(x,y)\mid\max(x,y)=1;0\}$ 是最小的 T 范数。

证明：

① $T(0,y)=0$，$T(1,y)=y$，满足 T 范数的边界条件 T1；

② $T(x,y)$ 关于 x,y 单调增，满足 T 范数的单调性 T2；

③ $T(x,T(y,z))=T(T(x,y),z)=T(x,y,z)$，满足 T 范数的结合律 T4；

④ $T(x,y)=T(y,x)$，满足 T 范数的交换律 T5。

所以 $T(x,y)$ 是 T 范数。

而任何 T 范数 $T'(x,y)$ 都满足 $T'(x,y)\geqslant 0$，$T'(1,y)=y$，$T(x,y)=\mathrm{ite}\{\min(x,y)\mid\max(x,y)=1;0\}$ 是其中的最小者，所以本定律成立。 ▮

5.2.2 S 范数的主要性质

定理 5.2.10(封闭性) 弱 S 范数 $S(x,y)\in[0,1]$。

证明：

由条件 S1 和 S2 知，$0\leqslant S(0,0)\leqslant S(x,y)\leqslant S(1,1)\leqslant 1$，即 $S(x,y)\in[0,1]$。

所以本定理成立。 ▮

定理 5.2.11(上界性) 弱 S 范数 $S(x,y)\geqslant\min(x,y)$。

证明：

由条件 S1 和 S2 知，$S(x,y)\geqslant S(x,0)=x$ 且 $S(x,y)\geqslant S(0,y)=y$，即 $S(x,y)\geqslant\max(x,y)$，所以本定理成立。 ▮

推论 5.2.8(兼容性) 弱 S 范数与二值逻辑的或运算兼容：$S(0,0)=0$，$S(0,1)=1$，$S(1,0)=1$，$S(1,1)=1$。

推论 5.2.9(或幂律) 弱 S 范数 $S(x,x)\geqslant x$。

推论 5.2.10(零级补余律) 弱 S 范数 $S(x,1-x)\geqslant 0.5$。

推论 5.2.11(泛或性) 在弱 S 范数中，如果 $S(x,y)\leqslant b\in[0,1]$，则 $x\leqslant b$ 且 $y\leqslant b$。

定理 5.2.12(幂等条件) 弱 S 范数 $S(x,x)=x$，当且仅当 $S(x,y)=\max(x,y)$。

证明：

充分性：如果 $S(x,y)=\max(x,y)$，则 $S(x,x)=x$。

必要性：如果弱 S 范数 $S(x,x)=x$，则 $\max(x,y)=S(\max(x,y),\max(x,y))\geqslant S(x,y)$。

又因 $S(x,y)\geqslant\max(x,y)$，所以 $S(x,y)=\max(x,y)$。 ▌

本定理表明 Zadeh 算子是唯一的连续非阿基米德型 S 范数。

定理 5.2.13(一级补余律)　如果 $N(x,k)$ 是 N 范数，则弱 S 范数 $S(x,N(x,k))\geqslant k$。

证明：

由于 $x\leqslant k$ 时，$N(x,k)\geqslant k$；$x\geqslant k$ 时，$N(x,k)\leqslant k$。而 $S(x,y)\geqslant\max(x,y)$，所以 $S(x,N(x,k))\geqslant k$。 ▌

定理 5.2.14　如果 $x\leqslant x'$，$y\leqslant y'$，则弱 S 范数 $S(x,y)\leqslant S(x',y')$。

证明：

由条件 S2 知 $S(x,y)\leqslant S(x',y)\leqslant S(x',y')$，所以本定理成立。 ▌

推论 5.2.12　如果 $x\geqslant z$，$y\geqslant z$，则弱 S 范数 $S(x,y)\geqslant z$。

定理 5.2.15　弱 S 范数 $S(xz,y)\leqslant\min(S(x,y),S(z,y))$。

证明：

因为 $xz\leqslant\min(x,z)$，所以 $S(xz,y)\leqslant S(x,y)$ 且 $S(xz,y)\leqslant S(z,y)$，即 $S(xz,y)\leqslant\min(S(x,y),S(z,y))$ 成立。 ▌

推论 5.2.13　弱 S 范数 $S(x^n,y)\leqslant S(x,y)$，$n\geqslant 1$。

定理 5.2.16　如果 $x+x'\leqslant 1$，则 $S(x+x',y)\geqslant\max(S(x,y),S(x',y))$。

证明：

因为 $x+x'\geqslant\max(x,x')$，所以 $S(x+x',y)\geqslant S(x,y)$ 且 $S(x+x',y)\geqslant S(x',y)$，即 $S(x+x',y)\geqslant\max(S(x,y),S(x',y))$ 成立。 ▌

上述弱 S 范数的性质全部适用于 S 范数。

推论 5.2.14　S 范数可以推广到多元运算。如果 $S(x,y)$ 是 S 范数，则 $S(S(x,y),z)=S(x,S(y,z))=S(x,y,z)$。

定理 5.2.17　$S(x,y)=\max(x,y)$ 是最小的 S 范数。

证明：

由定理 5.2.11 知，弱 S 范数 $S(x,y)\geqslant\max(x,y)$，即 $S(x,y)=\max(x,y)$ 是最小的弱 S 范数。而 $\max(x,\max(y,z))=\max(\max(x,y),z)=\max(x,y,z)$，满足 S 范数的结合律 S4。所以 $S(x,y)=\max(x,y)$ 是最小的 S 范数。 ▌

定理 5.2.18　$S(x,y)=\mathrm{ite}\{\max(x,y)\mid\min(x,y)=0;1\}$ 是最大的 S 范数。

证明：

① $S(0,y)=y$，$S(1,y)=1$，满足 S 范数的边界条件 S1；

② $S(x,y)$关于 x,y 单调增，满足 S 范数的单调性 S2；

③ $S(x,S(y,z))=S(S(x,y),z)=S(x,y,z)$，满足 S 范数的结合律 S4；

④ $S(x,y)=S(y,x)$，满足 S 范数的交换律 S5。

所以 $S(x,y)$是 S 范数。

而任何 S 范数 $S'(x,y)$都满足 $S'(x,y)\leqslant 1, S'(0,y)=y, S(x,y)=\text{ite}\{\max(x,y)\mid \min(x,y)=0;1\}$是其中的最大者，所以本定律成立。 ▌

5.3 T 范数和 S 范数的生成方法

5.3.1 T 性/S 性生成元的物理意义

由前面的讨论我们已经知道，在因素空间 $\boldsymbol{E}$ 中，对任意分明子集 $X,Y\in\boldsymbol{E}$，如果它们之间的广义相关性是最大相斥，$h=0.5$，且柔性测度 $m(X)=x, m(Y)=y$ 是精确的测度，$k=0.5$，则有中心 T 范数和中心 S 范数成立：

$$\begin{aligned} &T(x,y)=\max(0,x+y-1)\\ &S(x,y)=\min(1,x+y)\end{aligned} \tag{5-1}$$

或者当广义相关系数 h 偏离 0.5 时，X,Y 之间相容或相克；或者当广义自相关系数 k 偏离 0.5 时，柔性测度有误差，这时式(5-1)都不再成立，需要用定义在[0,1]上的连续严格单调的一元函数 $f(x)$和 $g(x)$来双向调整它们对逻辑运算的影响，于是有

$$\begin{aligned} &f(T(x,y))=\max(f(0),f(x)+f(y)-1)\\ &T(x,y)=f^{-1}(\max(f(0),f(x)+f(y)-1))\\ &g(S(x,y))=\min(g(1),g(x)+g(y))\\ &S(x,y,h)=g^{-1}(\min(g(1),g(x)+g(y)))\end{aligned} \tag{5-2}$$

这就是 T 性生成元和 S 性生成元的物理意义，下面我们用三角范数理论来严格证明它们的正确性。

5.3.2 T 范数的生成定理

定理 5.3.1(T 范数第一生成定理) 如果 $f(x)$是定义在[0,1]上的连续严格单调一元函数，且 $f(1)=1$，则 $T(x,y)=f^{-1}(\max(f(0),f(x)+f(y)-1))$ 是阿基米德型 T 范数。

证明：

(1) 设 $f(x)$是连续的严格单调增一元函数，$f^{-1}(x)$一定存在，并有：

① 由 $f(1)=1$ 知，$f(x)\leqslant 1$，且

$$T(0,y)=f^{-1}(\max(f(0),f(0)+f(y)-1))=f^{-1}(f(0))=0$$

$$\begin{aligned}T(1,y)&=f^{-1}(\max(f(0),f(1)+f(y)-1))\\&=f^{-1}(\max(f(0),f(y)))=f^{-1}(f(y))\\&=y\end{aligned}$$

满足T范数的边界条件T1。

② 由 $f(x)$的单调性知，$T(x,y)$满足T范数的单调性T2。

③ 由 $f(x)$的连续性知，$T(x,y)$满足T范数的连续性T3。

④ 由加法的结合律知

$$\begin{aligned}T(T(x,y),z)&=f^{-1}(\max(f(0),\max(f(0),f(x)+f(y)-1)+f(z)-1))\\&=f^{-1}(\max(f(0),f(x)+f(y)+f(z)-2))\\T(x,T(y,z))&=f^{-1}(\max(f(0),f(x)+\max(f(0),f(y)+f(z)-1)-1))\\&=f^{-1}(\max(f(0),f(x)+f(y)+f(z)-2)))\end{aligned}$$

$$T(T(x,y),z)=T(x,T(y,z))$$

满足T范数的结合律T4。

⑤ 由加法的交换律知，$T(x,y)=T(y,x)$，满足T范数的交换律T5。

⑥ 由 $f(x)$的严格单调增知，当 $x\in(0,1)$时，$f(x)<1$，所以

$$T(x,x)=f^{-1}(\max(f(0),f(x)+f(x)-1))<f^{-1}(f(x))<x$$

满足T范数的幂小性T6。

所以，$T(x,y)$是阿基米德型T范数。

(2) 如果 $f(x)$是连续的严格单调减一元函数，$f^{-1}(x)$一定存在，且 $T(x,y)$是阿基米德型T范数，其证明方法类似于(1)。

归纳(1)与(2)，所以本定理成立。 ▮

定理5.3.2 如果 $\phi(x)$是定义在[0,1]上的自守函数，则

$$T(x,y)=\phi^{-1}(\max(0,\phi(x)+\phi(y)-1))$$

是幂零T范数。

证明：

因为 $\phi(x)$是[0,1]上的连续严格单调一元函数，$\phi(1)=1$，$\phi(0)=0$，所以

$$T(x,y)=\phi^{-1}(\max(\phi(0),\phi(x)+\phi(y)-1))=\phi^{-1}(\max(0,\phi(x)+\phi(y)-1))$$

是阿基米德型T范数。

又当 $\phi(x)+\phi(y)<1$ 时有 $T(x,y)=0$，是幂零T范数。

所以本定理成立。 ▮

定理5.3.3 如果 $f(x)$是定义在[0,1]上的连续严格单调一元函数，$f(1)=1$，

则 $f(x)$生成的 $T(x,y)$不是幂零 T 范数，就是严格 T 范数。

证明：

如果 $f(0)\to\pm\infty$，则 $T(x,y)=f^{-1}(\max(f(0),f(x)+f(x)-1))=f^{-1}(f(x)+f(y)-1)$在(0,1)上严格单调增，是严格 T 范数。否则 $f(0)$为有限值，$\phi(x)=(f(x)-f(0))/(1-f(0))$是自守函数，$\phi^{-1}(x)=f^{-1}((1-f(0))x+f(0))$，由于

$$\begin{aligned}T(x,y)&=f^{-1}(\max(f(0),f(x)+f(y)-1))\\&=f^{-1}(\max(0,f(x)-f(0)+f(y)-f(0)-1+f(0))+f(0))\\&=f^{-1}((1-f(0))\max(0,f(x)-f(0)+f(y)-f(0)-1+f(0)))/\\&\quad(1-f(0))+f(0))\\&=\phi^{-1}(\max(0,\phi(x)+\phi(y)-1))\end{aligned}$$

是幂零 T 范数，所以本定理成立。 ▌

定义 5.3.1 称定理 5.3.1 中的 $f(x)$为 $T(x,y)$的 T 性生成元。如果 $f(0)\to\pm\infty$，则称为严格 T 性生成元，否则称为幂零 T 性生成元。

例如幂零 T 性生成元：

- $\phi(x)=x$ 生成有界算子 $T(x,y)=\max(0,x+y-1)=\mathbf{T}_1$；
- $\phi(x)=1-(1-x)^n,n\in\mathbf{R}_+$ 生成 Yager 算子簇 $T(x,y)=1-\min(1,((1-x)^n+(1-y)^n)^{1/n})$；
- $\phi(x)=\sin(\pi x/2)$生成 $T(x,y)=2/\pi(\arcsin(\max(0,\sin(\pi x/2)+\sin(\pi y/2)-1)))$；
- $\phi(x)=1-\cos(\pi x/2)$生成 $T(x,y)=2/\pi(\arccos(\min(1,\cos(\pi x/2)+\cos(\pi y/2)))$。

它们都是幂零 T 范数(簇)。

又如严格 T 性生成元：

- $f(x)=2-1/x$ 生成 Hamacher 算子 $T(x,y)=xy/(x+y-xy)$；
- $f(x)=1-\cot(\pi x/2)$生成 $T(x,y)=2/\pi(\mathrm{arccot}(\pi x/2)+\cot(\pi y/2)))$。

它们都是严格 T 范数。

后面我们还要讨论中极限 T 范数，它兼有严格和幂零两方面的特性。

推论 5.3.1 如果严格 T 范数 $T(x,y)=0$，则 $x=0$ 或 $y=0$。

推论 5.3.2 如果 $T(x,y)$是严格 T 范数，$T(x,y)=T(x,z)$ $(x>0)$，则 $y=z$。

推论 5.3.3 如果 $f_0(x)$是定义在[0,1]上的连续严格单调一元函数，$f_0(1)$为有限值，则 $T(x,y)=f_0{}^{-1}(\max(f_0(0),f_0(x)+f_0(y)-f_0(1)))$是阿基米德型 T 范数。

令 $f(x)=f_0(x)-f_0(1)$，代入定理 5.3.1 即可证明。

如 $f(x)=c-\ln((2-x)/x)$(c 为常数)可生成 Einstein 算子，$T(x,y)=$

$xy/(2-x-y+xy)$。

定理 5.3.4　如果 $f(x)=1+f_0(x)$ 是 $T(x,y)$ 的 T 性生成元，则 T 性生成元簇 $f'(x)=1+cf_0(x)$（$c\neq 0$ 为有限实数）中的任一生成元都生成同一个 $T(x,y)$。

证明：

由于 $f(x)=1+f_0(x)$，$f^{-1}(x)=f_0^{-1}(x-1)$，$f'(x)=1+cf_0(x)$，$f'^{-1}(x)=f_0^{-1}((x-1)/c)$，有

$$\begin{aligned}T'(x,y)&=f'^{-1}(\max(f'(0),f'(x)+f'(y)-1))\\&=f_0^{-1}((\max(1+cf_0(0),1+cf_0(x)+1+cf_0(y)-1)-1)/c)\\&=f_0^{-1}(\max(f_0(0),f_0(x)+f_0(y)))\\&=f_0^{-1}(\max(1+f_0(0),1+f_0(x)+1+f_0(y)-1)-1)\\&=f'^{-1}(\max(f(0),f(x)+f(y)-1))=T(x,y)\end{aligned}$$

所以本定理成立。 ▮

例如，幂零 T 性生成元簇 $f(x)=1+c(x-1)$（$c\neq 0$ 为有限实数）能生成同一个有界算子 $T(x,y)=\max(0,x+y-1)=\mathbf{T}_1$。由于在生成 $T(x,y)$ 的幂零 T 性生成元簇 $f(x)=1+cf_0(x)$（$c\neq 0$ 为有限实数）中，令 $c=-1/f_0(0)$ 时，可得自守函数 $\phi(x)=1-f_0(x)/f_0(0)$ 也生成 $T(x,y)$，所以后文不特别声明时，所谓幂零 T 性生成元都是指自守函数 $\phi(x)$。

严格 T 性生成元簇 $f(x)=1+c(1-1/x)$（$c\neq 0$ 为有限实数）能生成同一个 Hamacher 算子 $T(x,y)=xy/(x+y-xy)$。

T 性生成元簇 $f(x)=1+\log_a x=1+\ln x/\ln a$（$a\neq 1$ 为有限正实数）能生成同一个概率算子 $\mathbf{T}_2=\exp(\ln x+\ln y)=xy$〔见图 5.1(a)〕。由于当 $a\to 0$ 或 $a\to\infty$ 时，$\mathbf{F}_2=f(x)\to \mathrm{ite}\{0|x=0;1\}$〔见图 5.1(a)与图 5.1(c)〕，所以概率算子 $\mathbf{T}_2$ 及其 T 性生成元 $\mathbf{F}_2$ 十分特殊，具有幂零和严格的两重性，它是两类算子的分界线，特称为中极限算子。

定义 5.3.2　称极限 $\mathbf{T}_0$，$\mathbf{T}_2$ 之间但不包括极限的所有 T 范数组成的集合为幂零类 T 范数，称其生成元为幂零类 T 性生成元；称极限 $\mathbf{T}_3$，$\mathbf{T}_2$ 之间但不包括极限的所有 T 范数组成的集合为严格类 T 范数，称其生成元为严格类 T 性生成元；称极限 $\mathbf{T}_3$，$\mathbf{T}_2$ 和 $\mathbf{T}_0$ 组成的集合为极限类 T 范数，称其生成元为极限类 T 性生成元。

定理 5.3.5(T 范数第二生成定理)　如果 $T_0(x,y)$ 是 T 范数，$\phi(x)$ 是非极限自守函数，则 $T(x,y)=\phi^{-1}(T_0(\phi(x),\phi(y)))$ 是与 $T_0(x,y)$ 同类的 T 范数。

证明：

设 $T_0(x,y)=f_0^{-1}(\max(f_0(0),f_0(x)+f_0(y)-1))$，其 T 性生成元 $f_0(x)$ 是连续的严格单调函数，$f_0(1)=1$。则 $f(x)=f_0(\phi(x))$ 也是连续的严格单调函数，$f(1)=1$，可生成 T 范数

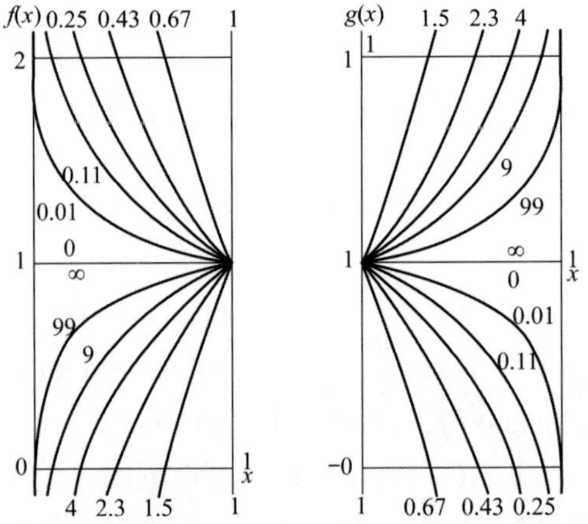

(a) $\mathbf{F}_2=f(x)=1+\log_a x$ ($a\neq1$为有限正实数)　(b) $\mathbf{G}_2=g(x)=-\log_a(1-x)$ ($a\neq1$为有限正实数)

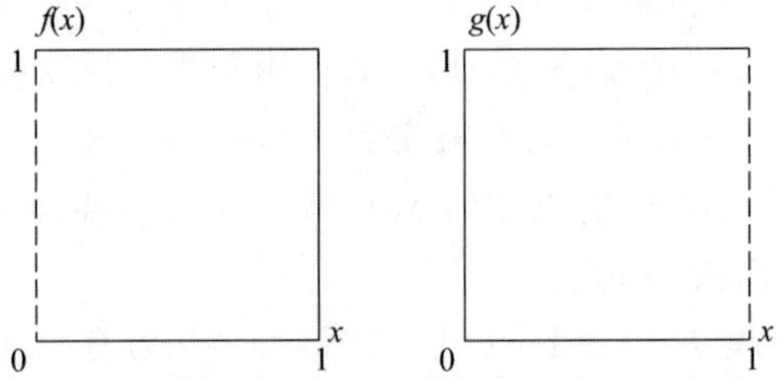

(c) $\mathbf{F}_2=f(x)=\text{ite}\{0|x=0;1\}$　(d) $\mathbf{G}_2=g(x)=\text{ite}\{1|x=1;0\}$

图 5.1　概率算子对生成元的两重性

$$
\begin{aligned}
T(x,y)&=f^{-1}(\max(f(0),f(x)+f(y)-1))\\
&=\phi^{-1}(f_0{}^{-1}(\max(f_0(0),f_0(\phi(x))+f_0(\phi(y))-1)))\\
&=\phi^{-1}(T_0(\phi(x),\phi(y)))
\end{aligned}
$$

- 如 $T_0(x,y)$是幂零的，$f_0(0)=0$，则 $f(0)=f_0(\phi(0))=0$，$T(x,y)$也是幂零的。
- 如 $T_0(x,y)$是严格的，$f_0(0)\to\pm\infty$，则 $f(0)=f_0(\phi(0))\to\pm\infty$，$T(x,y)$也是严格的。
- 如 $T_0(x,y)=\min(x,y)=\mathbf{T}_3$，则 $T(x,y)=\phi^{-1}(\min(\phi(x),\phi(y)))=\min(x,y)=\mathbf{T}_3$。
- 如 $T_0(x,y)=xy=\mathbf{T}_2$，则 $T(x,y)=\phi^{-1}(\phi(x)\phi(y)))$是中极限算子类，用 $\mathbf{T\Phi}_2$ 表示。
- 如 $T_0(x,y)=\text{ite}\{\min(x,y)\mid\max(x,y)=1;0\}=\mathbf{T}_0$，则 $T(x,y)=\text{ite}\{\min(x,y)\mid\max(x,y)=1;0\}=\mathbf{T}_0$。

所以本定理成立。 ▌

- 当 $\phi(x)=x^n, n\in\mathbf{R}_+, T_0(x,y)=\max(0,x+y-1)$ 时，$T(x,y)=\max(0,x^n+y^n-1)^{1/n}$ 是幂零 T 范数簇(Schweizer(1))。
- 当 $\phi(x)=x^n, n\in\mathbf{R}_+, T_0(x,y)=1/(1/x+1/y-1)$ 时，$T(x,y)=(x^{-n}+y^{-n}-1)^{-1/n}$ 是严格 T 范数簇(Schweizer(2))。
- 当 $\phi(x)=1-(1-x)^n, n\in\mathbf{R}_+, T_0(x,y)=xy$ 时，$T(x,y)=1-((1-x)^n+(1-y)^n-(1-x)^n(1-y)^n)^{1/n}$ 是中极限 T 范数簇(Schweizer(3))。
- 当 $\phi(x)=x(1+\lambda)^{1/2}/(1+((1+\lambda)^{1/2}-1)x), \lambda>-1, T_0(x,y)=xy$ 时，$T(x,y)=xy(1+\lambda)^{1/2}/(1+((1+\lambda)^{1/2}-1)(x+y-xy))$ 是中极限 T 范数簇(Einstein)。

可见中极限 $\mathbf{T\Phi}_2=\phi^{-1}(\phi(x)\phi(y))$，$\mathbf{F\Phi}_2=1+\ln(\phi(x))$ 不唯一，是一个类，其中包括概率算子 $\mathbf{T}_2=xy$，$\mathbf{F}_2=\mathrm{ite}\{0\mid x=0;1\}$ 或 $\mathbf{F}_2=1+\ln x$。中极限类十分像严格类，但它有一个不同于其他类的特殊性质：由于 $\mathbf{F\Phi}_2=1+\ln(\phi(x))=1-\ln(1/\phi(x))=1-\ln(f(x))$，其中 $f(x)=1/\phi(x)$ 是严格的 T 性生成元，所以对任意 T 性生成元 $f(x)$ 都有 $T(x,y)=f^{-1}(f(x)f(y))=\mathbf{T\Phi}_2$。这是我们把它独立于严格类之外进行专门研究的原因。

将幂零 T 性生成元 $\phi(x)=x/(2-x)$ 或严格 T 性生成元 $f(x)=(2-x)/x$ 代入 $\mathbf{T}_2=xy$，可以生成同一个 Einstein 算子 $T(x,y)=xy/(2-x-y+xy)$。

5.3.3　S 范数的生成定理

定理 5.3.6(S 范数第一生成定理)　如果 $g(x)$ 是定义在 $[0,1]$ 上的连续严格单调一元函数，且 $g(0)=0$，则 $S(x,y)=g^{-1}(\min(g(1),g(x)+g(y)))$ 是阿基米德型 S 范数。

证明：

(1) 设 $g(x)$ 是连续的严格单调增一元函数，则 $g^{-1}(x)$ 一定存在，并有：

① 由 $g(0)=0$ 知，$g(x)\geqslant 0$，且

$$S(0,y)=g^{-1}(\min(g(1),g(0)+g(y)))$$
$$=g^{-1}(\min(g(1),g(y)))=g^{-1}(g(y))=y$$
$$S(1,y)=g^{-1}(\min(g(1),g(1)+g(y)))=g^{-1}(g(1))=1$$

满足 S 范数的边界条件 S1。

② 由 $g(x)$ 的单调性知，$S(x,y)$ 满足 S 范数的单调性 S2。

③ 由 $g(x)$ 的连续性知，$S(x,y)$ 满足 S 范数的连续性 S3。

④ 由加法的结合律知

$$S(S(x,y),z)=g^{-1}(\min(g(1),\min(g(1),g(x)+g(y))+g(z)))$$
$$=g^{-1}(\min(g(1),g(x)+g(y)+g(z)))$$
$$S(x,S(y,z))=g^{-1}(\min(g(1),g(x)+\min(g(1),g(y)+g(z)))$$
$$=g^{-1}(\min(g(1),g(x)+g(y)+g(z)))$$
$$S(S(x,y),z)=S(x,S(y,z))$$

满足 S 范数的结合律 S4。

⑤ 由加法的交换律知，$S(x,y)=S(y,x)$，满足 S 范数的交换律 S5。

⑥ 由 $g(x)$的严格单调增知，当 $x\in(0,1)$时：

$$S(x,x)=g^{-1}(\min(g(1),g(x)+g(x)))$$
$$=g^{-1}(\min(g(1),2g(x)))>g^{-1}(g(x))>x$$

满足 S 范数的幂大性条件 S6。

所以 $S(x,y)$是阿基米德型 S 范数。

(2) 如果 $g(x)$是连续的严格单调减一元函数，则 $g^{-1}(x)$一定存在，且 $S(x,y)$是阿基米德型 S 范数，其证明方法类似于(1)。

归纳(1)与(2)，所以本定理成立。 ▍

定理 5.3.7 如果 $\phi(x)$是定义在[0,1]上的自守函数，则 $S(x,y)=\phi^{-1}(\min(1,\phi(x)+\phi(y)))$是幂零 S 范数。

证明：

因为 $\phi(x)$是[0,1]上的连续严格单调一元函数，$\phi(1)=1,\phi(0)=0$，所以

$$S(x,y)=\phi^{-1}(\min(\phi(1),\phi(x)+\phi(y)))=\phi^{-1}(\min(1,\phi(x)+\phi(y)))$$

是阿基米德型 S 范数。又当 $\phi(x)+\phi(y)>1$ 时有 $S(x,y)=1$，是幂零 S 范数。

所以本定理成立。 ▍

定理 5.3.8 如果 $g(x)$是定义在[0,1]上的连续严格单调一元函数，$g(0)=0$，则 $g(x)$生成的 $S(x,y)$不是幂零 S 范数，就是严格 S 范数。

证明：

如果 $g(1)\to\pm\infty$，则 $S(x,y)=g^{-1}(\min(g(1),g(x)+g(x)))=g^{-1}(g(x)+g(y))$在(0,1)上严格单调增，是严格 T 范数。否则 $g(1)$为有限值，则 $\phi(x)=g(x)/g(1)$是自守函数，$\phi^{-1}(x)=g^{-1}(g(1)x)$，由于

$$S(x,y)=g^{-1}(\min(g(1),g(x)+g(y)))$$
$$=g^{-1}(g(1)\min(1,g(x)/g(1)+g(y)/g(1)))$$
$$=\phi^{-1}(\min(1,\phi(x)+\phi(y)))$$

是幂零 S 范数。所以本定理成立。 ▍

定义 5.3.3 称定理 5.3.6 中的 $g(x)$为 $S(x,y)$的 S 性生成元。如果 $g(1)\to\pm\infty$，则称为*严格 S 性生成元*，否则称为*幂零 S 性生成元*。显然，自守函数既是幂零 T 性生成元，又是幂零 S 性生成元。

例如幂零 S 性生成元：

- $\phi(x)=x$ 生成有界算子 $S(x,y)=\min(1,x+y)=\mathbf{S}_1$；
- $\phi(x)=x^n, n\in\mathbf{R}_+$ 生成 Yager 算子簇 $S(x,y)=\min(1,(x^n+y^n)^{1/n})$；
- $\phi(x)=1-\cos(\pi x/2)$ 生成 $S(x,y)=2/\pi(\arccos(\max(0,\cos(\pi x/2)+\cos(\pi y/2)-1)))$；
- $\phi(x)=\sin(\pi x/2)$ 生成 $S(x,y)=2/\pi(\arcsin(\min(1,\sin(\pi x/2)+\sin(\pi y/2))))$。

它们都是幂零 S 范数簇。

又如严格 S 性生成元：

- $g(x)=x/(1-x)$ 生成 Hamacher 算子 $S(x,y)=(x+y-2xy)/(1-xy)$；
- $g(x)=\tan(\pi x/2)$ 生成 $S(x,y)=2/\pi(\arctan(\tan(\pi x/2)+\tan(\pi y/2)))$。

它们都是严格的 S 范数。

后面我们还要讨论中极限 S 范数，它兼有严格和幂零两方面的特性。

推论 5.3.4　如果严格的 S 范数 $S(x,y)=1$，则 $x=1$ 或 $y=1$。

推论 5.3.5　如果 $S(x,y)$ 是严格的 S 范数，$S(x,y)=S(x,z)(x<1)$，则 $y=z$。

推论 5.3.6　如果 $g_0(x)$ 是定义在 $[0,1]$ 上的连续严格单调一元函数，$g_0(0)$ 为有限值，则 $S(x,y)=g_0^{-1}(\min(g_0(1),g_0(x)+g_0(y)-g_0(0)))$ 是阿基米德型 S 范数。

令 $g(x)=g_0(x)-g_0(0)$，代入定理 5.3.7 即可证明。

如 $g(x)=\ln((1+x)/(1-x))+c$（c 为常数）可生成 Einstein 算子 $S(x,y)=(x+y)/(1+xy)$。

定理 5.3.9　如果 $g(x)$ 是 $S(x,y)$ 的 S 性生成元，则生成元簇 $g'(x)=cg(x)$（$c\neq 0$ 为有限实数）中的任一生成元都生成 $S(x,y)$。

证明：

由于 $g'(x)=cg(x)$，$g'^{-1}(x)=g^{-1}(x/c)$，所以有

$$\begin{aligned}S'(x,y)&=g'^{-1}(\min(g'(1),g'(x)+g'(y)))\\&=g^{-1}(\min(cg(1),cg(x)+cg(y))/c)\\&=g^{-1}(\min(g(1),g(x)+g(y)))\\&=S(x,y)\end{aligned}$$

所以本定理成立。　▌

例如，幂零 S 性生成元簇 $g(x)=cx$（$c\neq 0$ 为有限实数）能生成同一个有界算子 $S(x,y)=\min(x+y,1)=\mathbf{S}_1$。由于在生成 $S(x,y)$ 的幂零 S 性生成元簇 $g(x)=cg_0(x)$（$c\neq 0$ 为有限实数）中，令 $c=1/g_0(1)$ 时可得自守函数 $\phi(x)=g_0(x)/g_0(1)$ 也生成 $S(x,y)$，所以后文不特别声明时，所谓幂零 S 性生成元都是指自守函数 $\phi(x)$。

严格 S 性生成元簇 $g(x)=cx/(1-x)$（$c\neq 0$ 为有限实数）能生成同一个 Hamacher 算子 $S(x,y)=(x+y-2xy)/(1-xy)$。

S 性生成元簇 $g(x)=-\log_a(1-x)=-\ln(1-x)/\ln a$（$a\neq1$ 为有限正实数）能生成同一个概率算子 $\mathbf{S}_2=1-\exp(\ln(1-x)+\ln(1-y))=1-(1-x)(1-y)=x+y-xy$〔见图 5.1(b)〕。由于当 $a\to0$ 或 $a\to\infty$ 时，$\mathbf{G}_2=g(x)\to\text{ite}\{1\mid x=1;0\}$〔见图 5.1(b)和图 5.1(d)〕，所以概率算子 $\mathbf{S}_2$ 及其 S 性生成元 $\mathbf{G}_2$ 十分特殊，具有幂零和严格的两重性，它实际上是两类算子的分界线，特称为*中极限算子*。

定义 5.3.4 称极限 $\mathbf{S}_0$，$\mathbf{S}_2$ 之间但不包括极限的所有幂零 S 范数组成的集合为*幂零类 S 范数*，称其生成元为幂零类 S 性生成元；称极限 $\mathbf{S}_3$，$\mathbf{S}_2$ 之间但不包括极限的所有严格 S 范数组成的集合为*严格类 S 范数*，称其生成元为严格类 S 性生成元；称极限 $\mathbf{S}_3$，$\mathbf{S}_2$ 和 $\mathbf{S}_0$ 组成的集合为*极限类 S 范数*，称其生成元为极限类 S 性生成元。

定理 5.3.10(S 范数第二生成定理) 如 $S_0(x,y)$ 是 S 范数，$\phi(x)$ 是非极限自守函数，则 $S(x,y)=\phi^{-1}(S_0(\phi(x),\phi(y)))$ 是与 $S_0(x,y)$ 同类的 S 范数。

证明：

设 $S_0(x,y)=g_0{}^{-1}(\min(g_0(1),g_0(x)+g_0(y)))$，其 S 性生成元 $g_0(x)$ 是连续的严格单调函数，$g_0(0)=0$，则 $g(x)=g_0(\phi(x))$ 是连续的严格单调函数，$g(0)=0$，可生成 S 范数

$$\begin{aligned}S(x,y)&=g^{-1}(\min(g(1),g(x)+g(y)))\\&=\phi^{-1}(g_0{}^{-1}(\min(g_0(1),g_0(\phi(x))+g_0(\phi(y)))))\\&=\phi^{-1}(S_0(\phi(x),\phi(y)))\end{aligned}$$

- 如 $S_0(x,y)$ 是幂零的，$g_0(1)=1$，则 $g(1)=g_0(\phi(1))=1$，$S(x,y)$ 也是幂零的。
- 如 $S_0(x,y)$ 是严格的，$g_0(1)\to\pm\infty$，则 $g(1)=g_0(\phi(1))\to\pm\infty$，$(x,y)$ 也是严格的。
- 如 $S_0(x,y)=\max(x,y)=\mathbf{S}_3$，则 $S(x,y)=\phi^{-1}(\max(\phi(x),\phi(y)))=\max(x,y)=\mathbf{S}_3$。
- 如 $S_0(x,y)=x+y-xy=\mathbf{S}_2$，则 $S(x,y)=\phi^{-1}(\phi(x)+\phi(y)-\phi(x)\phi(y))=\mathbf{S\Phi}_2$ 是中极限算子。
- 如 $S_0(x,y)=\text{ite}\{\max(x,y)\mid\min(x,y)=0;1\}=\mathbf{S}_0$，则 $S(x,y)=\text{ite}\{\max(x,y)\mid\min(x,y)=0;1\}=\mathbf{S}_0$。

所以本定理成立。 ▌

例如：

- 当 $\phi(x)=1-(1-x)^n$，$n\in\mathbf{R}_+$，$S_0(x,y)=\min(1,x+y)$ 时，$S(x,y)=1-(\max(0,(1-x)^n+(1-y)^n-1)^{1/n}$ 是幂零 S 范数簇(Schweizer(1))。
- 当 $\phi(x)=1-(1-x)^n$，$n\in\mathbf{R}_+$，$S_0(x,y)=1/(1/x+1/y)$ 时，$S(x,y)=1-((1-x)^{-n}+(1-y)^{-n}-1)^{-1/n}$ 是严格 S 范数簇(Schweizer(2))。

- 当 $\phi(x)=x^n, n\in \mathbf{R}_+, S_0(x,y)=x+y-xy$ 时，$S(x,y)=(x^n+y^n-x^ny^n)^{1/n}$是中极限类 S 范数簇(Schweizer(3))。
- 当 $\phi(x)=x(1+\lambda)^{1/2}/(1+((1+\lambda)^{1/2}-1)x), \lambda>-1, S_0(x,y)=x+y-xy$ 时，$S(x,y)=(x+y-xy(2-(1+\lambda)^{1/2}))/(1+((1+\lambda)^{1/2}-1)xy)$是中极限类 S 范数簇(Einstein)。

可见中极限 $\mathbf{S\Phi}_2=\phi^{-1}(\phi(x)+\phi(y)-\phi(x)\phi(y))$，$\mathbf{G\Phi}_2=-\ln(1-g(x))$不唯一，是一个类，其中包括概率算子 $\mathbf{S}_2=x+y-xy$，$\mathbf{G}_2=\text{ite}\{1\mid x=1;0\}$或 $\mathbf{G}_2=-\ln(1-x)$。中极限类十分像严格类，但它有一个不同于其他类的特殊性质：由于 $\mathbf{G\Phi}_2=-\ln(1-\phi(x))=\ln(1/(1-\phi(x)))=\ln(1-(-\phi(x)/(1-\phi(x))))=\ln(1-g(x))$，其中 $g(x)=-\phi(x)/(1-\phi(x))$是严格的 S 性生成元，所以对任意 S 性生成元 $g(x)$都有 $S(x,y)=g^{-1}(g(x)+g(y)-g(x)g(y))=\mathbf{S\Phi}_2$。这是我们把它独立于严格类之外进行专门研究的原因。

例如，用幂零 S 性生成元 $\phi(x)=2x/(1+x)$或严格 S 性生成元 $g(x)=-2x/(1-x)$代入 $\mathbf{S}_2=x+y-xy$，可以生成同一个 Einstein 算子 $S(x,y)=(x+y)/(1+xy)$。

定理 5.3.11(分配律条件) S 范数 $S(x,y)$和 T 范数 $T(x,y)$之间满足分配率的充要条件是：$S(x,y)=\max(x,y)$，$T(x,y)=\min(x,y)$。

证明：

① 充分性：设 $S(x,y)=\max(x,y)$，$T(x,y)=\min(x,y)$，则 $S(T(x,y),z)=\max(\min(x,y),z)$，$T(S(x,z),S(y,z))=\min(\max(x,z),\max(y,z))=\max(\min(x,y),z)$，S 范数对 T 范数满足分配率；$T(S(x,y),z)=\min(\max(x,y),z)$，$S(T(x,z),T(y,z))=\max(\min(x,z),\min(y,z))=\min(\max(x,y),z)$，T 范数对 S 范数满足分配率。

② 必要性：根据定理 2.1.2，如果 S 范数 $S(x,y)$和 T 范数 $T(x,y)$之间满足分配率，则可唯一确定 $S(x,y)=\max(x,y)$，$T(x,y)=\min(x,y)$。

所以本定理成立。 ▌

从这个定理可以看出，定理 2.1.2 的问题出在它的公理集上，其中公理 6 分配律是不能要的，公理 7 有界性是冗余的。

5.4 NTS 范数之间的对偶关系

中心 T 范数和中心 S 范数之间通过中心 N 范数形成对偶关系：

$$T(x,y)=\max(0,x+y-1)=1-S(1-x,1-y)=N(S(N(x),N(y)))$$

$$S(x,y)=\min(1,x+y)=1-T(1-x,1-y)=N(T(N(x),N(y)))$$

这实际上是中心N范数 $N(x)=1-x$ 和中心T范数 $T(x,y)=\max(0,x+y-1)$ 及中心S范数 $S(x,y)=\min(1,x+y)$ 之间的零级对偶关系 $T(x,y)=N(S(N(x),N(y)))$，$S(x,y)=N(T(N(x),N(y)))$，在逻辑学中叫DeMorgan定律。在一般的N范数 $N(x)$、T范数 $T(x,y)$ 和S范数 $S(x,y)$ 之间是否也存在这种NTS三联体关系，存在的条件是什么？这是三角范数理论中的重要问题。为此我们需要首先研究生成元之间的弱半对偶关系。

5.4.1 生成元之间的弱半对偶关系

定义 5.4.1 如果 $N(x)$ 是连续的严格单调弱N范数，$g(x)$ 是[0,1]上的连续严格单调一元函数，则称 $f(x)=1-g(N(x))$ 为 $g(x)$ 关于 $N(x)$ 的弱半对偶。如果其中 $N(x)$ 是连续的严格单调N范数，则称 $f(x)$ 为 $g(x)$ 关于 $N(x)$ 的半对偶。如果其中 $N(x)=1-x$，则称 $f(x)$ 为 $g(x)$ 的零级对偶。

定理 5.4.1 如果 $f(x)$ 是 $g(x)$ 关于 $N(x)$ 的弱半对偶，则 $g(x)$ 是 $f(x)$ 关于 $N^{-1}(x)$ 的弱半对偶。

证明：

① 因为 $f(x)$ 是 $g(x)$ 关于 $N(x)$ 的弱半对偶，即 $N(x)$ 是连续的严格单调弱N范数，$g(x)$ 是[0,1]上的连续严格单调一元函数，所以 $f(x)=1-g(N(x))$ 是[0,1]上的连续严格单调一元函数；

② 由 $f(x)=1-g(N(x))$，$g(N(x))=1-f(x)$ 知，$g(x)=1-f(N^{-1}(x))$；

③ 连续的严格单调弱N范数 $N(x)$ 的逆 $N^{-1}(x)$ 也是连续的严格单调弱N范数。

所以本定理成立。 ∎

定理 5.4.2 如果 $g(x)$ 是S性生成元，则其零级对偶 $f(x)$ 是与 $g(x)$ 同类的T性生成元；反之，如果 $f(x)$ 是T性生成元，则其零级对偶 $g(x)$ 是与 $f(x)$ 同类的S性生成元。

证明：

① 因为 $g(x)$ 是S性生成元，即 $g(x)$ 是[0,1]上的连续严格单调一元函数，且 $g(0)=0$，所以 $f(x)=1-g(1-x)$ 是[0,1]上的连续严格单调一元函数，且 $f(1)=1-g(0)=1$，即 $f(x)$ 是T性生成元。

② 如果 $g(x)$ 属于幂零类，$g(1)=1$，则 $f(0)=1-g(1)=0$，即 $f(x)$ 也属于幂零类；如果 $g(x)$ 属于严格类，$g(1)$ 是无限值，则 $f(0)=1-g(1)$ 是无限值，即 $f(x)$ 也属于严格类；如果 $g(x)$ 属于极限类，则根据5.3节关于极限问题的讨论知，$f(x)=1-g(1-x)$ 也属于极限类，所以 $g(x)$ 和 $f(x)$ 有相同的类属。

反之，由 $f(x)=1-g(1-x)$ 可以得到 $g(x)=1-f(1-x)$。

所以本定理成立。

例如，以下严格 T 性/S 性生成元之间有零级对偶关系：

- $g(x)=x/(1-x)$和 $f(x)=2-1/x$；
- $g(x)=\ln((1+x)/(1-x))$和 $f(x)=1-\ln((2-x)/x)$；
- $g(x)=\tan(\pi x/2)$和 $f(x)=1-\cot(\pi x/2)$。

又如，以下幂零 S 性生成元和 T 性生成元之间有零级对偶关系：

- $g(x)=x^n, n\in\mathbf{R}_+$ 和 $f(x)=1-(1-x)^n, n\in\mathbf{R}_+$；
- $g(x)=x=\mathbf{G}_1$ 和 $f(x)=x=\mathbf{F}_1$；
- $g(x)=1-\cos(\pi x/2)$和 $f(x)=\sin(\pi x/2)$；
- $g(x)=\sin(\pi x/2)$和 $f(x)=1-\cos(\pi x/2)$。

又如，以下极限 S 性生成元和 T 性生成元之间有零级对偶关系：

- $g(x)=\text{ite}\{0|x=0;1\}=\mathbf{G}_0$ 和 $f(x)=\text{ite}\{1|x=1;0\}=\mathbf{F}_0$；
- $g(x)=-\ln(1-2x/(1+x))=\mathbf{G\Phi}_2$ 和 $f(x)=1+\ln(x/(2-x))=\mathbf{F\Phi}_2$；
- $g(x)=-\ln(1-x)=\mathbf{G}_2$ 和 $f(x)=1+\ln x=\mathbf{F}_2$；
- $g(x)=\text{ite}\{1|x=1;0\}=\mathbf{G}_2$ 和 $f(x)=\text{ite}\{0|x=0;1\}=\mathbf{F}_2$；
- $g(x)=\text{ite}\{0|x=0;\pm\infty\}=\mathbf{G}_3$ 和 $f(x)=\text{ite}\{1|x=1;\pm\infty\}=\mathbf{F}_3$。

定理 5.4.3　弱半对偶运算只能改变极限生成元的 T/S 性质，而不能改变极限生成元的极限性质。

证明：

如果 $g(x)$是极限 S 性生成元，$N(x)$是连续的严格单调弱 N 范数，因为 $N(0)=1, N(1)=0$，所以 $g(x)$关于 $N(x)$的弱半对偶 $f(x)=1-g(N(x))$有：

- 当 $g(x)=\text{ite}\{0|x=0;1\}=\mathbf{G}_0$ 时，$f(x)=\text{ite}\{1|x=1;0\}=\mathbf{F}_0$；
- 当 $g(x)=\text{ite}\{1|x=1;0\}=\mathbf{G}_2$ 时，$f(x)=\text{ite}\{0|x=0;1\}=\mathbf{F}_2$；
- 当 $g(x)=-\ln(1-\phi(x))=\mathbf{G\Phi}_2$ 时，$f(x)=1+\ln(\phi'(x))=\mathbf{F\Phi}_2$，其中$\phi'(x)=1-\phi(N(x))$；
- 当 $g(x)=\text{ite}\{0|x=0;\pm\infty\}=\mathbf{G}_3$ 时，$f(x)=\text{ite}\{1|x=1;\pm\infty\}=\mathbf{F}_3$。

反之亦然，可见弱半对偶运算只改变了极限生成元的 T/S 性质，而没有改变极限生成元的极限性质。所以本定理成立。 ▌

定理 5.4.4　如果 $g(x)$是 S 性生成元，$N(x)$是连续的严格单调弱 N 范数，则 $g(x)$关于 $N(x)$的弱半对偶 $f(x)$是与 $g(x)$同类的 T 性生成元；反之，如果 $f(x)$是 T 性生成元，则 $f(x)$关于 $N(x)$的弱半对偶 $g(x)$是与 $f(x)$同类的 S 性生成元。

证明：

① 如果 $g(x)$是极限 S 性生成元，由定理 5.4.3 知，$g(x)$关于 $N(x)$的弱半对偶 $f(x)$仍然是极限 T 性生成元。

② 如果 $g(x)$是非极限 S 性生成元，即 $g(x)$是[0,1]上的连续严格单调一元

函数，$g(0)=0$，且 $g(x)\neq -\log_a(1-\phi(x))$($a\neq 1$ 为有限正实数)，则 $f(x)=1-g(N(x))$ 是$[0,1]$上的连续严格单调一元函数，$f(1)=1-g(N(1))=1-g(0)=1$，且 $f(x)\neq 1+\log_a(\phi(x))$($a\neq 1$ 为有限正实数)，即 $f(x)$是非极限 T 性生成元。

③ 由于 $g(x)$是非极限 S 性生成元，如果 $g(x)$是幂零的，$g(1)=1$，则 $f(0)=1-g(N(0))=1-g(1)=0$，即 $f(x)$也是幂零的；如果 $g(x)$是严格的，$g(1)$是无限值，则 $f(0)=1-g(N(0))=1-g(1)$是无限值，即 $f(x)$也是严格的。

所以 $f(x)=1-g(N(x))$和 $g(x)$有相同的类属。

反之，如果 $f(x)$是 T 性生成元，则可用类似方法证明 $g(x)=1-f(N(x))$是与 $f(x)$同类的 S 性生成元。

所以本定理成立。 ▌

定理 5.4.2 可以看成定理 5.4.4 在 $N(x)=1-x$ 时的特例。

例如，与以下严格 S 性生成元 $g(x)$和连续的严格单调弱 N 范数 $N(x)=1-x^3$对应的弱半对偶 $f(x)=1-g(N(x))$是严格 T 性生成元：

- $g(x)=x/(1-x)$对应于 $f(x)=2-1/x^3$；
- $g(x)=\tan(\pi x/2)$对应于 $f(x)=1-\cot(\pi x^3/2)$。

又如，与以下幂零 S 性生成元 $g(x)$和连续的严格单调弱 N 范数 $N(x)=1-x^3$对应的弱半对偶 $f(x)=1-g(N(x))$是幂零 T 性生成元：

- $g(x)=x^n, n\in\mathbf{R}_+$ 对应于 $f(x)=1-(1-x^3)^n, n\in\mathbf{R}_+$；
- $g(x)=x=\mathbf{G}_1$ 对应于 $f(x)=x^3$；
- $g(x)=1-\cos(\pi x/2)$对应于 $f(x)=\sin(\pi x^3/2)$；
- $g(x)=\sin(\pi x/2)$对应于 $f(x)=1-\cos(\pi x^3/2)$。

又如，与以下极限 S 性生成元 $g(x)$和连续的严格单调弱 N 范数 $N(x)=1-x^3$对应的弱半对偶 $f(x)=1-g(N(x))$是幂零 T 性生成元：

- $g(x)=\text{ite}\{0|x=0;\pm\infty\}=\mathbf{G}_3$ 对应于 $f(x)=\text{ite}\{1|x=1;\pm\infty\}=\mathbf{F}_3$；
- $g(x)=-\ln(1-x)=\mathbf{G}_2$ 对应于 $f(x)=1+3\ln x=\mathbf{F}_2$；
- $g(x)=\ln((1+x)/(1-x))=\mathbf{G\Phi}_2$ 对应于 $f(x)=1-\ln((2-x^3)/x^3)=\mathbf{F\Phi}_2$；
- $g(x)=\text{ite}\{0|x=0;1\}=\mathbf{G}_0$ 对应于 $f(x)=\text{ite}\{1|x=1;0\}=\mathbf{F}_0$。

定理 5.4.5 任意两个非极限同类的 S 性生成元 $g_1(x)$，$g_2(x)$之间存在关系 $g_1(x)=cg_2(\phi(x))$，其中 $c=g_1(1)/g_2(1)\neq 0$ 为有限实数，$\phi(x)=g_2^{-1}(g_1(x)/c)$ 是连续的严格单调自守函数。

证明：

① 如果 $g_1(x)$和 $g_2(x)$都是连续的严格单调自守函数，$g_1(x)=\phi_1(x)$，$g_2(x)=\phi_2(x)$，则 $\phi(x)=\phi_2^{-1}(\phi_1(x))$是连续的严格单调自守函数，$c=g_1(1)/g_2(1)=1$ 为有限实数，满足 $g_1(x)=g_2(\phi(x))$；

② 如果 $g_1(x)$和 $g_2(x)$是任意幂零 S 性生成元，$g_1(1)$和 $g_2(1)$都是不为零的有限值，则 $\phi_1(x)=g_1(x)/g_1(1)$和 $\phi_2(x)=g_2(x)/g_2(1)$都是连续的严格单调自守函数，由①知 $\phi(x)=\phi_2^{-1}(\phi_1(x))$是连续的严格单调自守函数，即 $\phi(x)=\phi_2^{-1}(\phi_1(x))=g_2^{-1}(g_1(x)g_2(1)/g_1(1))=g_2^{-1}(g_1(x)/c)$，$c=g_1(1)/g_2(1)\neq 0$ 为有限实数，满足 $g_1(x)=cg_2(\phi(x))$；

③ 如果 $g_1(x)$和 $g_2(x)$都是严格 S 性生成元，即 $g_1(x)$和 $g_2(x)$都是连续的严格单调函数，且 $g_1(0)=g_2(0)=0$，$g_1(1)$和 $g_2(1)$都是无限值，则 $\phi(x)=g_2^{-1}(g_1(x)/c)$是连续的严格单调函数，且 $\phi(0)=0$，其中 $c=g_1(1)/g_2(1)=\pm 1$〔$g_1(x)$和 $g_2(x)$同方向时为 1，反方向时为 -1〕，$\phi(1)=1$，所以 $\phi(x)$是连续的严格单调自守函数，满足 $g_1(x)=cg_2(\phi(x))$。

所以本定理成立。 ▌

例如，以下各对严格 S 性生成元之间有 $c=g_1(1)/g_2(1)$，$g_1(x)=cg_2(\phi(x))$关系：

- $g_1(x)=x/(1-x)$和 $g_2(x)=x^3/(1-x^3)$之间有 $c=1$，$\phi(x)=x^{1/3}$；
- $g_1(x)=-\tan(\pi x/2)$和 $g_2(x)=\tan(\pi x^n/2)$之间有 $c=-1$，$\phi(x)=x^{1/n}$。

又如，以下各对幂零 S 性生成元之间有 $c=g_1(1)/g_2(1)$，$g_1(x)=cg_2(\phi(x))$关系：

- $g_1(x)=x^n$，$n\in\mathbf{R}_+$ 和 $g_2(x)=-x^{5n}$，$n\in\mathbf{R}_+$ 之间有 $c=-1$，$\phi(x)=x^{1/5}$；
- $g_1(x)=\sin(\pi x/2)$和 $g_2(x)=5\sin(\pi x^3/2)$之间有 $c=0.2$，$\phi(x)=x^{1/3}$；
- $g_1(x)=1-\cos(\pi x^4/2)$和 $g_2(x)=1-\cos(\pi x/2)$之间有 $c=1$，$\phi(x)=x^4$。

又如，以下中极限类 S 性生成元之间有 $c=g_1(1)/g_2(1)$，$g_1(x)=cg_2(\phi(x))$关系：

- $g_1(x)=\ln((1+x^n)/(1-x^n))$和 $g_2(x)=-\ln((1+x)/(1-x))$之间有$c=-1$，$\phi(x)=x^n$。

定理 5.4.6　任意两个非极限不同类的 S 性生成元 $g_1(x)$，$g_2(x)$之间存在极限关系 $g_1(x)=cg_2(\phi(x))$，其中 $c=g_1(1)/g_2(1)$为 0 或 $\pm\infty$，$\phi(x)=\mathbf{\Phi}_0$ 或 $\mathbf{\Phi}_3$ 是自守函数的极限。

证明：

由定理 5.4.5 知，任意两个非极限同类的 S 性生成元 $g_1(x)$，$g_2(x)$之间存在关系 $g_1(x)=cg_2(\phi(x))$，其中 $c=g_1(1)/g_2(1)\neq 0$ 为有限实数，$\phi(x)=g_2^{-1}(g_1(x)/c)$是连续的严格单调自守函数。

如果 $g_1(x)$和 $g_2(x)$是非极限不同类的 S 性生成元，则利用 $\phi(x)$的极限定义有：

① 如果 $g_1(x)$是幂零的，$g_1(1)$是有限值，$g_2(x)$是严格的，$g_2(1)$是无限值，则 $c=0$，$\phi(x)=g_2^{-1}(g_1(x)/c)=\mathbf{\Phi}_0$ 是自守函数的上极限，满足 $g_1(x)=cg_2(\phi(x))$；

② 反之，如果 $g_1(x)$是严格的，$g_1(1)$是无限值，$g_2(x)$是幂零的，$g_2(1)$是有限值，则 $c\to\pm\infty$，$\phi(x)=g_2^{-1}(g_1(x)/c)=\mathbf{\Phi}_3$ 是自守函数的下极限，满足 $g_1(x)=cg_2(\phi(x))$。

所以本定理成立。 ▌

定理 5.4.7 任意两个非极限同类的 T 性生成元 $f_1(x)$，$f_2(x)$之间存在关系 $f_1(x)=1-c(1-f_2(\phi(x)))$，其中 $c=(1-f_2(0))/(1-f_1(0))\neq 0$ 为有限实数，$\phi(x)=f_2^{-1}(1-(1-f_1(x))/c)$是自守函数。

证明：

① 由定理 5.4.2 知，如果 $f_1(x)$和 $f_2(x)$是任意两个非极限同类的 T 性生成元，则 $g_1(x)=1-f_1(1-x)$和 $g_2(x)=1-f_2(1-x)$是任意两个非极限同类的 S 性生成元；

② 由定理 5.4.5 知，任意两个非极限同类的 S 性生成元 $g_1(x)$，$g_2(x)$之间存在关系 $g_1(x)=cg_2(\phi'(x))$，其中 $c=g_1(1)/g_2(1)\neq 0$ 为有限实数，$\phi'(x)=g_2^{-1}(g_1(x)/c)$是自守函数；

③ 将①代入②得 $f_1(x)=1-c(1-f_2(1-\phi'(1-x)))=1-c(1-f_2(\phi(x)))$，其中 $c=(1-f_1(0))/(1-f_2(0))\neq 0$ 为有限实数，$\phi(x)=f_2^{-1}(1-(1-f_1(x))/c)$是自守函数。

所以本定理成立。 ▌

例如，以下严格 T 性生成元之间有 $c=(1-f_1(0))/(1-f_2(0))$，$f_1(x)=1-c(1-f_2(\phi(x)))$关系。

- $f_1(x)=2-1/x^{1/3}$ 和 $f_2(x)=2-1/x$ 之间：$c=1$，$\phi(x)=x^{1/3}$。
- $f_1(x)=1-\ln((2-x^{1/3})/x^{1/3})$ 和 $f_2(x)=1-\ln((2-x)/x)$之间：$c=1$，$\phi(x)=x^{1/3}$。
- $f_1(x)=1+\cot(\pi x/2)$和 $f_2(x)=1-\cot(\pi x^{1/3}/2)$之间：$c=-1$，$\phi(x)=x^3$。

又如，以下幂零 T 性生成元之间有 $c=(1-f_1(0))/(1-f_2(0))$，$f_1(x)=1-c(1-f_2(\phi(x)))$关系。

- $f_1(x)=x^n$，$n\in\mathbf{R}_+$ 和 $f_2(x)=1-(1-x)^n$，$n\in\mathbf{R}_+$ 之间有：$c=1$，$\phi(x)=1-(1-x^n)^{1/n}$。
- $f_1(x)=1-\cos(\pi x/2)$ 和 $f_2(x)=\sin(\pi x/2)$ 之间有：$c=1$，$\phi(x)=2/\pi(\arcsin(1-\cos(\pi x/2)))$。

定理 5.4.8 任意两个非极限不同类的 T 性生成元 $f_1(x)$，$f_2(x)$之间存在极限关系 $f_1(x)=1-c(1-f_2(\phi(x)))$，其中 $c=(1-f_2(0))/(1-f_1(0))$为 0 或 $\pm\infty$，$\phi(x)=\mathbf{\Phi}_0$ 或 $\mathbf{\Phi}_3$。

证明：

类似于定理 5.4.6。

定理 5.4.9 任意非极限 T 性生成元 $f(x)$和任意同类 S 性生成元 $g(x)$之间

都存在弱半对偶关系 $f(x)=1-cg(N(x))$，其中 $c=(1-f(0))/g(1)\neq 0$ 为有限实数，$N(x)=g^{-1}((1-f(x))/c)$ 是连续的严格单调弱 N 范数。

证明：

① 由定理 5.4.2 知，任意 T 性生成元 $f(x)$ 的零级对偶 $g'(x)=1-f(1-x)$ 是同类 S 性生成元；

② 由定理 5.4.5 知，任意两个非极限同类 S 性生成元 $g'(x)$ 和 $g(x)$ 之间存在关系 $g'(x)=cg(\phi(x))$，其中 $c=g'(1)/g(1)\neq 0$ 为有限实数，$\phi(x)=g^{-1}(g'(x)/c)$ 是自守函数；

③ $f(x)=1-g'(1-x)=1-cg(\phi(1-x))=1-cg(N(x))$，其中 $c=g'(1)/g(1)=(1-f(0))/g(1)\neq 0$ 为有限实数，$N(x)=g^{-1}((1-f(x))/c)$ 是连续的严格单调弱 N 范数。

所以本定理成立。 ▌

定理 5.4.10 任意非极限 S 性生成元 $g(x)$ 和任意同类 T 性生成元 $f(x)$ 之间都存在弱半对偶关系 $g(x)=c(1-f(N(x)))$，其中 $c=g(1)/(1-f(0))\neq 0$ 为有限实数，$N(x)=f^{-1}(1-g(x)/c)$ 是连续的严格单调弱 N 范数。

证明：

类似于定理 5.4.9。 ▌

定理 5.4.11 任意非极限不同类的 T 性生成元 $f(x)$ 和 S 性生成元 $g(x)$ 之间存在极限关系 $g(x)=c(1-f(N(x)))$，其中 $c=g(1)/(1-f(0))$ 为 0 或 $\pm\infty$，$N(x)=\mathbf{N}_0$ 或 $\mathbf{N}_3$。

证明：

利用定理 5.4.9，用类似于证明定理 5.4.6 的方法可证。 ▌

本定理表明，任何一个非极限 T 性生成元 $f(x)$ 都可以通过 $\mathbf{N}_0$ 或 $\mathbf{N}_3$ 与不同类的所有 S 性生成元 $g(x)$ 构成 NTS 三联体关系；反之，任何一个非极限 S 性生成元 $g(x)$ 都可以通过 $\mathbf{N}_0$ 或 $\mathbf{N}_3$ 与不同类的所有 T 性生成元 $f(x)$ 构成 NTS 三联体关系。这意味着我们无法通过 $g(x)=c(1-f(N(x)))$ 得到唯一的 $g(x)$，也无法通过 $f(x)=1-cg(N(x))$ 得到唯一的 $f(x)$，所以极限关系是一种平凡关系。

由于所有连续的严格单调弱 N 范数和 N 范数的极限都是极限 N 范数 $\mathbf{N}_3$ 和 $\mathbf{N}_0$，利用 $f(x)=1-g(N(x))$ 关系我们可以全面讨论双极限情况下的半对偶关系。

① 如果 $N(x)=\mathbf{N}_3=\mathbf{N}_3^{-1}=\text{ite}\{0|x=1;1\}$，则：

- $g(x)=\mathbf{G}_3=\text{ite}\{0|x=0;\pm\infty\}$ 时，$f(x)=1-g(N(x))=\text{ite}\{1|x=1;\pm\infty\}=\mathbf{F}_3$；
- $g(x)$ 严格时，$g(0)=0, g(1)=\pm\infty$，$f(x)=1-g(N(x))=\text{ite}\{1|x=1;\pm\infty\}=\mathbf{F}_3$，即 $\mathbf{N}_3$ 可以使 $\mathbf{F}_3$ 与任何严格的 $g(x)$ 及 $\mathbf{G}_3$ 形成半对偶关系；
- 由于 $g(x)=\mathbf{G}_2=-\ln(1-x)$ 时，$f(x)=1-g(N(x))=\text{ite}\{1|x=1;\pm\infty\}=\mathbf{F}_3$；而 $g(x)=\mathbf{G}_2=\text{ite}\{1|x=1;0\}$ 时，$f(x)=1-g(N(x))=\text{ite}\{1|x=1;0\}=\mathbf{F}_0$，所以 $f(x)$ 可以是 $\mathbf{F}_3$ 和 $\mathbf{F}_0$ 之间的任意 T 性生成元，即 $\mathbf{N}_3$ 可以使

$\mathbf{G}_2$ 与任何 T 性生成元 $f(x)$形成半对偶关系；

- $g(x)$是幂零的时，$g(0)=0$，$g(1)=1$，$f(x)=1-g(N(x))=\text{ite}\{1|x=1;0\})=\mathbf{F}_0$；
- $g(x)=\mathbf{G}_0=\text{ite}\{0|x=0;1\}$时，$f(x)=1-g(N(x))=\text{ite}\{1|x=1;0\})=\mathbf{F}_0$，即 $\mathbf{N}_3$ 可以使 $\mathbf{F}_0$ 与任何幂零的 $g(x)$及 $\mathbf{G}_0$ 形成半对偶关系。

② 如果 $N(x)=\mathbf{N}_0=\mathbf{N}_0{}^{-1}=\text{ite}\{1|x=0;0\}$，则：

- $g(x)=\mathbf{G}_3=\text{ite}\{0|x=0;\pm\infty\}$时，由于 $f(x)=1-g(N(x))=\text{ite}\{\pm\infty|x=0;1\}$，所以 $f(x)$可以是 $\mathbf{F}_3$ 和 $\mathbf{F}_2$ 之间的任意 T 性生成元，即 $\mathbf{N}_0$ 可以使 $\mathbf{G}_3$ 与 $\mathbf{F}_3$ 和 $\mathbf{F}_2$ 之间的任何 T 性生成元 $f(x)$形成半对偶关系；
- $g(x)$是连续的严格单调 S 性生成元时，$g(0)=0$，$f(x)=1-g(N(x)/g(1))=\text{ite}\{0|x=0;1\}=\mathbf{F}_2$，即 $\mathbf{N}_0$ 可以使 $\mathbf{F}_2$ 与任何 S 性生成元 $g(x)$形成半对偶关系；
- $g(x)=\mathbf{G}_0=\text{ite}\{0|x=0;1\}$时，$f(x)=1-g(N(x))=\text{ite}\{0|x=0;1|x=1;\text{free}\}$，所以 $f(x)$可以是 $\mathbf{F}_0$ 和 $\mathbf{F}_2$ 之间的任意 T 性生成元，即 $\mathbf{N}_0$ 可以使 $\mathbf{G}_0$ 与 $\mathbf{F}_0$ 和 $\mathbf{F}_2$ 之间的任何 T 性生成元 $f(x)$形成半对偶关系。

由于 $g(x)=1-f(N^{-1}(x))$，$\mathbf{N}_3=\mathbf{N}_3{}^{-1}$ 和 $\mathbf{N}_0=\mathbf{N}_0^{-1}$，所以反过来这种关系也成立。

5.4.2 NTS 范数之间的弱对偶关系

定义 5.4.2 如果 $N(x)$是连续的严格单调弱 N 范数，$f(x,y)$是$[0,1]^2$ 上的任意单调二元函数，则称 $g(x,y)=N^{-1}(f(N(x),N(y)))$是 $f(x,y)$关于 $N(x)$的弱对偶。弱对偶关系是单向的，如果 $g(x,y)=N^{-1}(f(N(x),N(y)))$，则 $f(x,y)=N(g(N^{-1}(x),N^{-1}(y)))$。

定义 5.4.3 如果 $N(x)$是连续的严格单调 N 范数，$f(x,y)$是$[0,1]^2$ 上的任意单调二元函数，则称 $g(x,y)=N(f(N(x),N(y)))$是 $f(x,y)$关于 $N(x)$的对偶。对偶关系是双向的，如果 $g(x,y)=N(f(N(x),N(y)))$，则 $f(x,y)=N(g(N(x),N(y)))$。

定理 5.4.12(弱对偶定律) 如果 $f(x)$是连续的严格单调 T 性生成元，$g(x)$是连续的严格单调 S 性生成元，它们之间存在弱半对偶关系 $g(x)=c(1-f(N(x)))$，其中 $c=g(1)/(1-f(0))\neq0$ 为有限实数，$N(x)$是连续的严格单调弱 N 范数，则它们分别生成的 S 范数 $S(x,y)$和 T 范数 $T(x,y)$有关于 $N(x)$的弱对偶关系 $S(x,y)=N^{-1}(T(N(x),N(y)))$。

证明：

由 $T(x,y)=f^{-1}(\max(f(0),f(x)+f(y)-1))$，$g(x)=c(1-f(N(x)))$知

$$\begin{aligned}S(x,y)&=g^{-1}(\min(g(1),g(x)+g(y)))\\&=g^{-1}(\min(c(1-f(0),1-f(N(x))+1-f(N(y))))\\&=N^{-1}(f^{-1}(1-\min(c(1-f(0),1-f(N(x))+1-f(N(y)))/c))\\&=N^{-1}(f^{-1}(\max(f(0),f(N(x))+f(N(y))-1)))\\&=N^{-1}(T(N(x),N(y)))\end{aligned}$$

所以本定理成立。▌

定理 5.4.13　如果 $\phi(x)$是连续的严格单调自守函数,用它作为 T 性生成元可生成 $T(x,y)$;用它作为 S 性生成元,可生成 $S(x,y)$,则它们之间存在对偶关系

$$S(x,y)=N\ (T(N(x),N(y)))$$

其中 $N(x)=\phi^{-1}(1-\phi(x))$。

证明:

由于 $T(x,y)=\phi^{-1}(\max(0,\phi(x)+\phi(y)-1))$,$S(x,y)=\phi^{-1}(\min(1,\phi(x)+\phi(y)))$, $N(x)=\phi^{-1}(1-\phi(x))$是 N 范数,所以 $S(x,y)=N\ (T(N(x),N(y)))$。

所以本定理成立。▌

例如:

- Yager 算子对 $T(x,y)=1-\min(1,((1-x)^n+(1-y)^n)^{1/n})$和 Schweizer (1)算子 $S(x,y)=1-(\max(0,(1-x)^n+(1-y)^n-1))^{1/n}$由同一个生成元 $\phi(x)=1-(1-x)^n$,$n\in\mathbf{R}_+$ 生成,它们之间的关联 N 范数是 $N(x)=\phi^{-1}(1-\phi(x))=1-(1-(1-x)^n)^{1/n}$;
- Yager 算子对 $S(x,y)=\min(1,(x^n+y^n)^{1/n})$和 Schweizer(1)算子 $T(x,y)=(\max(0,x^n+y^n-1))^{1/n}$由同一个生成元 $\phi(x)=x^n$,$n\in\mathbf{R}_+$ 生成,它们之间的关联 N 范数是 $N(x)=\phi^{-1}(1-\phi(x))=(1-x^n)^{1/n}$。

根据非极限情况下生成元弱半对偶关系的性质、非极限情况下 NTS 范数间的弱对偶关系有以下几种不同的情况。

① 如果 $T(x,y)$是任意非极限 T 范数,$N(x)$是任意连续的严格单调弱 N 范数,则 $T(x,y)$关于 $N(x)$的弱对偶 $S(x,y)=N^{-1}(T(N(x),N(y)))$是与 $T(x,y)$同类的 S 范数。

② 如果 $S(x,y)$是任意非极限 S 范数,$N(x)$是任意连续的严格单调弱 N 范数,则 $S(x,y)$关于 $N(x)$的弱对偶 $T(x,y)=N^{-1}(S(N(x),N(y)))$是与 $S(x,y)$同类的 T 范数。

③ 如果 $S(x,y)=g^{-1}(\min(g(1),g(x)+g(y)))$是任意非极限 S 范数,$T(x,y)=f^{-1}(\max(f(0),f(x)+f(y)-1))$是任意与 $S(x,y)$同类的 T 范数,则存在一个连续的严格单调弱 N 范数 $N(x)=g^{-1}((1-f(x))/c)$,其中 $c=(1-f(0))/g(1)\neq 0$为有限实数,使弱对偶关系 $T(x,y)=N^{-1}(S(N(x),N(y)))$成立。

④ 如果 $T(x,y)=f^{-1}(\max(f(0),f(x)+f(y)-1))$是任意非极限 T 范数，$S(x,y)=g^{-1}(\min(g(1),g(x)+g(y)))$是任意与 $T(x,y)$同类的 S 范数，则存在一个连续的严格单调弱 N 范数 $N(x)=f^{-1}(1-g(x)/c)$，其中 $c=g(1)/(1-f(0))\neq 0$为有限实数，使弱对偶关系 $S(x,y)=N^{-1}(T(N(x),N(y)))$成立。

⑤ 如果 $S(x,y)$是任意非极限 S 范数，$N(x)$是连续的严格单调 N 范数，则 $S(x,y)$关于 $N(x)$的一级对偶 $T(x,y)=N(S(N(x),N(y)))$是与 $T(x,y)$同类的 T 范数。反之，如果 $T(x,y)$是任意非极限 T 范数，$N(x)$是连续的严格单调 N 范数，则 $T(x,y)$关于 $N(x)$的一级对偶 $S(x,y)=N(T(N(x),N(y)))$是与 $T(x,y)$同类的 S 范数。

一级对偶条件　任意非极限 T 范数 $T(x,y)$和同类型的 S 范数 $S(x,y)$之间存在关于非极限 N 范数 $N(x)$的一级对偶关系的条件是，它们的生成元满足以下约束之一：

$$N(x)=g^{-1}((1-f(x))/c)$$
$$N(x)=f^{-1}(1-cg(x))$$
$$g(x)=(1-f(N(x)))/c$$
$$f(x)=1-cg(N(x))$$

其中 $c=(1-f(0))/g(1)\neq 0$ 为有限实数。

零级对偶条件　任意同类型的 T 范数和 S 范数之间存在零级对偶关系的条件是它们的生成元满足以下约束之一：

$$f(x)=1-cg(1-x)$$
$$g(x)=(1-f(1-x))/c$$

其中 $c=(1-f(0))/g(1)\neq 0$ 为有限实数。

根据极限情况下生成元之间弱半对偶关系的讨论，我们还可以得到极限情况下 NTS 范数之间弱对偶关系的性质，表 5.1 全面反映了各种情况下的 NTS 范数弱对偶关系。

表 5.1　弱 N 范数、T 范数和 S 范数之间的弱对偶关系

关联弱 N 范数	极限 $\mathbf{T}_3$	严格 $T(x,y)$	极限 $\mathbf{T}_2$	幂零 $T(x,y)$	极限 $\mathbf{T}_0$
极限 $\mathbf{S}_3$	$\mathbf{N}_3\ N(x)\mathbf{N}_0$	$\mathbf{N}_3\quad \mathbf{N}_0$	$\mathbf{N}_3\quad \mathbf{N}_0$		
严格 $S(x,y)$	$\mathbf{N}_3\quad \mathbf{N}_0$	$N(x)$	$N_3\quad \mathbf{N}_0$	$(\mathbf{N}_3)\ \mathbf{N}_0$	
极限 $\mathbf{S}_2$	$\mathbf{N}_3\quad \mathbf{N}_0$	$\mathbf{N}_3\quad \mathbf{N}_0$	$\mathbf{N}_3 N(x)\mathbf{N}_0$	$\mathbf{N}_3\quad \mathbf{N}_0$	$\mathbf{N}_3\quad \mathbf{N}_0$
幂零 $S(x,y)$		$\mathbf{N}_3(\mathbf{N}_0)$	$\mathbf{N}_3\quad \mathbf{N}_0$	$N(x)$	$\mathbf{N}_3\quad \mathbf{N}_0$
极限 $\mathbf{S}_0$			$\mathbf{N}_3\quad \mathbf{N}_0$	$\mathbf{N}_3\quad \mathbf{N}_0$	$\mathbf{N}_3\ N(x)\mathbf{N}_0$

注：表中 $N(x)$为非极限的弱 N 范数。

5.4.3　求 T 范数和 S 范数生成元的方法

由上节的讨论可以看出，要研究范数 $T(x,y)$ 和 $S(x,y)$ 之间的关系，仅知道它们的函数表达式是不够的，还要求知道它们的生成元 $f(x)$ 和 $g(x)$。那么，知道了 $T(x,y)$ 和 $S(x,y)$ 的函数表达式后，如何求它们的生成元呢？

方法：

由 $T(x,y)$ 和 $S(x,y)$ 的第一生成定理知

$$f(T(x,y))=\max(f(0),f(x)+f(y)-1),g(S(x,y))$$
$$=\min(g(1),g(x)+g(y))$$

两边分别对 y 求导，得

$$f'(T(x,y))T'(x,y)=f'(y),\quad g'(S(x,y))S'(x,y)=g'(y)$$

令 $y=1$，得

$$f'(T(x,1))T'(x,1)=f'(x)T'(x,1)=f'(1),\quad f'(x)=f'(1)/T'(x,1)$$

$$f(x)=\int(f'(1)/T'(x,1))\mathrm{d}x+c$$

常数 c 由边界条件 $f(1)=1$ 决定。

令 $y=0$，得

$$g'(S(x,0))S'(x,0)=g'(x)S'(x,0)=g'(0),\quad g'(x)=g'(0)/S'(x,0)$$

$$g(x)=\int g'(0)/S'(x,0)\mathrm{d}x+c$$

常数 c 由边界条件 $g(0)=0$ 决定。

例如：

① 求 Hamacher 算子 $T(x,y)=xy/(x+y-xy)$ 的生成元 $f(x)$。对 y 求导，得

$$T'(x,y)=x^2/(x+y-xy)^2,\quad T'(x,1)=x^2$$

$$f(x)=\int(f'(1)/x^2)\mathrm{d}x+c=c-f'(1)/x=2-1/x$$

② 求 Hamacher 算子 $S(x,y)=(x+y-2xy)/(1-xy)$ 的生成元 $g(x)$。对 y 求导，得

$$S'(x,y)=(1-x)^2/(1-xy)^2,\quad S'(x,0)=(1-x)^2$$

$$g(x)=\int(g'(0)/(1-x)^2)\mathrm{d}x+c=g'(0)x/(1-x)=x/(1-x)$$

第 6 章　T/S 性生成元完整簇和 T/S 范数

根据 T 范数/S 范数的一般原理，可以继续研究零级 T 范数完整簇和零级 T 性生成元完整簇、零级 S 范数完整簇和零级 S 性生成元完整簇，以及广义相关系数 h 的有关问题。进而我们加入 N 范数完整簇和 N 性生成元完整簇，就可以研究全面考虑了广义相关系数 h 和广义自相关系数 k 共同影响的一级 T 性生成元完整簇和一级 T 范数完整簇、一级 S 性生成元完整簇和一级 S 范数完整簇。利用 N 性生成元完整簇、一级 T 性生成元完整簇或一级 S 性生成元完整簇，代入泛逻辑学的基模型，就可以得到各种二元命题连接词的运算模型。

6.1　零级 T 性/S 性生成元完整簇

6.1.1　零级 T 性生成元完整簇

在第 5 章的讨论中我们实际上已经阐明，由 Schweizer(1) T 范数簇和 Schweizer(2) T 范数簇组成的 Schweizer 算子簇是零级 T 范数完整簇 $T(x,y,h)$，它是在业已发现的众多 T 范数簇中唯一的一个零级 T 范数完整簇，它的生成元簇就是我们要找的零级 T 性生成元完整簇 $F(x,h)$。现在将第 5 章的讨论归纳如下。

Schweizer(1) T 范数簇由幂零 T 性生成元簇 $f(x)=x^m$，$m\in \mathbf{R}_+$ 生成：

$$T_+(x,y)=(\max(0^m, x^m+y^m-1))^{1/m}$$

它是幂零阿基米德型 T 范数簇。其中：

- 当 $m=0$ 时对应于 $h=0.75$，$f(x)=1+\ln x$，$T(x,y)=\mathbf{T}_2$，它是 Schweizer 算子簇(1)的上极限，已经转化为严格 T 范数；
- 当 $m=1$ 时对应于 $h=0.5$，$f(x)=x$，$T(x,y)=\mathbf{T}_1$，它是中心 T 范数；
- 当 $m\to\infty$ 时对应于 $h=0$，$f(x)\to \mathbf{F}_0$，$T(x,y)\to \mathbf{T}_0$，它是 T 范数的下极限

(即最小的 T 范数)。由于它是非连续的,因而不是阿基米德型 T 范数。

Schweizer(2)T 范数簇由严格 T 性生成元簇 $f(x)=x^m,m\in\mathbf{R}_-$ 生成:

$$T_-(x,y)=(x^m+y^m-1)^{1/m}$$

它是严格 T 范数簇,其中:

- 当 $m=0$ 时对应于 $h=0.75,f(x)=1+\ln x,T(x,y)=\mathbf{T}_2$,它是 Schweizer 算子簇(2)的下极限;
- 当 $m\to-\infty$时对应于 $h=1,f(x)\to\mathbf{F}_3,T(x,y)\to\mathbf{T}_3$,它是 Schweizer 算子簇(2)的上极限,也不是阿基米德型 T 范数,且是最大的 T 范数。

所以当 $f(x)=x^m$, $m\in\mathbf{R}$ 时,可生成 Schweizer 算子簇:

$$T(x,y)=(\max(0^m,x^m+y^m-1))^{1/m}$$

这是一个特殊的 T 范数完整簇,它可在 $\mathbf{T}_3$ 和 $\mathbf{T}_0$ 间随 m 连续地变化,且包含 $\mathbf{T}_2$ 和 $\mathbf{T}_1$。按前面的知识,Schweizer 算子簇是全面精确刻画柔性测度之间泛与运算模型的零级 T 范数完整簇。

而且 $f(x)=x^m,m\in\mathbf{R}$ 可随 x 在(0,1)区间连续严格单调地变化,随 h 连续严格单调地变化,任意 x^{m_1} 和 x^{m_2} 的复合运算 $x^{m_1m_2}$ 和逆运算 x^{1/m_2} 仍在 $f(x)=x^m$, $m\in\mathbf{R}$ 簇中。所以 $f(x)=x^m,m\in\mathbf{R}$ 是生成 Schweizer 算子簇的零级 T 性生成元完整簇〔见图 6.1(a)〕。

Schweizer 算子簇 $T(x,y)$中的算子可以随 m 连续严格单调地变化,只要我们找到了 h 和 m 的对应关系,就可真正得到零级 T 范数完整簇 $T(x,y,h)$和零级 T 性生成元完整簇 $F(x,h)$,如图 6.1 所示。

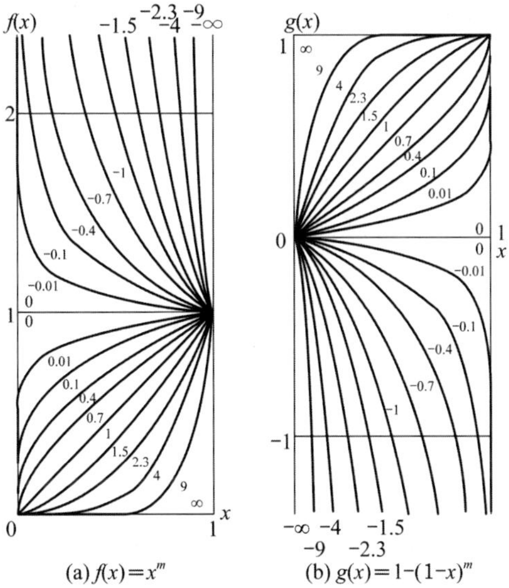

图 6.1　零级 T 性/S 性生成元完整簇

6.1.2 零级 S 性生成元完整簇

在第 5 章的讨论中我们实际上已经阐明，由 Schweizer(1)S 范数簇和 Schweizer(2)S 范数簇组成的 Schweizer 算子簇是零级 S 范数完整簇 $S(x,y,h)$，它是在业已发现的众多 S 范数簇中唯一的一个零级 S 范数完整簇，它的生成元簇就是我们要找的零级 S 性生成元完整簇 $G(x,h)$。现在将第 5 章的讨论归纳如下。

Schweizer 算子簇(1)由幂零 S 性生成元簇 $g(x)=1-(1-x)^m$，$m\in\mathbf{R}_+$ 生成：

$$S_+(x,y)=1-(\max(0,(1-x)^m+(1-y)^m-1))^{1/m}$$

它是幂零阿基米德型 S 范数簇。其中：

- 当 $m=0$ 时对应于 $h=0.75$，$g(x)=-\ln(1-x)$，$S(x,y)=\mathbf{S}_2$，它是 Schweizer 算子簇(1)的下极限，已转化为严格 S 范数；
- 当 $m=1$ 时对应于 $h=0.5$，$g(x)=x$，$S(x,y)=\mathbf{S}_1$，它是中心 S 范数；
- 当 $m\to\infty$ 时对应于 $h=0$，$g(x)\to\mathbf{G}_0$，$S(x,y)\to\mathbf{S}_0$，它是 S 范数的上极限(即最大的 S 范数)。由于它是非连续的，因而不是阿基米德型 S 范数。

Schweizer 算子簇(2)由严格 S 性生成元簇 $g(x)=1-(1-x)^m$，$m\in\mathbf{R}_-$ 生成：

$$S_-(x,y)=1-((1-x)^m+(1-y)^m-1)^{1/m}$$

它是严格 S 范数簇。其中：

- 当 $m=0$ 时对应于 $h=0.75$，$g(x)=-\ln(1-x)$，$S(x,y)=\mathbf{S}_2$，它是 Schweizer 算子簇(2)的上极限；
- 当 $m\to-\infty$ 时对应于 $h=1$，$g(x)\to\mathbf{G}_3$，$S(x,y)\to\mathbf{S}_3$，它是 Schweizer 算子簇(2)的下极限，也不是阿基米德型 S 范数，是最小的 S 范数。

所以当 $g(x)=1-(1-x)^m$，$m\in\mathbf{R}$ 时，可生成 Schweizer 算子簇：

$$S(x,y)=1-(\max(0^m,(1-x)^m+(1-y)^m-1))^{1/m}$$

这是个特殊的 S 范数完整簇，它可在 $\mathbf{S}_3$ 和 $\mathbf{S}_0$ 之间随 m 连续地变化，且包含 $\mathbf{S}_2$ 和 $\mathbf{S}_1$。按前面的知识，它是全面精确刻画柔性测度之间泛或运算模型的一种零级 S 范数完整簇。

而且 $g(x)=1-(1-x)^m$，$m\in\mathbf{R}$ 可随 x 在(0,1)区间连续严格单调地变化，随 h 连续严格单调地变化，任意 $1-(1-x)^{m_1}$ 和 $1-(1-x)^{m_2}$ 的复合运算 $1-(1-x)^{m_1m_2}$ 和逆运算 $1-(1-x)^{1/m_2}$ 仍在 $g(x)=1-(1-x)^m$，$m\in\mathbf{R}$ 簇中。所以 $g(x)=1-(1-x)^m$，$m\in\mathbf{R}$ 是生成 Schweizer 算子簇的零级 S 性生成元完整簇〔见图 6.1(b)〕。

$S(x,y)$ 算子簇中的算子可以随 m 连续严格单调地变化，只要我们找到了 h 和 m 的对应关系，就可真正得到零级 S 范数完整簇 $S(x,y,h)$ 和零级 S 性生成元完整簇 $G(x,h)$。

6.2　广义相关系数 h 的确定

在零级T/S范数完整簇和零级T/S性生成元完整簇中，应该如何定义和确定广义相关系数 h 的大小，即如何规定 h 和 m 的关系呢？这在理论上和实际应用中都十分重要。在研究中我们发现有几种可能的方法。

6.2.1　标准长度法

标准长度法认为，广义相关系数 h 可以用 $x=y$ 主平面内，零级T范数完整簇 $T(x,y,h)$ 的 $T(x,x,h)$ 曲线与 CBA 折线的交点与 C 点的距离来确定，即 CBA 折线是 h 标准尺度（见图6.2）。由 $T(x,y,h)$ 的单调性和交换律可知，它在 $x=y$ 主平面内变化最激烈，且最具代表性。

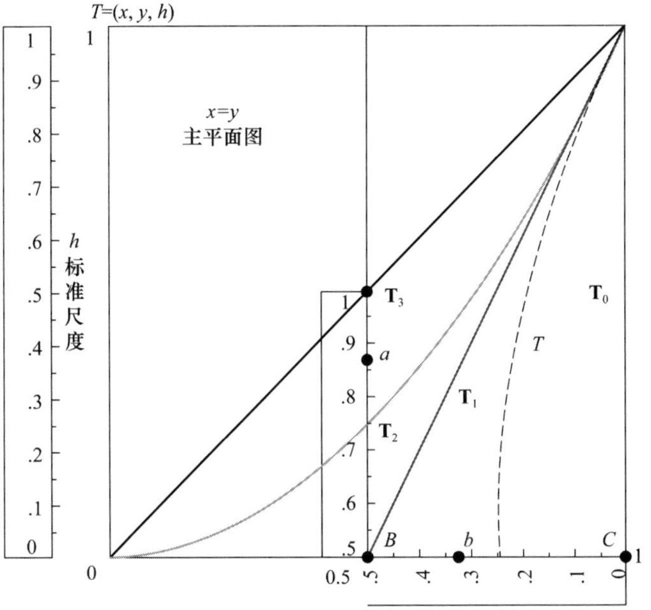

图6.2　T范数的主平面图和 h 标准尺度

在零级 $T(x,y,h)$ 和 $S(x,y,h)$ 中，我们已经规定：

- $h=1$ 时，$T(x,y,h)=\mathbf{T}_3$，$S(x,y,h)=\mathbf{S}_3$；
- $h=0.75$ 时，$T(x,y,h)=\mathbf{T}_2$，$S(x,y,h)=\mathbf{S}_2$；
- $h=0.5$ 时，$T(x,y,h)=\mathbf{T}_1$，$S(x,y,h)=\mathbf{S}_1$；
- $h=0$ 时，$T(x,y,h)=\mathbf{T}_0$，$S(x,y,h)=\mathbf{S}_0$。

从图6.2可以看出，广义相关系数 h 通过 $x=y$ 主平面内 $T(x,x,h)$ 曲线与

CBA 折线的交点与 C 点的距离来定义，可满足上述规定，且有可操作的客观标准和明确的物理意义。

① $h \geqslant 0.5$ 时，x,y 之间相容相关，在 $x=y=0.5$ 的情况下，当 h 由 0.5 经过 0.75 变化到 1 时，$a=T(0.5,0.5,h)$ 将从 0 经过 0.25 变化到 0.5，如果假定 a 与 h 线性相关，就可得到 $h \geqslant 0.5$ 时确定 h 大小的标尺，即 $h \geqslant 0.5$ 时：

$$h=0.5+a=0.5+T(0.5,0.5,h)$$

其物理意义是当 $h \geqslant 0.5$，x,y 之间相生相关时，两子集之间交集大小与相生系数 g 有关，如果假定两个对半子集之间交集的柔性测度 a 与相生系数 g 线性相关，则 $h=0.5+a$。

② 当 $h<0.5$ 时，x,y 之间相克相关，只有在 $x=y \geqslant b \in [0.5,1]$ 后，才有 $T(x,y,h) \geqslant 0$，且 h 由 0 变化到 0.5 时，b 由 1 变化到 0.5，只要假定 $1-b$ 的变化与 h 线性相关，就可以将 $1-b$ 作为在 $h<0.5$ 时确定 h 大小的标尺。即 $h<0.5$ 时：

$$h=1-b=1-\max(x \mid T(x,x,h)=0)$$

其物理意义是当 $h<0.5$，x,y 之间相克相关时，两子集之间的交集大小会比 $h=0.5$ 时减少，且减少的量与相克系数 k 有关，如果假定两个相等子集之间交集为空的上界的模糊测度 b 与相克系数 k 线性相关，则 $h=1-b$。

图 6.3 给出了零级 T 范数完整簇 Schweizer 算子簇的变化图，其中 h 是通过长度法确定的，关系如下：

- 当 $h \geqslant 0.5$ 时，$m \leqslant 1$，$h=0.5+(2^{1-m}-1)^{1/m}$；
- 当 $h<0.5$ 时，$m>1$，$h=1-2^{-1/m}$。

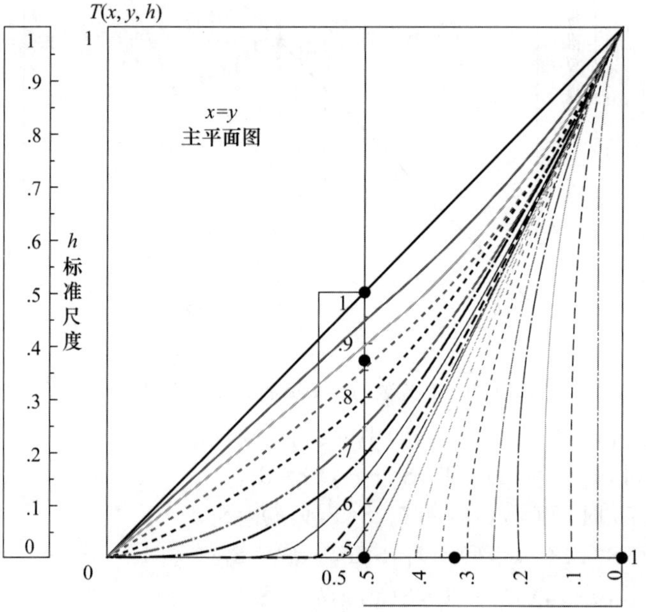

图 6.3 用长度法定义的 Schweizer 算子簇变化图

6.2.2　算子体积比法

在第 2 章中我们已经提到 $\int_{\mathbf{I}}\int_{\mathbf{I}} T(x,y)\mathrm{d}x\mathrm{d}y$，$\mathbf{I}=[0,1]$是与算子 $T(x,y)$在三维空间的体积 $V(*)$，并有 $V(\mathbf{T}_3)=1/3$，$V(\mathbf{T}_2)=1/4$，$V(\mathbf{T}_1)=1/6$，$V(\mathbf{T}_0)=0$。其中 $V(\mathbf{T}_3)=1/3$ 是最大与算子的体积，显然体积比值 $v(*)=V(*)/V(\mathbf{T}_3)=3V(*)=h$ 对 $\mathbf{T}_3$，$\mathbf{T}_2$，$\mathbf{T}_1$ 和 $\mathbf{T}_0$ 都是满足的，只要假定在零级 T 范数完整簇 $T(x,y,h)$中，它的广义相关系数 h 与 $V(*)$的变化线性相关，就可用 $v(*)$作为定义 h 的标尺，即

$$h=v(*)=3\int_{\mathbf{I}}\int_{\mathbf{I}} T(x,y,h)\mathrm{d}x\mathrm{d}y,\mathbf{I}=[0,1]$$

其物理意义是广义相关系数 h 与零级 T 范数 $T(x,y,h)$的体积成正比。本方法的缺点是计算与算子的体积十分复杂。

6.2.3　函数拟合法

对 Schweizer 算子簇来说，还可以根据已知的约束条件：

$$h=1\text{ 时},m\to-\infty\qquad h=0.75\text{ 时},m\to0$$

$$h=0.5\text{ 时},m=1\qquad h=0\text{ 时},m\to\infty$$

拟合一个简单的近似函数关系：

$$m=(3-4h)/(4h(1-h))$$

它虽然物理意义不明确，但计算简单，图 6.4 是 Schweizer 算子簇的变化图，其中 h 是通过函数拟合法确定的。

对比以上 3 种确定方法，前两种物理意义明确，后一种没有物理意义；从计算量来看第二种最大，第一种次之，第三种最小。

表 6.1 给出了 Schweizer 算子簇中同一个 m 经过上述 3 种不同确定方法所得 h 的比较，其中 h_i的下标 i 表示定义方法。表 6.1 中体积法的数据是用数字积分法得到的。

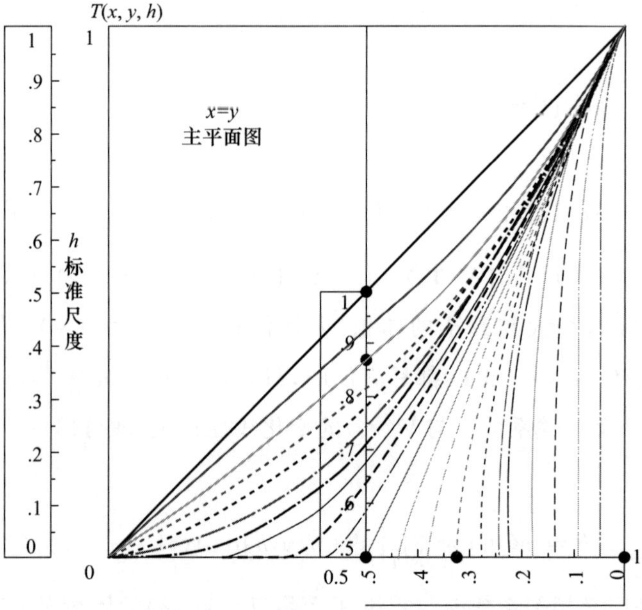

图 6.4 用函数拟合法定义的 Schweizer 算子簇变化图

表 6.1 Schweizer 算子簇中 *h* 的 3 种不同确定方法之比较

m	**−∞**	**−4**	**−1.5**	**−0.75**	**−0.25**	**0**	**0.25**
h_1	**1**	0.92	0.86	0.82	0.78	**0.75**	0.72
h_2	**1**	0.96	0.90	0.85	0.79	**0.75**	0.70
h_3	**1**	0.95	0.89	0.85	0.79	**0.75**	0.70
m	**0.375**	**0.625**	**0.75**	**1**	**1.25**	**1.375**	**1.75**
h_1	0.70	0.64	0.61	**0.5**	0.43	0.40	0.33
h_2	0.67	0.60	0.56	**0.5**	0.44	0.41	0.35
h_3	0.67	0.60	0.57	**0.5**	0.44	0.42	0.35
m	**2**	**2.5**	**3**	**4**	**5**	**8**	**∞**
h_1	0.29	0.24	0.21	0.16	0.13	0.08	0
h_2	0.31	0.25	0.20	0.14	0.10	0.05	0
h_3	0.32	0.26	0.23	0.17	0.14	0.09	0

从表 6.1 可知，在不要求精确确定广义相关系数 h 的应用场合，可以近似地认为上述 3 种确定方法是等价的。精确地讲，h_2 和 h_3 十分接近，而与 h_1 的差别较大。由于 h_3 计算简单，经常使用，且认为它相当精确地代表了零级 T 范数 $T(x,y,h)$ 的体积比 h_2。所以我们在本书中一般都使用以下定义。

定义 6.2.1　在零级 T 范数完整簇 $T(x,y,h)$ 中，某个 T 范数的位置标号即它对应的广义相关系数 h，等于该 T 范数和最大 T 范数的体积比。

$$h = v(*) = 3\int_{\mathbf{I}}\int_{\mathbf{I}} T(x,y,h)\mathrm{d}x\mathrm{d}y, \mathbf{I} = [0,1]$$

对 Schweizer 算子簇来说，它近似于以下函数关系：

$$m=(3-4h)/(4h(1-h)),\ h=((1+m)-((1+m)^2-3m)^{1/2})/(2m)$$

6.3　相容条件和相容算子簇

根据第 2 章的讨论，在零级不确定性问题中，当 $h\in[0.5,1]$ 时，柔性测度的与/或运算应满足相容定律

$$S(x,y,h)+T(x,y,h)=x+y$$

下面详细研究相容条件和相容算子簇。

6.3.1　相容条件

定理 6.3.1(相容条件)　零级范数 $S(x,y,h)$ 和 $T(x,y,h)$ 满足相容定律的充要条件是

$$\partial S(x,y,h)/\partial x+\partial T(x,y,h)/\partial x=1$$

证明：

必要性：如果 $S(x,y,h)+T(x,y,h)=x+y$ 成立，则两边对 x 求偏导数，得 $\partial S(x,y,h)/\partial x+\partial T(x,y,h)/\partial x=1$。

充分性：如果 $\partial S(x,y,h)/\partial x+\partial T(x,y,h)/\partial x=1$ 成立，则两边对 x 积分得 $S(x,y,h)+T(x,y,h)=x+c$，由 $x=1$ 时 $S(1,y,h)+T(1,y,h)=1+y$ 知，$c=y$，即 $S(x,y,h)+T(x,y,h)=x+y$。

所以本定理成立。 ▌

例如

$$\mathbf{S}_3+\mathbf{T}_3=\max(x,y)+\min(x,y)=x+y$$

$$\partial(\max(x,y))/\partial x+\partial(\min(x,y))/\partial x=1+0=1$$

$$\mathbf{S}_2+\mathbf{T}_2=x+y-xy+xy=x+y$$

$$\partial(x+y-xy)/\partial x+\partial(xy)/\partial x=1-y+y=1$$

又如，$\mathbf{S}_1+\mathbf{T}_1=\min(1,x+y)+\max(0,x+y-1)=x+y$，因为当 $x+y\leqslant 1$ 时，$\partial(x+y)/\partial x=1$，$\partial(0)/\partial x=0$；当 $x+y>1$ 时，$\partial(1)/\partial x=0$，$\partial(x+y-1)/\partial x=1$。所以 $\partial(\min(x+y,1))/\partial x+\partial(\max(x+y-1,0))/\partial x=1$。

6.3.2 Schweizer 算子簇的相容差

研究表明:Schweizer 算子簇除 $h=1,0.75$ 和 0.5 外,不满足这个条件,存在相容差

$$\Delta_h = x + y - S(x,y,h) - T(x,y,h)$$

相容差的分布情况与 x,y 和 h 的值有关。

① 当 $h=0.5, h=0.75$ 和 $h=1$ 这 3 点相容差为零,偏离这 3 点时相容差增大。

② 当 $x=y$ 时相容差最大,其中:

- 当 $h=0.575, x=y=0.616$ 时为一个极大点,相容差达到 -0.0584;
- 当 $h=0.929, x=y=0.809$ 时为另一个极大点,相容差达到 0.0585。

③ 当 $x=y=0$ 或 1,或 $y=1-x$ 时,相容差都为零。

Schweizer 算子簇相容差的详细分布情况请见图 6.5 和表 6.2。

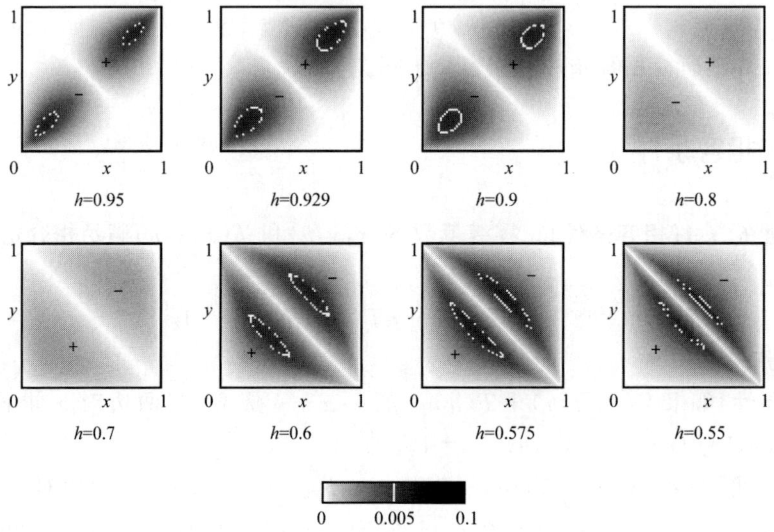

图 6.5　Schweizer 算子簇的相容差分布图

表 6.2　Schweizer 算子簇的相容差

$x=y$	0	0.1	0.2	0.3	0.4	0.5	0.6	0.7	0.8	0.9	1
$\Delta_{0.575}$	0	0.003	0.013	0.033	0.056	0	−0.06	−0.03	−0.01	−0.003	0
$\Delta_{0.929}$	0	−0.05	−0.06	−0.05	−0.03	0	0.027	0.048	0.058	0.048	0

6.3.3 Frank 相容算子簇

Frank 算子簇满足相容定律,它是目前唯一被发现的相容算子簇[MIZU89],

但它不是完整簇。其中

$$T(x,y,h)=\log_a(1+(a^x-1)(a^y-1)/(a-1))$$
$$f(x)=1-\log_a((a-1)/(a^x-1)),a\in \mathbf{R}_+$$
$$S(x,y,h)=1-\log_a(1+(a^{1-x}-1)(a^{1-y}-1)/(a-1))$$
$$g(x)=\log_a((a-1)/(a^{1-x}-1)),a\in \mathbf{R}_+$$

- 当 $a\to 0$ 时，$T(x,y,h)\to \mathbf{T}_3$，$S(x,y,h)\to \mathbf{S}_3$，对应于 $h\to 1$；
- 当 $a\to 1$ 时，$T(x,y,h)\to \mathbf{T}_2$，$S(x,y,h)\to \mathbf{S}_2$，对应于 $h\to 0.75$；
- 当 $a\to\infty$ 时，$T(x,y,h)\to \mathbf{T}_1$，$S(x,y,h)\to \mathbf{S}_1$，对应于 $h\to 0.5$。

所以 Frank 算子簇是零级的算子簇，但它只有相容部分，没有相克部分，$h\in(0.5,1)$。

定理 6.3.2(相容算子簇)　Frank 算子簇是相容算子簇。

证明：

由于

$$\partial T(x,y,h)/\partial x=\log_a e\log_e a(a^y-1)a^x/((a-1)+(a^x-1)(a^y-1))$$
$$=(a^y-1)a^x/((a-1)+(a^x-1)(a^y-1))$$
$$\partial S(x,y,h)/\partial x=\log_a e\log_e a(a^{1-y}-1)a^{1-x}/((a-1)+(a^{1-x}-1)(a^{1-y}-1))$$
$$=(a^{1-y}-1)a^{1-x}/((a-1)+(a^{1-x}-1)(a^{1-y}-1))$$

当 $a\neq 0,a\neq 1,a^x\neq 0,a^y\neq 0$ 时，上下同乘以 a^xa^y 后得

$$\partial S(x,y,h)/\partial x=(a-a^y)/((a-1)+(a^x-1)(a^y-1))$$
$$\partial S(x,y,h)/\partial x+\partial T(x,y,h)/\partial x=(a-a^x-a^y+a^xa^y)/((a-1)+(a^x-1)(a^y-1))$$
$$=1$$

所以 Frank 算子簇满足相容条件，是相容算子簇。 ▌

图 6.6 是 Frank 算子簇的生成元簇随 a 的变化图。

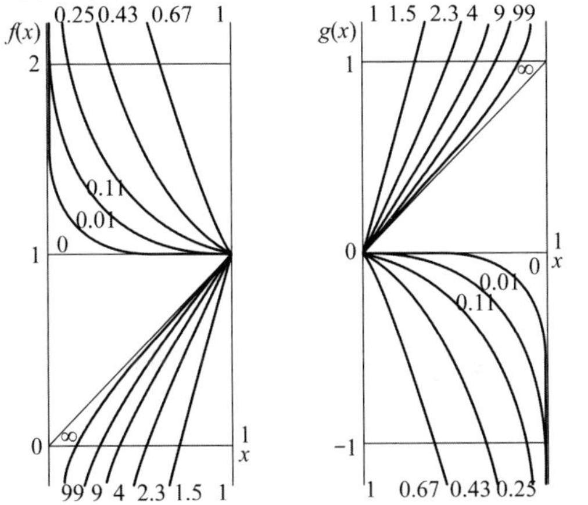

(a) $f(x)=1-\log_a((a-1)/(a^x-1))$　(b) $g(x)=\log_a((a-1)/(a^{1-x}-1))$

图 6.6　Frank 算子簇的生成元簇

Frank 算子簇的 3 种广义相关系数 h 的定义结果如表 6.3 所示，其中 h_3 是 h_2 的近似关系式，它满足

$$a=((1-h)/(h-0.5))^3,\ h\in(0.5,1),\quad h=(1+a^{1/3}/2)/(1+a^{1/3}),\ a\in\mathbf{R}_+$$

表 6.3　Frank 算子簇中 h 的 3 种不同确定方法之比较

a	0	0.000 001	0.001 5	0.027 2	0.2	1
h_1	**1**	0.95	0.9	0.85	0.8	**0.75**
h_2	**1**	0.98	0.94	0.88	0.82	**0.75**
h_3	**1**	0.995	0.95	0.88	0.82	**0.75**
a	**1**	**5.2**	**36**	**707**	**1 000 000**	∞
h_1	**0.75**	0.7	0.65	0.6	0.55	**0.5**
h_2	**0.75**	0.68	0.62	0.56	0.52	**0.5**
h_3	**0.75**	0.68	0.62	0.55	0.51	**0.5**

Frank 算子簇只是半个完整簇，如果需要构造一个满足相容定律的零级 S 范数和 S 范数完整簇，目前只能采用组合定义方式来分别构造零级相容算子簇和零级相克算子簇，也就是说利用 Frank 算子簇来替换 Schweizer 算子完整簇中的 $h\in[1,0.5]$部分。

① 当 $h\in[1,0.5]$时，零级 T 范数/S 范数相容簇是 Frank 算子簇：

$$T(x,y,h)=\log_a(1+(a^x-1)(a^y-1)/(a-1)),a\in\mathbf{R}_+,h\in(0.5,1)$$

$$S(x,y,h)=1-\log_a(1+(a^{1-x}-1)(a^{1-y}-1)/(a-1)),a\in\mathbf{R}_+,h\in(0.5,1)$$

$$a=((1-h)/(h-0.5))^3,\quad h=(1+a^{1/3}/2)/(1+a^{1/3})$$

② 当 $h\in[0.5,0]$时，零级 T 范数/S 范数相克簇是 Schweizer 算子簇：

$$T(x,y,h)=(\max(x^m+y^m-1,0))^{1/m}$$

$$S(x,y,h)=1-(\max((1-x)^m+(1-y)^m-1,0))^{1/m}$$

$$m=(3-4h)/(4h(1-h)),\quad h=((1+m)-((1+m)^2-3m)^{1/2})/(2m)$$

零级 T 范数/S 范数相容簇和零级 T 范数/S 范数相克簇合并起来就是一个零级 T 范数/S 范数完整簇。不过在一般情况下还是统一使用 Schweizer 算子完整簇最好。

6.4　零级 T 范数和 S 范数完整簇

根据上述讨论，我们可以通过零级 T 性/S 性生成元完整簇，正式给出 T 范数和 S 范数完整簇的定义，具体如下。

6.4.1　零级 T 范数和 S 范数完整簇

定义 6.4.1　零级 T 性生成元完整簇是

$$F(x,h)=x^m, m\in \mathbf{R}, h\in(0,1)$$

其中，$m=(3-4h)/(4h(1-h))$，$h=((1+m)-((1+m)^2-3m)^{1/2})/(2m)$。

定义 6.4.2　通过中心 T 范数 $T(x,y)=\max(0,x+y-1)$ 和零级 T 性生成元完整簇生成的 T 范数簇是零级 T 范数完整簇。

$$T(x,y,h)=F^{-1}(\max(F(0,h),F(x,h)+F(y,h)-1),h)$$
$$=(\max(0^m,x^m+y^m-1))^{1/m}, m\in \mathbf{R}, h\in(0,1)$$

其中，$m=(3-4h)/(4h(1-h))$，$h=((1+m)-((1+m)^2-3m)^{1/2})/(2m)$。

定义 6.4.3　零级 S 性生成元完整簇是

$$G(x,h)=1-(1-x)^m, m\in \mathbf{R}, h\in(0,1)$$

其中，$m=(3-4h)/(4h(1-h))$，$h=((1+m)-((1+m)^2-3m)^{1/2})/(2m)$。

定义 6.4.4　通过中心 S 范数 $S(x,y)=\min(1,x+y)$ 和零级 S 性生成元完整簇生成的 S 范数簇是零级 S 范数完整簇。

$$S(x,y,h)=G^{-1}(\min(G(1,h),G(x,h)+G(y,h)),h)$$
$$=1-(\max(0^m,(1-x)^m+(1-y)^m-1))^{1/m}, m\in \mathbf{R}, h\in(0,1)$$

其中，$m=(3-4h)/4h(1-h)$，$h=((1+m)-((1+m)^2-3m)^{1/2})/(2m)$。

定理 6.4.1　零级 T 范数完整簇 $T(x,y,h)$ 和零级 S 范数完整簇 $S(x,y,h)$ 有零级对偶关系，即 $S(x,y,h)=1-T(1-x,1-y,h)$。

证明：

由于 $G(x,h)=1-(1-x)^m=1-F(1-x,h)$，满足零级对偶条件。

所以根据推论 5.4.1，本定理成立。　▌

6.4.2　零级 T 范数和 S 范数相容簇

定义 6.4.5　零级 T 性生成元相容簇是

$$F_r(x,h)=1-\log_a((a-1)/(a^x-1)), a\in \mathbf{R}_+, h\in(0.5,1)$$

其中，$a=((1-h)/(h-0.5))^3$，$h=(1+a^{1/3}/2)/(1+a^{1/3})$。

定义 6.4.6 通过中心 T 范数 $T(x,y)=\max(0,x+y-1)$ 和零级 T 性生成元相容簇生成的 T 范数簇是零级 T 范数相容簇：

$$T_r(x,y,h)=F_r^{-1}(\max(F_r(0,h),F_r(x,h)+F_r(y,h)-1),h)$$
$$=\log_a(1+(a^x-1)(a^y-1)/(a-1)),a\in\mathbf{R}_+,h\in(0.5,1)$$

其中，$a=((1-h)/(h-0.5))^3,h=(1+a^{1/3}/2)/(1+a^{1/3})$。

定义 6.4.7 零级 S 性生成元相容簇是

$$G_r(x,h)=\log_a((a-1)/(a^{1-x}-1)),a\in\mathbf{R}_+,h\in(0.5,1)$$

其中，$a=((1-h)/(h-0.5))^3,h=(1+a^{1/3}/2)/(1+a^{1/3})$。

定义 6.4.8 通过中心 S 范数 $S(x,y)=\min(1,x+y)$ 和零级 S 性生成元相容簇生成的 S 范数簇是零级 S 范数相容簇：

$$S_r(x,y,h)=G_r^{-1}(\min(G_r(1,h),G_r(x,h)+G_r(y,h)),h)$$
$$=1-\log_a(1+(a^{1-x}-1)(a^{1-y}-1)/(a-1)),a\in\mathbf{R}_+,h\in(0.5,1)$$

其中，$a=((1-h)/(h-0.5))^3,h=(1+a^{1/3}/2)/(1+a^{1/3})$。

定理 6.4.2 零级 T 范数相容簇 $T_r(x,y,h)$ 和零级 S 范数相容簇 $S_r(x,y,h)$ 有零级对偶关系 $S_r(x,y,h)=1-T_r(1-x,1-y,h)$。

证明：

由于 $G_r(x,h)=\log_a((a-1)/(a^{1-x}-1))=1-F_r(1-x,h)$，满足零级对偶条件。所以根据推论 5.4.1，本定理成立。 ▌

尽管两种零级 T 性和 S 性生成元簇有很大差异，但它们生成的两种零级 T 范数簇和 S 范数簇十分接近，表 6.2 给出的 Schweizer 算子簇的相容差就是这两种零级范数簇的差异，在一般情况下可以忽略。由于 Schweizer 簇是完整簇，且计算相对简单，所以除了特别需要考虑相容差的场合外，本书后文只讨论 Schweizer 完整簇。

6.4.3 零级弱 T 范数和弱 S 范数完整簇

上述零级 T 范数/S 范数完整簇的运算模型都十分复杂，如果不要求结合律，则可以利用 $\alpha\mathbf{T}_3+\beta\mathbf{T}_2,\alpha\mathbf{T}_2+\beta\mathbf{T}_1,\alpha\mathbf{T}_1+\beta\mathbf{T}_0$（其中 $\alpha+\beta=1,\alpha,\beta\geqslant0$）都是弱 T 范数，$\alpha\mathbf{S}_3+\beta\mathbf{S}_2,\alpha\mathbf{S}_2+\beta\mathbf{S}_1,\alpha\mathbf{S}_1+\beta\mathbf{S}_0$（其中 $\alpha+\beta=1,\alpha,\beta\geqslant0$）都是弱 S 范数的性质，人为构造一个弱 T 范数/弱 S 范数完整簇。

定理 6.4.3 如果 $T_1(x,y)$ 和 $T_2(x,y)$ 是两个不同的 T 范数，则 $T(x,y)=\alpha T_1(x,y)+\beta T_2(x,y)$（其中 $\alpha+\beta=1,\alpha,\beta\geqslant0$）是弱 T 范数。

证明：

① 由 $T_1(0,y)=0, T_2(0,y)=0$ 知 $T(0,y)=0$，由 $T_1(1,y)=y, T_2(1,y)=y$ 知 $T(1,y)=\alpha y+\beta y=y$，所以 $T(x,y)$ 满足边界条件 T1；

② 由 $T_1(x,y)$ 和 $T_2(x,y)$ 的单调性知，$T(x,y)$ 满足单调性 T2；

③ 由 $T_1(x,y)$ 和 $T_2(x,y)$ 的交换律知，$T(x,y)=T(y,x)$ 满足交换律 T5；

④ 由于

$$\begin{aligned}T(T(x,y),z)&=\alpha T_1(T(x,y),z)+\beta T_2(T(x,y),z)\\&=\alpha T_1(\alpha T_1(x,y)+\beta T_2(x,y),z)+\beta T_2(\alpha T_1(x,y)+\\&\quad\beta T_2(x,y),z)\end{aligned}$$

$$\begin{aligned}T(x,T(y,z))&=\alpha T_1(x,T(y,z))+\beta T_2(x,T(y,z))\\&=\alpha T_1(x,\alpha T_1(y,z)+\beta T_2(y,z))+\\&\quad\beta T_2(x,\alpha T_1(y,z)+\beta T_2(y,z))\end{aligned}$$

除 $\alpha=0,\beta=1$ 或 $\alpha=1,\beta=0$ 外，$T(T(x,y),z)\neq T(x,T(y,z))$，不满足结合律 T4。

所以 $T(x,y)$ 是弱 T 范数。 ▌

定理 6.4.4　如果 $S_1(x,y)$ 和 $S_2(x,y)$ 是两个不同的 S 范数，则 $S(x,y)=\alpha S_1(x,y)+\beta S_2(x,y)$（其中 $\alpha+\beta=1, \alpha,\beta\geqslant 0$）是弱 S 范数。

证明：

类似于定理 6.4.3。 ▌

定义 6.4.9　用下列方式将 4 个典型 T 范数（或 S 范数）线性组合而成的是弱 T 范数（或弱 S 范数）完整簇：

$$\begin{aligned}T_{\mathrm{w}}(x,y,h)=\mathrm{ite}\{&(4h-3)\min(x,y)+(4-4h)xy\mid h\geqslant 0.75;\\&(4h-2)xy+(3-4h)\max(0,x+y-1)\mid h\geqslant 0.5;\\&(2h)\max(0,x+y-1)+(1-2h)\mathrm{ite}\{\min(x,y)\mid\max(x,y)=1;0\}\}\end{aligned}$$

$$\begin{aligned}S_{\mathrm{w}}(x,y,h)=\mathrm{ite}\{&(4h-3)\max(x,y)+(4-4h)(x+y-xy)\mid h\geqslant 0.75;\\&(4h-2)(x+y-xy)+(3-4h)\min(1,x+y)\mid h\geqslant 0.5;\\&(2h)\min(1,x+y)+(1-2h)\mathrm{ite}\{\max(x,y)\mid\min(x,y)=0;1\}\}\end{aligned}$$

图 6.7 给出了 T 范数/S 范数完整簇、相容 T 范数/相容 S 范数完整簇和弱 T 范数/弱 S 范数完整簇的对比。由于 $h=1, 0.75, 0.5$ 和 0 时，3 个完整簇中的模型完全相等，所以图 6.7 中显示的是差别比较明显的 $h=0.825, 0.575, 0.375, 0.25$ 和0.125。从图 6.7 中可以看出，在一般的应用中，如果不特别要求相容性和结合律，可以认为这 3 个完整簇是近似的。

后文我们仅讨论 T 范数/S 范数完整簇，即 Schweizer 完整簇。

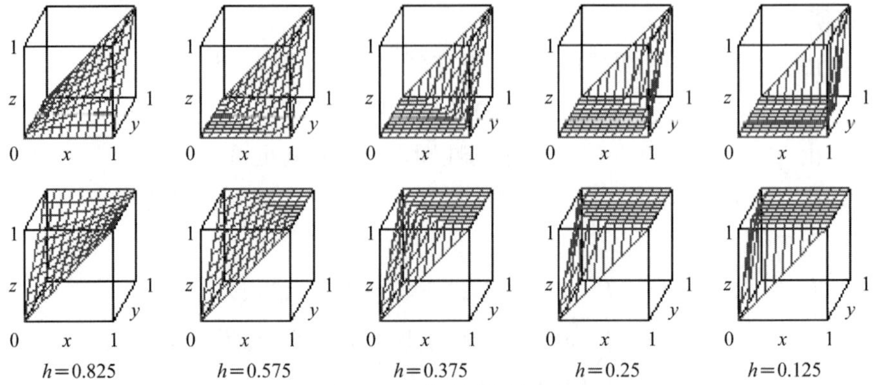

(a) SchweizerT范数/S范数完整簇

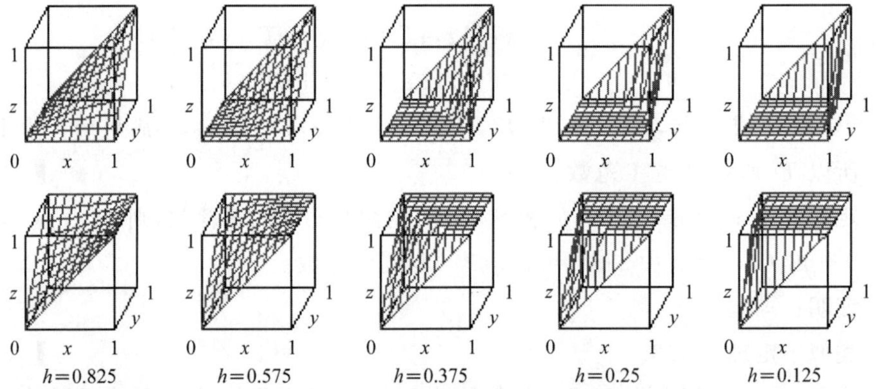

(b) Frank相容T范数/相容S范数完整簇

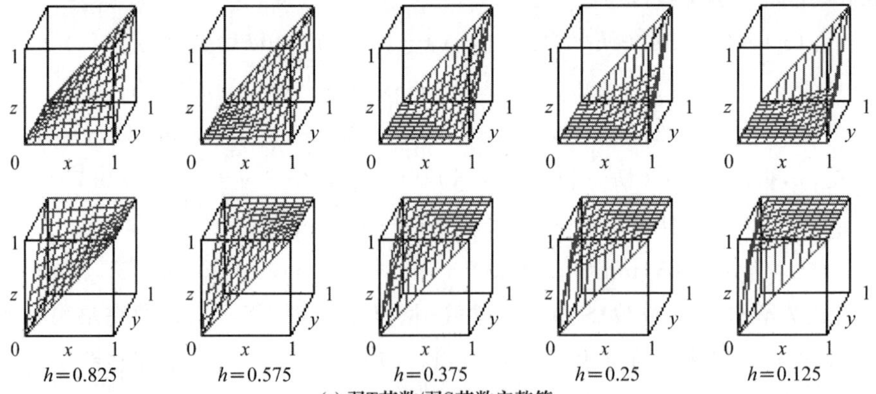

(c) 弱T范数/弱S范数完整簇

图 6.7　3 个不同 T 范数/S 范数完整簇的对比

6.4.4 零级 T 范数/S 范数完整簇内范数分布的单调性

在零级 T 范数/S 范数完整簇内，范数不仅随 x,y 是单调增的，而且随 h 也是单调变化的。相关的证明比较复杂，我们在这里不予讨论。计算机可视化仿真研究也证实，这种单调性是处处满足的，图 6.8 给出了变化最明显的 $x=y$ 主平面内，Schweizer 算子簇 $T(x,y,h)$ 和 $S(x,y,h)$ 随 h 的变化图，其中图 6.8(a)是关于 $T(x,y,h)$ 的，它随 h 严格单调增地变化，图 6.8(b)是关于 $S(x,y,h)$ 的，它随 h 严格单调减地变化，所以我们选择 h 作为范数在零级 T 范数/S 范数完整簇内的位置标志参数是有科学根据的。

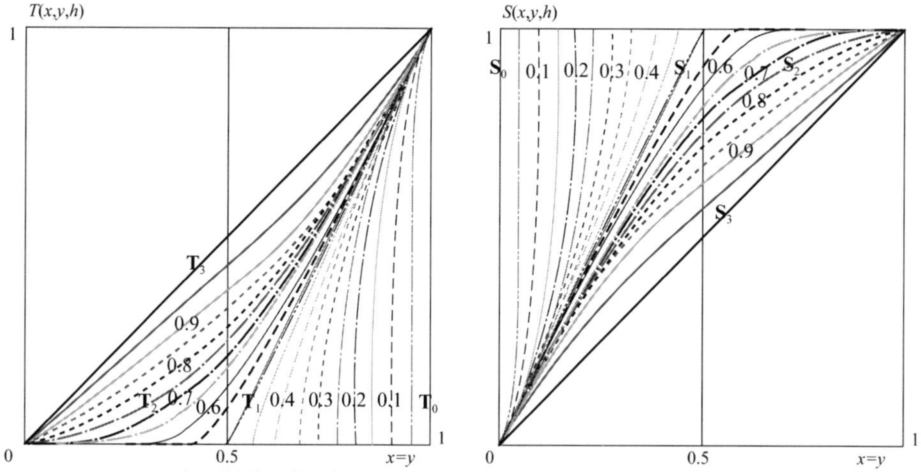

(a) $T(x,y,h)$随h严格单调增地变化　　(b) $S(x,y,h)$随h严格单调减地变化

图 6.8　Schweizer 完整簇中范数随 h 严格单调地变化

6.5 一级 T 范数和 S 范数完整超簇

在零级 T 性和 S 性生成元完整簇的基础上再加入广义自相关系数 k 的影响，就可以进一步得到一级 T 性和 S 性生成元完整超簇，从而得到一级 T 范数和 S 范数完整超簇。由于常用的 N 性生成元完整簇有指数型和多项式型两种，所以一级 T 性和 S 性生成元完整超簇也有两种：纯指数型和混合型。下面分别进行研究。

6.5.1 纯指数型一级 T 范数和 S 范数完整超簇

1. 纯指数模型的生成

如果我们选择 N 性生成元完整簇和对应的一级 N 范数完整簇为指数模型：

$$\Phi(x,k)=x^n,\ N(x,k)=(1-x^n)^{1/n},n\in\mathbf{R}_+$$

其中：$n=-1/\log_2 k$；$k=2^{-1/n}$。则可以得到纯指数型一级 T 性和 S 性生成元完整超簇，以及对应的一级 T 范数和 S 范数完整超簇，具体如下。

定义 6.5.1 纯指数型一级 T 性生成元完整超簇是

$$F(x,k,h)=F(\Phi(x,k),h)=x^{nm},n\in\mathbf{R}_+,m\in\mathbf{R}$$

其中：

$$n=-1/\log_2 k,\ k=2^{-1/n},k\in(0,1),n\in\mathbf{R}_+$$

$$m=(3-4h)/(4h(1-h))$$

$$h=((1+m)-((1+m)^2-3m)^{1/2})/(2m),h\in(0,1),\ m\in\mathbf{R}$$

定义 6.5.2 通过中心 T 范数 $T(x,y)=\max(0,x+y-1)$ 和纯指数型一级 T 性生成元完整超簇生成的 T 范数超簇是纯指数型一级 T 范数完整超簇：

$$\begin{aligned}T(x,y,k,h)&=F^{-1}(\max(F(0,k,h),F(x,k,h)+F(y,k,h)-1),k,h)\\&=(\max(0^{nm},x^{nm}+y^{nm}-1))^{1/nm}\end{aligned}$$

其中：

$$n=-1/\log_2 k,k\in(0,1),\ k=2^{-1/n},n\in\mathbf{R}_+$$

$$m=(3-4h)/(4h(1-h))$$

$$h=((1+m)-((1+m)^2-3m)^{1/2})/(2m),h\in(0,1),m\in\mathbf{R}$$

定义 6.5.3 纯指数型一级 S 性生成元完整超簇是

$$G(x,k,h)=G(\Phi(x,k),h)=1-(1-x^n)^m$$

其中：

$$n=-1/\log_2 k,k\in(0,1),k=2^{-1/n},n\in\mathbf{R}_+$$

$$m=(3-4h)/(4h(1-h))$$

$$h=((1+m)-((1+m)^2-3m)^{1/2})/(2m),h\in(0,1),m\in\mathbf{R}$$

定义 6.5.4 通过中心 S 范数 $S(x,y)=\min(1,x+y)$ 和纯指数型一级 S 性生成元完整超簇生成的 S 范数超簇是纯指数型一级 S 范数完整超簇：

$$\begin{aligned}S(x,y,k,h)&=G^{-1}(\min(G(1,k,h),G(x,k,h)+G(y,k,h)),k,h)\\&=1-(1-(1-\max(0^m,(1-x^n)^m+(1-y^n)^m-1))^{1/m})^{1/n}\end{aligned}$$

其中：

$$n=-1/\log_2 k, k\in(0,1), k=2^{-1/n}, n\in\mathbf{R}_+$$

$$m=(3-4h)/(4h(1-h))$$

$$h=((1+m)-((1+m)^2-3m)^{1/2})/(2m), h\in(0,1), m\in\mathbf{R}$$

2. 纯指数模型的主要性质

根据上述定义可得到纯指数型一级 T 范数/S 范数完整超簇的有关性质。

定理 6.5.1　当 $k\in(0,1)$时，纯指数型一级 T 范数完整超簇 $T(x,y,k,h)$和零级 T 范数完整簇 $T(x,y,h)$有相同的类属；纯指数型一级 S 范数完整超簇 $S(x,y,k,h)$和零级 S 范数完整簇 $S(x,y,h)$有相同的类属。

证明：

由于 $T(x,y,k,h)=\Phi^{-1}(T(\Phi(x,k),\Phi(y,k),h),k)$，根据 T 范数的第二生成定理，当 $k\in(0,1)$时，$T(x,y,k,h)$和 $T(x,y,h)$有相同的类属，且其中的极限情况是：$T(x,y,k,1)=T(x,y,1)=\min(x,y)=\mathbf{T}_3$ 是上极限；$T(x,y,k,0.75)=T(x,y,0.75)=xy=\mathbf{T}_2$ 是中极限；$T(x,y,k,0)=T(x,y,0)=\mathrm{ite}\{\min(x,y)\mid\max(x,y)=1;0\}=\mathbf{T}_0$ 是下极限。

由于 $S(x,y,k,h)=\Phi^{-1}(S(\Phi(x,k),\Phi(y,k),h),k)$，根据 S 范数的第二生成定理，当 $k\in(0,1)$时，$S(x,y,k,h)$和 $S(x,y,h)$有相同的类属，且其中的极限情况是：$S(x,y,k,1)=S(x,y,1)=\max(x,y)=\mathbf{S}_3$ 是下极限；$S(x,y,k,0.75)=(x^n+y^n-x^ny^n)^{1/n}=\mathbf{S\Phi}_{2k}$是中极限簇；$S(x,y,k,0)=S(x,y,0)=\mathrm{ite}\{\max(x,y)\mid\min(x,y)=0;1\}=\mathbf{S}_0$ 是上极限。

所以本定理成立。 ▌

定理 6.5.2　在纯指数型一级 T 范数完整超簇 $T(x,y,k,h)$中出现 $\mathbf{T}_1$ 的条件是 $nm=1$，即$(4h-3)/(4h(1-h)\log_2 k)=1$；在纯指数型一级 S 范数完整超簇 $S(x,y,k,h)$中出现 $\mathbf{S}_1$ 的条件是$(1-x^n)^m=1-x$。

证明：

由于 $F(x,k,h)=x^{nm}$，当 $nm=1$ 时 $F(x,k,h)=x$，$T(x,y,k,h)=\mathbf{T}_1$，将 m 和 h，n 和 k 的关系代入 $nm=1$，即可得条件$(4h-3)/(4h(1-h)\log_2 k)=1$。

由纯指数型一级 T 范数 $T(x,y,k_1,h_1)$和纯指数型一级 S 范数 $S(x,y,k_2,h_2)$之间存在零级对偶关系的条件$(1-x^{n_2})^{m_2}=(1-x)^{n_1m_1}$知，在纯指数型一级 S 范数完整超簇 $S(x,y,k,h)$中出现 $\mathbf{S}_1$ 的条件是$(1-x^n)^m=1-x$。

所以本定理成立。 ▌

定理 6.5.3 纯指数型一级 T 范数 $T(x,y,k_1,h_1)$ 和纯指数型一级 S 范数 $S(x,y,k_2,h_2)$ 之间存在零级对偶关系的条件是 $(1-x^{n_2})^{m_2}=(1-x)^{n_1m_1}$，当 $h_1=h_2$ 时，只有 $k_1=k_2=0.5$；$k_1=0,k_2=1$；$k_1=1,k_2=0$ 这 3 种情况满足条件。

证明：

由于 $F(x,k_1,h_1)=x^{n_1m_1}$，$G(x,k_2,h_2)=1-(1-x^{n_2})^{m_2}$，而零级对偶的一般条件是 $g(x)=1-f(1-x)$，所以有 $G(x,k_2,h_2)=1-(1-x^{n_2})^{m_2}=1-(1-x)^{n_1m_1}$，即 $(1-x^{n_2})^{m_2}=(1-x)^{n_1m_1}$。当 $h_1=h_2$ 时有 $1-x^{n_2}=(1-x)^{n_1}$，满足这个条件的解只有 3 个：

① $n_1=n_2=1$，即 $k_1=k_2=0.5$；

② 因为 $x\in(0,1)$ 时，$n_2\to\infty$，$1-x^{n_2}\to1$，$n_1=0$，$(1-x)^{n_1}\to1$，所以 $n_2\to\infty$，$n_1=0$ 是解，即 $k_2=1,k_1=0$；

③ 因为 $x\in(0,1)$ 时，$n_2=0$，$1-x^{n_2}\to0$，$n_1\to\infty$，$(1-x)^{n_1}\to0$，所以 $n_1\to\infty$，$n_2=0$，即 $k_1=1,k_2=0$。

所以本定理成立。 ▮

下面研究纯指数型一级 T 范数/S 范数完整超簇在 k 极限情况下的性质。

定理 6.5.4 在纯指数型一级 T 范数簇 $T(x,y,1,h)$ 中，除了 $T(x,y,1,0.75)$ 不存在，可为 $\mathbf{T}_0$ 和 $\mathbf{T}_3$ 之间的任意值外，当 $h>0.75$ 时全部退化到 $\mathbf{T}_3$，当 $h<0.75$ 时全部退化到 $\mathbf{T}_0$。

证明：

由于 $k=1$ 时，$n\to\infty$，所以有：

- 当 $h>0.75$ 时 $m<0$，$F(x,1,h)=x^{-\infty}=\mathbf{F}_3$，$T(x,y,1,h)=\mathbf{T}_3$；
- 当 $h=0.75$ 时 $m=0$，$F(x,1,0.75)=x^{nm}$，$nm\in(-\infty,\infty)$ 为不定值，$T(x,y,1,0.75)$ 可为 $\mathbf{T}_0$ 和 $\mathbf{T}_3$ 之间的任意值（应用中可以规定为 $T(x,y,1,0.75)=\mathbf{T}_2$）；
- 当 $h<0.75$ 时 $m>0$，$F(x,1,h)=x^{\infty}=\mathbf{F}_0$，$T(x,y,1,h)=\mathbf{T}_0$。

所以本定理成立。 ▮

定理 6.5.5 在纯指数型一级 T 范数簇 $T(x,y,0,h)$ 中，除了 $T(x,y,0,1)$ 不存在，可为 $\mathbf{T}_2$ 和 $\mathbf{T}_3$ 之间的任意值，$T(x,y,0,0)$ 不存在，可为 $\mathbf{T}_0$ 和 $\mathbf{T}_2$ 之间的任意值外，全部退化为 $\mathbf{T}_2$。

证明：

由于 $k=0$ 时，$n=0$，所以有：

- 当 $h=1$ 时 $m\to-\infty$，$F(x,1,0)=x^{nm}$，$nm\leqslant 0$ 为不定值，$T(x,y,1,0)$ 可为 $\mathbf{T}_2$ 和 $\mathbf{T}_3$ 之间的任意值（应用中可以规定为 $T(x,y,1,0)=\mathbf{T}_3$）；
- 当 $h\in(1,0)$ 时 m 为有限值，退化为 $F(x,h,0)=\mathbf{F}_2$，$T(x,y,h,0)=\mathbf{T}_2$；
- 当 $h=0$ 时 $m\to\infty$，$F(x,0,0)=x^{nm}$，$nm\geqslant 0$ 为不定值，$T(x,y,0,0)$ 可为 $\mathbf{T}_2$ 和 $\mathbf{T}_0$ 之间的任意值，（应用中可以规定为 $T(x,y,0,0)=\mathbf{T}_0$）。

所以本定理成立。 ▌

推论 6.5.1　通过规定可认为纯指数型一级 T 范数簇 $T(x,y,k,1)$ 全部退化为 $\mathbf{T}_3$。

推论 6.5.2　通过规定可认为纯指数型一级 T 范数簇 $T(x,y,k,0)$ 全部退化为 $\mathbf{T}_0$。

研究表明，纯指数型一级 S 范数中极限簇 $S(x,y,k,0.75)=(x^n+y^n-x^ny^n)^{1/n}=\mathbf{S\Phi}_{2k}$ 的上极限存在，用 $\mathbf{S\Phi}_{21}$ 表示，下极限不存在，可为 $\mathbf{S}_3$ 和 $\mathbf{S}_0$ 之间的任意值。

推论 6.5.3　纯指数型一级 S 范数簇 $S(x,y,1,h)$ 中，除 $S(x,y,1,1)$ 不存在，可为 $\mathbf{S}_3$ 和 $\mathbf{S\Phi}_{21}$ 之间的任意值，$S(x,y,1,0)$ 不存在，可为 $\mathbf{S\Phi}_{21}$ 和 $\mathbf{S}_0$ 之间的任意值外，全部退化为 $\mathbf{S\Phi}_{21}$。

推论 6.5.4　纯指数型一级 S 范数簇 $S(x,y,0,h)$ 中，除了 $S(x,y,0,0.75)$ 不存在，可为 $\mathbf{S}_3$ 和 $\mathbf{S}_0$ 之间的任意值外，当 $h>0.75$ 时全部退化到 $\mathbf{S}_3$，当 $h<0.75$ 时全部退化到 $\mathbf{S}_0$。

推论 6.5.5　通过规定可认为纯指数型一级 S 范数簇 $S(x,y,k,1)$ 全部退化为 $\mathbf{S}_3$。

推论 6.5.6　通过规定可认为纯指数型一级 S 范数簇 $S(x,y,k,0)$ 全部退化为 $\mathbf{S}_0$。

纯指数型一级 T 范数/S 范数完整超簇的极限性质归纳在表 6.4 和表 6.5 中，图 6.9 是它们的三维变化图。从图 6.9 中可看出，严格类和幂零类的四周都被极限类完全包围。

表 6.4　纯指数型一级 T 范数完整超簇的极限性质

$T(x,y,h,k)$	$h=1$	$h\in(1,0.75)$	$h=0.75$	$h\in(0.75,0)$	$h=0$
$k=1$	$\mathbf{T}_3$	$\mathbf{T}_3$	$(\mathbf{T}_3,\mathbf{T}_0)$	$\mathbf{T}_0$	$\mathbf{T}_0$
$k\in(1,0)$	$\mathbf{T}_3$	严格类	$\mathbf{T}_2$	幂零类	$\mathbf{T}_0$
$k=0$	$(\mathbf{T}_3,\mathbf{T}_2)$	$\mathbf{T}_2$	$\mathbf{T}_2$	$\mathbf{T}_2$	$(\mathbf{T}_2,\mathbf{T}_0)$

表 6.5　纯指数型一级 S 范数完整超簇的极限性质

$S(x,y,h,k)$	$h=1$	$h\in(1,0.75)$	$h=0.75$	$h\in(0.75,0)$	$h=0$
$k=1$	$(\mathbf{S}_3,\mathbf{S\Phi}_{21})$	$\mathbf{S\Phi}_{21}$	$\mathbf{S\Phi}_{21}$	$\mathbf{S\Phi}_{21}$	$(\mathbf{S\Phi}_{21},\mathbf{S}_0)$
$k\in(1,0)$	$\mathbf{S}_3$	严格类	$\mathbf{S\Phi}_{2k}$	幂零类	$\mathbf{S}_0$
$k=0$	$\mathbf{S}_3$	$\mathbf{S}_3$	$(\mathbf{S}_3,\mathbf{S}_0)$	$\mathbf{S}_0$	$\mathbf{S}_0$

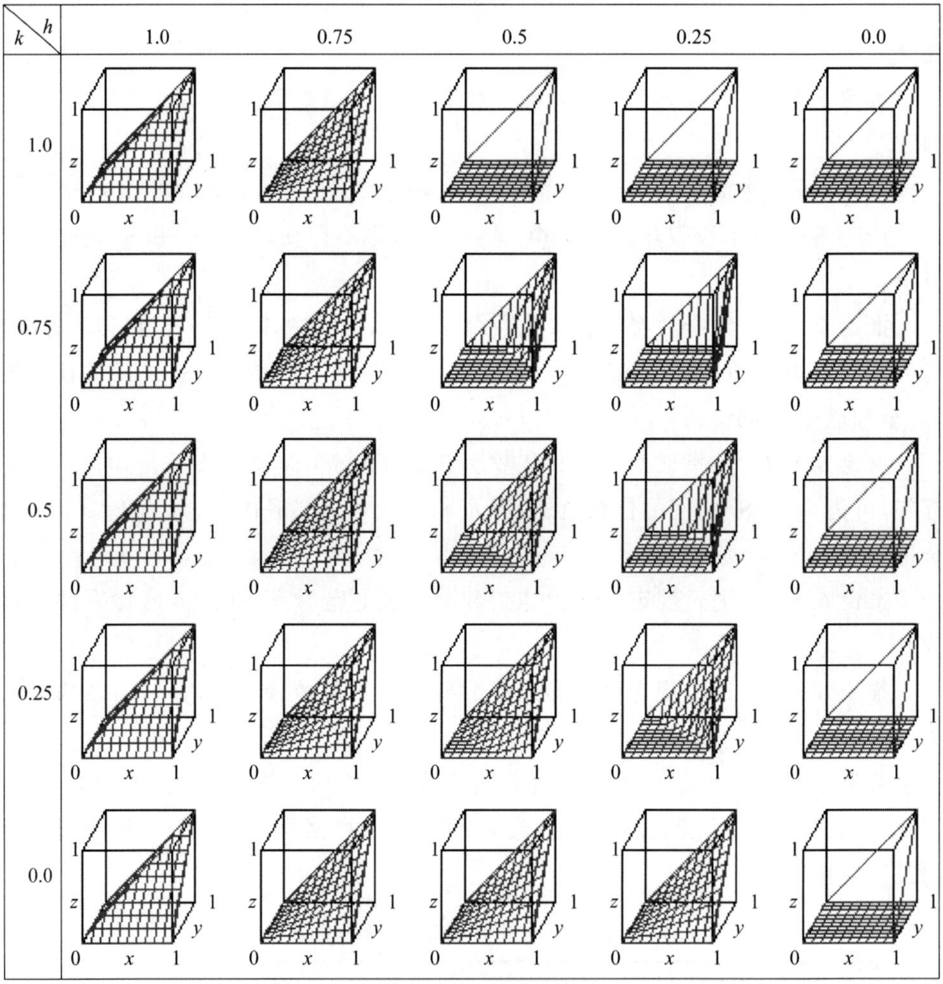

(a) 纯指数型一级T范数完整超簇

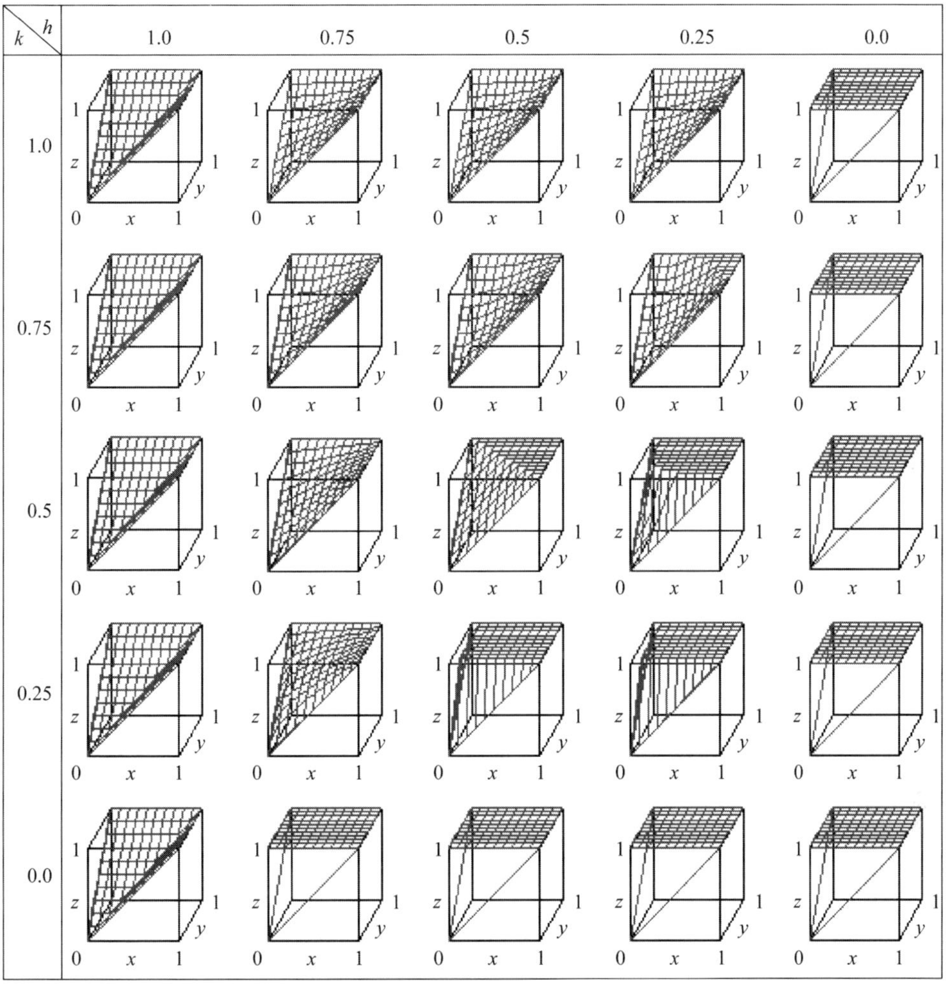

(b) 纯指数型一级S范数完整超簇

图 6.9　纯指数型一级 T 范数/S 范数完整超簇

6.5.2　混合型一级 T 范数和 S 范数完整超簇

1. 混合模型的生成

如果我们选择 N 性生成元完整簇和对应的一级 N 范数完整簇为多项式模型：

$$\Phi(x,k)=x(1+\lambda)^{1/2}/(1+((1+\lambda)^{1/2}-1)x)$$

$$\Phi^{-1}(x,k)=x/((1+\lambda)^{1/2}-((1+\lambda)^{1/2}-1)x)$$

$$N(x,k)=\Phi^{-1}(1-\Phi(x,k),k)=(1-x)/(1+\lambda x)$$

其中：

$$\lambda=(1-2k)/k^2, k=((1+\lambda)^{1/2}-1)/\lambda, k\in(0,1), \lambda>-1$$

则可以得到混合型一级T性和S性生成元完整超簇，以及对应的一级T范数和S范数完整超簇，具体如下。

定义 6.5.5 混合型一级T性生成元完整超簇是

$$F(x,k,h)=F(\Phi(x,k),h)=(\Phi(x,k))^m$$
$$\Phi(x,k)=x(1+\lambda)^{1/2}/(1+((1+\lambda)^{1/2}-1)x)$$
$$F^{-1}(x,k,h)=\Phi^{-1}(F^{-1}(x,h),k)=\Phi^{-1}(x^{1/m},k)$$
$$\Phi^{-1}(x,k)=x/((1+\lambda)^{1/2}-((1+\lambda)^{1/2}-1)x)$$

其中：

$$m=(3-4h)/(4h(1-h)), h\in(0,1)$$
$$h=((1+m)-((1+m)^2-3m)^{1/2})/(2m), m\in\mathbf{R}$$
$$\lambda=(1-2k)/k^2, k=((1+\lambda)^{1/2}-1)/\lambda, k\in(0,1), \lambda>-1$$

定义 6.5.6 通过中心T范数 $T(x,y)=\max(0,x+y-1)$ 和混合型一级T性生成元完整超簇生成的T范数超簇是混合型一级T范数完整超簇：

$$T(x,y,k,h)=F^{-1}(\max(F(0,h,k),F(x,h,k)+F(y,h,k)-1),h,k)$$
$$=\Phi^{-1}((\max(0^m,(\Phi(x,k))^m+(\Phi(y,k))^m-1))^{1/m},k)$$

其中：

$$m=(3-4h)/(4h(1-h)), h\in(0,1)$$
$$h=((1+m)-((1+m)^2-3m)^{1/2})/(2m), m\in\mathbf{R}$$
$$\lambda=(1-2k)/k^2, k=((1+\lambda)^{1/2}-1)/\lambda, k\in(0,1)$$

定义 6.5.7 混合型一级S性生成元完整超簇是

$$G(x,k,h)=G(\Phi(x,k),h)=1-(1-\Phi(x,k))^m$$
$$\Phi(x,k)=x(1+\lambda)^{1/2}/(1+((1+\lambda)^{1/2}-1)x)$$
$$G^{-1}(x,k,h)=\Phi^{-1}(G^{-1}(x,h),k)=\Phi^{-1}(1-(1-x)^{1/m},k))$$
$$\Phi^{-1}(x,k)=x/((1+\lambda)^{1/2}-((1+\lambda)^{1/2}-1)x)$$

其中：

$$m=(3-4h)/(4h(1-h)), h\in(0,1)$$
$$h=((1+m)-((1+m)^2-3m)^{1/2})/(2m), m\in\mathbf{R}$$
$$\lambda=(1-2k)/k^2, k=((1+\lambda)^{1/2}-1)/\lambda, k\in(0,1), \lambda>-1$$

定义 6.5.8 通过中心S范数 $S(x,y)=\min(1,x+y)$ 和混合型一级S性生成元完整超簇生成的S范数超簇是混合型一级S范数完整超簇：

$$S(x,y,k,h)=G^{-1}(\min(G(1,k,h),G(x,k,h)+G(y,k,h)),k,h)$$
$$=\Phi^{-1}(1-(\max(0^m,(1-\Phi(x,k))^m+(1-\Phi(y,k))^m-1)^{1/m},k)$$

其中：

$$m=(3-4h)/(4h(1-h)), h\in(0,1)$$
$$h=((1+m)-((1+m)^2-3m)^{1/2})/(2m), m\in\mathbf{R}$$

$$\lambda=(1-2k)/k^2,k=((1+\lambda)^{1/2}-1)/\lambda,k\in(0,1),\lambda>-1$$

2. 混合模型的主要性质

在非极限情况下,混合型一级 T 范数/S 范数完整超簇的性质与纯指数型一级 T 范数/S 范数完整超簇的变化规律基本相同,但变化快慢有别,主要不同点如下。

定理 6.5.6　在混合型一级 T 范数完整超簇 $T(x,y,k_1,h_1)$ 和混合型一级 S 范数完整超簇 $S(x,y,k_2,h_2)$ 之间存在零级对偶的条件是 $(1-\Phi(x,k_2))^{m_2}=(\Phi(1-x,k_1))^{m_1}$,当 $h_1=h_2$ 时有 $k_2=1-k_1$。

证明:

由于 $F(x,k_1,h_1)=(\Phi(x,k_1))^{m_1}$,$G(x,h_2,k_2)=1-(1-\Phi(x,k_2))^{m_2}$,而零级对偶的一般条件是 $g(x)=1-f(1-x)$,所以有 $G(x,k_2,h_2)=1-(1-\Phi(x,k_2))^{m_2}=1-(\Phi(1-x,k_1))^{m_1}$,即 $(1-\Phi(x,k_2))^{m_2}=(\Phi(1-x,k_1))^{m_1}$,当 $h_1=h_2$ 时有

$$1-\Phi(x,k_2)=\Phi(1-x,k_1),\Phi(x,k_2)=1-\Phi(1-x,k_1),k_2=1-k_1$$

所以本定理成立。 ∎

定理 6.5.7　在混合型一级 T 范数完整超簇 $T(x,y,h,k)$ 中出现 $\mathbf{T}_1$ 的条件是 $(\Phi(x,k))^m=x$,在混合型一级 S 范数完整超簇 $S(x,y,h,k)$ 中出现 $\mathbf{S}_1$ 的条件是 $1-(1-\Phi(x,k))^m=x$。

证明:

由于当 $F(x,k,h)=(\Phi(x,k))^m=x$ 时,$T(x,y,h,k)=\mathbf{T}_1$。

又由于当 $G(x,k,h)=1-(1-\Phi(x,k))^m=x$ 时,$S(x,y,h,k)=\mathbf{S}_1$。

所以本定理成立。 ∎

混合型一级 T 范数/S 范数完整超簇在 k 极限情况下的性质与纯指数型一级 T 范数/S 范数完整超簇基本相同,不同点主要在中极限簇上:

- $\mathbf{T\Phi}_{2k}=T(x,y,k,0.75)=xy(1+\lambda)^{1/2}/(1+((1+\lambda)^{1/2}-1)(x+y-xy))$ 是一个 T 范数簇,$\mathbf{T\Phi}_{21}=T(x,y,1,0.75)$ 不存在,可为 $\mathbf{T}_3$ 和 $\mathbf{T}_0$ 之间的任意值,$\mathbf{T\Phi}_{20}=T(x,y,0,0.75)$ 存在;
- $\mathbf{S\Phi}_{2k}=S(x,y,k,0.75)=(x+y-xy(2-(1+\lambda)^{1/2}))/(1+((1+\lambda)^{1/2}-1)xy)$ 是一个 S 范数簇,$\mathbf{S\Phi}_{21}=S(x,y,1,0.75)$ 存在,$\mathbf{S\Phi}_{20}=S(x,y,0,0.75)$ 不存在,可为 $\mathbf{S}_3$ 和 $\mathbf{S}_0$ 之间的任意值。

混合型一级 T 范数/S 范数完整超簇的特殊性质归纳在表 6.6 和表 6.7 中,图 6.10 是它们的三维变化图。从图 6.10 中可看出,严格类和幂零类的四周都被极限类完全包围。

表 6.6　混合型一级 T 范数完整超簇的极限性质

$T(x,y,h,k)$	$h=1$	$h\in(1,0.75)$	$h=0.75$	$h\in(0.75,0)$	$h=0$
$k=1$	$\mathbf{T}_3$	$\mathbf{T}_3$	$(\mathbf{T}_3,\mathbf{T}_0)$	$\mathbf{T}_0$	$\mathbf{T}_0$
$k\in(1,0)$	$\mathbf{T}_3$	严格类	$\mathbf{T\Phi}_{2k}$	幂零类	$\mathbf{T}_0$
$k=0$	$(\mathbf{T}_3,\mathbf{T\Phi}_{20})$	$\mathbf{T\Phi}_{20}$	$\mathbf{T\Phi}_{20}$	$\mathbf{T\Phi}_{20}$	$(\mathbf{T\Phi}_{20},\mathbf{T}_0)$

表 6.7　混合型一级 S 范数完整超簇的极限性质

$S(x,y,h,k)$	$h=1$	$h\in(1,0.75)$	$h=0.75$	$h\in(0.75,0)$	$h=0$
$k=1$	$(\mathbf{S}_3,\mathbf{S\Phi}_{21})$	$\mathbf{S\Phi}_{21}$	$\mathbf{S\Phi}_{21}$	$\mathbf{S\Phi}_{21}$	$(\mathbf{S\Phi}_{21},\mathbf{S}_0)$
$k\in(1,0)$	$\mathbf{S}_3$	严格类	$\mathbf{S\Phi}_{2k}$	幂零类	$\mathbf{S}_0$
$k=0$	$\mathbf{S}_3$	$\mathbf{S}_3$	$(\mathbf{S}_3,\mathbf{S}_0)$	$\mathbf{S}_0$	$\mathbf{S}_0$

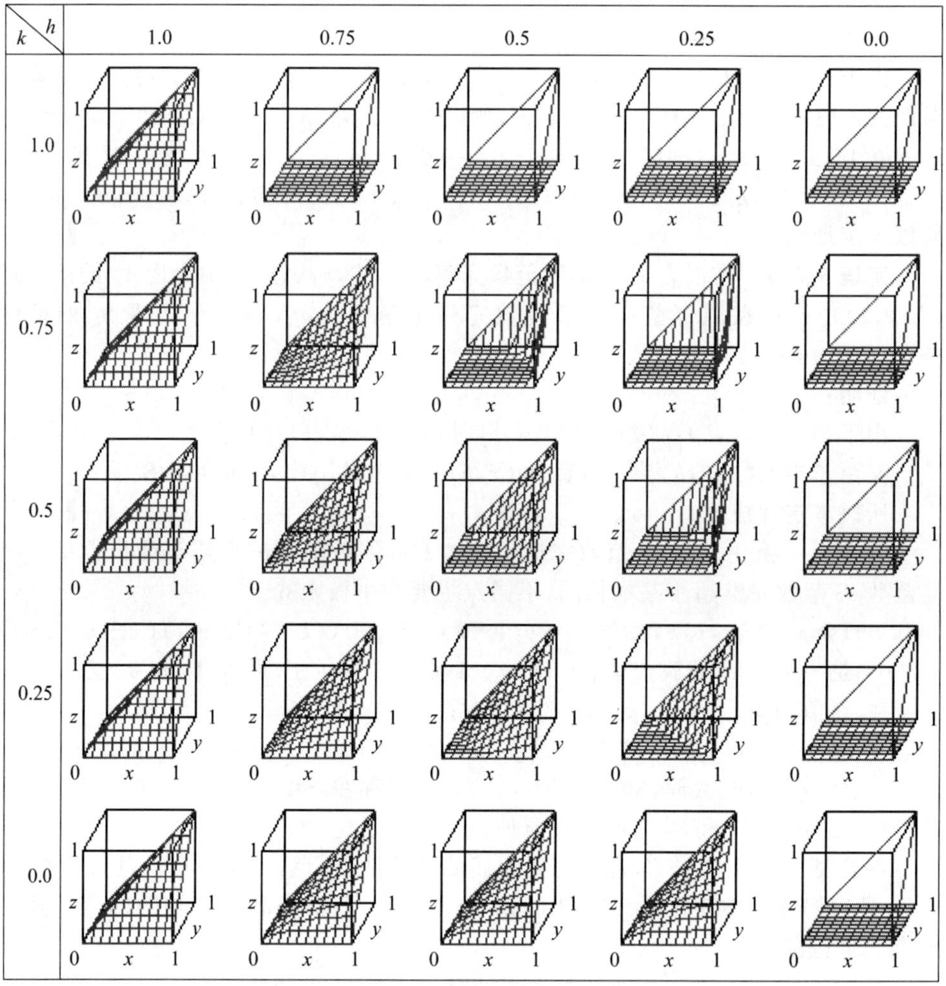

(a) 混合型一级T范数完整超簇

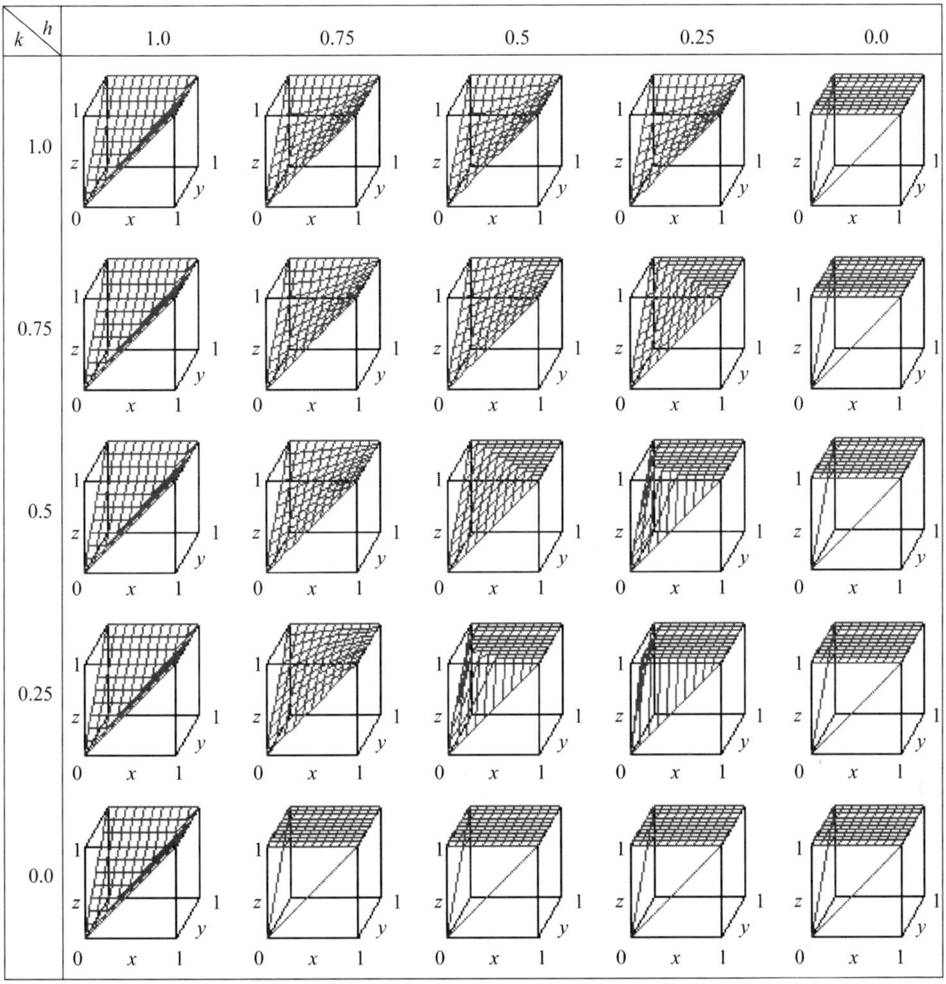

(b) 混合型一级S范数完整超簇

图 6.10　混合型一级 T 范数/S 范数完整超簇

6.5.3　一级 T/S 完整超簇内范数分布的单调性

由于在 $\Phi(x,k)$ 完整簇内，算子随 k 连续严格单调减地变化，在 $T(x,y,h)$ 完整簇内，算子随 h 连续严格单调增地变化，在 $S(x,y,h)$ 完整簇内，算子随 h 连续严格单调减地变化，所以不难看出在 $T(x,y,k,h)$ 完整超簇和 $S(x,y,k,h)$ 完整超簇内，算子随 h 和 k 连续严格单调地变化。进一步研究表明：在 $T(x,y,k,h)$ 完整超簇内，算子随 h 连续严格单调增地变化，当 $h \leqslant 0.75$ 时，算子随 k 连续严格单调减地变化；当 $h>0.75$ 时，算子随 k 连续严格单调增地变化。在 $S(x,y,k,h)$ 完整超簇内，算子随 h 连续严格单调减地变化，当 $h<0.75$ 时，算子随 k 连续严格单调减地变化；当 $h\geqslant 0.75$ 时，算子随 k 连续严格单调增地变化。

6.5.4 几个重要的逻辑性质

在第 5 章中我们已经一般性地证明了柔性补余律，它的一级形式是

$$T(x,N(x,k),k,h)\leqslant k;\quad S(x,N(x,k),k,h)\geqslant k$$

在二值逻辑中的重要性质矛盾律和排中律，在泛逻辑学中是否成立呢？答案是有条件地成立。

定理 6.5.8(矛盾律) 当 $h\leqslant 0.5$ 时，$T(x,N(x,k),k,h)=0$。

证明：

由于 $h=0.5$ 时，$T(x,N(x,k),k,h)=(\max(0,x^n+(1-x^n)-1))^{1/n}=0$，而 $T(x,y,k,h)$ 随 h 严格单调增，所以当 $h\leqslant 0.5$ 时，$T(x,N(x,k),k,h)=0$。▌

定理 6.5.9(排中律) 当 $h\leqslant 0.5$ 时，$S(x,N(x,k),k,h)=1$。

证明：

由于 $h=0.5$ 时，$S(x,N(x,k),k,h)=(\min(1,x^n+(1-x^n)))^{1/n}=1$，而 $S(x,y,k,h)$ 随 h 严格单调减，所以当 $h\leqslant 0.5$ 时，$S(x,N(x,k),k,h)=1$。▌

定理 6.5.10(与或律) $T(x,y,k,h)\leqslant S(x,y,k,h)$。

证明：

由于 $T(x,y,k,h)\leqslant\min(x,y)$，$\max(x,y)\leqslant S(x,y,k,h)$，所以 $T(x,y,k,h)\leqslant S(x,y,k,h)$。▌

定理 6.5.11(吸收律) $T(x,S(x,y,k,h),k,h)\leqslant x$，$T(x,S(x,y,k,1),k,1)=x$。

证明：

由于 $T(x,S(x,y,k,h),k,h)\leqslant\min(x,S(x,y,k,h))$，而 $S(x,y,k,h)\geqslant\max(x,y)$，当 $x<y$ 时，$\min(x,S(x,y,k,h))=\min(x,y)=x$；否则 $\min(x,S(x,y,k,h))=\min(x,x)=x$，所以 $T(x,S(x,y,k,h),k,h)\leqslant x$。

特殊情况下，$T(x,S(x,y,k,1),k,1)=\min(x,\max(x,y))=x$。

所以本定理成立。▌

定理 6.5.12(扩展律) $x\leqslant S(x,T(x,y,k,h),k,h)$，$S(x,T(x,y,k,1),k,1)=x$。

证明：

类似于定理 6.5.11 的证明。▌

6.6 一级T/S完整超簇上N运算的广义自封闭性

前面我们已经证明,N范数完整簇对N运算有广义自封闭性,包括各种对偶运算和奇次复合运算的自封闭性、偶次复合运算的余封闭性等。下面我们将进一步证明,N范数完整簇 $N(x,k)$、范数完整超簇 $T(x,y,h,k)$ 和S范数完整超簇 $S(x,y,h,k)$ 完整超簇之间,相对于N运算来说,也具有广义自封闭性:$T(x,y,h,k)$ 关于 $N(x,k)$ 的对偶是 $S(x,y,h,k)$;$S(x,y,h,k)$ 关于 $N(x,k)$ 的对偶是 $T(x,y,h,k)$;$T(x,y,h,k)$ 和 $S(x,y,h,k)$ 之间的关联N范数是 $N(x,k)$。这是逻辑学中的一个重要性质,叫同参数下的对偶性,它表明N范数完整簇 $N(x,k)$、T范数完整超簇 $T(x,y,h,k)$ 和S范数完整超簇 $S(x,y,h,k)$ 完整超簇对逻辑运算来说是封闭的。但在不同参数情况下,NTS之间只有弱对偶性关系存在。

6.6.1 零级T/S范数完整簇内的对偶关系

根据5.4节关于NTS弱对偶关系的讨论,我们可以进一步证明,在零级T/S范数完整簇内,不仅存在零级对偶关系,而且存在指数型弱对偶关系。

定理6.6.1　任意两个非极限同类零级S性生成元 $G(x,h_1)=1-(1-x)^{m_1}$ 和 $G(x,h_2)=1-(1-x)^{m_2}$ 之间存在关系 $G(x,h_1)=G(\phi(x),h_2)$,其中 $\phi(x)=1-(1-x)^{m_1/m_2}$ 是连续的严格单调的指数型自守函数,$m_1/m_2=h_2(1-h_2)(3-4h_1)/(h_1(1-h_1)(3-4h_2))$。

证明:

将 $g_1(x)=G(x,h_1)=1-(1-x)^{m_1}$ 和 $g_2(x)=G(x,h_2)=1-(1-x)^{m_2}$ 代入定理5.4.5即可证明,所以本定理成立。 ▌

定理6.6.2　任意两个非极限同类零级T性生成元 $F_0(x,h_1)=x^{m_1}$ 和 $F_0(x,h_2)=x^{m_2}$ 之间存在关系 $F(x,h_1)=F(\phi(x),h_2)$,其中 $\phi(x)=x^{m_1/m_2}$ 是连续的严格单调的指数型自守函数,$m_1/m_2=h_2(1-h_2)(3-4h_1)/(h_1(1-h_1)(3-4h_2))$。

证明:

将 $f_1(x)=F(x,h_1)=x^{m_1}$ 和 $f_2(x)=F(x,h_2)=x^{m_2}$ 代入定理5.4.7即可证明,所以本定理成立。 ▌

定理6.6.3　任意非极限零级T性生成元 $F(x,h_1)=x^{m_1}$ 和任意同类零级S性生成元 $G_0(x,h_2)=1-(1-x)^{m_2}$ 之间存在关系 $F(x,h_1)=1-G(N(x),h_2)$,其中 $N(x)=1-x^{m_1/m_2}$ 是连续的严格单调的指数型弱N范数,$m_1/m_2=h_2(1-h_2)(3-4h_1)/(h_1(1-h_1)(3-4h_2))$。

证明：

将 $f_1(x)=F(x,h_1)=x^{m_1}$ 和 $g(x)=G(x,h_2)=1-(1-x)^{m_2}$ 代入定理 5.4.9 即可证明，所以本定理成立。 ▮

推论 6.6.1 任意非极限零级 S 性生成元 $G(x,h_1)=1-(1-x)^{m_1}$ 和任意同类零级 T 性生成元 $F(x,h_2)=x^{m_2}$ 之间存在关系 $G(x,h_1)=1-F(N(x),h_2)$，其中 $N(x)=(1-x)^{m_1/m_2}$ 是连续的严格单调的指数型弱 N 范数，$m_1/m_2=h_2(1-h_2)(3-4h_1)/(h_1(1-h_1)(3-4h_2))$。

定理 6.6.4 如果 $T(x,y,h_1)$ 是零级 T 范数完整簇 $T(x,y,h)$ 中的任意非极限 T 范数，$N(x)$ 是指数型任意非极限弱 N 范数，则 $T(x,y,h_1)$ 关于 $N(x)$ 的弱对偶 $S(x,y,h_2)=N^{-1}(T(N(x),N(y),h_1))$ 是零级 S 范数完整簇 $S(x,y,h)$ 中的非极限 S 范数。

证明：

① 由定理 5.4.10 和定理 5.4.12 知，$S(x,y,h_2)=N^{-1}(T(N(x),N(y),h_1))$ 是 S 范数。

② 如果 $T(x,y,h_1)$ 的零级非极限 T 性生成元是 $F(x,h_1)=x^{m_1}$，连续严格单调的指数型弱 N 范数是 $N(x)=1-x^m$，则由定理 6.6.3 知，$G(x,h_2)=1-F(N^{-1}(x),h_1)=1-(1-x)^{m_1/m}$ 是零级非极限 S 性生成元，其中 $m_2=m_1/m=(3-4h_1)/(4mh_1(1-h_1))$，$h_2=((1+m_2)-((1+m_2)^2-3m_2)^{1/2})/(2m_2)$。

所以 $S(x,y,h_2)$ 是零级 S 范数完整簇 $S(x,y,h)$ 中的非极限 S 范数。▮

定理 6.6.5 如果 $S(x,y,h_1)$ 是零级 S 范数完整簇 $S(x,y,h)$ 中的任意非极限 S 范数，$N(x)$ 是指数型任意非极限弱 N 范数，则 $S(x,y,h_1)$ 关于 $N(x)$ 的弱对偶 $T(x,y,h_2)=N^{-1}(S(N(x),N(y),h_1))$ 是零级 T 范数完整簇 $T(x,y,h)$ 中的非极限 T 范数。

证明：

类似于定理 6.6.4 的证明。 ▮

定理 6.6.6 如果 $S(x,y,h_1)$ 是零级 S 范数完整簇 $S(x,y,h)$ 中的任意非极限 S 范数，$G(x,h_1)=1-(1-x)^{m_1}$，$m_1=(3-4h_1)/(4h_1(1-h_1))$ 是它的零级非极限 S 性生成元，$T(x,y,h_2)$ 是零级 T 范数完整簇 $T(x,y,h)$ 中的任意非极限 T 范数，$F(x,h_2)=x^{m_2}$，$m_2=(3-4h_2)/(4h_2(1-h_2))$ 是它的零级非极限 T 性生成元，则存在一个指数型非极限的弱 N 范数 $N(x)=1-x^{m_2/m_1}$，使弱对偶关系 $T(x,y,h_2)=N^{-1}(S(N(x),N(y),h_1))$ 成立。

证明：

由定理 5.4.10 和定理 5.4.12 知，存在一个连续的严格单调弱 N 范数

$$N(x)=G^{-1}(1-F(x,h_2),h_1)=1-(1-(1-F(x,h_2))^{1/m_1}=1-x^{m_2/m_1}$$

使弱对偶关系 $T(x,y,h_2)=N^{-1}(S(N(x),N(y),h_1))$ 成立。

所以本定理成立。 ▌

定理 6.6.7　如果 $T(x,y,h_1)$ 是零级 T 范数完整簇 $T(x,y,h)$ 中的任意非极限 T 范数，$F(x,h_1)=x^{m_1}$，$m_1=(3-4h_1)/(4h_1(1-h_1))$ 是它的零级非极限 T 性生成元，$S(x,y,h_2)$ 是零级 S 范数完整簇 $S(x,y,h)$ 中的非极限 S 范数，$G(x,h_2)=1-(1-x)^{m_2}$，$m_2=(3-4h_2)/(4h_2(1-h_2))$ 是它的零级非极限 S 性生成元，则存在一个指数型非极限的弱 N 范数 $N(x)=(1-x)^{m_1/m_2}$，使弱对偶关系 $S(x,y,h_2)=N^{-1}(T(N(x),N(y),h_1))$ 成立。

证明：

类似于定理 6.6.6 的证明。 ▌

推论 6.6.2　在非极限 N 范数 $N(x)$、零级 T 范数 $T(x,y,h_1)$ 和零级 S 范数 $S(x,y,h_2)$ 之间存在对偶关系 $T(x,y,h_1)=N(S(N(x),N(y),h_2))$ 的充要条件是 $N(x)=1-x$ 且 $h_1=h_2$。

它表明除极限 N 范数 $\mathbf{N}_0$ 和 $\mathbf{N}_3$ 外，在零级 T/S 范数之间只有零级对偶关系存在。

6.6.2　纯指数型一级 T 范数/S 范数完整簇内的对偶关系

定理 6.6.8　如果 $S(x,y,h_1,k_1)$ 是任意非极限纯指数型一级 S 范数，其 S 性生成元是 $G(x,h_1,k_1)=1-(1-x^{n_1})^{m_1}$，$n_1=-1/\log_2 k_1$，$m_1=(3-4h_1)/(4h_1(1-h_1))$，$T(x,y,h_2,k_2)$ 是任意非极限纯指数型一级 T 范数，其 T 性生成元是 $F(x,h_2,k_2)=x^{n_2 m_2}$，$n_2=-1/\log_2 k_2$，$m_2=(3-4h_2)/(4h_2(1-h_2))$，则存在一个指数型非极限的弱 N 范数 $N(x)=(1-x^{n_2 m_2/m_1})^{1/n_1}$，使弱对偶关系 $T(x,y,h_2,k_2)=N^{-1}(S(N(x),N(y),h_1,k_1))$ 成立。

证明：

由定理 5.4.10 和定理 5.4.12 知，存在一个连续的严格单调弱 N 范数

$$\begin{aligned}N(x)&=G^{-1}(1-F(x,h_2,k_2),h_1,k_1)\\&=(1-(1-(1-F(x,h_2,k_2)))^{1/m_1})^{1/n_1}\\&=(1-(F(x,h_2,k_2))^{1/m_1})^{1/n_1}\\&=(1-x^{n_2 m_2/m_1})^{1/n_1}\end{aligned}$$

使弱对偶关系 $T(x,y,h_2,k_2)=N^{-1}(S(N(x),N(y),h_1,k_1))$ 成立。

所以本定理成立。 ▌

定理 6.6.9　如果 $T(x,y,h_1,k_1)$ 是任意非极限纯指数型一级 T 范数，其 T 性生成元是 $F(x,h_1,k_1)=x^{n_1 m_1}$，$n_1=-1/\log_2 k_1$，$m_1=(3-4h_1)/(4h_1(1-h_1))$，$S(x,y,h_2,k_2)$ 是任意非极限纯指数型一级 S 范数，其 S 性生成元是 $G(x,h_2,k_2)=$

$1-(1-x^{n_2})^{m_2}, n_2=-1/\log_2 k_2, m_2=(3-4h_2)/(4h_2(1-h_2))$,则存在一个指数型非极限的弱 N 范数 $N(x)=(1-x^{n_1})^{m_1/n_2m_2}$,使弱对偶关系 $S(x,y,h_2,k_2)=N^{-1}(T(N(x),N(y),h_1,k_1))$成立。

证明:

类似于定理 6.6.8 的证明。 ▌

定理 6.6.10 纯指数型一级 T 范数完整超簇 $T(x,y,h,k)$和纯指数型一级 S 范数完整超簇 $S(x,y,h,k)$有指数型一级对偶关系:

$$S(x,y,k,h)=N(T(N(x,k),N(y,k),k,h),k), N(x,k)=(1-x^n)^{1/n}$$

证明:

由于
$$\begin{aligned}G(x,k,h)&=1-(1-x^n)^m\\&=1-(((1-x^n)^{1/n})^n)^m\\&=1-(N(x,k))^{nm}\\&=1-F(N(x,k),k,h)\end{aligned}$$

其中 $N(x,k)=(1-x^n)^{1/n}$是指数型 N 范数。

根据一级对偶条件,本定理成立。 ▌

6.6.3 混合型一级 T/S 范数完整簇内的对偶关系

定理 6.6.11 如果 $S(x,y,k_1,h_1)$是任意非极限混合型一级 S 范数,其 S 性生成元是 $G(x,h_1,k_1)=1-(1-\Phi(x,k_1))^{m_1}, m_1=(3-4h_1)/(4h_1(1-h_1))$, $T(x,y,k_2,h_2)$是任意非极限混合型一级 T 范数,其 T 性生成元是 $F(x,k_2,h_2)=(\Phi(x,k_2))^{m_2}, m_2=(3-4h_2)/(4h_2(1-h_2))$,则存在一个多项式型非极限的弱 N 范数 $N(x)=\Phi^{-1}((1-(\Phi(x,k_2))^{m_2/m_1}),k_1)$,使弱对偶关系 $T(x,y,k_2,h_2)=N^{-1}(S(N(x),N(y),k_1,h_1))$成立。

证明:

由定理 5.4.10 和定理 5.4.12 知,存在一个连续的严格单调弱 N 范数

$$\begin{aligned}N(x)&=G^{-1}(1-F(x,k_2,h_2),k_1,h_1)\\&=\Phi^{-1}(1-(1-(1-F(x,k_2,h_2))^{1/m_1}),k_1)\\&=\Phi^{-1}(1-(F(x,k_2,h_2))^{1/m_1},k_1)\\&=\Phi^{-1}((1-(\Phi(x,k_2))^{m_2/m_1}),k_1)\end{aligned}$$

使弱对偶关系 $T(x,y,k_2,h_2)=N^{-1}(S(N(x),N(y),k_1,h_1))$成立。

所以本定理成立。 ▌

定理 6.6.12 如果 $T(x,y,k_1,h_1)$是任意非极限混合型一级 T 范数,其 T 性生成元是 $F(x,k_1,h_1)=\Phi(x,k_1)^{m_1}, m_1=(3-4h_1)/(4h_1(1-h_1))$, $S(x,y,k_2,h_2)$是任意非极限混合型一级 S 范数,其 S 性生成元是 $G(x,k_2,h_2)=1-(1-\Phi(x,k_2))^{m_2}$,

$m_2=(3-4h_2)/(4h_2(1-h_2))$，则存在一个多项式型非极限的弱 N 范数 $N(x)=\Phi^{-1}((1-(\Phi(x,k_1))^{m_1/m_2}),k_2)$，使弱对偶关系 $S(x,y,k_2,h_2)=N^{-1}(T(N(x),N(y),k_1,h_1))$成立。

证明：

类似于定理 6.6.11 的证明。 ▍

定理 6.6.13　混合型一级 T 范数完整超簇 $T(x,y,k,h)$和混合型一级 S 范数完整超簇 $S(x,y,k,h)$有多项式型一级对偶关系

$$S(x,y,k,h)=N(T(N(x,k),N(y,k),k,h),k),N(x,k)=\Phi^{-1}(1-\Phi(x,k),k)$$

证明：

由于

$$\begin{aligned}G(x,k,h)&=1-(1-\Phi(x,k))^m\\&=1-(\Phi(\Phi^{-1}(1-\Phi(x,k),k),k))^m\\&=1-(\Phi(N(x,k),k))^m\\&=1-F(N(x,k),k,h)\end{aligned}$$

其中 $N(x,k)=\Phi^{-1}(1-\Phi(x,k),k)$是多项式型 N 范数。

所以根据一级对偶条件，本定理成立。 ▍

定理 6.6.14　混合型一级 T 范数 $T(x,y,k_1,h_1)$和混合型一级 S 范数 $S(x,y,k_2,h_2)$之间存在零级对偶关系的条件是$(1-\Phi(x,k_2))^{m_2}=(\Phi(1-x,k_1))^{m_1}$，当 $h_1=h_2$ 时有 $k_2=1-k_1$。

证明：

由于 $F(x,k_1,h_1)=(\Phi(x,k_1))^{m_1}$，$G(x,k_2,h_2)=1-(1-\Phi(x,k_2))^{m_2}$，而零级对偶的一般条件是 $g(x)=1-f(1-x)$，所以有 $G(x,k_2,h_2)=1-(1-\Phi(x,k_2))^{m_2}=1-(\Phi(1-x,k_1))^{m_1}$，即$(1-\Phi(x,k_2))^{m_2}=(\Phi(1-x,k_1))^{m_1}$。

当 $h_1=h_2$ 时有 $1-\Phi(x,k_2)=\Phi(1-x,k_1)$，$\Phi(x,k_2)=1-\Phi(1-x,k_1)=\Phi(x,1-k_1)$。

所以本定理成立。 ▍

本定理表明，在混合型一级 T/S 范数之间，在 $h_1=h_2$ 的情况下，只有 $k_2=1-k_1$ 时才有零级对偶关系存在。

关于极限情况下的对偶关系可以参照 6.5 节得到。

6.7　小　　结

通过对 N 性生成元完整簇 $\Phi(x,k)$、T 性生成元完整簇 $F_0(x,h)$和 S 性生成元完整簇 $G(x,h)$及一级 T/S 范数完整超簇 $T(x,y,h,k)/S(x,y,h,k)$的讨论，我

们可以得到以下结论。

① 泛与/泛或命题连接词的运算模型都具有一级不确定性，它们的不确定性来源于柔性测度的不精确性和命题之间的广义相关性，前者由认识偏差或测量误差引起，用广义自相关系数（误差系数）k 来刻画，后者用广义相关系数 h 来刻画，两者是相互独立变化的，没有任何内在联系。所以，一级泛与/泛或命题连接词的运算模型都是一个完整超簇，含有 k 和 h 两个不确定性参数，只有确定了 k 和 h 的具体值后，才能确定具体的运算模型。

② 当 $k=0.5$ 时表示命题的真度 x 是精确的柔性测度，泛与/泛或命题连接词的运算模型退化为零级模型，它们的不确定性只来源于命题之间的广义相关性，用广义相关系数 h 来刻画，只要确定了 h 的具体值，就能确定具体的运算模型。

③ 当 $k=0.5$ 且 $h=0.5$ 时表示命题的真值 x 是精确的柔性测度，且命题之间的广义相关性处在中性状态，泛与/泛或命题连接词的运算模型退化为与/或命题连接词的基模型，它们是一个确定的算子。

④ k 和 h 既是运算模型在完整超簇中的位置标志参数，同时表明了该运算模型的物理意义，也是使用该运算模型的前提条件。所以确立一级 T/S 范数完整超簇的思想非常重要，它能帮助我们正确地认识和使用各种柔性逻辑算子。

⑤ NTS 运算的广义自封闭性表明，泛非、泛与和泛或命题连接词的运算模型完整超簇可以支持它们之间的各种逻辑复活运算，具有自封闭性。

第7章　二元泛命题连接词

在第6章中我们已经利用N性生成元完整簇$\Phi(x,k)$，直接代入非命题连接词的基模型，得到泛非命题连接词的运算模型，实现了对一元命题连接词泛非的定义。类似地，利用N性生成元完整簇$\Phi(x,k)$和T性生成元完整簇$F(x,h)$（或S性生成元完整簇$G(x,h)$），直接代入各二元命题连接词的基模型，就可以得到各二元命题连接词的运算模型，包括零级完整簇和一级完整超簇，从而实现对各二元命题连接词的定义。

本章将详细讨论各种二元命题连接词的定义、性质和逻辑意义。其中使用的是指数型N性生成元完整簇$\Phi(x,k)$、T性生成元完整簇$F(x,h)$和非与形式的NT性基模型。

- N性生成元完整簇，$\Phi(x,k)=x^n$，其中$n=-1/\log_2 k$，$k\in[0,1]$；$k=2^{-1/n}$，$n\in\mathbf{R}_+$；
- N范数完整簇，$N(x,k)=(1-x^n)^{1/n}$；
- 零级T性生成元完整簇，$F(x,h)=x^m$，其中$m=(3-4h)/(4h(1-h))$，$h\in[0,1]$；$h=((1+m)-((1+m)^2-3m)^{1/2})/(2m)$，$m\in\mathbf{R}$；
- 一级T性生成元完整簇，$F(x,k,h)=F(\Phi(x,k),h)=x^{nm}$。

NT性基模型：

① 泛与运算模型，$T(x,y,k,h)=F^{-1}(\max(F(0,k,h),F(x,k,h)+F(y,k,h)-1),k,h)$；

② 泛或运算模型，$S(x,y,k,h)=N(T(N(x,k),N(y,k),k,h),k)=N(F^{-1}(\max(F(0,k,h),F(N(x,k),k,h)+F(N(y,k),k,h)-1),k,h),k)$；

③ 泛蕴涵运算模型，$I(x,y,k,h)=\max(z\mid y\geqslant T(x,z,k,h))=F^{-1}(\min(1+F(0,k,h),1-F(x,k,h)+F(y,k,h)),k,h)$；

④ 泛等价运算模型，$Q(x,y,k,h)=T(I(x,y,k,h),I(y,x,k,h),k,h)=F^{-1}(1\pm|F(x,k,h)-F(y,k,h)|,k,h)$（$h>0.75$为+，否则为−）；

⑤ 泛平均运算模型，$M(x,y,k,h)=N(F^{-1}(F(N(x,k),k,h)/2+F(N(y,$

$k)$,k,$h)/2$,k,$h)$,$k)$；

⑥ 泛组合运算模型，$C^e(x,y,k,h)=\text{ite}\{\Gamma^e[F^{-1}(F(x,k,h)+F(y,k,h)-F(e,k,h),k,h)]\mid x+y<2e;N(\Gamma^{e'}[F^{-1}(F(N(x,k),k,h)+F(N(y,k),k,h)-F(N(e,k),k,h),k,h)],k)\mid x+y>2e;e\}$，其中 $e\in[0,1]$是表示弃权的幺元，$e'=N(e,k)$。

7.1 泛与命题连接词的定义及性质

7.1.1 泛与命题连接词的定义

定义 7.1.1 由零级 T 性生成元完整簇 $F(x,h)=x^m$ 代入与运算的基模型生成的零级 T 范数完整簇 $T(x,y,h)=(\max(0^m,x^m+y^m-1))^{1/m}$实现的泛逻辑运算叫*零级泛与运算*，用泛与命题连接词$\wedge_h$表示。其中：

$$m=(3-4h)/(4h(1-h))$$

$$h=((1+m)-((1+m)^2-3m)^{1/2})/(2m),h\in[0,1],m\in\mathbf{R}$$

它的 4 个特殊算子是

最大与　Zadeh 与算子　$T(x,y,1)=\mathbf{T}_3=\min(x,y)$

中极与　概率与算子　$T(x,y,0.75)=\mathbf{T}_2=xy$

中心与　有界与算子　$T(x,y,0.5)=\mathbf{T}_1=\max(0,x+y-1)$

最小与　突变与算子　$T(x,y,0)=\mathbf{T}_0=\text{ite}\{\min(x,y)\mid\max(x,y)=1;0\}$

定义 7.1.2 由一级 T 性生成元完整超簇 $F(x,k,h)=x^{nm}$代入与运算的基模型生成的一级 T 范数完整超簇 $T(x,y,k,h)=(\max(0^{nm},x^{nm}+y^{nm}-1))^{1/nm}$实现的泛逻辑运算叫*一级泛与运算*，用泛与命题连接词$\wedge_{k,h}$表示。其中：

$$n=-1/\log_2 k,k\in[0,1];k=2^{-1/n},n\in\mathbf{R}_+$$

$T(x,y,k,h)$的中极限簇是 $T(x,y,k,0.75)=xy=\mathbf{T}_2$。

根据 T 范数的结合律，上述定义可推广到多元运算中。

定义 7.1.3 由零级 T 范数完整簇 $T(x_1,x_2,\cdots,x_l,h)=(\max(0^m,x_1^m+x_2^m+\cdots+x_l^m-(l-1)))^{1/m}$实现的泛逻辑运算叫*多元零级泛与运算*，用泛与命题连接词$\wedge_h$表示。

它的 4 个特殊算子是：

最大与　Zadeh 与算子　$T(x_1,x_2,\cdots,x_l,1)=\mathbf{T}_3=\min(x_1,x_2,\cdots,x_l)$

中极与　概率与算子　$T(x_1,x_2,\cdots,x_l,0.75)=\mathbf{T}_2=x_1x_2\cdots x_l$

中心与　有界与算子　$T(x_1,x_2,\cdots,x_l,0.5)=\mathbf{T}_1=\max(0,x_1+x_2+\cdots+x_l-(l-1))$

最小与　突变与算子　$T(x_1,x_2,\cdots,x_l,0)=\mathbf{T}_0=\text{ite}\{\min(x_1,x_2,\cdots,x_l)$

$\mid(x_1,x_2,\cdots,x_l)$中有 $l-1$ 个 $1;0\}$

定义 7.1.4　由一级 T 范数完整超簇 $T(x_1,x_2,\cdots,x_l,k,h)=(\max(0^{mn},x_1^{mn}+x_2^{mn}+\cdots+x_l^{mn}-(l-1)))^{1/mn}$ 实现的泛逻辑运算叫多元一级泛与运算，用泛与命题连接词 $\wedge_{h,k}$ 表示。

$T(x_1,x_2,\cdots,x_l,k,h)$ 的中极限是 $T(x_1,x_2,\cdots,x_l,k,0.75)=x_1x_2\cdots x_l=\mathbf{T}_2$。

7.1.2　泛与运算的性质

根据 T 范数的性质，可得泛与运算的性质如下。

① $T(x,y,k,h)$ 满足 T 范数公理：

- 边界条件 T1，$T(0,y,k,h)=0$，$T(1,y,k,h)=y$；
- 单调性 T2，$T(x,y,k,h)$ 关于 x，y 单调增；
- 连续性 T3，$T(x,y,k,h)$ 关于 x，y 连续；
- 结合律 T4，$T(T(x,y,k,h),z,k,h)=T(x,T(y,z,k,h),k,h)$；
- 交换律 T5，$T(x,y,k,h)=T(y,x,k,h)$。

② 封闭性，$T(x,y,k,h)\in[0,1]$。上界性，$T(x,y,k,h)\leqslant\min(x,y)$，化简式为 $T(x,y,k,h)\leqslant x$；$T(x,y,k,h)\leqslant y$。

③ 兼容性，泛与运算与二值逻辑兼容：$T(0,0,k,h)=0$，$T(0,1,k,h)=0$，$T(1,0,k,h)=0$，$T(1,1,k,h)=1$。

④ 与幂律，$T(x,x,k,h)\leqslant x$。幂等性，$T(x,x,k,1)=x$。

⑤ 补余律，$T(x,1-x,h)\leqslant 0.5$；$T(x,N(x,k),k,h)\leqslant k$。矛盾律，当 $h\leqslant 0.5$ 时，$T(x,N(x,k),k,h)=0$。

⑥ 泛与性，如果 $T(x,y,k,h)\geqslant a\in[0,1]$，则 $x\geqslant a$ 且 $y\geqslant a$；如果 $T(x,y,k,h)\geqslant k$，则 $x\geqslant k$ 且 $y\geqslant k$。

⑦ 合并律，如果 $x\leqslant z$，$y\leqslant z$，则 $T(x,y,k,h)\leqslant z$。

⑧ 相加律，如果 $x+x'\leqslant 1$，则 $T(x+x',y,k,h)\geqslant\max(T(x,y,k,h),T(x',y,k,h))$。

⑨ 相乘律，$T(xz,y,k,h)\leqslant\min(T(x,y,k,h),T(z,y,k,h))$。

⑩ 指数律，$T(x^n,y,k,h)\leqslant T(x,y,k,h)$，$n\geqslant 1$。

7.1.3　泛与运算的物理意义

泛与运算模型零级完整簇的变化如图 7.1 所示，泛与运算模型一级完整超簇的变化见图 7.2。从两个图中可以看出：

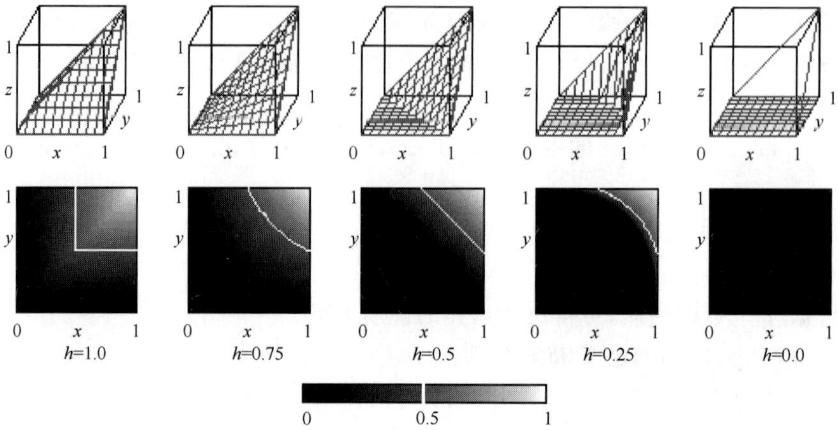

图 7.1　零级泛与运算模型图

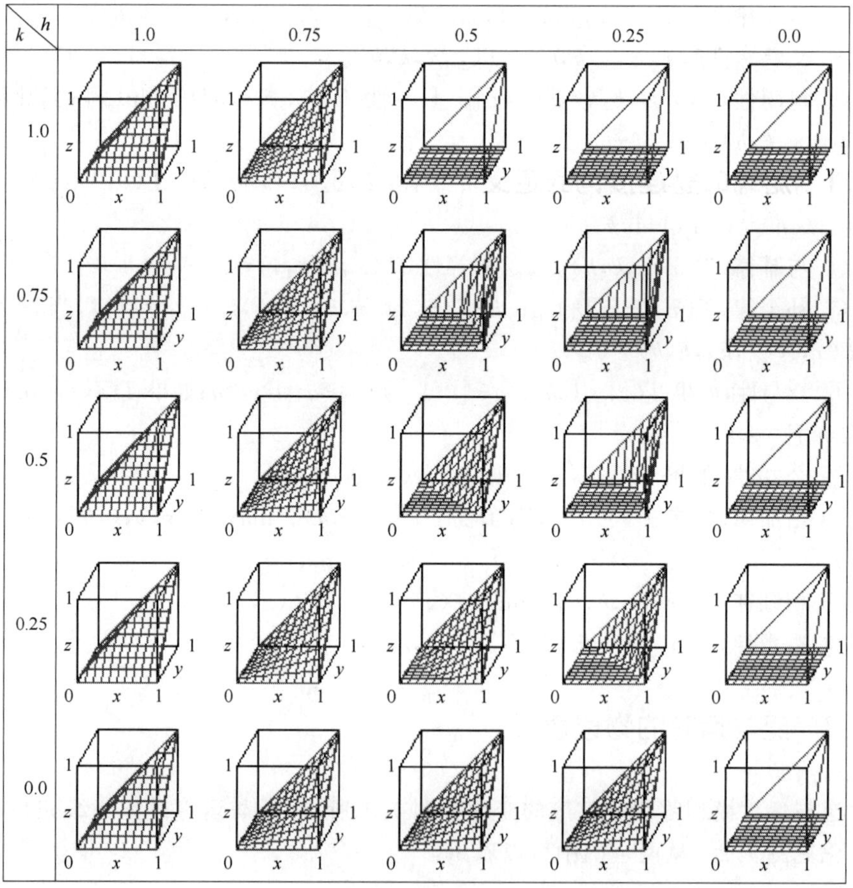

图 7.2　一级泛与运算模型图

① 泛与运算的逻辑学意义是两个柔性命题同时为真的程度，它具有一票否决性，任一命题偏假，则泛与运算偏假，但反之不然。

② 从三维图上可以看出，$T(x,y,k,h)$有 4 条不变的泛与特征线：

$T(x,0,k,h)=0, T(0,y,k,h)=0, T(x,1,k,h)=x, T(1,y,k,h)=y$

③ 泛与性：从灰度图上可以看出（图中 $k=0.5$，但可以推广到 $k\in[0,1]$的任意情况），泛与运算的偏真性是随 h 连续可调的，h 是泛与运算的偏真度：当 $h=0$ 时泛与的偏真性最小，$T(x,y,k,0)=\mathbf{T}_0$，它表示除 $T(1,y,k,0)=y, T(x,1,k,0)=x$ 外，其他区域均为假，即只有 $x=1, y\in[k,1]$或 $y=1, x\in[k,1]$时才偏真。随着 h 从 0 到 1 不断增大，泛与的偏真性不断提高，偏真区域连续增大，经过 $T(x,y,0.5,0.5)=\mathbf{T}_1$，$T(x,y,k,0.75)=\mathbf{T}_2$ 到 $T(x,y,k,1)=\mathbf{T}_3$，但泛与的偏真区域只能增大到 $x\in[k,1]$且 $y\in[k,1]$的所在区域。

7.2　泛或命题连接词的定义及性质

7.2.1　泛或命题连接词的定义

定义 7.2.1　由零级 T 性生成元完整簇 $F(x,h)=x^m$ 代入或运算的基模型生成的零级 S 范数完整簇 $S(x,y,h)=1-(\max(0^m,(1-x)^m+(1-y)^m-1))^{1/m}$实现的泛逻辑运算叫*零级泛或运算*，用泛或命题连接词 $\vee_h$表示。其中：

$m=(3-4h)/(4h(1-h)); h=((1+m)-((1+m)^2-3m)^{1/2})/(2m), h\in[0,1], m\in\mathbf{R}$

它的 4 个特殊算子是：

最小或　Zadeh 或算子　$S(x,y,1)=\mathbf{S}_3=\max(x,y)$

中极或　概率或算子　$S(x,y,0.75)=\mathbf{S}_2=x+y-xy$

中心或　有界或算子　$S(x,y,0.5)=\mathbf{S}_1=\min(1,x+y)$

最大或　突变或算子　$S(x,y,0)=\mathbf{S}_0=\mathrm{ite}\{\max(x,y)\mid\min(x,y)=0;1\}$

定义 7.2.2　由一级 T 性生成元完整超簇 $F(x,k,h)=x^{nm}$代入或运算的基模型生成的一级 S 范数完整超簇 $S(x,y,k,h)=(1-(\max((1-0^n)^m,(1-x^n)^m+(1-y^n)^m-1))^{1/m})^{1/n}$实现的泛逻辑运算叫*一级泛或运算*，用泛或命题连接词 $\vee_{k,h}$ 表示。其中：

$$n=-1/\log_2 k,\ k\in[0,1]; k=2^{-1/n}, n\in\mathbf{R}_+$$

$S(x,y,k,h)$的中极限簇是 $S(x,y,k,0.75)=(x^n+y^n-x^ny^n)^{1/n}=\mathbf{S\Phi}_{2k}$。

根据 S 范数的结合律，上述定义可推广到多元运算中。

定义 7.2.3　由零级 S 范数完整簇 $S(x_1,x_2,\cdots,x_l,h)=1-(\max(0^m,$

$(1-x_1)^m+(1-x_2)^m+\cdots+(1-x_l)^m-(l-1)))^{1/m}$实现的泛逻辑运算叫多元零级泛或运算,用泛或命题连接词$\vee_h$表示。

它的 4 个特殊算子是:

最小或　Zadeh 或算子　$S(x_1,x_2,\cdots,x_l,1)=\mathbf{S}_3=\max(x_1,x_2,\cdots,x_l)$

中极或　概率或算子　$S(x_1,x_2,\cdots,x_l,0.75)=\mathbf{S}_2=1-(1-x_1)(1-x_2)\cdots(1-x_l)$

中心或　有界或算子　$S(x_1,x_2,\cdots,x_l,0.5)=\mathbf{S}_1=\max(l-1,x_1+x_2+\cdots+x_l)$

最大或　突变或算子　$S(x_1,x_2,\cdots,x_l,0)=\mathbf{S}_0=\mathrm{ite}\{\max(x_1,x_2,\cdots,x_l)\mid(x_1,x_2,\cdots,x_l)$中有$l-1$个$0;1\}$

定义 7.2.4　由一级 S 范数完整超簇$S(x_1,x_2,\cdots,x_l,k,h)=(1-(\max(0^{mn},(1-x_1^n)^m+(1-x_2^n)^m+\cdots+(1-x_l^n)^m-(l-1)))^{1/m})^{1/n}$实现的泛逻辑运算叫多元一级泛或运算,用泛或命题连接词$\vee_{k,h}$表示。其中极限簇是$S(x_1,x_2,\cdots,x_l,k,0.75)=(1-(1-x_1^n)(1-x_2^n)\cdots(1-x_l^n))^{1/n}=\mathbf{S\Phi}_{2k}$。

7.2.2　泛或运算的性质

根据 S 范数的性质,可得泛或运算的性质如下。

① $S(x,y,k,h)$满足 S 范数公理:

- 单调性 S2,$S(x,y,k,h)$关于x,y单调增;
- 连续性 S3,$S(x,y,k,h)$关于x,y连续;
- 结合律 S4,$S(S(x,y,k,h),z,k,h)=S(x,S(y,z,k,h),k,h)$;
- 交换律 S5,$S(x,y,k,h)=S(y,x,k,h)$。

② 封闭性,$S(x,y,k,h)\in[0,1]$。

③ 下界性,$S(x,y,k,h)\geqslant\max(x,y)$,附加式为$x\leqslant S(x,y,k,h)$;$y\leqslant S(x,y,k,h)$。

④ 兼容性,泛或运算与二值逻辑兼容:$S(0,0,k,h)=0$,$S(0,1,k,h)=1$,$S(1,0,k,h)=1$,$S(1,1,k,h)=1$。

⑤ 或幂律,$S(x,x,k,h)\geqslant x$。吸收律(幂等性),$S(x,x,k,1)=x$。

⑥ 补余律,$S(x,1-x,h)\geqslant 0.5$;$S(x,N(x,k),k,h)\geqslant k$。排中律,$h\leqslant 0.5$时,$S(x,N(x,k),k,h)=1$。

⑦ 泛或性,如果$S(x,y,k,h)\leqslant a\in[0,1]$,则$x\leqslant a$且$y\leqslant a$;如果$S(x,y,k,h)\leqslant k$,则$x\leqslant k$且$y\leqslant k$。

⑧ 合并律,如果$x\geqslant z,y\geqslant z$,则$S(x,y,k,h)\geqslant z$。

⑨ 相加律,如果$x+x'\leqslant 1$,则$S(x+x',y,k,h)\geqslant\max(S(x,y,k,h),S(x',y,k,h))$。

⑩ 相乘律,$S(xz,y,k,h)\leqslant\min(S(x,y,k,h),S(z,y,k,h))$。

⑪ 指数律,$S(x^n,y,k,h)\leqslant S(x,y,k,h)$,$n\geqslant 1$。

⑫ 对偶律，$N(S(x,y,k,h),k)=T(N(x,k),N(y,k),k,h)$；$N(T(x,y,k,h),k)=S(N(x,k),N(y,k),k,h)$。

⑬ 析取三段论，$T(N(x,k),S(x,y,k,h),k,h)\leqslant y$。

⑭ 与或律，$T(x,y,k,h)\leqslant S(x,y,k,h)$。

⑮ 分配律，$T(x,S(y,z,k,1),k,1)=S(T(x,y,k,1),T(x,z,k,1),k,1)$；$S(x,T(y,z,k,1),k,1)=T(S(x,y,k,1),S(x,z,k,1),k,1)$。

⑯ 扩展律，$x\leqslant S(x,T(x,y,k,h),k,h)$。吸收律，$S(x,T(x,y,k,1),k,1)=x$。

⑰ 吸收律，$T(x,S(x,y,k,h),k,h)\leqslant x$；$T(x,S(x,y,k,1),k,1)=x$。

7.2.3　泛或运算的物理意义

泛或运算模型零级完整簇的变化如图 7.3 所示，泛或运算模型一级完整超簇的变化见图 7.4。从图中可以看出：

① 泛或运算的逻辑学意义是两个柔性命题分别为真的程度，它具有一票通过性，任一命题偏真，则泛或运算偏真，但反之不然。

② 从三维图上可以看出，$S(x,y,k,h)$有 4 条不变的泛或特征线：

$$S(x,0,k,h)=x,S(0,y,k,h)=y,S(x,1,k,h)=1,S(1,y,k,h)=1$$

③ 泛或性：从灰度图上可以看出，泛或运算的偏假性是随 h 连续可调的，h 是泛或运算的偏假度；当 $h=0$ 时泛或的偏假性最小，$S(x,y,k,0)=\mathbf{S}_0$，它表示除 $S(0,y,k,0)=y$，$S(x,0,k,0)=x$ 外，其他区域均为真，即只有 $x=0,y\in[0,k]$或 $y=0,x\in[0,k]$时才偏假。随着 h 从 0 到 1 不断增大，泛或的偏假性不断提高，偏假区域连续增大，经过 $S(x,y,k,0.5)=\mathbf{S}_1$，$S(x,y,k,0.75)=\mathbf{S}_2$ 到 $S(x,y,k,1)=\mathbf{S}_3$，但泛或的偏假区域只能增大到 $x\in[0,k]$且 $y\in[0,k]$的所在区域。

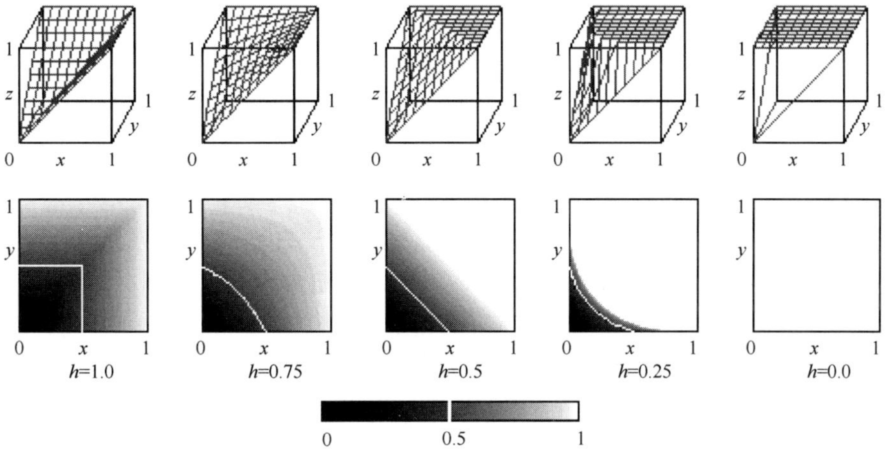

图 7.3　零级泛或运算模型图

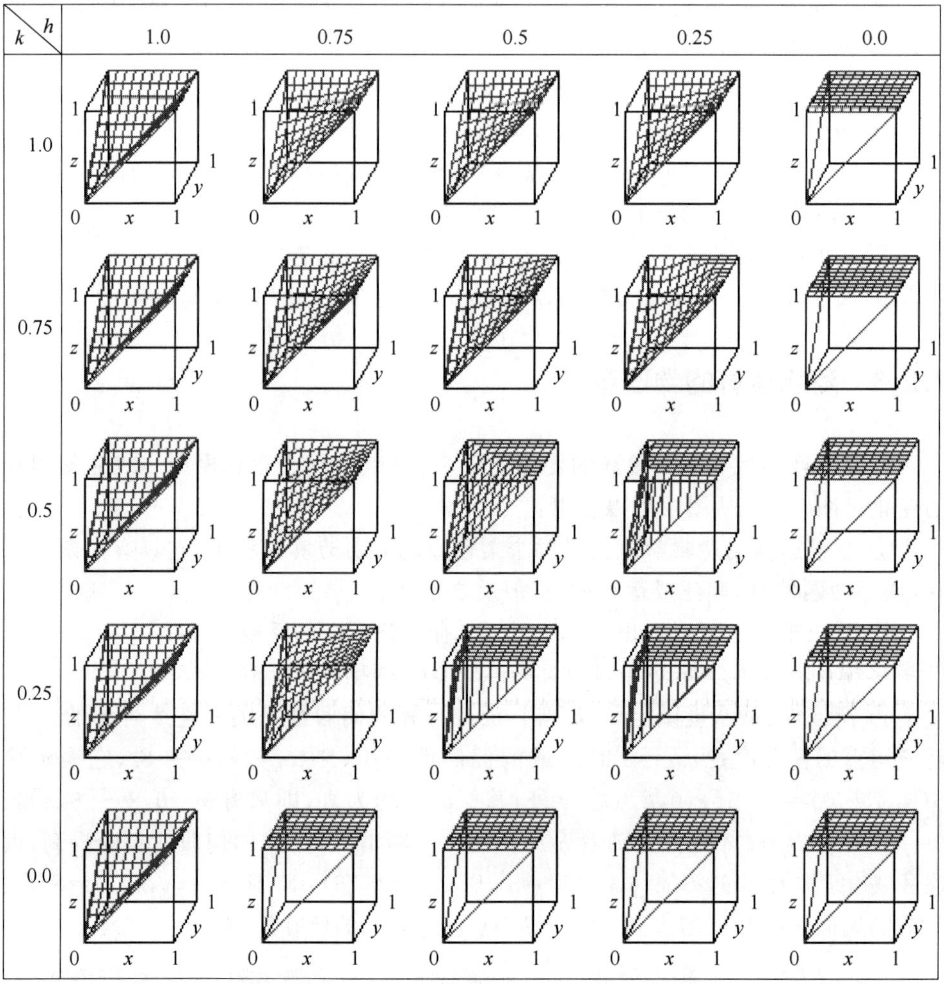

图 7.4　一级泛或运算模型图

7.3　泛蕴涵命题连接词的定义及性质

在逻辑推理中，蕴涵命题连接词是不可或缺的重要命题连接词。在二值逻辑中，它的公认定义是 $I(0,0)=1, I(0,1)=1, I(1,0)=0, I(1,1)=1$。其逻辑意义有 3 种不同形式，但在 $x, y\in\{0,1\}$ 条件下有等价的解释：

① I 蕴涵，蕴涵是 x 被 y 包含的程度，$x\rightarrow y\Leftrightarrow(x\wedge y)/x$；

② S 蕴涵，蕴涵是前提的否定或结论，$x\rightarrow y\Leftrightarrow\sim x\vee y$；

③ T 蕴涵，蕴涵是与运算的逆运算，$x\to y\Leftrightarrow\sup\{z\mid y\geqslant x\wedge z\}$。

这些蕴涵的共同点是都确认：

① 保序传递关系，如果 $x\to y$ 为真（记作 $x\Rightarrow y$），则 x 为真，y 必为真，但反之不然；

② 串行推理运算和蕴涵运算是互逆的，且满足 $x, x\to y\Rightarrow x\wedge(x\to y)\Rightarrow y$。

在 $x,y\in[0,1]$ 时如何定义蕴涵运算 $I(x,y)$ 和串行推理运算 $R(x,y)$？

逻辑学界一般都继续确认蕴涵运算 $I(x,y)$ 和串行推理运算 $R(x,y)$ 互为逆运算：

$$R(x,y)=\inf\{z\mid y\leqslant I(x,z)\},\quad I(x,y)=\sup\{z\mid y\geqslant R(x,z)\}$$

因为这是假言推论存在的充要条件。但把蕴涵的 3 种不同解释在[0,1]域上拓展时，得到的是 3 个不等价的定义。

① I 蕴涵，$I_i(x,y)=T(x,y)/x$；I 串行推理，$R_i(x,y)=\inf\{z\mid y\leqslant T(x,z)/x\}$。

② S 蕴涵，$I_s(x,y)=S(1-x,y)$；S 串行推理，$R_s(x,y)=\inf\{z\mid y\leqslant I_s(x,z)\}$。

③ T 蕴涵，$I_t(x,y)=\sup\{z\mid y\geqslant T(x,z)\}$；T 串行推理，$R_t(x,y)=T(x,y)$。

这引起了逻辑界的长期争论[BAKO80，DOTV81，FODO91ABC，93AB，94，WEBE83，ZHLI96]，至今没有定论。我们用泛逻辑学的思想和方法，生成了 3 种零级泛蕴涵运算完整簇和相应的零级泛串行推理运算完整簇，通过对它们与二值逻辑的兼容性、保序性和推演性等特性的分析，证实 I 蕴涵和 S 蕴涵都只有局部合理性，而 T 蕴涵在整个完整超簇上都是合理的，其中包含 I 蕴涵和 S 蕴涵的合理部分。所以本书采用 T 蕴涵定义。

7.3.1　泛蕴涵命题连接词的定义

定义 7.3.1　由零级 T 性生成元完整簇 $F(x,h)=x^m$ 代入蕴涵运算的基模型生成的零级 I 范数完整簇 $I(x,y,h)=(\min(1+0^m,1-x^m+y^m))^{1/m}$ 实现的泛逻辑运算叫泛蕴涵运算，用泛蕴涵命题连接词 $\to_h$ 表示。其中：

$$m=(3-4h)/(4h(1-h));h=((1+m)-((1+m)^2-3m)^{1/2})/(2m),h\in[0,1],\ m\in\mathbf{R}$$

它的 4 个特殊算子是：

最小蕴涵　Zadeh 蕴涵　$I(x,y,1)=\mathbf{I}_3=\mathrm{ite}\{1\mid x\leqslant y;y\}$

中极蕴涵　概率蕴涵　$I(x,y,0.75)=\mathbf{I}_2=\min(1,y/x)$（Goguen 蕴涵）

中心蕴涵　有界蕴涵　$I(x,y,0.5)=\mathbf{I}_1=\min(1,1-x+y)$（Lukasiewicz 蕴涵）

最大蕴涵　突变蕴涵　$I(x,y,0)=\mathbf{I}_0=\mathrm{ite}\{y\mid x=1;1\}$

其中 $I(x,y,0.75)=\min(1,y/x)$ 是 I 蕴涵，$I(x,y,0.5)=\min(1,1-x+y)$ 是 S 蕴涵，它们都是泛蕴涵运算完整簇中的一个具体的算子。

定义 7.3.2　由一级 T 性生成元完整超簇 $F(x,k,h)=x^{nm}$ 代入蕴涵运算的基模型生成的一级 I 范数完整超簇 $I(x,y,k,h)=(\min(1+0^{mn},1-x^{mn}+y^{mn}))^{1/mn}$ 实现的泛逻辑运算叫一级泛蕴涵运算，用泛蕴涵命题连接词 $\rightarrow_{k,h}$ 表示。其中：

$$n=-1/\log_2 k, k\in[0,1]; k=2^{-1/n}, n\in \mathbf{R}_+$$

$I(x,y,k,h)$ 的中极限是 $I(x,y,k,0.75)=\mathbf{I}_2=\min(1,y/x)$。

7.3.2 泛蕴涵运算的性质

根据上述定义，可证明泛蕴涵运算具有如下性质。

定理 7.3.1 $I(x,y,k,h)$ 满足蕴涵公理：

- 边界条件 I1，$I(0,y,k,h)=1, I(1,y,k,h)=y, I(x,1,k,h)=1$；
- 单调性 I2，$I(x,y,k,h)$ 关于 y 单调增，关于 x 单调减；
- 连续性 I3，$h,k\in(0,1)$ 时，$I(x,y,k,h)$ 关于 x,y 连续；
- 保序性 I4，$I(x,y,k,h)=1$，当且仅当 $x\leqslant y$（除 $h=0$ 和 $k=1$ 外）；
- 推演性 I5，$T(x,I(x,y,k,h),k,h)\leqslant y$（假言推论）。

证明：

① 由于 $I(x,y,k,h)=(\min(1+0^{mn},1-x^{mn}+y^{mn}))^{1/mn}$，显然可证 I1，I2 和 I3 成立。

② 当 $x\leqslant y$ 时，$I(x,y,k,h)=(1+0^{mn})^{1/mn}=1$；当 $x>y$ 时，除 mn 是正无穷外，$I(x,y,k,h)=(1-x^{mn}+y^{mn})^{1/mn}<1$，I4 成立。

③ 由于 $T(x,I(x,y,k,h),k,h)=(\max(0,x^{mn}+\min(1+0^{mn},1-x^{mn}+y^{mn})-1))^{1/mn}\leqslant(\max(0,x^{mn}+1-x^{mn}+y^{mn}-1))^{1/mn}=(\max(0,y^{mn}))^{1/mn}=y$，I5 成立。所以本定理成立。 ▌

定理 7.3.2(封闭性) $I(x,y,k,h)\in[0,1]$。

证明：

略。 ▌

定理 7.3.3(兼容性) 泛蕴涵运算与二值逻辑兼容：

$$I(0,0,k,h)=1, I(0,1,k,h)=1, I(1,0,k,h)=0, I(1,1,k,h)=1$$

证明：

略。 ▌

定理 7.3.4(下界性) $I(x,y,k,h)\geqslant y$。

证明：

由于 $I(x,y,k,h)=(\min(1+0^{mn},1-x^{mn}+y^{mn}))^{1/mn}$，当 $x=1$ 时：

$$I(x,y,k,h)=(\min(1+0^{mn},y^{mn}))^{1/mn}=y$$

否则

$$I(x,y,k,h)=(\min(1+0^{mn},1-x^{mn}+y^{mn}))^{1/mn}>(\min(1+0^{mn},y^{mn}))^{1/mn}=y$$

所以本定理成立。 ▮

定理 7.3.5(否定律) 当 $h \geqslant 0.75$ 时，$I(x,0,k,h)=\mathbf{N}_0$；否则 $I(x,0,k,h)=N(x,k')$，$k'=2^{-1/nm}$，$n,m\in\mathbf{R}_+$；当 $h=0.5$ 时，$I(x,0,0.5,k)=N(x,k)$。

证明：

由于 $I(x,0,k,h)=(\min(1+0^{nm},1-x^{nm}+0^{nm}))^{1/nm}$，当 $h\geqslant 0.75$ 时，$m\leqslant 0$，$I(x,0,k,h)=\mathrm{ite}\{1\mid x=0;0\}=\mathbf{N}_0$，否则 $I(x,0,k,h)=(1-x^{nm})^{1/nm}=N(x,k')$，$k'=2^{-1/nm}$，$n,m\in\mathbf{R}_+$；当 $h=0.5$ 时，$m=1$，$I(x,0,k,0.5)=N(x,k)$。所以本定理成立。 ▮

定理 7.3.6(恒真律) $I(x,x,k,h)=1$。

证明：

略。 ▮

定理 7.3.7(恒真律) $I(y,I(x,y,k,h),k,h)=1$。

证明：

略。 ▮

定理 7.3.8(交换律) 如果 $x\leqslant y$ 或 $h=0.5$，则 $I(x,y,k,h)=I(N(y,k),N(x,k),k,h)$。

证明：

由于 $x\leqslant y$ 时，$I(x,y,k,h)=1$，$N(y,k)\leqslant N(x,k)$，$I(N(y,k),N(x,k),k,h)=1$，$I(x,y,k,h)=I(N(y,k),N(x,k),k,h)$；或 $h=0.5$ 时，$m=1$，$I(N(y,k),N(x,k),k,h)=(\min(1+0^n,1-(1-y^n)+(1-x^n)))^{1/n}=(\min(1+0^n,1-x^n+y^n))^{1/n}=I(x,y,k,h)$。所以本定理成立。 ▮

定理 7.3.9(假言三段论) $T(I(x,y,k,h),I(y,z,k,h),k,h)\leqslant I(x,z,k,h)$。

证明：

由于

$$T(x,y,k,h)=(\max(0,x^{nm}+y^{nm}-1))^{1/nm}$$
$$I(x,y,k,h)=(\min(1+0^{nm},1-x^{nm}+y^{nm}))^{1/nm}$$
$$I(y,z,k,h)=(\min(1+0^{nm},1-y^{nm}+z^{nm}))^{1/nm}$$
$$\begin{aligned}T(I(x,y,k,h),I(y,z,k,h),k,h)&=(\max(0,\min(1+0^{nm},1-x^{nm}+y^{nm})+\\&\qquad\min(1+0^{nm},1-y^{nm}+z^{nm})-1))^{1/nm}\\&\leqslant(\min(1+0^{nm},1-x^{nm}+z^{nm}))^{1/nm}\\&=I(x,z,k,h)\end{aligned}$$

所以本定理成立。 ▮

定理 7.3.10(附加律) 如果 $x\leqslant y$ 或 $h=0.5$，则 $N(x,k)\leqslant I(x,y,k,h)$。

证明：

由定理 7.3.8 知，如果 $x\leqslant y$ 或 $h=0.5$，则 $I(x,y,k,h)=I(N(y,k),N(x,$

$k),k,h)$。

由定理 7.3.4 知，$I(N(y,k),N(x,k),k,h)\geqslant N(x,k)$。

所以本定理成立。 ▌

定理 7.3.11(附加律) $y\leqslant I(x,T(x,y,k,h),k,h)$。

证明：

由定理 7.3.4 知，$I(x,T(x,y,k,h),k,h)\geqslant T(x,y,k,h)$。

如果 $x\leqslant y$，则 $I(x,T(x,y,k,h),k,h)=1$，$y\leqslant I(x,T(x,y,k,h),k,h)$；否则，$T(x,y,k,h)\leqslant y$，$I(x,T(x,y,h,k),k,h)\geqslant I(x,y,k,h)\geqslant y$，即 $y\leqslant I(x,T(x,y,k,h),k,h)$。

所以本定理成立。 ▌

定理 7.3.12(附加律) $I(x,y,k,h)\leqslant I(T(x,z,k,h),T(y,z,k,h),k,h)$；当 $x\leqslant y$ 时，$I(x,y,k,h)=I(T(x,z,k,h),T(y,z,k,h),k,h)$。

证明：

由于

$$\begin{aligned}I(T(x,z,k,h),T(y,z,k,h),k,h)&=(\min(1+0^{nm},1-\max(0,x^{nm}+z^{nm}-1)+\\&\quad\max(0,y^{nm}+z^{nm}-1)))^{1/nm}\\&\geqslant(\min(1+0^{nm},1-(x^{nm}+z^{nm}-1)+(y^{nm}+z^{nm}-1))^{1/nm}\\&=(\min(1+0^{nm},1-x^{nm}+y^{nm}))^{1/nm}\\&=I(x,y,k,h)\end{aligned}$$

当 $x\leqslant y$ 时，$T(x,z,k,h)\leqslant T(y,z,k,h)$，$I(x,y,k,h)=I(T(x,z,k,h),T(y,z,k,h),h,k)=1$。

所以本定理成立。 ▌

定理 7.3.13(附加律) $I(x,y,k,h)\leqslant I(S(x,z,k,h),S(y,z,k,h),k,h)$；当 $x\leqslant y$ 时，$I(x,y,k,h)=I(S(x,z,k,h),S(y,z,k,h),k,h)$。

证明：

由于

$$I(x,y,k,h)\geqslant y,I(S(x,z,k,h),S(y,z,k,h),k,h)\geqslant S(y,z,k,h),S(y,z,k,h)\geqslant y$$

所以

$$I(x,y,k,h)\leqslant I(S(x,z,k,h),S(y,z,k,h),k,h)$$

当 $x\leqslant y$ 时，$S(x,z,k,h)\leqslant S(y,z,k,h)$，$I(x,y,k,h)=I(S(x,z,k,h),S(y,z,k,h),k,h)=1$。所以本定理成立。 ▌

定理 7.3.14(附加律) $I(x,y,k,h)\leqslant I(I(z,x,k,h),I(z,y,k,h),k,h)$；当 $x\leqslant y$ 时，$I(x,y,k,h)=I(I(z,x,k,h),I(z,y,k,h),k,h)$。

证明：

由于

$$
\begin{aligned}
I(I(z,x,k,h),I(z,y,k,h),k,h)=&(\min(1+0^{nm},1-\min(1+0^{nm},1-z^{nm}+x^{nm})+\\
&\min(1+0^{nm},1-z^{nm}+y^{nm})))^{1/nm}\\
\leqslant&(\min(1+0^{nm},1-(1-z^{nm}+x^{nm})+\\
&(1-z^{nm}+y^{nm})))^{1/nm}\\
=&(\min(1+0^{nm},1-x^{nm}+y^{nm}))^{1/nm}\\
=&I(x,y,k,h)
\end{aligned}
$$

当 $x\leqslant y$ 时，$I(z,x,k,h)\leqslant I(z,y,k,h)$，$I(x,y,k,h)=I(I(z,x,k,h),I(z,y,k,h),k,h)=1$。所以本定理成立。▌

定理 7.3.15(二难推论)　$T(S(x,y,k,h),I(x,z,k,h),I(y,z,k,h),k,h)\leqslant z$。

证明:

由于

$$
\begin{aligned}
&T(S(x,y,k,h),I(x,z,k,h),I(y,z,k,h),k,h)\\
\leqslant&\min(S(x,y,k,h),I(x,z,k,h),I(y,z,k,h))\\
\leqslant&\min(\max(x,y),z,z)
\end{aligned}
$$

如果 $\max(x,y)\leqslant z$，则 $\min(\max(x,y),z,z)\leqslant z$，否则 $\min(\max(x,y),z,z)=z$，即 $T(S(x,y,k,h),I(x,z,k,h),I(y,z,k,h),k,h)\leqslant z$。所以本定理成立。▌

定理 7.3.16(拒取式)　如果 $x\leqslant y$ 或 $h=0.5$，则 $T(N(y,k),I(x,y,k,h),k,h)\leqslant N(x,k)$。

证明:

由定理 7.3.8 知，如果 $x\leqslant y$ 或 $h=0.5$，则 $I(x,y,k,h)=I(N(y,k),N(x,k),k,h)$。

由定理 7.3.1 知，$T(N(y,k),I(N(y,k),N(x,k),k,h)\leqslant N(x,k)$。

所以本定理成立。▌

定理 7.3.17(自分配律)　$I(x,I(y,z,k,1),k,1)=I(I(x,y,k,1),I(x,z,k,1),k,1)$。

证明:

由于 $I(x,y,k,1)=\mathrm{ite}\{1|x\leqslant y;y\}$，如果 $y\leqslant z$，则 $I(x,I(y,z,k,1),k,1)=I(I(x,y,k,1),I(x,z,k,1),k,1)=1$；否则，$I(x,I(y,z,k,1),k,1)=I(I(x,y,k,1),I(x,z,k,1),k,1)=I(x,z,k,1)$。

所以 $I(x,I(y,z,k,1),k,1)=I(I(x,y,k,1),I(x,z,k,1),k,1)$，本定理成立。▌

定理 7.3.18　$I(T(x,y,k,h),z,k,h)=I(x,I(y,z,k,h),k,h)$。

证明:

由于

$$
\begin{aligned}
I(T(x,y,k,h),z,k,h)=&(\min(1+0^{nm},1-\max(0,x^{nm}+y^{nm}-1)+z^{nm}))^{1/nm}\\
=&(\min(1+0^{nm},-x^{nm}-y^{nm}+z^{nm}))^{1/nm}
\end{aligned}
$$

$$I(x,I(y,z,k,h),k,h)=(\min(1+0^{nm},1-x^{nm}+(\min(1+0^{nm},1-y^{nm}+z^{nm}))))^{1/nm}$$
$$=(\min(1+0^{nm},-x^{nm}-y^{nm}+z^{nm}))^{1/nm}$$

所以 $I(T(x,y,k,h),z,k,h)=I(x,I(y,z,k,h),k,h)$，本定理成立。 ▌

定理 7.3.19 如果 $x\leqslant y$ 或 $x,y\in\{0,1\}$，则 $I(I(x,y,k,h),x,k,h)=x$。

证明：

由定理 7.3.4 知，$I(I(x,y,k,h),x,k,h)\geqslant x$，如果 $x\leqslant y$，则 $I(x,y,k,h)=1$，$I(I(x,y,k,h),x,k,h)=x$；或 $x,y\in\{0,1\}$，则 $I(I(0,y,k,h),0,k,h)=I(1,0,k,h)=0$，$I(I(1,y,k,h),1,k,h)=I(y,1,k,h)=1$，$I(I(0,0,k,h),0,k,h)=I(1,0,k,h)=0$，$I(I(1,0,k,h),1,k,h)=I(0,1,k,h)=1$，$I(I(x,1,k,h),x,k,h)=I(1,x,k,h)=x$。

所以本定理成立。 ▌

定理 7.3.20 如果 $x\leqslant y$ 或 $x,y\in\{0,1\}$，则 $I(x,I(x,y,k,h),k,h)=I(x,y,k,h)$。

证明：

由定理 7.3.4 知，$I(x,I(x,y,k,h),k,h)\geqslant I(x,y,k,h)$，如 $x\leqslant y$，则 $I(x,y,k,h)=1$，$I(x,I(x,y,k,h),k,h)=I(x,y,k,h)=1$；或 $x,y\in\{0,1\}$，则 $I(0,I(0,y,k,h),k,h)=I(0,1,k,h)=I(0,y,k,h)=1$，$I(1,I(1,y,k,h),k,h)=I(1,y,k,h)=y$，$I(0,I(0,0,k,h),k,h)=I(0,1,k,h)=I(0,0,k,h)=1$，$I(1,I(1,0,k,h),k,h)=I(1,0,k,h)=0$，$I(x,I(x,1,k,h),k,h)=I(x,1,k,h)=1$。

所以本定理成立。 ▌

定理 7.3.21 $I(x,y,k,0.5)=S(N(x,k),y,k,0.5)$。

证明：

由于 $I(x,y,k,0.5)=(\min(1,1-x^n+y^n))^{1/n}=(\min(1,(N(x,k))^n+y^n))^{1/n}=S(N(x,k),y,k,0.5)$。

所以本定理成立。 ▌

定理 7.3.22 $N(I(x,y,k,0.5),k)=T(x,N(y,k),k,0.5)$。

证明：

由于 $N(I(x,y,k,0.5),k)=N(S(N(x,k),y,k,0.5),k)=T(x,N(y,k),k,0.5)$。

所以本定理成立。 ▌

7.3.3 泛蕴涵运算的物理意义

泛蕴涵运算模型零级完整簇的变化如图 7.5 所示，泛蕴涵运算模型一级完整超簇的变化见图 7.6。从图中可以看出：

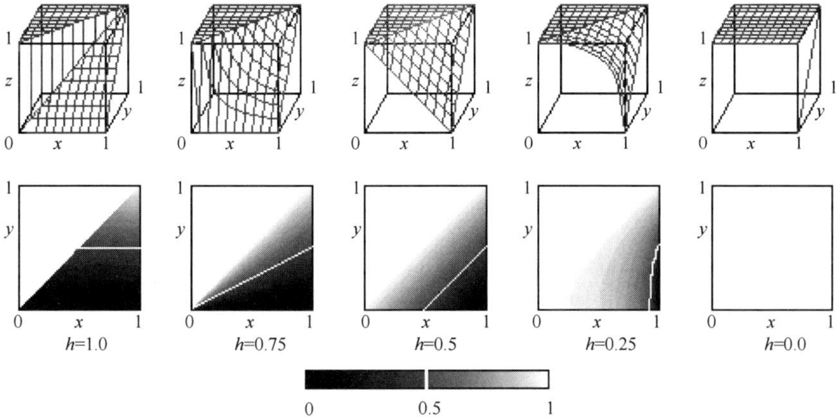

图 7.5　零级泛蕴涵运算模型图

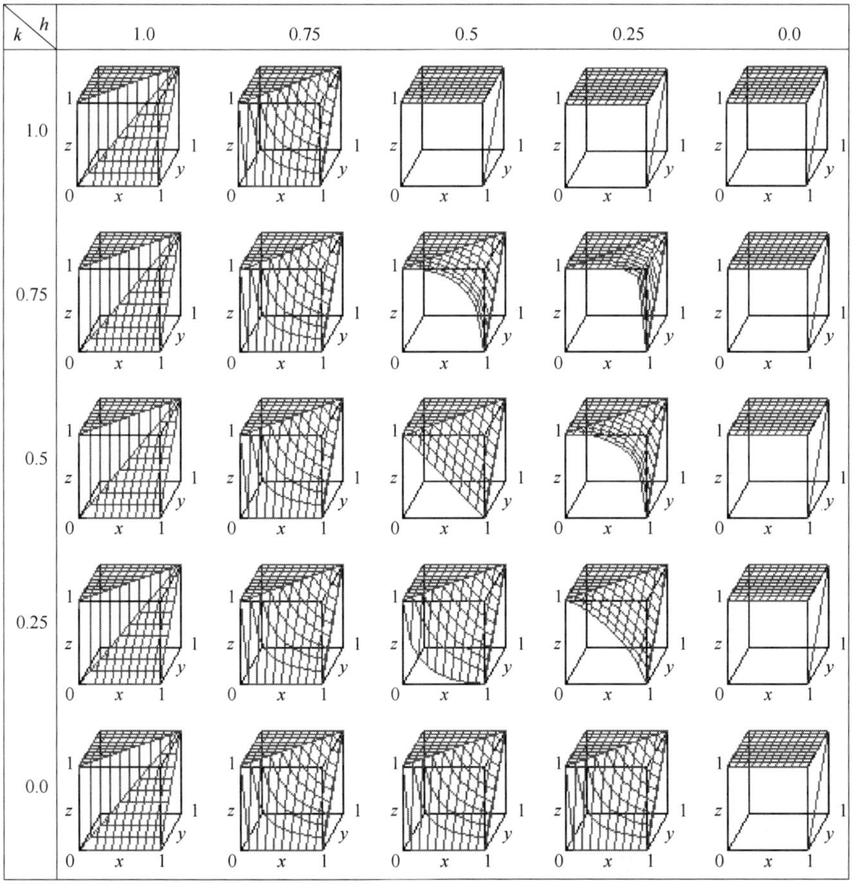

图 7.6　一级泛蕴涵运算模型图

① 泛蕴涵运算的逻辑学意义是保序传递关系，除 $h=0$ 和 $k=1$ 外，$I(x,y,k,h)=1$，当且仅当 $x\leqslant y$；还可以看成广义包含度，只要在形式上满足 $x\leqslant y$，就有 $I(x,y,k,h)=1$，不管在因素 $\boldsymbol{E}$ 中是完全包含、部分包含还是伪包含。根据这个性质，在泛逻辑学中同样约定用"$x\Rightarrow y$"表示永真泛蕴涵 $I(x,y,k,h)=1$ 或 $x\leqslant y$ 为真。

② 泛蕴涵运算与二值逻辑兼容：

$$I(0,0,k,h)=1, I(0,1,k,h)=1, I(1,0,k,h)=0, I(1,1,k,h)=1$$

③ 从三维图上可以看出，泛蕴涵运算有一个不变的泛蕴涵特征线面 $I(x,y,k,h)=1$（$x\leqslant y$ 时），有一个变的泛蕴涵特征线 $I(1,y,k,h)=y$。

④ 泛蕴涵性：泛蕴涵运算的偏假性是连续可调的，h 是泛蕴涵的偏假度，$h=0$ 时泛蕴涵的偏假性最小，除 $I(1,y,k,0)=y$ 外，其他区域为真，是最大蕴涵；随着 h 从 0 到 1 连续增大，泛蕴涵的偏假性不断提高，偏假区域连续增大，$I(x,y,0.5,0.5)$ 是 S 蕴涵，$I(x,y,0.5,0.75)$ 是 I 蕴涵，$I(x,y,k,1)$ 是最小蕴涵，它表明泛蕴涵的偏假区只能增大到 $y<x$ 且 $y\in[0,k]$ 的所在区域。

7.3.4 泛串行推理运算

一级泛串行推理运算完整簇是一级泛与运算完整簇：

$$\begin{aligned}R(x,y,k,h)&=\inf\{z\mid y\leqslant I(x,z,k,h)\}\\&=T(x,y,k,h)\\&=(\max(0,x^{nm}+y^{nm}-1))^{1/nm}\end{aligned}$$

一级泛与运算完整簇的所有性质都是一级泛串行推理运算完整簇的性质。

7.4 泛等价命题连接词的定义及性质

在二值逻辑中，等价命题连接词的公认定义是 $Q(0,0)=1, Q(0,1)=0, Q(1,0)=0, Q(1,1)=1$。其逻辑意义有 4 种不同形式，但在 $x,y\in\{0,1\}$ 条件下等价的解释：

① 同性等价，等价是同真或同假，$x\leftrightarrow y\Leftrightarrow(x\wedge y)\vee(\sim x\wedge\sim y)$；

② I 蕴涵等价，等价是相互 I 蕴涵，$x\leftrightarrow y\Leftrightarrow((x\wedge y)/x)\wedge((x\wedge y)/y)$；

③ S 蕴涵等价，等价是相互 S 蕴涵，$x\leftrightarrow y\Leftrightarrow(\sim x\vee y)\wedge(x\vee\sim y)$；

④ T 蕴涵等价，等价是相互 T 蕴涵，$x\leftrightarrow y\Leftrightarrow(x\rightarrow y)\wedge(y\rightarrow x)$。

这些等价的共同点是都确认保值性：如果 $x\leftrightarrow y$ 为真（记作 $x\Leftrightarrow y$），则 $x=y$

为真。

现在需要回答在 $x,y\in[0,1]$时，如何定义等价运算 $Q(x,y)$?

逻辑学界一般都把等价运算和蕴涵运算 $I(x,y)$联系起来研究，由于对蕴涵运算看法不一，所以对等价运算的分歧也很大，至今没有定论。

我们用泛逻辑学的思想和方法，已经确定 T 蕴涵在整个完整超簇上都是合理的，其中包含 I 蕴涵和 S 蕴涵的合理部分。所以下面重点分析 T 蕴涵等价和同性等价定义的合理性。通过对它们与二值逻辑的兼容性和保值性等特性的分析，证实 T 蕴涵等价在整个完整超簇上都是合理的，而同性等价只对二值逻辑是正确的。

7.4.1　泛等价命题连接词的定义

定义 7.4.1　由零级 T 性生成元完整簇 $F(x,h)=x^m$ 代入等价运算的基模型生成的零级 Q 范数完整簇 $Q(x,y,h)=(1\pm|x^m-y^m|)^{1/m}$(其中 $h>0.75$ 为+，否则为−)实现的泛逻辑运算叫*零级泛等价运算*，用泛等价命题连接词$\leftrightarrow_h$表示。其中：

$$m=(3-4h)/(4h(1-h));h=((1+m)-((1+m)^2-3m)^{1/2})/(2m),h\in[0,1],m\in\mathbf{R}$$

它的 4 个特殊算子是：

最小等价　Zadeh 等价　$Q(x,y,1)=\mathbf{Q}_3=\text{ite}\{1|x=y;\min(x,y)\}$

中极等价　概率等价　$Q(x,y,0.75)=\mathbf{Q}_2=\min(x/y,y/x)$　(I 等价)

中心等价　有界等价　$Q(x,y,0.5)=\mathbf{Q}_1=1-|x-y|$　(S 等价)

最大等价　突变等价　$Q(x,y,0)=\mathbf{Q}_0=\text{ite}\{x|y=1;y|x=1;1\}$

定义 7.4.2　由一级 T 性生成元完整超簇 $F(x,k,h)=x^{nm}$代入等价运算的基模型生成的一级 Q 范数完整超簇 $Q(x,y,k,h)=(1\pm|x^{nm}-y^{nm}|)^{1/nm}$(其中 $h>0.75$为+，否则为−)实现的泛逻辑运算叫*一级泛等价运算*，用泛蕴涵命题连接词$\leftrightarrow_{k,h}$表示。其中：

$$n=-1/\log_2 k,k\in[0,1];k=2^{-1/n},n\in\mathbf{R}_+$$

$Q(x,y,k,h)$的中极限是 $Q(x,y,k,0.75)=\mathbf{Q}_2=\min(x/y,y/x)$。

7.4.2　泛等价运算的性质

根据上述定义，可证明泛等价运算具有如下性质。

定理 7.4.1　$Q(x,y,k,h)$满足等价公理：

- 边界条件 Q1，$Q(1,y,k,h)=y,Q(x,1,k,h)=x$;

- 单调性 Q2，$Q(x,y,k,h)$关于$|x-y|$单调减；
- 连续性 Q3，$h,k\in(0,1)$时，$Q(x,y,k,h)$关于 x,y 连续；
- 交换律 Q4，$Q(x,y,k,h)=Q(y,x,k,h)$；
- 保值性 Q5，$Q(x,y,k,h)=1$，当且仅当 $x=y$(除 $h=0$ 和 $k=1$ 外)。

证明：

由于 $Q(x,y,k,h)=(1\pm|x^{nm}-y^{nm}|)^{1/nm}$(其中 $h>0.75$ 为+，否则为−)，显然可证 Q1，Q2，Q3，Q4 和 Q5 成立。 ▌

定理 7.4.2(兼容性) 泛蕴涵运算与二值逻辑兼容：

$$Q(0,0,k,h)=1, Q(0,1,k,h)=1, Q(1,0,k,h)=0, Q(1,1,k,h)=1$$

证明：

略。 ▌

定理 7.4.3(封闭性) $Q(x,y,k,h)\in[0,1]$。

证明：

略。 ▌

定理 7.4.4(下界性) $Q(x,y,k,h)\geqslant\min(x,y)$。

证明：

由于当 $x<y$ 时，$Q(x,y,k,h)\geqslant Q(x,1,k,h)=x$；当 $x\geqslant y$ 时，$Q(x,y,k,h)\geqslant Q(1,y,k,h)=y$，所以 $Q(x,y,k,h)\geqslant\min(x,y)$。 ▌

定理 7.4.5(传递性) $T(Q(x,y,k,h),Q(y,z,k,h),k,h)\leqslant Q(x,z,k,h)$，当 $x=y=z$ 时，$T(Q(x,y,k,h),Q(y,z,k,h),k,h)=Q(x,z,k,h)=1$。

证明：

由于

$$\begin{aligned}
&T(Q(x,y,k,h),Q(y,z,k,h),k,h)\\
&=(\max(0^{nm},(1\pm|x^{nm}-y^{nm}|)+(1\pm|y^{nm}-z^{nm}|)-1))^{1/nm}\\
&\leqslant(\max(0^{nm},(1\pm|x^{nm}-z^{nm}|)))^{1/nm}\\
&=Q(x,z,k,h)
\end{aligned}$$

当 $x=y=z$ 时，$T(Q(x, y,k,h),Q(y,z,k,h),k,h)=Q(x,z,k,h)=1$，所以本定理成立。 ▌

定理 7.4.6(结合律) $Q(x,Q(y,z,k,1),k,1)=Q(Q(x,y,k,1),z,k,1)$。

证明：

由于

$$Q(x,y,k,1)=\mathrm{ite}\{1|x=y;\min(x,y)\}$$

$$\begin{aligned}
Q(x,Q(y,z,k,1),k,1)&=\mathrm{ite}\{1|x=\mathrm{ite}\{1|y=z;\min(y,z)\};\min(x,\{1|y=z;\min(y,z)\}\}\\
&=\mathrm{ite}\{1|x=y=z;\min(x,y,z)\}
\end{aligned}$$

同理可得，$Q(Q(x,y,k,1),z,k,1)=\mathrm{ite}\{1|x=y=z;\min(x,y,z)\}$。所以本定理成立。 ▌

定理 7.4.7(非等律)　$Q(N(x,k),N(y,k),k,0.5)=Q(x,y,k,0.5)$。

证明：

由于 $Q(N(x,k),N(y,k),k,h)=(1\pm|(1-x^n)^m-(1-y^n)^m|)^{1/nm}$，当 $h=0.5$ 时，$m=1$，$Q(N(x,k),N(y,k),k,0.5)=(1\pm|(1-x^n)-(1-y^n)|)^{1/n}=(1\pm|y^n-x^n)|)^{1/n}=Q(x,y,k,0.5)$，所以本定理成立。 ▌

定理 7.4.8　当且仅当 $x,y\in\{0,1\}$ 时，$N(Q(x,y,k,h),k)=Q(x,N(y,k),k,h)$。

证明：

由于 $N(Q(x,y,k,h),k)=(1-(1\pm|x^{nm}-y^{nm}|)^{1/m})^{1/n}$，$Q(x,N(y,k),k,h)=(1\pm|x^{nm}-(1-y^n)^m|)^{1/nm}$，当$(1-(1\pm|x^{nm}-y^{nm}|)^{1/m})^{1/n}=(1\pm|x^{nm}-(1-y^n)^m|)^{1/nm}$ 时，必然 $x,y\in\{0,1\}$；当 $x,y\in\{0,1\}$ 时，由兼容性知，$N(Q(x,y,k,h),k)=Q(x,N(y,k),k,h)$。所以本定理成立。 ▌

定理 7.4.9　当且仅当 $x,y\in\{0,1\}$ 时，$Q(Q(x,y,k,h),x,k,h),k,h)=y$。

证明：

由于 $Q(Q(x,y,k,h),x,k,h),k,h)=(1\pm|(1\pm|x^{nm}-y^{nm}|)-x^{nm}|)^{1/nm}$，当 $y=(1\pm|(1\pm|x^{nm}-y^{nm}|)-x^{nm}|)^{1/nm}$ 时，必然 $x,y\in\{0,1\}$；当 $x,y\in\{0,1\}$ 时，由兼容性知，$N(Q(x, y,k,h),k)=Q(x,N(y,k),k,h)$。所以本定理成立。

定理 7.4.10(否定律)　当 $h\geqslant 0.75$ 时，$Q(x,0,k,h)=\mathbf{N}_0$；否则 $Q(x,0,k,h)=N(x,k')$，$k'=2^{-1/nm}$，$n,m\in\mathbf{R}_+$；当 $h=0.5$ 时，$(x,0,k,0.5)=N(x,k)$。

证明：

由于 $Q(x,y,k,h)=(1\pm|x^{nm}-y^{nm}|)^{1/nm}$（其中 $h>0.75$ 为+，否则为−），当 $y=0$时，$Q(x,0,k,h)=(1\pm x^{nm})^{1/nm}$，当 $h\geqslant 0.75$ 时，m 不是正值，$(1+x^{nm})^{1/nm}=\mathbf{N}_0$；否则，$(1+x^{nm})^{1/nm}=N(x,k')$，$k'=2^{-1/nm}$，$n,m\in\mathbf{R}_+$；当 $h=0.5$ 时，$m=1$，$Q(x,0,k,0.5)=N(x,k)$。所以本定理成立。 ▌

定理 7.4.11　$Q(N(y,k),y,k,h)\geqslant 0$；当且仅当 $x,y\in\{0,1\}$ 时，$Q(N(y,k),y,k,h)=0$。

证明：

由于 $Q(N(y,k),y,k,h)=(1\pm|1-2y^{nm}|)^{1/nm}$（其中 $h>0.75$ 为+，否则为−），可见 $Q(N(y,k),y,k,h)\geqslant 0$ 成立。

当 $x,y\in\{0,1\}$ 时，$Q(N(y,k),y,k,h)=Q(0,1,k,h)=0$；反之，如果 $Q(N(y,k),y,k,h)=(1\pm|1-2y^{nm}|)^{1/nm}=0$，则只能是 $y=0$ 或 $y=1$。

所以本定理成立。 ▌

定理 7.4.12 $T(x,y,k,h)\leqslant Q(x,y,k,h)$。

证明:

由于 $T(x,y,k,h)\leqslant \min(x,y)\leqslant Q(x,y,k,h)$,所以本定理成立。 ▌

7.4.3 泛等价运算的物理意义

泛等价运算模型零级完整簇的变化如图 7.7 所示,泛等价运算模型一级完整超簇的变化见图 7.8。从图中可以看出:

① 泛等价运算的逻辑学意义是保值传递关系,除 $h=0$ 和 $k=1$ 外,$Q(x,y,k,h)=1$,当且仅当 $x=y$。根据这个性质,在泛逻辑学中同样约定用"$x\Leftrightarrow y$"表示永真泛等价 $Q(x,y,k,h)=1$ 或 $x=y$ 为真(除 $h=0$ 和 $k=1$ 外),还可以把泛等价运算看成相似度,$Q(x,y,k,h)$表示 x,y 之间的相似程度,其大小与$|x-y|$成反比。

② 泛等价运算与二值逻辑兼容:

$$Q(0,0,k,h)=1,Q(0,1,k,h)=0,Q(1,0,k,h)=0,Q(1,1,k,h)=1$$

③ $Q(x,y,k,h)$有 3 条不变的泛等价特征线:

$$Q(x,x,k,h)=1,Q(1,y,k,h)=y,Q(x,1,k,h)=x$$

④ 泛等价性:泛等价运算的偏假性是连续可调的,h 是泛等价的偏假度,$h=0$ 时泛等价的偏假性最小,除 $Q(1,y,k,0)=y,Q(x,1,k,0)=x$ 外,其他区域为真,是最大等价;随着 h 从 0 到 1 连续增大,泛等价的偏假性不断提高,偏假区域连续增大,$Q(x,y,0.5,0.5)$是 S 等价,$Q(x,y,0.5,0.75)$是 I 等价,$Q(x,y,k,1)$是最小等价,这表明等价涵的偏假区只能增大到 $y\neq x$ 且 $x,y\in[0,k]$的所在区域。

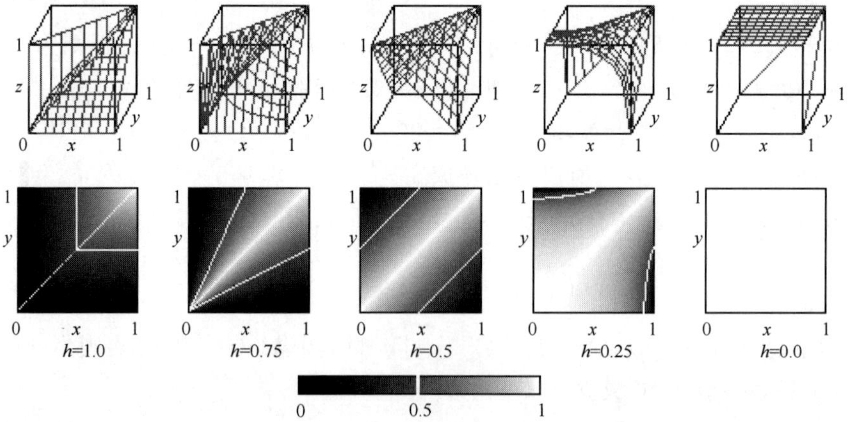

图 7.7 零级泛等价运算模型图

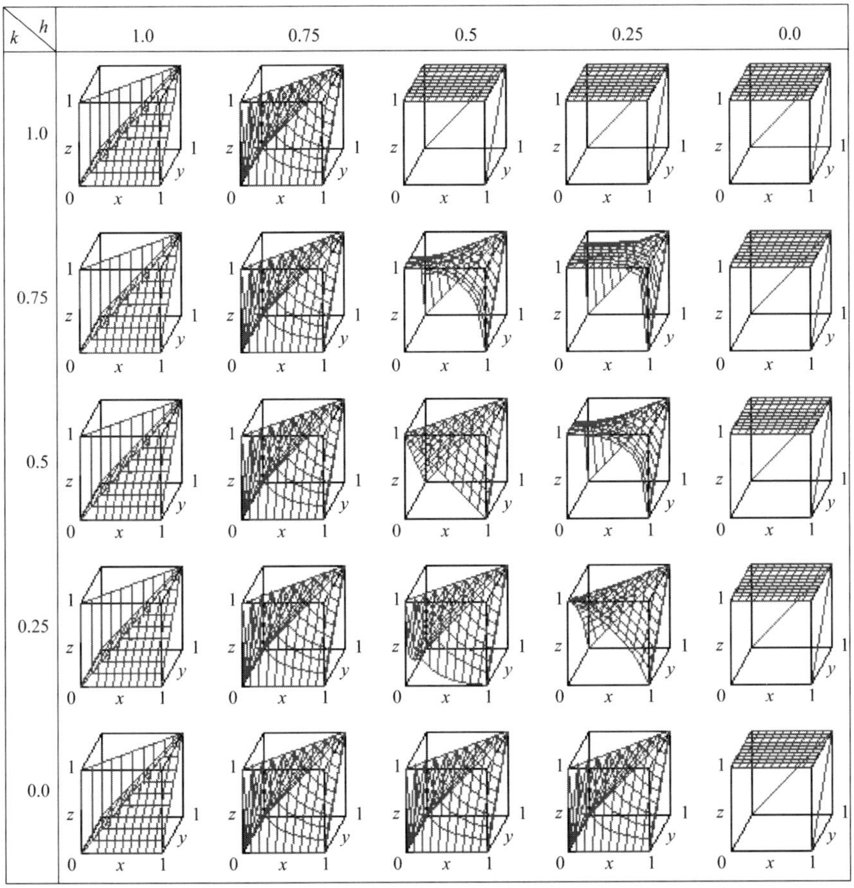

图 7.8　一级泛等价运算模型图

7.5　泛平均命题连接词的定义及性质

在现有的逻辑学中,有平均命题连接词,平均运算只存在于数值分析和决策分析之中。出现这个局面的认识根源在二值逻辑,由于它的长期影响,形成了一种思维定式,似乎在逻辑学中不需要考虑平均问题。因为命题只有真假两种,同真假的两命题平均,真假不变;不同真假的两命题平均,结果无定义,所以没有平均命题连接词存在的必要和可能。

但在非超序的三值逻辑和模糊逻辑中,均值运算不可或缺。因为它们的真值域中存在 0,1 之间的中间值,而与运算的结果不大于最小值,或运算的结果不小于最大值,依靠它们无法表达在最小值和最大值之间的逻辑折中,应该有一种逻辑运算来填补,它就是平均运算。

平均运算的物理意义是：对同一事物进行两次观察或测试，结果一般是不同的，其逻辑折中的结果应该在两次观察结果之间取值。有许多不同的平均计算方法，如算术平均、几何平均、调和平均和指数平均等，其中还有等权和不等权之分。但各种均值运算都有一个共同特性，自己和自己平均仍是自己。本书先研究与广义相关性和广义自相关性有关的等权平均运算，它的基模型是 $M(x,y)=(x+y)/2$，然后再专门研究不等权的平均运算和不可交换的命题泛逻辑。

选择零级平均运算模型的客观依据如下。

① 幂等性，$M(x,x,h)=x$。

② 泛平均运算与广义相关性有关：$h=1$ 时两事件最大相关，小测度事件应完全包含在大测度事件中，均值是最大值；$h=0.75$ 时两事件独立相关，均值是几何平均的对偶；$h=0.5$ 时两事件最大相斥，双方有平等的贡献，均值是算术平均；$h=0$ 时两事件最大相克，两次观察相互矛盾，均值是两事件的共同部分（即最小值）。

7.5.1 泛平均命题连接词的定义

定义 7.5.1 由零级 T 性生成元完整簇 $F(x,h)=x^m$ 代入平均运算的基模型生成的零级 M 范数完整簇 $M(x,y,h)=1-((1-x)^m+(1-y)^m)/2)^{1/m}$ 实现的泛逻辑运算叫*零级泛平均运算*，用泛平均命题连接词Ⓟ$_h$表示，其中：

$$m=(3-4h)/(4h(1-h))$$

$$h=((1+m)-((1+m)^2-3m)^{1/2})/(2m),h\in[0,1],m\in\mathbf{R}$$

它的 4 个特殊算子是：

最大平均　Zadeh 平均　$M(x,y,1)=\mathbf{M}_3=\max(x,y)=\mathbf{S}_3$

中极平均　概率平均　$M(x,y,0.75)=\mathbf{M}_2=1-((1-x)(1-y))^{1/2}$

中心平均　有界平均　$M(x,y,0.5)=\mathbf{M}_1=(x+y)/2$　（算术平均）

最大平均　突变平均　$M(x,y,0)=\mathbf{M}_0=\min(x,y)=\mathbf{T}_3$

其中还有一些常见的平均算子，如：

- 几何平均，$1-M(1-x,1-y,0.75)=(xy)^{1/2}$；
- 调和平均，$1-M(1-x,1-y,0.866)=2xy/(x+y)$。

定义 7.5.2 由一级 T 性生成元完整超簇 $F(x,k,h)=x^{nm}$ 代入平均运算的基模型生成的一级 M 范数完整超簇 $M(x,y,k,h)=1-((1-x^n)^m+(1-y^n)^m)/2)^{1/nm}$ 实现的泛逻辑运算叫*一级泛平均运算*，用泛平均命题连接词Ⓟ$_{k,h}$表示，其中：

$$n=-1/\log_2 k,k\in[0,1];k=2^{-1/n},n\in\mathbf{R}_+$$

$M(x,y,k,h)$ 的中极限簇是 $M(x,y,k,0.75)=\mathbf{M\Phi}_{2k}=(1-((1-x^n)(1-y^n))^{1/2})^{1/n}$。

根据多元算术平均的思想，上述定义可推广到多元运算中。

定义 7.5.3　由零级 M 范数完整簇 $M(x_1,x_2,\cdots,x_l,h)=1-(((1-x_1)^m+(1-x_2)^m+\cdots+(1-x_l)^m))/l)^{1/m}$实现的泛逻辑运算叫多元零级泛平均运算，用泛平均命题连接词Ⓟ$_h$表示。

它的 4 个特殊算子是：

最大平均　Zadeh 平均算子 $M(x_1,x_2,\cdots,x_l,1)=\mathbf{M}_3=\max(x_1,x_2,\cdots,x_l)$

中极平均　概率平均算子 $M(x_1,x_2,\cdots,x_l,0.75)=\mathbf{M}_2$

$$=1-((1-x_1)(1-x_2)\cdots(1-x_l))^{1/l}$$

中心平均　有界平均算子　$M(x_1,x_2,\cdots,x_l,0.5)=\mathbf{M}_1=(x_1+x_2+\cdots+x_l)/l$

最小平均　突变平均算子　$M(x_1,x_2,\cdots,x_l,0)=\mathbf{M}_0=\min(x_1,x_2,\cdots,x_l)$

定义 7.5.4　由一级 M 范数完整超簇 $M(x_1,x_2,\cdots,x_l,k,h)=(1-(((1-x_1^n)^m+(1-x_2^n)^m+\cdots+(1-x_l^n)^m)/l\ ))^{1/m})^{1/n}$实现的泛逻辑运算叫多元一级泛平均运算，用泛平均命题连接词Ⓟ$_{h,k}$表示。

多元一级泛平均运算的中极限簇是

$$M(x_1,x_2,\cdots,x_l,0.75,k)=(1-((1-x_1^n)(1-x_2^n)\cdots(1-x_l^n))^{1/l})^{1/n}=\mathbf{M\Phi}_{2k}$$

7.5.2　泛平均运算的性质

根据上述定义，可证明泛平均运算具有如下性质。

定理 7.5.1　$M(x,y,k,h)$满足平均公理：

- 边界条件 M1，$\min(x,y)\leqslant M(x,y,k,h)\leqslant\max(x,y)$；
- 单调性 M2，$M(x,y,k,h)$关于 x,y 单调增；
- 连续性 M3，$h,k\in(0,1)$时，$M(x,y,k,h)$关于 x,y 连续；
- 交换律 M4，$M(x,y,k,h)=M(y,x,k,h)$；
- 幂等性 M5，$M(x,y,k,h)=x$。

证明：

由 $M(x,y,k,h)=((x^{nm}+y^{nm})/2)^{1/nm}$可简单证明。 ▌

定理 7.5.2(封闭性)　$M(x,y,k,h)\in[0,1]$。

证明：

略。 ▌

定理 7.5.3(自分配律)　$M(x,M(y,z,k,h),k,h)=M(M(x,y,k,h),M(x,z,k,h),k,h)$。

证明：

由于

$$M(x,M(y,z,k,h),k,h)=((x^{nm}+(y^{nm}+z^{nm})/2)/2)^{1/nm}$$
$$=(x^{nm}/2+y^{nm}/4+z^{nm}/4)^{1/nm}$$
$$M(M(x,y,k,h),M(x,z,k,h),k,h)=(((x^{nm}+y^{nm})/2+(x^{nm}+z^{nm})/2)/2)^{1/nm}$$
$$=(x^{nm}/2+y^{nm}/4+z^{nm}/4)^{1/nm}$$
$$M(x,M(y,z,k,h),k,h)=M(M(x,y,k,h),M(x,z,k,h),k,h)$$

所以本定理成立。 ▮

定理 7.5.4(从众性) 如果 $x,y\leqslant k$,则 $M(x,y,k,h)\leqslant k$;如果 $x,y\geqslant k$,则 $M(x,y,k,h)\geqslant k$。但反之则不然。

证明:

由幂等性 M5 知,$M(k,k,k,h)=k$,由单调性 M2 知,$x,y\leqslant k$ 时,$M(x,y,k,h)\leqslant k$; $x,y\geqslant k$时,$M(x,y,k,h)\geqslant k$。 ▮

定理 7.5.5 如果 $M(x,y,k,h)\leqslant k$,则 $\min(x,y)\leqslant k$;如果 $M(x,y,k,h)\geqslant k$,则 $\max(x,y)\geqslant k$。但反之则不然。

证明:

由边界条件 M1 知,$\min(x,y)\leqslant M(x,y,k,h)\leqslant \max(x,y)$,所以如果 $M(x,y,k,h)\leqslant k$,则 $\min(x,y)\leqslant k$;如果 $M(x,y,k,h)\geqslant k$,则 $\max(x,y)\geqslant k$。

▮

7.5.3 泛平均运算的物理意义

泛平均运算模型零级完整簇的变化如图 7.9 所示,泛平均运算模型一级完整超簇的变化见图 7.10。从图中可以看出:

① 泛平均运算 $M(x,y,k,h)$的逻辑学意义是折中,它只能在$[x,y]$中取值。

② $M(x,y,k,h)$有一条不变的泛平均特征线 $M(x,x,k,h)=x$。

③ 从众性:如果 x,y 偏假,则 $M(x,y,k,h)$偏假;如果 x,y 偏真,则 $M(x,y,k,h)$偏真。但反之则不然。

④ 如果 $M(x,y,k,h)$偏假,则 $\min(x,y)$偏假;如果 $M(x,y,k,h)$偏真,则 $\max(x,y)$偏真。但反之则不然。

⑤ 泛平均特性。泛平均运算的偏真性是连续可调的,h 是泛平均的偏真度:$h=0$时泛平均的偏真性最小,$M(x,x,k,h)$是最小平均,除 $x\in[k,1]$且 $y\in[k,1]$的所在区域外,其他区域均偏假。随着 h 从 0 到 1 连续增大,泛平均的偏真性不断提高,偏真区连续增大,但它的偏真区只能增大到 $x\in[k,1]$或 $y\in[k,1]$的所在区域。

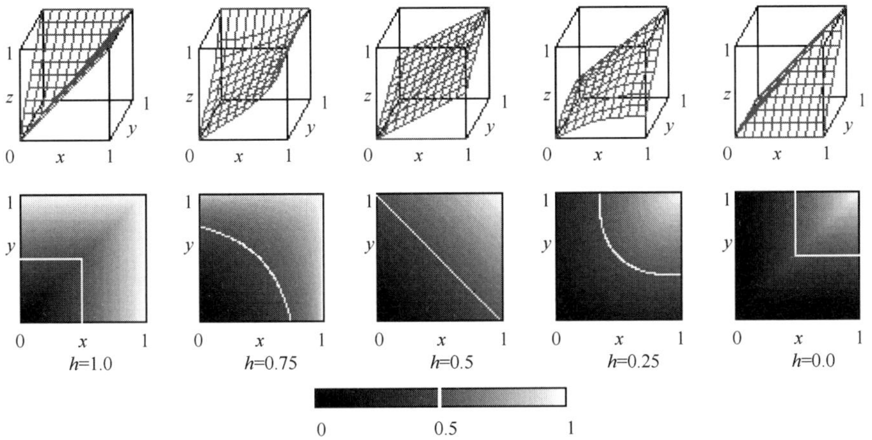

图 7.9　零级泛平均运算模型图

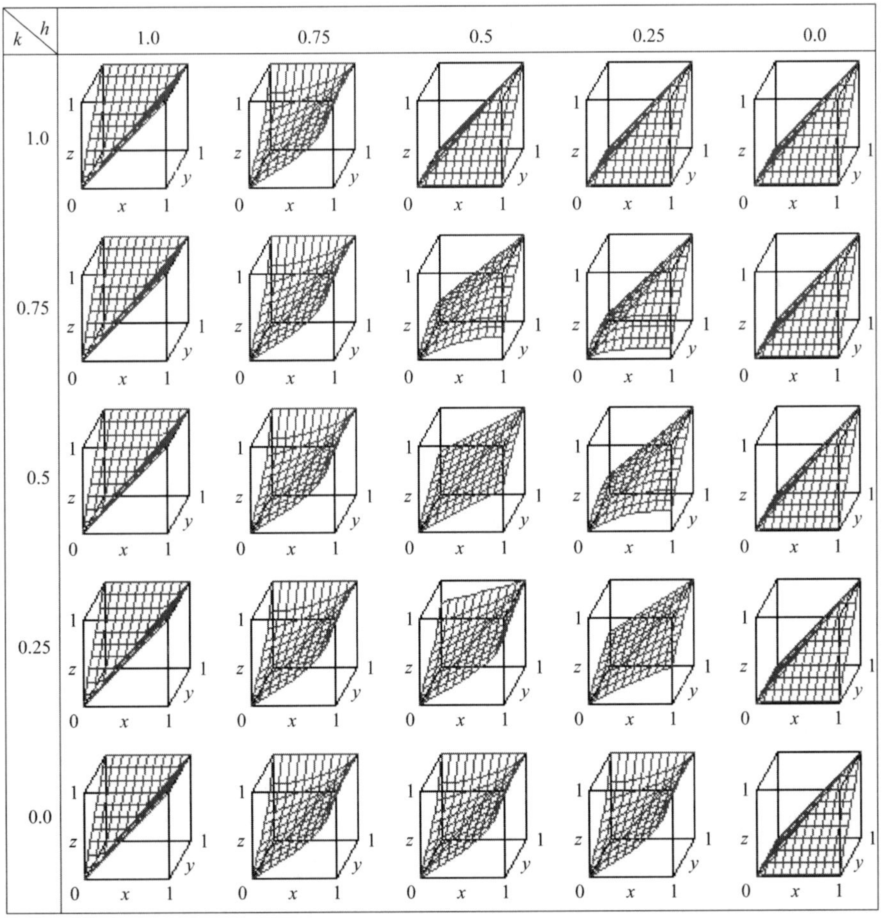

图 7.10　一级泛平均运算模型图

7.6 泛组合命题连接词的定义及性质

与平均运算的情况类似，在二值逻辑中也不存在组合运算，但在五值以上的多值逻辑和模糊逻辑中，组合运算不可或缺。因为与运算不大于最小值，或运算不小于最大值，平均运算只在最小值和最大值之间变化，它们的变化范围都有局限性。在综合决策中需要有一种可在全局上取值的逻辑运算，它就是组合运算。

对组合运算的客观需要可以用下面的例子来说明：设有两个独立的团体对某一候选人进行带有支持度的投票选举，一个的支持度是 x，另一个的支持度是 y，规定 e 是通过选举的门限值，也就是表示弃权的幺元(如 $e=0.5$ 表示规定过半数通过，当 $x=0.5$ 时表示 x 弃权)。用什么方法给出带有支持度的最后选举结果呢？如果利用泛平均运算 $M(x,y)$进行折中，由于 $\min(x,y)\leqslant M(x,y)\leqslant \max(x,y)$，会得到一些违反常识的结果。

① 当 $\max(x,y)=y$，且 $x,y>e$ 时，会出现反常结果：y 首先表示支持，x 也赞成 y 的意见表示支持，用 $M(x,y)$平均的结果反而减弱了 y 的支持程度。

② 当 $\max(x,y)=y$，且 $x,y<e$ 时，会出现反常结果：x 首先表示反对，y 也赞成 x 的意见表示反对，用 $M(x,y)$平均的结果反而减弱了 x 的反对程度。

③ 当一方弃权(如 $x=e$)后，除非另一方也弃权($y=e$)，用 $M(x,y)$平均的结果必然不是 y，这是违反弃权规定的。

正确的组合规则是：如果两人都反对，结果应不大于最小值；如果两人都赞成，结果应不小于最大值；如果两人意见相反，结果应在最大值和最小值之间折中；如果一方弃权，结果应为另一方的值；只有双方都弃权，结果才是弃权。

幺元 e 可以在[0,1]中取值，例如：$e=0$ 表示只要有人提议就通过；$e=0.6$ 表示常见的 60 分及格；$e=2/3$ 表示需要 2/3 多数同意才能通过；$e=1$ 表示需要一致同意才能通过等。显然，$e=0$ 时组合运算退化为或运算 $S(x,y)$；$e=1$ 时组合运算退化为与运算 $T(x,y)$。

泛组合运算的基模型是 $C^e(x,y)=\Gamma^1[x+y-e]$，它能满足 $h=k=0.5$ 时组合运算的各种性质：当 $x=e$ 时，$C^e(x,y)=y$；当 $x,y<e$ 时，$C^e(x,y)\leqslant \min(x,y)$；当 $x,y>e$ 时，$C^e(x,y)\geqslant \max(x,y)$；否则，$\min(x,y)\leqslant C^e(x,y)\leqslant \max(x,y)$。

由于 $x+y<2e$ 时，组合运算具有与运算的某些性质，$x+y>2e$ 时，组合运算具有或运算的某些性质，所以泛组合运算的基模型同时由与或两部分表达。在泛组合基模型中引入 h 和 k 的影响，可得到泛组合运算模型如下：

$$C^e(x,y,k,h)=\text{ite}\{\Gamma^e[F^{-1}(F(x,k,h)+F(y,k,h)-F(e,k,h),k,h)]\mid x+y<2e;$$
$$N(\Gamma^{e'}[F^{-1}(F(N(x,k),k,h)+F(N(y,k),k,h)-$$

$$F(N(e,k),k,h),k,h)],k)|x+y>2e;e\}$$

其中 $e'=N(e,k)$。

7.6.1 决策阈值 e 对组合运算基模型 C^e 的影响

在泛组合运算基模型中

$$C^e(x,y)=\Gamma[x+y-e]$$
$$=\text{ite}\{\min(e,\max(0,x+y-e))|x+y<2e;$$
$$N(\min(N(e),\max(0,N(x)+N(y)-N(e))))|x+y>2e;e\}$$

① $e=1$ 时，C^e 退化为与运算。

② $e=0$ 时，C^e 退化为或运算。

③ 其他情况下：$x+y<2e$ 时，C^e 具有与运算特性；$x+y>2e$ 时，C^e 具有或运算特性；否则 C^e 具有平均运算特性。

④ 当 $x=e$ 时，$C^e=y$；当 $y=e$ 时，$C^e=x$；当 $x=y=e$ 时，$C^e=e$。

7.6.2 泛组合命题连接词的定义

定义 7.6.1 由零级 T 性生成元完整簇 $F(x,h)=x^m$ 代入组合运算的基模型生成的零级 C 范数完整簇 $C^e(x,y,h)=\text{ite}\{\Gamma^e[(x^m+y^m-e^m)^{1/m}]|x+y<2e;1-(\Gamma^{1-e}[((1-x)^m+(1-y)^m)-(1-e)^m]^{1/m})|x+y>2e;e\}$ 实现的泛逻辑运算叫零级泛组合运算，用泛组合命题连接词 $©_h^e$ 表示。其中：

$$m=(3-4h)/(4h(1-h))$$
$$h=((1+m)-((1+m)^2-3m)^{1/2})/(2m),h\in[0,1],m\in\mathbf{R}$$

它的 4 个特殊算子是：

上限组合　Zadeh 组合 $C^e(x,y,1)=\mathbf{C}_3^e$
$$=\text{ite}\{\min(x,y)|x+y<2e;\max(x,y)|x+y>2e;e\}$$

中极组合　概率组合 $C^e(x,y,0.75)=\mathbf{C}_2^e$
$$=\text{ite}\{xy/e|x+y<2e;(x+y-xy-e)/(1-e)|x+y>2e;e\}$$

中心组合　有界组合　$C^e(x,y,0.5)=\mathbf{C}_1^e=\Gamma^1[x+y-e]$

下限组合　突变组合　$C^e(x,y,0)=\mathbf{C}_0^e=\text{ite}\{0|x,y<e;1|x,y>e;e\}$

定义 7.6.2 由一级 T 性生成元完整超簇 $F(x,k,h)=x^{nm}$ 代入组合运算的基模型生成的一级 C 范数完整超簇 $C^e(x,y,k,h)=\text{ite}\{\Gamma^e[(x^{nm}+y^{nm}-e^{nm})^{1/nm}]|x+y<2e;(1-(\Gamma^{e'}[((1-x^n)^m+(1-y^n)^m)-(1-e^n)^m])^{1/m})^{1/n}|x+y>2e;e\}$ 实

现的泛逻辑运算叫一级泛组合运算，用泛组合命题连接词$©^e_{k,h}$表示。其中：

$$e'=(1-e)^n, n=-1/\log_2 k, k\in[0,1]; k=2^{-1/n}, n\in\mathbf{R}_+$$

$C^e(x,y,k,h)$的中极限簇是

$$\begin{aligned}C^e(x,y,k,0.75)&=\mathbf{C\Phi}^e_{2k}\\&=\text{ite}\{xy/e\,|\,x+y<2e;\\&\quad(1-(1-x)^n(1-y)^n/(1-e)^n)^{1/n}\,|\,x+y>2e;e\}\end{aligned}$$

7.6.3 泛组合运算的性质

根据上述定义，可证明泛组合运算具有如下性质。

定理 7.6.1 $C^e(x,y,k,h)$满足组合公理：

• 边界条件 C1，当 $x,y<e$ 时，$C^e(x,y,k,h)\leqslant\min(x,y)$；当 $x,y>e$ 时，$C^e(x,y,k,h)\geqslant\max(x,y)$；当 $x+y=2e$ 时，$C^e(x,y,k,h)=e$；否则，$\min(x,y)\leqslant C^e(x,y,k,h)\leqslant\max(x,y)$。

• 单调性 C2，$C^e(x,y,k,h)$关于 x,y 单调增。

• 连续性 C3，$h,k\in(0,1)$时，$C^e(x,y,k,h)$关于 x,y 连续。

• 交换律 C4，$C^e(x,y,k,h)=C^e(y,x,k,h)$。

• 幺元律 C5，$C^e(x,e,k,h)=x$。

证明：

由

$$\begin{aligned}C^e(x,y,k,h)=\text{ite}\{&\Gamma^e[(x^{nm}+y^{nm}-e^{nm})^{1/nm}]\,|\,x+y<2e;\\&(1-(\Gamma^{e'}[((1-x^n)^m+(1-y^n)^m)-(1-e^n)^m])^{1/m})^{1/n}\,|\,x+y>2e;e\}\end{aligned}$$

可简单证明本定理成立。 ▮

定理 7.6.2(封闭性) $C^e(x,y,k,h)\in[0,1]$。

证明：

略。 ▮

定理 7.6.3(逆元律) $C^e(x,x',k,h)=e, x'=2e-x$。

证明：

略。 ▮

定理 7.6.4(弃权律) $C^e(e,e,k,h)=e$。

证明：

略。 ▮

定理 7.6.5 $T(x,y,k,h)\leqslant C^e(x,y,k,h)\leqslant S(x,y,k,h)$。

证明：

由于

$$
\begin{aligned}
(\max(0^{nm}, x^{nm}+y^{nm}-1))^{1/nm} \leqslant & \,\mathrm{ite}\{\Gamma^{e}[(x^{nm}+y^{nm}-e^{nm})^{1/nm}] \mid x+y<2e; \\
& (1-(\Gamma^{e'}[((1-x^{n})^{m}+(1-y^{n})^{m})- \\
& (1-e^{n})^{m}])^{1/m})^{1/n} \mid x+y>2e; e\} \\
\leqslant & (1-(\max((1-0^{n})^{m}, (1-x^{n})^{m}+ \\
& (1-y^{n})^{m}-1))^{1/m})^{1/n}
\end{aligned}
$$

所以本定理成立。 ▌

7.6.4　泛组合运算的物理意义

泛组合运算模型零级完整超簇的变化如图 7.11 和图 7.12 所示，从图中可以看出：

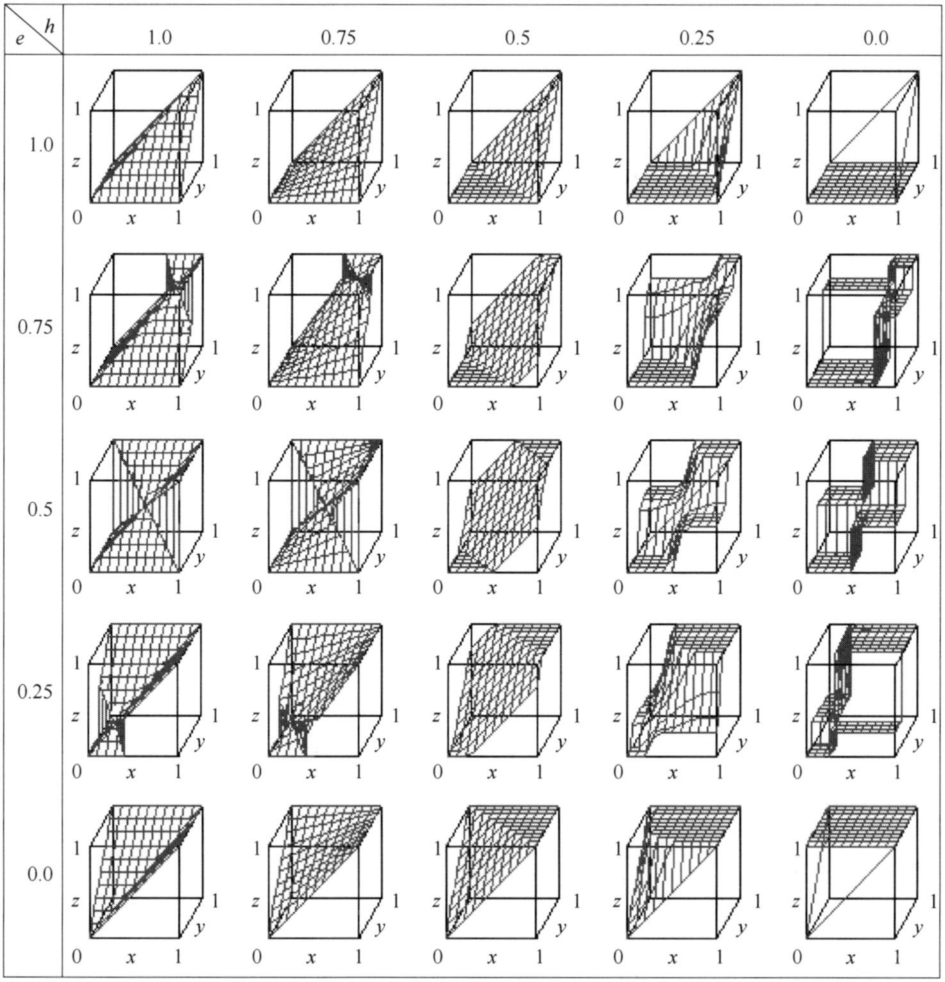

图 7.11　零级泛组合运算的三维图

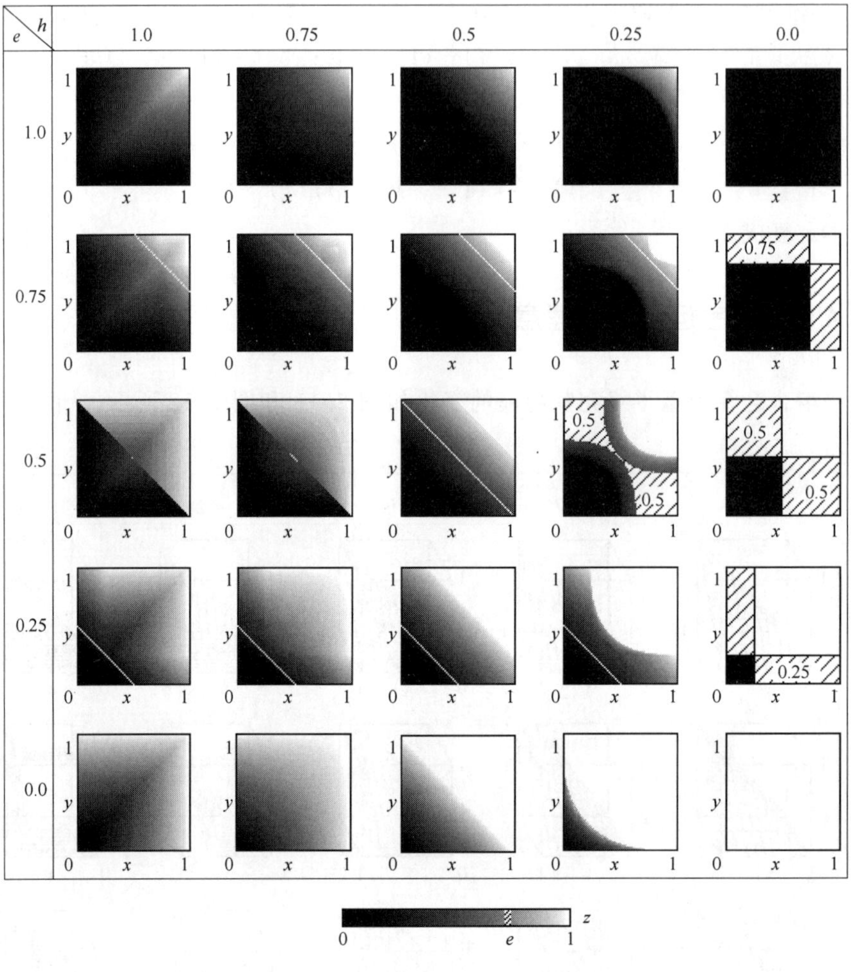

图 7.12　零级泛组合运算的灰度图

① 泛组合运算的逻辑学意义是综合决策，它可以在[0,1]中取值，并有表示弃权的幺元 e，e 是泛组合运算的与/或特性的分界线。

② $C^e(x,y,k,h)$有两条泛组合特征线：$C^e(x,e,k,h)=x$，$C^e(e,y,k,h)=y$。

③ e 的连续可调性：e 是泛组合运算的决策门限值，$e=0$ 表示不设门限控制，泛组合运算退化为泛或运算。随着 e 从 0 到 1 连续增大，门限值不断提高，泛组合运算的泛或运算区域不断减小，泛与运算区域不断扩大。$e=0.5$ 是正常门限值，与、或区域各半，$e=1$ 表示最高门限控制，泛组合运算退化为泛与运算。

④ 泛组合性：泛组合运算随 h 连续可调，h 是泛组合运算的宽容度，$h=0$ 表示组合运算的宽容度最小，如果 $x,y>e$，则 $C^e(x,y,k,0)=1$；如果 $x,y<e$，则 $C^e(x,y,k,0)=0$。随着 h 从 0 到 1 连续增大，组合运算的宽容度连续增大。$h=0.5$ 表

示组合运算的宽容度适中，$C^e(x,y,0.5,0.5)=\Gamma^1[x+y-e]$。$h=1$ 表示组合运算的宽容度最大，如果 $x,y>e$，则 $C^e(x,y,k,1)=\max(x,y)$；如果 $x,y<e$，则 $C^e(x,y,k,1)=\min(x,y)$。

⑤ 泛平均运算 $M(x,y,k,h)$ 和泛组合运算 $C^e(x,y,k,h)$ 的根本差别是前者有幂等性，后者有幺元；前者在 $[x,y]$ 中取值，后者在 $[0,1]$ 中取值。

泛组合运算模型一级完整超簇有 e,k,h 3 个形参，它的变化图十分复杂。由于 $e=0$ 时，$C^e(x,y,k,h)=S(x,y,k,h)$，$e=1$ 时，$C^e(x,y,k,h)=T(x,y,k,h)$，所以这里仅给出了 $e=0.25$（图 7.13），$e=0.5$（图 7.14）和 $e=0.75$（图 7.15）的三维变化图。

根据多元组合基模型 $C^e(x_1,x_2,\cdots,x_l)=\Gamma^1[x_1+x_2+\cdots+x_l-(1-l)e]$，泛组合运算可推广到多元运算中。

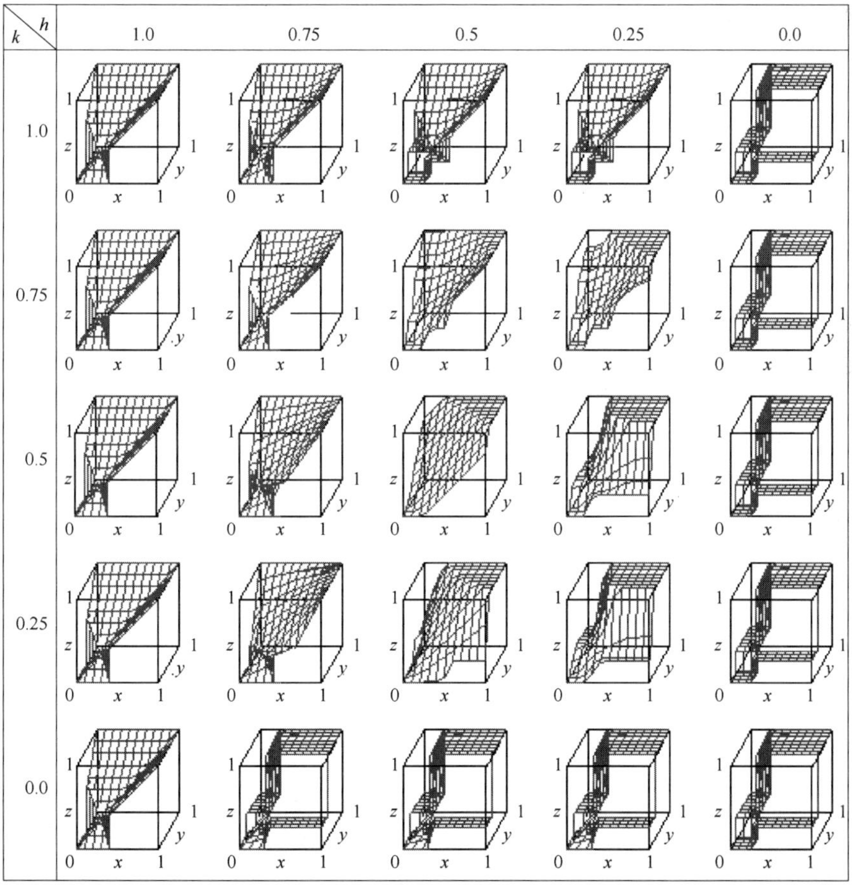

图 7.13　一级泛组合运算的三维图（$e=0.25$）

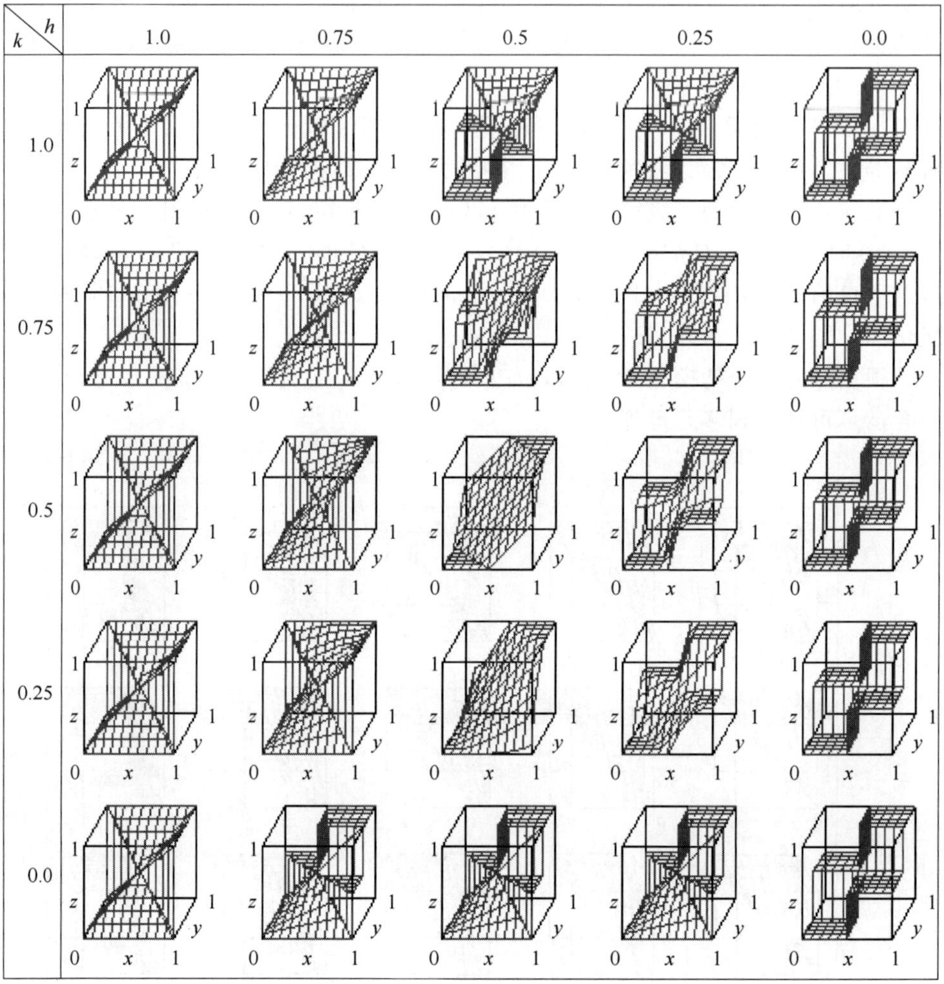

图 7.14　一级泛组合运算的三维图(e=0.5)

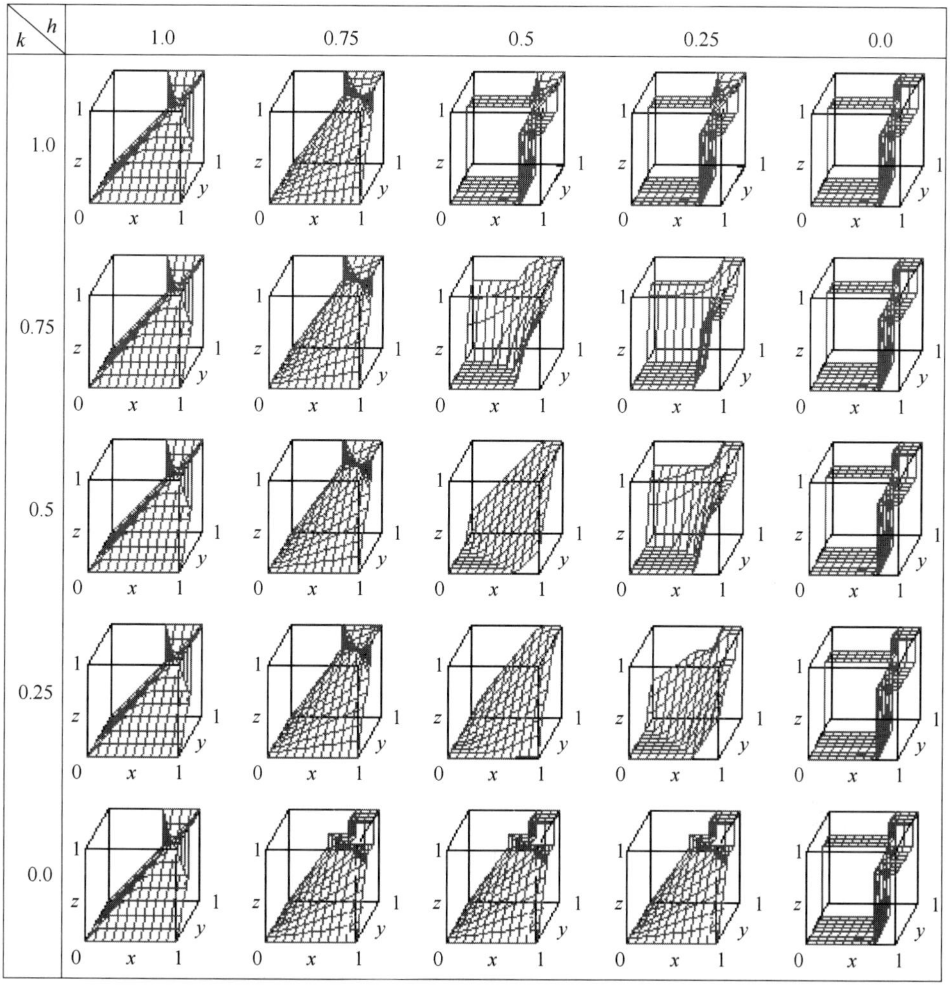

图 7.15　一级泛组合运算的三维图($e=0.75$)

第8章　不可交换的命题泛逻辑

到目前为止讨论的都是可交换的命题泛逻辑，它们具有许多良好的逻辑性质，最核心的性质就是参与逻辑运算的命题都是等权的，它们的相对位置和出场先后没有关系。可是，在现实问题中，常常会出现另外一种应用需求：给重要的或者可信的命题更高的权重，让它对结果产生更大的影响。最常见的有加权平均运算和加权组合运算，它们都有许多成功的案例，但是都停留在数学运算层面，没有人从逻辑层面(特别是柔性逻辑的运算完整簇层面)系统全面地研究各种逻辑运算的加权问题，进而建立不可交换的命题泛逻辑学。我们研究团队是第一支进入这个无人区，探索建立不可交换的命题泛逻辑并获得成功的队伍，目前还无人紧随其后。我们的研究策略是从使用最多的加权平均运算入手，研究各种可能的逻辑加权方式，评价它们对整个逻辑运算完整簇和泛逻辑理论体系的影响，从而确定一种最合理的可以统一使用的逻辑加权方式。

下面介绍我们的探索过程和最后结果，欢迎读者批评指正。

8.1　在泛平均运算完整簇上探寻最佳的加权方式

从第7章的讨论已知，泛平均运算完整簇有强大的包容能力，它可以把算术平均、几何平均(指数平均)和调和平均等各种常用的平均算子全部包容其中，不过这些算子都是等权的，没有权重差别。我们需要寻找一种合理的逻辑加权方式，能让泛平均运算完整簇强大的包容能力保持不变，全部变成有权重差别的平均算子。说实在的，给某一个具体的平均算子加权，并没有特别的困难，人人都会来几下。但是要给柔性逻辑中的具有无穷多个算子的泛平均运算完整簇进行加权，照顾到它对每一个算子的影响，就没有人尝试过了，我们也只是在本书参考文献[HEWL01]的5.5.2节逻辑真值附加特性的运算中，讨论过一个加权泛平均运算的实例。但是要为6个不同的二元泛逻辑运算完整簇寻找合理的、统一的加权方式，建立完整的不可交换的命题泛逻辑理论体系，谁也没有经验。

8.1.1　泛平均运算的命题算术加权方式

定义 8.1.1　设 $\beta\in[0,1]$为零级二元泛平均运算完整簇，

$$M(x,y,h)=1-(((1-x)^m+(1-y)^m)/2)^{1/m}$$

$$m=(3-4h)/(4h(1-h)),h\in[0,1],m\in\mathbf{R}$$

中命题 x 的算术加权系数、命题 y 的算术加权系数规定是 $1-\beta\in[0,1]$(即始终保持 x 和 y 的加权系数之和为 1)。

推广到多元泛平均运算时，算术加权系数为 $\beta_1,\beta_2,\cdots,\beta_l$($\beta_i\in[0,1]$且 $\sum_{i=1}^{l}\beta_i=1$)。

定义 8.1.2　零级二元泛平均命题算术加权运算模型完整簇是

$$M(x,y,h,\beta)=1-(((1-\beta x)^m+(1-(1-\beta)y)^m)/2)^{1/m}$$

图 8.1 是当 $\beta=0.6$ 时，分别取 $h=1,h=0.75,h=0.5,h=0.25$ 和 $h=0$，得到的[0,1]区间上二元零级泛平均命题算术加权运算模型完整簇的三维变化图。

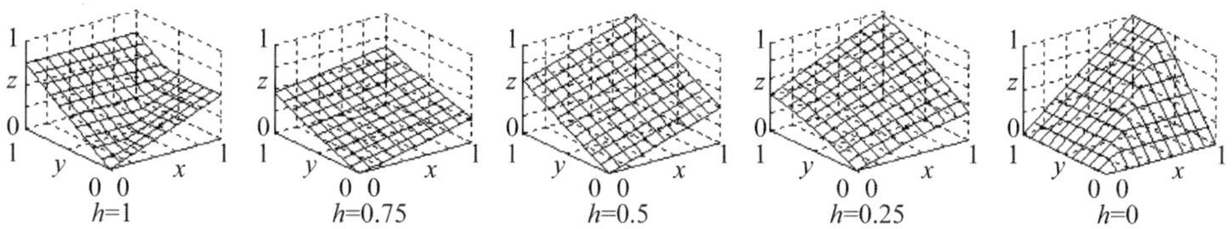

图 8.1　零级泛平均命题算术加权运算模型完整簇的三维变化图

从图 8.1 可知，这种加权方式是对命题真值的加权，其中心平均算子为$(\beta x+(1-\beta)y)/2$，偏离了应该有的算术加权平均算子 $\beta x+(1-\beta)y$，而且对其他的几何平均(指数平均)和调和平均等各种常用的平均算子也不能有效地加权。所以这种加权方式从泛平均逻辑运算完整簇的层面看没有全局推广的意义。

8.1.2　泛平均运算的命题指数加权方式

定义 8.1.3　设 $\beta>0$ 为零级二元泛平均运算完整簇，

$$M(x,y,h)=1-(((1-x)^m+(1-y)^m)/2)^{1/m}$$

中命题 x 的指数加权系数、命题 y 的指数加权系数是 $1/\beta$(即始终保持命题 x 和 y 的指数加权系数之积为 1)。

推广到多元泛平均运算时，指数加权系数为 $\beta_1,\beta_2,\cdots,\beta_l\left(\beta_i>0\text{ 且 }\prod_{i=1}^{l}\beta_i=1\right)$。

定义 8.1.4　零级二元泛平均命题指数加权运算模型完整簇是

$$M(x,y,h,\beta)=1-(((1-x^{\beta})^m+(1-y^{1/\beta})^m)/2)^{1/m}$$

图 8.2 是当 $\beta=3$ 时，分别取 $h=1,h=0.75,h=0.5,h=0.25$ 和 $h=0$，得到的

[0,1]区间上二元零级泛平均命题指数加权运算模型完整簇的三维变化图。从图8.2可知,指数加权方式获得的泛平均运算完整簇的逻辑性质很差,簇中原有的一些平均算子未能有效地保存,且不适于向[0,1]区间之外和多元泛平均运算中推广。

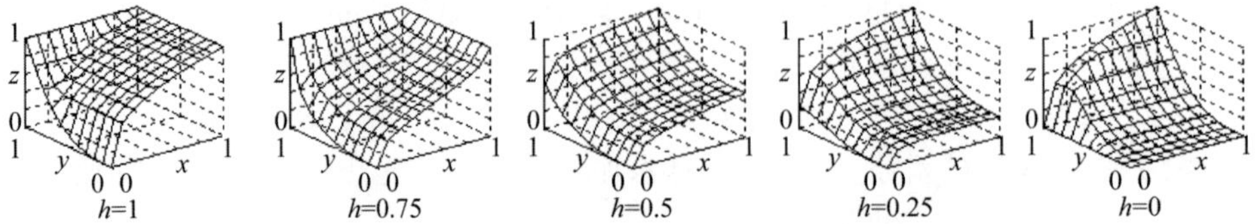

图8.2　零级泛平均命题指数加权运算模型完整簇的三维图

8.1.3　泛平均运算的生成元加权方式

参考文献[HEWL01]提出了一种泛平均逻辑运算的加权模型,它将权值加在T性生成元完整簇 $F(x,h)$ 前,我们将其称为泛平均模型的生成元加权方式。

定义 8.1.5　设 $\beta\in[0,1]$ 为零级二元泛平均运算完整簇,

$$M(x,y,h)=1-F^{-1}(F((1-x,h)+F(1-y,h))/2,h)$$

中 x 的生成元加权系数、y 的生成元加权系数是 $1-\beta\in[0,1]$(即始终保持 x 和 y 的加权系数之和为1)。

注意:一般只能在 $\beta\in(0,1)$ 内安全使用,才能让二元泛平均运算保持二元运算本色。如选择 $\beta=1$,意味着绝对信任 x,结果会退化为一元运算 x;如选择 $\beta=0$,意味着绝对信任 y,结果会退化为一元运算 y。

推广到多元泛平均运算时,生成元加权系数为 $\beta_1,\beta_2,\cdots,\beta_l\left(\beta_i\in[0,1]且\sum_{i=1}^{l}\beta_i=1\right)$。

定义 8.1.6　零级二元泛平均生成元加权运算模型完整簇是

$$M(x,y,h,\beta)=1-F^{-1}(2\beta F(((1-x,h)+2(1-\beta)F(1-y,h))/2,h)$$
$$=1-((2\beta(1-x)^m+2(1-\beta)(1-y)^m)/2)^{1/m}$$

在 $\beta\in(0,1)$ 时,它保存了4个特殊的平均算子:

Zadeh 平均　$M(x,y,1,\beta)=\max(x,y)$

概率平均　$M(x,y,0.75,\beta)=1-(1-x)^{\beta}(1-y)^{1-\beta}$　(指数平均)

有界平均　$M(x,y,0.5,\beta)=\beta x+(1-\beta)y$　(算术平均)

突变平均　$M(x,y,0,\beta)=\min(x,y)$

当 $\beta=1$ 时,退化为一元运算 x;当 $\beta=0$ 时,退化为一元运算 y。

图8.3是 $\beta=0.6$ 时,$h=1$, $h=0.75$, $h=0.5$,$h=0.25$ 和 $h=0$ 的零级泛平均生成元加权运算模型完整簇的三维图。从图8.3中可知,生成元加权方法可以在整个完整簇上获得良好的逻辑性质,可以包含常用的加权指数平均、加权算术平均、加权调和平均等。至此我们初步找到了泛平均运算完整簇的加权方式,下面首

先推广到泛平均运算模型完整簇中看效果。

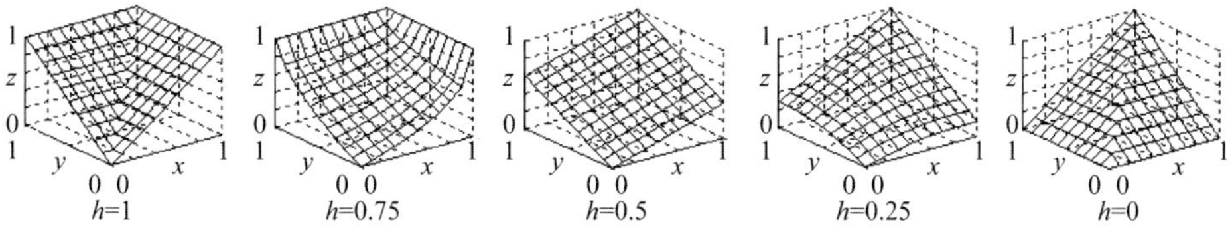

图 8.3　二元零级泛平均生成元加权运算模型完整簇的三维图

定义 8.1.7　一级二元泛平均生成元加权运算模型完整簇是

$$M(x,y,k,h,\beta)=\Phi^{-1}(1-F^{-1}((2\beta(F(\Phi(1-x,k),h)+2(1-\beta)F(\Phi(1-y,k),h))/2),h),k)$$
$$=(1-(2\beta(1-x^n)^m+2(1-\beta)(1-y^n)^m)/2)^{1/m})^{1/n}$$

k,h,β 3 个参数排列组合出来的状态有很多，无法在这里全部展示出来，我们选择了 $k=0.25$ 和 $k=0.75$ 两种情况下的 25 种状态以代表全貌。

从图 8.4、图 8.5、图 8.6 知，生成元加权生成的完整簇很好，值得全面推广。

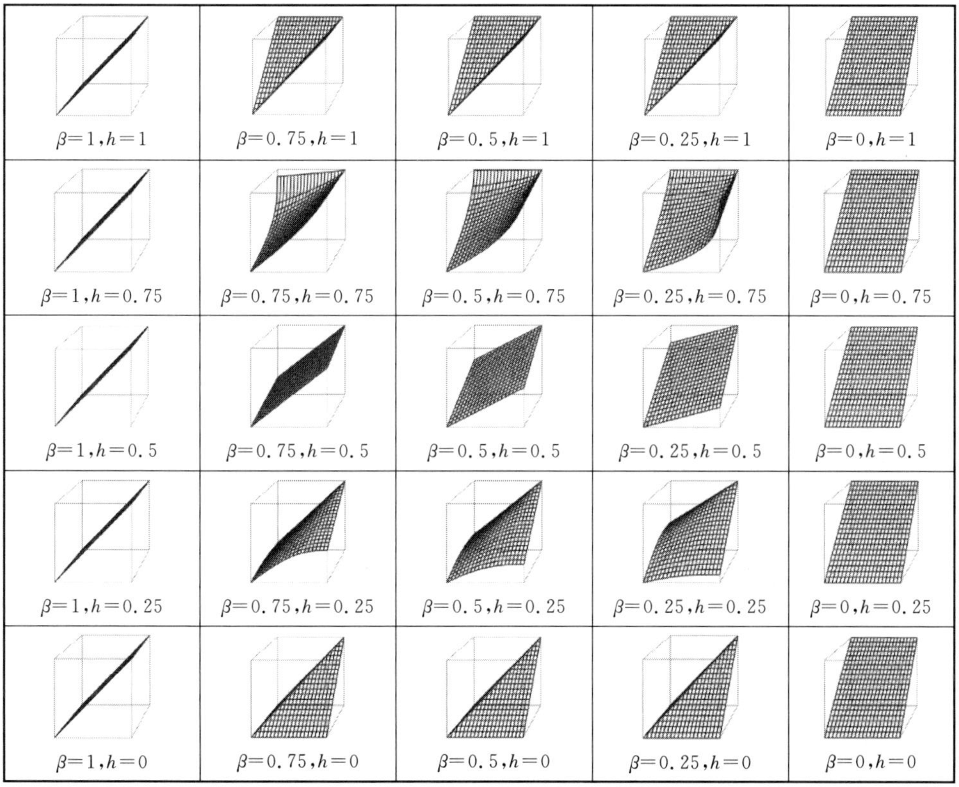

注：图中斜的坐标轴是 x，水平坐标轴是 y，垂直坐标轴是 z。

图 8.4　零级泛与运算的加权完整簇($k=0.5$)

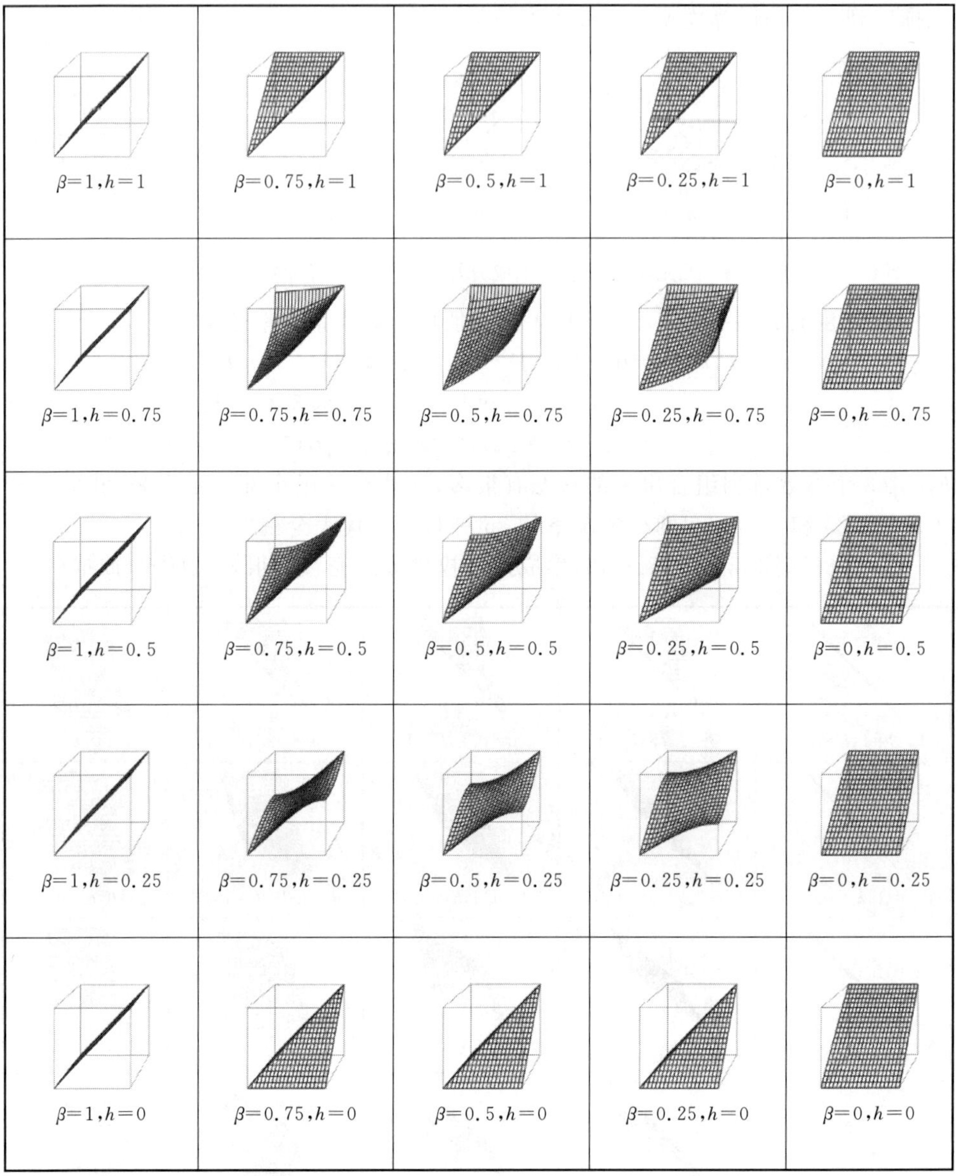

注：图中斜的坐标轴是 x，水平坐标轴是 y，垂直坐标轴是 z。

图 8.5　一级泛平均运算的加权完整簇-1($k=0.25$)

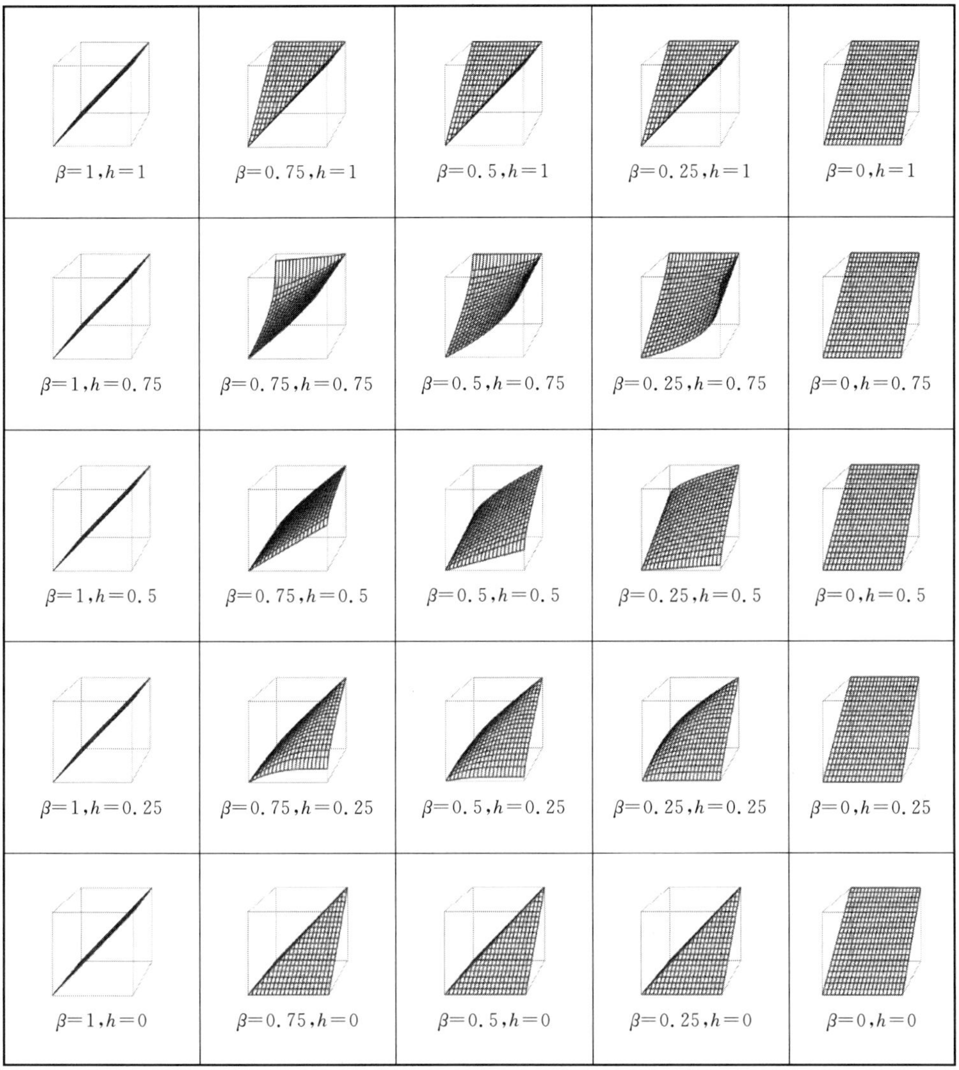

注：图中斜的坐标轴是 x，水平坐标轴是 y，垂直坐标轴是 z。

图 8.6　一级泛与运算的加权完整簇-2($k=0.75$)

8.1.4　生成元加权方式的推广应用

在可交换的泛逻辑中已经获得了生成泛逻辑运算完整簇的有关规则，具体如下。

1. 生成元规则

统一使用指数型 N 性生成元完整簇 $\Phi(x,k)$、T 性生成元完整簇 $F(x,h)$。

① N 性生成元完整簇：$\Phi(x,k)=x^n$。其中 $n=-1/\log_2 k, k\in[0,1]; k=2^{-1/n}$，$n\in\mathbf{R}_+$。

② 零级 T 性生成元完整簇：$F(x,h)=x^m$。其中 $m=(3-4h)/(4h(1-h))$，$h\in[0,1]; h=((1+m)-((1+m)^2-3m)^{1/2})/(2m), m\in\mathbf{R}$。

③ 一级 T 性生成元完整簇：$F(x,k,h)=F(\Phi(x,k),h)=x^{nm}$。

④ 一级 T 性生成元加权完整簇：$F(x,k,h,\beta)=2\beta F(\Phi(x,k),h)=2\beta x^{nm}$；$F(y,k,h,\beta)=2(1-\beta)F(\Phi(y,k),h)=2(1-\beta)y^{nm}$。

2. 生成基规则

统一使用非与型基模型 NT。

(1) 泛非运算基模型

$$N(x,0.5)=1-x=\Phi^{-1}(1-\Phi(x,0.5),0.5)$$

(2) 泛与运算基模型

$$\begin{aligned}T(x,y,0.5,0.5)&=\max(0,x+y-1)\\&=\Phi^{-1}(F^{-1}(\max(F(\Phi(0,0.5),0.5),\ F(\Phi(x,0.5),0.5)+\\&\quad F(\Phi(y,0.5),0.5)-1),0.5),0.5)\end{aligned}$$

(3) 泛或运算基模型

$$\begin{aligned}S(x,y,0.5,0.5)&=1-\max(0,(1-x)+(1-y)-1)\\&=\Phi^{-1}(1-(F^{-1}(\max(F(\Phi(0,0.5),0.5),F(\Phi(1-x,0.5),0.5)+\\&\quad F(\Phi(1-y,0.5),0.5)-1),0.5),0.5)\end{aligned}$$

(4) 泛蕴涵运算基模型

$$\begin{aligned}I(x,y,0.5,0.5)&=\min(1,1-x+y)\\&=\Phi^{-1}(F^{-1}(\min(1+F(\Phi(0,0.5),0.5),1-F(\Phi(x,0.5),0.5)+\\&\quad F(\Phi(y,0.5),0.5)),0.5),0.5)\end{aligned}$$

(5) 泛等价运算基模型

$$\begin{aligned}Q(x,y,0.5,0.5)&=1-|x-y|\\&=\Phi^{-1}(F^{-1}(1\pm|F(\Phi(x,0.5),0.5)-\\&\quad F(\Phi(y,0.5),0.5)|,0.5),0.5)\end{aligned}$$

使用基模型时，$h>0.75$ 取＋，否则取－。

(6) 泛平均运算基模型

$$\begin{aligned}M(x,y,0.5,0.5)&=1-((1-x)+(1-y))/2\\&=\Phi^{-1}(1-(F^{-1}(F(\Phi(1-x,0.5)),0.5)/2+\\&\quad F(\Phi(1-y,0.5),0.5)/2),0.5),0.5)\end{aligned}$$

(7) 泛组合运算基模型

$$
\begin{aligned}
C^e(x,y) &= C^e(x,y,0.5,0.5) \\
&= \Gamma[x+y-e] \\
&= \text{ite}\{\Gamma^e[F^{-1}(F(\Phi(x,0.5),0.5)+F(\Phi(y,0.5),0.5)-F(\Phi(e,0.5),0.5)] \mid \\
&\quad x+y<2e;\ \Phi^{-1}(1-\Gamma^{e'}[F^{-1}(F(\Phi(1-x,0.5),0.5)+F(\Phi(1-y,0.5), \\
&\quad 0.5)-F(\Phi(1-e,0.5),0.5)],0.5) \mid x+y>2e;e\}
\end{aligned}
$$

其中 $e\in[0,1]$是表示弃权的幺元,$e'=N(e,k)$,$\Gamma[*]$是$[0,1]$区间的限幅函数:

$$\Gamma[x+y-e]=\min(1,\max(0,x+y-e))$$

3. 不确定性参数对基模型的调整规则

① 误差系数 $k\in[0,1]$的调整函数 $\Phi(x,k)$对一元运算基模型 $N(x)$的作用方式是

$$N(x,k)=\Phi^{-1}(N(\Phi(x,k)),k)$$

它对二元运算基模型 $L(x,y)$的作用方式是

$$L(x,y,k)=\Phi^{-1}(L(\Phi(x,k),\Phi(y,k)),k)$$

② 广义相关系数 $h\in[0,1]$的调整函数 $F(x,h)$对各种二元运算基模型 $L(x,y)$的作用方式是

$$L(x,y,h)=F^{-1}(L(F(x,h),F(y,h)),h)$$

③ k,h 二者对二元运算模型 $L(x,y)$共同的作用方式是

$$L(x,y,k,h)=\Phi^{-1}(F^{-1}(L(F(\Phi(x,k),h),F(\Phi(y,k),h),h),k)$$

④ 相对权重系数 $\beta\in[0,1]$对各种二元运算基模型 $L(x,y)$的作用方式是

$$L(x,y,\beta)=L(2\beta x,2(1-\beta)y)$$

注意:一般只能在 $\beta\in(0,1)$内安全使用,才能让二元泛平均运算保持二元运算本色。如选择 $\beta=1$,意味着绝对信任 x,结果会退化为一元运算指 x;如选择 $\beta=0$,意味着绝对信任 y,结果会退化为一元运算指 y。

⑤ k,h,β 三者对二元运算模型 $L(x,y)$共同的影响方式应该是

$$L(x,y,k,h,\beta)=\Phi^{-1}(F^{-1}(L(2\beta F(\Phi(x,k),h),2(1-\beta)F(\Phi(y,k),h),h),k)$$

下面在各种逻辑运算完整簇上应用上述原则,直接检验其有效性,结果全部有效。

8.2 泛与加权运算模型的完整簇

8.2.1 零级泛与加权运算模型的完整簇

定义 8.2.1 零级泛与加权运算模型的完整簇是

$$T(x,y,h,\beta)=(\max(0,2\beta x^m+2(1-\beta)y^m-1))^{1/m}$$

其随 h,β 变化的略图如图 8.7 所示。

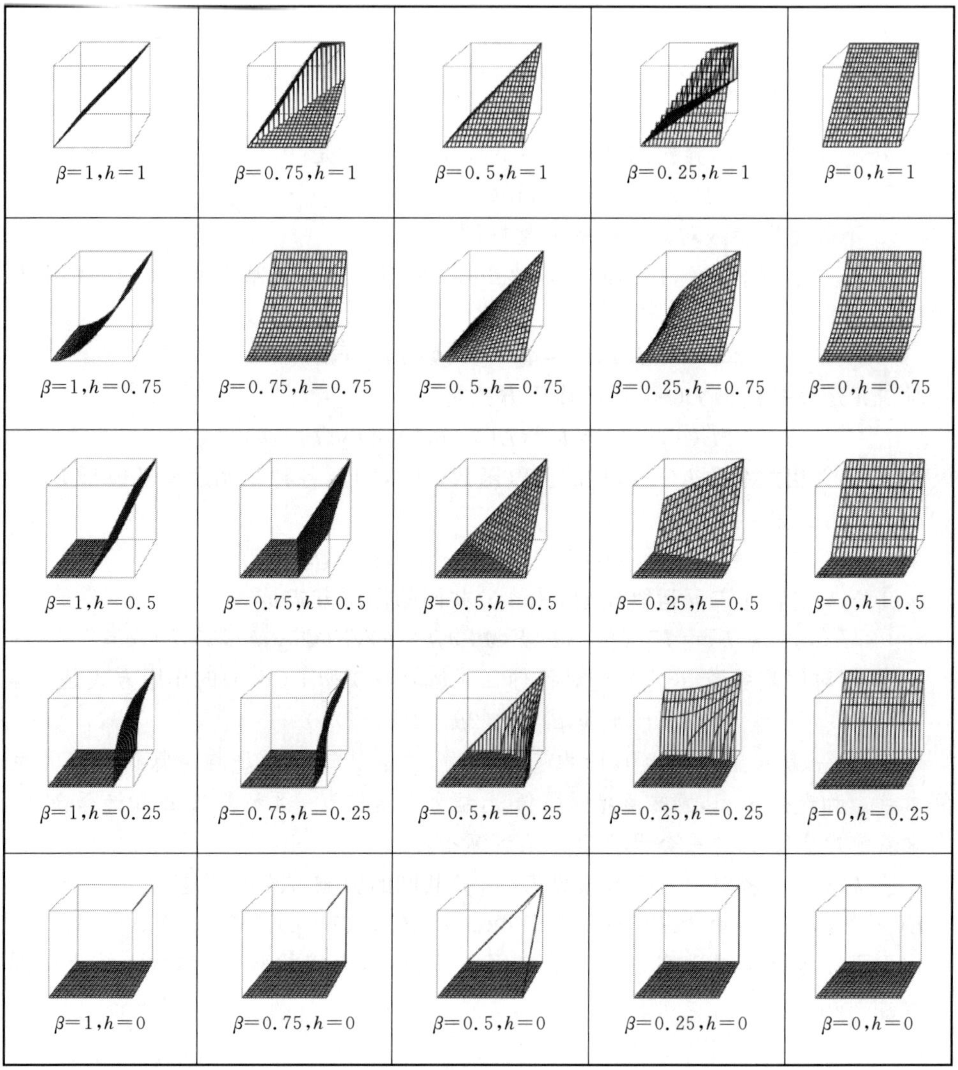

注:图中斜的坐标轴是 x,水平坐标轴是 y,垂直坐标轴是 z。

图 8.7　零级泛与运算的加权完整簇($k=0.5$)

8.2.2　一级泛与加权运算模型的完整簇

定义 8.2.2　一级泛与加权运算模型的完整簇是

$$T(x,y,k,h,\beta)=(\max(0,2\beta x^{mn}+2(1-\beta)y^{mn}-1))^{1/mn}$$

其随 k, h, β 变化的略图如图 8.8 和图 8.9 所示，其中只给出了 $k=0.25$ 和 $k=0.75$ 的情况。

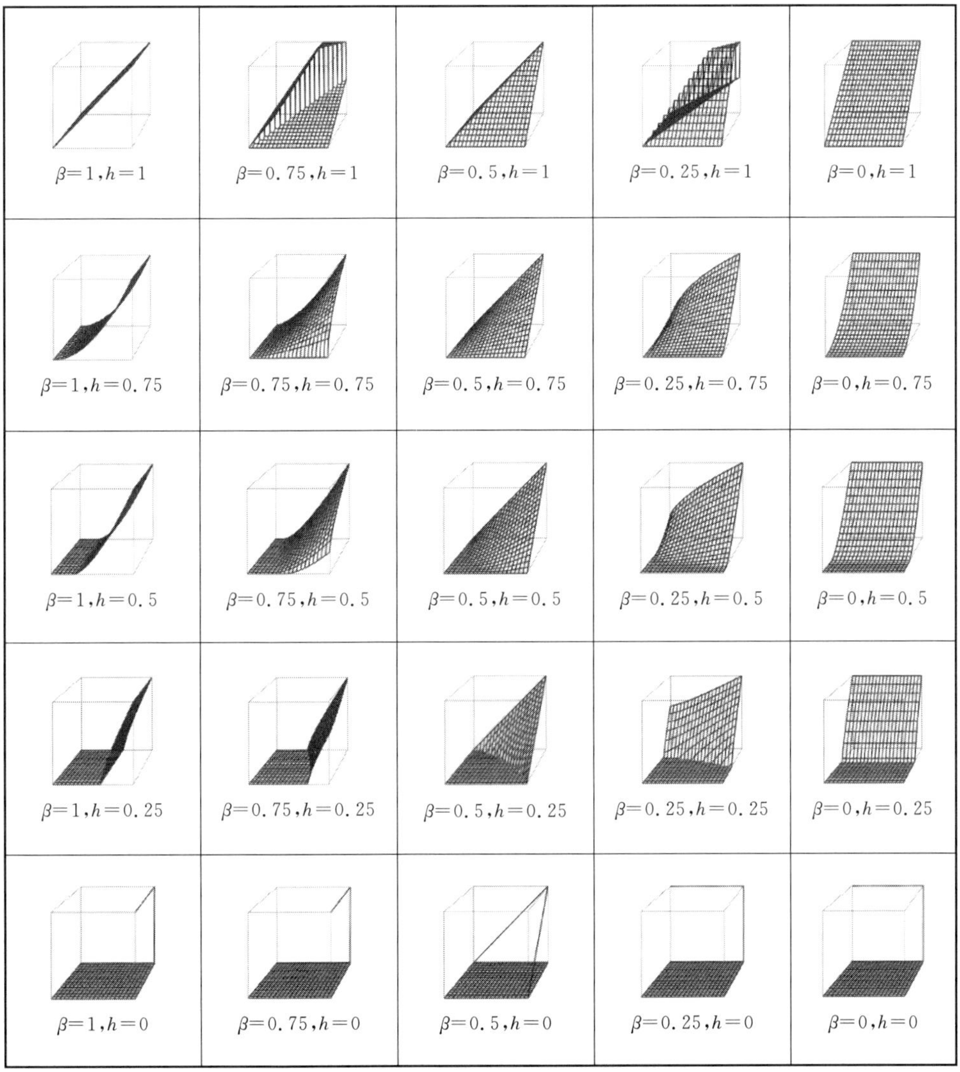

注：图中斜的坐标轴是 x，水平坐标轴是 y，垂直坐标轴是 z。

图 8.8　一级泛与运算的加权完整簇-1($k=0.25$)

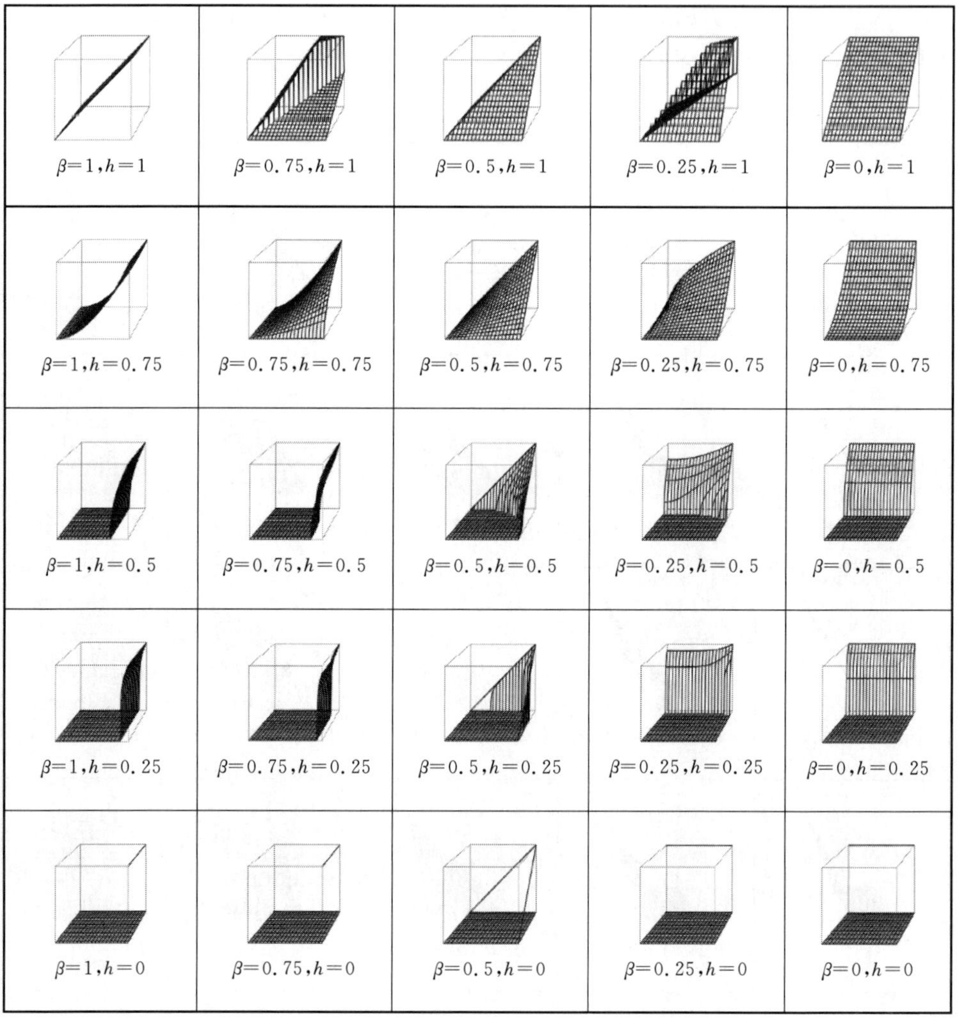

注：图中斜的坐标轴是 x，水平坐标轴是 y，垂直坐标轴是 z。

图 8.9 一级泛与运算的加权完整簇-2($k=0.75$)

8.3 泛或加权运算模型的完整簇

8.3.1 零级泛或加权运算模型的完整簇

定义 8.3.1 零级泛或加权运算模型的完整簇是

$$S(x,y,h,\beta)=1-(\max(0,2\beta(1-x)^m+2(1-\beta)(1-y)^m-1))^{1/m}$$

其随 h，β 变化的略图如图 8.10 所示。

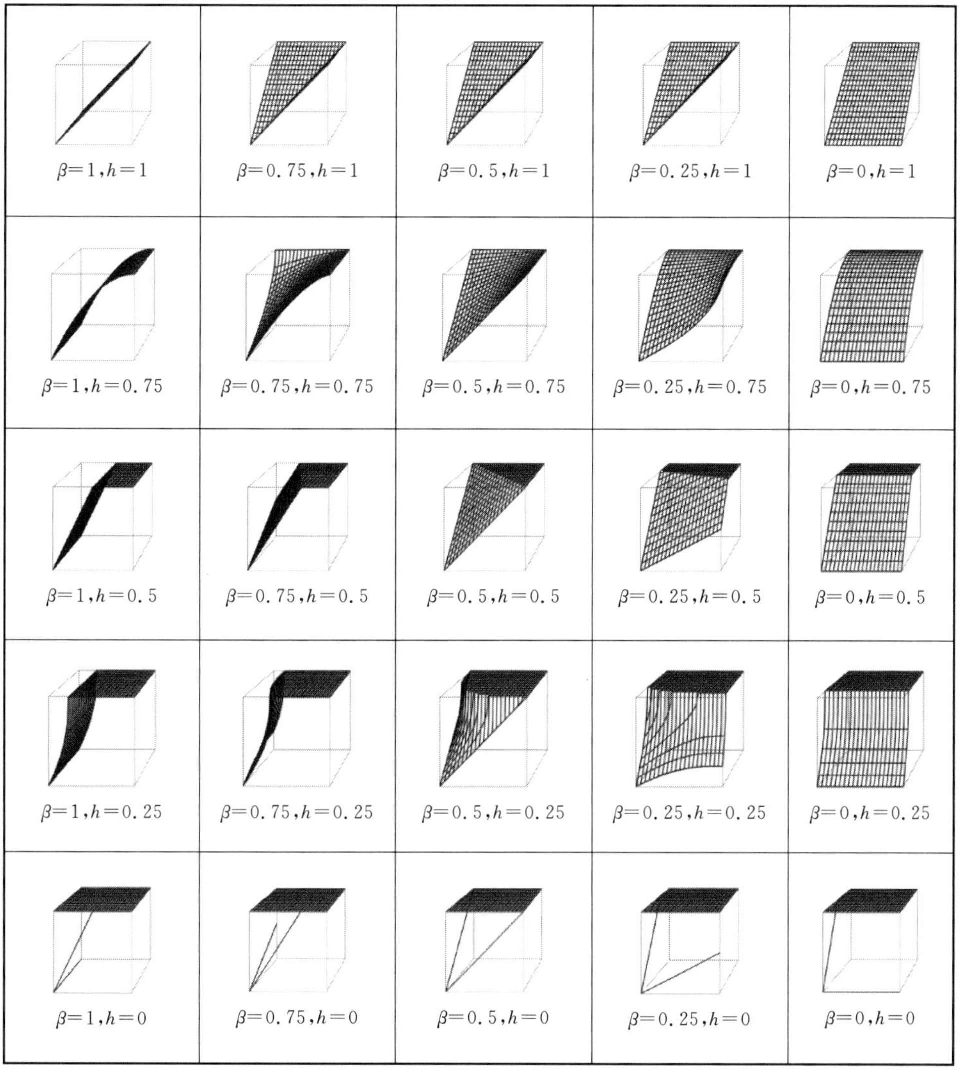

注：图中斜的坐标轴是 x，水平坐标轴是 y，垂直坐标轴是 z。

图 8.10　零级泛或运算的加权完整簇($k=0.5$)

8.3.2　一级泛或加权运算模型的完整簇

定义 8.3.2　一级泛或加权运算模型的完整簇是

$$S(x,y,k,h,\beta)=(1-(\max(0,2\beta(1-x^n)^m+2(1-\beta)(1-y^n)^m-1))^{1/m})^{1/n}$$

其随 k, h, β 变化的略图如图 8.11 和图 8.12 所示，这里只给出了 $k=0.25$ 和 $k=0.75$ 的情况。

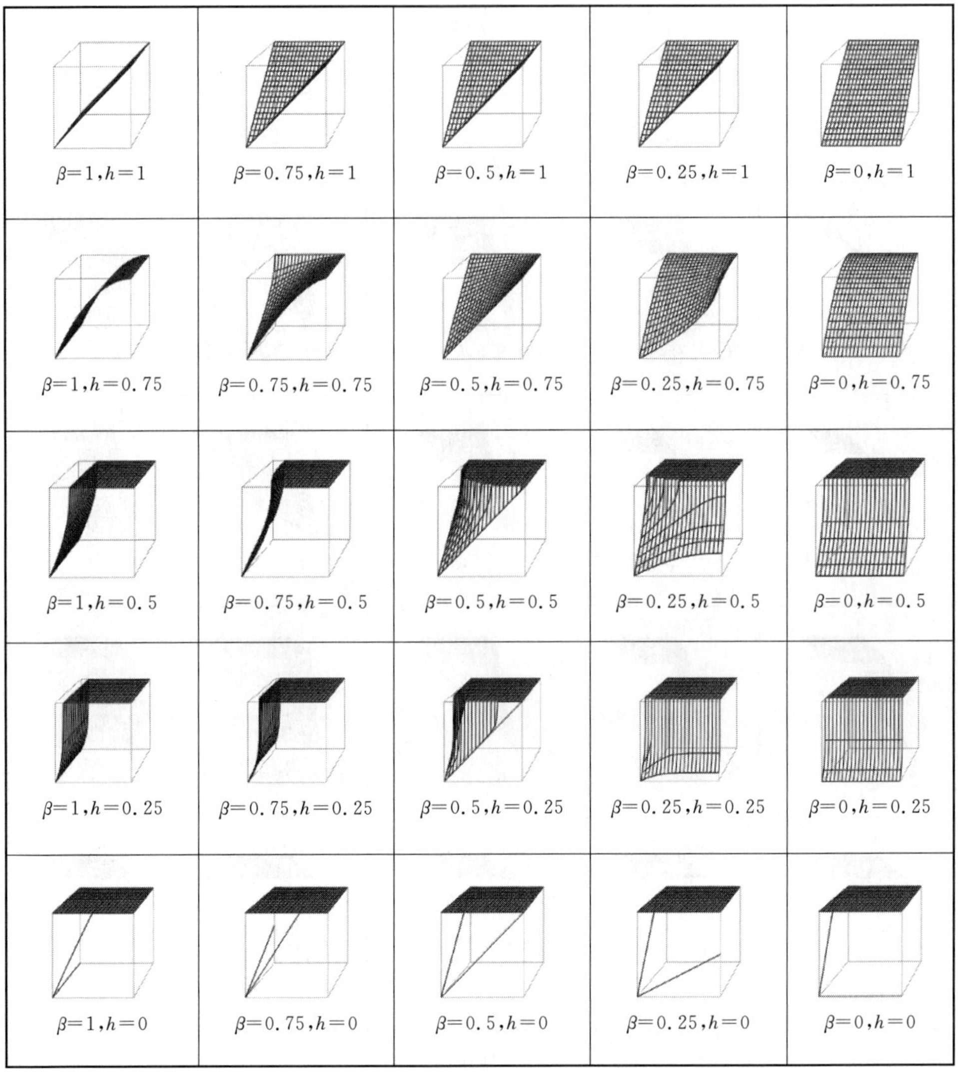

注:图中斜的坐标轴是 x,水平坐标轴是 y,垂直坐标轴是 z。

图 8.11　一级泛或运算的加权完整簇-1($k=0.25$)

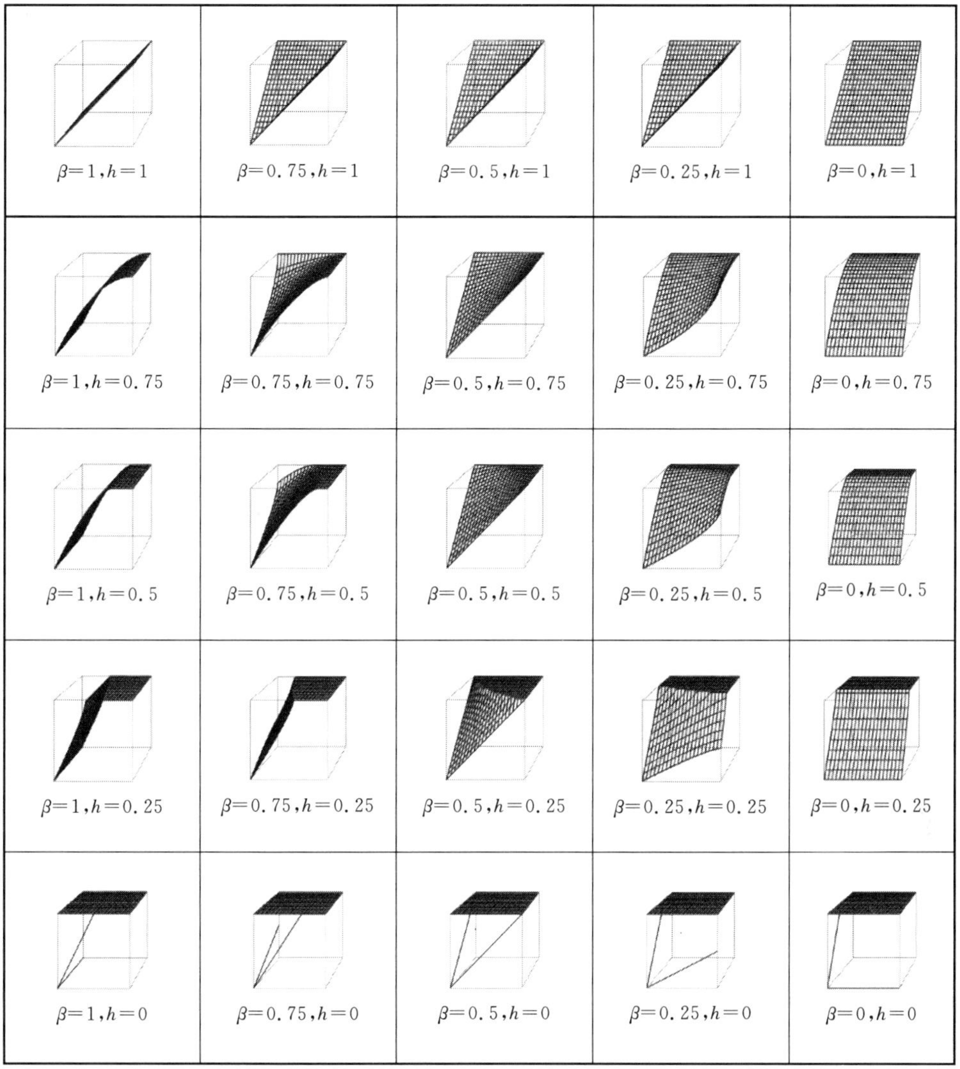

注：图中斜的坐标轴是 x，水平坐标轴是 y，垂直坐标轴是 z。

图 8.12　一级泛或运算的加权完整簇-2($k=0.75$)

8.4　泛蕴涵加权运算模型的完整簇

8.4.1　零级泛蕴涵加权运算模型的完整簇

定义 8.4.1　零级泛蕴涵与加权运算模型的完整簇是

$$I(x,y,h,\beta)=(\min(1,1-2\beta x^m+2(1-\beta)y^m))^{1/m}$$

其随 h,β 变化的略图如图 8.13 所示。

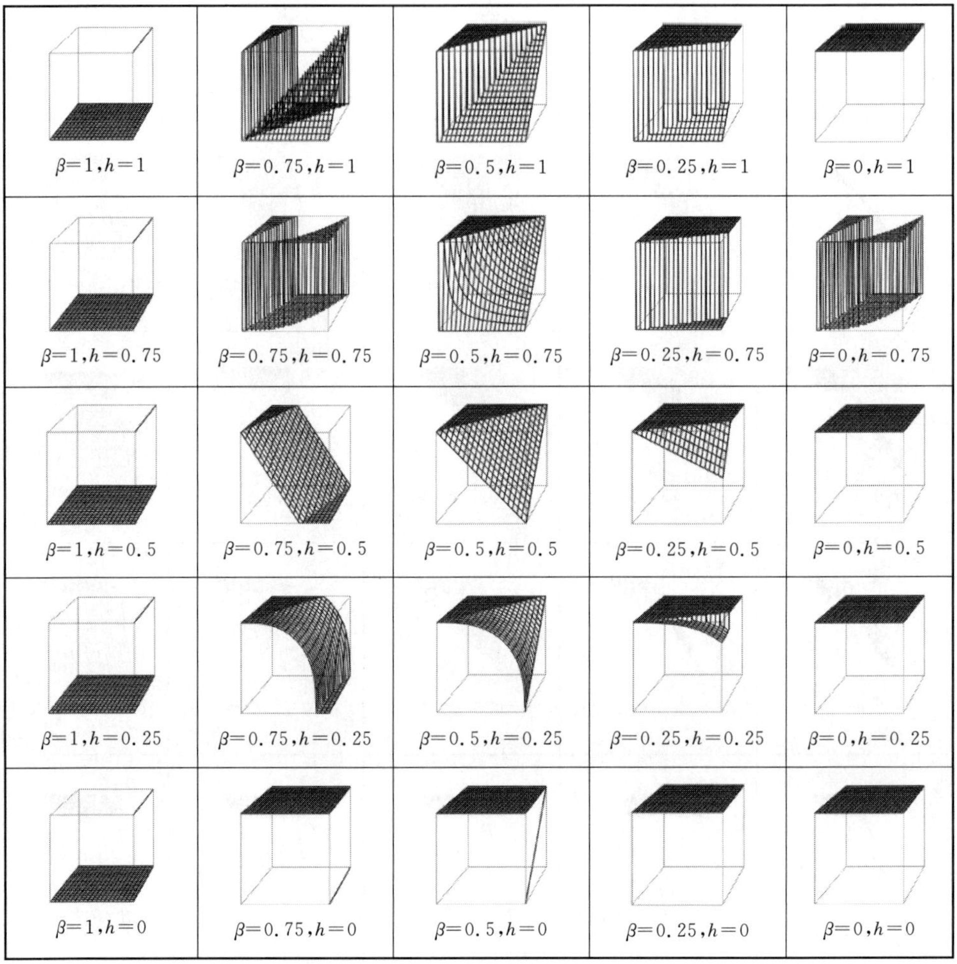

注：图中斜的坐标轴是 x，水平坐标轴是 y，垂直坐标轴是 z。

图 8.13　零级泛蕴涵运算的加权完整簇($k=0.5$)

从图 8.13 可清楚地看出，零级泛蕴涵的加权运算已显示出一些不良变化，因为蕴涵的逻辑功能是由前件 x 推出后件 y，其中严格要求保持 $x\leqslant y$ 的大小关系，而加权操作会直接破坏 $x\leqslant y$ 的大小关系，所以在偏离 $\beta=0.5$ 时，就开始出现异常情况，偏离越大，异常越剧烈，甚至完全失去了蕴涵功能。这不是改变加权方式可以解决的问题，而是保持 $x\leqslant y$ 的泛蕴涵逻辑功能的问题，所以我的结论是在泛蕴涵运算中一般应该禁止使用加权运算，实在有个别应用场景需要使用加权泛蕴涵作为轻微的调整，只能在 $\beta=0.5$ 附近选择使用。下面仍然把有关图形显示出来供大家参考研究。

8.4.2　一级泛蕴涵加权运算模型的完整簇

定义 8.4.2　一级泛蕴涵加权运算模型的完整簇是

$$I(x,y,k,h,\beta)=(\min(1,1-2\beta x^{mn}+2(1-\beta)y^{mn}))^{1/mn}$$

其随 k,h,β 变化的略图如图 8.14 和图 8.15 所示，其中只给出了 $k=0.25$ 和 $k=0.75$ 的情况。

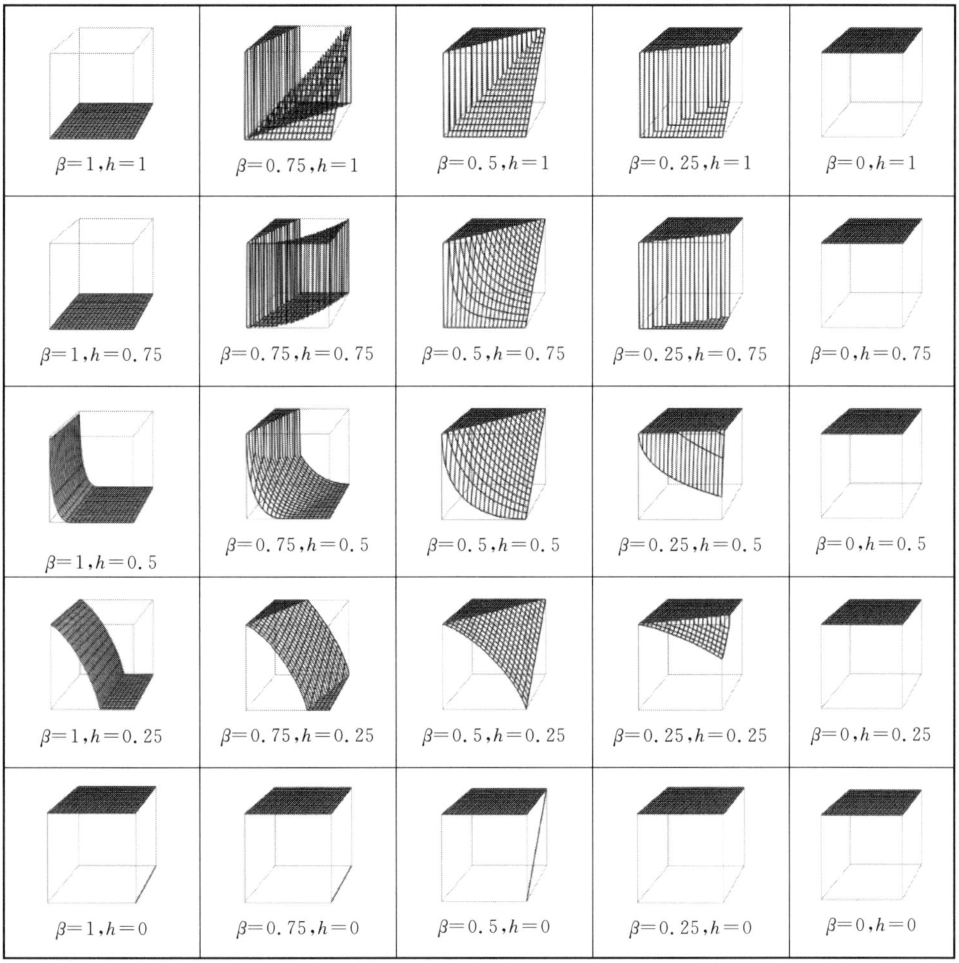

注：图中斜的坐标轴是 x，水平坐标轴是 y，垂直坐标轴是 z。

图 8.14　一级泛蕴涵运算的加权完整簇-1($k=0.25$)

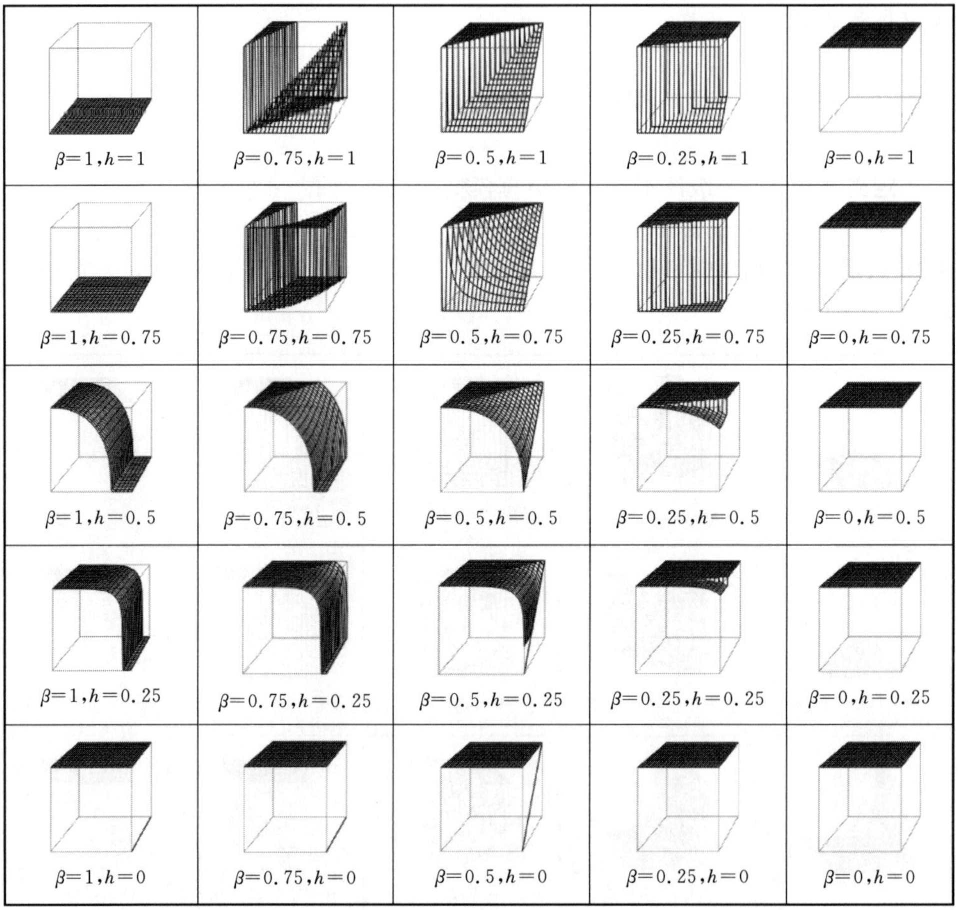

注:图中斜的坐标轴是 x,水平坐标轴是 y,垂直坐标轴是 z。

图 8.15　一级泛蕴涵运算的加权完整簇-2($k=0.75$)

8.5　泛等价加权运算模型完整簇

8.5.1　零级泛等价运算的生成元加权方式

定义 8.5.1　零级泛等价与加权运算模型的完整簇是

$Q(x,y,h,\beta)=\text{ite}\{(1+|2\beta x^m-2(1-\beta)y^m|)^{1/m}|m\leqslant 0;\ (1-|2\beta x^m-2(1-\beta)y^m|)^{1/m}\}$

其随 h,β 变化的略图如图 8.16 所示。从表中的图形变化可清楚地看出,零级泛等价的加权运算已显示出一些不良性质，因为等价的逻辑功能是判断 x 和 y 是否相等，其中考察的就是 x 和 y 的数值大小，而加权操作会直接破坏两者原来的数值关系，所以在偏离 $\beta=0.5$ 时，就开始出现异常情况，偏离越大，异常越剧烈，甚至完全失去了等价功能。这不是改变加权方式可以解决的问题，而是保持泛等价逻辑功能的问题，所以我的结论是在泛等价运算中一般应该禁止使用加权运算，实在有个别应用场景需要使用加权泛蕴涵，只能在 $\beta=0.5$ 附近选择使用。下面仍然把有关图形显示出来供大家参考。

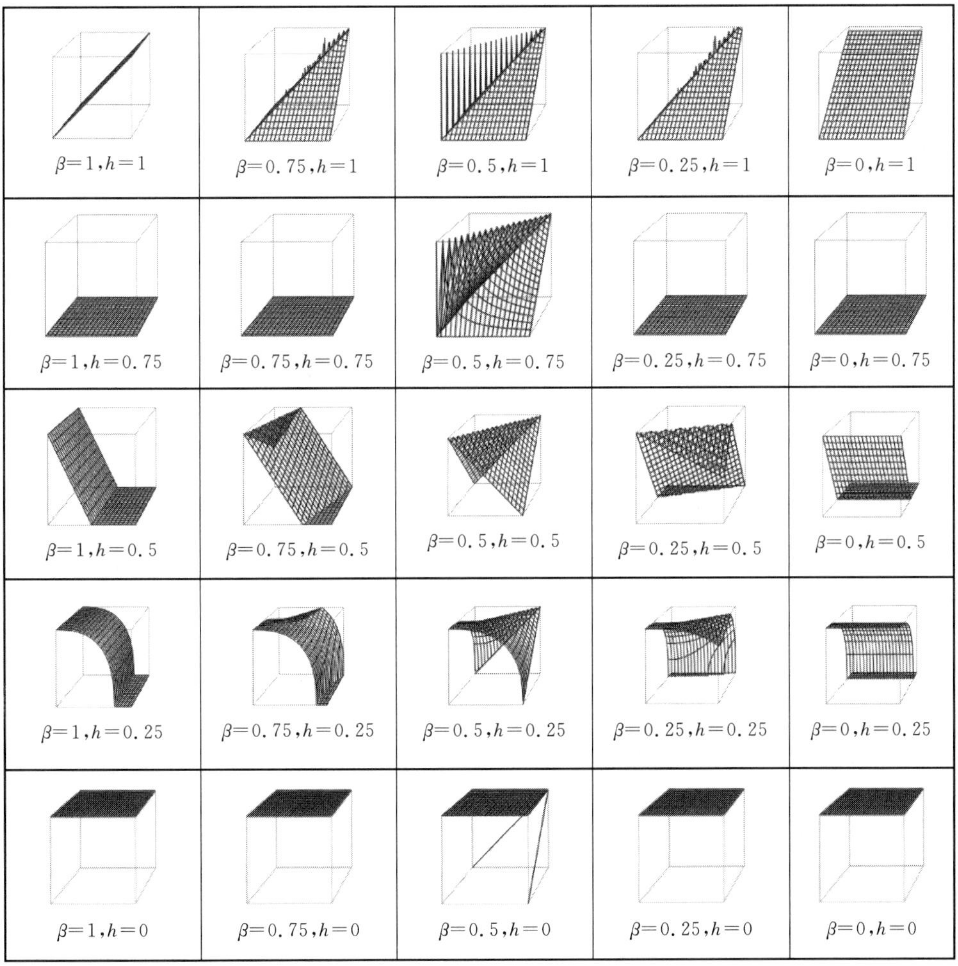

注：图中斜的坐标轴是 x，水平坐标轴是 y，垂直坐标轴是 z。

图 8.16　零级泛等价运算的加权完整簇（$k=0.5$）

8.5.2 一级泛等价加权运算模型的完整簇

定义 8.5.2 一级泛等价加权运算模型的完整簇是

$$Q(x,y,k,h,\beta)=\text{ite}\{(1+|2\beta x^{nm}-2(1-\beta)y^{nm}|)^{1/mn}\mid m\leqslant 0;\ (1-|2\beta x^{nm}-2(1-\beta)y^{nm}|)^{1/mn}\}$$

其随 k，h，β 变化的略图如图 8.17 和图 8.18 所示，其中只给出了 $k=0.25$ 和 $k=0.75$ 的情况。

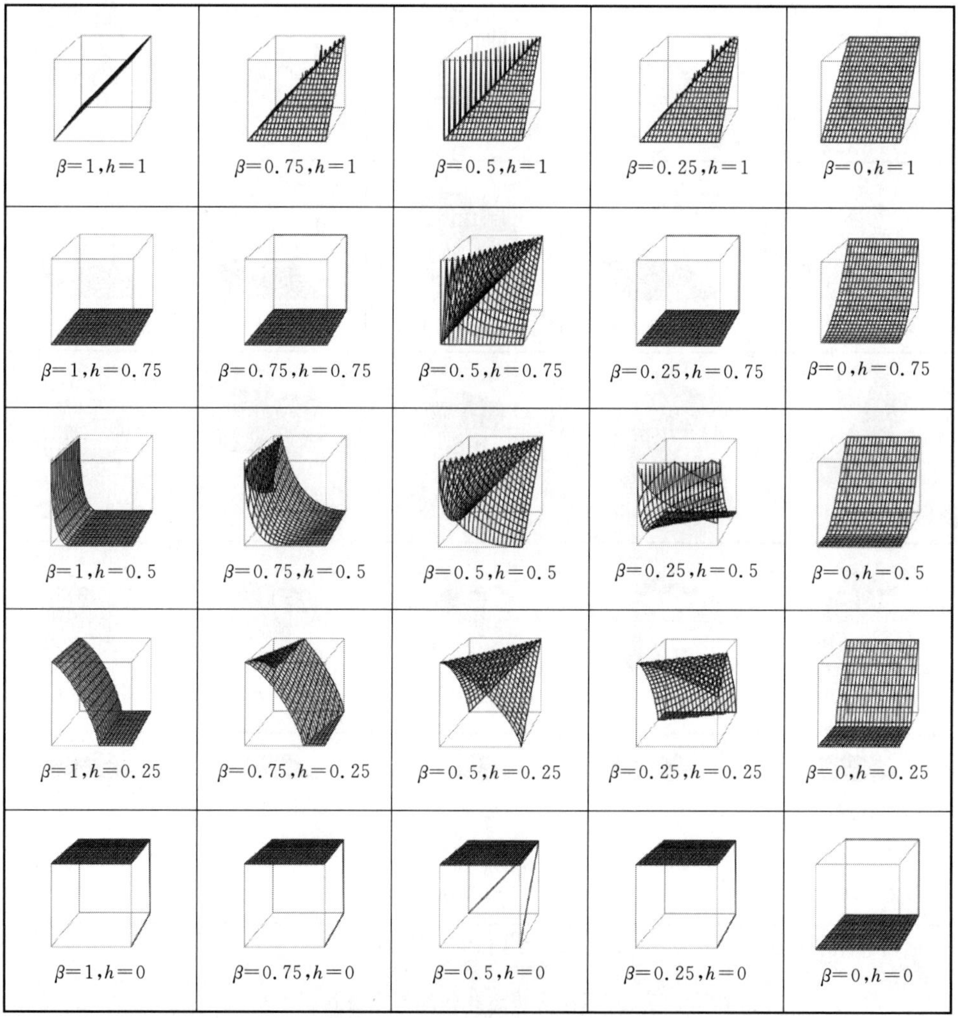

注：图中斜的坐标轴是 x，水平坐标轴是 y，垂直坐标轴是 z。

图 8.17 一级泛等价运算的加权完整簇-1($k=0.25$)

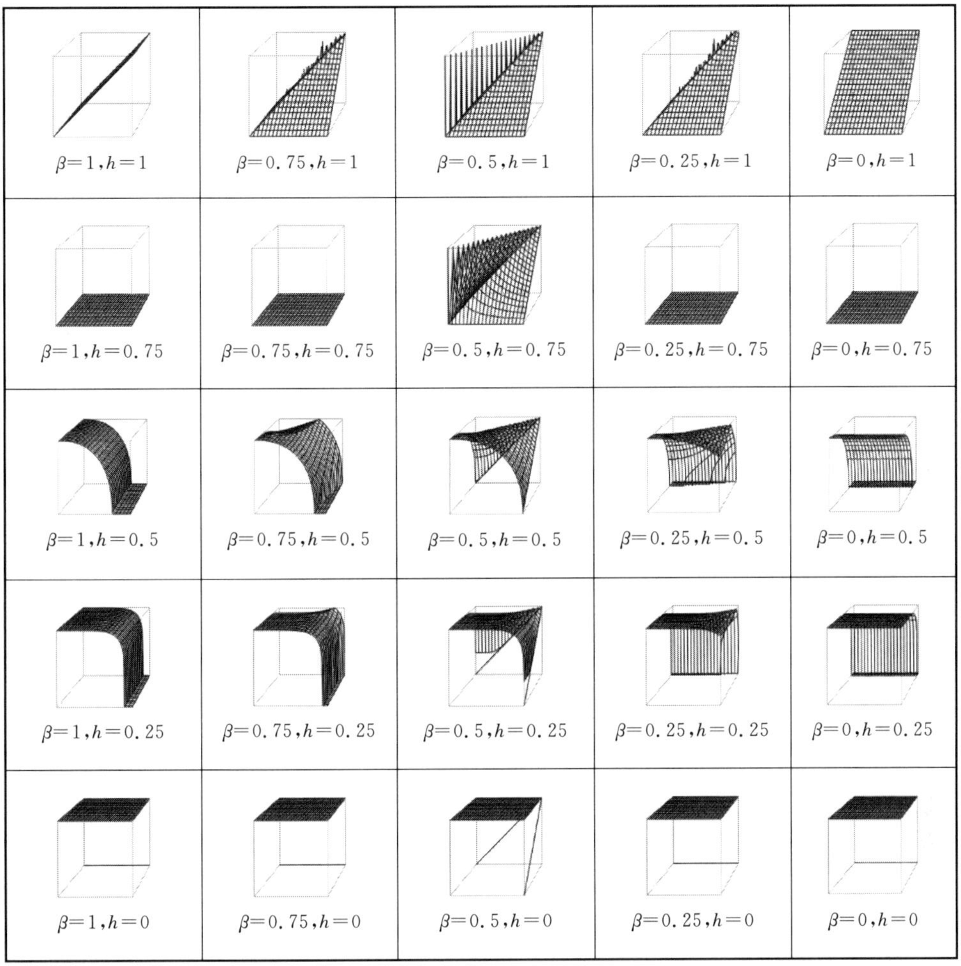

注：图中斜的坐标轴是 x，水平坐标轴是 y，垂直坐标轴是 z。

图 8.18　一级泛等价运算的加权完整簇-2($k=0.75$)

8.6　泛组合加权运算模型完整簇

8.6.1　零级泛组合运算的生成元加权方式

定义 8.6.1　零级泛组合加权运算模型的完整簇是

$C^e(x,y,h,\beta)=\text{ite}\{\min(e,(\max(0,2\beta x^m+2(1-\beta)y^m-e^m))^{1/m}\mid 2\beta x+2(1-\beta)y<2e;$

$$(1-(\min(1-e,(\max(0,2\beta(1-x)^m+2(1-\beta)(1-y)^m-$$
$$(1-e)^m))^{1/m})))|2\beta x+2(1-\beta)y>2e;e\}$$

其随 h,β 变化的略图如图 8.19 所示。

$\beta=1,h=1$	$\beta=0.75,h=1$	$\beta=0.5,h=1$	$\beta=0.25,h=1$	$\beta=0,h=1$
$\beta=1,h=0.75$	$\beta=0.75,h=0.75$	$\beta=0.5,h=0.75$	$\beta=0.25,h=0.75$	$\beta=0,h=0.75$
$\beta=1,h=0.5$	$\beta=0.75,h=0.5$	$\beta=0.5,h=0.5$	$\beta=0.25,h=0.5$	$\beta=0,h=0.5$
$\beta=1,h=0.25$	$\beta=0.75,h=0.25$	$\beta=0.5,h=0.25$	$\beta=0.25,h=0.25$	$\beta=0,h=0.25$
$\beta=1,h=0$	$\beta=0.75,h=0$	$\beta=0.5,h=0$	$\beta=0.25,h=0$	$\beta=0,h=0$

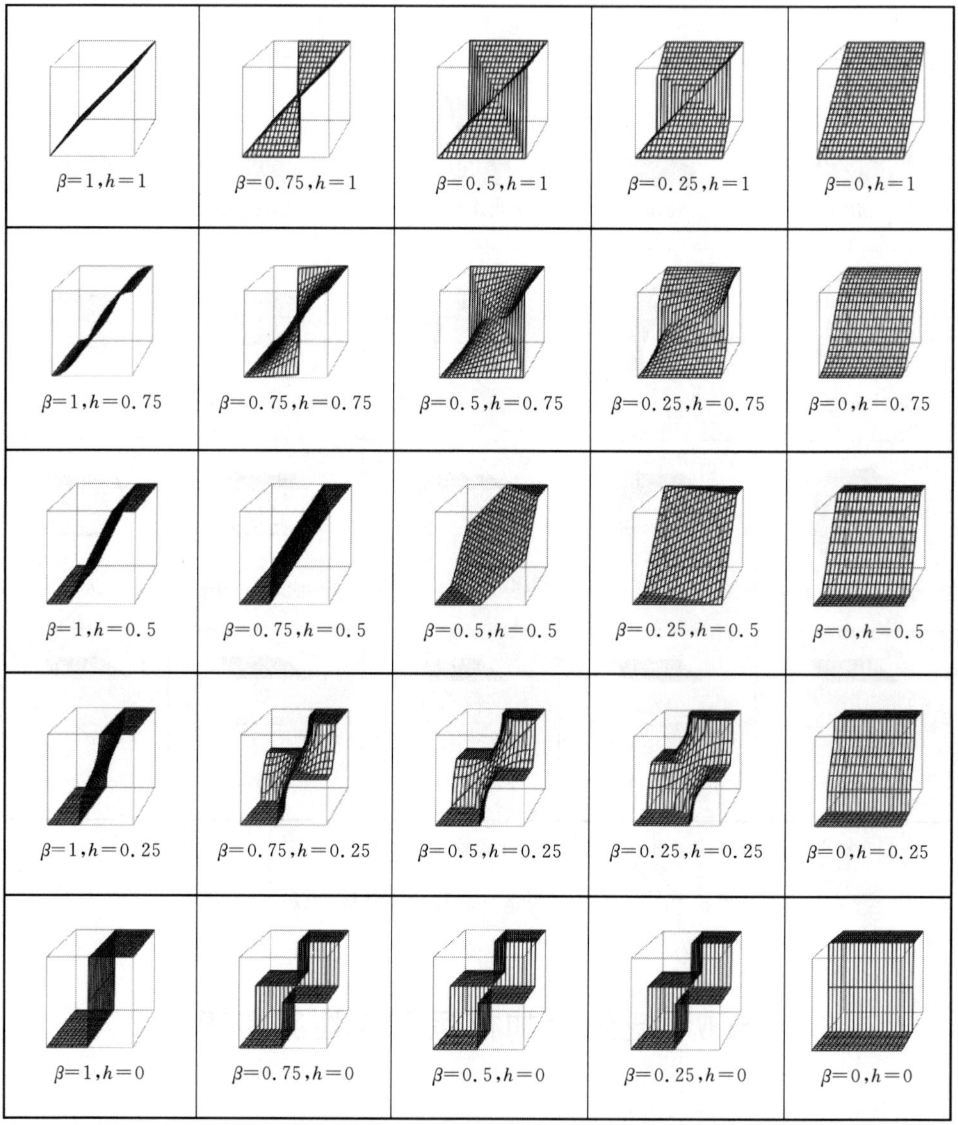

注:图中斜的坐标轴是 x,水平坐标轴是 y,垂直坐标轴是 z。

图 8.19 零级泛组合运算的加权完整簇($k=0.5$,$e=0.5$)

8.6.2　一级泛组合加权运算模型的完整簇

定义 8.6.2　一级泛组合加权运算模型的完整簇是

$$C^e(x,y,k,h,\beta)=\mathrm{ite}\{\min(e,(\max(0,2\beta x^{mn}+2(1-\beta)y^{mn}-e^{mn}))^{1/mn}\mid 2\beta x+2(1-\beta)y<2e;(1-(\min(1-e,(\max(0,2\beta(1-x^n)^m+2(1-\beta)(1-y^n)^m-(1-e^n)^m))^{1/m}))^{1/n})\mid 2\beta x+2(1-\beta)y>2e;\ e\}$$

其随 k，h，β 变化的略图如图 8.20、图 8.21、图 8.22 和图 8.23 所示，其中只给出了$k=0.25$和 $e=0.25$、$k=0.25$ 和 $e=0.75$、$k=0.75$ 和 $e=0.25$、$k=0.75$ 和 $e=0.75$ 这 4 种情况。

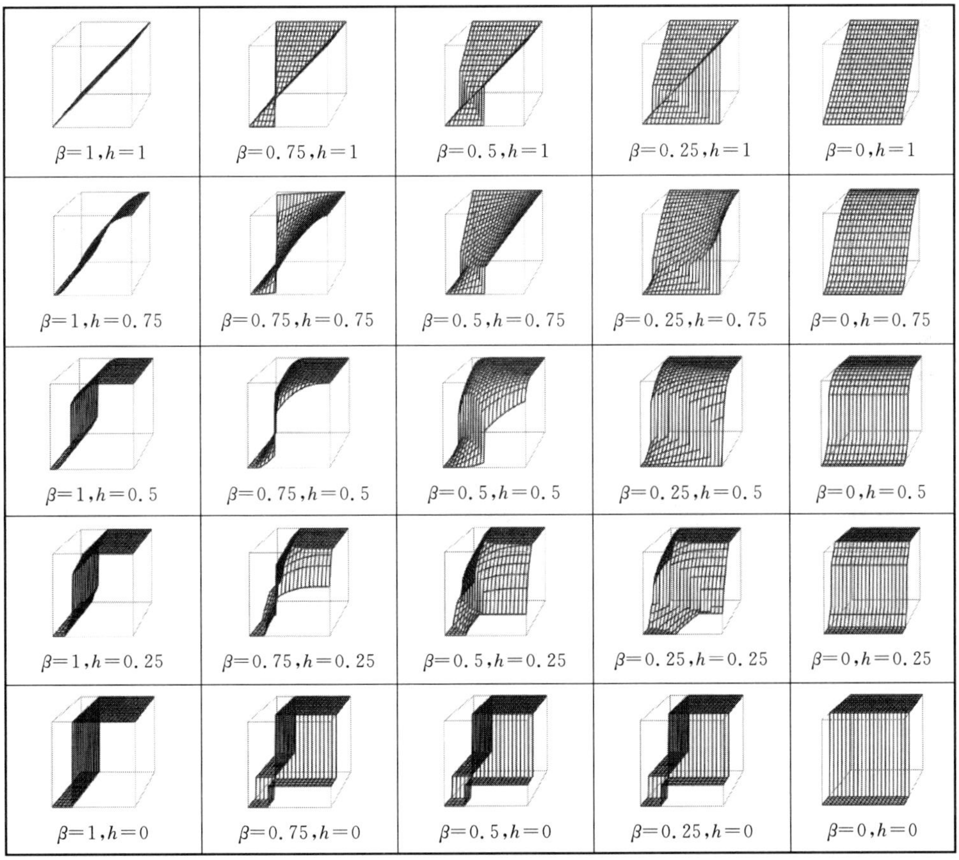

注：图中斜的坐标轴是 x，水平坐标轴是 y，垂直坐标轴是 z。

图 8.20　一级泛组合运算的加权完整簇-1($k=0.25$，$e=0.25$)

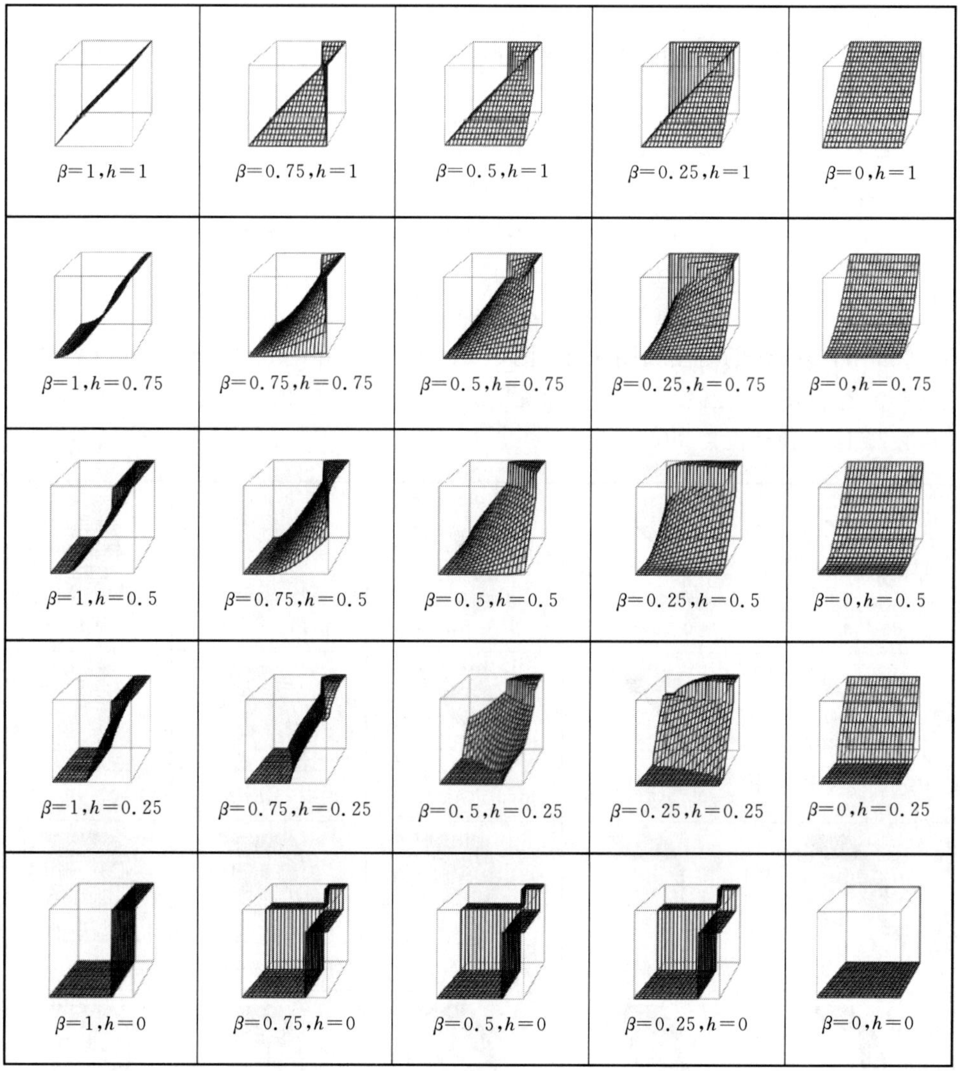

注:图中斜的坐标轴是 x,水平坐标轴是 y,垂直坐标轴是 z。

图 8.21　一级泛组合运算的加权完整簇-2($k=0.25$, $e=0.75$)

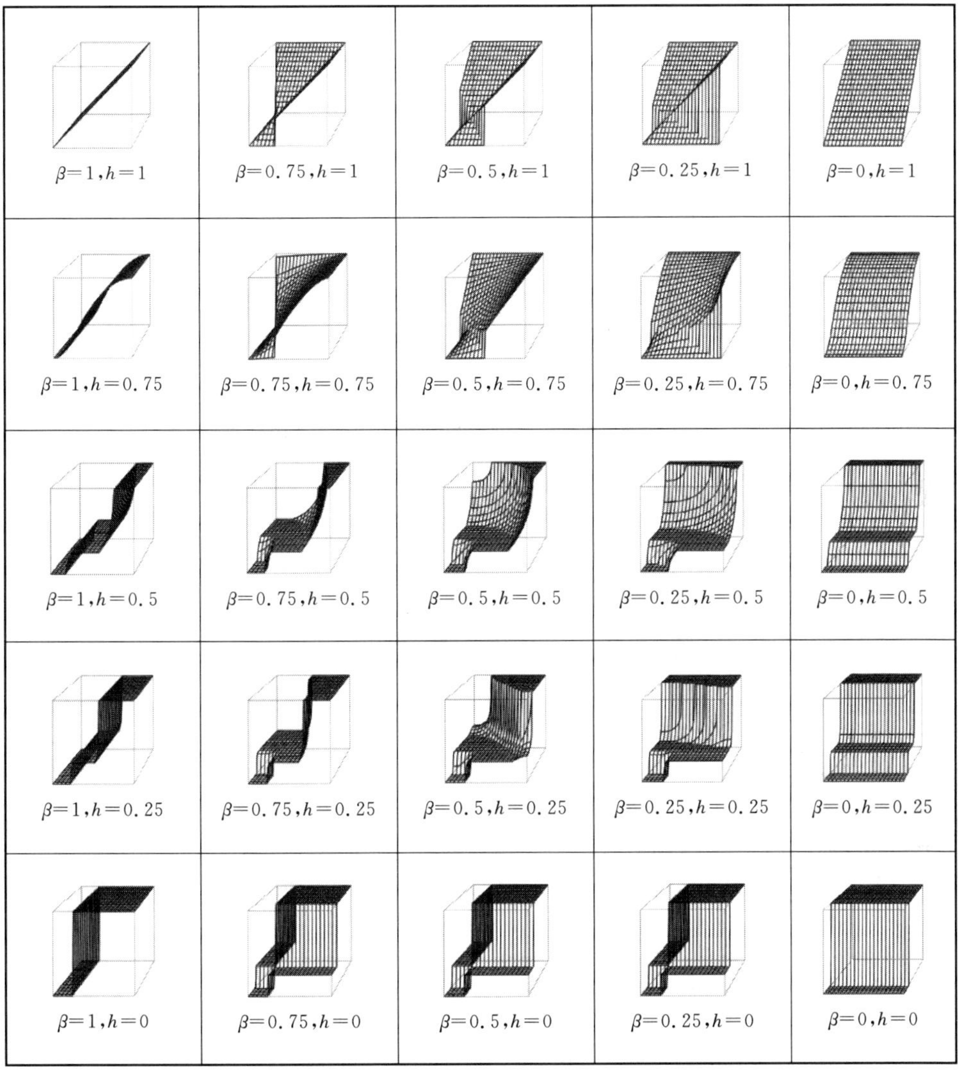

注:图中斜的坐标轴是 x,水平坐标轴是 y,垂直坐标轴是 z。

图 8.22　一级泛组合运算的加权完整簇-3($k=0.75$, $e=0.25$)

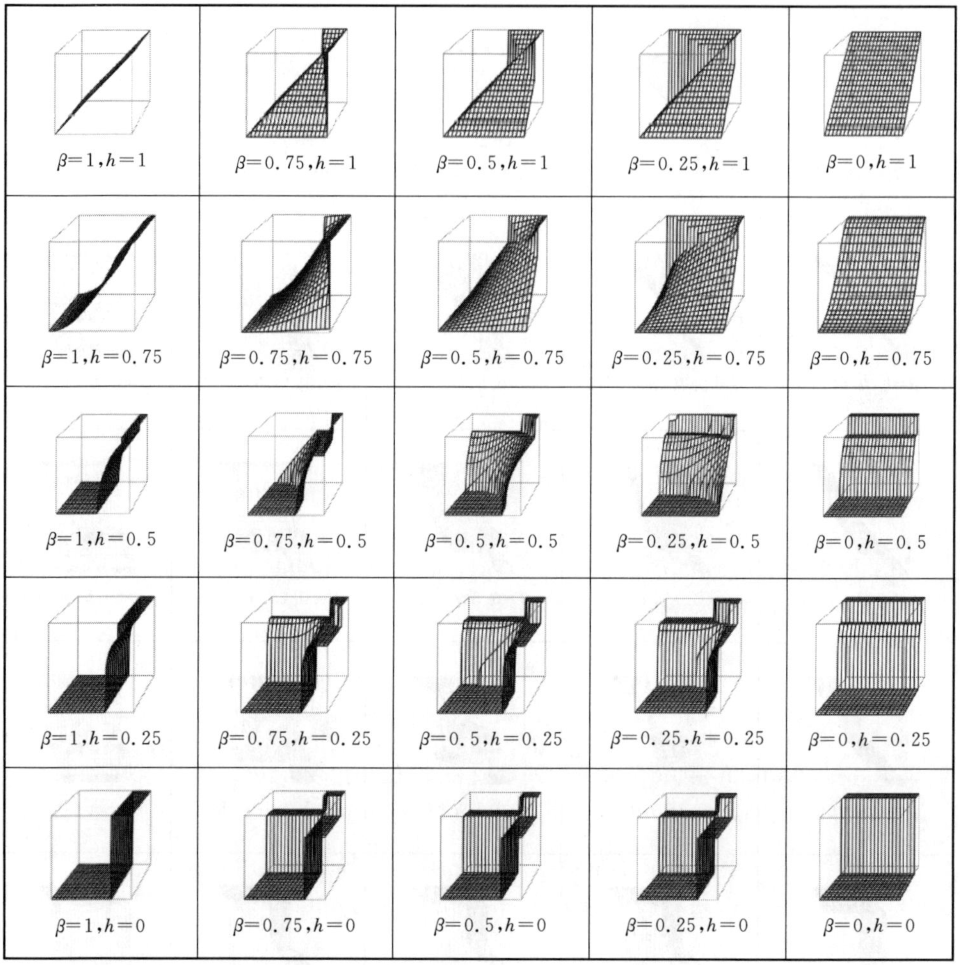

注：图中斜的坐标轴是 x，水平坐标轴是 y，垂直坐标轴是 z。

图 8.23　一级泛组合运算的加权完整簇-4($k=0.75$, $e=0.75$)

8.7　不可交换的命题泛逻辑理论体系

8.7.1　零级不可交换的命题泛逻辑理论体系

(1) 泛非运算

$$N(x,k)=1-x$$

(2) 泛与运算完整簇

$$T(x,y,h,\beta)=(\max(0,2\beta x^{mn}+2(1-\beta)y^{mn}-1))^{1/mn}$$

(3) 泛或运算完整簇

$$S(x,y,h,\beta)=1-(\max(0,\ 2\beta(1-x)^m+2(1-\beta)(1-y)^m-1))^{1/m}$$

(4) 泛平均运算完整簇

$$M(x,y,h,\beta)=1-(2\beta(1-x)^m+2(1-\beta)(1-y)^m)\ /2)^{1/m}$$

(5) 泛组合运算完整簇

$$C^e(x,y,h,\beta)=\text{ite}\{\min(e,(\max(0,2\beta x^m+2(1-\beta)y^m-e^m))^{1/m}\mid 2\beta x+2(1-\beta)y<2e;(1-\min(1-e,(\max(0,2\beta(1-x)^m+2(1-\beta)(1-y)^m-(1-e)^m))^{1/m}))\mid 2\beta x+2(1-\beta)y>2e;\ e\}$$

上述 5 个运算是可以加权的，没有应用限制。

下面两个运算一般按 $\beta=0.5$ 使用，特殊情况可以偏离 0.5 附近少许。

(6) 泛蕴涵运算完整簇

$$I(x,y,h,\beta)=\min(1,1-2\beta x^m+2(1-\beta)y^m))^{1/m}$$

(7) 泛等价运算完整簇

$$Q(x,y,h,\beta)=\text{ite}\{(1+|2\beta x^m-2(1-\beta)y^m|)^{1/m}\mid m\leqslant 0;\ (1-|2\beta x^m-2(1-\beta)y^m|)^{1/m}\}$$

8.7.2　一级不可交换的命题泛逻辑理论体系

(1) 泛非运算完整簇

$$N(x,k)=(1-x^n)^{1/n}$$

(2) 泛与运算完整簇

$$T(x,\ y,\ k,\ h,\ \beta)=(\max(0,\ 2\beta x^{mn}+2(1-\beta)y^{mn}-1))^{1/mn}$$

(3) 泛或运算完整簇

$$S(x,\ y,\ k,\ h,\ \beta)=(1-(\max(0,\ 2\beta(1-x^n)^m+2(1-\beta)(1-y^n)^m-1))^{1/m})^{1/n}$$

(4) 泛平均运算完整簇

$$M(x,y,k,h,\beta)=(1-(2\beta(1-x^n)^m+2(1-\beta)(1-y^n)^m)\ /2)^{1/m})^{1/n}$$

(5) 泛组合运算完整簇

$$C^e(x,y,k,h,\beta)=\text{ite}\{\min(e,(\max(0,2\beta x^{mn}+2(1-\beta)y^{mn}-e^{mn}))^{1/mn}\mid 2\beta x+2(1-\beta)y<2e;(1-(\min(1-e,(\max(0,2\beta(1-x^n)^m+2(1-\beta)(1-y^n)^m-(1-e^n)^m))^{1/m}))^{1/n})\mid 2\beta x+2(1-\beta)y>2e;\ e\}$$

上述 5 个运算是可以加权的，没有应用限制。

下面两个运算一般按 $\beta=0.5$ 使用，特殊情况可以偏离 0.5 附近少许。

为什么如此规定？因为在二元柔性信息处理的 20 种模式中有 6 种模式：

(13 号模式)$y\to x$(即 $y\leqslant x$);(11 号模式)$x\to y$(即 $x\leqslant y$);(9 号模式)$x=\leftrightarrow y$(即 $x=y$);(6 号模式)$\neg(x\leftrightarrow y)$ (即 $x\neq y$);(4 号模式)$\neg(x\to y)$ (即 $x>y$)和(2 号模式)$\neg(y\to x)$ (即 $y>x$)等。它们都在逻辑上度量命题 x 和 y 的真度之间存在的大小关系,如同天平一样,要求绝对精准和灵敏。它们都涉及泛蕴涵运算和泛等价运算,所以只有保持两边等权($\beta=0.5$),才能完成它们的逻辑功能。如果有特殊应用场景需要通过轻微加权进行大概的比较研究,例如 x 边是新收购的小麦,y 边是库存的小麦,两者含水量相差 2ε,可以选择$\beta=0.5-\varepsilon$使用,但是不能随便到处乱用。

(6) 泛蕴涵运算完整簇

$$I(x,y,k,h,\beta)=(\min(1,1-2\beta x^{nm}+2(1-\beta)y^{nm}))^{1/mn}$$

(7) 泛等价运算完整簇

$$Q(x,y,k,h,\beta)=\text{ite}\{(1+|2\beta x^{nm}-2(1-\beta)y^{nm}|)^{1/mn}|m\leqslant 0;\ (1-|2\beta x^{nm}-2(1-\beta)y^{nm}|)^{1/mn}\}$$

第 9 章　命题泛逻辑学理论体系

综合前面 8 章的研究成果，我们可以得到一个完整的命题泛逻辑学理论体系，它由以下几部分组成。

9.1　命题泛逻辑学的基本概念

9.1.1　命题真值域

逻辑学是研究判断真伪程度的科学，一个简单的判断是一个命题，它的真伪程度叫命题的真度。任何逻辑学都首先要涉及命题真值的度量空间，它必须是有序的，但可以是线序，也可以是偏序或超序。

不同的逻辑学有不同的真值域，但它们都可以变换为以下的标准形式：

$$W=\{\perp\}\cup[0,1]^n<\alpha>,\ n>0$$

W 是一个多维超序空间，其中$[0,1]$是标准基空间，n 是 W 的空间维数；$\perp$表示无定义或超出讨论范围，可以没有；α 是有限符号串，可以是空串 ε，它代表命题或谓词的附加特性。

$n>0$ 包括定义在分维空间上的混沌逻辑学，本书仅讨论各种定义在整数维空间上的逻辑学，$n=1,2,3,\cdots$。我们讨论的方法是先给出标准基空间$[0,1]$中的逻辑规律，然后通过有关规则将它们变换到各种逻辑学的真值域中去。

9.1.2　广义相关系数 h

泛逻辑学的第一个基本概念是广义相关系数 $h\in[0,1]$，它反映了两个命题之间广义相关性的大小。在现实的柔性世界中，不能不考虑广义相关性的存在，这是影响以模糊逻辑为代表的多值基逻辑学向前发展的关键问题之一。可以说没有对广义相关性的逻辑意义的发现，就没有零级泛命题运算完整簇概念的出现，因而就没有泛逻辑学思想的萌芽。

校正广义相关性对逻辑运算模型影响的常用方法是使用零级 T 性生成元完整簇：

$$F(x,h)=x^m,\quad m\in\mathbf{R},h\in[0,1]$$

其中 h 的物理意义是由 $F(x,h)$ 生成的与算子和最大与算子的体积比：

$$\begin{aligned} h &= v(*) \\ &= 3\int_{\mathbf{I}}\int_{\mathbf{I}} T(x,y,h)\mathrm{d}x\mathrm{d}y \Big/ \int_{\mathbf{I}}\int_{\mathbf{I}} \min(x,y)\mathrm{d}x\mathrm{d}y \\ &= 3\int_{\mathbf{I}}\int_{\mathbf{I}} T(x,y,h)\mathrm{d}x\mathrm{d}y, \mathbf{I} = [0,1] \end{aligned}$$

它近似于 $m=(3-4h)/(4h(1-h))$ 或 $h=((1+m)-((1+m)^2-3m)^{1/2})/(2m)$。

$F(x,h)=x^m$ 的作用是去除广义相关性 h 对逻辑运算的影响。

$F^{-1}(x,h)=x^{1/m}$ 的作用是恢复广义相关性 h 的影响。

9.1.3 误差系数 *k*

泛逻辑学的一个重要特点是研究有误差命题真值的逻辑运算规律，误差的大小用误差系数 $k\in[0,1]$ 表示，它直接影响了命题和它的非命题之间的关系，因而也间接影响了所有的二元运算及某些量词。在二值逻辑中没有误差存在的空间，因为 0 有误差，是 1，1 有误差，是 0，这是无法容忍的原则错误，它动摇了整个刚性二值基逻辑学存在的基础。在现实的柔性世界中，情况则大不一样，误差无处不在，如果一个多值逻辑不能处理有误差的逻辑推理，这个逻辑就几乎无法处理现实世界中的实际问题。这是影响以模糊逻辑为代表的多值基逻辑学向前发展的另一个关键问题。可以说没有含差逻辑运算的概念，就没有一级泛命题连接词的出现，泛逻辑学的思想是不完善的。

修正误差系数 $k\in[0,1]$ 对逻辑运算影响的常用方法是指数型 N 性生成元完整簇：

$$\Phi(x,k)=x^n, n=-1/\log_2 k, n\in\mathbf{R}_+; k=2^{-1/n}, k\in[0,1]$$

其中 k 的物理意义是因素空间 $\boldsymbol{E}$ 的对半子集 $\boldsymbol{E}/2$ 的测度值，$k=1/2$ 表示没有误差。

$\Phi(x,k)=x^n$ 的作用是去除误差系数 k 对逻辑运算的影响。

$\Phi^{-1}(x,k)=x^{1/n}$ 的作用是恢复误差系数 k 的影响。

9.1.4 相对权重系数 β

泛逻辑学还有一个不可缺少的应用需求，就是在二元和多元运算中，给不同的命题分配不同的权重，以便使它们对运算结果有轻重不同的影响力。以二元运算 $L(x,y,k,h)$ 为例，相对权重系数 $\beta\in[0,1]$，它是分配给 x 方的权重，分配给 y 方的权重则是 $1-\beta$。它如何影响二元逻辑运算的结果，后面有详细介绍。

应该强调一点，相对权重系数 β 的引入会严重破坏可交换命题泛逻辑的各种良好属性，主要是它越偏离 0.5(超过 0.75 或 0.25，特别是接近 1 或 0)，破坏性越大，可以说是面目全非，甚至退化为一元运算。所以，应用中一定要慎用权重系数 β 的调整作用。这好比在日常生活中，凳子、桌子、柜子、电冰箱和洗衣机都是四条腿等长的结构，因为理想的地面都是水平的，四条腿等长最简单适用。但是在现实生活中，地面总有少许高低不平的差别，在一些特别需要保持水平的场合，如现代电冰箱和洗衣机上都增加了一个微调机构，通过机构的微调来抵消地面少许不平的影响。从中我们可悟出一个道理：没有微调机构的电冰箱和洗衣机设计思想不完整，是一个缺陷；但是，因此把正常的四条腿等长结构都变成可自由伸缩的结构，那就太过分了，得不偿失！所以，从理论的完整性层面讲，不可交换的泛逻辑不可或缺；但从应用层面讲，它只能用于抵消客观存在的各个命题之间可信度的少许差异，不能不顾客观需要而随意乱用。

9.2 泛命题运算模型完整簇的生成规则

泛逻辑学的研究目标是提供一个逻辑生成器，通过运用各种规则，以构造出满足某种需要的具体逻辑。这个目标在命题泛逻辑学层面上已经全部实现，其基础是泛命题运算模型完整簇的生成规则。

在泛逻辑学中，各种命题连接词的运算模型都可以通过以下 4 类规则生成。

9.2.1 生成基规则

泛逻辑学的每个命题连接词都有自己的生成基，它是在[0,1]空间内，在命题的真值没有误差，且命题之间的广义相关性最大相斥时，该命题连接词的运算模型。

1. 基模型

(1) 泛非运算基模型

$$N(x,0.5)=\mathbf{N}_1=1-x$$

(2) 泛与运算基模型

$$T(x,y,0.5,0.5)=\mathbf{T}_1=\max(0,x+y-1)$$

(3) 泛或运算基模型

$$S(x,y,0.5,0.5)=\mathbf{S}_1=\min(1,x+y)$$

(4) 泛蕴涵运算基模型

$$I(x,y,0.5,0.5)=\mathbf{I}_1=\min(1,1-x+y)$$

(5) 泛等价运算基模型

$$Q(x,y,0.5,0.5)=\mathbf{Q}_1=1-|x-y|$$

(6) 泛平均运算基模型

$$M(x,y,0.5,0.5)=\mathbf{M}_1=(x+y)/2$$

(7) 泛组合运算基模型

$$C^e(x,y,0.5,0.5)=\mathbf{C}_1^e=\Gamma^1[x+y-e]$$

这是基模型的原始形态，同一基模型有多种不同的表达：常用的是非与表达和非或表达。表达不同，要求代入的生成元完整簇不同：如非与表达的基模型要求代入 T 性生成元完整簇；非或表达的基模型要求代入 S 性生成元完整簇。

2. 基模型的非与表达

其中 $h=k=0.5$，$\Phi(x,k)=x$，$F(x,h)=x$，$F(x,h,k)=F(\Phi(x,k),h)=x$。

(1) 泛非运算基模型

$$N(x,k)=1-x$$

(2) 泛与运算基模型

$$T(x,y,k,h)=\max(0,x+y-1)=F^{-1}(\max(F(0,h,k),F(x,h,k)+F(y,h,k)-1),h,k)$$

(3) 泛或运算基模型

$$\begin{aligned}S(x,y,k,h)&=\min(1,x+y)\\&=N(T(N(x,k),N(y,k),h,k),k)\\&=N(F^{-1}(\max(F(0,h,k),F(N(x,k),h,k)+\\&\quad F(N(y,k),h,k)-1),h,k),k)\end{aligned}$$

(4) 泛蕴涵运算基模型

$$\begin{aligned}I(x,y,k,h)&=\min(1,1-x+y)\\&=F^{-1}(\min(1+F(0,h,k),1-F(x,h,k)+F(y,h,k)),h,k)\end{aligned}$$

(5) 泛等价运算基模型

$$Q(x,y,k,h)=1-|x-y|=F^{-1}(1\pm|F(x,h,k)-F(y,h,k)|,h,k)$$

其中 $h>0.75$ 为$+$，否则为$-$。

(6) 泛平均运算基模型

$$M(x,y,k,h)=(x+y)/2=N(F^{-1}(F(N(x,k),h,k)/2+F(N(y,k),h,k)/2,h,k),k)$$

(7) 泛组合运算基模型

$$\begin{aligned}C^e(x,y,k,h)&=\Gamma[x+y-e]\\&=\mathrm{ite}\{\Gamma^e[F^{-1}(F(x,h,k)+F(y,h,k)-F(e,h,k),h,k)]\mid x+y<2e;\\&\quad N(\Gamma^{e'}[F^{-1}(F(N(x,k),h,k)+F(N(y,k),h,k)-F(N(e,k),\\&\quad h,k),h,k)],k)\mid x+y>2e;e\}\end{aligned}$$

$$e'=N(e,k)$$

3. 基模型的非或表达

其中 $h=k=0.5$，$\Phi(x,k)=x$，$G(x,h)=x$，$G(x,h,k)=G(\Phi(x,k),h)=x$。

(1) 泛非运算基模型

$$N(x,k)=1-x$$

(2) 泛或运算基模型

$$S(x,y,k,h)=\min(1,x+y)=G^{-1}(\min(G(1,h,k),G(x,h,k)+G(y,h,k)),h,k)$$

(3) 泛与运算基模型

$$\begin{aligned}T(x,y,k,h)&=\max(0,x+y-1)\\&=N(S(N(x,k),N(y,k),h,k),k)\\&=N(G^{-1}(\min(G(1,h,k),G(N(x,k),h,k)+G(N(y,k),h,k)),h,k),k)\end{aligned}$$

(4) 泛蕴涵运算基模型

$$\begin{aligned}I(x,y,k,h)&=\min(1,1-x+y)\\&=N(G^{-1}(\max(G(1,h,k)-1,G(N(y,k),h,k)-G(N(x,k),h,k)),h,k),k)\end{aligned}$$

(5) 泛等价运算基模型

$$\begin{aligned}Q(x,y,k,h)&=1-|x-y|\\&=N(G^{-1}(\pm|G(N(x,k),h,k)-G(N(y,k),h,k)|,h,k),k)\end{aligned}$$

其中 $h>0.75$ 为－，否则为＋。

(6) 泛平均运算基模型

$$M(x,y,k,h)=(x+y)/2=G^{-1}(G(x,h,k)/2+G(y,h,k)/2,h,k)$$

(7) 泛组合运算基模型

$$\begin{aligned}C^e(x,y,k,h)&=\Gamma[x+y-e]\\&=\mathrm{ite}\{\Gamma_e^1[G^{-1}(G(x,h,k)+G(y,h,k)-G(e,h,k),h,k)]\mid x+\\&\quad y>2e;N(\Gamma_{e'}[G^{-1}(G(N(x,k),h,k)+G(N(y,k),h,k)-\\&\quad G(N(e,k),h,k),h,k)],k)\mid x+y<2e;e\}\end{aligned}$$

$$e'=N(e,k)$$

9.2.2 生成元规则

基模型只能在没有误差($k=0.5$)且广义相关性为中性的($h=0.5$)理想世界中使用，为了处理现实世界中的实际问题，必须先用生成元把它变换到理想世界，经过基模型处理后，再反变换到现实世界中去。所谓生成元完整簇是指上下极限范围内所有生成元组成的完整簇。

泛逻辑运算模型的生成元完整簇有：

① 用于修正广义相关性 h 影响的零级 T 性生成元完整簇或零级 S 性生成元完整簇：

零级 T 性生成元完整簇　$F(x,h)=x^m$

零级 S 性生成元完整簇　$G(x,h)=1-(1-x)^m$

其中：$m=(3-4h)/(4h(1-h))$，$h\in[0,1]$，或 $h=((1+m)-((1+m)^2-3m)^{1/2})/(2m)$，$m\in\mathbf{R}$。

② 用于修正真值误差 k 影响的 N 性生成元完整簇，常用的有指数模型或多项式模型。

指数模型　$\Phi(x,k)=x^n$

其中 $k=2^{-1/n}$，$n\in\mathbf{R}_+$，或 $n=-1/\log_2 k$，$k\in[0,1]$。

多项式模型　$\Phi(x,k)=x(1+\lambda)^{1/2}/(1+((1+\lambda)^{1/2}-1)x)$

其中：$\lambda=(1-2k)/k^2$，$k\in[0,1]$或 $k=((1+\lambda)^{1/2}-1)/\lambda$，$\lambda\geqslant-1$。

③ 用于同时修正广义相关性 h 和真值误差 k 影响的一级 T 性生成元完整簇或一级 S 性生成元完整簇：

纯指数型一级 T 性生成元完整簇　$F(x,k,h)=F(\Phi(x,k),h)=x^{nm}$

纯指数型一级 S 性生成元完整簇　$G(x,k,h)=G(\Phi(x,k),h)=1-(1-x^n)^m$

其中：$k=2^{-1/n}$，$n\in\mathbf{R}_+$，或 $n=-1/\log_2 k$，$k\in[0,1]$；$m=(3-4h)/(4h(1-h))$，$h\in[0,1]$或 $h=((1+m)-((1+m)^2-3m)^{1/2})/(2m)$，$m\in\mathbf{R}$。

混合型一级 T 性生成元完整超簇　$F(x,k,h)=F(\Phi(x,k),h)$

$$=(x(1+\lambda)^{1/2}/(1+((1+\lambda)^{1/2}-1)x))^m$$

混合型一级 S 性生成元完整超簇　$G(x,k,h)=G(\Phi(x,k),h)$

$$=1-(1-x(1+\lambda)^{1/2}/(1+((1+\lambda)^{1/2}-1)x)^m$$

其中：$\lambda=(1-2k)/k^2$，$k\in[0,1]$或 $k=((1+\lambda)^{1/2}-1)/\lambda$，$\lambda\geqslant-1$；$m=(3-4h)/(4h(1-h))$，$h\in[0,1]$，或 $h=((1+m)-((1+m)^2-3m)^{1/2})/(2m)$，$m\in\mathbf{R}$。

④ 用于修正相对权重系数 $\beta\in[0,1]$对 T 性生成元完整簇和 S 性生成元完整簇影响的加权方式。

纯指数型零级 T 性生成元完整簇　$F(x,h,\beta)=2\beta F(x,h)=2\beta x^m$

$$F(y,h,\beta)=2(1-\beta)F(y,h)=2\beta y^m$$

纯指数型零级 S 性生成元完整簇　$G(x,h,\beta)=2\beta G(x,h)=2\beta(1-(1-x)^m)$

$$G(y,h,\beta)=2(1-\beta)G(y,h)=2\beta(1-(1-y)^m)$$

纯指数型一级 T 性生成元完整簇　$F(x,k,h,\beta)=2\beta F(\Phi(x,k),h)=2\beta x^{nm}$

$$F(y,k,h,\beta)=2(1-\beta)F(\Phi(y,k),h)$$

$$=2\beta y^{nm}$$

纯指数型一级 S 性生成元完整簇 $G(x,k,h,\beta)=2\beta G(\Phi(x,k),h)$
$=2\beta(1-(1-x^n)^m)$
$G(y,k,h,\beta)=2(1-\beta)G(\Phi(y,k),h)$
$=2\beta(1-(1-y^n)^m)$

混合型与此类似。

将生成元完整簇作用在各种生成基上，就得到了基空间[0,1]上的各种命题连接词的运算模型完整簇。

9.2.3 拓序规则

拓序规则具体规定了如何根据基空间[0,1]上的各种命题连接词运算模型，构造偏序空间$[0,1]^n$($n=2,3,\cdots$)和超序空间$\{\perp\}\cup[0,1]^n<\alpha>$($n=1,2,3,\cdots$)上的泛命题连接词运算模型的方法。

1. 偏序空间的拓序规则

在偏序空间$[0,1]^n$($n=2,3,\cdots$)中，命题的真值需要用 n 个彼此完全独立的分量来描述，即命题的真值是一个 n 维矢量 $\boldsymbol{x}=<x_1,x_2,\cdots,x_n>$，$\boldsymbol{y}=<y_1,y_2,\cdots,y_n>$，$n>1$，$x_i,y_i\in[0,1]$，它的逻辑运算模型(零级或一级)服从以下拓序规则：

$$N(\boldsymbol{x})=<N(x_1),N(x_2),\cdots,N(x_n)>$$
$$T(\boldsymbol{x},\boldsymbol{y})=<T(x_1,y_1),T(x_2,y_2),\cdots,T(x_n,y_n)>$$
$$S(\boldsymbol{x},\boldsymbol{y})=<S(x_1,y_1),S(x_2,y_2),\cdots,S(x_n,y_n)>$$
$$I(\boldsymbol{x},\boldsymbol{y})=<I(x_1,y_1),I(x_2,y_2),\cdots,I(x_n,y_n)>$$
$$Q(\boldsymbol{x},\boldsymbol{y})=<Q(x_1,y_1),Q(x_2,y_2),\cdots,Q(x_n,y_n)>$$
$$M(\boldsymbol{x},\boldsymbol{y})=<M(x_1,y_1),M(x_2,y_2),\cdots,M(x_n,y_n)>$$
$$C(\boldsymbol{x},\boldsymbol{y})=<C(x_1,y_1),C(x_2,y_2),\cdots,C(x_n,y_n)>$$

其中 $N(\boldsymbol{x})$，$T(\boldsymbol{x},\boldsymbol{y})$，$S(\boldsymbol{x},\boldsymbol{y})$，$I(\boldsymbol{x},\boldsymbol{y})$，$Q(\boldsymbol{x},\boldsymbol{y})$，$M(\boldsymbol{x},\boldsymbol{y})$和 $C(\boldsymbol{x},\boldsymbol{y})$是标准基空间[0,1]上的逻辑运算模型(零级或一级)。

2. 伪偏序空间的拓序规则

在 n 级不确定性推理中，命题的真值需要用一个 n 元数组来表示，但命题的真值在本质上仍然是一维的，它的每个分量都只是从不同的角度描述了这个一维命题，属于伪偏序空间，它的逻辑运算模型(零级或一级)服从以下拓序规则：

$$N(\boldsymbol{x})=<N(x_n),N(x_{n-1}),\cdots,N(x_1)>$$
$$T(\boldsymbol{x},\boldsymbol{y})=<T(x_1,y_1),T(x_2,y_2),\cdots,T(x_n,y_n)>$$
$$S(\boldsymbol{x},\boldsymbol{y})=<S(x_1,y_1),S(x_2,y_2),\cdots,S(x_n,y_n)>$$
$$I(\boldsymbol{x},\boldsymbol{y})=<I(x_1,y_1),I(x_2,y_2),\cdots,I(x_n,y_n)>$$
$$Q(\boldsymbol{x},\boldsymbol{y})=<Q(x_1,y_1),Q(x_2,y_2),\cdots,Q(x_n,y_n)>$$
$$M(\boldsymbol{x},\boldsymbol{y})=<M(x_1,y_1),M(x_2,y_2),\cdots,M(x_n,y_n)>$$
$$C(\boldsymbol{x},\boldsymbol{y})=<C(x_1,y_1),C(x_2,y_2),\cdots,C(x_n,y_n)>$$

其中$\boldsymbol{x}=<x_1,x_2,\cdots,x_n>$，$\boldsymbol{y}=<y_1,y_2,\cdots,y_n>$，$N(\boldsymbol{x})$，$T(\boldsymbol{x},\boldsymbol{y})$，$S(\boldsymbol{x},\boldsymbol{y})$，$I(\boldsymbol{x},\boldsymbol{y})$，$Q(\boldsymbol{x},\boldsymbol{y})$，$M(\boldsymbol{x},\boldsymbol{y})$和$C(\boldsymbol{x},\boldsymbol{y})$是基空间[0,1]上的逻辑运算模型（零级或一级）。

3. ⊥超序空间的拓序规则

如果真值域为超序空间$\{\perp\}\cup[0,1]^n$，$n=1,2,3,\cdots$，表示推理中需要考虑无定义状态⊥，应该在偏序规则的基础上增加关于⊥的拓序规则，有平凡和非平凡两种。

非平凡拓序规则：

① $N(\perp,k)=\perp$；

② $T(\perp,y,h,k)=\{\perp\mid y=\perp;0\}$；

③ $S(\perp,y,h,k)=\{\perp\mid y=\perp;1\}$；

④ $I(\perp,y,h,k)=\{1\mid y=\perp;\perp\}$，$I(x,\perp,h,k)=\{1\mid x=\perp;\perp\}$；

⑤ $Q(\perp,y,h,k)=\{1\mid y=\perp;\perp\}$；

⑥ $M(\perp,y,h,k)=y$；

⑦ $C(\perp,y,h,k)=\{\perp\mid y=\perp;0\mid y<k;1\mid y>k;k\}$。

平凡拓序规则：凡⊥参加的运算，结果都为⊥。

4. α超序空间的拓序规则

如果真值域为超序空间$[0,1]^n<\alpha>$，$n=1,2,3,\cdots$，表示推理中需要考虑附加特性α，应该在偏序规则的基础上增加关于α的拓序规则，不同的附加特性有不同的运算法则，无法一一枚举，这里仅给出拓序原则，具体如下。

如果p的逻辑真值为$x<\alpha>$，q的逻辑真值为$y<\beta>$，在逻辑运算过程中，除x,y参加逻辑运算模型$L(x,y)$的运算，得到逻辑真值z外，附加特性α,β也要参加附加特性运算模型$L'(\alpha,\beta)$的运算，得到附加特性值γ，即$x<\alpha>$和$y<\beta>$的逻辑运算结果$z<\gamma>$是由两种不同的运算模型得到的，$z=L(x,y)$，$\gamma=L'(\alpha,\beta)$。

9.2.4 基空间变换规则

基空间变换规则具体规定了将标准基空间[0,1]基变换为任意基空间$[a,b]$，$a<b$，$a,b\in\mathbf{R}$时，各种命题连接词运算模型的变换方法。

(1) [0,1]的基本语义是真假程度（空间），还可变换成其他语义：高低程度、通断程度、亮度、大小程度、是非程度、正负程度、有无程度、生病程度、赞成程度、成功程度和可信程度等。

(2) 标准基空间[0,1]有各种变种，如[0,100]、$[0,b]$、$[0,\infty]$、$[-1,1]$、$[-5,5]$、$[-b,b]$、$(-\infty,\infty)$、$[a,b](b>a\geqslant0)$等，可以通过坐标变换把[0,1]中的规律变换到它的各种变种中去。例如：

① 单向有限扩展$[0,1]\to[0,b]$，$x'=bx$，中元$e'=b/2$；

② 单向无限扩展$[0,1]\to[0,\infty]$，$x'=x/(1-x)$，中元 $e'=1$；

③ 任意有限扩展$[0,1]\to[a,b]$，$x'=(b-a)x+a$，中元 $e'=(b+a)/2$；

④ 双向有限扩展$[0,1]\to[-b,b]$，$x'=2bx-b$，中元 $e'=0$；

⑤ 双向无限扩展$[0,1]\to(-\infty,\infty)$，$x'=(x-0.5)/x(1-x)$，中元 $e'=0$。

通过基空间变换规则处理后，泛逻辑学可由标准形式特化为有很强针对性的应用形式。

9.3　泛逻辑学命题连接词的运算模型

下面仅给出纯指数模型，它是最常用的泛逻辑命题连接词运算模型。

1. 泛非命题连接词$\sim_k$的运算模型

$$N(x,k)=(1-x^n)^{1/n}$$

其中：$k=2^{-1/n}$，$n\in\mathbf{R}_+$，或 $n=-1/\log_2 k$，$k\in[0,1]$。

2. 泛与命题连接词$\wedge_{h,k}$的运算模型

(1) 一级模型

$$T(x,y,k,h)=(\max(0^{mn},x^{mn}+y^{mn}-1))^{1/mn}$$

其中：$m=(3-4h)/(4h(1-h))$，$h\in[0,1]$，或 $h=((1+m)-((1+m)^2-3m)^{1/2})/(2m)$，$m\in\mathbf{R}$。它的 4 个特殊算子是：

Zadeh 与算子　$T(x,y,k,1)=\mathbf{T}_3=\min(x,y)$

概率与算子　$T(x,y,k,0.75)=\mathbf{T}_2=xy$

有界与算子　$T(x,y,0.5,0.5)=\mathbf{T}_1=\max(0,x+y-1)$

突变与算子　$T(x,y,k,0)=\mathbf{T}_0=\mathrm{ite}\{\min(x,y)\mid\max(x,y)=1;0\}$

(2) 多元模型

$$T(x_1,x_2,\cdots,x_l,k,h)=(\max(0^{mn},x_1^{mn}+x_2^{mn}+\cdots+x_l^{mn}-(l-1)))^{1/mn}$$

它的 4 个特殊算子：

Zadeh 与算子　$T(x_1,x_2,\cdots,x_l,1,k)=\mathbf{T}_3=\min(x_1,x_2,\cdots,x_l)$

概率与算子　$T(x_1,x_2,\cdots,x_l,0.75,k)=\mathbf{T}_2=x_1x_2\cdots x_l$

有界与算子　$T(x_1,x_2,\cdots,x_l,0.5,0.5)=\mathbf{T}_1=\max(0,x_1+x_2+\cdots+x_l-(l-1))$

突变与算子　$T(x_1,x_2,\cdots,x_l,0,k)=\mathbf{T}_0=\mathrm{ite}\{\min(x_1,x_2,\cdots,x_l)\mid(x_1,x_2,\cdots,x_l)$中有$(l-1)$个 $1;0\}$

(3) 零级加权模型

$$T(x,y,h,\beta)=(\max(0,\ 2\beta x^m+2(1-\beta)y^m-1))^{1/m}$$

(4) 一级加权模型

$$T(x,\ y,\ k,\ h,\ \beta)=(\max(0,\ 2\beta x^{mn}+2(1-\beta)y^{mn}-1))^{1/mn}$$

3. 泛或命题连接词$\vee_{h,k}$的运算模型

(1) 二元模型

$$S(x,y,k,h)=(1-(\max((1-0^n)^m,(1-x^n)^m+(1-y^n)^m-1))^{1/m})^{1/n}$$

它的4个特殊算子(簇):

Zadeh 或算子 $S(x,y,1,k)=\mathbf{S}_3=\max(x,y)$

概率或算子 $S(x,y,0.75,k)=\mathbf{S\Phi}_{2k}=(x^n+y^n-x^ny^n)^{1/n}$

有界或算子 $S(x,y,0.5,0.5)=\mathbf{S}_1=\min(1,x+y)$

突变或算子 $S(x,y,0,k)=\mathbf{S}_0=\mathrm{ite}\{\max(x,y)\mid\min(x,y)=0;1\}$

(2) 多元模型

$$S(x_1,x_2,\cdots,x_l,h,k)=(1-(\max(0^{mn},(1-x_1^n)^m+(1-x_2^n)^m+\cdots+(1-x_l^n)^m-(l-1)))^{1/m})^{1/n}$$

它的4个特殊算子(簇):

Zadeh 或算子 $S(x_1,x_2,\cdots,x_l,1,k)=\mathbf{S}_3=\max(x_1,x_2,\cdots,x_l)$

概率或算子 $S(x_1,x_2,\cdots,x_l,0.75,k)=\mathbf{S\Phi}_{2k}=(1-(1-x_1^n)(1-x_2^n)\cdots(1-x_l^n))^{1/n}$

有界或算子 $S(x_1,x_2,\cdots,x_l,0.5,0.5)=\mathbf{S}_1=\max(l-1,x_1+x_2+\cdots+x_l)$

突变或算子 $S(x_1,x_2,\cdots,x_l,0,k)=\mathbf{S}_0=\mathrm{ite}\{\max(x_1,x_2,\cdots,x_l)\mid(x_1,x_2,\cdots,x_l)\text{中有}(l-1)\text{个}0;1\}$

(3) 零级加权模型

$$S(x,y,h,\beta)=1-(\max(0,\ 2\beta(1-x)^m+2(1-\beta)(1-y)^m-1))^{1/m}$$

(4) 一级加权模型

$$S(x,y,k,h,\beta)=(1-(\max(0,\ 2\beta(1-x^n)^m+2(1-\beta)(1-y^n)^m-1))^{1/m})^{1/n}$$

4. 泛蕴涵命题连接词$\rightarrow_{h,k}$的运算模型

(1) 二元模型

$$I(x,y,k,h)=(\min(1+0^{mn},1-x^{mn}+y^{mn}))^{1/mn}$$

它的4个特殊算子:

Zadeh 蕴涵 $I(x,y,1,k)=\mathbf{I}_3=\mathrm{ite}\{1\mid x\leqslant y;y\}$

概率蕴涵 $I(x,y,0.75,k)=\mathbf{I}_2=\min(1,y/x)$

有界蕴涵 $I(x,y,0.5,0.5)=\mathbf{I}_1=\min(1,1-x+y)$

突变蕴涵 $I(x,y,0,k)=\mathbf{I}_0=\mathrm{ite}\{y\mid x=1;1\}$

(2) 零级加权模型

$$I(x,y,h,\beta)=(\min(1+0^{mn},\ 1-2\beta x^m+2(1-\beta)y^m))^{1/m}$$

(3) 一级加权模型

$$I(x,y,k,h,\beta)=(\min(1+0^{mn},\ 1-2\beta x^{mn}+2(1-\beta)y^{mn}))^{1/mn}$$

5. 泛等价命题连接词$\leftrightarrow_{h,k}$的运算模型

(1) 二元模型

$$Q(x,y,k,h)=\text{ite}\{(1+|x^{nm}-y^{nm}|)^{1/mn}|m\leqslant 0;\ (1-|x^{nm}-y^{nm}|)^{1/mn}\}$$

它的 4 个特殊算子：

Zadeh 等价　$Q(x,y,1,k)=\mathbf{Q}_3=\text{ite}\{1|x=y;\min(x,y)\}$

概率等价　$Q(x,y,0.75,k)=\mathbf{Q}_2=\min(x/y,y/x)$

有界等价　$Q(x,y,0.5,0.5)=\mathbf{Q}_1=1-|x-y|$

突变等价　$Q(x,y,0,k)=\mathbf{Q}_0=\text{ite}\{x|y=1;y|x=1;1\}$

(2) 零级加权模型

$$Q(x,y,h,\beta)=\text{ite}\{(1+|2\beta x^m-2(1-\beta)y^m|)^{1/m}|m\leqslant 0;\ (1-|2\beta x^{nm}-2(1-\beta)y^{nm}|)^{1/m}\}$$

(3) 一级加权模型

$$Q(x,y,k,h,\beta)=\text{ite}\{(1+|2\beta x^{nm}-2(1-\beta)y^{nm}|)^{1/mn}|m\leqslant 0;\ (1-|2\beta x^{nm}-2(1-\beta)y^{nm}|)^{1/mn}\}$$

6. 泛平均连接词Ⓟ$_{h,k}$的运算模型

(1) 二元模型

$$M(x,y,h,k)=1-((1-x^n)^m+(1-y^n)^m)/2)^{1/nm}$$

它的 4 个特殊算子：

Zadeh 平均　$M(x,y,1,k)=\mathbf{M}_3=\max(x,y)=\mathbf{S}_3$

概率平均　$M(x,y,0.75,k)=\mathbf{M\Phi}_{2k}=(1-((1-x^n)(1-y^n))^{1/2})^{1/n}$

有界平均　$M(x,y,0.5,0.5)=\mathbf{M}_1=(x+y)/2$

突变平均　$M(x,y,0,k)=\mathbf{M}_0=\min(x,y)=\mathbf{T}_3$

(2) 多元模型

$$M(x_1,x_2,\cdots,x_l,h,k)=(1-(((1-x_1^n)^m+(1-x_2^n)^m+\cdots+(1-x_l^n)^m)/l))^{1/m})^{1/n}$$

它的 4 个特殊算子是：

Zadeh 平均算子　$M(x_1,x_2,\cdots,x_l,1,k)=\mathbf{M}_3=\max(x_1,x_2,\cdots,x_l)$

概率平均算子　$M(x_1,x_2,\cdots,x_l,0.75,k)=\mathbf{M\Phi}_{2k}=(1-((1-x_1^n)(1-x_2^n)\cdots(1-x_l^n))^{1/l})^{1/n}$

有界平均算子　$M(x_1,x_2,\cdots,x_l,0.5)=\mathbf{M}_1=(x_1+x_2+\cdots+x_l)/l$

突变平均算子　$M(x_1,x_2,\cdots,x_l,0,k)=\mathbf{M}_0=\min(x_1,x_2,\cdots,x_l)$

(3) 零级加权模型

$$M(x,y,h,\beta)=1-(2\beta(1-x)^m+2(1-\beta)(1-y)^m)/2)^{1/m}$$

(4) 一级加权模型

$$M(x,y,k,h,\beta)=(1-(2\beta(1-x^n)^m+2(1-\beta)(1-y^n)^m)\ /2)^{1/m})^{1/n}$$

7. 泛组合命题连接词 $\copyright^{e}_{h,k}$ 的运算模型

$$C^e(x,y,h,k)=\text{ite}\{\Gamma^e[(x^{nm}+y^{nm}-e^{nm})^{1/nm}]\mid x+y<2e;(1-(\Gamma^{e'}[((1-x^n)^m+(1-y^n)^m)-(1-e^n)^m])^{1/m})^{1/n}\mid x+y>2e;e\}$$

$$e'=N(e,k)$$

它的 4 个特殊算子是

上限组合　Zadeh 组合　$C^e(x,y,1,0.5)=\mathbf{C}^e_3=\text{ite}\{\min(x,y)\mid x+y<2e;\max(x,y)\mid x+y>2e;e\}$

中极组合　概率组合　$C^e(x,y,0.75,0.5)=\mathbf{C}^e_2=\text{ite}\{xy/e\mid x+y<2e;(x+y-xy-e)/(1-e)\mid x+y>2e;e\}$

中心组合　有界组合　$C^e(x,y,0.5,0.5)=\mathbf{C}^e_1=\Gamma^1[x+y-e]$

下限组合　突变组合　$C^e(x,y,0,0.5)=\mathbf{C}^e_0=\text{ite}\{0\mid x,y<e;1\mid x,y>e;e\}$

其中：$k=2^{-1/n}$，$n\in\mathbf{R}_+$，或 $n=-1/\log_2 k$，$k\in[0,1]$；$m=(3-4h)/4h(1-h)$，$h\in[0,1]$，或 $h=((1+m)-((1+m)^2-3m)^{1/2})/(2m)$，$m\in\mathbf{R}$。

(1) 零级加权模型

$$C^e(x,y,h,\beta)=\text{ite}\{\min(e,(\max(0,2\beta x^m+2(1-\beta)y^m-e^m))^{1/m}\mid 2\beta x+2(1-\beta)y<2e;(1-\min(1-e,(\max(0,2\beta(1-x)^m+2(1-\beta)(1-y)^m-(1-e)^m))^{1/m}))\mid 2\beta x+2(1-\beta)y>2e;\ e\}$$

(2) 一级加权模型

$$C^e(x,y,k,h,\beta)=\text{ite}\{\min(e,(\max(0,2\beta x^{nm}+2(1-\beta)y^{nm}-e^{nm}))^{1/mn}\mid 2\beta x+2(1-\beta)y<2e;(1-(\min(1-e,(\max(0,2\beta(1-x^n)^m+2(1-\beta)(1-y^n)^m-(1-e^n)^m))^{1/m}))^{1/n})\mid 2\beta x+2(1-\beta)y>2e;\ e\}$$

关于不可交换的命题泛逻辑理论体系，在第 8 章已经有所交代，请读者谨慎使用。下面整理了可交换的命题泛逻辑理论体系中常用的逻辑公式，供读者参考。

9.4　命题泛逻辑学的常用公式

根据前面 7 章对各命题连接词性质的证明，我们整理出可交换的命题泛逻辑学中常用的逻辑公式（即推理定理），具体如下。从中可以看出，二值逻辑中的逻辑公式拓广到泛逻辑学中后，有 3 种类型。

① 完全成立型。如：化简式，$p\wedge_{h,k}q\Rightarrow p$；析取三段论，$\sim_k p$，$p\vee_{h,k}q\Rightarrow q$。

② 有条件的成立型。如：分配律，$p\wedge_1(q\vee_1 r)\Leftrightarrow(p\wedge_1 q)\vee_1(p\wedge_1 r)$；补余律，当 $h\leqslant 0.5$ 时，$p\wedge_{h,k}\sim_k p\Leftrightarrow 0$。

③ 仅在二值基逻辑中成立型。如：当且仅当 $p,q\in\{0,1\}$ 时，$p\leftrightarrow q\Leftrightarrow(p\wedge q)\vee(\sim p\wedge\sim q)$；当且仅当 $p,q\in\{0,1\}$ 时，$\sim(p\leftrightarrow q)\Leftrightarrow\sim p\leftrightarrow q$。

9.4.1　泛非命题连接词的公式

1. 等 k 泛非公式

如果整个推理处在同一误差水平 k 上，仅需要下面 3 个性质。

① 对合律，$\sim_k\sim_k p\Leftrightarrow p$。

② 泛非性，$k\rightarrow_{h,k}p\Rightarrow\sim_k p\rightarrow_{h,k}k$；$p\rightarrow_{h,k}k\Rightarrow k\rightarrow_{h,k}\sim_k p$。

③ 对偶律，$\sim\sim_k\sim p\Leftrightarrow\sim_{1-k}p$。

2. 不等 k 泛非公式

① 合成律，$\sim_{k_2}\sim_{k_1}p\Leftrightarrow\sim\sim_{k_3}p$，$k_3=k_1\ominus k_2=k_1(1-k_2)/(k_1+k_2-2k_1k_2)$。

② 吸收律，$\sim_k\sim_0 p\Leftrightarrow\sim\sim_0 p$；$\sim_k\sim_1 p\Leftrightarrow\sim\sim_1 p$；$\sim_0\sim_k p\Leftrightarrow\sim_0\sim p$；$\sim_1\sim_k p\Leftrightarrow\sim_1\sim p$。

③ 互补律，$\sim_{\ominus k}\sim_k p\Leftrightarrow\sim\sim_{k'}p$，其中 $k'=k^2/(1-2k+2k^2)$。

④ 交换律，$\sim_{k_2}\sim_{k_1}p\Leftrightarrow\sim_{\ominus k_1}\sim_{\ominus k_2}p$。

⑤ 对偶律，$\sim_{k_1}\sim_k\sim_{k_1}p\Leftrightarrow\sim_{k_2}p$，$k_2=N(k,k_1)$，$\sim\sim_k\sim p\Leftrightarrow\sim_{1-k}p$。

9.4.2　永真蕴涵公式(除 $h=0$ 和 $k=1$ 外)

1. 化简式

Im1　$p\wedge_{h,k}q\Rightarrow p$

Im2　$p\wedge_{h,k}q\Rightarrow q$

Im3　$\sim_k(p\rightarrow_{0.5,k}q)\Rightarrow p$

Im4　$\sim_k(p\rightarrow_{0.5,k}q)\Rightarrow\sim_k q$

2. 附加式

Im5　$p\Rightarrow p\vee_{h,k}q$

Im6　$q\Rightarrow p\vee_{h,k}q$

Im7　如果 $p\Rightarrow q$ 或 $h=0.5$，则 $\sim_k p\Rightarrow p\rightarrow_{h,k}q$

Im8　$q\Rightarrow p\rightarrow_{h,k}q$

Im9　$p,q\Rightarrow p\wedge_{h,k}q$

Im10　$p\rightarrow_{h,k}q\Rightarrow(r\wedge_{h,k}p)\rightarrow_{h,k}(r\wedge_{h,k}q)$

Im11　$p\rightarrow_{h,k}q\Rightarrow(r\vee_{h,k}p)\rightarrow_{h,k}(r\vee_{h,k}q)$

3. 推论式

Im12　$\sim_k p,p\vee_{h,k}q\Rightarrow q$　析取三段论

Im13　$p,p\rightarrow_{h,k}q\Rightarrow q$　假言推论

Im14　如果 $p\Rightarrow q$ 或 $h=0.5$，则 $\sim_k q,p\rightarrow_{h,k}q\Rightarrow\sim_k p$　拒取式

Im15　$p\rightarrow_{h,k}q,q\rightarrow_{h,k}r\Rightarrow p\rightarrow_{h,k}r$　假言三段论

Im16 $p \vee_{h,k} q, p \rightarrow_{h,k} r, q \rightarrow_{h,k} r \Rightarrow r$ 二难推论

4. 其他

Im17 $(p \rightarrow_{h,k} r) \wedge_{h,k} (q \rightarrow_{h,k} r) \Rightarrow (p \wedge_{h,k} q) \rightarrow_{h,k} r$ 合并律

Im18 $r \rightarrow_{h,k} (p \wedge_{h,k} q) \Rightarrow (r \rightarrow_{h,k} p) \wedge_{h,k} (r \rightarrow_{h,k} q)$ 泛与性

Im19 $\sim_k p \wedge_{h,k} p \Rightarrow k$ 广义补余律

Im18 $(p \vee_{h,k} q) \rightarrow_{h,k} r \Rightarrow (p \rightarrow_{h,k} r) \wedge_{h,k} (q \rightarrow_{h,k} r)$ 泛或性

Im19 $k \Rightarrow \sim_k p \vee_{h,k} p$ 广义补余律

Im20 $p \Rightarrow (p \wedge_{h,k} q) \vee_{h,k} p$

Im21 $(p \vee_{h,k} q) \wedge_{h,k} p \Rightarrow p$

Im22 $(r \rightarrow_{h,k} p) \wedge_{h,k} (r \rightarrow_{h,k} q) \Rightarrow r \rightarrow_{h,k} (p \vee_{h,k} q)$ 合并律

Im23 $p \wedge_{h,k} q \Rightarrow p \vee_{h,k} q$ 与或律

Im24 $p \Rightarrow p \rightarrow_{h,k} (p \wedge_{h,k} q)$ 附加律

Im25 $p \rightarrow_{h,k} q \Rightarrow (r \rightarrow_{h,k} p) \rightarrow_{h,k} (r \rightarrow_{h,k} q)$ 附加律

Im26 $p \Rightarrow p \leftrightarrow_{h,k} q$ 附加律

Im27 $q \Rightarrow p \leftrightarrow_{h,k} q$ 附加律

Im28 $(p \leftrightarrow_{h,k} q) \wedge_{h,k} (q \leftrightarrow_{h,k} r) \Rightarrow p \leftrightarrow_{h,k} r$ 传递性

Im29 $p \wedge_{h,k} q \Rightarrow p \leftrightarrow_{h,k} q$ 与等律

9.4.3 永真等价公式(除 $h=0$ 和 $k=1$ 外)

1. 交换律

Eq1 $p \wedge_{h,k} q \Leftrightarrow q \wedge_{h,k} p$

Eq2 $p \vee_{h,k} q \Leftrightarrow q \vee_{h,k} p$

Eq3 $p \leftrightarrow_{h,k} q \Leftrightarrow q \leftrightarrow_{h,k} p$

2. 结合律

Eq4 $p \wedge_{h,k} (q \wedge_{h,k} r) \Leftrightarrow (p \wedge_{h,k} q) \wedge_{h,k} r$

Eq5 $p \vee_{h,k} (q \vee_{h,k} r) \Leftrightarrow (p \vee_{h,k} q) \vee_{h,k} r$

Eq6 $p \leftrightarrow_1 (q \leftrightarrow_1 r) \Leftrightarrow (p \leftrightarrow_1 q) \leftrightarrow_1 r$

3. 分配律

Eq7 $p \wedge_1 (q \vee_1 r) \Leftrightarrow (p \wedge_1 q) \vee_1 (p \wedge_1 r)$

Eq8 $p \vee_1 (q \wedge_1 r) \Leftrightarrow (p \vee_1 q) \wedge_1 (p \vee_1 r)$

Eq9 $p \rightarrow_1 (q \rightarrow_1 r) \Leftrightarrow (p \rightarrow_1 q) \rightarrow_1 (p \rightarrow_1 r)$

4. 否定深入律

Eq10 $\sim_k \sim_k p \Leftrightarrow p$ 对合律

Eq11　$\sim_k(p\wedge_{h,k}q)\Leftrightarrow\sim_k p\vee_{h,k}\sim_k q$　对偶律

Eq12　$\sim_k(p\vee_{h,k}q)\Leftrightarrow\sim_k p\wedge_{h,k}\sim_k q$　对偶律

Eq13　$\sim_k(p\rightarrow_{0.5,k}q)\Leftrightarrow p\wedge_{0.5,k}\sim_k q$

Eq14　如果 $p\Rightarrow q$ 或 $h=0.5$，则 $\sim_k p\rightarrow_{h,k}\sim_k q\Leftrightarrow q\rightarrow_{h,k}p$　反非律

Eq15　当且仅当 $p,q\in\{0,1\}$ 时，$\sim(p\leftrightarrow q)\Leftrightarrow\sim p\leftrightarrow q$

Eq16　当且仅当 $p,q\in\{0,1\}$ 时，$\sim(p\leftrightarrow q)\Leftrightarrow p\leftrightarrow\sim \mathbf{q}$

Eq17　$\sim_k p\leftrightarrow_{0.5,k}\sim_k q\Leftrightarrow p\leftrightarrow_{0.5,k}q$　非等律

5. 吸收律

Eq18　$p\wedge_1 p\Leftrightarrow p$

Eq19　$p\vee_1 p\Leftrightarrow p$

Eq20　$(p\wedge_1 q)\vee_1 p\Leftrightarrow p$

Eq21　$(p\vee_1 q)\wedge_1 p\Leftrightarrow p$

Eq22　当且仅当 $p,q\in\{0,1\}$ 时，$p\rightarrow\sim p\Leftrightarrow\sim p$

Eq23　当且仅当 $p,q\in\{0,1\}$ 时，$\sim p\rightarrow p\Leftrightarrow p$

Eq24　如果 $p\Rightarrow q$ 或 $p,q\in\{0,1\}$，则 $(p\rightarrow_{h,k}q)\rightarrow_{h,k}p\Leftrightarrow p$

Eq25　如果 $p\Rightarrow q$ 或 $p,q\in\{0,1\}$，则 $p\rightarrow_{h,k}(p\rightarrow_{h,k}q)\Leftrightarrow p\rightarrow_{h,k}q$

Eq26　当且仅当 $p,q\in\{0,1\}$ 时，$(p\leftrightarrow q)\leftrightarrow p\Leftrightarrow q$

6. 极值律

Eq27　$p\wedge_{h,k}1\Leftrightarrow p$　同一律

Eq28　$p\vee_{h,k}0\Leftrightarrow p$　同一律

Eq29　$p\wedge_{h,k}0\Leftrightarrow 0$　两极律

Eq30　$p\vee_{h,k}1\Leftrightarrow 1$　两极律

Eq31　当 $h\leqslant 0.5$ 时，$p\wedge_{h,k}\sim_k p\Leftrightarrow 0$　补余律

Eq32　当 $h\leqslant 0.5$ 时，$p\vee_{h,k}\sim_k p\Leftrightarrow 1$　补余律

Eq33　$1\rightarrow_{h,k}p\Leftrightarrow p$　同一律

Eq34　$p\rightarrow_{0.5,k}0\Leftrightarrow\sim_k p$

Eq35　$0\rightarrow_{h,k}p\Leftrightarrow 1$　恒真律

Eq36　$p\rightarrow_{h,k}1\Leftrightarrow 1$　恒真律

Eq37　$p\rightarrow_{h,k}p\Leftrightarrow 1$　恒真律

Eq38　$q\rightarrow_{h,k}(p\rightarrow_{h,k}q)\Leftrightarrow 1$　恒真律

Eq39　$1\leftrightarrow_{h,k}p\Leftrightarrow p$　同一律

Eq40　$p\leftrightarrow_{h,k}p\Leftrightarrow 1$　恒真律

Eq41　$\sim_k p\Leftrightarrow 0\leftrightarrow_{0.5,k}p$

Eq42　当且仅当 $p,q\in\{0,1\}$ 时，$\sim p\leftrightarrow p\Leftrightarrow 0$　恒假律

7. 连接词关系律

Eq34 $\sim_k p \Leftrightarrow p \rightarrow_{0.5,k} 0$

Eq41 $\sim_k p \Leftrightarrow p \leftrightarrow_{0.5,k} 0$

Eq43 $p \wedge_{h,k} q \Leftrightarrow \sim_k (\sim_k p \vee_{h,k} \sim_k q)$ DeMorgan 律

Eq44 $p \vee_{h,k} q \Leftrightarrow \sim_k (\sim_k p \wedge_{h,k} \sim_k q)$ DeMorgan 律

Eq45 $p \rightarrow_{0.5,k} q \Leftrightarrow \sim_k p \vee_{0.5,k} q$

Eq46 $p \leftrightarrow_{h,k} q \Leftrightarrow (p \rightarrow_{h,k} q) \wedge_{h,k} (q \rightarrow_{h,k} p)$

Eq47 当 $p,q \in \{0,1\}$时，$p \leftrightarrow q \Leftrightarrow (p \wedge q) \vee (\sim p \wedge \boldsymbol{\sim q})$

8. 其他

Eq48 $(p \wedge_{h,k} q) \rightarrow_{h,k} r \Leftrightarrow p \rightarrow_{h,k} (q \rightarrow_{h,k} r)$

Eq49 如果 $p \Rightarrow q$，则 $p \rightarrow_{h,k} q \Leftrightarrow (r \wedge_{h,k} p) \rightarrow_{h,k} (r \wedge_{h,k} q)$

Eq50 如果 $p \Rightarrow q$，则 $p \rightarrow_{h,k} q \Leftrightarrow (r \vee_{h,k} p) \rightarrow_{h,k} (r \vee_{h,k} q)$

9.4.4 新增逻辑公式(除 $h=0$ 和 $k=1$ 外)

1. 永真蕴涵公式

Im30 $p \wedge_{h,k} q \Rightarrow p$ Ⓟ$_{h,k} q$ 与平律

Im31 p Ⓟ$_{h,k} q \Rightarrow p \vee_{h,k} q$ 平或律

Im32 $p \wedge_{h,k} q \Rightarrow p$ Ⓒ$^{e}_{h,k} q$ 与组律

Im33 p Ⓒ$^{e}_{h,k} q \Rightarrow p \vee_{h,k} q$ 组或律

2. 永真等价公式

Eq51 p Ⓟ$_{h,k} q \Leftrightarrow q$ Ⓟ$_{h,k} p$ 交换律

Eq51 p Ⓟ$_{h,k} p \Leftrightarrow p$ 幂等性

Eq52 p Ⓟ$_{h,k} (q$ Ⓟ$_{h,k} r) \Leftrightarrow (p$ Ⓟ$_{h,k} q)$ Ⓟ$_{h,k} (p$ Ⓟ$_{h,k} r)$ 自分配律

Eq53 p Ⓒ$^{e}_{h,k} q \Leftrightarrow q$ Ⓒ$^{e}_{h,k} p$ 交换律

Eq54 p Ⓒ$^{e}_{h,k} e \Leftrightarrow p$ 幺元律

Eq55 e Ⓒ$^{e}_{h,k} e \Leftrightarrow e$ 弃权律

9.5 命题泛逻辑学的演绎推理规则

1. 合式字母表规则

$p,q,r,\cdots;0,1;\sim_k, \wedge_{h,k}, \vee_{h,k}, \rightarrow_{h,k}, \leftrightarrow_{h,k}$, Ⓟ$_{h,k}$, Ⓒ$^{e}_{h,k}$, $\circlearrowleft^{k}$;(,)是合式字母表。

2. 合式公式生成规则

① 0,1 和原子命题 $p,q,r,\cdots$是合式公式；

② 如果 p,q 是合式公式，则 $\sim_k p$，$(p \wedge_{h,k} q)$，$(p \vee_{h,k} q)$，$(p \rightarrow_{h,k} q)$，$(p \leftrightarrow_{h,k} q)$，$(p \text{Ⓟ}_{h,k} q)$，$(p \text{Ⓒ}_{h,k}^{e} q)$，$\text{♂}^{k} p$ 是合式公式；

③ 当且仅当有限次使用①，②所得到的符号串才是合式公式。

由于同一个命题 p 不仅真值相等，而且最大相关，$h=1$，$T(x,x,1)=x$。又由于串行推理是与运算，所以在推演的任何步骤上，都可以任意次地引用同一个前提或结论，而不影响推理的最后结果。

3. 前提引入规则

在推演的任何步骤上，都可以引入前提。

4. 结论引用规则

在推演的任何步骤上，都可以引用前面演绎出的结论，作为后继推演的前提。

5. 取代规则

若 F 是任意合式公式，A 是 F 中的任意子公式，且 $A \Leftrightarrow A'$，在 F 中用 A' 取代 A 后是 F'，则有 $F \Leftrightarrow F'$（除 $h=0$ 和 $k=1$ 外）。

6. 代换规则

若 $F(p_1,p_2,\cdots,p_i,\cdots,p_n)$ 是任意永真合式公式，p_i 是命题变元，A 是任意合式公式，则 $F(p_1,p_2,\cdots,A,\cdots,p_n)$ 是永真合式公式，即 $F(p_1,p_2,\cdots,p_i,\cdots,p_n) \Rightarrow F(p_1,p_2,\cdots,A,\cdots,p_n)$（除 $h=0$ 和 $k=1$ 外）。

7. 合取规则

由前提 p,q 可以推出结论 $(p \wedge_{h,k} q)$。

8. 分离规则

由前提 $p,(p \rightarrow_{h,k} q)$ 可以推出结论 q。

9. 拒取规则

如果 $p \Rightarrow q$ 或 $h=0.5$，则由前提 $\sim_k q,(p \rightarrow_{h,k} q)$ 可以推出结论 $\sim_k p$。

10. 析取三段论

由前提 $(p \vee_{h,k} q)$，$\sim_k q$ 可以推出结论 p。

11. 假言三段论

由前提 $(p \rightarrow_{h,k} q)$，$(q \rightarrow_{h,k} r)$ 可以推出结论 $(p \rightarrow_{h,k} r)$。

12. CP 规则

由前提 p,q 可以推出结论 r，等价于从 q 可以推出结论 $(p \rightarrow_{h,k} r)$。

13. 附加规则

由前提 p 可以推出结论 $(p \vee_{h,k} q)$。

14. 化简规则

由前提 $(p \wedge_{h,k} q)$ 可以推出结论 p。

15. 反证法

在二值基逻辑中有：若 F,G 是任意合式公式，$F \Rightarrow G$，当且仅当 $(F \wedge \sim G) \Leftrightarrow 0$。

在泛逻辑学中，$T(x,N(y,k),h,k)=(\max(0^{nm},x^{nm}+(1-y^n)^m-1))^{1/nm}=0$，当且仅当 $x^{nm}+(1-y^n)^m\leqslant 1$，$x^{nm}\leqslant 1-(1-y^n)^m$，当 $m=1$ 时，可得 $x^n\leqslant y^n$，$x\leqslant y$，所以反证法只能在 $h=0.5$ 时使用。

另外还可以引入范式等概念，这就是命题泛逻辑学中标准演绎推理系统的主要内容。

第10章　柔性神经元的结构和工作原理

本章将重点介绍一个对新一代人工智能研究特别重要的知识：神经元和逻辑算子的一体两面关系。它一开始就存在，但70多年来几乎被研究人工神经网络的人破坏得无影无踪，这才造成了当前深度神经网络研究的可解释性瓶颈。恢复神经元一体两面的本质属性是彻底解决当前人工智能研究困局的一剂灵丹妙药，要是人工神经网络的领路人当年没有无视M-P模型一体两面的本质属性，今天的人工智能可能已经是一个和谐美满的大家庭了。

人工智能的三足鼎立关系来源于分而治之的方法论，分而治之的方法论来源于决定论的科学观，他们都不重视复杂性系统的内部联系，说切就切，说分就分，最后自家人不认识自家人，内部乱成一团。连接主义学派本来是家中老大，研究人脑结构；功能主义学派本来是家中老二，研究人脑功能；行为主义学派则是家里小弟，研究人脑支配的行为。一家人哥俩互不认可，开始是老二掌权，排挤老大，后来老二遇到麻烦，老大大权在握，反过来排挤老二，小弟则自顾自玩，根本不算一个正常的家庭(学科)，内耗特别严重。

再看人工智能模拟的人脑本身，神经网络结构支撑智能的生成机制，智能生成机制产生智能功能和智能行为，知识、逻辑和行为的生成和演化全过程：演化形成、存储记忆、现场运用、修改完善等，全部都在神经网络的结构之中完成，功能、行为和结构高度和谐统一。这是自然界留给人类的最大启示，我们为什么要视而不见，一定要相互排斥，70多年来越来越难以融合?

现在有了本章的研究成果支撑，在新一代人工智能研究中，类似于人脑中的和谐统一局面一定可实现，一定要实现。让我们共同努力，维护神经元和逻辑算子的一体两面关系，实现新一代人工智能的高度和谐统一。

10.1 M-P 人工神经元模型具有一体两面性

10.1.1 二值神经元的基本结构

1943 年，心理学家 W. Mcculloch 和数理逻辑学家 W. Pitts 在分析、总结神经元基本特性的基础上，首先提出了神经元的数学模型 M-P(又称为感知机、阈元)。此模型沿用至今，并且直接影响着这一领域的研究进展。他们两人被誉为人工神经网络研究的先驱。

图 10.1 给出的是 M-P 模型的二元结构图，其中 $x, y, z\in\{0,1\}$，a, b 是输入的权系数，e 是阈值，$v=ax+by-e$ 是整合计算，经 0，1 限幅 $\Gamma[v]$后输出，$z=\Gamma[ax+by-e]$，从输入到输出有 Δt 的固定延迟。它有一个特殊的属性——一体两面性，从神经元角度看它是一个二值信息变换函数，从逻辑角度看，它是一个逻辑算子(为什么只讨论二元结构？因为把二元搞清楚了，很容易扩张到三元及更多的元)。1945 年冯·诺依曼领导的设计小组试制成功存储程序式电子数字计算机，标志着电子计算机时代的开始。1948 年，他在研究工作中比较了人脑结构与存储程序式计算机的根本区别，提出了由简单神经元构成的再生自动机网络结构，肯定了神经元与逻辑算子的等价关系，两者的处理能力相同。所以，冯·诺依曼既是电子数字计算机的创始人之一，也是人工神经网络研究的先驱之一。

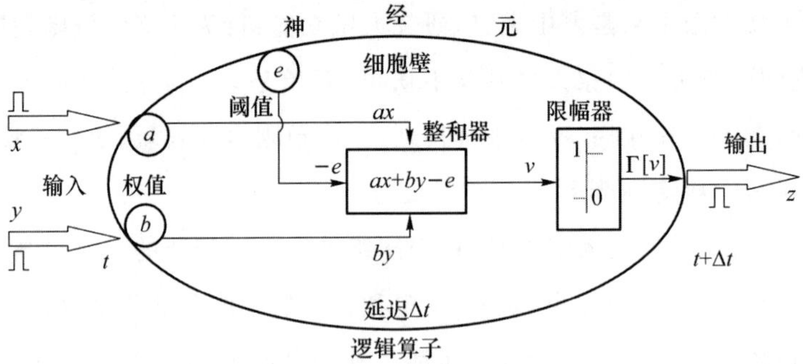

图 10.1 二元二值神经元模型 M-P

10.1.2 M-P 模型的一体两面性

我 1958 年开始学习计算机，1969 年开始主持设计航空机载计算机，对逻辑算子(门电路)已非常熟悉。1979 年我开始研究人工智能，在学习 M-P 模型时，曾系统考查过神经元的一体两面性,发现了如表 10.1 所示的一一对应关系:神经元的每一个信息变换模式都有其逻辑含义,反之亦然。它证明了两者的信息处理能力相同,谁也不比谁强。

表 10.1 二元二值信息处理的全部 16 种模式

模式编号		0 号	1 号	2 号	3 号	4 号	5 号	6 号	7 号
模式内容		$\equiv 0$	$\neg(x\vee y)$	$\neg(y\rightarrow x)$	$\neg x$	$\neg(x\rightarrow y)$	$\neg y$	$x\neq y$	$\neg(x\wedge y)$
模式参数	a	0	−1	−1	−1	1	0	组合实现	−1
	b	0	−1	1	0	−1	−1		−1
	e	0	−1	0	−1	0	−1		2
模式编号		15 号	14 号	13 号	12 号	11 号	10 号	9 号	8 号
模式内容		$\equiv 1$	$x\vee y$	$y\rightarrow x$	x	$x\rightarrow y$	y	$x=y$	$x\wedge y$
模式参数	a	1	1	1	1	−1	0	组合实现	1
	b	1	1	−1	0	1	1		1
	e	−1	0	−1	0	−1	0		1

图 10.2 给出了 M-P 模型一体两面性的具体表现。其中 6 号模式($x\neq y$)和 9 号模式($x=y$)都是组合型模式:

$$z=\neg((x\rightarrow y)\wedge(y\rightarrow x))=1-\Gamma[\Gamma[-x+y+1]+\Gamma[x-y+1]-1]=|x-y|$$

$$z=(x\rightarrow y)\wedge(y\rightarrow x)=\Gamma[\Gamma[-x+y+1]+\Gamma[x-y+1]-1]=1-|x-y|$$

1969 年明斯基(M. Minsky)出版专著 *Perceptron* 指出神经网络的功能局限,其中就包括这两个模式不能用 M-P 模型实现,其实这是一个误会,它们都可用 3 个神经元组合起来完成其信息变换功能。

10.1.3 现行的 ANN 没有一体两面性

过去我们搞计算机的人喜欢用真值表想问题,搞神经网络的人喜欢用阈值函数 $z=\Gamma[ax+by-e]$ 思考问题。不看表 10.1,确实想不到神经元的一体两面性,后来我在泛逻辑的一步步扩张过程中,始终坚持在基模型(即 $z=\Gamma[ax+by-e]$)不变的前提下完成,就是当年表 10.1 在我脑中留下的烙印。所以,柔性神经元的一体两面性一直存在。

也就是说,只要不离开泛逻辑和柔性神经元,不管抽象到多大的知识粒度层次,它的一体两面性一直存在。这对神经网络的可解释性至关重要,也是人类理解周围世界,把握因果关系,积累知识和应用逻辑推理的重要前提。否则,人就只能像动物一样,听见铃声就分泌唾液,无法分辨是食物还是诱饵。条件反射和思维定式一样,都是自发行为,《孙子兵法》的 36 计中就有许多利用对手条件反射和思维定式来克敌制胜的锦囊妙计,智能的一个重要组成要素就是会算计,感知和认知不是一个层次的智慧。

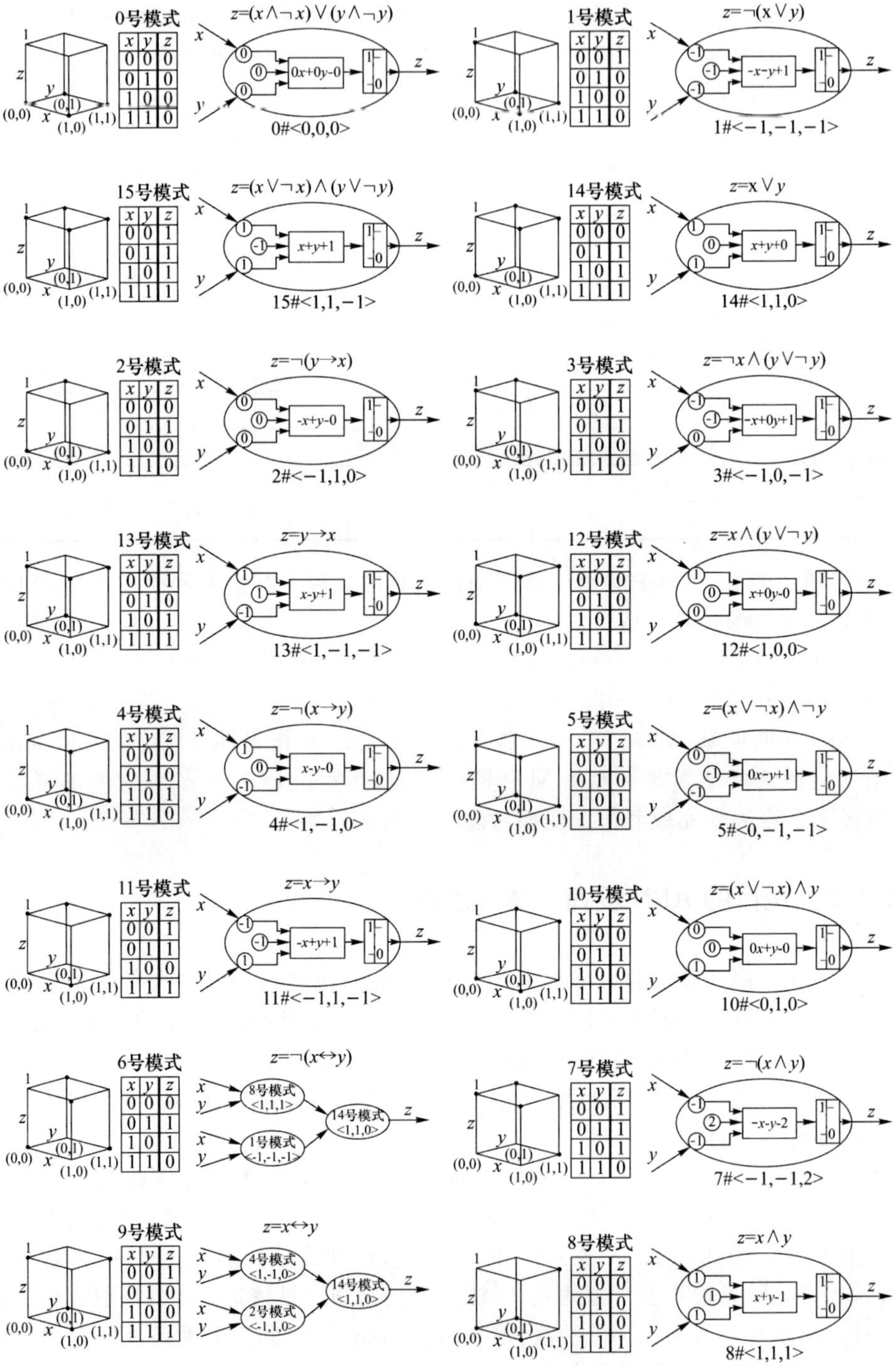

图 10.2　M-P 模型的一体两面性

可是,现行的人工神经网络(ANN)特别是深度神经网络从一开始就无视 M-P 神经元的一体两面性,随意修改神经元的<a,b,e>参数,用各种 S-型变换函替换神经元的信息变换函数 $z=\Gamma[ax+by-e]$,满足于用简单的数据统计和关联关系拟合,整个过程没有归纳抽象,完全使用原子信息变换,通过大数据和云计算,用几百上千层二值神经网络一竿子插到底,把知识和逻辑变成了海量的神经元权系数矩阵,其可解释性早已荡然无存。

10.2　连续值神经元的一体两面性

10.2.1　连续值神经元的基本结构

20 世纪 60 年代初,威德罗(B. Widrow)提出了自适应线性元件网络,它是一种连续值线性加权求和阈值网络。后来,在此基础上发展了非线性多层自适应网络。当时这些工作虽未使用神经网络的名称,但实际上就是人工神经网络模型。

20 世纪 90 年代初,开始有人将模糊逻辑与人工神经网络联系起来智能模拟问题,形成了模糊神经网络[ZHKQL03]。

在泛逻辑的扩张过程中,迈出的第一步也是把二值信息处理扩张为连续值信息处理,不过我们不是随便使用什么信息变换函数或者逻辑算子,而是严格保留基模型(即 $z=\Gamma[ax+by-e]$)不变,所以连续值神经元的一体两面性仍然存在(见图 10.3)。

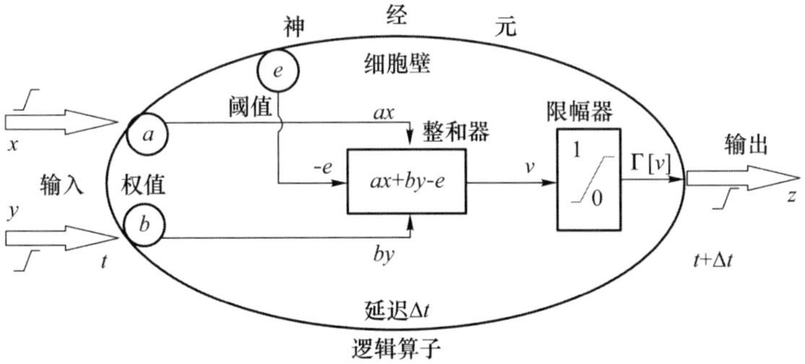

图 10.3　连续值神经元的一体两面性保持不变

10.2.2　连续值神经元的一体两面性

在我们的连续值信息处理中,原来的 16 种信息处理模式仍然存在,由于中间过渡值可参与运算,所以还另外增加了 4 种新的信息处理模式,它们是:

- $+1$ 号模式(非平均),$z=1-((x+y)/2)$;
- $+14$ 号模式(平均),$z=(x+y)/2$;
- $+7$ 号模式(非组合),$z=\Gamma[x+y-e]$;
- $+8$ 号模式(组合),$z=1-\Gamma[x+y-e]$。

这样就有了 20 种信息处理模式。

详细情况见表 10.2 和图 10.4。

表 10.2　二元连续值信息处理的全部 20 种模式

模式编号		0#	1#	+1#	2#	3#	4#	5#	6#	7#	+7#
模式内容		≡0	$\neg(x\vee y)$	$\neg(x®y)$	$\neg(y\to x)$	$\neg x$	$\neg(x\to y)$	$\neg y$	$x\neq y$	$\neg(x\wedge y)$	$\neg(x©^e y)$
模式参数	a	0	-1	$-1/2$	-1	-1	1	0	组合实现	-1	-1
	b	0	-1	$-1/2$	1	0	-1	-1		-1	-1
	e	0	-1	-1	0	-1	0	-1		2	$1+e$
模式编号		15#	14#	+14#	13#	12#	11#	10#	9#	8#	+8#
模式内容		≡1	$x\vee y$	$x®y$	$y\to x$	x	$x\to y$	y	$x=y$	$x\wedge y$	$x©^e y$
模式参数	a	1	1	1/2	1	1	-1	0	组合实现	1	1
	b	1	1	1/2	-1	0	1	1		1	1
	e	-1	0	0	-1	0	-1	0		1	e

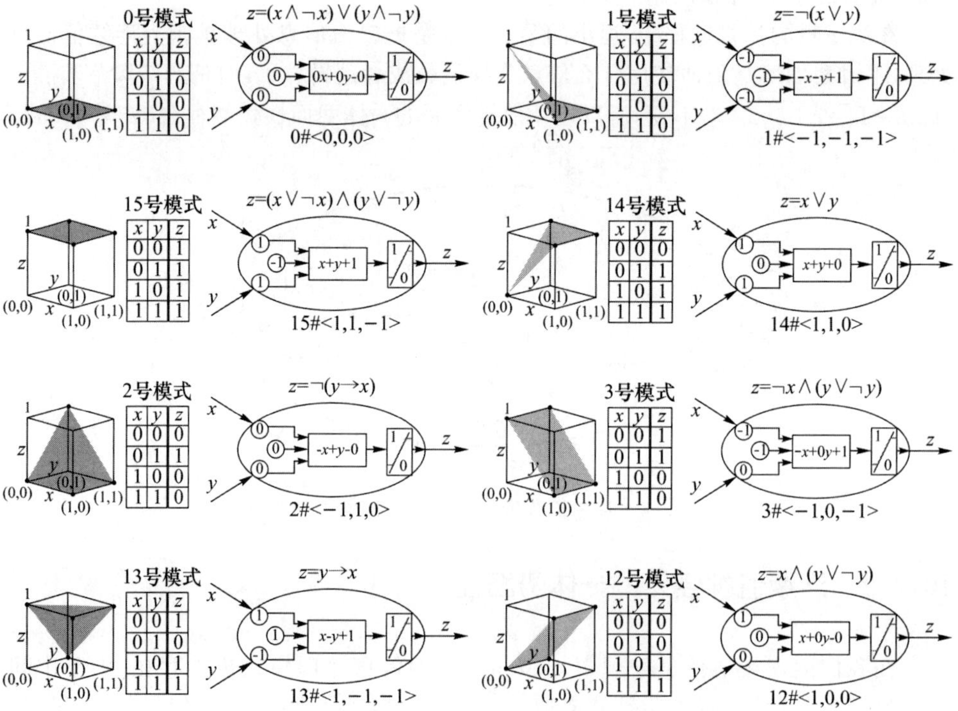

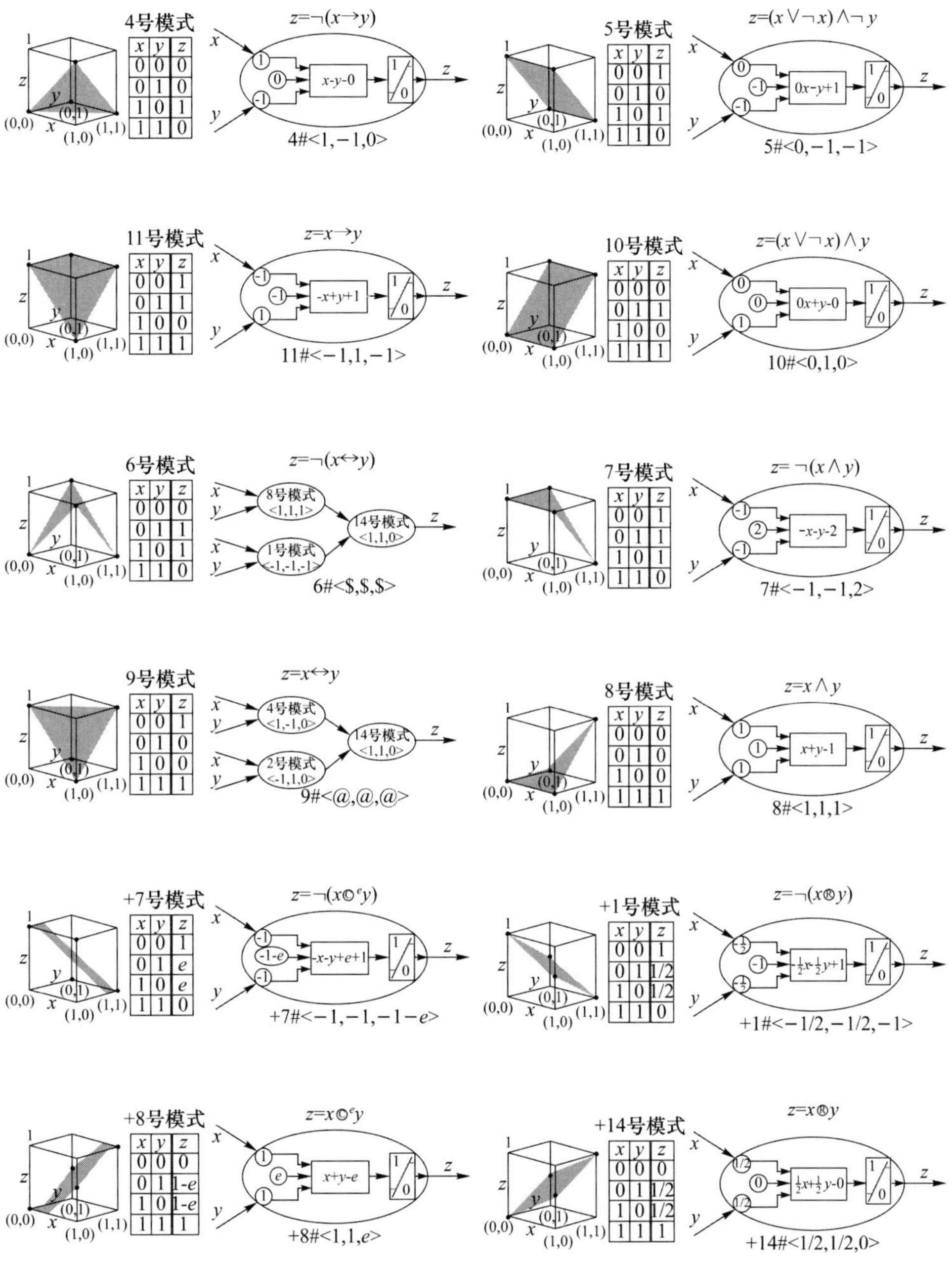

图 10.4　连续值信息处理的基模型具有一体两面性

由图 10.4 可以看出，连续值神经元呈现出各种曲面，连续值逻辑算子也呈现出各种曲面，两者异曲同工。现行的人工神经网络是利用数据统计和关联关系网络进行曲面拟合的，两者有内在联系吗？请继续看下面的介绍。

10.3 柔性神经元的一体两面性

10.3.1 柔性神经元的基本结构

我们的扩张过程没有停步，为了处理各种具有辩证矛盾、不确定性，甚至涌现出来的非真非假新事物，我们在这 20 种基模型信息处理模式的基础上，逐步引入了误差系数 $k\in[0,1]$、广义相关系数 $h\in[0,1]$和权系数 $\beta\in[0,1]$的影响，并利用三角范数理论和有关公理，确定了这些不确定性参数对基模型的调整方式（见图 10.5）。

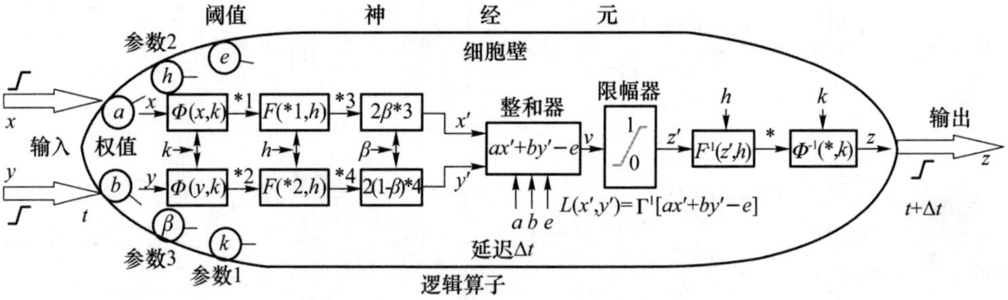

图 10.5 柔性神经元的一体两面性

① 命题真度的误差系数 $k\in[0,1]$，其中 $k=1$ 表示最大正误差，$k=0.5$ 表示无误差，$k=0$ 表示最大负误差。k 对基模型的影响反映在 N 性生成元完整簇 $\Phi(x,k)=x^n,n\in(0,\infty)$上，其中 $n=-1/\log_2 k$。当 $n\to 0$ 时 $\Phi(x,0)=\text{ite}\{0|x=0;1\}$；当 $n=1$ 时 $\Phi(x,0.5)=x$；当 $n\to\infty$时 $\Phi(x,1)=\text{ite}\{1|x=1;0\}$。$\Phi(x,k)$对一元运算基模型 $N(x)$的作用方式是 $N(x,k)=\Phi^{-1}(N(\Phi(x,k)),k)$，对二元运算基模型 $L(x,y)$的作用方式是 $L(x,y,k)=\Phi^{-1}(L(\Phi(x,k),\Phi(y,k)),k)$。

② 广义相关系数 $h\in[0,1]$，其中 $h=1$ 是最大的相吸关系或者最大的相容关系，$h=0.75$ 是独立相关关系，$h=0.5$ 是最大的相斥关系或者最小的相容关系，也就是最弱的敌我关系或者最小相克关系，$h=0.25$ 是敌我僵持关系，$h=0$ 是最强的敌我关系或者最大的相克关系。广义相关系数 h 对基模型的影响反映在 T 性生成元完整簇 $F(x,h)=x^m$，$m\in(-\infty,\infty)$上，其中：$m=(3-4h)/(4h(1-h))$。当 $m\to-\infty$时 $F(x,1)=\text{ite}\{1|x=1;\pm\infty\}$；当 $m\to 0^-$ 时 $F(x,0.75^-)=1+\ln x$；当 $m\to 0^+$ 时 $F(x,0.75^+)=\text{ite}\{0|x=0;1\}$；当 $m=1$ 时 $F(x,0.5)=x$；当 $m\to\infty$

时 $F(x,0)=\text{ite}\{1|x=1;0\}$。$F(x,h)$对 6 种二元运算基模型 $L(x,y)$的影响是

$$L(x,y,h)=F^{-1}(L(F(x,h),F(y,h)),h)$$

③ 权系数 $\beta\in[0,1]$,其中 $\beta=1$ 表示最大偏 x,$\beta=0.5$ 表示等权,$\beta=0$ 表示最小偏 x。权系数 β 对基模型的影响反映在二元运算模型上,其对基模型 $L(x,y)$的作用方式是

$$L(x,y,\beta)=L(2\beta x,2(1-\beta)y)$$

k,h,β 三者对二元运算模型 $L(x,y)$共同的影响方式是

$$L(x,y,k,h,\beta)=\Phi^{-1}(F^{-1}(L(2\beta F(\Phi(x,k),h),2(1-\beta)F(\Phi(y,k),h),h),k)$$

如此就获得了 20 种柔性信息处理算子的完整簇,它包含柔性信息处理所需要的全部算子,可根据应用需要(即模式参数$\langle a,b,e\rangle$和模式内的调整参数$\langle k,h,\beta\rangle$)有针对性地选用。其作用是在最简单的神经元模型 M-P 内部,适当地引入更多的信息处理机制,以便应对客观环境中存在的各种辩证矛盾和不确定性(神经生物学研究证实,生物神经元内部的信息处理机制十分复杂,如同一个大型化工企业群)。我们这样做的哲学信念是:客观事物都是一个对立统一体,在其内部是一对辩证矛盾,其外部表现是一种不确定性,矛盾双方的此消彼长,促使不确定性的大小变化。如一个小学生就是一个对立统一体,在其内心具有积极学习的因素和贪玩懒惰的因素,是一对辩证矛盾,其外部表现是学习成绩的不确定性,矛盾双方的此消彼长,就表现为考试成绩的忽高忽低。没有绝对的好学生,也没有绝对的差学生,事物都处在发展变化之中。

下面按偶对关系介绍柔性信息处理模式的具体运算公式及其一体两面性。

10.3.2　15 号和 0 号信息处理模式的一体两面性

图 10.6 是恒 0 模式和恒 1 模式,它们具有一体两面性。

这两种模式的共同特点是不管输入如何变化,输出都是恒定不变的,也就是平常理解的“输出的结果与输入的变化没有关系”。

所以,可以简单地用 $z\equiv 0$ 和 $z\equiv 1$ 来表示,但是,如果作为 20 种信息处理模式中的一种模式,在整体结构中存在和相互转化,则必须详细描述为

$$z\equiv 0=T(T(x,y,k,h,\beta),T(N(x,k),N(y,k),k,h,\beta),k,h,\beta)$$

$$z\equiv 1=S(S(x,y,k,h,\beta),S(N(x,k),N(y,k),k,h,\beta),k,h,\beta)$$

其中

$$N(x,k)=(1-x^n)^{1/n}$$

$$T(x,y,k,h,\beta)=(\max(0,2\beta x^{mn}+2(1-\beta)y^{mn}-1))^{1/mn}$$

$$S(x,y,k,h,\beta)=(1-(\max(0,2\beta(1-x^n)^m+2(1-\beta)(1-y^n)^m-1))^{1/m})^{1/n}$$

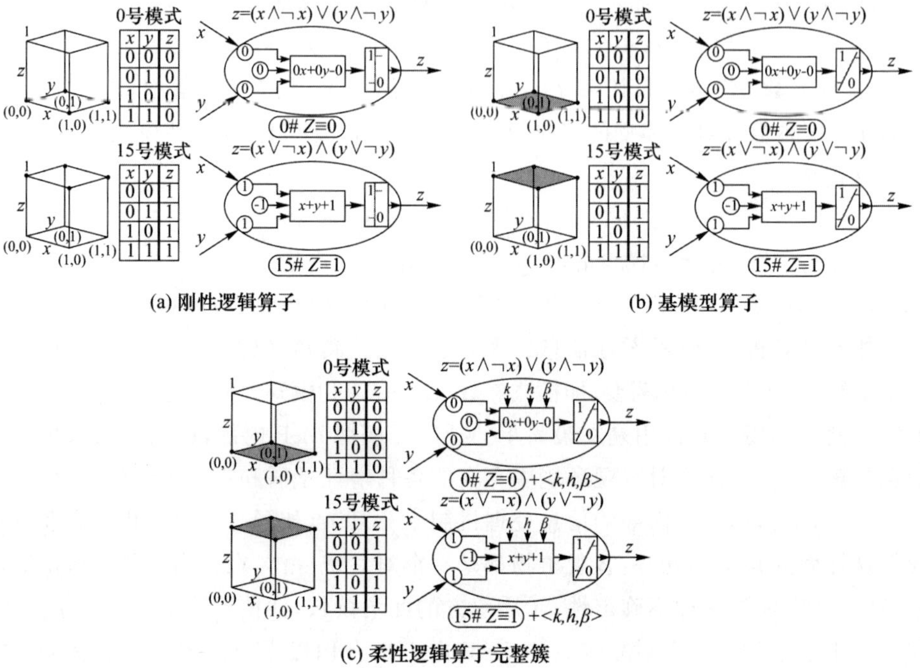

图 10.6　恒 0 模式和恒 1 模式

当 $\beta=0.5$ 时权系数的影响消失：

$$T(x,y,k,h)=(\max(0,\ x^{nm}+y^{nm}-1))^{1/mn}$$

$$S(x,y,k,h)=(1-(\max(0,(1-x^n)^m+(1-y^n)^m-1))^{1/m})^{1/n}$$

当 $k=0.5$ 时误差系数的影响消失：

$$N(x)=1-x$$

$$T(x,y,h)=(\max(0,\ x^m+y^m-1))^{1/m}$$

$$S(x,y,h)=(1-(\max(0,(1-x)^m+(1-y)^m-1))^{1/m}$$

10.3.3　14 号和 1 号信息处理模式的一体两面性

图 10.7 是 1 号模式和 14 号模式，它们具有一体两面性。

14 号模式或运算可受 k，h，β 的联合影响，是一个运算模型完整簇：

$$S(x,y,k,h,\beta)=(1-(\max(0,2\beta(1-x^n)^m+2(1-\beta)(1-y^n)^m-1))^{1/m})^{1/n}$$

当 $\beta=0.5$ 时权系数的影响消失：

$$S(x,y,k,h)=(1-(\max(0,(1-x^n)^m+(1-y^n)^m-1))^{1/m})^{1/n}$$

当 $k=0.5$ 时误差系数的影响消失：

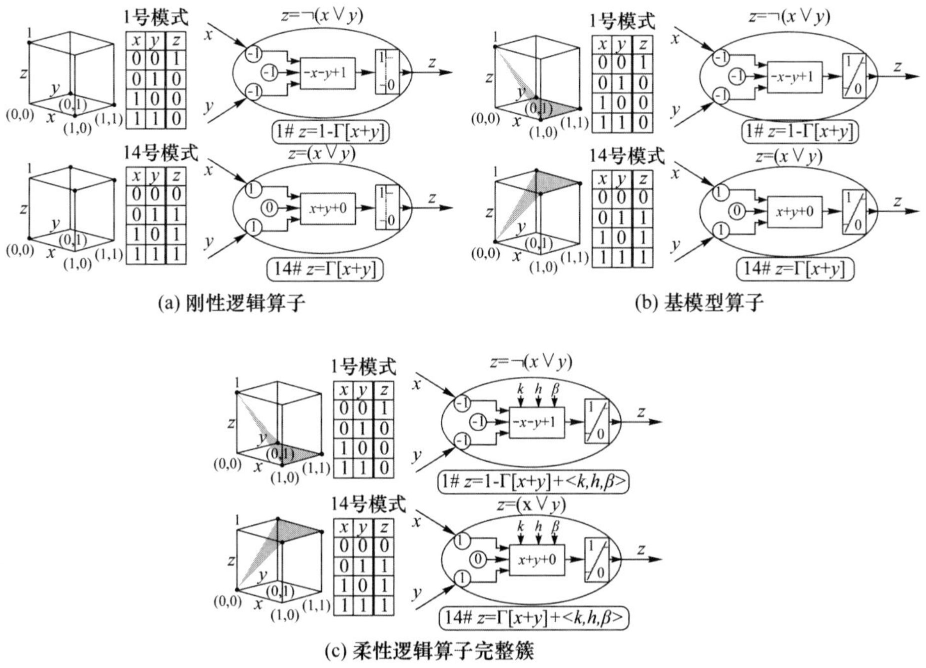

(a) 刚性逻辑算子　(b) 基模型算子

(c) 柔性逻辑算子完整簇

图 10.7　非或模式和或模式

$$S(x,y,h)=(1-(\max(0,(1-x)^m+(1-y)^m-1))^{1/m}$$

$S(x,y,h)$有 4 个特殊算子：

$$\text{Zadeh 或算子 } S(x,y,1)=\max(x,y)$$

$$\text{概率或算子 } S(x,y,\ 0.75)=x+y-xy$$

$$\text{有界或算子 } S(x,y,0.5)=\min(1,x+y)$$

$$\text{突变或算子 } S(x,y,0)=\text{ite}\{\max(x,y)\,|\,\min(x,y)=0;1\}$$

1 号模式非或运算可受 k，h，β 的联合影响，是一个运算模型完整簇：

$$N(S(x,y,k,h,\beta),k)=((\max(0,2\beta(1-x^n)^m+2(1-\beta)(1-y^n)^m-1))^{1/m})^{1/n}$$

当 $\beta=0.5$ 时权系数的影响消失：

$$N(S(x,y,k,h),k)=((\max(0,(1-x^n)^m+(1-y^n)^m-1))^{1/m})^{1/n}$$

当 $k=0.5$ 时误差系数的影响消失：

$$1-S(x,y,h)=(\max(0,(1-x)^m+(1-y)^m-1))^{1/m}$$

10.3.4　13 号和 2 号信息处理模式的一体两面性

图 10.8 是 2 号模式和 13 号模式，它们具有一体两面性。

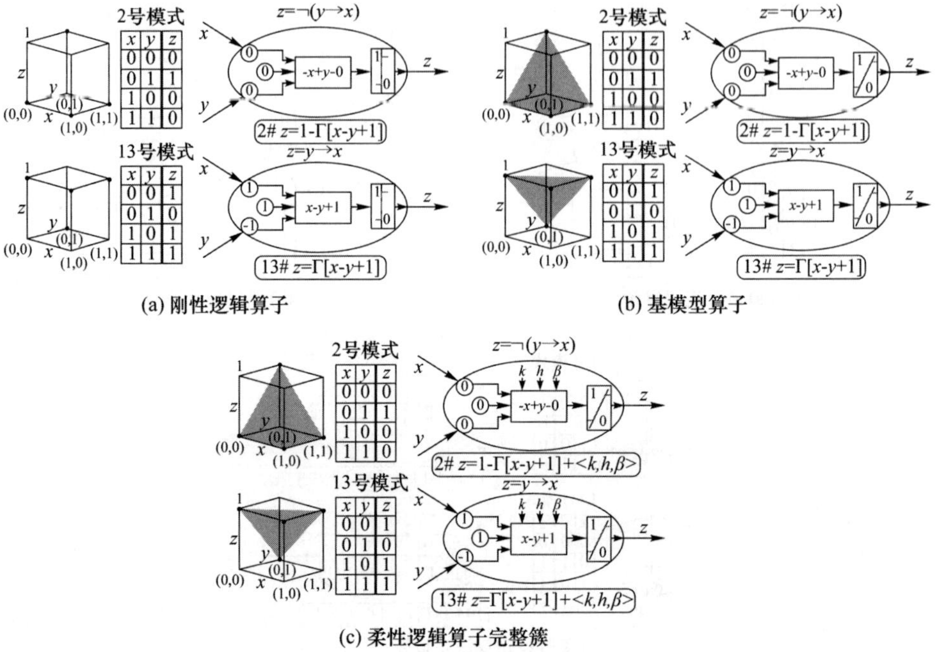

(a) 刚性逻辑算子　　(b) 基模型算子

(c) 柔性逻辑算子完整簇

图 10.8　非蕴涵 2 模式和蕴涵 2 模式

13 号模式蕴涵 2 运算可受 k,h,β 的联合影响，是一个运算模型完整簇（一般 $\beta=0.5$）：

$$I(y,x,k,h,\beta)=(\min(1,1-2\beta y^{nm}+2(1-\beta)x^{nm}))^{1/mn}$$

当 $\beta=0.5$ 时权系数的影响消失：

$$I(y,x,k,h)=(\min(1,1-y^{nm}+x^{nm}))^{1/mn}$$

当 $k=0.5$ 时误差系数的影响消失：

$$I(y,x,h)=(\min(1,1-y^{m}+x^{m}))^{1/m}$$

$I(y,x,h)$ 有 4 个特殊算子：

Zadeh 蕴涵 $I(y,x,1)=\mathrm{ite}\{1|y\leqslant x;x\}$

概率蕴涵 $I(y,x,0.75)=\min(1,x/y)$

有界蕴涵 $I(y,x,0.5)=\min(1,1-y+x)$

突变蕴涵 $I(y,x,0)=\mathrm{ite}\{x|xy=1;1\}$

2 号模式非蕴涵 2 运算可受 k,h,β 的联合影响，是一个运算模型完整簇（一般 $\beta=0.5$）：

$$N(I(y,x,k,h,\beta),k)=(1-(\min(1,1-2\beta y^{mn}+2(1-\beta)x^{mn}))^{1/m})^{1/n}$$

当 $\beta=0.5$ 时权系数的影响消失：

$$N(I(y,x,k,h),k)=(1-(\min(1,1-y^{nm}+x^{nm}))^{1/m})^{1/n}$$

当 $k=0.5$ 时误差系数的影响消失：

$$N(I(y,\ x,\ h),0.5)=1-(\min(1,1-y^m+x^m))^{1/m}$$

10.3.5　12 号和 3 号信息处理模式的一体两面性

图 10.9 是 3 号模式和 12 号模式，它们具有一体两面性。

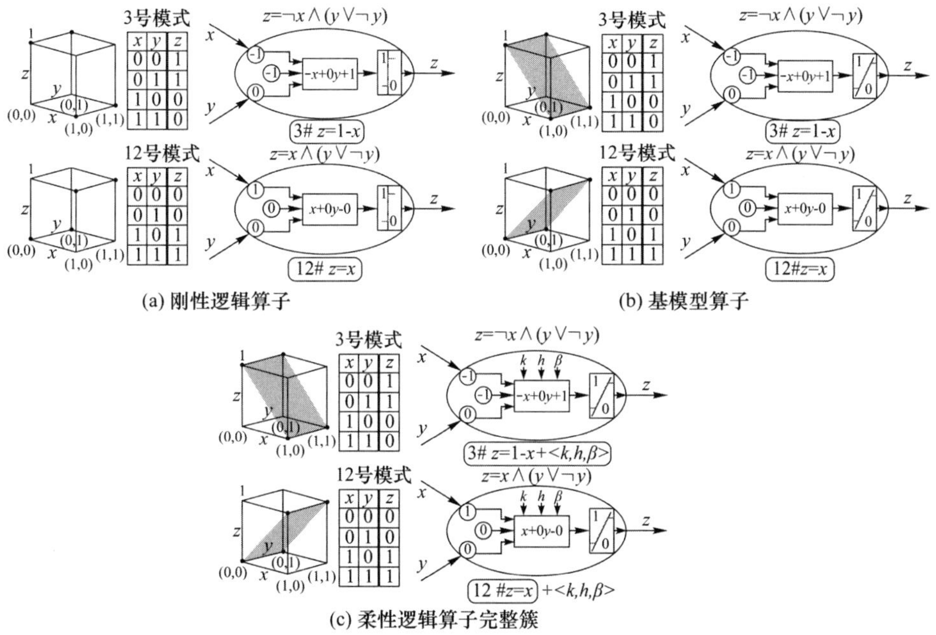

图 10.9　非 x 模式和指 x 模式

3 号模式非 x 运算受误差系数 k 的影响，是一个 N 范数完整簇：

$$N(x,k)=(1-x^n)^{1/n}$$

其中 $N(x,\ 1)=\mathrm{ite}\{0|x=1;\ 1\}$ 是最大非算子；$N(x,\ 0.5)=1-x$ 是中心非算子；$N(x,\ 0)=\mathrm{ite}\{1|x=0;\ 0\}$ 是最小非算子。如果需要保持完整的二元信息处理形式，应该写成

$$z=T(N(x,k),S(y,N(y,k),k,h,\beta),k,h,\beta)$$

12 号模式指 x 运算不受任何不确定性系数的影响，即保持 x 不变。如果需要保持完整的二元信息处理形式，应该写成

$$z=T(x,S(y,N(y,k),k,h,\beta),k,h,\beta)$$

10.3.6　11 号和 4 号信息处理模式的一体两面性

图 10.10 是 4 号模式和 11 号模式，它们具有一体两面性。

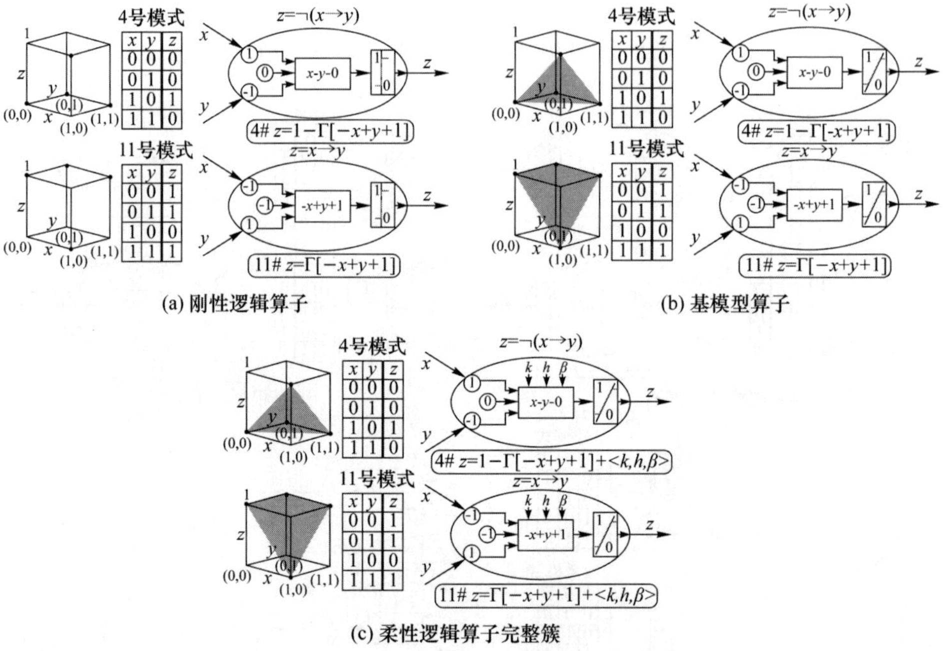

(a) 刚性逻辑算子　　(b) 基模型算子

(c) 柔性逻辑算子完整簇

图 10.10　非蕴涵 1 模式和蕴涵 1 模式

11 号模式蕴涵 1 运算可受 k, h, β 的联合影响，是一个运算模型完整簇（一般 $\beta=0.5$）：

$$I(x,y,k,h,\beta)=(\min(1,1-2\beta x^{nm}+2(1-\beta)y^{nm}))^{1/mn}$$

当 $\beta=0.5$ 时权系数的影响消失：

$$I(x,y,k,h)=(\min(1,1-x^{nm}+y^{nm}))^{1/mn}$$

当 $k=0.5$ 时误差系数的影响消失：

$$I(x,y,h)=(\min(1,1-x^{m}+y^{m}))^{1/m}$$

$I(x,y,h)$有 4 个特殊算子：

Zadeh 蕴涵 $I(x,y,1)=\text{ite}\{1|x\leqslant y;\ y\}$

概率蕴涵 $I(x,y,0.75)=\min(1,y/x)$

有界蕴涵 $I(x,y,0.5)=\min(1,1-x+y)$

突变蕴涵 $I(x,y,0)=\text{ite}\{y|x=1;1\}$

4 号模式非蕴涵 1 运算可受 k, h, β 的联合影响，是一个运算模型完整簇（一般 $\beta=0.5$）：

$$N(I(x,y,k,h,\beta),k)=(1-(\min(1,1-2\beta x^{nm}+2(1-\beta)y^{nm}))^{1/m})^{1/n}$$

当 $\beta=0.5$ 时权系数的影响消失：

$$N(I(x,y,k,h),k)=(1-(\min(1,1-x^{nm}+y^{nm}))^{1/m})^{1/n}$$

当 $k=0.5$ 时误差系数的影响消失：

$$N(I(x,y,h),0.5)=1-(\min(1,1-x^{m}+y^{m}))^{1/m}$$

10.3.7　10 号和 5 号信息处理模式的一体两面性

图 10.11 是 5 号模式和 10 号模式，它们具有一体两面性。

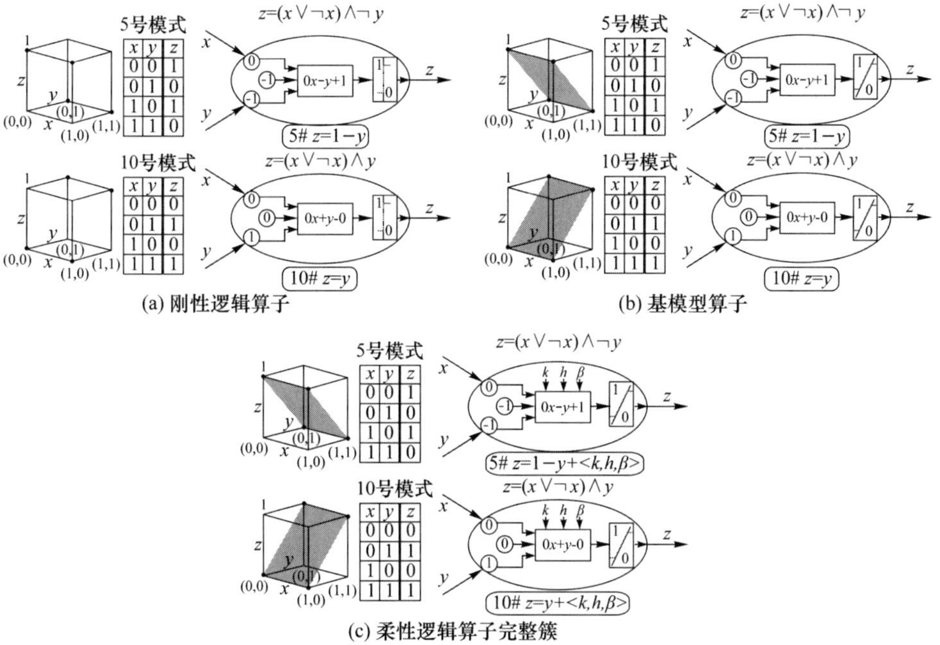

图 10.11　非 y 模式和指 y 模式

5 号模式非 y 运算受误差系数 k 的影响，是一个 N 范数完整簇：

$$N(y,k)=(1-y^{n})^{1/n}$$

其中 $N(y,1)=\text{ite}\{0|y=1;1\}$ 是最大非算子；$N(y,0.5)=1-y$ 是中心非算子；$N(y,0)=\text{ite}\{1|y=0;0\}$ 是最小非算子。如果需要保持完整的二元信息处理形式，应该写成

$$z=T(S(x,N(x,k),k,h,\beta),N(y,k),k,h,\beta)$$

10 号模式指 y 运算不受任何不确定性系数的影响，即保持 y 不变。如果需要保持完整的二元信息处理形式，应该写成

$$z=T(S(x,N(x,k),k,h,\beta),y,k,h,\beta)$$

10.3.8 9号和6号信息处理模式的一体两面性

图10.12是6号模式和9号模式，它们具有一体两面性。

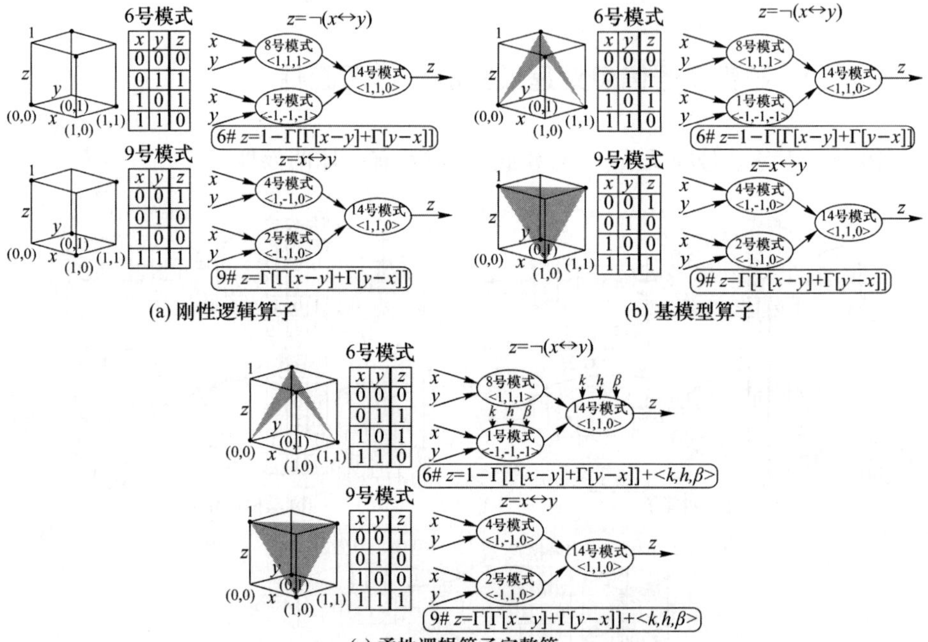

图10.12　非等价模式和等价模式

9号模式等价运算可受 k, h, β 的联合影响，是一个运算模型完整簇(一般 $\beta=0.5$)：

$$Q(x,y,k,h,\beta)=\text{ite}\{(1+|2\beta x^{nm}-2(1-\beta)y^{nm}|)^{1/mn}\,|\,m\leqslant 0;\ (1-|2\beta x^{nm}-2(1-\beta)y^{nm}|)^{1/mn}\}$$

当 $\beta=0.5$ 时权系数的影响消失：

$$Q(x,y,k,h)=\text{ite}\{(1+|x^{nm}-y^{nm}|)^{1/mn}\,|\,m\leqslant 0;\ (1-|x^{nm}-y^{nm}|)^{1/mn}\}$$

当 $k=0.5$ 时误差系数的影响消失：

$$Q(x,y,h)=\text{ite}\{(1+|x^{m}-y^{m}|)^{1/m}\,|\,m\leqslant 0;\ (1-|x^{m}-y^{m}|)^{1/m}\}$$

$Q(x,y,h)$有4个特殊算子：

Zadeh 等价 $Q(x,y,1)=\text{ite}\{1\,|\,x=y;\min(x,y)\}$

概率等价 $Q(x,y,0.75)=\min(x/y,y/x)$

有界等价 $Q(x,y,0.5)=1-|x-y|$

突变等价 $Q(x,y,0)=\text{ite}\{x\,|\,y=1;y\,|\,x=1;1\}$

6号模式非等价运算可受 k, h, β 的联合影响，是一个运算模型完整簇(一般$\beta=0.5$)：

$$N(Q(x,y,k,h,\beta),k)=\text{ite}\{(1-(1+|2\beta x^{nm}-2(1-\beta)y^{nm}|)^{1/m})^{1/n}\mid m\leqslant 0;\ (1-(1-|2\beta x^{nm}-2(1-\beta)y^{nm}|)^{1/m})^{1/n}\}$$

当$\beta=0.5$时权系数的影响消失：

$$N(Q(x,y,k,h),k)=\text{ite}\{(1-(1+|x^{nm}-y^{nm}|)^{1/m})^{1/n}\mid m\leqslant 0;\ (1-(1-|x^{nm}-y^{nm}|)^{1/m})^{1/n}\}$$

当$k=0.5$时误差系数的影响消失：

$$N(Q(x,y,h),0.5)=\text{ite}\{1-(1+|x^m-y^m|)^{1/m}\mid m\leqslant 0;\ 1-(1-|x^m-y^m|)^{1/m}\}$$

$N(Q(x,y,h),0.5)$有 4 个特殊算子：

Zadeh 非等价 $N(Q(x,y,1),0.5)=\text{ite}\{0\mid x=y;\max(x,y)\}$

概率非等价 $N(Q(x,y,0.75),0.5)=\max(x/y,y/x)$

有界非等价 $N(Q(x,y,0.5),0.5)=|x-y|$

突变非等价 $N(Q(x,y,0),0.5)=\text{ite}\{1-x\mid y=1;\ 1-y\mid x=1;0\}$

10.3.9　8 号和 7 号信息处理模式的一体两面性

图 10.13 是 7 号模式和 8 号模式，它们具有一体两面性。

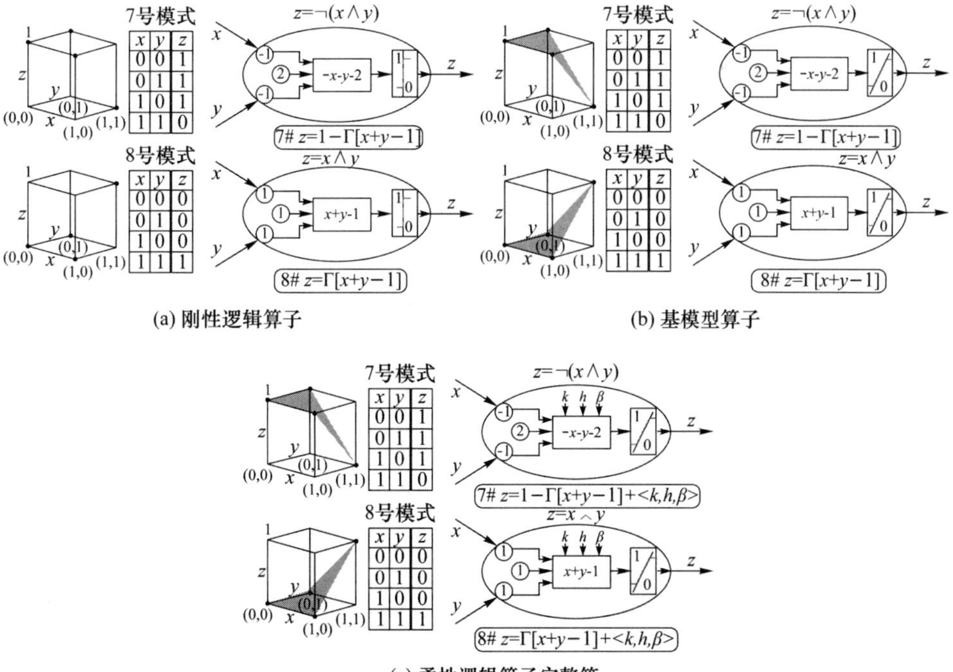

(a) 刚性逻辑算子　(b) 基模型算子

(c) 柔性逻辑算子完整簇

图 10.13　非与模式和与模式

8 号模式与运算可受 k, h, β 的联合影响,是一个运算模型完整簇:

$$T(x,y,k,h,\beta)=(\max(0,\ 2\beta x^{nm}+2(1-\beta)y^{nm}-1))^{1/mn}$$

当 $\beta=0.5$ 时权系数的影响消失:

$$T(x,y,k,h)=(\max(0,\ x^{nm}+y^{nm}-1))^{1/mn}$$

当 $k=0.5$ 时误差系数的影响消失:

$$T(x,y,h)=(\max(0,\ x^{m}+y^{m}-1))^{1/m}$$

$T(x,y,h)$有 4 个特殊算子:

Zadeh 与算子 $T(x,y,1)=\min(x,y)$

概率与算子 $T(x,y,0.75)=xy$

有界与算子 $T(x,y,0.5)=\max(0,x+y-1)$

突变与算子 $T(x,y,0)=\text{ite}\{\min(x,\ y)\mid\max(x,\ y)=1;\ 0\}$

7 号模式非与运算可受 k, h, β 的联合影响,是一个运算模型完整簇:

$$N(T(x,y,k,h,\beta),k)=\ (1-(\max(0,\ 2\beta x^{nm}+2(1-\beta)y^{nm}-1))^{1/m})^{1/n}$$

当 $\beta=0.5$ 时权系数的影响消失:

$$N(T(x,y,k,h),k)=\ (1-(\max(0,\ x^{nm}+y^{nm}-1))^{1/m})^{1/n}$$

当 $k=0.5$ 时误差系数的影响消失:

$$N(T(x,y,h),0.5)=\ 1-(\max(0,\ x^{m}+y^{m}-1))^{1/m}$$

下面讨论 4 个新增加的信息处理模式,它们都是因为中间过渡值的引入而引入的,一旦退回到二值信息处理,它们立即退回到与、或、非与和非或。但是在柔性信息处理中,它们特别有用,是信息融合的重要手段。

10.3.10 +14 号和+1 号信息处理模式的一体两面性

图 10.14 是+1 号模式和+14 号模式,它们具有一体两面性。

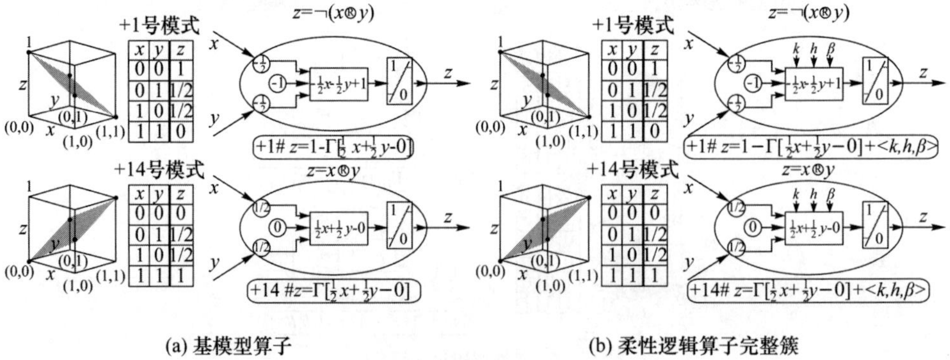

图 10.14　非平均模式和平均模式

+14 号模式平均运算可受 k，h，β 的联合影响，是一个运算模型完整簇：

$$M(x,y,k,h,\beta)=(1-(\beta(1-x^n)^m+(1-\beta)(1-y^n)^m)^{1/m})^{1/n}$$

当 $\beta=0.5$ 时权系数的影响消失：

$$M(x,y,k,h)=(1-((1-x^n)^m+(1-y^n)^m)^{1/m})^{1/n}$$

当 $k=0.5$ 时误差系数的影响消失：

$$M(x,y,h)=1-((1-x)^m+(1-y)^m)^{1/m}$$

$M(x,y,h)$ 有 4 个特殊算子：

$$\text{Zadeh 平均 } M(x,y,1)=\max(x,y)$$

$$\text{概率平均 } M(x,y,0.75)=1-((1-x)(1-y))^{1/2}$$

$$\text{有界平均 } M(x,y,0.5)=(x+y)/2$$

$$\text{突变平均 } M(x,y,0)=\min(x,y)$$

常见的平均算子还有：

- 几何平均，$1-M(1-x,1-y,0.75)=(xy)^{1/2}$；
- 调和平均，$1-M(1-x,1-y,0.866)=2xy/(x+y)$。

可见柔性信息处理的平均运算完整簇能够包容各种平均算子。

+1 号模式非平均运算可受 k，h，β 的联合影响，是一个运算模型完整簇：

$$N(M(x,y,k,h,\beta),k)=(\beta(1-x^n)^m+(1-\beta)(1-y^n)^m)^{1/mn}$$

当 $\beta=0.5$ 时权系数的影响消失：

$$N(M(x,y,k,h),k)=((1-x^n)^m+(1-y^n)^m)^{1/mn}$$

当 $k=0.5$ 时误差系数的影响消失：

$$N(M(x,y,h),0.5)=((1-x)^m+(1-y)^m)^{1/m}$$

10.3.11　+8 号和+7 号信息处理模式的一体两面性

图 10.15 是+7 号模式和+8 号模式，它们具有一体两面性。

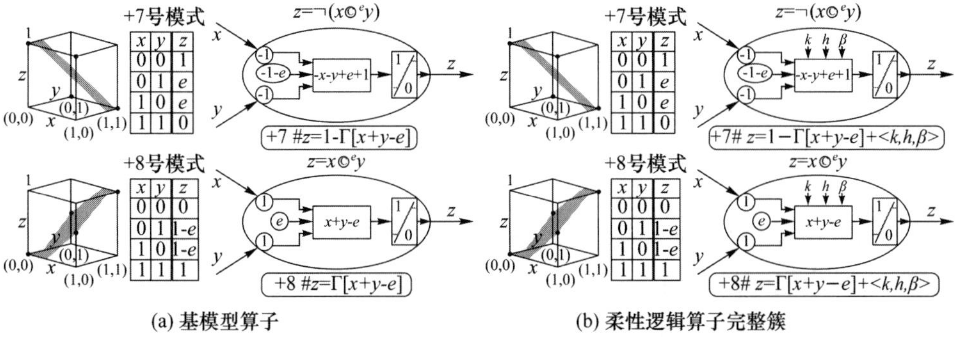

图 10.15　非组合模式和组合模式

+8号组合运算可受k, h, β的联合影响,是一个运算模型完整簇:

$$C^e(x,y,k,h,\beta)=\text{ite}\{\min(e,(\max(0,2\beta x^{nm}+2(1-\beta)y^{nm}-e^{nm}))^{1/nm}\mid 2\beta x+2(1-\beta)y<2e;\ (1-(\min(1-e^n,(\max(0,2\beta(1-x^n)^m+2(1-\beta)(1-y^n)^m-(1-e^n)^m))^{1/m}))^{1/n})\mid 2\beta x+2(1-\beta)y>2e;\ e\}$$

当$\beta=0.5$时权系数的影响消失:

$$C^e(x,y,k,h)=\text{ite}\{\min(e,(\max(0,x^{nm}+y^{nm}-e^{nm}))^{1/nm}\mid x+y<2e;\ (1-(\min(1-e^n,(\max(0,(1-x^n)^m+(1-y^n)^m-(1-e^n)^m))^{1/m}))^{1/n})\mid x+y>2e;\ e\}$$

当$k=0.5$时误差系数的影响消失:

$$C^e(x,y,h)=\text{ite}\{\min(e,(\max(0,x^m+y^m-e^m))^{1/m}\mid x+y<2e;\ (1-(\min(1-e,(\max(0,(1-x)^m+(1-y)^m-(1-e)^m))^{1/m})\mid x+y>2e;\ e\}$$

$C^e(x,y,h)$有4个特殊算子:

Zadeh组合 $C^e(x,y,1)=\text{ite}\{\min(x,y)\mid x+y<2e;\max(x,y)\mid x+y>2e;e\}$

概率组合 $C^e(x,y,0.75)=\text{ite}\{xy/e\mid x+y<2e;(x+y-xy-e)/(1-e)\mid x+y>2e;e\}$

有界组合 $C^e(x,y,0.5)=\Gamma[x+y-e]$

突变组合 $C^e(x,y,0)=\text{ite}\{0\mid x,y<e;1\mid x,y>e;e\}$

+7号非组合运算可受k, h, β的联合影响,是一个运算模型完整簇:

$$N(C^e(x,y,k,h,\beta),k)=(1-(\text{ite}\{\min(e,(\max(0,2\beta x^{nm}+2(1-\beta)y^{nm}-e^{nm}))^{1/nm}\mid 2\beta x+2(1-\beta)y<2e;(1-(\min(1-e^n,(\max(0,2\beta(1-x^n)^m+2(1-\beta)(1-y^n)^m-(1-e^n)^m))^{1/m}))^{1/n})\mid 2\beta x+2(1-\beta)y>2e;\ e\})^n)^{1/n}$$

当$\beta=0.5$时权系数的影响消失:

$$N(C^e(x,y,k,h),k)=(1-(\text{ite}\{\min(e,(\max(0,x^{nm}+y^{nm}-e^{nm}))^{1/nm}\mid x+y<2e;\ (1-(\min(1-e^n,(\max(0,(1-x^n)^m+(1-y^n)^m-(1-e^n)^m))^{1/m}))^{1/n})\mid x+y>2e;\ e\})^n)^{1/n}$$

当$k=0.5$时误差系数的影响消失:

$$N(C^e(x,y,h),0.5)=1-(\text{ite}\{\min(e,(\max(0,x^m+y^m-e^m))^{1/m}\mid x+y<2e;\ (1-(\min(1-e,(\max(0,(1-x)^m+(1-y)^m-(1-e)^m))^{1/m})\mid x+y>2e;\ e\})$$

图10.16是阈值参数$e\in[0,1]$对有界组合$C^e(x,y,0.5)=\Gamma[x+y-e]$的影响图。从中可以看出,组合运算和非组合运算比其他运算多一个不确定性参数——组合运算的通过阈值$e\in[0,1]$。

由于上述扩张过程都是在逻辑算子和神经元共同的0,1限幅函数$\Gamma[ax+$

$by-e$]的基础上完成的，所以它不仅是对刚性逻辑算子的柔性扩张，而且是对二值神经元的柔性扩张，两者仍然保持一体两面的关系。

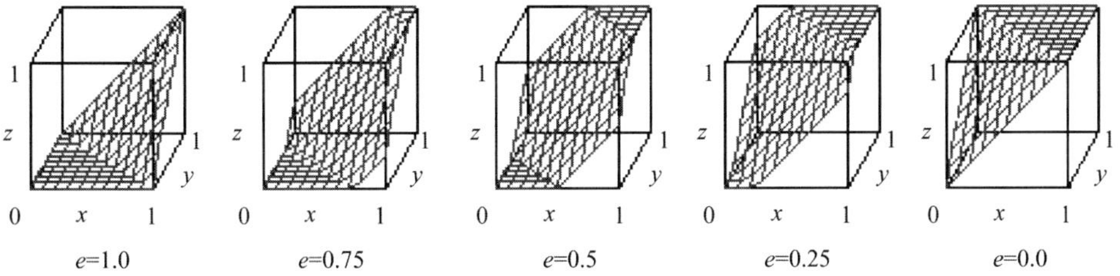

图 10.16　在组合运算中决策阈值 e 的影响

10.4　柔性神经元与现行 ANN 的关系

10.4.1　现行 ANN 为什么失去可解释性

细心而又熟悉现行神经网络研究的读者读到这里，可能已发现了深度神经网络为什么会失去可解释性。因为深度神经网络为改善 M-P 神经元模型的曲面拟合能力，单纯从数学角度出发，在离散型 BP 网络神经元的输出变换函数(即原来的 $z=\Gamma[ax+by-e]$)上作了很大的改变：

① 把限幅的范围从{0,1}扩张到[0,1]，再扩张到[−1,1]；

② 允许神经元的模式参数 a,b,e 偏离原来的整数，变成任意实数；

③ 引入各种形式的 S-型函数来提高神经元的适应能力(见图 10.17)。

由于效果很明显，所以一直沿用至今。下面分析这些改变的得失。

关于改变①：

早期的 M-P 神经元的限幅范围是{0,1}，输出变换函数是饱和线性函数：

$$z=\text{satlin}(x)=\text{ite}\{1\,|\,x\geqslant 1;0\,|\,x\leqslant 0;x\}$$

扩张到[0,1]后公式未变，再扩张到[−1,1]，输出变换函数变成对称饱和线性函数：

$$z=\text{satlins}(x)=\text{ite}\{1\,|\,x\geqslant 1;-1\,|\,x\leqslant -1;x\}$$

由于饱和线性函数的性质没有改变，变域增大可通过坐标变换一一对应，所以神经元的一体两面性仍然存在。这说明改进①是保神经元一体两面性的扩张，可以接受。可是改进②和改进③就不是保神经元一体两面性的变化了。

$$(a)\ 线性饱和函数 \qquad (b)\ 对称线性饱和函数 \qquad (c)\ S\text{-}型函数 \qquad (d)\ 对称S\text{-}型函数$$

$$(e)\ 双曲正切S\text{-}型函数 \qquad (f)\ 线性函数 \qquad (g)\ 高斯或径向基函数$$

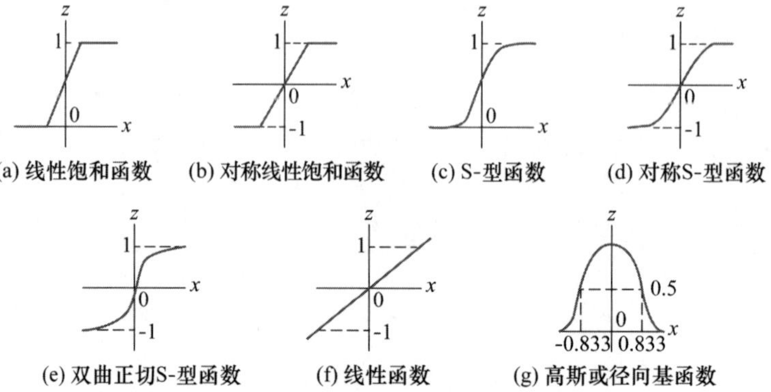

图 10.17　离散型 BP 网络神经元的输出变换函数

关于改变②：

改变②允许 a,b,e 偏离原来的整数,变成完全不一样的任意实数,这样一来信息处理模式的唯一标志参数$<a,b,e>$就没有了,即使知道了新的$<a',b',e'>$,它到底是什么逻辑含义,谁也不清楚,当然失去了原来具有的可解释性。

关于改变③：

改变③允许替换原来的饱和线性函数,选择任意的 S-型输出变换函数。常用的有:对称 S-型函数或 S-型函数 $z=\mathrm{logsig}(x)=1/(1-\mathrm{e}^{-\alpha x})$,$\alpha=1$;双曲正切 S-型函数 $z=\mathrm{tansig}(x)=(\mathrm{e}^{\alpha x}-\mathrm{e}^{-\alpha x})/(\mathrm{e}^{\alpha x}+\mathrm{e}^{-\alpha x})$,$\alpha=1$;线性函数 $z=\mathrm{purelin}(x)=x$;高斯或径向基函数 $z=\mathrm{radbas}(x)=\mathrm{e}^{-(x/\sigma)^2}$ 等。从表面上看,自适应效果确实是大大地提高了,其内在原因是现实世界的柔性信息处理,确实需要把 M-P 神经元的信息变换函数改造成柔性信息变换函数。但是,这种替换需要针对现实世界的明确需要,对症施策、恰到好处。可是,现行的人工神经网络纯粹从数学角度进行改变,而不是从逻辑和知识角度出发去千方百计地爱护 M-P 神经元的一体两面性,它能够找到的最简单易行的方法只有各种各样的 S-型输出变换函数。从图10.18 的对比可以看出,S-型输出变换函数虽然可以将离散的输入信息直接按照各种柔性的 S-型输出变换函数进行处理,达到处理各种不确定性信息的近似效果,但它不能像柔性神经元那样,在每一个处理环节都有清晰的逻辑含义,能够达到对症施策、恰到好处的效果。所以,现行的人工神经网络必然失去可解释性,因为它根本没有意识到要千方百计地呵护好 M-P 神经元的一体两面性,让输出变换函数($z=\Gamma[ax+by-e]$)始终保持不变。由此可见,采用 S-型输出变换函数的柔性化捷径实在是得不偿失。

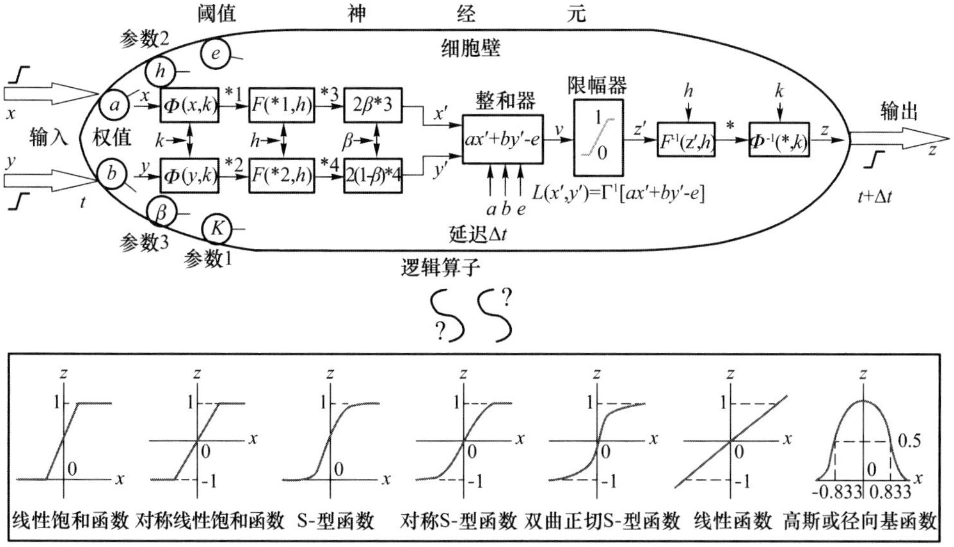

图 10.18　S-型输出变换函数代替不了柔性信息处理

10.4.2　柔性神经元与现行 ANN 的对比研究

通过图 10.18 的对比分析,柔性神经元的研究路线是,在 M-P 神经元的基础上,一步一步地保持一体两面性的保守扩张(即让输出变换函数 $z=\Gamma[ax+by-e]$ 始终保持不变),使其逐步具有柔性信息处理的能力,最后得到柔性信息处理的结果,使其可解释性始终存在。而现行人工神经网络的研究路线是,仅利用数学手段直接用各种 S-型输出变换函数把 M-P 神经元中的输出变换函数 $z=\Gamma[ax+by-e]$ 替换掉,得到类似于柔性信息处理的表面结果,但是谁也没有能力从各种 S-型输出变换函数中知道神经元的逻辑含义,结果是可解释性荡然无存。

当前的人工智能研究缺乏可解释性的病根就在这里,有药可医吗?许多仁人志士正在寻求克服可解释性等发展瓶颈的方案,作者能给出的方案是:

(1) 治本的办法

彻底采用柔性神经元(包括 M-P 神经元)重新构造人工神经网络。

现行的深度神经网络是基于 M-P 神经元的,它仍可在感知阶段使用,解决各种原子级信息处理问题,如视觉信息、听觉信息、触觉信息、味觉信息等的初加工,形成各种感觉。

但是在认知阶段和决策阶段,因问题复杂度的增加,各种开销会呈几何级数急剧增加,成为难解问题,所以它需要适时地从下向上逐步抽象,提升信息处理的粒度,把原子粒度的知识变成分子粒度的知识,把小分子粒度的知识变成大分子粒度的知识。并同时实行知识(信息)的分层、分区、分块存放,用类似于大脑中海马区功能的索引装置把它们连接起来。更重要的是要在每一级信息处理过程中实现两点改变:

① 不能单纯依靠空心化的形式信息,要用像《本草纲目》那样把形式、效用和语义信息三者统一起来的全信息表示;

② 不能单纯依靠数理统计和关联关系解决问题,要有明确的目标,在目标的牵引下用因素分析法把关联关系提炼成因果关系。

由此可见,几十年全球人工神经网络工作者辛辛苦苦积累的研究成果不会付之东流,许多原理、算法、数据库、程序代码和其他成果在新一代人工神经网络中都有利用价值,可以尽可能地移植过来使用。需要重新研发的是知识粒度的抽象提升和与分子粒度信息处理有关的核心技术。

(2) 治标的办法

它是针对这样一种特殊情况给出的:许多现行人工神经网络的研究结果是耗费巨大的代价获得的,其应用价值也很大。只因其中间过程是黑箱,因果关系不清楚,所以不敢贸然采信和使用,否则一旦出现异常情况,后果不堪设想。

所谓黑箱其实是一大堆连接系数矩阵组成的海量数据,就是这些海量数据形成的曲面拟合了客观事物的关系曲面。这个曲面复杂得如同地球上的地形地貌(复杂问题)或者大沙漠中的许多沙丘(简单问题),如果从微观层面去考查其关系,确实是“老虎吞天——无从下口”。但是从宏观层面来考查,关系却是一目了然。命题泛逻辑运算完整簇和柔性神经元的原理和方法,为我们提供了宏观考查的条件。

因为柔性信息处理的每一个模式都是一个特殊的曲面簇,如同一个特殊的地形地貌簇,你在哪里发现了这一类地形地貌的特征,它的信息处理模式就确定了,它的逻辑含义自然就清楚了,这个区域的可解释性当然就有了。每一个地形地貌的模式清楚了,整个黑箱内部的因果关系就一目了然了!

我的 2001 年毕业的学生陈虹在硕士论文中专门研究过泛逻辑运算的电路实现问题,重点研究了模拟电路和多 β 晶体管实现泛逻辑运算的方案,证明完全可实现。她还研究了用神经网络芯片实现泛逻辑运算的可能性,证明也完全可行。这个结果可印证我的治标方法的可行性。她用现行人工神经网络中的 BP 网络逼近泛与运算模式,先将泛逻辑运算模型采用神经网络进行逼近。利用 MATLAB 中的神经网络工具箱,采用三层 BP 网络,采用 L-M 算法作为训练算法,实现零级泛与运算的神经网络结构如图 10.19 所示。

训练样本数有 256 个,采用 20 个隐层单元,目标误差为 0.01。输入为(x,y,h),输出为 d。经过 288 步后收敛到目标值。收敛过程见图 10.20。

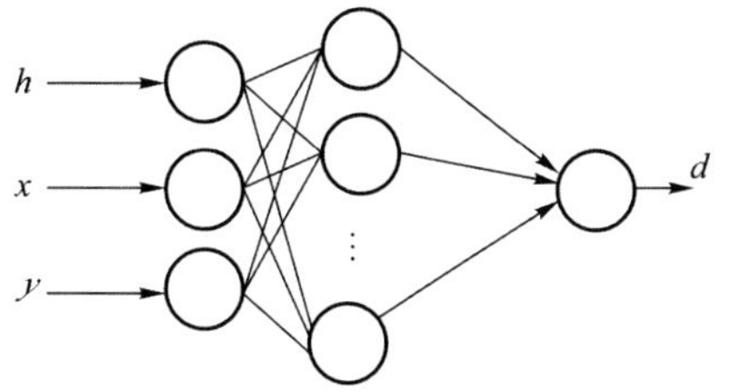

图 10.19　实现零级泛与运算的神经网络结构

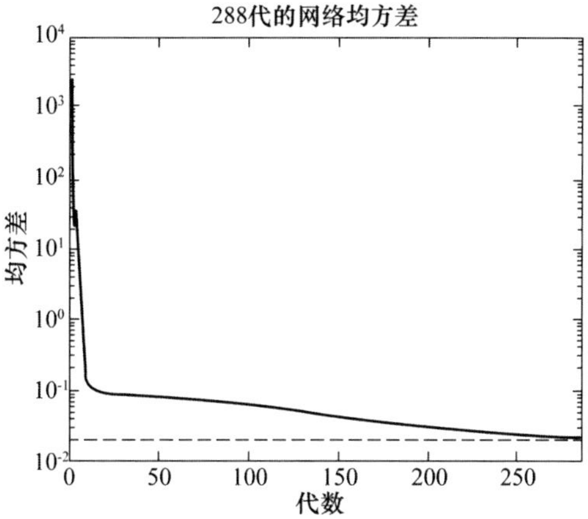

图 10.20　样本训练过程

经过训练后得到的权值 $\boldsymbol{w}$ 及阈值 b 如下：

$$\boldsymbol{w}_1=\begin{pmatrix} 0.4738 & -2.6305 & 2.6390 \\ -0.5611 & -1.3840 & -3.8696 \\ -1.6995 & 3.5157 & 3.1188 \\ -0.1349 & -5.2359 & -5.2685 \\ 0.7066 & -1.9698 & 2.0687 \\ 0.3107 & -3.5375 & 0.0028 \\ 0.4585 & -2.8768 & 2.8841 \\ -0.1693 & 0.1589 & -0.3277 \\ 0.1510 & -4.5892 & -4.5994 \\ 0.0695 & -4.5118 & -4.5249 \\ -0.0428 & -4.8778 & -4.9021 \\ 0.6822 & 1.2605 & 1.2888 \\ 0.3705 & -1.2101 & -1.4846 \\ 0.3053 & 2.9199 & 2.8621 \\ -0.4981 & -1.8115 & -1.8048 \\ -0.6912 & -1.8636 & 1.7013 \\ 1.0497 & 5.3525 & -5.3950 \\ 1.2846 & 0.9690 & 0.9377 \\ 0.1567 & -9.5439 & 9.5127 \\ 1.3335 & 2.2982 & -1.9701 \end{pmatrix}$$

$$
\boldsymbol{w}_2 = \begin{bmatrix} 1.7907 & -0.0028 & -0.0158 & 1.4965 & 0.1502 & 0.0056 \\ -1.5196 & 2.6709 & -1.3583 & 3.5520 & -3.6090 & 0.3560 \\ -0.4319 & -0.1672 & -0.5341 & 0.3076 & 0.0354 & 0.1455 \\ -0.0297 & 0.0279 \end{bmatrix}
$$

$$
\boldsymbol{b}_1' = \begin{bmatrix} -0.7168 & 3.2247 & -3.9874 & 5.6791 & 1.1936 & 1.9831 \\ -0.8385 & 0.7124 & 4.3515 & 4.5106 & 5.1514 & -2.2366 \\ 2.8580 & -1.8114 & 1.3880 & 2.0732 & -0.3538 & -3.1326 \\ -0.8853 & 1.5857 \end{bmatrix}
$$

$$
b_2 = -0.9011
$$

训练后神经网络的性能如图 10.21 所示。

对比项目	原始曲面	训练结果
$h=1$	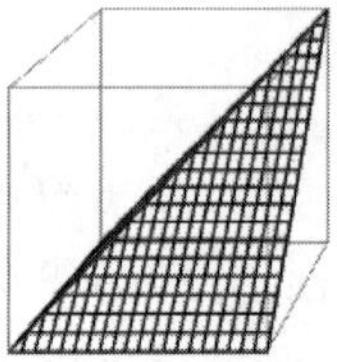	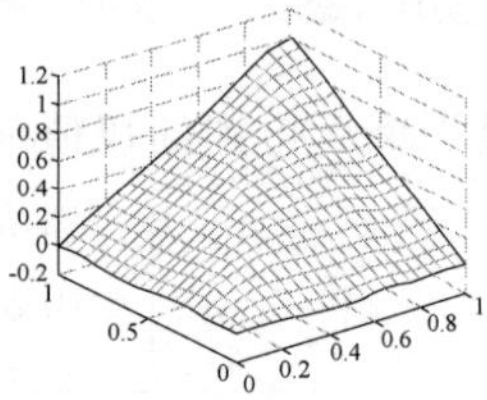
$h=0.75$	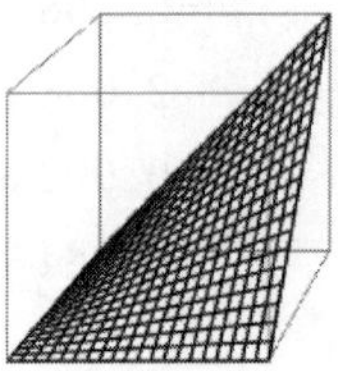	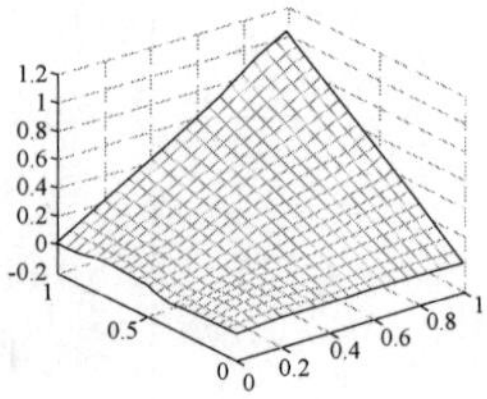
$h=0.5$	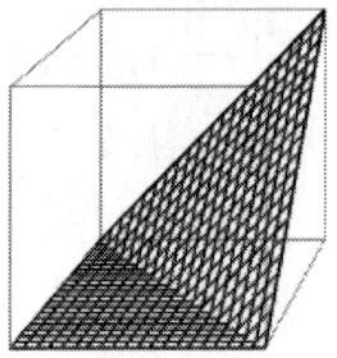	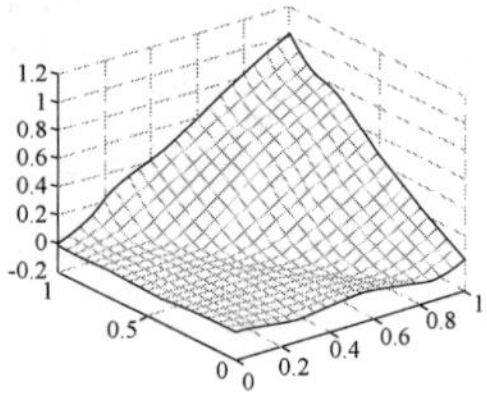
$h=0$	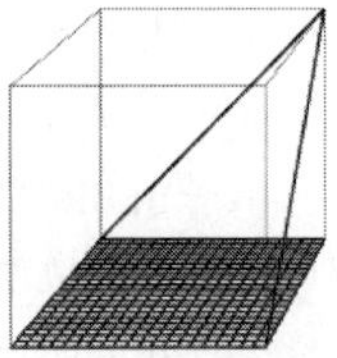	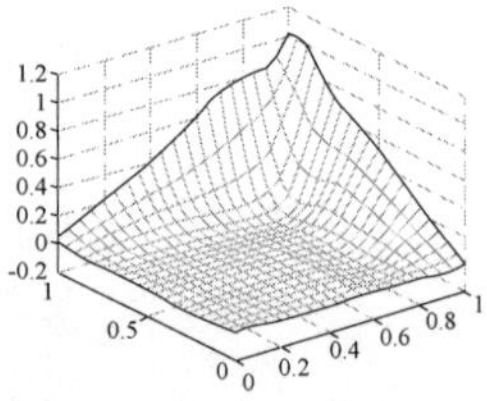

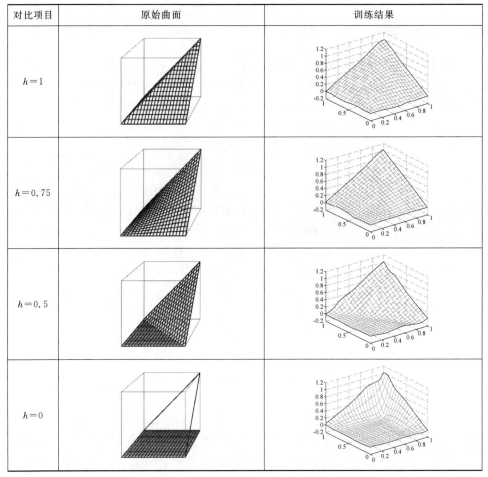

图 10.21　8 号模式 $\langle a,b,e\rangle=\langle 1,1,1\rangle$ 与运算在 $\langle k,h,\beta\rangle=\langle 0.5,h,0.5\rangle$ 状态下的训练模拟

这个实验结果反过来可证明一个事实：如果发现了 BP 网络逼近的整个曲面中有一个子结构 A 同 8 号模式 $\langle a,b,e\rangle=\langle 1,1,1\rangle$ 中的 $\langle k,h,\beta\rangle=\langle 0.5,0.75,0.5\rangle$ 十分相似(匹配出来的误差很小)，就可以断定这个子结构 A 的逻辑含义是与运算，其不确定性参数在 $\langle k,h,\beta\rangle=\langle 0.5,0.75,0.5\rangle$ 附近。如果在问题中只有几百个小沙丘，它们的信息处理模式大部分都匹配出来了，黑箱就基本上透明了，其中的因果关系不难整理清楚。

10.4.3　柔性信息处理提供的 20 种标准模式

根据前面的讨论，二元柔性信息处理总共只有 20 个模式，由模式参数 $\langle a,b,e\rangle$ 唯一确定。在每一个模式内部，又有无穷多个曲面组成的簇，由不确定性调整参数 $\langle k,h,\beta\rangle$ 唯一确定。其中 h 是起主导作用的参数，它可在 $[0,1]$ 区间内任意变化，而 k 和 β 都是起辅助作用的参数，一般在 0.5 附近漂移。所以模式匹配的主要任务是确定信息处理模式的类型 $\langle a,b,e\rangle$，关注类型中的 h 亚型。到了因果关系的精细化阶段，才需要仔细考查 k 和 β 的影响。所以，图 10.22 仅给出了二元柔性信息处理全部 20 种基本模式的带 h 亚型变化的典型曲面图，让读者理解其中的区别。

参　数	$h=1$	$h=0.75$	$h=0.5$	$h=0.25$	$h=0$
15 号 模式 $\langle 1,1,-1\rangle$ $z\equiv 1$					
14 号 模式 $\langle -1,-1,-1\rangle$ $z=x\vee y$	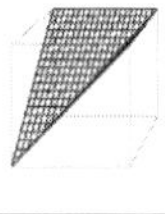	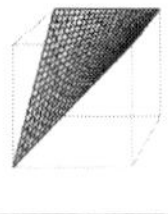	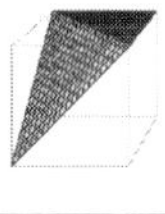	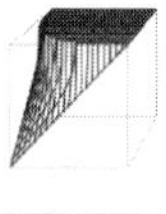	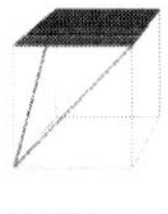
+14 号 模式 $\langle 1,1,-1\rangle$ $z=x$ Ⓟ y	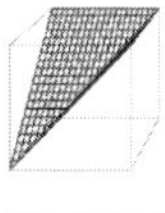	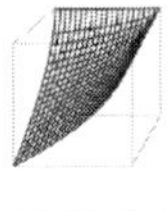	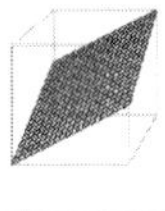	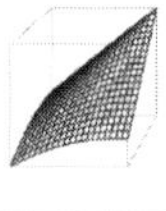	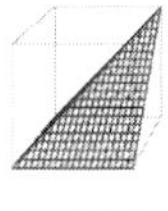
13 号模式 $\langle 1,-1,-1\rangle$ $z=y\rightarrow x$	类似于 11 号模式 $z=x\rightarrow y$，仅是 x,y 换位				
12 号模式 $\langle 1,0,0\rangle$ $z=x$	类似于 10 号模式 $z=y$，仅是 y 换 x				
11 号 模式 $\langle -1,1,-1\rangle$ $z=x\rightarrow y$	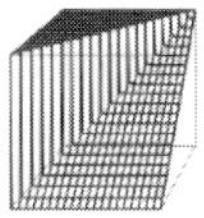	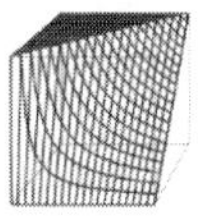	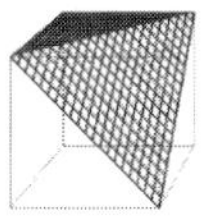	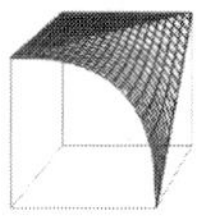	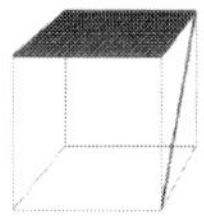

参　数	$h=1$	$h=0.75$	$h=0.5$	$h=0.25$	$h=0$
10 号 模式 ＜0,1,0＞ $z=y$	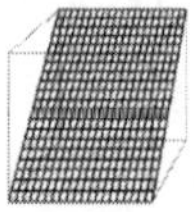	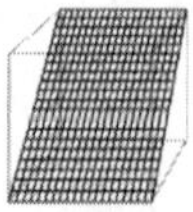	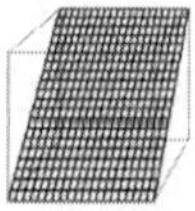	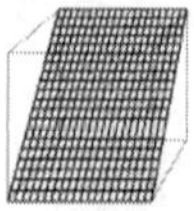	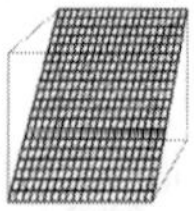
9 号模式 组合实现 $z=x\leftrightarrow y$	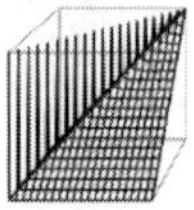	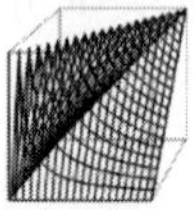	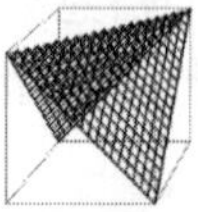	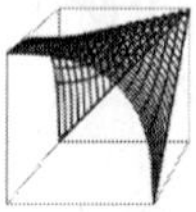	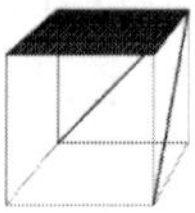
8 号 模式 ＜1,1,1＞ $z=x\wedge y$	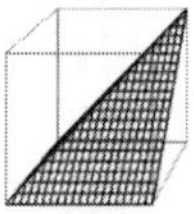	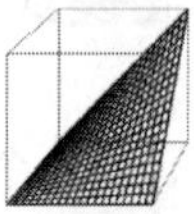	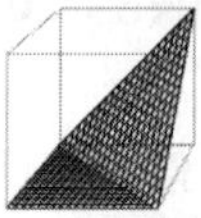	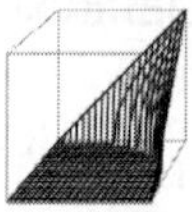	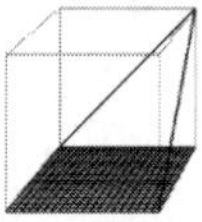
+8 号 模式 ＜1,1,e＞ $z=x\ ©^{e}y$	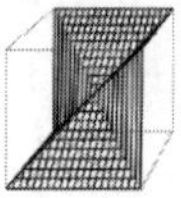	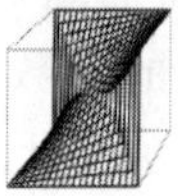	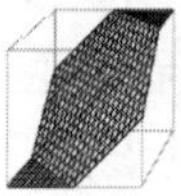	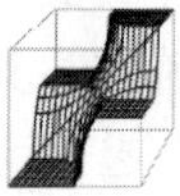	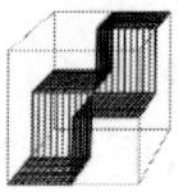
+7 号模式 ＜ −1, −1, 1+e＞ $z=\sim(x\ ©^{e}y)$	是+8 号模式＜1,1,e＞的否定(整体倒置)				
6 号模式 ＜组合实现＞ $z=\sim(x\leftrightarrow y)$	是 9 号模式＜组合实现＞的否定(整体倒置)				
5 号模式 ＜0, −1, −1＞ $z=\sim y$	是 10 号模式＜0,1,0＞的否定(整体倒置)				
4 号模式 ＜1, −1,0＞ $z=\sim(x\rightarrow y)$	是 11 号模式＜ 1,1, 1＞的否定(整体倒置)				
3 号模式 ＜ −1,0, −1＞ $z=\sim x$	是 12 号模式＜1,0,0＞的否定(整体倒置)				
2 号模式 ＜ −1,1,0＞ $z=\sim(y\rightarrow x)$	是 13 号模式＜1, 1, 1＞的否定(整体倒置)				
+1 号模式 ＜ −1/2, −1/2, −1＞ $z=\sim(x\ ⓟ\ y)$	是+14 号模式＜1/2,1/2,0＞的否定(整体倒置)				

参　数	$h=1$	$h=0.75$	$h=0.5$	$h=0.25$	$h=0$
1 号模式 ＜−1,−1,−1＞ $z=\sim(x\vee y)$	是 14 号模式＜1,1,0＞的否定(整体倒置)				
0 号 模式 ＜1,1,−1＞	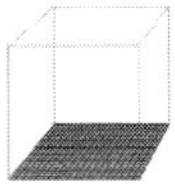	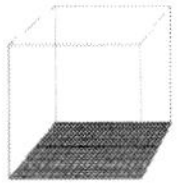	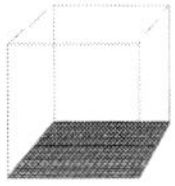	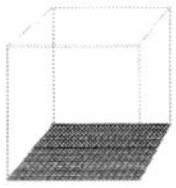	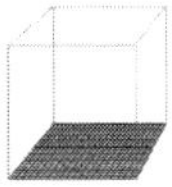

注:图中斜的坐标轴是 x,水平坐标轴是 y,垂直坐标轴是 z。

图 10.22　二元柔性信息处理全部 20 种基本模式带 h 亚型变化的典型曲面

10.5　小　　结

人工智能学科 70 多年的探索过程给我们积累了许多宝贵的经验和教训,值得我们在建立人工智能通用理论及其逻辑基础与数学基础时借鉴。

① 人工智能的每一次突破,都有一批开拓者的功劳,他们发现了某些重要的智能因素,利用这些因素创造了许多智能模拟的奇迹。为什么会频频出现发展瓶颈?一是智能问题十分复杂,包含的因素众多,不是抓住某个因素就可解决全部问题。在这个领域有效的方法,移植到别的领域可能就水土不服;二是人工智能还处在猜想试错、积累经验的阶段,能全面指导人工智能发展的智能理论、逻辑理论和数学理论尚待形成;三是人工智能工作者和投资管理者都低估了智能模拟的难度,急于求成,缺乏长期奋斗的思想准备和战略性发展规划。

② 智力工具不属于封闭环境中的简单机械系统,不适于用决定论科学观和还原论方法论处理,它是开放环境中的复杂性演化系统,需要用演化论科学观和辩证论方法论来处理,目前是张冠李戴,需要通过科学范式变革来为人工智能学科正冠。

③ 人类智能是由诸多因素综合形成的,并一直处在不断学习演化过程中,把人工智能简单地归入计算机科学的一个应用分支是不妥的,它本质上是一个综合性的交叉学科,行为主义、结构主义和功能主义三大学派都必须统一在描述智能演化过程的机制主义之中,才能最终形成具有普适性的人工智能基础理论。

④ 现行的深度神经网络只能模拟人类感知阶段的智能(属于条件反射层次),无法完成人类认知智能和决策智能层次的模拟。因为后者需要各种抽象层次的知识和柔性逻辑支撑。而深度神经网络之所以失去人类智能中必不可少的可解释性,原因是它在将神经元的 M-P 模型进行柔性化扩张时,把沟通人脑的神经元结

构与逻辑及知识的唯一桥梁——阈值函数 $z=[ax+by-e]$——给废除了，代之以各种 S-型输出变换函数，即深度神经网络的柔性扩张不是走的逻辑扩张之路，而走的是无任何逻辑含义的数学扩张之路。这是问题的病根，治疗现行深度神经网络失去可解释性的根本办法，只能是在 M-P 神经元模型的柔性化扩张中彻底放弃各种 S-型输出变换函数，恢复阈值函数 $z=[ax+by-e]$。临时使用的治标不治本办法也只能依靠阈值函数 $z=[ax+by-e]$对深度神经网络已经生成的结果分区分块地进行近似匹配。

第 11 章　命题泛逻辑在现代逻辑学中的应用

本章首先发布了促进逻辑推理范式变革的宣言；其次讨论了如何在现代逻辑学研究中，应用命题泛逻辑已经取得的研究成果，评价各种现代逻辑的成熟程度，全面贯彻柔性逻辑推理范式和广义逻辑观；最后讨论了命题泛逻辑运算模型完整簇的硬件实现问题。

11.1　促进逻辑推理范式变革的宣言

为什么要讨论命题泛逻辑在现代逻辑学中的应用？它不就是个现代逻辑吗？

因为 600 多年来一直是刚性逻辑推理范式和狭义逻辑观占据统治地位，它把所有的逻辑要素全部用“非此即彼性”约束起来，只能描述一些经过全要素理想化处理的抽象问题（如定理证明、数字计算机的体系结构设计、程序语言和程序设计、科学论述的逻辑规范等）。一直以来它无往不胜的战绩被人尊为放之四海而皆准的普适性理论，它就是逻辑学的唯一代表。所以，几乎所有的现代人都认为只有理性思维才是科学思维。可是，在最近数十年的人工智能研究中，所谓“理性思维”（即刚性逻辑推理范式和狭义逻辑观）却频频遭遇滑铁卢，原因都是被处理对象中有一些要素突破了“非此即彼性”的约束而失败。虽然各种现代逻辑就是为解决这类问题而兴起的，但是其中许多逻辑要素仍然受到传统“理性思维”的禁锢，没有贯彻“思维理性”的思想，所以这些现代逻辑难以在人工智能中正常使用。命题泛逻辑是全面贯彻“思维理性”的研究成果，所以用它来检验各种现代逻辑的成熟度是恰如其分的。

11.1.1　智能化时代的科学范式正在发生颠覆性变革

为了搞清楚为什么在 600 多年前会出现刚性逻辑推理范式和狭义逻辑观，且很快占据统治地位到今天；为什么当前又会出现对柔性逻辑推理范式和广义逻辑观的需求，且来势汹涌，迫不及待，大有顺之者昌逆之者亡的气势。我查阅了大量的历史资料，绘制了一张 2 000 多年来数学、逻辑和智能的演化态势图，它清晰地呈现出 MLI 螺旋结构，以使其否定之否定、螺旋式上升、波浪式前进、后浪推前浪的发展规律活现在读者眼前（见图 11.1）。下面请读者一起来一段段地品味其中危和机的辩证关系，体会“变化发展是永恒的，确定不变是暂时的”的真谛。

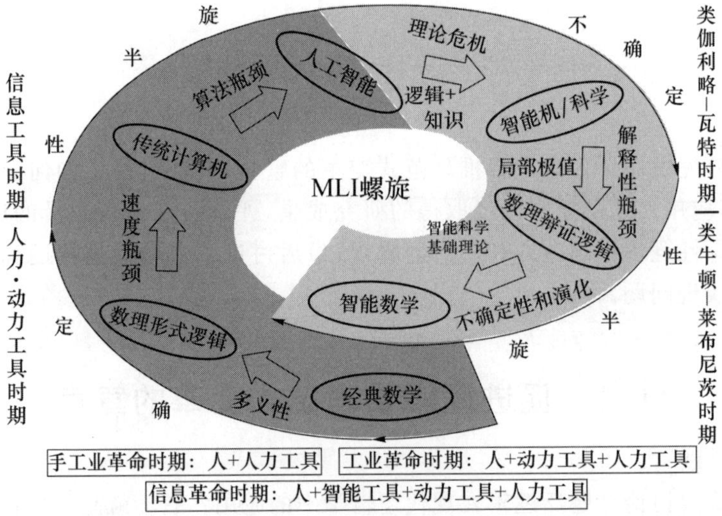

图 11.1　MLI 螺旋结构

1. 工具变革是人类文明进步的决定性因素

① 人类文明发展的 3 个时期：人类文明起源于 100 个世纪前，其中约有 97 个世纪是人力工具时期（石器时代、陶器时代、青铜器时代、铁器时代），2 个多世纪是动力工具时期（蒸汽机、电动机、核能等），智力工具时期的到来不到 1 个世纪。

在约 100 年的信息化进程中，人类已完成普及电报、电话、计算机和互联网的初级信息化阶段，目前正进入逐步实现智能化的中级阶段。

② 人类文明史雄辩地证明：工具的发明和广泛应用是推动人类文明和社会进步的决定性力量，对生产力有数量级的提升效应，对科学技术有促进科学范式革命的效应，对产业发展和社会生活有跨越式发展的效应。

2. 工具变革促进了科学范式变革

科学观和方法论（统称为科学范式）的发展经历了 3 个时期。

(1) 神授论时期

17 世纪前，人们普遍认为自然界的一切都是神的意志和安排；上帝主宰一切，人类是上帝的奴仆，只能听天由命。这个时期还没有科学观和方法论，仅有一些古典哲学思想的论述，占统治地位的是各种神学。

(2) 决定论时期

18 世纪后，伽利略、牛顿和爱因斯坦先后发现了自然变化的各种内在规律，确立了自然法则（三大定律、相对论等），建立了现代科学理论体系。这个时期形成了决定论的科学观：相信世界受确定不变的客观规律控制，这些规律可被认识和利用；确定不变的自然法则决定了世界的一切，时间是标量，线性可逆；科学必将走向终结。与之配套的科学方法论是还原论：相信复杂系统可分解成若干子系统来研究，然后把各个子系统的解整合起来就是整个系统的解，这就是分析与综合法。

(3) 演化论时期

20 世纪中叶以来，普利高津等人发现了非平衡物理学和不稳定系统动力学的规律；确立了以演化为中心的新自然法则，证明了时间的方向性（是非线性不可逆的），为复杂性科学技术的形成奠定了理论基础。他认为人类正处于一种新理性的开端，这种新理性把演化放在认识自然的中心位置。这个时期需要的科学观是演化论：相信时间是非线性的矢量，它在自然的演化过程中扮演建设者，不可逆；宇宙的形成、人类的出现、智能的产生等都是演化的结果；科学永远不会终结。与之配套的科学方法论是整体论和辩证法：相信复杂系统不可简单地通过分析与综合法解决，因为整系统在分解成各个子系统时，子系统之间的密切联系立即被切断，由子系统之间相互作用产生的涌现效应全部消失。把这些已经变形了的“子系统”分析结果再重新综合起来，还能是原来没有变形的整系统吗？当然已经面目全非了，如同把一只麻雀解剖成八大系统，搞清楚其中的构造和功能，把它们再综合起来，你能够说清楚麻雀活着时的思维方式和生活规律吗？绝对不能！所以，这一类问题只能用整体论和辩证法来处理。

3. 智能工具与其他工具的最大差别

(1) 智能工具不同于以往的工具

以往的人力工具、动力工具和初级信息工具（电报、电话、计算机等）的共同特点是**确定性**：面对的应用需求、工作职能、工作原理、内部结构、行为方式都是确定不变的。在设计、生产、使用和维护过程中都可用确定论的世界观完全把握，用还原论的方法论有效处理，用非真即假的语言严格描述，用形式逻辑推理范式求解。

智能工具的最大特点是**不确定性**。所谓“智能”是人脑认识世界和改造世界的能力，它可通过社会实践不断提高，永远不会停留在一个原始状态而一成不变。所以，智能工具最大的特点是不确定性：它不仅能处理不确定性问题和演化问题，且本身的智能水平可不断演化发展，而非一成不变。研制能学习演化的智能工具是人类面临的全新挑战，它需要一场科学范式和逻辑推理范式的颠覆性革命！

(2) 智能必须用辩证逻辑推理范式求解问题

所谓智能就是人类的主观能动性和随机应变能力，它可根据某个目的和现实问题的真实状况及变化趋势，在已有经验的启发下选择最有效的原理、途径和方法解决问题。如失败可从头再来反复试探下去，并能通过经验教训的积累进行学习(发现、演化)，不断完善自身解决问题的能力。由于辩证矛盾是客观存在的，不确定性是客观世界的本质属性，确定性仅是人在局部环境中、在短暂时间内产生的近似性认知。所以人类认知的前进方向是不断消除这些近似性认知，精准把握各种不确定性在生态平衡中的演化发展规律和各种影响。由此可见，在形式逻辑推理范式中的理想化预处理，只是它的一种权宜之计，无法在现实问题中普遍使用。

辩证逻辑推理范式采用受各种不确定参数控制的逻辑算子完整簇，可根据待处理的辩证矛盾和不确定性有针对性地选择使用，达到一把钥匙开一把锁的效果。

4. 多义性瓶颈催生数理(形式)逻辑形成

从古希腊亚里士多德(公元前 384—前 322 年)在《工具论》中提出古典三段论的演绎推理开始，至 17 世纪后期，古典形式逻辑已形成，包含几种常见的演绎推理和最简单的量词理论，也使用一些特有的符号。由于它使用的逻辑用语主要还是自然语言，它的多义性常常影响形式演绎结果的正确性，妨碍了它在数学中的正常使用，称为多义性瓶颈。17 世纪后期莱布尼茨提出“万能符号”和“思维演算”思想，以期实现形式逻辑的数学化，标志着数理(形式)逻辑思想的萌芽，开始探索用数学语言描述形式逻辑规律，如布尔代数、德摩根定律都是这种探索的重要成果。后来康托尔提出集合论，帕施、希尔伯特等提出公理系统，弗雷格、皮亚诺、罗素和怀特海等建立初步自足的命题演算系统和谓词演算系统，这些都是这种探索的重要成果。到 20 世纪 30 年代，数理(形式)逻辑已经发展成熟，成为一个包含命题演算系统、谓词演算系统、证明论、公理集合论、递归函数论、模型论的庞大家族。它不仅是数学的一个重要分支，并与其他数学分支、计算机科学、形式语言学和心理学有广泛的联系。各种现代逻辑也在它的基础上不断涌现，如模态逻辑、多值逻辑、时态逻辑、模糊逻辑等。

5. 速度瓶颈催生计算机科学出现

第二次世界大战时期，各国的武器装备主要是飞机和大炮，研制新型大炮、核武器和导弹显得十分必要和迫切。但是当时使用的机械计算机速度严重不足，根本无法满足研制需求。如美军“弹道研究实验室”要求每天提供 6 张火力表对导弹的研制进行技术鉴定，而按当时的计算工具，即使 200 多名计算员加班加点工作，也需要两个多月才能算完一张火力表，这就是战时必须攻克的速度瓶颈。为此，美军拨款 15 万美元成立以莫希利、埃克特为首的研制小组，开始研制 ENIAC 电子数字计算机。弹道研究所顾问、正参与研制美国第一颗原子弹的冯·诺依曼，带着大量计算问题加入研制小组，对 ENIAC 的许多关键问题作出了重要贡献。虽然 ENIAC 体积庞大，耗电惊人，运算速度不过几千次，但比当时的计算装置要快 1 000 倍。

危机,危机,危就是机,是速度瓶颈催生了电子数字计算机的诞生。后冯·诺依曼根据程序与数据都放在存储器中的思想,提出了程序内存的计算机模型,称为冯·诺依曼机模型。图灵给“可计算性”以严格的数学定义,建立了理想计算机模型和递归函数论。图灵机模型与冯·诺依曼机模型被认为是两个等价的理想计算机模型。

计算机科学关注的是:人脑思维的数字计算和逻辑推理功能的机器模拟,它们都可以用数理形式逻辑来完整地描述。

6. 算法危机催生人工智能学科诞生

1950 年图灵发表了《机器能思考吗?》一文,奠定了人工智能的思想基础,赢得了“人工智能之父”的桂冠。

人工智能学科的出现得益于算法危机的催生,传统的计算机应用是“数学+程序”模式,它需要建立问题的数学模型,寻找模型的算法解和编制实际可运行的程序三者的全面满足。可是理论计算机科学家们却发现:人脑思维中的大部分问题无法建立数学模型,大部分的数学模型没有算法解,大部分的算法解是指数型的,实际不可计算。这就是所谓的算法危机,人工智能学科创始人们的希望是:通过对人脑智能的研究和计算机模拟,来克服这个算法危机,使计算机更聪明和有用——这就是狭义人工智能的由来。

可见,人工智能学科关注的焦点是:如何用计算机程序来模拟人脑的智能功能,以便克服传统计算机学科中的算法危机,让计算机聪明起来。

人工智能研究的起步完全是在刚性逻辑的基础上展开的,如通用问题求解系统(GPS)、机器定理证明、自动推理、问答系统等,后来通过研究人为什么不怕组合爆炸,学者们终于发现了人聪明的第一个隐秘——启发式搜索原理,它是一种熟练专业人士才有的知识,可以启发人们去发现逻辑演绎或者合理使用规则(操作)中的捷径,有效缓解组合爆炸,成功应用后推动人工智能前进了一步,但是学者们很快发现组合爆炸仍在前面挡道。后来学者们又发现了专家知识的重要性,它是人类专家能够快速准确解决复杂问题的第二个隐秘,于是发展出知识工程的研究方向,成功应用后推动人工智能前进了一步,但是学者们很快发现在知识工程中仍然存在知识发现瓶颈和知识推理瓶颈。

7. 人工智能的理论危机促进计算智能兴起

从上述一系列发现人的聪明之处推动人工智能前进一步,到发现新的发展瓶颈,陷入困境的循环过程,汇合起来就形成了 20 世纪 80 年代中期爆发的人工智能理论危机。人工智能的研究实践已经反复证明:

① 刚性逻辑推理范式本身工作效率十分低下,如机械式的应用,根本无法克服因算法复杂度带来的组合爆炸,它会迅速吞噬掉计算机的时空资源。专家能有效使用它的奥秘是通过启发式搜索发现推理捷径。

② 面对专家经验知识中包含的各种客观存在的辩证矛盾和不确定性，刚性逻辑对它们更是束手无策，超出其适用范围。

③ 专家经验知识可快速高效地解决某些专业问题，但是专业知识获取困难，经验性知识推理缺乏逻辑理论支撑，不能顺畅发展。

于是，基本无须知识和逻辑支撑的各种计算智能纷纷出现，如神经网络、模糊计算、遗传算法、进化算法、免疫算法、粒子群算法、蚁群算法、鱼群算法等。它们的基本特征是：基于自发、概率统计、相关关系、无须逻辑和知识、缺乏可理解性。

8. 局部极值瓶颈促进了深度神经网络的兴起

应该说，在人工智能理论危机的打击下，由于数理辩证逻辑的缺位，人工智能研究的主流不得不偏离刚性逻辑和经验性知识推理的老方向，转入完全不依赖逻辑和经验知识支撑，仅依靠数据统计和关联关系的神经网络、计算智能、统计学习(最多再加多 Agent 系统)的新方向，这是一个积极的选择，它能够研究人类智能的另外一些辅助性能，能有效解决某些比较单纯的智能模拟问题。计算智能能够推动人工智能走向第二次高潮，这就是有力的证明。

广泛地应用检验之后发现，这些计算智能大都存在局部极值瓶颈，由于缺乏可理解性，所以无法自我感知，更无法自动跳出局部极值。这是一个新的发展瓶颈，它促进了深度神经网络的发展壮大。为克服神经网络中的局部极值瓶颈，发展出了深度神经网络，在深度神经网络中，人们依靠大数据和云计算的强大算力，配合算法的不断改进，不惜耗费巨大的计算机时空资源和研发经费，增加神经网络的中间层次(从几层、几十层增加到几百层，甚至是几千层)来拟合海量数据，通过AlphaGo 战胜世界围棋冠军的示范作用，取得了震惊世界的效果。由于深度神经网络具有对产业赋能的功能，这把人工智能研究推上了第三次高潮，引起了世界各国的广泛重视。许多人都以为这是人工智能最正确的发展方向，将来会一直这样发展下去。

9. 解释性瓶颈呼唤有认知能力和辩证思维的智能模拟方法

不少有识之士指出，深度神经网络和 AlphaGo 只是大数据小任务型的智能模拟方法，在某些特殊情况下有用，而人工智能真正需要的是大任务小数据型的智能模拟方法，当前存在的问题是过分夸大了现有智能模拟方法的有效范围。

当前人工智能研究面临的局限性如下。

① 有智能没有智慧：无意识和悟性，缺乏综合决策能力。

② 有智商没有情商：机器对人的情感理解与交流还处于起步阶段。

③ 会计算不会"算计"：人工智能可谓有智无心，更无人类的谋略。

④ 有专才无通才：会下围棋的不会下象棋。

归纳起来看，人工智能的发展正面临着六大瓶颈。

① 数据瓶颈：需要海量的有效数据支撑。

② 泛化瓶颈:深度学习的结果难于推广到一般情况。

③ 能耗瓶颈:大数据处理和云计算的能耗巨大。

④ 语义鸿沟瓶颈:在自然语言处理中存在语义理解鸿沟。

⑤ 可解释性瓶颈:人类无法知道深度神经网络结果中的因果关系。

⑥ 可靠性瓶颈:无法确认人工智能结果的可靠性。

这些瓶颈可统称为"可解释性瓶颈"。这些瓶颈是由无视逻辑和知识在智能中的重要价值,过度依赖数据统计和深度神经网络引起的。克服瓶颈的方向只能是发展基于知识和逻辑的大任务小数据的智能模拟方法,这就是具有认知能力和辩证思维的智能模拟方法。我们认为,认知能力和辩证思维是人类聪明的第三个隐秘。

11.1.2　从刚性逻辑推理范式到柔性逻辑推理范式的革命

从图 11.1 可以看出数学的一步步发展、逻辑的一步步发展、计算机学科的一步步发展、人工智能的一步步发展,到了今天,一个主要矛盾及其主要方面已经突显出来了:主要矛盾是智能模拟急需具有认知能力和辩证思维的智能模拟方法,而描述认知能力和辩证思维的逻辑推理范式还没有服务到位。主要矛盾方面是逻辑推理范式的变革不够坚强有力:一方面,传统的刚性逻辑推理范式和狭义逻辑观尽管在人工智能发展过程中频频遭遇滑铁卢,但是没有人敢于一追到底,致使其思想禁锢无法在人工智能研究中彻底清除;另一方面,尽管柔性逻辑推理范式和广义逻辑观已初步成形,但是仍然处在边缘学科的位置,无人敢于青睐。所以,在以往的人工智能应用中很难找到它的身影,相应的应用实例、关键技术、典型算法、开源代码、开放平台等都无法形成。现在情况发生了颠覆性变化,一方面,国家决心要在 2025 年在人工智能基础理论方面达到引领世界的高度;另一方面,美国在人工智能等前沿科技和产品方面对我国实行全面封锁,过去盛行的拿来主义、跟踪主义、机会主义失去了存在的空间,这是我们加快完成逻辑推理范式变革的大好时机,希望本书能够助一臂之力,成为促进逻辑推理范式变革的宣言书,成为实施逻辑推理范式变革的行动纲领。

11.1.3　柔性逻辑推理范式在现代逻辑学中的应用

泛逻辑学研究的是逻辑学的一般原理,命题泛逻辑的现有成果在其他现代逻辑的构建和评价中,至少有三方面的应用。

① 直接生成已有的命题逻辑。利用命题泛逻辑学的研究成果可以直接生成已有的命题逻辑,并能帮助我们进一步认清该逻辑的本质和发现可能存在的性质。

② 分析完善正在讨论形成中的命题逻辑。泛逻辑学原理还可以帮助我们发现正在酝酿形成中的逻辑缺陷,找到弥补缺陷的方法。

③ 为新的逻辑研究提供理论框架和研究平台。命题泛逻辑学不仅给出了命题逻辑的一般规律,而且还为进一步研究谓词泛逻辑学、各种特殊用途的泛逻辑学和混沌泛逻辑学提供了理论框架和研究平台。

下面通过一些实例来说明。

11.2 生成二值基命题逻辑

11.2.1 直接生成二值命题逻辑

刚性命题逻辑是二值逻辑,它是二值基命题逻辑的最简单形式,即线序型二值命题逻辑,它的真值域是$\{0,1\}$。

从本书特别是第 9 章的讨论中,我们已经可以清楚地看出,利用命题泛逻辑学的研究成果,可以直接生成已有的二值命题逻辑,此处不再重复讨论。

需要特别说明的是泛逻辑中的泛平均运算和泛组合运算,由于在二值基命题逻辑中 $x,y,h,e\in\{0,1\}$,它们全部退化为与运算或或运算。详细情况如下。

- 当 $h=0$ 时,$M(x,y)=T(x,y)=\min(x,y)$;当 $h=1$ 时,$M(x,y)=S(x,y)=\max(x,y)$。
- 当 $e=0$ 时,$C(x,y)=S(x,y)=\max(x,y)$;当 $e=1$ 时,$C(x,y)=T(x,y)=\min(x,y)$。

另外,$k,h,\beta\in[0,1]$的影响也会在二值逻辑中自动消失。

但是,在二值逻辑以上的逻辑中(注意:不是指二值基的多维逻辑,如四值逻辑、八值逻辑等),这种退化或者消失行为不会发生,仅在二值基逻辑中才会发生。

11.2.2 直接生成四值命题逻辑和八值命题逻辑

俗称四值逻辑和八值逻辑为多值逻辑,这是不严格的,没有表明逻辑的本质,容易引起一些误解。正确的称呼是偏序型二值基二维命题逻辑和偏序型二值基三维命题逻辑,真值域分别是$[0,1]^2$ 和$[0,1]^3$,其中还有正偏序型和伪偏序型两种,通常使用的是伪偏序型。详细情况如下。

1. 正偏序型二值基二维命题逻辑

命题真值　$\boldsymbol{x}=<x_1,x_2>,\boldsymbol{y}=<y_1,y_2>,x_1,x_2,y_1,y_2\in\{0,1\}$

非运算　$N(\boldsymbol{x})=<N(x_1),N(x_2)>$（正偏序特征）

与运算　$T(\boldsymbol{x},\boldsymbol{y})=<T(x_1,y_1),T(x_2,y_2)>$

或运算　$S(\boldsymbol{x},\boldsymbol{y})=<S(x_1,y_1),S(x_2,y_2)>$

蕴涵运算　$I(\boldsymbol{x},\boldsymbol{y})=<I(x_1,y_1),I(x_2,y_2)>$

等价运算　$Q(\boldsymbol{x},\boldsymbol{y})=<Q(x_1,y_1),Q(x_2,y_2)>$

其中，$N(\boldsymbol{x})$，$T(\boldsymbol{x},\boldsymbol{y})$，$S(\boldsymbol{x},\boldsymbol{y})$，$I(\boldsymbol{x},\boldsymbol{y})$，$Q(\boldsymbol{x},\boldsymbol{y})$都是二值逻辑中的运算模型。

所有二值逻辑中的逻辑公式和推理规则都可以推广到其中使用。

2. 伪偏序型二值基二维命题逻辑

命题真值　$\boldsymbol{x}=<x_1,x_2>,\boldsymbol{y}=<y_1,y_2>,x_1,x_2,y_1,y_2\in\{0,1\}$

非运算　$N(\boldsymbol{x})=<N(x_2),N(x_1)>$（伪偏序特征）

与运算　$T(\boldsymbol{x},\boldsymbol{y})=<T(x_1,y_1),T(x_2,y_2)>$

或运算　$S(\boldsymbol{x},\boldsymbol{y})=<S(x_1,y_1),S(x_2,y_2)>$

蕴涵运算　$I(\boldsymbol{x},\boldsymbol{y})=<I(x_1,y_1),I(x_2,y_2)>$

等价运算　$Q(\boldsymbol{x},\boldsymbol{y})=<Q(x_1,y_1),Q(x_2,y_2)>$

其中，$N(\boldsymbol{x})$，$T(\boldsymbol{x},\boldsymbol{y})$，$S(\boldsymbol{x},\boldsymbol{y})$，$I(\boldsymbol{x},\boldsymbol{y})$，$Q(\boldsymbol{x},\boldsymbol{y})$都是二值逻辑中的运算模型。

所有二值逻辑中的逻辑公式和推理规则都可以推广到其中，但由于 $N(\boldsymbol{x})=<N(x_2),N(x_1)>$，所以表达形式要作相应改变，例如

$$
\begin{aligned}
I(\boldsymbol{x},\boldsymbol{y})&=<I(x_1,y_1),I(x_2,y_2)>\\
&=<S(N(x_1),y_1),S(N(x_2),y_2)>\\
&=S(N(\boldsymbol{x}'),\boldsymbol{y}),\ \boldsymbol{x}'\\
&=<x_2,x_1>
\end{aligned}
$$

3. 正偏序型二值基三维命题逻辑

命题真值　$\boldsymbol{x}=<x_1,x_2,x_3>,\boldsymbol{y}=<y_1,y_2,y_3>,x_1,x_2,x_3,y_1,y_2,y_3\in\{0,1\}$

非运算　$N(\boldsymbol{x})=<N(x_1),N(x_2),N(x_3)>$（正偏序特征）

与运算　$T(\boldsymbol{x},\boldsymbol{y})=<T(x_1,y_1),T(x_2,y_2),T(x_3,y_3)>$

或运算　$S(\boldsymbol{x},\boldsymbol{y})=<S(x_1,y_1),S(x_2,y_2),S(x_3,y_3)>$

蕴涵运算　$I(\boldsymbol{x},\boldsymbol{y})=<I(x_1,y_1),I(x_2,y_2),I(x_3,y_3)>$

等价运算　$Q(\boldsymbol{x},\boldsymbol{y})=<Q(x_1,y_1),Q(x_2,y_2),Q(x_3,y_3)>$

其中，$N(\boldsymbol{x})$，$T(\boldsymbol{x},\boldsymbol{y})$，$S(\boldsymbol{x},\boldsymbol{y})$，$I(\boldsymbol{x},\boldsymbol{y})$，$Q(\boldsymbol{x},\boldsymbol{y})$都是二值逻辑中的运算模型。

所有二值逻辑中的逻辑公式和推理规则都可以推广到其中使用。

4. 伪偏序型二值基三维命题逻辑

命题真值　$\boldsymbol{x}=<x_1,x_2,x_3>,\boldsymbol{y}=<y_1,y_2,y_3>,x_1,x_2,x_3,y_1,y_2,y_3\in\{0,1\}$

非运算　$N(\boldsymbol{x})=<N(x_3),N(x_2),N(x_1)>$（伪偏序特征）

与运算　$T(\boldsymbol{x},\boldsymbol{y})=<T(x_1,y_1),T(x_2,y_2),T(x_3,y_3)>$

或运算　$S(\boldsymbol{x},\boldsymbol{y})=<S(x_1,y_1),S(x_2,y_2),S(x_3,y_3)>$

蕴涵运算　$I(\boldsymbol{x},\boldsymbol{y})=<I(x_1,y_1),I(x_2,y_2),I(x_3,y_3)>$

等价运算　$Q(\boldsymbol{x},\boldsymbol{y})=<Q(x_1,y_1),Q(x_2,y_2),Q(x_3,y_3)>$

其中，$N(\boldsymbol{x})$，$T(\boldsymbol{x},\boldsymbol{y})$，$S(\boldsymbol{x},\boldsymbol{y})$，$I(\boldsymbol{x},\boldsymbol{y})$，$Q(\boldsymbol{x},\boldsymbol{y})$都是二值逻辑中的运算模型。

所有二值逻辑中的逻辑公式和推理规则都可以推广到其中，但由于 $N(\boldsymbol{x})=<N(x_3),N(x_2),N(x_1)>$，所以表达形式要作相应改变，例如

$$\begin{aligned}I(\boldsymbol{x},\boldsymbol{y})&=<I(x_1,y_1),I(x_2,y_2),I(x_3,y_3)>\\&=<S(N(x_1),y_1),S(N(x_2),y_2),S(N(x_3),y_3)>=S(N(\boldsymbol{x}'),\boldsymbol{y}),\boldsymbol{x}'\\&=<x_3,x_2,x_1>\end{aligned}$$

11.2.3　生成并分析 Bochvar 三值命题逻辑

长期以来，人们称 Bochvar 提出的、建立在{0,1,⊥}上的逻辑为三值逻辑，这是不科学的。因为⊥是无定义的代号，与 0,1 无法比较大小，不能把 0,1,⊥放在同一个有序空间中。⊥实际上是在{0,1}线序空间之外存在的一个孤立点，所以这个逻辑仍然是二值基逻辑，正确的称呼是⊥超序型二值基一维逻辑。

生成 **Bochvar ⊥超序型二值基逻辑**的方法是在二值逻辑的基础上运用平凡拓序规则：**所有⊥参加的逻辑运算结果都是⊥**。即

命题真值　$x,y\in\{0,1\}\cup\{\perp\}$

非运算　$N(\perp)=\perp$

与运算　$T(\perp,y)=\perp$

或运算　$S(\perp,y)=\perp$

蕴涵运算　$I(\perp,y)=\perp$，$I(x,\perp)=\perp$

等价运算　$Q(\perp,y)=\perp$

其中，$N(\boldsymbol{x})$，$T(\boldsymbol{x},\boldsymbol{y})$，$S(\boldsymbol{x},\boldsymbol{y})$，$I(\boldsymbol{x},\boldsymbol{y})$，$Q(\boldsymbol{x},\boldsymbol{y})$都是二值逻辑中的运算模型。把它们转化为真值表表示，结果是：

p	0	1	⊥
$\sim^1 p$	1	0	⊥

$\wedge^3$	⊥	0	1
⊥	⊥	⊥	⊥
0	⊥	0	0
1	⊥	0	1

$\vee^3$	⊥	0	1
⊥	⊥	⊥	⊥
0	⊥	0	1
1	⊥	1	1

$\rightarrow^3$	⊥	0	1
⊥	⊥	⊥	⊥
0	⊥	1	1
1	⊥	0	1

$\leftrightarrow^2$	⊥	0	1
⊥	⊥	⊥	⊥
0	⊥	1	0
1	⊥	0	1

根据这个分析，所有二值逻辑中的逻辑公式和推理规则都可以推广到其中使用。

利用关于⊥**的非平凡拓序规则**，还可以提出一种**新的**⊥**超序型二值基逻辑**，具体如下：

命题真值　$x,y\in\{0,1\}\cup\{\perp\}$

非运算　$N(\perp)=\perp$

与运算　$T(\perp,y)=\{\perp|y=\perp;0\}$

或运算　$S(\perp,y)=\{\perp|y=\perp;1\}$

蕴涵运算　$I(\perp,y)=\{1|y=\perp;\perp\}$，$I(x,\perp)=\{1|x=\perp;\perp\}$

等价运算　$Q(\perp,y)=\{1|y=\perp;\perp\}$

其中，$N(\boldsymbol{x})$，$T(\boldsymbol{x},\boldsymbol{y})$，$S(\boldsymbol{x},\boldsymbol{y})$，$I(\boldsymbol{x},\boldsymbol{y})$，$Q(\boldsymbol{x},\boldsymbol{y})$都是二值逻辑中的运算模型。把它们转化为真值表表示，结果是：

p	0	1	⊥
$\sim^1 p$	1	0	⊥

$\wedge^4$	⊥	0	1
⊥	⊥	0	0
0	0	0	0
1	0	0	1

$\vee^4$	⊥	0	1
⊥	⊥	1	1
0	1	0	1
1	1	1	1

$\rightarrow^4$	⊥	0	1
⊥	1	⊥	⊥
0	⊥	1	1
1	⊥	0	1

$\leftrightarrow^4$	⊥	0	1
⊥	1	⊥	⊥
0	⊥	1	0
1	⊥	0	1

从上述结果看，这个非平凡的拓序规则更加合理，如⊥可以和自己等价，⊥不改变蕴涵后件的原有真值。所有二值逻辑中的逻辑公式和推理规则都可以推广到其中使用。

目前尚未见到有人提出这个逻辑，这是我们的新贡献。

11.3　研究三值基命题逻辑

下面生成真正的三值逻辑。在三值逻辑中，u 有 3 种不同的语义：$u=0.5$；$u=$不知道；$u=$过渡态。但不管哪种语义，都满足 $0\leqslant u\leqslant 1$ 的约束，不同于 Bochvar 提出的三值基逻辑中的 $x,y\in\{0,1\}\cup\{\perp\}$。

根据命题泛逻辑，在三值逻辑中，只有 3 种不同的可能组合：

$$h=1,k=e=0.5;h=k=e=0.5;h=0,k=e=0.5$$

所以,生成的三值逻辑可有 3 种不同的形态,分别称为 3 型三值逻辑、1 型三值逻辑和 0 型三值逻辑。目前经常使用的是 1 型三值逻辑,按照 u 的语义不同,又有几种不同的亚型。下面详细介绍。

11.3.1 3 型三值命题逻辑

当 $h=1,k=e=0.5$ 时,命题真值 $x,y\in\{0,u,1\}$:

非运算　$N(x)=1-x$

与运算　$T(x,y)=\min(x,y)$

或运算　$S(x,y)=\max(x,y)$

蕴涵运算　$I(x,y)=\text{ite}\{1|x\leqslant y;y\}$

等价运算　$Q(x,y)=\text{ite}\{1|x=y;\min(x,y)\}$

平均运算　$M(x,y)=\max(x,y)$退化为或运算

组合运算　$C(x,y)=\text{ite}\{\min(x,y)|x+y<1;\max(x,y)|x+y>1;0.5\}$

把它们转化为真值表表示,结果是:

p	0	u	1
$\sim^1 p$	1	u	0

$\wedge^2$	0	u	1
0	0	0	0
u	0	u	u
1	0	u	1

$\vee^2$	0	u	1
0	0	u	1
u	u	u	1
1	1	1	1

$\rightarrow^5$	0	u	1
0	1	1	1
u	0	1	1
1	0	u	1

$\leftrightarrow^5$	0	u	1
0	1	0	0
u	0	1	u
1	0	u	1

©^{1}	0	u	1
0	0	0	u
u	0	u	0
1	u	1	1

3 型三值逻辑目前还未见有人提出,是我们的新贡献。所有 $h=1$ 的泛逻辑公式和推理规则都可以特化到其中使用。

11.3.2 1 型三值命题逻辑

当 $h=k=e=0.5$ 时,命题真值 $x,y\in\{0,u,1\}$:

非运算　$N(x)=1-x$

与运算　$T(x,y)=\max(0,x+y-1)$

或运算　$S(x,y)=\min(1,x+y)$

蕴涵运算　$I(x,y)=\min(1,1-x+y)$

等价运算　$Q(x,y)=1-|x-y|$

平均运算　$M(x,y)=(x+y)/2$

组合运算　$C(x,y)=\Gamma^1[x+y-0.5]$

把它们转化为真值表表示,结果是:

p	0	u	1
$\sim^1 p$	1	u	0

$\wedge^1$	0	u	1
0	0	0	0
u	0	0	u
1	0	u	1

(u=0.5)

$\vee^1$	0	u	1
0	0	u	1
u	u	1	1
1	1	1	1

(u=0.5)

$\rightarrow^1$	0	u	1
0	1	1	1
u	0	1	1
1	0	u	1

(u=0.5 或过渡态)

$\leftrightarrow^1$	0	u	1
0	1	u	0
u	u	1	u
1	0	u	1

(u=0.5 或过渡态)

$\wedge^2$	0	u	1
0	0	0	0
u	0	u	u
1	0	u	1

(u=不知道或过渡态)

$\vee^2$	0	u	1
0	0	u	1
u	u	u	1
1	1	1	1

(u=不知道或过渡态)

$\rightarrow^2$	0	u	1
0	1	1	1
u	u	u	1
1	0	u	1

(u=不知道)

$\leftrightarrow^2$	0	u	1
0	1	u	0
u	u	u	u
1	0	u	1

(u=不知道)

Ⓟ^{1}	0	u	1
0	0	0	u
u	0	u	u
1	u	u	1

(u=0.5)

Ⓟ^{2}	0	u	1
0	0	u	u
u	u	u	1
1	u	1	1

(u=不知道或过渡态)

ⓒ^{1}	0	u	1
0	0	0	u
u	0	u	1
1	u	1	1

由这个分析可知,在 $h=k=e=0.5$ 的情况下,1 型三值逻辑有几种可能的形态。

① 由 $\sim^1$,$\wedge^2$,$\vee^2$,$\rightarrow^2$,$\leftrightarrow^2$ 组成的 Kleene 强三值逻辑,用于 u 表示不知道的情况。按照泛逻辑学原理,在 Kleene 强三值逻辑中还可以引入平均运算Ⓟ^{2} 和组合运算ⓒ^{1}。

② 由$\sim^1$，$\wedge^2$，$\vee^2$，$\rightarrow^1$，$\leftrightarrow^1$组成的 Luckasiewicz 三值逻辑，适用于u表示不真不假过渡态的情况。按照泛逻辑学原理，在 Luckasiewicz 三值逻辑中还可以引入平均运算$Ⓟ^2$和组合运算$ⓒ^1$。

③ 由$\sim^1$，$\wedge^2$，$\vee^2$，$\rightarrow^2$，$\leftrightarrow^1$组成的计算三值逻辑，没有严格区分不知道和过渡态。按照泛逻辑学原理，在计算三值逻辑中还可以引入平均运算$Ⓟ^2$和组合运算$ⓒ^1$。

④ 由$\sim^1$，$\wedge^1$，$\vee^1$，$\rightarrow^1$，$\leftrightarrow^1$，$Ⓟ^2$，$ⓒ^1$组成的三值逻辑，目前还未见有人提出，它适用于$u=0.5$的情况，是我们的新贡献。

所有对$h=0.5$成立的泛逻辑公式和推理规则都可以推广到这 4 个 1 型三值逻辑中使用，但仅对二值逻辑成立的逻辑公式和推理规则不能推广进来。

11.3.3 0 型三值命题逻辑

当$h=0$，$k=e=0.5$时，命题真值$x,y\in\{0,u,1\}$：

非运算　$N(x)=1-x$

与运算　$T(x,y)=\mathrm{ite}\{\min(x,y)\mid\max(x,y)=1;0\}$

或运算　$S(x,y)=\mathrm{ite}\{\max(x,y)\mid\min(x,y)=0;1\}$

蕴涵运算　$I(x,y)=\mathrm{ite}\{y\mid x=1;1\}$

等价运算　$Q(x,y)=\mathrm{ite}\{y\mid x=1;x\mid y=1;1\}$

平均运算　$M(x,y)=\min(x,y)$退化为与运算

组合运算　$C(x,y)=\mathrm{ite}\{0\mid x,y<0.5;1\mid x,y>0.5;0.5\}$

把它们转化为真值表表示，结果是：

p	0	u	1
$\sim^1 p$	1	u	0

$\wedge^1$	0	u	1
0	0	0	0
u	0	0	u
1	0	u	1

$\vee^1$	0	u	1
0	0	u	1
u	u	1	1
1	1	1	1

$\rightarrow^6$	0	u	1
0	1	1	1
u	1	1	1
1	0	u	1

$\leftrightarrow^6$	0	u	1
0	1	1	0
u	1	1	u
1	0	u	1

$ⓒ^2$	0	u	1
0	0	u	u
u	u	u	u
1	u	u	1

0 型三值逻辑还未见有人提出，是我们的新贡献。所有$h=0$的泛逻辑公式和

推理规则都可以特化到其中使用，由于 $h=0$ 是最大相克的状态，许多泛逻辑推理的性质在这里都不成立，所以 0 型三值逻辑的使用将会十分特殊。

要这么多的三值逻辑有什么用？看它们的真值表(或称为信息变换表)，彼此之间的差别并不大，有的只相差一两个状态。金翊领导的三值光计算机团队证实，在三值光计算机设计中，二元三值信息变换表中的全部可能有的 $3^{3\times 3}=19\ 683$ 个信息变换函数都有用[JINLI19]。而且通过函数中输入输出变量的每一个取值与三值光计算机中不同物理量的配对方式改变，至少会增加 6 倍，成为 118 098 个不同的信息变换器。

定理 11.3.1　二元 n 值信息变换表中有 $n^{n\times n}$ 个不同的变换函数。

证明：

① 当 $n=2$ 时，$x,y,z\in\{0,1\}$，输入状态数 $s_2=|\{00,01,10,11\}|=2\times 2=4$；输出状态数 $c_2=|\{0,1\}|=2$；变换函数 $z=f_i(x,y)$ 的个数 w_2 是 4 位二进制编码数 $2^4=2^{2\times 2}=16$。这些变换函数由编码状态 {0000，0001，0010，0011，0100，0101，0101，0111，1000，1001，1010，1011，1100，1101，1101，1111} 与输入状态{00,01,10,11}分别对应组成，如

$$z=f_0(0,0)=0,z=f_0(0,1)=0,z=f_0(1,0)=0,z=f_0(1,1)=0$$

$$z=f_1(0,0)=0,z=f_1(0,1)=0,z=f_1(1,0)=0,z=f_1(1,1)=1$$

$$\cdots$$

$$z=f_{15}(0,0)=1,z=f_{15}(0,1)=1,z=f_{15}(1,0)=1,z=f_{15}(1,1)=1$$

② 当 $n=3$ 时，$x,y,z\in\{0,1,2\}$，输入状态数 $s_3=|\{00,01,02,10,11,12,20,21,22\}|=3\times 3=9$；输出状态数 $c_3=|\{0,1,2\}|=3$；变换函数 $z=f_i(x,y)$ 的个数 w_3 是 9 位 3 进制编码数 $3^9=3^{3\times 3}=19\ 683$。这些变换函数由编码状态 {000000000，000000001，000000002，000000010，000000011，000000012，…，222222210，222222211，222222212，222222220，222222221，222222222} 与输入状态{00，01，02，10，11，12，20，21，22}分别对应组成。

③ 根据 $n=m$ 时 $w_m=m^{m\times m}$ 成立，证明 $n=m+1$ 时 $w_{m+1}=(m+1)^{(m+1)\times(m+1)}$ 成立的过程如下：当 $n=m+1$ 时，输入状态数是 $s_{m+1}=(m+1)\times(m+1)=(m+1)^2$；输出状态数是 $c_{m+1}=m+1$；变换函数 $z=f_i(x,y)$ 的个数是 $(m+1)^2$ 位 $(m+1)$ 进制编码数，即 $w_{m+1}=(m+1)^{(m+1)\times(m+1)}$ 成立。

④ 根据数学归纳法，本定理成立。　▌

11.4　分析程度逻辑

好友兼师友曾经送给我他的学术专著《程度论——一种基于程度的信息处理

技术》(2000 年 8 月,陕西科学技术出版社),其中提出了一种具有多种表现形态的程度逻辑,在数理逻辑中的谓词逻辑基础上,给每一个二值命题附加一个程度 $d\in[0,1]$来表示命题为真或为假的程度,现在分析如下。

11.4.1 程度逻辑的基本形态

命题的真值用二元组 $\boldsymbol{x}=<x,d_x>$,$\boldsymbol{y}=<y,d_y>$表示,其中 $x,y\in\{0,1\}$表示命题的真假,$d_x,d_y\in[0,1]$表示 x,y 为真或为假的程度。

非运算 $N(<0,d>)=<1,d>$; $N(<1,d>)=<0,d>$

与运算 $T(<0,d_x>,<0,d_y>)=<0,\max(d_x,d_y)>$

$T(<0,d_x>,<1,d_y>)=<0,\max(d_x,1-d_y)>$

$T(<1,d_x>,<0,d_y>)=<0,\max(1-d_x,d_y)>$

$T(<1,d_x>,<1,d_y>)=<1,\min(d_x,d_y)>$

或运算 $S(<0,d_x>,<0,d_y>)=<0,\min(d_x,d_y)>$

$S(<0,d_x>,<1,d_y>)=<1,\max(1-d_x,d_y)>$

$S(<1,d_x>,<0,d_y>)=<1,\max(d_x,1-d_y)>$

$S(<1,d_x>,<1,d_y>)=<1,\max(d_x,d_y)>$

按泛逻辑学的分类方法,程度逻辑是 α 超序型二值基一维逻辑,$x,y\in\{0,1\}$是命题的真值,$d_x,d_y\in[0,1]$是附加特性,所以不能当成模糊逻辑那样的连续值逻辑对待。泛逻辑学有关 α 超序型二值基一维逻辑的研究成果都可以应用到程度逻辑中。

11.4.2 程度逻辑的守 1 形态

该书作者还进一步引入了程度守 1 原理$<0,d>=<1,1-d>$,从而将程度逻辑简化为守 1 形态。

命题的真值用二元组 $\boldsymbol{x}=<1,d_x>$,$\boldsymbol{y}=<1,d_y>$表示,其中 $d_x,d_y\in[0,1]$表示命题 $\boldsymbol{x},\boldsymbol{y}$ 为真的程度。

非运算 $N(<1,d_x>)=<1,1-d_x>$

与运算 $T(<1,d_x>,<1,d_y>)=<1,\min(d_x,d_y)>$

或运算 $S(<1,d_x>,<1,d_y>)=<1,\max(d_x,d_y)>$

显然,其中的 1 是冗余的,可以默认不写,于是可进一步简化为:命题的真值用 d_x,$d_y\in[0,1]$表示,它是命题 x,y 为真的程度。

非运算　$N(d_x)=1-d_x$

与运算　$T(d_x,d_y)=\min(d_x,d_y)$

或运算　$S(d_x,d_y)=\max(d_x,d_y)$

这样一来，它就一下子变成了 Zadeh 的模糊逻辑，因为隶属度本来就是命题为真的程度。结果是程度逻辑直接引用了模糊逻辑的研究成果，也继承了模糊逻辑的理论缺陷，有得有失。

11.4.3　程度逻辑的非守 1 形态

程度逻辑还有不完善之处，因为按照泛逻辑学原理，程度守 1 原理在测度有误差的情况下是不成立的，如果具有一级不确定性，两者只能联动，不能守 1，如 $N(x,k)=(1-x^n)^{1/n}$。如果命题为 0 的程度 d_0 和为 1 的程度 d_1 独立变化，就是二级或者更高级的不确定性，如灰逻辑、区间逻辑、未确知逻辑等。

11.5　研究连续值基命题逻辑

11.5.1　帮助完善模糊命题逻辑

最著名的连续值命题逻辑是模糊逻辑，它目前尚不完善，我们正是在研究如何完善模糊逻辑的过程中发现了逻辑学的一般规律，建立了命题泛逻辑学。从这个意义上讲，泛逻辑学研究目前最大的成果就是把 Zadeh 的模糊命题逻辑改造完善成了我们的命题泛逻辑。由于 Zadeh 的模糊集合和模糊逻辑在全球影响巨大，有一支庞大的研究和应用队伍追随，他们有自己的观念、主张和追求，如何看待我们的研究纲要和已有成果，不能强求，所以我们一般不把两者这样联系起来讨论。在泛逻辑学研究中获得的、对于模糊逻辑和其他现代逻辑有参考价值的有以下几点。

① 必须突破传统逻辑思想的禁锢，这一点特别重要。如在二值逻辑中形成了一个传统思想，认为命题连接词的运算模型是唯一确定的算子。这妨碍了非二值基逻辑的发展，特别是在连续值基逻辑中，可用的算子有很多，甚至有无穷多个，无法用定义有限的逻辑亚型来解决，目前模糊逻辑遇到的就是这个麻烦，在泛逻辑中已经圆满解决。

② 强调关系柔性对命题连接词运算模型的影响，指出关系柔性已将原来的唯一一个算子，展开成连续变化的运算模型完整簇，必须搞清楚这些逻辑运算模型完整簇的物理意义，只有这样才能知道使用这些运算模型完整簇中每一个算子的精

准条件。最近几十年来人们为弥补模糊逻辑缺陷而发现的各种模糊算子,如果都有了明确的物理意义,它们的使用条件自然就清楚了,没有必要让使用者去盲目试用。

③ 必须总结出生成各种命题连接词运算模型的规则,证明它们的逻辑性质和推理规则集,才能建立一个完整的连续值命题逻辑理论体系。

④ 泛逻辑学通过现实世界真值柔性和关系柔性的启发,进一步认识了程度柔性、范围柔性、过渡柔性、假设柔性……,从而得到了一个通用的泛逻辑学理论框架。

下面分析一些常用模糊逻辑算子的物理意义和使用条件,说明如何精准地使用手中的算子对,避免盲目乱用带来的不良后果。

1. Hamacher 算子对的精准使用条件

按照命题泛逻辑的有关原理和规则,可以计算确定:

$$T(x,y)=xy/(x+y-xy)=T(x,y,0.5,h)=T(x,y,h)$$
$$f(x)=1/x=F(x,0.5,h)=F(x,h)$$
$$S(x,y)=(x+y-2xy)/(1-xy)=S(x,y,0.5,h)=S(x,y,h)$$
$$g(x)=1-1/(1-x)=G(x,0.5,h)=G(x,h)\text{, } h=3^{1/2}/2=0.866$$

这就是说,本算子对的物理意义和精准使用条件是:$h=0.866$, $k=0.5$。Hamacher 算子对如图 11.2 所示。

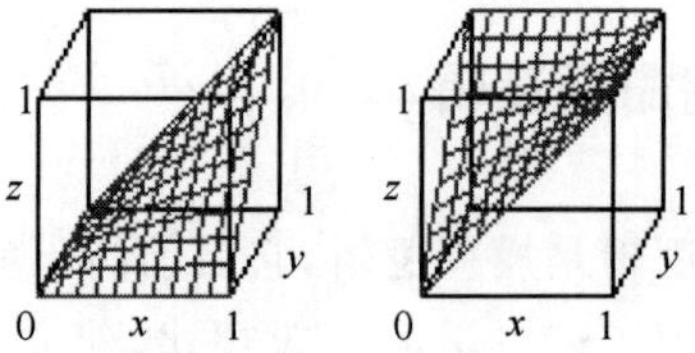

图 11.2　Hamacher 算子对

2. Einstein 算子对的精准使用条件

按照命题泛逻辑的有关原理和规则,可以计算确定:

$$T(x,y)=xy/(1+(1-x)(1-y))$$
$$f(x)=1-\ln((2-x)/x)=1+\ln(x/(2-x))=F(\phi(x,k),0.75)=\mathbf{F\Phi}_2$$
$$\phi(x,k)=x/(2-x),\phi^{-1}(x,k)=2x/(1+x)\text{, } k=\phi^{-1}(0.5,k)=2/3$$
$$S(x,y)=(x+y)/(1+xy)$$
$$\begin{aligned}g(x)&=\ln((1+x)/(1-x))\\&=-\ln((1-x)/(1+x))\\&=-\ln(1-2x/(1+x))\\&=G(\phi(x,k),0.75)\\&=\mathbf{G\Phi}_2\end{aligned}$$

$$\phi(x,k)=2x/(1+x),\phi^{-1}(x,k)=x/(2-x),\ k=\phi^{-1}(0.5,k)=1/3$$

这就是说，本算子对的物理意义和精准使用条件是：$h=0.75$，$k=2/3(T)$；$1/3(S)$。Einstein 算子对如图 11.3 所示。

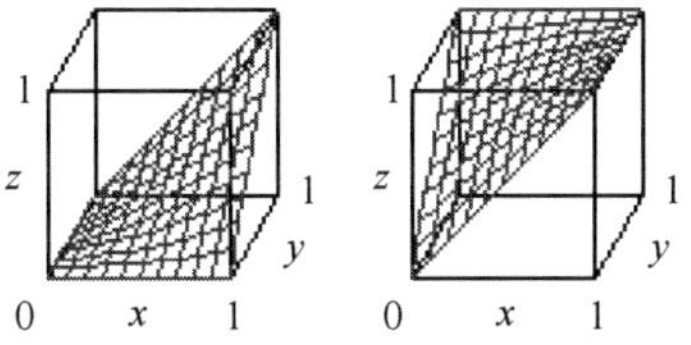

图 11.3　Einstein 算子对

3. Yager 算子对的精准使用条件

按照命题泛逻辑的有关原理和规则，可以计算确定：

$$T(x,y)=1-\min(1,((1-x)^n+(1-y)^n)^{1/n}),f(x)=1-(1-x)^n$$

$$S(x,y)=\min(1,(x^n+y^n)^{1/n}),g(x)=x^n,n>0$$

由于 $g(x)=x^n,n>0$，代入与运算基模型可得零级与运算

$$T(x,y,h),\ h\leqslant 0.75,\ f(x)=1-(1-x)^n,\ n>0$$

代入或运算基模型可得零级或运算

$$S(x,y,h),\ h\leqslant 0.75,\ n=(3-4h)/(4h(1-h))$$

由定理 5.4.13 知

$$T(x,y)=N(S(N(x,k),N(y,k),h),k)=T(x,y,h,k)$$

$$N(x,k)=1-(1-(1-x)^n)^{1/n},\quad n=-1/\log_2(1-k)=(3-4h)/\ 4h(1-h)$$

$$S(x,y)=N(T(N(x,k),N(y,k),h),k)$$

$$N(x,k)=(1-x^n)^{1/n},\quad n=-1/\log_2 k=(3-4h)/(4h(1-h))$$

所以，Yager 算子簇是一个特殊的一级 T/S 范数簇，与一般的一级 T/S 范数完整簇不同，n 和 m 独立变化，Yager 算子簇的 $n=m$，不能独立变化。Yager 算子簇如图 11.4 所示。

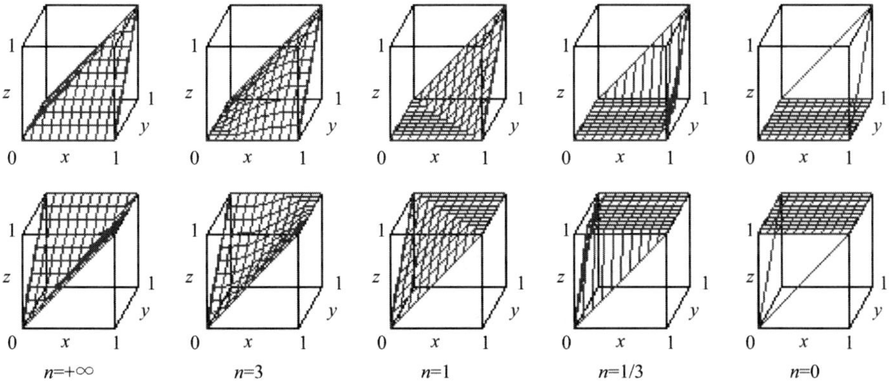

图 11.4　Yager 算子对

11.5.2 研究灰命题逻辑

1985 年邓聚龙提出灰数概念、灰数学和灰色控制系统[WANQY96]，还有人提出区间逻辑，这是对伪偏序连续值基二维逻辑需求的例证，命题泛逻辑学可以为他们的研究提供参考。

命题真值用灰数表示，$\boldsymbol{x}=<x_1,x_2>$，$\boldsymbol{y}=<y_1,y_2>$，$\boldsymbol{x},\boldsymbol{y}\in[0,1]^2$。

非运算 $N(\boldsymbol{x})=<N(x_2),N(x_1)>$

与运算 $T(\boldsymbol{x},\boldsymbol{y})=<T(x_1,y_1),T(x_2,y_2)>$

或运算 $S(\boldsymbol{x},\boldsymbol{y})=<S(x_1,y_1),S(x_2,y_2)>$

蕴涵运算 $I(\boldsymbol{x},\boldsymbol{y})=<I(x_1,y_1),I(x_2,y_2)>$

等价运算 $Q(\boldsymbol{x},\boldsymbol{y})=<Q(x_1,y_1),Q(x_2,y_2)>$

平均运算 $M(\boldsymbol{x},\boldsymbol{y})=<M(x_1,y_1),M(x_2,y_2)>$

组合运算 $C^e(\boldsymbol{x},\boldsymbol{y})=<C^e(x_1,y_1),C^e(x_2,y_2)>$

其中 $N(\boldsymbol{x})$，$T(\boldsymbol{x},\boldsymbol{y})$，$S(\boldsymbol{x},\boldsymbol{y})$，$I(\boldsymbol{x},\boldsymbol{y})$，$Q(\boldsymbol{x},\boldsymbol{y})$，$M(\boldsymbol{x},\boldsymbol{y})$和 $C^e(\boldsymbol{x},\boldsymbol{y})$都是一维命题泛逻辑中的运算模型(零级或一级)。

所有命题泛逻辑的公式和推理规则都可以在灰逻辑中使用。

11.5.3 研究未确知命题逻辑

1990 年王光远提出了未确知数概念，1997 年刘开第等人出版了学术专著《未确知数学》[LIUWWL97]，这为伪偏序连续值基三维逻辑的提出准备了条件，命题泛逻辑学可以为他们的研究提供参考。

命题真值用灰数表示，$\boldsymbol{x}=<x_1,x_2,x_3>$，$\boldsymbol{y}=<y_1,y_2,y_3>$，$\boldsymbol{x},\boldsymbol{y}\in[0,1]^3$。

非运算 $N(\boldsymbol{x})=<N(x_3),N(x_2),N(x_1)>$

与运算 $T(\boldsymbol{x},\boldsymbol{y})=<T(x_1,y_1),T(x_2,y_2),T(x_3,y_3)>$

或运算 $S(\boldsymbol{x},\boldsymbol{y})=<S(x_1,y_1),S(x_2,y_2),S(x_3,y_3)>$

蕴涵运算 $I(\boldsymbol{x},\boldsymbol{y})=<I(x_1,y_1),I(x_2,y_2),I(x_3,y_3)>$

等价运算 $Q(\boldsymbol{x},\boldsymbol{y})=<Q(x_1,y_1),Q(x_2,y_2),Q(x_3,y_3)>$

平均运算 $M(\boldsymbol{x},\boldsymbol{y})=<M(x_1,y_1),M(x_2,y_2),M(x_3,y_3)>$

组合运算 $C^e(\boldsymbol{x},\boldsymbol{y})=<C^e(x_1,y_1),C^e(x_2,y_2),C^e(x_3,y_3)>$

其中，$N(\boldsymbol{x})$，$T(\boldsymbol{x},\boldsymbol{y})$，$S(\boldsymbol{x},\boldsymbol{y})$，$I(\boldsymbol{x},\boldsymbol{y})$，$Q(\boldsymbol{x},\boldsymbol{y})$，$M(\boldsymbol{x},\boldsymbol{y})$和 $C^e(\boldsymbol{x},\boldsymbol{y})$都是连续值基一维逻辑中的运算模型(零级或一级)。

所有命题泛逻辑的公式和推理规则都可以在未确知逻辑中使用。

11.6　描述量子态及量子纠缠现象

现代研究表明，量子态和量子纠缠现象不仅存在微观的物质世界之中，而且在整个自然界和人类社会生活中普遍存在，如生命演化过程、天气演化过程、社会舆情演化过程、复杂系统故障演化过程等。辽宁工程技术大学安全科学与工程学院的副教授崔铁军等人在系统故障演化过程研究中，尝试利用柔性逻辑来描述量子态和量子纠缠现象，取得了一些开创性成果，下面予以简单介绍，以便启发读者进一步研究。

11.6.1　系统故障演化过程中的量子态和量子纠缠

崔铁军等人认为，系统发生故障不是一蹴而就的，而是一种演化过程。宏观上该演化是按照一定方向发展的，而微观上则是按照事件间因果关系进行的。系统故障演化过程[CUITJ20, CUILI201, CUILI202]是非常复杂的动态过程，受到系统内外因素的影响，这导致演化过程中事件、演化进程、事件间逻辑关系等发生变化。因此，对系统故障演化过程的研究必须聚焦于演化经历的事件、影响的因素和事件间的逻辑关系。但对实际系统而言，不进行实际使用、测量和统计评价，难以得到系统故障演化的最终结果，即发生何种故障、发生故障的概率如何都难以确定。更一般的是，在系统设计或运行期间都可分析系统故障状态、模式和可能性，但在未进行实际测量前这些状态、模式和可能性都是并存的，它们共同的作用形成了系统某时刻的功能状态。而只有测量了系统运行情况后，才能得到系统可靠或失效的功能状态，这时系统功能状态不再是众多状态的叠加，而是塌缩成稳定且确定的某个状态。上述过程类似于量子力学中的量子态、量子态叠加和塌缩过程。

另外，考虑单一量子态由两种极化状态表示，一般的量子态是这两种极化态的线性组合。在系统故障演化过程中，原因事件导致结果事件的逻辑关系可能是多种逻辑关系的叠加，每一种逻辑关系都具备两种极化状态(即完全符合该逻辑关系和完全不符合该逻辑关系)，而实际情况可能是在这两个极化态之间的中间过渡的逻辑状态。进一步讲，原因事件导致结果事件发生的逻辑关系可能有很多种，不同逻辑关系表现出的程度不同，需要多种逻辑关系的各自两极化态间的状态叠加。于是，上述过程可总结为在系统故障演化过程中，原因事件以多种逻辑关系导致结果事件发生，如何表达和研究这些逻辑关系共同作用的叠加状态，即通过单一表达式表达这些状态的叠加，从而确定结果事件发生概率及蕴含的逻辑关系。

关于系统故障过程中的逻辑关系、状态叠加和确定的研究较少，更无人运用量子态和量子纠缠方法，因而缺乏对故障过程逻辑关系状态叠加的表示能力，也难以同时将多种故障因果关系整合成统一的表达式表达结果事件发生状态，更难以具体计算多逻辑状态下的结果事件发生概率。但这些问题在系统故障演化过程的研究中确实存在，且居于重要地位，因为表征演化过程的核心要素是因素、事件及其逻辑关系。

作者结合对泛逻辑理论中柔性逻辑的研究[CUILI203]，在构建事件发生逻辑关系表达式[CUILI204]的基础上，提出使用多量子态叠加方式表达系统故障演化过程中多原因事件导致结果事件的逻辑叠加关系，并建立量子态叠加的事件发生柔性逻辑统一表达式。该式能同时表示两原因事件导致结果事件过程中所有可能逻辑关系的叠加状态，也可计算结果事件发生概率，为故障演化研究提供了有效方法。

11.6.2 量子叠加特征和量子叠加态

经典信息存储单元为比特(bit)，其基本特征是只能表示 0，1 两种状态且互斥。1 个比特位可同时表示 2 种状态中的 1 个；2 个比特位可以同时表示 4 种状态中的 1 个；3 个比特位可以同时表示 8 种状态中的 1 个，以此类推，n 个比特位可以表示 2^n 种状态中的 1 个。因此不论比特位有多少个，只能同时表示 1 种状态，且是确定的。下面称这种比特为经典比特。

与经典比特不同，1 个量子比特状态是 1 个二维复数向量。利用布洛赫球表示法，量子态的 2 个极化状态分别为 $|0\rangle$ 和 $|1\rangle$，它们分别对应于经典比特的 0 状态和 1 状态。一般地，量子比特存在于二维复数空间中对于经典比特 0，1 之间的状态，量子比特可用量子叠加态表示，即用 $|0\rangle$ 和 $|1\rangle$ 状态的线性组合方式表示，它是连续的、随机的、任意的，更为重要的是可以同时表示 $|0\rangle$ 和 $|1\rangle$ 构成量子态的全部状态。这时 1 量子比特位可同时表示 2 种状态；2 量子比特位可同时表示 4 种状态；3 量子比特位可同时表示 8 种状态，以此类推，n 量子比特位可同时表示 2^n 种状态。因此，如表示 0～15 的所有 16 个整数，需要比特位 4×16 个，而量子比特位只需要 4 位。因此，表示相同信息时，量子比特位与传统比特位数量比为 $n : n\times 2^n = 1 : 2^n$，可见量子比特位较传统比特位对多状态信息表示的优势。

定义 11.6.1 单量子态 $|\mu\rangle$ 为 $|0\rangle$ 和 $|1\rangle$ 状态的线性组合，如式(1)所示：

$$|\mu\rangle = \alpha_0 |0\rangle + \alpha_1 |1\rangle \tag{1}$$

式中 α_0 和 α_1 是任意复数，分别代表两种状态的概率幅，且 $\alpha_0^2 + \alpha_1^2 = 1$(塌缩概率)。

定义 11.6.1 给出了单量子态的表示方法，更为详尽的说明参见布洛赫球表示法[CHENHW06]。式(1)由 3 个要素组成：$|\mu\rangle$代表量子态或量子叠加态；α_0 和 α_1 分别代表$|0\rangle$和$|1\rangle$出现的概率幅；$|0\rangle$和$|1\rangle$代表量子的极化状态，即经典逻辑状态。

多量子态叠加后的系统量子态表达也可从这 3 个方面确定。

当$|0\rangle$或$|1\rangle$之一的概率幅 α_0 或 α_1 为 0 时，就退化为经典布尔逻辑状态。

定义 11.6.2　量子态$|\mu_1\rangle$和$|\mu_2\rangle$的状态叠加$|\mu_1\mu_2\rangle$如式(2)所示：

$$|\mu_1\mu_2\rangle=\alpha_{00}|00\rangle+\alpha_{01}|01\rangle+\alpha_{10}|10\rangle+\alpha_{11}|11\rangle \tag{2}$$

其中$|00\rangle$表示 2 量子态均极化为 0 的状态，$|01\rangle$表示$|\mu_1\rangle$极化为 0 且$|\mu_2\rangle$极化为 1 的状态，$|10\rangle$表示$|\mu_1\rangle$极化为 1 且$|\mu_2\rangle$极化为 2 的状态，$|11\rangle$表示两量子态均极化为 1 的状态；α_{00}，α_{01}，α_{10}和 α_{11} 分别为上述 4 个状态的概率幅，4 种状态的出现概率分别为 α_{00}^2，α_{01}^2，α_{10}^2和 α_{11}^2，且满足 $\alpha_{00}^2+\alpha_{01}^2+\alpha_{10}^2+\alpha_{11}^2=1$。

定义 11.6.3　在定义 11.6.2 中，如果 $\alpha_{01}\times\alpha_{10}\neq 0$ 且 $\alpha_{01}^2+\alpha_{10}^2=1$ 且 $\alpha_{00}=\alpha_{10}=0$，则$|\mu_1\rangle$和$|\mu_2\rangle$组成量子纠缠态$|\mu_1\mu_2\rangle=\alpha_{01}|01\rangle+\alpha_{10}|10\rangle$。

定义 11.6.2 和定义 11.6.3 可进一步推广如下：

3 量子态$|\mu_1\rangle$，$|\mu_2\rangle$和$|\mu_3\rangle$的叠加表示为$|\mu_1\mu_2\mu_3\rangle$，$|\mu_1\mu_2\mu_3\rangle=\alpha_{000}|000\rangle+\alpha_{010}|010\rangle+\alpha_{100}|100\rangle+\alpha_{110}|110\rangle+\alpha_{001}|001\rangle+\alpha_{011}|011\rangle+\alpha_{101}|101\rangle+\alpha_{111}|111\rangle$；同理$|000\rangle$表示 3 量子态均极化为 0 的状态，$|010\rangle$表示$|\mu_1\rangle$极化为 0 且$|\mu_2\rangle$极化为 1 且$|\mu_3\rangle$极化为 0 的状态，依次类推；$\alpha_{000}$，$\alpha_{010}$，$\alpha_{100}$，$\alpha_{110}$，$\alpha_{001}$，$\alpha_{011}$，$\alpha_{101}$和 α_{111} 分别为上述 8 个状态的概率幅，8 种状态的出现概率分别为 α_{000}^2，α_{010}^2，α_{100}^2，α_{110}^2，α_{001}^2，α_{011}^2，α_{101}^2和 α_{111}^2，且满足 $\alpha_{000}^2+\alpha_{010}^2+\alpha_{100}^2+\alpha_{110}^2+\alpha_{001}^2x+\alpha_{011}^2+\alpha_{101}^2+\alpha_{111}^2=1$。

3 量子纠缠态需要满足的条件：如果 $\alpha_{000}\times\alpha_{111}\neq 0$ 且 $\alpha_{000}^2+\alpha_{000}^2=1$ 且 $\alpha_{010}=\alpha_{100}=\alpha_{110}=\alpha_{001}=\alpha_{011}=\alpha_{101}=0$，$|\mu_1\rangle$，$|\mu_2\rangle$和$|\mu_3\rangle$组成量子纠缠态$|\mu_1\mu_2\mu_3\rangle=\alpha_{000}|000\rangle+\alpha_{111}|111\rangle$；同理，满足上述要求的还有 α_{010} 与 α_{101}、α_{001} 与 α_{110}、α_{011} 与 α_{100}。

4 量子态$|\mu_1\rangle$，$|\mu_2\rangle$，$|\mu_3\rangle$和$|\mu_4\rangle$的叠加表示为$|\mu_1\mu_2\mu_3\mu_4\rangle$，$|\mu_1\mu_2\mu_3\mu_4\rangle=\alpha_{0000}|0000\rangle+\alpha_{0100}|0100\rangle+\alpha_{1000}|1000\rangle+\alpha_{1100}|1100\rangle+\alpha_{0010}|0010\rangle+\alpha_{0110}|0110\rangle+\alpha_{1010}|1010\rangle+\alpha_{1110}|1110\rangle+\alpha_{0001}|0001\rangle+\alpha_{0101}|0101\rangle+\alpha_{1001}|1001\rangle+\alpha_{1101}|1101\rangle+\alpha_{0011}|0011\rangle+\alpha_{0111}|0111\rangle+\alpha_{1011}|1011\rangle+\alpha_{1111}|1111\rangle$。

$|0000\rangle$表示 4 量子态均极化为 0，$|0100\rangle$表示$|\mu_1\rangle$极化为 0 且$|\mu_2\rangle$极化为 1 且$|\mu_3\rangle$极化为 0 且$|\mu_4\rangle$极化为 0 的状态，依次类推；$\alpha_{0000}\sim\alpha_{1111}$分别为上述 16 个状态的概率幅，16 种状态的出现概率分别为 $\alpha_{0000}^2\sim\alpha_{1111}^2$，且满足 $\alpha_{0000}^2+\cdots+\alpha_{1111}^2=1$。

4 量子纠缠态可参考 3 量子纠缠态的构建方式给出，这里不做论述。

其他以此类推。

11.6.3 结论

何华灿教授提出的泛逻辑是能够包容标准逻辑和可能存在的各种非标准逻辑的统一逻辑体系，他提出的命题泛逻辑理论框架结构是一个四维空间$[0,1]^4$，空间中心点O代表有界逻辑，当命题真度由连续值退化为二值时，即为确定性推理的标准逻辑(刚性逻辑)，在刚性逻辑之外为柔性逻辑。从O点延伸的4个坐标轴代表4种不确定性：命题真度估计误差的不确定性、命题之间广义相关性的不确定性、命题之间相对权重的不确定性、在组合运算中决策阈值的不确定性。从上述4个维度出发，这些模式都可用布尔逻辑算子组来描述，也可用M-P模型来描述，它可描述一个量子态的两个极态0,1的逻辑性质。而柔性逻辑则描述0,1中间过渡态的逻辑性质，从而为量子态和量子纠缠一类问题的描述和解决开辟一条新路！

11.7 泛逻辑运算的物理实现

人们一接触泛逻辑学，第一个印象就是逻辑运算模型太复杂，不像$1-x$，$\max(x,y)$，$\min(x,y)$那样简单，为此我们进行了广泛的研究，结果是客观规律就是如此，理论上没有办法简化，只能在应用中想办法降低复杂性。

降低泛逻辑运算使用复杂性的方法有两大类。

1. 由后台软件提供泛逻辑运算服务的方法

这是用专门的计算机程序实现各种命题泛逻辑运算模型完整簇的复杂计算过程，放在软件系统的后台，供应用程序调用。用户只要把需要计算的逻辑运算参数$<a,b,e>+<k,h,\beta>$准备好，提交给后台软件，就可以直接获得计算的结果，不必关心逻辑运算完整簇内部的复杂计算过程。

在这方面我们一直在进行各种准备，泛逻辑一旦大规模应用开来，就可以在计算机的服务软件之中预先插入逻辑运算模型完整簇的后台服务软件。1998年前后，王华的学士论文就研发了一个泛逻辑运算仿真系统，其对早期的泛逻辑研究帮助很大。随后她在硕士论文中完成了泛逻辑运算仿真系统的第一版，供团队内部研究使用。2005年前后，艾丽蓉副教授带领她的硕士生完成了泛逻辑运算仿真系统的第二版，供团队内部研究使用。2018年周延泉副教授带领她的硕士生张留杰等5人完成了泛逻辑运算仿真系统的第三版，这是对公众开放免费使用的软件。“泛逻辑运算仿真系统”获取(下载)的地址是：https://pan.baidu.com/s/1YutRNQTtB1ULQteETqVYwA。提取密码是：gs56。存放时间：长期。有需要的读者可自行下载。

2. 增加硬件协处理器以提供泛逻辑运算服务的方法

这是用专门的器件实现各种泛逻辑运算模型的计算过程。利用命题泛逻辑原理构造柔性逻辑计算机，是一个十分诱人的应用，它能够直接接收外部世界的模拟信息，经过泛逻辑运算后，输出模拟信息，而且可以生产通用泛逻辑门，输入一组状态参数$<a,b,e>$，通用泛逻辑门完成一种具体的逻辑运算门在线确认。泛逻辑计算机则是一个通用泛逻辑门组成的复杂网络，通过改变阵列的连接关系和各通用泛逻辑门状态参数$<a,b,e>$的确认和不确定性参数$<k,h,\beta>$的调整，就可解决不同的柔性推理问题。这也许是克服目前的计算机鸿沟和算法危机的一种出路。信息革命的数字化阶段也许会因此而进入数模混合阶段。

这一切的关键是用物理器件实现泛逻辑运算模型完整簇，我们早已开始可能性探索，2001 年我的硕士陈虹在学位论文中分别用晶体管电路、集成电路和神经网络进行了实验，都取得了肯定的结果[CHENH01]，还有人用偏振光做过一些探索。

如果有了硬件实现的泛逻辑运算协处理器，在设计软件系统时，就可以将各种泛逻辑运算模型变成专门的宏指令和标准模块，达到简化应用程序的目的。

第12章　命题泛逻辑在新一代人工智能中的应用

本章首先介绍了新一代人工智能面临的重大机遇和挑战，在百年未有之大变局的今天，科学范式的变革迫在眉睫，原始基础理论创新成为核心和制高点，认知智能和辩证思维模拟成为破关夺路的急先锋。机中隐危，危中现机，现在是有识之士抓住时机、大有可为的难得时期。

然后，本章讨论了几个重要问题：

① 在人工智能中合理使用命题泛逻辑运算模型完整簇中各个算子的健全性标准，以便确保达到对症下药、一把钥匙开一把锁的使用效果；

② 在信息处理过程中，如何实现信息粒度的归纳抽象，做到复杂度的数量级压缩；

③ 如何在目标的牵引下，从关联关系网络中提取因果关系树，体现智能主体在目标牵引下的主观能动性和快捷性；

④ 如何对巨大的因果关系树进行分层分块存放，降低复杂度，增加可移植性；

⑤ 如何通过输入数据提取神经元（逻辑算子）的$\langle a,b,e\rangle$参数和$\langle k,h,\beta\rangle$参数，实现小样本学习、适应环境变化和在线优化等。

最后，本章介绍了“洛神计划”的主要思想，提出了为计算机增添两翼的展望：超长位进位直达计算协处理器、泛逻辑运算协处理器。这些都是将现行计算能力数量级提升的杀手锏。

12.1　新一代人工智能急需研究范式的变革

12.1.1　当前人工智能发展状况的整体分析

1. 人工智能的研究目标和发展过程

所谓人工智能就是人造机器智能，它通过在计算机（或其他机器）上模拟人类

(或生物)的某些智能行为来制造智能工具(即聪明机器),协助人类去完成某些特定的任务。

这是一个前所未有的巨大挑战,以往人们使用的工具都没有智能,如何随机应变地使用是使用者的事,工具只需要完成好设定的功能即可。现在工具本身有了智能,能根据使用者的意图,随机应变地去现场完成任务,且能在完成任务的过程中学会更好地工作。如何实现这个全新的工具智能化设计?谁也没有经验,人们只能在黑暗中探索前行。所以,人工智能学科诞生以后,曾发生过两次大起大落。最近十多年来,在大数据处理、云计算和深度神经网络的推动下,人工智能从低谷走向了第三次高潮,以AlphaGo为代表的研究成果创造了许多惊世骇俗的奇迹!特别是这种智能模拟方式不同于以往的知识工程和计算智能方式,它具有为整个产业赋能升级的奇效,可把一个传统产业升级改造为智能产业,它的社会影响力非同凡响。但是,第三次之后也正面临第三次低谷的厄运!

2. 当前人工智能发展的全球态势

与以往的两次高潮不同的是,这次的高潮成功地引起了世界各主要大国的高度重视,他们纷纷出台国家发展战略,把人工智能列为未来争霸世界的国家重器,试图在新一轮大国竞争中夺得先机。例如:2017年7月国务院发布了《新一代人工智能发展规划》;2017年9月俄罗斯总统普京强调"未来谁率先掌握了人工智能,谁就能称霸世界";2018年4月英国议会人工智能特别委员会发布报告,英国在人工智能方面有能力成为世界领导者和创新中心;2018年4月欧盟委员会计划2018—2020年在人工智能领域投资240亿美元,确保其世界领先地位;2018年5月美国白宫为在未来的人工智能领域"确保美国第一"成立了人工智能专门委员会。在这种趋势的带动下,2019年和2020年全球的人工智能热快速升温,各种学术主张、发展预测、产品推销和专业培训等纷纷登场,谈人工智能的专家学者井喷式增长。

与此形成鲜明对照的是,不少著名的人工智能学者纷纷冷静地指出:当今的人工智能研究已陷入概率关联的泥潭,所谓深度学习的一切成就都不过是曲线拟合而已,它在用机器擅长的关联推理代替人类擅长的因果推理,这种"大数据小任务"的智能模式并不能体现人类智能的真正含义,具有普适性的智能模式应该是"小数据大任务"。他们一致认为基于深度神经网络的人工智能是因为不能解释而无法理解的人工智能,如果人类过度依赖它,并无条件地相信它,那将是十分危险的。特别是在司法、法律、医疗、金融、自动驾驶、自主武器等领域,更要慎之又慎,千万不能放任自流,让其渗透到这些人命关天的领域而后患无穷。

3. 我国新一代人工智能发展的国家战略

基于目前的国际形势和中华复兴的整体要求,2017年7月20日国务院发布了《新一代人工智能发展规划》,要求到2030年我国人工智能的理论、技术和应用要处于国际领先地位，为此《新一代人工智能发展规划》提出了三步走的战略：到2020年人工智能总体技术和应用与世界先进水平同步；到2025年人工智能基础理论实现重大突破；到2030年人工智能理论、技术与应用总体达到世界领先水平。

习近平主席指出：人工智能是引领这一轮科技革命和产业变革的战略性技术，具有溢出带动性很强的“头雁”效应……要加强基础理论研究，支持科学家勇闯人工智能科技前沿的“无人区”，努力在人工智能发展方向和理论、方法、工具、系统等方面取得变革性、颠覆性突破，确保我国在人工智能这个重要领域的理论研究走在前面、关键核心技术占领制高点。

紧紧抓住人工智能的创新研究，特别是把人工智能基础理论的重大突破放在整个战略的核心地位，这是我国人工智能发展战略的英明决断和突出亮点。因为继续跟踪别人永远无法超越，如果没有基础理论的重大突破，就不可能实现全面的整体领先。

4. 以往人工智能研究使用的是物质科学范式

人工智能发展史大起大落变化的根本原因，不是某些原理、方法和技术级别的问题，更不是某个程序设计好坏级别的问题，而是最高层的科学观和方法论（统称为科学范式）出现了“张冠李戴”的问题。长期以来人们习惯于按照物质科学的科学观和方法论（称为物质科学范式）来认识和处理问题，也就是现行的决定论科学观和还原论方法论。它对人工智能发展带来的思想禁锢表现在现在的人工智能“局部有精彩，整体很无奈”[ZHOYX18, ZHOYX20]。

目前人工智能有3种不同的学派和研究路径：模拟人脑神经网络结构的结构主义学派；模拟人类逻辑思维功能的功能主义学派；模拟智能行为的行为主义学派。这三大学派都取得了一些精彩的成果，具体如下。

① 结构主义的典型成果：模式识别（人脸、语音、图像等）系统，深层神经网络学习系统（deep learning）等。

② 功能主义的典型成果：深蓝国际象棋系统、Watson问答系统、Alpha-围棋系统等。

③行为主义的典型成果：人机对话机器人（Sophia）、奔跑跳跃机器人系列（Big Dog）、各种服务机器人等。

然而从全局看，人工智能研究正面临着严峻的挑战，隐藏着深刻的危机。具体表现在如下几个方面。

① 三大学派各自为战、互不相容。它们所有的成果都是个案，属于局部性、碎片化的应用，没有通用性。这对人工智能的普遍应用和可持续发展十分不利。

② 由于使用纯形式化方法，所以丢掉了内容和价值因素，这使得人工智能系统的智能水平低下，没有可解释性，更无法体现智能的主观能动性。

③ 长期以来形成的三大学派各自为战的格局，使人工智能的整体理论研究始

终没有进展，而且至今学者们束手无策。

可以说，"局部有精彩，整体很无奈"的格局是当前世界人工智能研究的最大败笔，是我们在新一代人工智能中必须排除的最大障碍。

人们不禁要问："人工智能基础理论的重大突破路在何方？"这不是具体原理、方法、技术和程序层面的事情，它涉及以往人工智能研究最高指导思想的深刻反省。为此我们深入考察了学科发展的普遍规律，以便从中找到问题的症结。

12.1.2　新一代人工智能研究需要全新的科学范式

1. 科学范式的形成和对学科建设的决定性作用

造成目前人工智能研究这种"整体很无奈"局面的原因到底是什么？怎样才能彻底改变这种现状，开辟人工智能发展的全新格局和前景？

为了追根寻源，钟义信教授深入考查了传统科学范式的形成过程和它对各种现代学科建立和完善的决定性作用，表 12.1 清晰地描述了学科发展进程及构建规律。

表 12.1　学科发展进程及建构规律(钟义信)

事　项	模块名称	模块要素	要素解释
探索阶段	积累知识（探路）	试探摸索 总结提炼	通过长期自下而上成功和失败的试探摸索，总结提炼学科研究的科学范式（科学观和方法论）
建构阶段	形成范式（定义）	科学观	明确学科的宏观本质，定义学科是什么
		方法论	明确学科的宏观研究方法，定义应该怎么做
	构筑框架（定位）	学科模型	基于科学范式，拟定学科模型的全局蓝图
		研究路线	基于学科模型的全局蓝图，拟定整体研究路线
	确立规格（定格）	学科结构	基于学科定位，定格学科的内涵结构
		数理基础	基于学科定位，定格学科的数理基础
	建立理论（定论）	基本概念	基于学科基础，拟定学科的基本知识点
		基本原理	基于学科基础，拟定学科的基本原理

表 12.1 说明，每一个新学科的建立和完善都要经历前后相继的两个基本阶段，首先，是自下而上摸索适合本学科道路的初级阶段，其次，是自上而下有序建构本学科的高级阶段。初级阶段的任务是要通过各方面的探索积累，形成（后来者可能是选择）科学观和方法论（简称科学范式）。高级阶段的任务是要自上而下地完成本学科的有序建构，包括学科的全局模型和研究路径、学科内涵和数理基础的定格，最后是拟定学科的基本概念和基本原理。显然，两个阶段不仅不可或缺，而且顺序不可颠倒，因为科学范式具有统领和制约学科建立和完善的作用。科学范式

错位,学科难以真正建立。

为什么几百年来许多新学科的建立和完善没有感觉到科学范式的统领和制约作用？那是因为这些学科属于传统科学范式管辖的领域,学者们只要按传统照章办事即可。正因为如此,早期的人工智能也就按传统照章办事地进入传统科学范式的统领和制约之中。很遗憾,智能模拟不是传统科学范式能够统领和制约的域外问题,这才造成了人工智能理论"整体很无奈"的困局！出现问题的根本原因终于被我们找到了,原来是影响学科发展全局的学科范式发生了错位,属于张冠李戴！既然当前人工智能研究的病根是科学范式错位,最好的治病方案就是积极推动科学范式变革,为"李郎定制李冠"。

2. 人工智能学科需要怎样的科学范式

信息科学奠基人钟义信教授提出:信息科学是以信息为研究对象,以信息的性质及其生态规律为研究内容,以信息生态方法论为研究方法,以扩展人类智力功能(全部信息功能的有机整体)为研究目标的一门学科。按照科学范式的定义,各个不同的学科大类应当拥有自己的科学观和方法论,遵循自己的科学研究范式。既然人工智能是信息科学的高级篇章,人工智能学科的研究就应当遵循信息科学范式(见表 12.2)。

表 12.2　学科范式的比较与分析(钟义信)

事　项	科学观	方法论
经典物质科学	**机械唯物的物质科学观:** ① 对象是物质客体,排除主观因素 ② 关注对象的物质结构与功能 ③ 对象遵守确定的规律变化,可分可合	**机械还原的方法论:** ① 形式化的描述方法 ② 形式比对的分析判断方法 ③ 分而治之的全局处理方法
现行人工智能	**类机械唯物的物质科学观:** ① 研究原型是人脑结构,排除主观因素 ② 关注人脑的结构与功能 ③ 承认结构与功能的可分性	**完全的机械还原方法论:** ① 纯形式化的描述方法 ② 纯形式比对判断方法 ③ 分而治之的全局处理方法
现代信息科学	**唯物辩证的信息科学观:** ① 研究对象是主、客互动的信息过程 ② 关注达成主体目标的主观能动性 ③ 不确定性贯穿信息过程始终	**信息生态方法论:** ① 形式、内容、价值的整体化描述方法 ② 整体理解式的分析判断方法 ③ 生态演化的全局处理方法

表 12.2 清楚地说明,现行人工智能实际遵循的科学观基本属于物质科学观,它所遵循的方法论是完全的机械还原方法论。我们新创立的是信息科学的科学范式,它与描述开放的复杂性巨系统的演化论科学观和辩证方法论相融,与中华文明优秀传统的整体观和辩证论高度契合。

12.2　命题泛逻辑的健全性标准

12.2.1　数理逻辑是象牙塔里的推理范式

1. 数理逻辑的普适性和领域局限性

600 多年前数理逻辑形成时，许多大数学家和著名逻辑学家都相信它就是思维的准绳，是判断是非的标准，是科学思维的典范，是放之四海而皆准的普适性真理，整个数学都不过是应用逻辑而已，它在整个科学中的地位至高无上。经过 70 多年来人工智能研究的检验，证明他们所说的“普适性”只是在象牙塔内有效的普适性，他们心目中的“至高无上”地位只是象牙塔中的九五之尊。一旦来到现实世界，它就显得处处格格不入。

反差为何如此巨大？真是让世人震惊，让我这个虔诚的信徒和在计算机设计中的践行者难以置信！

2. 数理逻辑的立论基础决定了其应用领域有限

追根溯源，数理逻辑实际上是数学化的形式逻辑（常称为标准逻辑，本书称为刚性逻辑），它的立论基础本来就是“封闭全息的确定性世界假设”，其中已排除了一切形式的辩证矛盾、不确定性和演化过程，严格要求所有逻辑要素都必须满足“非此即彼性”约束。这就导致了数理逻辑的先天禀性一定是“三律一性”：

① 二值律 $p\in\{0,1\}$，命题的真值域是二值的，一个命题要么为真，要么为假；

② 矛盾律 $\neg p\wedge p=0$，命题和它的否定命题只有一个为真；

③ 排中律 $\neg p\vee p=1$，命题和它的否定命题必有一个为真；

④ 封闭性，推理所需要的证据完全已知且固定不变。

“三律一性”的先天禀性决定了数理逻辑的适用范围只能是确定性世界中的封闭全息的二值类推理问题（如数学定理证明、计算机逻辑结构设计等），这是对现实世界的一种高度近似的抽象（俗称**象牙塔**逻辑范式，意思是它高雅、绝对、理想化、是非分明、说一不二）。在象牙塔内有效的律法根本管不了现实世界中的经验知识、常识、情感、辩证矛盾、不确定性、演化涌现等推理问题。而这些下里巴人离不开的推理问题才是人工智能的天，象牙塔只是这个天中的一个塔，塔内的普适性怎么能和普天之下的普适性相提并论！是人工智能的实践检验让我如梦初醒，重新观察周围的一切。

12.2.2 现实世界需要下里巴推理范式

1. 人工智能学科的存在价值是服务现实世界

居住在象牙塔里的雅士们可以不食人间烟火，可以宣布凡是不全面接受非此即彼性约束的问题都不是逻辑问题，数理逻辑不予处理。于是，数理逻辑在处理这些逻辑问题时能够百发百中，具有了无可置疑的“普适性”。但是，人工智能学科的诞生就是为了服务于现实世界，去解决那些数理逻辑已宣布不管的“非逻辑”问题，也是为了弥补计算机科学用它的应用模式：“数学＋程序”解决不了人脑智能模拟的问题(即所谓的计算机应用的理论危机)。也就是说，人工智能本来就出生在现实世界，必须食人间烟火，按照下里巴逻辑范式解决问题。

其实，现实世界中只有极少数推理问题允许高度抽象化，成为象牙塔中的数理逻辑问题。而大多数推理问题必须保有客观存在的主要矛盾和矛盾的主要方面、起主要作用的某些不确定性、演化过程中涌现出来的新事物等因素。既然，数理逻辑对这些问题不感兴趣，将其判定为“非逻辑问题”而拒之门外。那么，人工智能学科出来弥补这个空白，专门模拟人脑如何在现实世界中机动灵活、恰如其分地处理好各种具有辩证矛盾、不确定性和新生事物的涌现等推理问题，这是理所当然的。所以，人工智能学科的存在价值决定了它不可能削足适履，相反，它必须创立有关现实世界逻辑推理的新范式(本书称为柔性逻辑范式，俗称**下里巴**逻辑范式，意思是它实际、柔和、接地气、辨证论治、对症施策)。

2. 我推开一扇小窗户，发现了一个大世界

我本人原是象牙塔逻辑范式的崇拜者、传授者、践行人。一次偶然的机会，当我推开象牙塔的一扇小窗户时，猛然发现了一个大世界，那是一个完全不同于刚性逻辑的柔性逻辑世界。是人工智能理论危机的驱使，是探索人工智能学科逻辑基础理论的强烈使命感，让我踏进了这个无人区——柔性逻辑世界。从命题真值的柔性(代表客观事物是一个对立统一体的亦真亦假性)，到命题之间关系的各种柔性(命题真度误差、命题之间的广义相关性——代表事物之间相生相克的辩证关系、命题之间的相对权重)，再到命题真值可以非真非假(代表演化涌现出的新生事物)，都是柔性逻辑可以研究的对象，都有自己的逻辑规律可循！至此，象牙塔中关于逻辑的清规戒律基本上都被突破了，现实世界中的万事万物都有自己的逻辑规律，只是象牙塔非礼勿视的戒律不允许信徒们去亲近它们而已！我进入无人区后的感觉是无路可问，无人壮胆，只有先行者留下的时隐时现足迹，高处不胜寒！可无限风光在险峰的景致，普地奇珍异宝的发现确实让人流连忘返。是火热的人工智能战场血与火的教训，是团队的研究成果，一次次帮我在这个无人区中完成了逻辑观的彻底洗脑，使我从一个坚定的象牙塔逻辑范式的信仰者和践行者，化蛹成蝶，蜕变成了一个下里巴逻辑范式的奠基人和倡导者。目前，在下里巴逻辑范式中，在命题级泛逻辑学原理层面上，已建立了能全面描述具有零级不确定性的命题泛逻辑理论体系，能全面描述具有一级不确定性的命题泛逻辑理论体系。这些理论体系既可以有效地支撑知识工程中的经验性知识推理，又可以有效地支撑柔性神经网络的信息变换过程，两者是一体两面的关系。至于能全面描述具有更高级不确定性的命题泛逻辑理论体系，还有待于允许命题真度的上下限可自由独立变化的灰度逻辑（或程度逻辑）和允许命题的真度有上下偏差的未确知逻辑的研究成熟，目前没有可公布的成果。

3. 下里巴逻辑范式能够一把钥匙开一把锁

就是这些阶段性成果，已可包容现有的各种逻辑算子或者神经元信息变换函数，它们作为命题泛逻辑运算完整簇中的一些特殊点出现，在这些特殊点中间，还有无穷多个逻辑算子或者神经元信息变换函数，它们都可以被生成出来，供需要的地方使用。这是当前新一代人工智能研究急切需要的最理想逻辑推理范式，它可无差别地应用到各种不同的实际场合，然后根据现场的推理需要，精准地生成人们需要的任何一个算子，按照一把钥匙开一把锁的原则安全使用，不必担心用错算子并出现违反常识的异常结果。

基于这种理想的逻辑属性，我变成了下里巴逻辑范式的积极推行者，真诚欢迎广大人工智能、信息科学、哲学与逻辑、社会科学、管理科学和军事科学工作者前来关注下里巴逻辑范式，尽早地完成从象牙塔逻辑范式到下里巴逻辑范式的思想蜕变。下面就开始讨论什么是安全使用柔性逻辑算子的健全性标准。

12.2.3　安全使用柔性逻辑算子的健全性标准

数理逻辑是把由自然语言描述和自然推理规则组成的传统形式逻辑，全面实现数学化和数值化的结果。凭什么保证这种转换是安全有效的？即只有0,1形式外壳而没有命题内容的数理逻辑演绎，结果能与基于自然语言的传统形式逻辑的演绎结果一致吗？数理逻辑用可靠性定理和完备性定理从正反两方面做了回答。下面先介绍预备知识。

1. 预备知识

① 数理逻辑的语法。语法是一些规则的集合。规则是人为确定的一些原则，它来源于现实世界，抽象出来后独立于现实世界。例如，在现实世界中由自然推导规则(natural deduction rule)“我喜欢计算机科学，且我喜欢数学”可推出“我喜欢计算机科学”的规则，就可抽象出一条语法规则“$A \wedge B \vdash A$”；从“我喜欢计算机科学”可推出“我喜欢计算机科学，或我喜欢数学”的规则，就可抽象出一条语法规则“$A \vdash A \vee B$”，它们一旦被抽象出来，就与命题的内容毫无关系了，可在抽象的符号

空间中作为变换规则自由使用。

② 数理逻辑的语义。语义就是语言表达的含义。在数理逻辑中,语句 $\varphi \wedge \psi$ 或语句 $\varphi \vee \psi$ 的含义是从$\{0,1\} \times \{0,1\} \to \{0,1\}$的一个映射。整个语句集合的语义包含在如图 12.1 所示的真值表中。

ϕ	Ψ	$\phi \wedge \Psi$
T	T	T
T	F	F
F	T	F
F	F	F

ϕ	Ψ	$\phi \wedge \Psi$
T	T	T
T	F	F
F	T	F
F	F	F

ϕ	Ψ	$\phi \wedge \Psi$
T	T	T
T	F	T
F	T	T
F	F	F

ϕ	Ψ	$\phi \to \Psi$
T	T	T
T	F	F
F	T	T
F	F	T

ϕ	$\neg\phi$
T	F
F	T

$\top$	$\bot$
T	F

图 12.1　命题逻辑的真值表

图 12.1 中 T 代表"1",F 代表"0",$\top$是 T,$\bot$是 F。语义一旦被抽象出来,T,F,1,0,$\top$,$\bot$等的内容全部消失了,成为信息变换中的一些合法符号。

一旦定义了语法和语义,整个逻辑系统也就构建好了。整个数理逻辑的形式演绎过程是:从起始符号 s 开始,利用合法的规则 r,把一些合法的符号 $p,q,\cdots$变换成另一些合法的符号 $x,y,\cdots$,直到终止符号 e 出现为止。

③ 推理(sequent)。推理是这样一种形式:$\varphi_1,\varphi_2,\cdots,\varphi_n \vdash \psi$,其中 φ_i 叫前提(premise),ψ 叫结论(conclusion)。

④ 推理的有效性。推理的有效性是指:使用自然推导规则及前提(φ_i),可得出结论(ψ)。这需要根据自然推导规则,将前提转化为结论。转化的过程叫证明(proof)。

推理的有效性与可靠性和完备性(soundness and completeness)直接相关。

⑤ 语义蕴含(semantic entailment)及其有效性。语义蕴含的形式是 $\varphi_1,\varphi_2,\cdots,\varphi_n \vDash \psi$,意思是如果 $\varphi_1,\varphi_2,\cdots,\varphi_n$ 的取值都为 1, 那么 ψ 的取值一定为 1。蕴含的有效性是说,$\varphi_1,\varphi_2,\cdots,\varphi_n \vDash \psi$ 是有效的。

至此,预备知识就介绍完毕了。

2. 数理逻辑的可靠性与完备性

① 可靠性定理。令 $\varphi_1,\varphi_2,\cdots,\varphi_n$ 和 ψ 为命题逻辑中的公式,如果 $\varphi_1,\varphi_2,\cdots,$

$\varphi_n \vdash \psi$ 在传统形式逻辑中是有效的，则 $\varphi_1, \varphi_2, \cdots, \varphi_n \vDash \psi$ 在数理逻辑中是有效的。

意思是如果在语法上可用推导规则将 $\varphi_1, \varphi_2, \cdots, \varphi_n$ 转化为 ψ，则在语义上，如 $\varphi_1, \varphi_2, \cdots, \varphi_n$ 都为真，则 ψ 一定为真；反之，如 ψ 为假，则在语义上 $\varphi_1, \varphi_2, \cdots, \varphi_n$ 至少有一个是假，也就是说，在语法上不可能用推导规则将 $\varphi_1, \varphi_2, \cdots, \varphi_n$ 转化为 ψ。

可见，利用可靠性可确定有些证明是不存在的。如给定前提 $\varphi_1, \varphi_2, \cdots, \varphi_n$，能否证明 ψ? 这是在问 $\varphi_1, \varphi_2, \cdots, \varphi_n \vdash \psi$ 是否有效，如果这个前提和结论非常复杂，则证明不出来。但证明不出来不等于证明本身不存在。这时候可靠性定理就可以发挥作用。可将问题转化为 $\varphi_1, \varphi_2, \cdots, \varphi_n \vDash \psi$ 是否有效。这样就完全可以根据真值表用数学方法来确定。假如用真值表确定 $\varphi_1, \varphi_2, \cdots, \varphi_n \vDash \psi$ 是无效的，就完全可以断言 $\varphi_1, \varphi_2, \cdots, \varphi_n \vdash \psi$ 是无效的，即这个证明根本不存在。

②完备性定理。令 $\varphi_1, \varphi_2, \cdots, \varphi_n$ 和 ψ 为命题逻辑中的公式，如在数理逻辑中 $\varphi_1, \varphi_2, \cdots, \varphi_n \vDash \psi$ 是有效的，那么 $\varphi_1, \varphi_2, \cdots, \varphi_n \vdash \psi$ 在传统形式逻辑中是有效的。

可见，完备性定理和可靠性定理正好相反。它的意思是说：在一个逻辑系统中，如从语义上看 $\varphi_1, \varphi_2, \cdots, \varphi_n \vDash \psi$ 是有效的，则一定可为 $\varphi_1, \varphi_2, \cdots, \varphi_n \vdash \psi$ 找到一个证明。

完备性的作用是：如 $\varphi_1, \varphi_2, \cdots, \varphi_n \vDash \psi$ 是有效的，则这样的证明一定存在。如逻辑系统不满足完备性，那么即使 $\varphi_1, \varphi_2, \cdots, \varphi_n \vDash \psi$ 是有效的，它的证明也可能不存在。

可靠性和完备性的相互配合确保了数理逻辑的安全使用，没有出现过异常。

3. 数理逻辑对传统形式逻辑的巨大贡献

与自然语言形态的传统形式逻辑比较，数理逻辑的提出确实是逻辑学研究的根本性变化，它完全排除了自然语言的多义性(特别是歧义性)对逻辑推理的干扰，杜绝了诡辩论混进演绎过程的各种可能性。因为各个命题只保留了真(1) 假(0)两种状态，其内容已完全被隐蔽起来，退出了推理过程，命题之间的组合关系和推理规则完全由没有具体内容的真值表来严格规定，十分方便，机械性操作。

比如一条生产线，其中包括各种生产岗位 $\varphi_1, \varphi_2, \cdots, \varphi_n$，由生产管理经验已知，如 $\varphi_1, \varphi_2, \cdots, \varphi_n$ 岗位都能完成自己的任务，则整个生产线的任务 ψ 一定可以完成。通常这样的日常管理模式十分复杂，容易出现漏洞。现在，数理逻辑告诉我们一种更方便快捷而又严谨的逻辑管理模式：分别为各个生产岗位评分，达标的得 1 分(真)，不达标的得 0 分(假)，整个生产线也如此评分，达标得 1 分(真)，不达标得 0 分(假)。这样一来，生产管理就变成了一个 $\varphi_1, \varphi_2, \cdots, \varphi_n \vDash \psi$ 的逻辑推理问题。可靠性告诉我们，如 $\varphi_1, \varphi_2, \cdots, \varphi_n \vdash \psi$ 在日常管理中是有效的，则 $\varphi_1, \varphi_2, \cdots, \varphi_n \vDash \psi$ 在逻辑管理中也是有效的。完备性告诉我们，如在逻辑管理中 $\varphi_1, \varphi_2, \cdots, \varphi_n \vDash \psi$ 是有效的，那么 $\varphi_1, \varphi_2, \cdots, \varphi_n \vdash \psi$ 在日常管理中也是有效的。所以，有了可靠性和完备性的共同保证，大家可以放心大胆地使用这种逻辑管理模式。

数理逻辑的这种优势是相对于人来说的，因为人是万物之灵，人脑太聪明，人可以随机应变、机动灵活地办各种事情，包括在严格的形式逻辑推理中引入诡辩术，干扰正常结论的出现。主要是人使用的自然语言处处充满多义性，一不小心会使推理过程偏离正确轨道而难以检查发现。所以，在传统的形式逻辑演绎中，常常会出现差错而难以解决，数理逻辑把这两个问题全部解决了，而且让逻辑演绎过程变得轻松快捷，方便机械化操作。

4. 数理逻辑在人工智能中频现组合爆炸

数理逻辑的上述贡献是把逻辑各要素的信息内容全部空心化，仅保留其形式外壳，以便排除信息内容对演绎过程的干扰，这种策略对人工智能研究同样有效吗？

人工智能学科创始人们早在 1956 年达特默斯（Dartmouth）会上指出，人工智能学科是为克服传统计算机应用的理论危机而诞生的，他们希望通过对人脑智能活动规律的研究和计算机模拟，来克服这个算法危机，使计算机更加聪明和高效。

这就是说，人工智能学科学者已经很不满意传统计算机应用中的“数学＋程序”信息处理模式，他们希望探索如何用计算机来模拟人脑的智能功能，以便克服这个信息处理模式带来的算法危机，让计算机更加聪明起来。

数理逻辑的信息空心化策略对人工智能研究是否有效，从人工智能初期不到 10 年的实践中已有了否定性答案。这个时期的人工智能几乎全部都是在数理逻辑的基础上进行的，由于计算机根本没有理解能力，完全是按照程序的规定办事，没有半点见机行事、机动灵活的可能性，所以，数理逻辑规定的一切都特别容易用程序实现。但是一旦让程序自动运行起来，就根本不是人们想象中那样了！例如，让一个十分完美的自动定理证明程序，去证明一个初学数学的人看一眼就会的简单定理，却遇上了组合爆炸，不得不宣布失败。为什么人按照数理逻辑能够轻易办到的简单事情，搬到计算机上就完全不行了呢？计算机的操作速度可比人快几十个数量级呀！

原因终于找到了，原来根本不是推理的速度问题，而是基于理解的推理技巧问题。这是我们在计算机中发现的、数理逻辑信息空心化策略带来的第一个副作用问题。因为信息空心化之后，按照推理规则，$0\rightarrow y$ 和 $x\rightarrow 1$ 等都是有效推理，不管 y 和 x 的内容是什么，是“饭吃我”“太阳从西边出来”“我去天上摘星星”等都可以。由于人有理解能力，所以在使用数理逻辑时不仅不会生成这些毫无意义的中间结果，而且会主动生成可快速通向证明结论的中间结果。可计算机根本没有理解能力，它只能按照规则盲目地演绎下去，虽然绝对不会犯规，但绝对会犯傻！结果是一大堆毫无用处的，甚至是在现实世界中绝对错误的中间结果被大量生成出来，由这些中间结果再按照几何级数方式繁殖，迅速形成组合爆炸，把本来在咫尺之遥的证明结论，淹没在这些毫无意义的“中间结果”之中，计算机有多少时空资源，都会被消耗殆尽而毫无感觉！当然，我们不能用命题的内容去苛求数理逻辑的不是，这是计算机天生的秉性使然。数理逻辑针对人的特性排除了自然语言多义性的干扰，功不可没！上述问题属于人对机器的使用不当，应该由人自己去解决。

人工智能前 10 年的实践让人工智能学者明白了人比计算机聪明主要不是因为推理速度，而是推理技巧加速了推理过程。技巧何在？人有启发式探索能力，能够根据问题的特殊性，猜测可能有用的中间结果，为证明过程寻找有效途径，人工智能就需要模拟这种技巧。后来的 20 年，人工智能由对启发式搜索的模拟扩展到对专家经验性知识的模拟和知识工程，让人工智能研究有了很大的进展，计算机确实聪明了许多。但是好景不长，人工智能本身也出现了类似于计算机科学的理论危机：首先，确认了数理逻辑的应用局限性，它无法解决知识工程中的经验性知识推理问题；其次，虽然有些非标准逻辑能够解决部分经验性知识推理，但有时会出现违反常识的异常结果，这说明这些非标准逻辑在理论上并不成熟。于是，人工智能研究处于既没有成熟的逻辑可用，也难以使用专家经验知识（不仅难以获取，更难以正常使用）的尴尬局面！分析其本质，仍然是计算机没有人脑的理解能力和创造能力，它就是一个严格按照程序规定办事的机器。逻辑如何规定，程序如何导向，它都机械地执行，遇到拦路虎它就只好停滞不前。

这就引出了数理逻辑的信息空心化策略对人工智能研究是否有效的第二个问题，回答仍然是否定的。因为经验性知识推理包含了丰富的辩证矛盾、不确定性，甚至是非真非假性，它完全背离了数理逻辑的立论基础。数理逻辑只能有效处理全部逻辑要素都满足“非此即彼性”约束的理想问题，人工智能研究不能指望数理逻辑的全面支撑，而是要建立自己的逻辑基础理论——下里巴逻辑范式。

戏剧性的一幕在 20 世纪 80 年代后期开始了，在下里巴逻辑范式缺位的情况下，人工智能研究走上了一条无须逻辑和知识参与的计算智能（主角是神经网络）之路，后来越走越远，直到取得深度神经网络的巨大成功，震惊了整个世界。这是一条把机器的本质特征（没有理解和创造能力，完全照章办事）发挥到极致的道路。它虽然是对智能模拟方法不可或缺的一种补充，但明白人都知道它并不是智能模拟的主流方法，更不是全部。智能模拟的主流方法应该是基于下里巴逻辑范式的方法，因为不懂得知识和逻辑的智能工具是很难和人密切配合的，怎么能当好人类的智能助手？人工智能研究发展到这一步，正反两方面的经验都指向一点：人工智能离不开知识和逻辑，知识和逻辑离不开下里巴逻辑范式。

12.2.4　柔性逻辑范式的健全性标准和应用实例

1. 如何安全地使用下里巴逻辑范式

既然命题泛逻辑已经包容了现实世界中命题逻辑推理和柔性神经元信息变换

所需要的全部算子,可根据辨证施策的原则按照需要生成对应的算子,达到一把钥匙开一把锁的精准效果。这就意味着既不能像数理逻辑那样,用一把钥匙去开所有的锁,也不能像模糊逻辑那样,准备一大批钥匙供锁选择试用。而是要无差别地应用到人工智能的所有场景,然后根据每一个应用场景的特殊需要,自动生成相应的逻辑算子去解决问题。在这里确保安全使用命题泛逻辑的标准是什么?显然不是可靠性和完备性,因为它只能保证数理逻辑的安全使用(见图 12.2)。数理逻辑只有 1 和 0 两种状态,可靠性和完备性可保证无论怎么使用,1 不变 0,0 不变 1,所以是安全的。可是,泛逻辑有无穷多的中间过渡状态存在,只有保证了这些中间过渡值也不会发生畸变,使用才是安全的。我们把无论怎么使用,都能够从 0 到 1(包括全部中间过渡值)不会发生畸变的安全性标准称为健全性(security)标准。

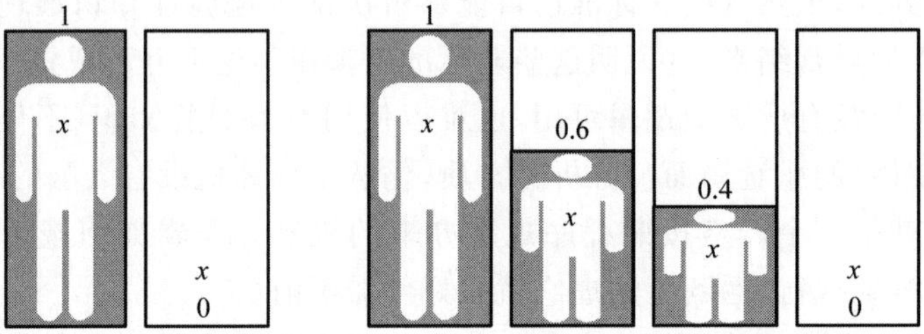

(a) 刚性逻辑需要保命题的真值　(b) 柔性逻辑需要保命题的真度

图 12.2　刚性逻辑和柔性逻辑的安全使用标准不同

在模糊逻辑等许多非标准逻辑中,人们受到数理逻辑可靠性定理和完备性定理的启发,也要制定自己的使用安全性标准。人们采取的证明方法是函数变换法。其本质是首先隐蔽命题真度的中间过渡值,让其退化为二值逻辑,然后再套用数理逻辑的方法进行证明。其中使用的变换函数有两个:①冒险的变换函数 $\Delta_0(x)=\text{ite}\{0|x=0;1\}$;②保险的变换函数 $\Delta_1(x)=\text{ite}\{1|x=1;0\}$。函数变换法证明的结果是可靠性和完备性都有了,但在使用中却频现违反常识的异常结果,致使这个逻辑失去了可信性(credibility)。

2. 逻辑漏洞发现后的尴尬局面

事实已判定函数变换法存在逻辑漏洞,理论上必须查明原因,弥补漏洞。我认为模糊逻辑与数理逻辑的最大差别是它引入了中间过渡值,两者使用安全性标准的差别应该是增加确保中间过渡值的使用安全性标准。而函数变换法不仅没有正面研究中间过渡值的使用安全性标准,反而把它故意隐蔽起来,以便套用数理逻辑的安全标准。这才是函数变换法必然失败的根本原因。

前车之鉴已经有了,但我一时也提不出安全使用泛逻辑的标准,致使我的几个早年博士生只能带着这个已知的逻辑漏洞毕业。如果有一天有人整理泛逻辑的发展史,一定会发现这个问题:为什么让发表带有已知逻辑漏洞的研究成果的学生获取博士学位？这不是学生的责任，是导师的责任，是我们这一代逻辑学工作者的责任。因为当时整个逻辑学界就这个认识水平，都在使用函数变换法证明连续值逻辑的可靠性和完备性，我作为导师，虽然已发现了其中的逻辑漏洞，但是还没有找到堵漏洞的有效方法。解决这个问题需要投入大量的精力和时间，总不能因此而不让学生按时毕业吧！不过，我们团队内部是有明确约定的：函数变换法是存在逻辑漏洞的，我们的使用安全性并没有真正解决，今后一定要继续努力去解决它。

3. 发现健全性的必要条件

2008 年，我终于从模糊逻辑等非标准逻辑的对比分析中悟出来它们在使用中频频出现违反常识的异常结果的原因，提出了安全使用泛逻辑的健全性概念和标准[HEHCM08]。

在标准逻辑中本来就有 6 个基本性质，它们反映了逻辑学描述的信息结构和信息运动的基本规律。

- L1 幂等律：$P \wedge P = P$。意思是说：命题（信息）是信宿接收到的消息，它不会因为被无限多次地重复而改变。
- L2 幂等律：$P \vee P = P$。意思是说：命题（信息）是信源存在的状态，它不会因为被信宿无限多分享而发生改变。
- L3 矛盾律：$P \wedge \sim P = 0$。意思是说：在同一个信息处理过程中，一个命题（信息）和它的非命题（信息）不能同时为真，必然有一个为假。
- L4 排中律：$P \vee \sim P = 1$。意思是说：在同一个信息处理过程中，一个命题（信息）和它的非命题（信息）不能同时为假，必然有一个为真。
- L5 对合律：$P = \sim\sim P$。意思是说：对命题（信息）的两次（偶数次）求非将回到原命题（信息）。
- L6 MP 规则：$P,\ P \rightarrow Q \vdash Q$。意思是说：如果一个蕴涵式的前件为真，它的后件必然为真。

这些都是逻辑推理必须遵守的基本规则，也是信息结构和信息运动必须遵守的基本规律。它们是不是所有健全的逻辑系统都必须满足的基本性质呢？

① 我用这 6 个标准考查数理逻辑，发现它全部满足，而且由于刚性逻辑只有 0，1 两个状态，这 6 个性质是有冗余的，所以可以进一步化简，可见它们是安全使用数理逻辑的充分条件，而不是必要条件。

② 我用这 6 个标准考查连续值逻辑中的模糊逻辑，发现它是非健全的逻辑系统，只能满足 L1、L2、L5 和 L6，不能满足 L3 和 L4；概率逻辑是非健全的逻辑系统，只能满足 L5 和 L6，不能满足 L1、L2、L3 和 L4；有界逻辑是非健全的逻辑系统，只能满足 L3、L4、L5 和 L6，不能满足 L1 和 L2；突变逻辑是非健全的逻辑系统，只能满足 L3、L4 和 L5，不能满足 L1、L2 和 L6。看来这些缺少的性质是造成它们在使用中出现异常结果的原因，它们关系到逻辑的使用安全性。

③ 根据上述线索我们进一步考查了包容上述 4 种逻辑的零级泛逻辑 $L(x, y, h)$,它是一个受广义相关系数 h 调控的逻辑谱,如果把这个包含无穷多个逻辑算子组的完整簇(谱)看成一个逻辑,它确实能同时满足以下 6 个性质。

- L1 幂等律:$T(x,x,1)=x$。意思是说:同一柔性命题一定是最大相吸的,所以必须使用 $h=1$ 的计算公式,不同命题之间才使用 $T(x,x,h)\leqslant x$ 的计算公式。
- L2 幂等律:$S(x,x,1)=x$。意思是说:同一柔性命题一定是最大相吸的,所以必须使用 $h=1$ 的计算公式,不同命题之间才使用 $S(x,x,h)\geqslant x$ 的计算公式。
- L3 矛盾律:$T(x,N(x),0.5)=0$。意思是说:柔性命题和它的非命题一定是最大相斥的,所以必须使用 $h=0.5$ 的计算公式,不同命题之间才使用 $T(x,N(y),h)\geqslant 0$ 的计算公式。
- L4 排中律:$S(x, N(x), 0.5)=1$。意思是说:柔性命题和它的非命题一定是最大相斥的,所以必须使用 $h=0.5$ 的计算公式,不同命题之间才使用 $S(x,N(y),h)\leqslant 1$ 的计算公式。
- L5 对合律:$N(N(x))=x$。意思是说:柔性命题的两次非运算结果不变。
- L6 MP 规则:$T(x, I(x, y, h), h)\leqslant y$。意思是说:只有在相同的柔性命题 x 和 h 时才能使用 MP 规则。

对比③和②的差别,我们不难发现,命题真值从{0,1}扩张到[0,1]后,逻辑的形态已从“单一的逻辑运算算子组”变成了“连续分布的逻辑运算算子组完整簇”,其中任一组算子并不是可独立使用的逻辑,所以模糊逻辑、概率逻辑、有界逻辑和突变逻辑都不是健全的逻辑系统,只有包容上述 4 种逻辑的零级泛逻辑 $L(x, y, h)$ 完整簇才是一个可独立使用的逻辑。这是对传统逻辑思维定式的一个突破,另一个突破是任何一个逻辑算子必须用对地方,张冠李戴,必受其害。有了这两个传统逻辑思维定式的突破,后面的路就宽敞了,我安排在北京邮电大学的博士生陈佳林全力投入命题泛逻辑的健全性及其应用的系统研究[CHENJL11, CHENHLL11, CHENHE091, CHENHE092, CHENHE093],并取得了满意的结果。

④ 我们进一步考查 k, h 型柔性逻辑系统 $L(x,y,k,h)$,它作为一个整体能同时满足以下 6 个性质。

- L1 幂等律:$T(x,x,k,1)=x$。意思是说:k 没有影响。
- L2 幂等律:$S(x,x,k,1)=x$。意思是说:k 没有影响。
- L3 矛盾律:$T(x,N(x,k),k,0.5)=0$。意思是说:k 必须相同。
- L4 排中律:$S(x,N(x,k),k,0.5)=1$。意思是说:k 必须相同。
- L5 对合律:$N(N(x,k),k)=x$。意思是说:k 必须相同。如不同,服从**否定之否定律** $N(N(x,k_1),k_2)=1-N(x,k_{12})$, $k_{12}=k_1(1-k_2)/(k_1+k_2-2k_1k_2)$。

- L6 MP 规则：$T(x,I(x,y,k,h),k,h)\leqslant y$。意思是说：$k$ 也要相同。

⑤ 类似地，我们继续考查了 h，β 型柔性逻辑系统 $L(x,y,h,\beta)$，它是一个健全的逻辑系统，能够全部满足健全性的 6 个基本性质。k，h，β 型柔性逻辑系统 $L(x,y,k,h,\beta)$ 它是一个健全的逻辑系统，能够全部满足健全性的 6 个基本性质。而 k，β 型柔性逻辑系统 $L(x,y,k,\beta)$ 比较特殊，它是一个非健全的逻辑系统，不能满足 L1、L2，原因是它无法生成 $h=1$ 时才有的模糊算子。由此看来，h 的参与是构造健全性逻辑系统的必要条件。所以，要安全地使用 k，β 型柔性逻辑系统 $L(x,y,k,\beta)$，必须另外补充两个特殊算子 $T(x,x,k,1)=x$ 和 $S(x,x,k,1)=x$。这些研究成果让我们大开眼界，原来一把钥匙开一把锁有如此严格的讲究，这是我们在象牙塔里面根本想象不出来的，大家都习惯于用一把钥匙开所有的锁。

4. 正式定义泛逻辑的健全性概念和标准

定义 12.2.1　泛逻辑的健全性是保证安全使用泛逻辑的必要条件，它类似于数理逻辑的可靠性和完备性，但增加了对 0,1 之间中间过渡值的安全性保证。

定义 12.2.2　任何一个健全的泛逻辑系统 $L(x,y)$ 都必须同时满足以下 6 个基本性质。

- L1 幂等律：$T(x, x)=x$。同一命题的与运算结果不变。
- L2 幂等律：$S(x, x)=x$。同一命题的或运算结果不变。
- L3 矛盾律：$T(x, N(x))=0$。命题和它的非命题与运算的结果是 0。
- L4 排中律：$S(x, N(x))=1$。命题和它的非命题或运算的结果是 1。
- L5 对合律：$N(N(x))=x$。命题的两次非运算结果不变。
- L6 MP 规则：$T(x, I(x, y))\leqslant y$。真蕴含的前件不大于后件。

在命题泛逻辑中，这 6 个标准是没有冗余的必要条件，如果缺失，就一定没有健全性。

总之，使用泛逻辑不能像刚性逻辑那样根据信息处理模式 $<a, b, e>$ 的不同选择不同的逻辑算子，因为泛逻辑已经把刚性逻辑的一个算子扩张成一个算子完整簇，其中的每一个算子都有自己的特殊用处，用不确定性参数 $<k,h,\beta>$ 标注，把它用在了具有不确定性 $<k,h,\beta>$ 的地方，就是安全的，偏离了这个状态就会产生误差，用反了状态就会产生违反常识的异常结果。

由此可见，不根据不确定性参数 $<k, h, \beta>$ 和 $<a, b, e>$ 的需要盲目使用柔性逻辑算子是应用非标准逻辑时出现违反常识的异常结果的根源，这是对传统逻辑观念的颠覆。

至于在更复杂的泛逻辑系统中，还需要增加什么必要条件，我们持开放态度。

5. 回头看三值逻辑的健全性

前面已经介绍，根据命题泛逻辑的研究成果，可以直接生成 6 个不同的三值逻辑，它们的使用安全性如何保证？根据表 12.3 的三值逻辑谱可知，要保证三值逻辑的健全性，必须让与、或算子($\wedge_1, \wedge_2, \vee_1, \vee_2$)在一起并存，根据 h 的不同情况选择使用，如果像数理逻辑一样随意使用，是没有安全性保证的。

表 12.3 三值逻辑谱

三值逻辑谱		系统的逻辑算子组							基本逻辑性质					
子型的算子组成		¬	∧	∨	→	↔	Ⓟ	ⓒ	L1	L2	L3	L4	L5	L6
3 型三值逻辑(新)		1	2	2	3	3	×	1	Y	Y	N	N	Y	Y
1 型三值逻辑	Luckasiewicz 三值逻辑	1	2	2	1	1	2	1	Y	Y	N	N	Y	Y
	计算三值逻辑	1	2	2	2	1	2	1	Y	Y	N	N	Y	Y
	Kleene 强三值逻辑	1	2	2	2	2	2	1	Y	Y	N	N	Y	Y
	新 1 型三值逻辑	1	1	1	1	1	2	1	N	N	Y	Y	Y	Y
0 型三值逻辑(新)		1	1	1	4	4	×	2	N	N	Y	Y	Y	Y

可见，命题泛逻辑健全性的核心思想就是辩证施策，确保一把钥匙开一把锁。

12.3 人凭什么比图灵机聪明

12.3.1 智能来源于目标牵引下的主观能动性

1. 深度神经网络的深刻教训

人类为何是万物之灵？条件反射和环境感知都不是最主要的因素，而是人有明确的目的性，有在目标牵引下的主观能动性，有对环境的认知能力和辩证处理问题并迂回实现目标的(算计)能力，在此基础上造就了人类无与伦比的应用知识和逻辑推理能力。

我们最喜欢何种智力工具？当然是能在知识和逻辑层面与我们自由沟通的工具，谁愿意选一个没有知识和逻辑思维能力，只会凭直觉和条件反射工作的傻瓜助手！

可是，有些深度神经网络学者却不惜一切代价地条件反射做到极致了，他们依靠大数据和云计算，动用人类拥有的各种时空计算资源，去强力模拟大脑的条件反射能力和环境感知能力，还鼓吹这就是人工智能的主流发展方向。这实际上是把人类智能的模拟降低到最低级的条件反射和环境感知能力的模拟，完全排除了知识和逻辑在人类智能中的至高无上地位。

当年人工智能的主流学派是依靠逻辑和知识的功能主义学派，他们错误地排斥过依靠神经网络的连接主义学派。在功能主义学派遭遇理论危机(不能解决现实问题的象牙塔逻辑范式的局限性已暴露，而能解决现实问题的下里巴逻辑范式尚未成熟)的时刻，连接主义学派异军突起，成为主流学派，然后反过来报复功能主义学派，高呼"人工智能死了，神经网络万岁!"。喊喊口号出出气也就算了，更致命的是他们在人工智能研究中只依靠数理统计和关联关系进行曲线拟合，知识和逻辑几乎失去踪影，到了深度神经网络大行其道时，知识和逻辑只剩下一大堆由网络连接权系数矩阵组成的海量数据了，成为神仙也读不懂的天书。直到深度神经网络的可解释性瓶颈暴露，人们才重新认识到知识和逻辑是何等重要，缺少了这两兄弟还何谈智能！我在此回顾这些陈年旧事并不是否定神经网络的研究成果，它确实是人工智能中不可或缺的研究分支之一，它的成果都是人工智能的成果。让我痛心疾首的是连接主义学派以偏概全，利用主流学派的优势地位排挤知识和逻辑在人工智能中的地位。

果真在神经网络中没有知识和逻辑吗？如果果真如此，那人类的知识和逻辑从何而来？不都在人脑之中吗！它们形成在人脑，存储在人脑，应用在人脑，修改完善也在人脑，人脑除了神经网络外，还有什么物质能够承载知识和逻辑？没有啦！不仅客观事实如此，本书的研究成果也已经证实，柔性神经元和逻辑运算完整簇有一一对应的关系，神经网络本身就是知识和逻辑的载体，一体两面，两者不可分离。所谓神经网络是没有知识和逻辑参与的人工智能研究，没有任何客观依据，纯粹是一种主观臆想。这个主观臆想耽误了人工智能全面正常发展的 30 年，甚至在社会上造成了"人工智能恐惧症"[HUOJIN17]！

这个事件的深刻历史教训是：如果学派之间的学术之争变成了意气之争，其对学科发展的伤害是致命的！人工智能首要的任务是模拟人的部分智能，制造人类得心应手的智能工具，绝对不是创造完全代替人类，甚至统治人类的新物种。人是万物之灵，知识和逻辑是智能的灵魂，排斥知识和逻辑就一定失去智能。

2. 回顾人工智能学科创立的初心

在这种背景下，再次回顾一下人工智能学科创立的初心很有必要。人工智能是在电子数字计算机问世 10 年之后才诞生的，当时的计算机已经能代替人脑完成计算、推理和日常的管理查询工作，而且比人的速度快了好几个数量级，那为什么还要搞人工智能？因为当时的理论计算机科学家们经过系统的研究发现，情况并没有想象中那么乐观。传统的计算机应用模式是"数学＋程序"，按照图灵机理论，所有的递归函数(recursive function)都是可计算的，只要数学家把问题变成了递归函数，计算机专家把递归函数变成了程序，一切就可行了。可是在实际使用中还有两个约束条件(或实际问题)必须解决：

① 被计算的问题能否转换成递归函数？

② 图灵机是理想计算机，它的可计算性是不必考虑时空和能耗开销，而计算机有时空和能耗开销限制，只能运行实际可计算的程序。

理论计算机科学家们的发现是：人脑思维中的绝大部分问题无法建立数学模型，绝大部分数学模型没有算法解，绝大部分算法解是指数型的，实际不可计算。

这个“三绝”就是20世纪50年代困扰计算机科学和计算机应用的理论危机，就是这个理论危机直接促使了人工智能学科的诞生。可见，当时建立人工智能学科的初心已经十分明确，那就是要通过对人类智能的模拟，让计算机变得聪明起来。

事实上，现在的人工智能研究确实已经突破了计算机应用的局限，突破了图灵机理论的局限，发展成了一个多学科综合的交叉学科(如信息科学、认知科学、思维科学、脑科学、心理学、管理科学、语言学、逻辑学、数学、哲学等)。

可是，深度神经网络却把人工智能研究引向了严重偏离人类智能主要特征(知识和逻辑)的羊肠小道而无力自拔。有人说：“人工智能只不过是计算机应用的一个分支而已。”他抹杀了两个基本事实。

① 创立人工智能学科的初心是突破传统计算机应用因为“三绝”引起的理论危机，通过智能模拟让计算机更聪明。根本没有计算机应用的一个分支之说。

② 人工智能已突破了图灵机理论的局限，把它的递归函数扩张成了泛递归函数(universal recursive function，如在机器学习中表现得那样)。图灵的递归函数是一成不变的确定函数 $f(x,y,\cdots,z)$，它不适用于智能模拟的需要，泛递归函数是为适应智能模拟的需要提出来的，意思是让一个递归函数去改变另一个递归函数的功能，以适应随机应变和学习演化的需要。泛递归函数是若干不同递归函数的特殊复合，其形如 $f(f_1(x,y,\cdots,z),\ f_2(x,y,\cdots,z),\cdots,\ f_n(x,y,\cdots,z))$。

所以，智能机不是单层图灵机可以描述的，它需要用多层图灵机组成的高阶图灵机来描述。

① 让负责操作的图灵机仍然在最低的0层工作，它的控制器中包含如何具体操作的逻辑规则(即递归函数0)。不同的是在它的上面多了若干个观察它的工作效果，必要时能改变它的操作规则的图灵机。

② 增加了负责机器学习的图灵机在第1层观察下面的工作情况，它的控制器中包含如何通过学习改变操作规则的规则(即递归函数1)，在需要对操作规则进行修改时它启动并进行修改。

③ 增加了负责机器发明的图灵机在第2层观察下面的工作情况，它的控制器中包含如何发明改变学习规则的规则(即递归函数2)，在需要修改学习规则时它启动并进行修改。

④ 增加了负责机器发现的图灵机在第3层观察下面的工作情况，它的控制器中包含如何通过发现来改变发明规则的规则(即递归函数3)，在需要修改发明规则时它启动并进行修改。

如此等等，可不断叠加，没有上限。这个高阶图灵机模型可以通过逐层的工作效果考查、总结经验教训、发明发现新的规律，然后逐层控制传递，完成极其复杂的整体行为的控制和改变。把一个由递归函数确定的程序投入运行后就永远不可改变的图灵机，变成了可机动灵活处理问题、工作中能学习演化的智能体的近似模型。我在 1980 年 10 月 17 日的全国第一届人工智能研讨会上，提出了这个高阶图灵机模型，之后编入了《人工智能导论》一书中，经过李祖枢教授等人的应用[LIZS03，LIZS06]，屡试不爽，没有失误。

3. 目标牵引下的主观能动性是人类智能的核心

深度神经网络走的是什么路线？是被输入数据牵引的路线，它让认知主体完全丧失了自我目标和目标牵引下的主观能动性，专注于对输入数据的曲线拟合，数据如何变化，它就如何跟踪，什么时候拟合误差最小了，稳定了，它的"认知"过程就算完成了，完全不用去理解对象是什么，为什么如此变化。为什么是这样的结果而不是那样的结果。由于它能够记录下来的只有几百上千层神经元的连接权系数矩阵（如同天书），所以谁也读不懂其中到底隐藏了什么因果关系。不知道整个事件中的因果缘由，当然就不知道如何利用对方的弱点来实现自己的目标了，结果就变成了有口无心的鹦鹉学舌玩具。

下面回顾人脑是如何工作的。它首先有自己的目的性，在专注于一个局部小问题时，会对内确定自己的目标是什么，对外考查当前的现状是什么，然后在目标的牵引下根据过往经验初步规划出如何一步步改变现状去接近目标的预案。这就需要从当前现状呈现的关联关系中，根据目标的需要提取出因果关系来。关联关系是现状中所有节点之间的全互联关系，十分复杂，属于解决问题的背景知识。因果关系是与目标有直接关系的节点组成的树形结构，只包含目标节点和与目标有关的节点，比关联关系要简单几个数量级，所以利用因果关系树来求解问题，效率可大大提高。如果在解决问题的过程中现状发生了变化（通常解决比较复杂一点的问题不能一步完成，是一个主－客互动的过程），这就需要随时调整因果关系树，直到问题完全解决为止。人脑事后还可以总结经验教训，看能否把这一类问题解决得更简单快捷。对于复杂的问题，不可能像小问题那样通过单层规划来完成，人的智慧是使用多层规划策略，首先把复杂问题分割成若干个子问题，如果这些子问题仍然很复杂，则可再次分割，直到子问题方便求解为止。这是一个反复试探求解的非线性过程，但是由于每一个子问题都比较容易求解，所以解决整个问题的总难度还是比单层规划策略下降了几个数量级。这是人类的智慧之光，人工智能不能不学。

12.3.2　重温人类智能的两个重要特征

1. 综合运用各种方法

人类智能的第一个重要特征是：在智能活动中需要机动灵活且恰如其分地使用各种行之有效的方法，相互配合起来才能取得事半功倍的效果。如人在识别汉字的过程中，会合理使用数据统计法和结构分析法（逻辑关系）于不同场合，以便获得最佳识别效果。在认识汉字的基本笔画（如 丶一、丨、丿、㇏）阶段，最有效的方法是图像数据统计法，而在此基础上进一步有效区分不同的汉字（如一、二、三、十、土、王、玉、五、八、人、入、大、太、天、夫等）阶段，最有效的方法则是结构分析法（逻辑关系），如果一味使用图像数据统计法一竿子插到底，在区分复杂结构的汉字（如逼、逋、迥、遒）时，速度和识别率会严重下降，事倍功半。

2. 变粒度思维

人类智能的第二个重要特征是：为有效管理和使用已知的各种知识，必须把它们分门别类地一层一层向上分类、归纳、抽象，形成由不同粒度知识组成的多层次网状结构。比如大家熟悉的地图知识，在范围最小的村落里，每户人家可是一个原子结点，它们通过原子道路相互连通。图 12.3 是一个高度简化了的村落级地图，图中用 5 个原子结点代表有限 n 户人家，用全互联图代表原子道路的分布状况（$w_i=1$ 表示此路通畅，$w_i=0$ 表示此路不通），形成了一个村落内部的刚性关系网络（即关联关系网络）。利用这个关联关系网络可以解决村落内部的各种交通路径规划问题，图中画出因果决策树就是为了规划“从 d 家到 a 家”去做客的最佳路径，可根据这个任务从关联关系网络中提取出来，并按照道路的实时通畅情况，选择完成任务的最佳路径。

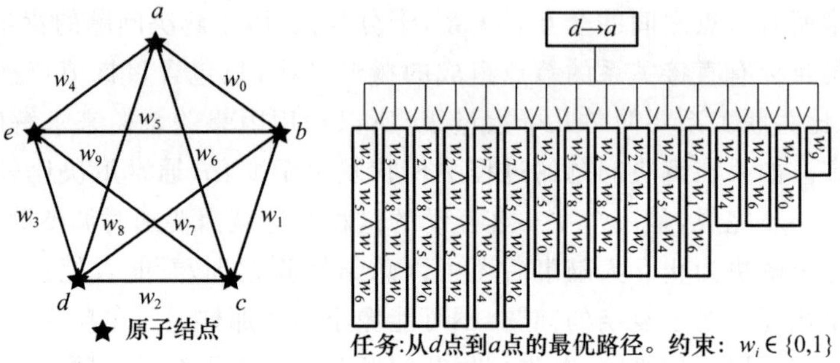

(a) 易管理空间的背景关系网　　(b) 表示因果关系的与/或决策树

图 12.3　村落地图和与/或决策树

具体的提取过程可用刚性逻辑或二值神经网络来实现：① 网络中有 16 条不同的路径可供选择，彼此之间是“或”的关系，即只要有一条路径畅通这个问题就有解；② 如一条路径经过的所有边都是畅通的，则这条路径是畅通的，即同一个路径中经过的不同边之间是“与”的关系；③ 在多条路径都畅通时，选择经过边数最少的路径为“最佳解”。

在一个自然村落范围内，上述从原子级关联关系网络提取因果关系树来寻找最佳路径的过程是绝对有效的，并在理论上有刚性逻辑和二值神经网络的支撑。

那么，是否能够无限制扩大这种绝对有效方法的应用范围呢？人类的社会实践早已做出了否定的回答，因为随着决策范围的不断扩大，涉及的原子信息(结点数和边数)会呈几何级数增多，其中绝大部分是与待解问题毫无关系的因素，如果把它们全部牵扯进来，不仅于事无补，反而使问题的复杂度呈几何级数快速增大，这是一个实际难解、解了也无法说清楚的笨方法。人类使用的有效方法是：在有关村落级地图的基础上，进一步利用粒度更大的乡镇级地图(其中的观察粒度增大到一个村落)和地市级地图(其中的观察粒度增大到一个乡镇)来分层次地逐步解决“从 d''镇 d'村 d 家到 a''镇 a'村 a 家”的最佳路径规划问题(见图 12.4)。这是一个高度简化了的乡镇级地图和地市级地图，图中仍然用 5 个结点代表有限 n 个观察结点，不同的是它们都是有内部结构的分子结点，仍然用全互联图代表分子结点之间的连通状况，不同的是 w_i 内部可能存在复杂的分子结构，不是简单的通或不通关系。这样就把一个在原子层面上十分复杂的最佳路径规划问题，转化成几个相对简单得多的 3 个不同层面内部和层面之间的最佳路径规划子问题并进行求解，整体的复杂度可以大大降低。

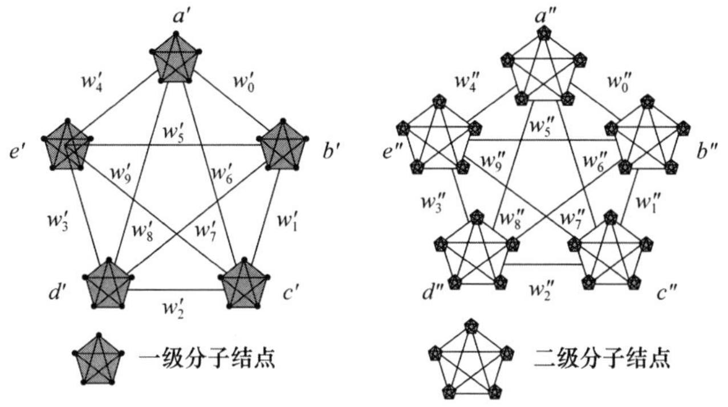

图 12.4　乡镇地图和地市地图的简化表示

请读者注意：图 12.4 里的分子结点“d'村”有两层含义，对内讲它包含村落里的全部内容，对外讲它代表本村落与其他村落的联通结点(如村政府、公交车站、水运码头等)，d''镇的含义也与此类似。利用图 12.4 分层求解最佳路径的过程是：首先在地市级地图上解决“从 d''镇到 a''镇”的最佳路径规划问题，然后分别到两个乡镇级地图上解决“从 d'村到 d''镇”的最佳路径规划问题和“从 a''镇到 a'村”的最佳路径规划问题，最后再分别到两个村落级地图上解决“从 d 家离开 d'村”的最佳路径规划问题和“从 a'村进入 a 家”的最佳路径规划问题。

3. 将难解问题分解为若干易解子问题

当今社会每天都在成亿次地产生制定国际国内旅游路径规划的问题，整体来看，从地球上的某一个村庄到万里之外的另一个村庄，其中经过的村庄那么多，道路那么多，确实是一个难解问题。但是，对今天的人类社会来讲，这个问题已经不是问题，可以十分轻松地解决，没有太大的困难。这是如何做到的呢？首先各国已事先准备好了各个地区不同层面的交通路线图备客户使用，其次各个业务部门都实时更新交通工具运行时间和价格等信息。有这些背景知识和信息的存在，即可快速支持任意范围内任意两点之间的旅游路径规划问题。如有人要从中国西安市西北工业大学去美国匹兹堡市匹兹堡大学讲学，其旅游路径规划不必从包含每家每户的世界地图上（当今世界每一个自然村落都有详细的地图，只要不计成本和时空开销，一定可把它们全部拼接在一张世界地图上）去寻找，因为这个"最佳解"即使用深度神经网络和云计算不计成本地找到了，它也肯定是人类难以理解和解释清楚的"黑箱解"，在这个"黑箱解"的某个小环节突然出现异常时，更无法知道如何调整这个最佳路径规划。

人类的做法不会如此愚钝。首先，他会根据顶层子任务"从中国到美国"在世界级地图和国际航空信息网站上找到从中国到美国的最佳航线和最佳航班信息，比如选择了某日某航班从北京市的首都国际机场飞美国纽约市的纽瓦克机场；其次，根据两个中层子任务"从西安市到北京市首都国际机场"和"从纽瓦克机场到匹兹堡机场"，分别在两个国家级地图和国内航空信息网站上找到最佳航线和最佳航班信息；最后，根据两个底层子任务"从西北工业大学到西安市咸阳机场"和"从匹兹堡机场到匹兹堡大学"，分别在两个城市级地图上根据当地实时发布的道路交通状况找到最佳的开车路线。人工智能需要模拟这样的化整体难解问题为若干易解子问题的人类智慧。

4. 人类的智慧是合理利用不确定性

这种通过多层规划来解决复杂问题的聪明做法本质上是一种主动引入和合理利用不确定性的方法，它突破了传统问题求解观念的约束。传统问题求解观念认为，在解决问题时应努力消除各种不确定性，实在不能消除也要尽可能地避免不确定性推理，以便使用有可靠数学基础的刚性逻辑或二值神经网络来解决。但是随着问题复杂度的不断增长，其时空开销会迅速达到无法实际操作的程度，人们不得不适时地进行分类、归纳和抽象，主动离开具有最细粒度和确定性的原子信息状态，果断进入具有较粗粒度和不确定性的分子信息状态。图 12.5 从时空开销（即易操作性）的角度给出了详细解释。通过归纳不难发现，n 原子信息系统会形成由 $N=2^n$ 个不同状态组成的偏序空间，其复杂度会迅速增加到天文数字。如果忽略这些精确的偏序关系，用统计原子信息出现数目的方法把它映射到全序空间，其状态数可立即降低为 $N=1+n$ 的线性复杂度，信息压缩了 $2^n/(1+n)$ 倍。

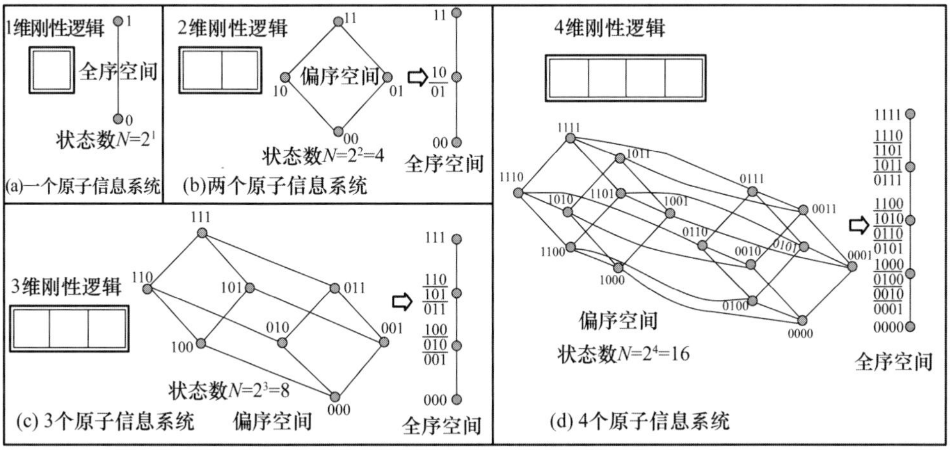

一般规律：n原子信息系统的状态数$N=2^n$，把偏序空间退化为全序空间，状态数退化为$N=1+n$。

图 12.5 从单原子信息系统到多原子信息系统

所以，在众多原子信息组成的系统中，除了特殊需要外，人们会主动离开过度精细的偏序空间，大胆进入比较实用的全序空间，而不在乎它带来的不确定性，这是人类智慧的高度体现，深度神经网络忽略了这个重要的人类智慧。

5. 深入认识理想试卷模型的奥秘

为增强读者对主动引入和合理利用不确定性意义的认识，图 12.6 给出了学生们十分熟悉的“理想试卷模型”。设卷中有 100 道原子状态的是/非题（答对一道题得 1 分，否则得 0 分，没有中间过渡分数存在），用具有确定性的刚性逻辑来描述这个试卷，它是一个 100 维的二值逻辑，可精确描述每一道题的得分情况，排列组合共有 $2^{100}=1\ 267\ 650\ 600\ 228\ 229\ 401\ 496\ 703\ 205\ 376\approx1.267\ 65\times10^{30}$ 种不同的答题状态，它们组成了一个 100 维的偏序空间。在现实生活中需要知道如此精准状态描述的只有阅卷老师和学生本人，其他人只需要知道他在 101 种不同状态组成的全序空间中的某个分数状态（图 12.6 中是 90 分）即可，信息压缩比是 $1.267\ 65\times10^{30}/101=1.255\ 099\times10^{28}$。

这个 90 分本身也包含不确定性，因为尽管确切知道他有 10 道题答错了，但仍然不知道错的是哪 10 道题，只知道它是 $2^{10}=1\ 024$ 种不同错误状态中的一种。可见，在人类智能活动中，不仅客观上无法避免不确定性，而且为了提高决策效率需要忽略大量无关信息，主动引入不确定性。没想到吧，在一个普通考试卷子中，竟然隐藏了这么多的天文数字，人类智慧奇妙地回避了它们引起的麻烦，可是深度神经网络偏偏不信，就是要一条道走到黑。

不难理解：决策的抽象层次越高，涉及的知识粒度越大，其中忽略的无关信息就越多，引入的不确定性就越大。由此可见，在深度神经网络中，有意无视逻辑和知识的作用是一种方向性错误。

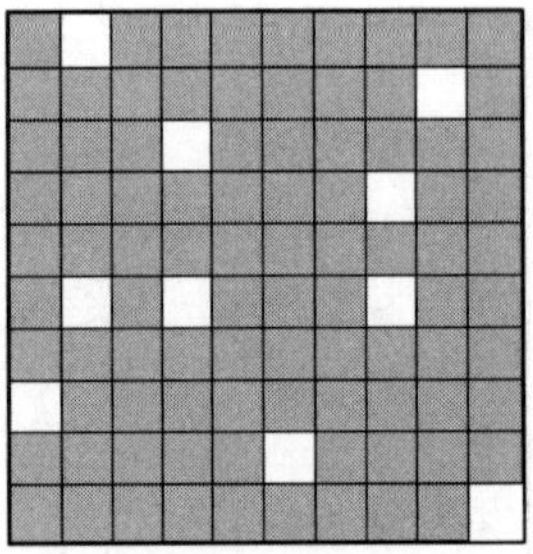

图 12.6　理想试卷模型

12.3.3　知识空间的多粒度存储和运用

1. 知识的分层分块结构

众所周知，人类认识世界通常有两个不同的前进方向：一个方向是自顶向下地逐步深入，逐步具象化；另一个方向是自底向上地逐步扩大，逐步抽象化。

这两种相反的研究方向相互结合、交替进行，当获得的各种有效知识足够丰富完整之后，自然就形成了一幅完整的多层次、多粒度的知识结构图：选择其中任意大中小 3 层来看，中粒度知识子空间中的一个结点必然对应着一个小粒度知识子空间；若干中粒度知识结点组成的子空间必然对应着大粒度知识子空间中的一个结点。如此层层累加，就组成了整个知识空间的 n 层关联关系网络。

由于每一个知识子空间的结点数目都比较合适，属于易操作的知识子空间，所以在利用知识空间来解决问题时，这种知识结构十分有利于快速有效地进行问题求解。

这是人类智慧的高度结晶，许多知识体系都是这样组织起来的，例如地理知识、地图知识、生物学知识、医药学知识、数学知识等，人工智能不能不重点模拟。图 12.7 是一个抽象描述，其中的一个点代表一定粒度的知识点。

2. 从原子知识到分子知识的逐级抽象

一般来说，最底层知识子空间包含的是原子级的知识，它受“非真即假性”约束，只有真、假两种可能的状态，不可能再进一步向下分割成更小粒度的知识了，其中的关联关系和因果关系可以用刚性逻辑进行描述，求解起来比较简单快捷。但是这个最底层知识子空间能有效管辖的范围不应该太大，否则，它包含的原子级知识太多，会出现关联关系网络和因果关系树复杂度的几何级数增长，影响问题求解

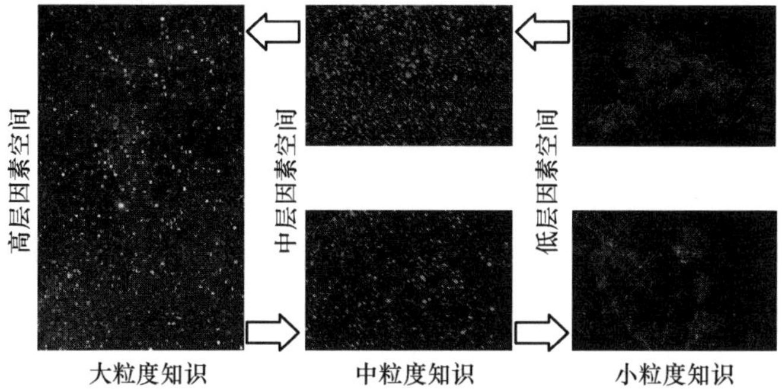

图 12.7　知识空间的分层分块结构

的效率(如在理想试卷模型中,100 个原子信息组成的系统就有 $2^{100}\approx 1.26765\times 10^{30}$ 种不同的状态组合,绝大多数情况下都是与问题无关的一些细节)。在这个问题上“人更聪明”就表现在人能够适时地利用聚类、归纳和抽象等手段,把数目恰当的若干原子知识变换成粒度更大的分子知识,在这些分子级知识的基础上建立新的相对抽象的关联关系网络和因果关系树。

从前面的讨论已经知道,一般来讲,分子级信息已是具有“亦真亦假性”的不确定性知识,需要用柔性逻辑描述。所以,在许多基于二值信息处理的复杂问题中,为了减少问题的复杂度,提高处理效率,人们需要适时地主动引入不确定性,这是人类智能的一种重要属性。同样,当由分子级知识组成的知识空间管辖的范围太大,包含的分子级知识结点数目太多,影响到问题求解效率时,还可以进一步适时地利用聚类、归纳和抽象等手段,把数目恰当的若干粒度较小的分子级知识变换成粒度较大的分子级知识,在这些较大分子级知识的基础上建立新的更加抽象的关联关系网络和因果关系树,仍然可用柔性逻辑描述。这种逐级抽象的过程可以不断地进行下去,没有最高层限制。

3. 神经网络的分层分区分块结构

现代脑科学对神经网络结构和功能的研究证明,人脑的神经网络结构有许多分层,越高层其抽象程度越高,如感觉层、认知层、决策层等;人脑的神经网络结构有许多分区,不同的区分管不同的功能,如语言区、视觉区等;每一层每一区的神经网络结构又有许多分块,每一块分管不同的具体事物或特征,思维时各有关块、区、层相互配合,协同工作。而且还有专门管理协同工作的神经网络区块。

4. 新一代人工智能应模拟这些有效机制

由前面的介绍我们已经知道,是长期的进化选择形成了人脑极其复杂的分层分块结构,成就了万物之灵的人类;是人类文明的长期演化选择形成了知识的分层分块结构,积累至今成为人类的知识宝库。两者对比,神经网络的结构和知识网络的结构高度一致，而且都具有运行效率高、适应性强、可移植性好和鲁棒性强等优点。这说明什么？说明它们都是自然选择出来的最有效的知识形成、知识存储、知识运用、知识修改完善的机制，是新一代人工智能不得不重视的模拟内容。

12.4 逻辑运算模型参数的在线归纳和优化

12.4.1 原子命题的模式参数确定

1. 二元二值信息处理

假设我们需要处理的数据都是"非真即假"的原子信息，且正好是二元二值信息处理的情况，其中 $x, y\in\{0,1\}$是输入信息，$z\in\{0, 1\}$是输出信息(见表 12.4)。

表 12.4 二元二值信息处理的 16 种模式

编 号	输入输出关系 $z=\langle x,y\rangle$	a,b,e	信息变换公式	逻辑含义
0	$\mathbf{0}=\langle 0,0\rangle,\mathbf{0}=\langle 0,1\rangle,\mathbf{0}=\langle 1,0\rangle,\mathbf{0}=\langle 1,1\rangle$	0,0,0	$\Gamma[0x+0y-0]$	$z\equiv 0$ 恒假
1	$\mathbf{1}=\langle 0,0\rangle,\mathbf{0}=\langle 0,1\rangle,\mathbf{0}=\langle 1,0\rangle,\mathbf{0}=\langle 1,1\rangle$	−1,−1,−1	$\Gamma[-x-y+1]$	$z=\neg(x\vee y)$ 非或
2	$\mathbf{0}=\langle 0,0\rangle,\mathbf{1}=\langle 0,1\rangle,\mathbf{0}=\langle 1,0\rangle,\mathbf{0}=\langle 1,1\rangle$	−1,1,0	$\Gamma[-x+y-0]$	$z=\neg(y\rightarrow x)$ 非蕴涵 2
3	$\mathbf{1}=\langle 0,0\rangle,\mathbf{1}=\langle 0,1\rangle,\mathbf{0}=\langle 1,0\rangle,\mathbf{0}=\langle 1,1\rangle$	−1,0, −1	$\Gamma[-x-0y+1]$	$z=\neg x$ 非 x
4	$\mathbf{0}=\langle 0,0\rangle,\mathbf{0}=\langle 0,1\rangle,\mathbf{1}=\langle 1,0\rangle,\mathbf{0}=\langle 1,1\rangle$	1, −1,0	$\Gamma[x-y-0]$	$z=\neg(x\rightarrow y)$ 非蕴涵 1
5	$\mathbf{1}=\langle 0,0\rangle,\mathbf{0}=\langle 0,1\rangle,\mathbf{1}=\langle 1,0\rangle,\mathbf{0}=\langle 1,1\rangle$	0, −1, −1	$\Gamma[0x-y+1]$	$z=\neg y$ 非 y
6	$\mathbf{0}=\langle 0,0\rangle,\mathbf{1}=\langle 0,1\rangle,\mathbf{1}=\langle 1,0\rangle,\mathbf{0}=\langle 1,1\rangle$	组合实现	$z=\lvert x-y\rvert$	$z=\neg(x\leftrightarrow y)$ 非等价
7	$\mathbf{1}=\langle 0,0\rangle,\mathbf{1}=\langle 0,1\rangle,\mathbf{1}=\langle 1,0\rangle,\mathbf{0}=\langle 1,1\rangle$	−1, −1, −2	$\Gamma[-x-y+2]$	$z=\neg(x\wedge y)$ 非与
8	$\mathbf{0}=\langle 0,0\rangle,\mathbf{0}=\langle 0,1\rangle,\mathbf{0}=\langle 1,0\rangle,\mathbf{1}=\langle 1,1\rangle$	1,1,1	$\Gamma[x+y-1]$	$z=x\wedge y$ 与
9	$\mathbf{1}=\langle 0,0\rangle,\mathbf{0}=\langle 0,1\rangle,\mathbf{0}=\langle 1,0\rangle,\mathbf{1}=\langle 1,1\rangle$	组合实现	$z=1-\lvert x-y\rvert$	$z=x\leftrightarrow y$ 等价
10	$\mathbf{0}=\langle 0,0\rangle,\mathbf{1}=\langle 0,1\rangle,\mathbf{0}=\langle 1,0\rangle,\mathbf{1}=\langle 1,1\rangle$	0,1,0	$\Gamma[0x+y-0]$	$z=y$ 指 y
11	$\mathbf{1}=\langle 0,0\rangle,\mathbf{1}=\langle 0,1\rangle,\mathbf{0}=\langle 1,0\rangle,\mathbf{1}=\langle 1,1\rangle$	−1,1,−1	$\Gamma[-x+y+1]$	$z=x\rightarrow y$ 蕴涵 1
12	$\mathbf{0}=\langle 0,0\rangle,\mathbf{0}=\langle 0,1\rangle,\mathbf{1}=\langle 1,0\rangle,\mathbf{1}=\langle 1,1\rangle$	1,0,0	$\Gamma[x+0y-0]$	$z=x$ 指 x
13	$\mathbf{1}=\langle 0,0\rangle,\mathbf{0}=\langle 0,1\rangle,\mathbf{1}=\langle 1,0\rangle,\mathbf{1}=\langle 1,1\rangle$	1, −1, −1	$\Gamma[x-y+1]$	$z=y\rightarrow x$ 蕴涵 2
14	$\mathbf{0}=\langle 0,0\rangle,\mathbf{1}=\langle 0,1\rangle,\mathbf{1}=\langle 1,0\rangle,\mathbf{1}=\langle 1,1\rangle$	1,1,0	$\Gamma[x+y-0]$	$z=x\vee y$ 或
15	$\mathbf{1}=\langle 0,0\rangle,\mathbf{1}=\langle 0,1\rangle,\mathbf{1}=\langle 1,0\rangle,\mathbf{1}=\langle 1,1\rangle$	1,1, −1	$\Gamma[x+y+1]$	$z\equiv 1$ 恒真

根据表 12.4 的完全统计，二元二值信息只能有 16 种不同的信息处理模式，通过统计识别具体的函数关系 $z=f_i(x, y)$，$i\in\{0, 1, 2, 3, \cdots, 15\}$可把它们准确无误地用模式状态参数$<a, b, e>$区分开来，利用 $z=\Gamma[ax+by-e]$公式可计算出输出和输入的关系。也就是说，可直接获得每种信息处理模式的神经元参数和逻辑算子表达式。这是一个根据原子信息数据的简单分析可以完成的工作。如我们在数据中发现有输入输出关系 $\mathbf{0}=<0,0>$，$\mathbf{0}=<0,1>$，$\mathbf{0}=<1,0>$，$\mathbf{1}=<1,1>$存在，就可根据表 12.4 得知，这个信息处理模式的状态参数$<a,b,e>=<1,1,1>$，信息变换的公式是 $z=\Gamma[x+y-1]$，逻辑意义是与算子 $z=x\wedge y$ 等。

2. 多元二值信息处理

如果出现多元二值信息处理的情况，可以参照以下两种方式进行扩张。

① 三元二值信息处理的扩张方法：

$$z=f(x_1,x_2,x_3)=f_j(f_i(x_1,x_2),x_3),\ i,j\in\{0,1,2,3,\cdots,15\}$$

当 $i=j$ 时，$z=f_i(f_i(x_1,x_2),x_3)=f_i(x_1,x_2,x_3)$，$i\in\{0,1,2,3,\cdots,15\}$。

② 四元二值信息处理的扩张方法：

$$z=f(x_1,x_2,x_3,x_4)=f_k(f_i(x_1,x_2),f_j(x_3,x_4)),\ i,j,k\in\{0,1,2,3,\cdots,15\}$$

当 $i=j=k$ 时，$z=f_i(f_i(x_1,x_2), f_i(x_3,x_4))=f_i(x_1,x_2,x_3,x_4)$，$i\in\{0, 1, 2,3, \cdots, 15\}$。

更多元的二值信息处理以此类推。

3. 二值信息处理不能无限制地使用

在多数情况下，原始数据库 K_0 中需要处理的数据量非常巨大，如果全部都停留在原子级粒度上进行处理，其复杂度会快速上升到需要消耗计算机的巨大时空资源的程度，得不偿失，更会对信息处理过程和结果的可解释性提出严峻的挑战。

12.4.2 分子命题的真度确定

如前所知，随着问题复杂性的增加，为了降低问题的处理难度，必须增加知识的粒度，通过分类聚类操作，一批原子命题抽象为分子命题，以建立分子级的逻辑关系。

下面介绍分子命题(即柔性命题)的真度如何确定。

设系统已适时通过聚类、归纳和抽象，把属于一类的原子信息抽象成一个分子结点，把几个类之间的因果关系抽象为几个分子结点之间的柔性因果关系，重新建立粒度较大的抽象知识库 K_1，在 K_1 中就可以应用柔性逻辑来描述和求解这类柔性的因果关系。

确定柔性命题真度的一般方法如下：设在 K_0 中已经通过某种数据处理手段获得了一个完整的类 E，它是决定 K_1 中某个柔性命题 x 真度的因素空间，令柔性命题 x 在 E 中的投影是分明集合 X，当 $X=E$ 时真度 $x=1$；当 $X=\Phi$ 时真度$x=0$；否则真

度 $x=\mathrm{mzd}(\forall eP(e))$，其中 mzd(*) 是谓词公式 * 的满足度，元素 $e\in E$，谓词公式 $P(e)$ 代表 $e\in X$ 为真（见图 12.8）。下面按照这个思想正式进行定义。

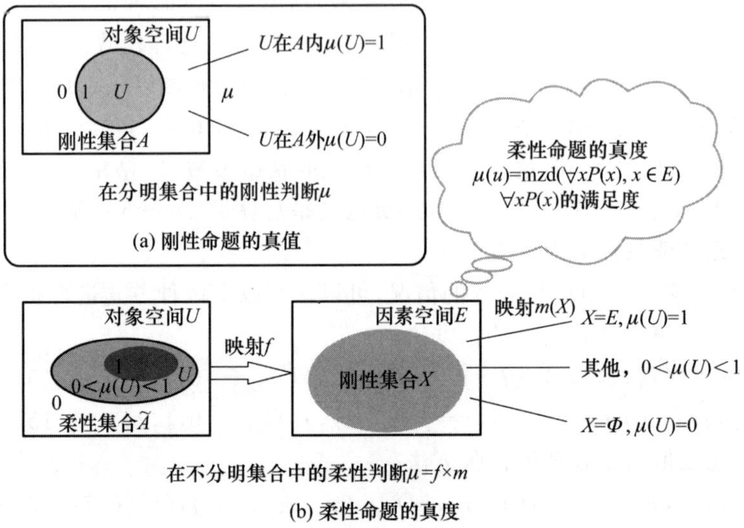

图 12.8 确定柔性命题真度的方法

定义 12.4.1 柔性命题的真度是论域 U 中事件 u 属于不分明集 A 的隶属度，即柔性命题的真度 $x=\mu(u)=\mathrm{mzd}(\forall eP(e))$，$e\in E$。

这个定义的物理意义是：在因素空间 E 中统计有多少因素包含在 X 中。类似于统计学生在考试卷子中答对了多少个知识点。这是在归纳抽象过程中实现知识粒度增长和关系网络简化的通用逻辑方法，既可完成从确定性知识到不确定性知识的可靠提升，也可以完成从不确定性知识到更高层不确定性知识的可靠提升，即其中的集合 X 也可以提升为不分明集合，因素也可以是柔性因素，统计的不是整数之和，而是实数之和等。

上述抽象提升过程可不断递归进行，没有最高层限制。

12.4.3 柔性逻辑运算模型的参数确定

1. 柔性信息处理模式参数的确定

表 12.5 给出了二元柔性信息处理中的全部 20 种信息处理模式，它比二元二值信息处理模式增加了 4 种模式，都是中间过渡值的参与运算而形成的模式，即它们的平均运算和非平均运算、组合运算和非组合运算。所以，柔性信息处理的模式参数确定并不复杂，16 种老模式仍然根据 4 个顶点 $<0,0>$，$<0,1>$，$<1,0>$，$<1,1>$ 的 z 值是 0 还是 1 的情况来确定；4 种新模式则需要根据 2 个顶点

＜0,1＞,＜1,0＞的 z 值是否为[0,1]的中间过渡值情况来确定。

表 12.5　二元柔性信息处理的 20 种模式

编　号	输入输出关系 z=＜x,y＞	a,b,e	信息变换公式	逻辑含义
0	**0**=＜0,0＞,**0**=＜0,1＞,**0**=＜1,0＞,**0**=＜1,1＞	0,0,0	$\Gamma[0x+0y-0]$	$z\equiv 0$　恒假
1	**1**=＜0,0＞,**0**=＜0,1＞,**0**=＜1,0＞,**0**=＜1,1＞	−1,−1,−1	$\Gamma[-x-y+1]$	$z=\neg(x\vee y)$　非或
+1	**1**=＜0,0＞,**1/2**=＜0,1＞=＜1,0＞,**0**=＜1,1＞	−1/2, −1/2,−1	$\Gamma[-1/2x-1/2y+1]$	$z=\neg(x$ ® $y)$　非平均
2	**0**=＜0,0＞,**1**=＜0,1＞,**0**=＜1,0＞,**0**=＜1,1＞	−1,1,0	$\Gamma[-x+y-0]$	$z=\neg(y\rightarrow x)$　非蕴涵 2
3	**1**=＜0,0＞,**1**=＜0,1＞,**0**=＜1,0＞,**0**=＜1,1＞	−1,0,−1	$\Gamma[-x-0y+1]$	$z=\neg x$　非 x
4	**0**=＜0,0＞,**0**=＜0,1＞,**1**=＜1,0＞,**0**=＜1,1＞	1,−1,0	$\Gamma[x-y-0]$	$z=\neg(x\rightarrow y)$　非蕴涵 1
5	**1**=＜0,0＞,**0**=＜0,1＞,**1**=＜1,0＞,**0**=＜1,1＞	0,−1,−1	$\Gamma[0x-y+1]$	$z=\neg y$　非 y
6	**0**=＜0,0＞,**1**=＜0,1＞,**1**=＜1,0＞,**0**=＜1,1＞	组合实现	$z=\|x-y\|$	$z=\neg(x\leftrightarrow y)$　非等价
+7	**1**=＜0,0＞,***e***=＜0,1＞,***e***=＜1,0＞,**0**=＜1,1＞	−1,−1, 1+e	$\Gamma[-x-y-1-e]$	$z=\neg(x$ ©^{e} $y)$　非组合
7	**1**=＜0,0＞,**1**=＜0,1＞,**1**=＜1,0＞,**0**=＜1,1＞	−1,−1,−2	$\Gamma[-x-y+2]$	$z=\neg(x\wedge y)$　非与
8	**0**=＜0,0＞,**0**=＜0,1＞,**0**=＜1,0＞,**1**=＜1,1＞	1,1,1	$\Gamma[x+y-1]$	$z=x\wedge y$　与
+8	**0**=＜0,0＞,**1−*e***=＜0,1＞=＜1,0＞,**1**=＜1,1＞	1,1,e	$\Gamma[x+y-e],e\in[0,1]$	$z=x$ ©^{e} y　组合
9	**1**=＜0,0＞,**0**=＜0,1＞,**0**=＜1,0＞,**1**=＜1,1＞	组合实现	$z=1-\|x-y\|$	$z=x\leftrightarrow y$　等价
10	**0**=＜0,0＞,**1**=＜0,1＞,**0**=＜1,0＞,**1**=＜1,1＞	0,1,0	$\Gamma[0x+y-0]$	$z=y$　指 y
11	**1**=＜0,0＞,**1**=＜0,1＞,**0**=＜1,0＞,**1**=＜1,1＞	−1,1,−1	$\Gamma[-x+y+1]$	$z=x\rightarrow y$　蕴涵 1
12	**0**=＜0,0＞,**0**=＜0,1＞,**1**=＜1,0＞,**1**=＜1,1＞	1,0,0	$\Gamma[x+0y-0]$	$z=x$　指 x
13	**1**=＜0,0＞,**0**=＜0,1＞,**1**=＜1,0＞,**1**=＜1,1＞	1,−1,−1	$\Gamma[x-y+1]$	$z=y\rightarrow x$　蕴涵 2
+14	**0**=＜0,0＞,**1/2**=＜0,1＞, **1/2**=＜1,0＞,**1**=＜1,1＞	1/2,1/2,0	$\Gamma[1/(2x)+1/(2y)-0]$	$z=x$ ® y　平均
14	**0**=＜0,0＞,**1**=＜0,1＞,**1**=＜1,0＞,**1**=＜1,1＞	1,1,0	$\Gamma[x+y-0]$	$z=x\vee y$　或
15	**1**=＜0,0＞,**1**=＜0,1＞,**1**=＜1,0＞,**1**=＜1,1＞	1,1,−1	$\Gamma[x+y+1]$	$z\equiv 1$　恒真

有了柔性命题 x 真度的因素空间定义，就可以根据 X 在 E 中的实际变化情况，计算出 x 真度的变化轨迹，一般用离散点刻画，如 x=0,0.1,0.2,0.3,…,0.9,1 的 11 点方案，或者 x=0,0.05,0.1,0.15,…,0.9,0.95,1 的 21 点方案等。当有因果关系的各个柔性命题的真度都在 K_1 中刻画好后，就可以像二值信息处理一

样,首先按照端点值 $x,y,z\in\{0,1\}$ 之间的关系,确定柔性因果关系的信息处理模式是否属于16种共有的模式之一,如果它不在16种模式之中,再根据中间过渡值的变化情况来确定,是4种柔性信息处理专有模式的哪一个,具体的确定方法是:当 $\mathbf{0}=(0,0),\mathbf{1}>(0,1)>\mathbf{0},\mathbf{1}>(1,0)>\mathbf{0},\mathbf{1}=(1,1)$ 时是平均模式或组合模式中的一个;当 $\mathbf{1}=(0,0),\mathbf{1}>(0,1)>\mathbf{0},\mathbf{1}>(1,0)>\mathbf{0},\mathbf{0}=(1,1)$ 时是非平均模式或非组合模式中的一个。进一步区分是平均模式还是组合模式的基本特征是:组合模式有一定程度的上下平台 $\mathbf{0}=(0+\Delta,0+\Delta),\mathbf{1}=(1-\Delta,1-\Delta)$ 出现,而平均模式根本没有上下平台 $\mathbf{0}<(0+\Delta,0+\Delta),\mathbf{1}>(1-\Delta,1-\Delta)$ 存在。完成上述柔性信息处理模式的识别非常重要,它可以把柔性信息处理的基本模式严格确定下来,准确获得它的模式状态参数 $<a,b,e>$ 和基模型计算公式

$$z=\Gamma[ax+by-e],x,y,z,e\in[0,1]$$

2. 柔性信息处理不确定性参数的确定

确定了柔性信息处理模式参数,就确定了信息处理的基本性质,是与运算还是或运算也就确定了。但是,因为柔性逻辑是一个逻辑运算完整簇,其中包含无穷多个具体的算子,只有具体知道了它们的不确定性参数才能精准地使用,所以这个任务还没有完成。接下来的任务是在模式 $<a, b, e>$ 内,根据在 K_1 中的数据确定可能存在的不确定性调整参数 $<k, h, \beta>$。

(1) 误差系数 k 的确定

在柔性非运算 $N(x,k)$ 中,k 是不动点,$N(k,k)=k$,所以,在 K_1 非模式的因果关系数据中,如果发现有输入和输出相等的情况 $x=z=k$,这个 k 就是误差系数,$k=0.5$ 表示没有误差。如果没有发现完全相等的输入输出数据,可以寻找尽可能接近的数据对 $<x:z>$,这时的 $k\approx(x+z)/2$。

(2) 广义相关系数 h 的确定

根据 K_1 中柔性与运算 $T(x, y, h)$ 的因果关系数据,确定广义相关系数 h 的方法主要有两种:

- 一是与算子体积法 $h=3\int_{\mathbf{I}}\int_{\mathbf{I}}T(x, y, h)\mathrm{d}x\mathrm{d}y\approx 3\sum_{i}\sum_{j}T(x_i, y_j, h)/mn$,$\mathbf{I}=[0,1]$,$i=1, 2, 3, \cdots, m$,$j=1, 2, 3, \cdots, n$(一般 $m=n=11$ 或者21)。只要统计出与算子的体积来,乘上3,就是 h(见图12.9)。
- 二是 $x=y$ 主平面上的标准尺测量法,在 $x=y$ 平面上绘制 $z=T(x, x, h)$ 曲线,这个曲线与 $x=0.5$ 的垂直线或者 $z=0$ 的水平线的交点位置(相对于图12.9中垂直分布的 h 标准尺来说),就是这个与算子的广义相关系数 h。

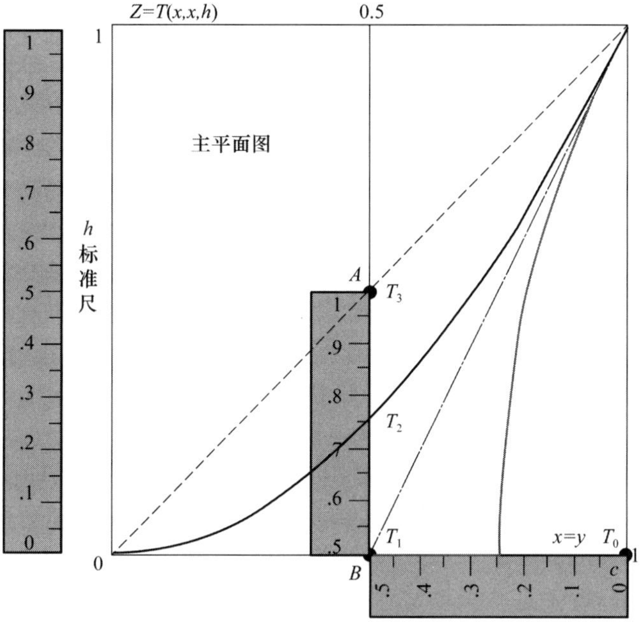

图 12.9　h 标准尺测量法

（3）相对权重系数 β 的确定

根据 K_1 中柔性平均运算 $M(x,y,h,\beta)$ 的因果关系数据，确定相对权重系数 β 的方法在 $M(x,y,0.5,\beta)$ 中比较方便，因为这时的 $M(1,0,0.5,\beta)=\beta$（见图 12.10），而在 K_1 中寻找这样的特殊数据是不困难的。

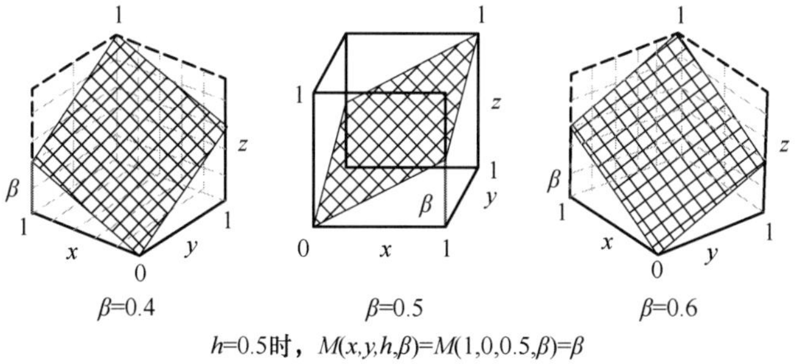

图 12.10　相对权重系数 β 的确定

（4）组合运算中决策阈值系数 e 的确定

根据 K_1 中柔性组合运算 $C^e(x,y,h)$ 的因果关系数据，确定决策阈值系数 e 的方法在 $C^e(x,y,0.5)$ 中比较方便，因为这时组合运算的下平台区最大边界线 L 正好是满足 $x+y=e$ 的一条直线（见图 12.11），这样的数据在 K_1 中很容易找到。

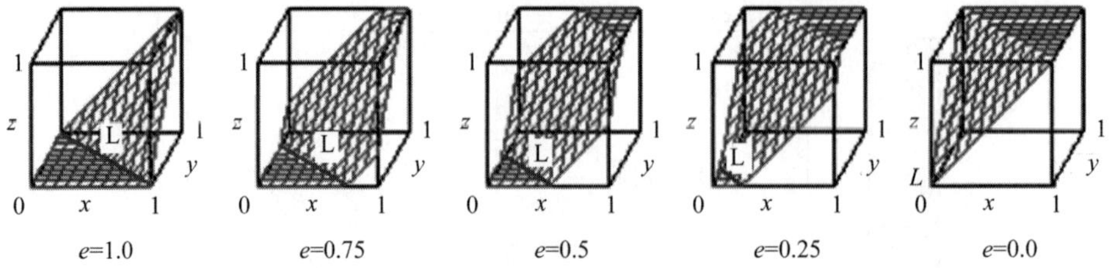

图 12.11　组合运算中决策阈值系数 e 的确定

12.4.4　逻辑运算模型参数的在线优化

最后应该指出，上述不确定性参数确定的方法都是在孤立的理想情况下给出的，它们之所以基本可用，是因为在通常情况下各个不确定性参数都偏离 0.5 不远，而且同时出现的概率不大。但是，严格地说，不确定性参数接近上下极限的可能性还是存在的，特别是广义相关系数 h，它除了在基模型中是 $h=0.5$ 外，还经常出现在上极限 $h=1$ 和中极限 $h=0.75$ 处。而且其他的不确定性参数 k，β，e 等一旦同时出现，会对上述不确定性参数确定的结果带来误差。所以，在实际系统中，上述确定的不确定性参数只是一个近似值，需要利用某种误差消除算法来不断地逼近客观数据，获得精确结果。

12.5　用高阶图灵机近似模拟人类的智能

搞人工智能研究不是一个单纯的技术工作。过去制造钟表、电动机等工具，不会涉及太多思想认识层面的问题，是纯粹的技术性工作。而人工智能研究正好相反，它涉及许多需要深入思考的理论问题，甚至是哲学问题。如大家都知道，图灵是人工智能之父，相信在现实世界中的图灵机——电子数字计算机——上可以模拟人类智能。事实果真如此吗？下面就来深入讨论这个问题。

12.5.1　图灵机的能力极限

1. 图灵机是计算机的理想模型

1936 年图灵提出了一个理想计算机模型，后人称为图灵机模型。后来他又提出了计算机有智能，并设计了图灵测试标准，所以被称为人工智能之父。

图灵对人类完成各种计算和逻辑操作的过程进行了抽象研究，提出了一个理想的计算模型,其中不考虑计算的具体内容,也不考虑计算过程的时空开销和能源损耗,专注于计算过程能否一步步持续下去,能否获得结果。于是他发现,只要有一个由有限非 0 个符号组成的符号集合;只要有一个无穷长的磁带,上面有无穷多个单元可以存放符号集合中的任何符号;只要有一个控制器和读写头,其中存放有有限非 0 条逻辑规则,规定读写头何时在磁带上左右移动,读什么符号后写回什么符号,是否停止等,即可完成所有的计算或推理过程。据此他定义理想计算机可计算的函数就是可计算函数,可计算函数就是理想计算机可计算的函数,两者是一体两面的关系。人们把这种意义下的可计算函数称为递归函数(recursive function),它是所有可计算函数的总称(见图 12.12 左上角的基本形态,其中的符号集是 $\{0,1\}$)。

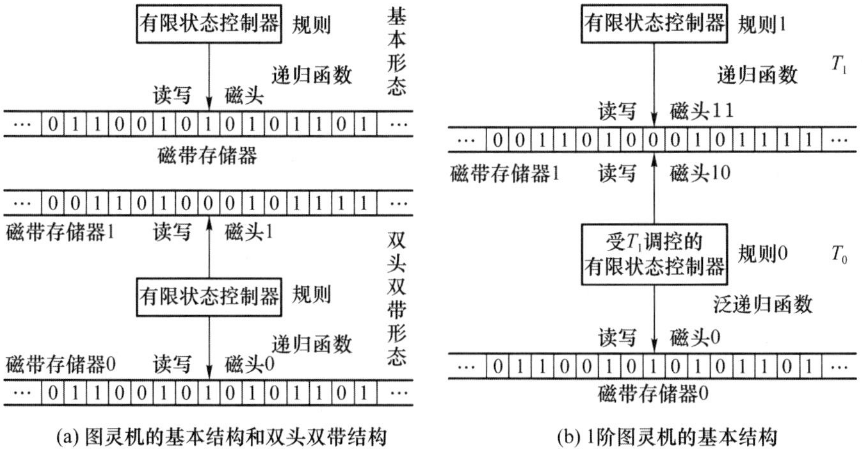

图 12.12　图灵机和 1 阶图灵机

(a) 图灵机的基本结构和双头双带结构　　(b) 1 阶图灵机的基本结构

这是一个了不起的重大贡献,他说清楚了什么是可以计算的,什么是不可以计算的。他通过这样的组合搭配,把没有任何自我变化能力的有限状态自动机(由控制器中的有限非 0 条逻辑规则组成)演变成了有一定自我变化能力的时序自动机:逻辑自动机没有内部状态的改变,对同样的外部刺激只能产生同样的反应,是最呆板的自动机;时序自动机有内部状态变化,每收到一个外部刺激,内部的状态就会发生改变,再重复这个刺激时,反应就有所不同了,显示出了一些灵活性。

2. 图灵机的能力与智能模拟的需要

时序机的这些灵活性能够满足智能模拟的需要吗? 要回答这个问题就涉及对递归函数的描述能力。所谓递归函数就是函数本身调用自己。如定义函数 $f(n)=nf(n-1)$,而 $f(n-1)$ 又是这个定义的函数,这就是递归。

如 $n!=n(n-1)!$ 是一个递归函数,如何实现递归? 简单说来就是从未知的下推到已知的,再从已知的上传到未知的。如求 4!,首先是下推,$4!=4\times3!$ · $3!=$

3×2!,2!=2×1!,到了 1!=1 就已知了;然后再从已知上传给上一层,直到得到所要求的结果为止。即从已知的 1!=1 开始,上传 2!=2×1!=2×1=2,3!=3×2!=3×2=6,到 4!=4×3!=4×6=24 递归过程结束。

可见递归函数能够把一个复杂的难以用简单语言定义清楚的概念,通过从简单的已知情况开始,一层层递升,即可把它完全说清楚。例如,自然数无穷无尽,怎么能够几句话说清楚？用递归定义即可:①0 是自然数;②如 n 是自然数,则 $n+1$ 是自然数;③当且仅当有限次使用②生成的都是自然数。只用 3 句话全部说清楚了。

现在我们明白了,递归函数确实能够把各种可计算的问题全部描述清楚,让计算机一步步计算出来。但是,相对于人工智能的研究目标来说,其应用局限性就立马暴露出来了。因为递归函数虽然可计算,但是必须严格按照程序的规定来执行,不可能见机行事、机动灵活地处理问题,更不能通过学习演化来增强自己处理问题的能力。递归函数虽然多种多样,可以任意选择使用,但是程序内存的计算机一旦选择了合适的递归函数,并且把它变成了程序,运行起来的递归函数就是时序自动机了,其内部状态虽然可以无限变化,总归还是一个照章办事的机械工具,根本没有智能可言。

12.5.2 高阶图灵机模型

1. 一阶图灵机的基本结构

要克服图灵机的上述理论局限性,模拟好人类的智能功能,必须对图灵机进行根本性改造,对递归函数进行功能性扩张。这涉及我提出的高阶图灵机模型和泛递归函数概念。首先通过一个双头双带图灵机来过渡(见图 12.12 的左下角)。

根据图灵机原理,双头双带图灵机与单头单带图灵机的计算能力是等价的,不会带来质的变化。这就为我们构造一阶图灵机模型提供了方便(见图 12.11 的右上角)。一阶图灵机由两个单头单带图灵机上下叠加而成,下层的图灵机是直接面对处理对象的操作机,其控制器中有有限非 0 条操作规则,负责控制操作过程的执行;上层图灵机是学习机,其控制器中有有限非 0 条操作规则,负责考查操作机的执行效果,归纳总结新的操作规则,在必要时启动对下层控制器中操作规则的修改完善,所以,它的磁带有两个用途,一是平时考查操作机的工作效果,二是必要时启动对下层控制器中操作规则的修改完善。对于操作机来说,它的第二个磁带是两个图灵机上下公用的沟通媒体,它平时向上汇报工作情况,必要时向下传递修改操作规则的指示。这样一来,操作图灵机中的递归函数再也不是一成不变的僵化函数了,它变成了必要时可以随时修改的泛递归函数。

2. 人类智能需要无限高阶图灵机刻画

我在 1982 年发表了《智能论——关于人脑及其他各种系统中信息处理规律的科学》[HEHC82],正式提出了用人脑智能进化的无限高阶图灵机模型来描述智能进化的能力,它就是一阶图灵机的反复叠加的结果(见图 12.13),每一阶都负责一种智能功能的进化,如学习能力、发明能力、发现能力等。

3. 人工智能追求合理的人-机分工

根据无限高阶图灵机模型,就可以明确人工智能研究的宗旨是进行合理的人-机分工,以便建立正确的人一机关系(见图 12.14)。

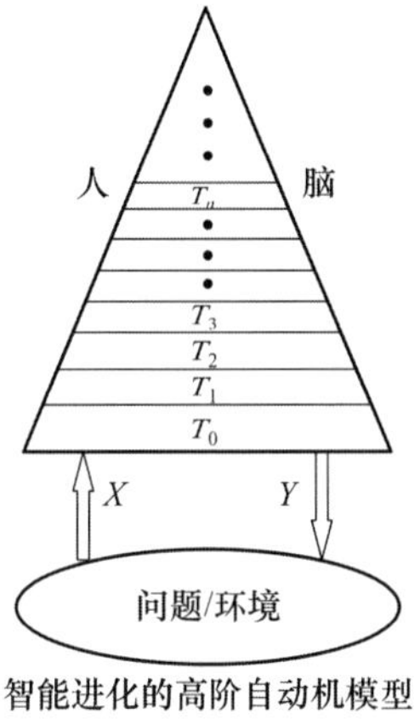

图 12.13 智能的无限高阶图灵机模型

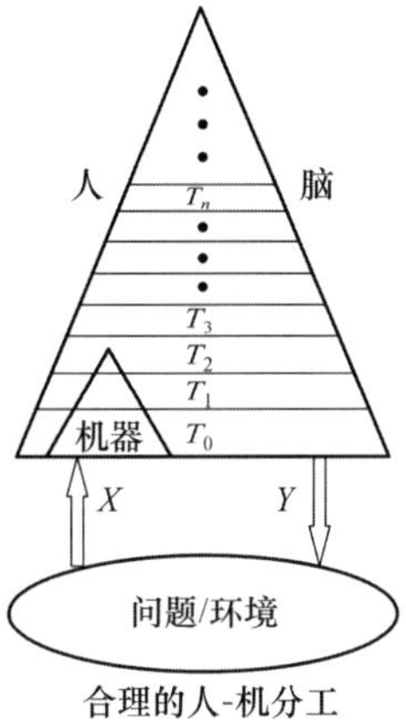

图 12.14 智能模拟需要合理的人-机分工

首先,能够自我学习演化的智能机器只能是一种供人使用的工具,它需要协助人做一部分人希望它做的工作,人始终处在主宰和最终控制的地位。任何用智能机器来完全代替人类、统治人类、更换人种的想法都是彻底错误的,也是做不到的。

其次,不同时期的人-机分工是不同的,这取决于当时的社会需要和科技发展水平,但是,不管分配给智能工具多少智能功能,那都是低层次的一部分功能,高层次的完整功能仍然在人这里,所以,人的主宰地位不会改变。

不管什么时期,人-机关系和人-机分工的总原则是:把一部分低层的信息处理规律已清楚,机器具有优势的功能(如计算速度、大范围搜索比较、有害环境作业等)交给机器去完成,人则保留高层的主宰地位:如最后决策、发现新的规律、发明新的产品、开展各种复杂的创新活动等。

12.5.3 用智能度来评价智能工具的水平

如何定义智能工具的智能水平高低,是一个智能科学必须解决的课题,有了无限高阶图灵机模型和图灵机模型,这个课题就有了参照物,比较容易解决。我曾经提出过一个设想(见图 12.15)。

① 定义无限高阶图灵机模型的智能度为 100,代表最高的智能水平。因为无限高阶图灵机模型是全智能体,它由无限多层图灵机组成,有通过在线学习无限进化的潜能,能够解决面临的所有问题,包括不断涌现的未知问题,所以能够代表人类无限认知过程的总和。

② 定义只能照章办事的单层图灵机的智能度为 0,因为它没有机动灵活性,更没有学习演化能力。

对比逻辑推理范式的差异,这个设想是有现实意义和深刻内涵的。

- 刚性推理范式:具有逻辑上的严密性和推理路径的完备性,推理过程可机械式地、义无反顾地一直进行下去,对有解的理想问题(不管结果是真是假),一定可以获得结果。尽管计算机在无启发式知识的指导下使用会出现组合爆炸,但人类专家可高效地使用它。
- 柔性推理范式:可精确描述现实中的各种不确定性,有针对性地进行推理并获得准确结果,不必因理想化而丢掉许多有用信息。在智能中许多问题的存在价值就在于它包含的某些不确定性,如全部理想化问题就不存在了。反之,柔性推理包含刚性推理,提供合理扩张可以获得,不必推倒重来。

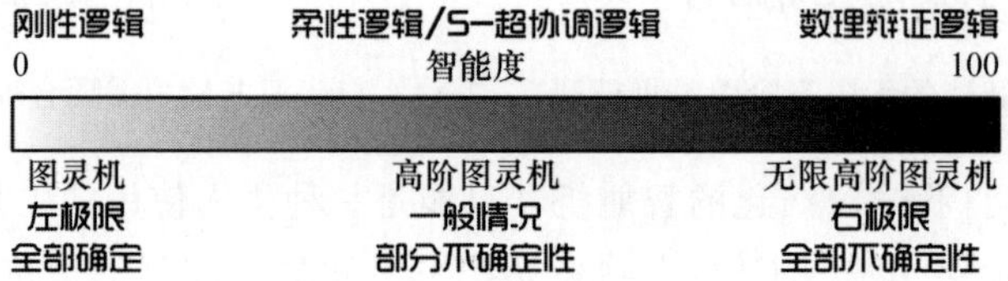

图 12.15　制定智能度标准的一个设想

12.6　展　　望

展望未来十年我国新一代人工智能的发展,我无比兴奋和激动。我国的综合国力已经进入第一梯队,中华民族已经完成了第一个百年的拼搏任务(站起来、富起来、强起来),即将进入第二个百年的大复兴时期。我国的人工智能跟踪阶段已基本结束,正在加速向引领世界潮流的阶段过渡,这是人工智能工作者大显身手的最佳时期,时不待我,稍纵即逝!在结束本章时,我想再给读者交代 3 点。

12.6.1 “洛神计划”

1. 3 个退休老人的殷切希望

2017 年 7 月 20 日国务院发布了《新一代人工智能发展规划》，提出了我国发展人工智能的国家战略，吹响了大力发展人工智能的集结号。《新一代人工智能发展规划》提出：2020 年我国人工智能在技术和应用方面进入国际先进水平；2025 年我国人工智能基础理论研究应当实现重大突破；到 2030 年我国人工智能理论、技术和应用处于国际领先地位。

在这个背景下，《智能系统学报》于 2018 年第一期发表了钟义信、何华灿和汪培庄的 3 篇特约文章，并在编者按中指出[ZNXTXB18]：

受到机械还原方法论分而治之的影响，现行人工智能理论在研究广度上存在“碎片化”、在研究深度上呈现“浅层化”、在研究体系上存在“封闭化”的显著缺陷。作为人工智能基础理论研究的工作者，必须沉下心来，遵循“科学观→方法论→研究模型→研究途径→基础概念→基本原理”这样顶天立地的研究纲领，不在诱惑面前迷茫，不在困难面前退却，坚持长期不懈的艰苦努力，从智能形成的机制、智能的逻辑基础和数学基础三方面同时下功夫，才有可能彻底改变现状，取得颠覆性的突破和里程碑式的创新。

正是遵循了这样的战略，他们长期互相鼓励，互相支持，默契合作，终于产生了这组崭新的“机制主义人工智能理论”“泛逻辑学理论”和“因素空间理论”。其中，“机制主义人工智能理论”是通用的人工智能理论，“泛逻辑学理论”是通用人工智能理论的逻辑基础，“因素空间理论”是通用人工智能理论的数学基础。

他们认为，机制主义人工智能基础理论、泛逻辑学理论和因素空间理论三者有机地融合在一起，将会构成一个完整而普适的人工智能理论体系。因此，在本刊发表上述 3 篇论文的基础上，作者们将进一步展开合作，致力于“智能—逻辑—数学”三者之间的深度融合。

2. 洛神计划的形成

的确，我们 3 个 80 岁上下的退休老人，没有了职务考核的压力，没有了日常事务的困扰，有的是前半生的经验和教训，有的是清醒的头脑和大把的时间，于是 20 年如一日地扎入人工智能基础理论研究之中。不图名，不图利，只图回答心中挥之不去的“为什么”，没想到，赶上了国家《新一代人工智能发展规划》的出台，赶上了 2025 年我国人工智能基础理论研究应当实现重大突破；赶上了到 2030 年我国人工智能理论、技术和应用处于国际领先地位。这让我们看到了今生今世还能重新为国效力的机会！

说实在的，我们 3 人已经没有带领大型团队去实现新一代人工智能研究计划的能力，但是我们有足以引领世界潮流的人工智能基础理论创新，它是在中华文明的基础上涌现出来的现代成果，西方人的思维定式还没办法立刻跟踪上来。所以，我们在北京邮电大学人工智能研究院和北京格分维公司的支持下，把“机制主义人工智能理论”“泛逻辑学理论”和“因素空间理论”继续深度融合在一起，制订了一个“洛神计划”，希望国家领导人能够看到并采纳，像“两弹一星”那样成为国家战略的重要组成部分。

通俗地讲，“洛神计划”是一个全民都可参与的智能工程，首先建立一个全国性的“洛神计划开发中心平台”，供全国各地各行各业的人开发自己的人工智能系统使用。平台的设计原理是“机制主义人工智能理论”，其中没有学派差异，全部按照智能的生成机理来设计和工作。如同天下所有的父母亲生孩子一样，不是预定生一个数学家还是臭皮匠，而是生一个具有智能生成机制的婴儿，让他在后天发育中去学习成长，成为一个专门人才。另外，所有的知识和信息都是“语法、语义和语用”三位一体的结构，如同《本草纲目》一样的知识表示，如同《百科全书》一样的知识结构体系，与中国人的思维方式和描述习惯高度契合，对建立和使用知识库都非常方便。平台中使用的逻辑体系是“泛逻辑学理论”，它可无差别地统一支撑各种经验性知识推理和人工神经网络的信息变换过程，不必因为到底使用什么逻辑为好而伤透脑筋。智能形成的核心动力是认知主体的主观能动性，智能主体为达成自身的目的，才会去机动灵活地办事，迂回地接近目标，通过学习演化把事情解决得更加简单快捷。所以“洛神计划”需要“因素空间理论”来实现目标牵引，用目标因素去发现关联关系中的原因因素，从而把十分复杂的关联关系网络简化成相对简单的因果关系树，把仍然复杂的因果关系藤分割成若干个相对简单的因果关系树等。总之，“洛神计划”是特别亲民（亲中华民族的思维传统，特别是亲中医药的理论和方法）的关于人工智能研究、开发、推广的计划，每一个中国人按照自己的专业特长、思维习惯和兴趣爱好，都可以无障碍地参加到“洛神计划”中来，希望读者关注“洛神计划”的进展。

下面介绍超长位进位直达计算协处理器和泛逻辑运算协处理器，它们都是将现行计算能力进行数量级提升的杀手锏技术。

12.6.2 超长位进位直达计算协处理器

金翊研究团队在研究三值光计算机时，发现利用三值信息处理器来完成二值加（减）法运算，可以在 3 个周期内出结果，没有二进制加（减）法运算时的进位延迟困扰，这就是三步式 MSD 加法器。反过来试验，不用光三值信息处理器，而用现在的芯片组成三值信息处理器，仍然可以实现三步式 MSD 加法器，这意味着，现在的计算机不必困在 64 位运算器内止步不前，因为许多特殊的计算场景迫切需要百位甚至是几百位的计算，如加密解密运算、高精度数字运算等。有了三步式 MSD 加法器，就可以不必改变现行计算机的整体设计，只要增加一个协处理器——超长位进位直达计算协处理器——即可。

12.6.3 泛逻辑运算协处理器

命题泛逻辑的最大优点是它包含了命题级柔性信息处理所需要的全部算子，不管是逻辑推理使用，还是神经元使用，它都能按照需要生成出来，所以可以无差别地应用到各种应用场合，这对新一代人工智能研究来说是非常宝贵的性质，以往的人工智能系统几乎全部为逻辑所困：已知的逻辑不可靠，可靠的逻辑没处找！可是，命题泛逻辑的最大缺点是它的计算过程十分复杂，比传统逻辑的比较大小、加减乘除取限幅要复杂几个数量级，是开方、乘方、取极限层面的复杂计算过程，这是一般逻辑工作者无法接受的数学难题。所以，我们一开始就注意了开发专门的泛逻辑运算仿真软件，一方面为研究提供支持，另一方面为使用提供方便。我们也想到了，如果有一天泛逻辑在人工智能系统中普遍推广使用，这个缺点不解决，将是一个绕不过去的拦路虎。所以，我们在 2001 年就开始了用模拟电路实现泛逻辑运算的探索，并获得了正面的结果[QIHAIY99, CHENH01]。

现在，可以研究用模拟电路芯片来实现泛逻辑运算模型完整簇的计算过程，目标是在现有计算机硬件结构的基础上，增加一个专门完成泛逻辑运算的协处理器，即在数字计算机中专门插入模拟的协处理器，负责快速完成泛逻辑运算，用专门的宏指令启动计算并获取结果。

现在的电子数字计算机几乎接近其性能极限，有人主张新一代人工智能要建立在新一代计算机上。能搞出新一代计算机当然很好，但升级换代谈何容易，至少是十年之后！立足于最近十年，现有的电子数字计算机无须大的修改，只要增加超长位进位直达计算协处理器和泛逻辑运算协处理器，就会如虎添翼，有效地支撑新一代人工智能的历史性跨越，支撑全民“洛神计划”的早日实现。

第 13 章　S-型超协调逻辑简介

纵观数学和科学的发展历史不难发现，某论域 U 上一个理论体系 T 的成熟标志是其内部协调性的形成，而这种协调性的出现必须依靠以下两个条件来共同完成：①该论域 U 上无须证明的公理系统 $S=\{s_i|i=1,2,\cdots,n\}$ 已经归纳提出；②从 S 出发进行的形式演绎推理，其目标是推出 U 内的全部已知和蕴含存在的真命题 $t_j,j=1,2,\cdots,m$，它们共同组成了理论体系 $T=\{s_i|i=1,2,\cdots,n\}\cup\{t_j|j=1,2,\cdots,m\}$。只要 S 内部没有矛盾，形式逻辑就可保证 T 内部的自圆其说，没有矛盾，这就是近现代科学工作者已十分熟练掌握的公理化方法。但大多数数学家却忽略了数学发展的另一个重要规律：任何一个数学理论体系的跨越式扩张，一定是由于发现了域外的不协调数学对象所引发的。当这种域外不协调性偶然被发现时，受到封闭性思维惯性约束的一些数学(科学)家们，感到巨大的困惑和恐慌，误以为在理论体系内部出现了无法克服的“悖论”，即将导致本理论体系的彻底崩溃，故称为“理论危机”。其实，“危”和“机”同时并存，这是事物发展的辩证法：论域内部协调性的形成是一个理论认识达到成熟阶段的标志；而论域外部不协调性的发现，则是人类的理论认识进入跨越式扩张阶段的提示信号。在整个理论体系的发展过程中，公理化方法的引入明确把理论的完善和理论的扩张分成了完全不同性质的两个发展阶段，两者相辅相成、不可或缺。不然人类的理论认识就会因为公理化方法的引入而陷入局部极值域，造成停滞不前、故步自封的恶果。当然，对于以往的数学家来说，这种局部极值现象是几百年一遇的稀罕事件，绝大部分人一生都不一定会遇上，大可不必去理会它。但今天的情况完全不同了，对于从事计算机、自动化和智能科学技术的工作者来说，局部极值现象是他们职业生涯中时刻需要面对的挑战和恶魔，及时发现和跳出局部极值域是他们必须尽快完成的职责。在信息时代，量变到质变、否定之否定、螺旋式上升、波浪式前进等事物发展的辩证过程正在通过互联网、大数据和云计算，大规模高速度地呈现在人们面前，已经不是只有历史学家才会有的感慨。在这样的时代背景下，当今的数学家怎么还能继续安睡在自己的局部极值域中！

本章介绍张金成创立的 S-型超协调逻辑，将从论域的封闭性和逻辑操作的开放性这一对辩证矛盾的高度，深入阐述人类整个理论认识的辩证发展规律，它对读者开阔眼界，树立辩证发展的科学观和逻辑观十分重要。作者在引言中先介绍一些背景情况，以利于读者掌握其思想精华。

13.1　引　　言

13.1.1　公理化方法带来的新问题

1. 公理化思想的出现和完善

下面从两千多年以前开始回溯上万年的数学形成时期，分别诞生于古埃及、古巴比伦、古印度和古中国的所有“数学知识”，都是一些零星分布的直接观测结果，或实际操作经验的归纳总结，数学理论处在兼收并蓄的原始积累状态，各种经验性知识都可收纳包容进来，彼此间并未形成有严格因果关系的演绎链条，无所谓协调一致和矛盾冲突。是后起之秀的古希腊人泰勒斯(Thales，公元前 624—前 547)倡导数学定理的逻辑证明，才逐步用形式逻辑把各种已知知识组成一些松散的演绎链条，部分知识之间可用明确的因果关系联系起来。直到欧几里得(Euclid，公元前 325—前 265)《几何原本》的出现，开创了在公理系统的基础上用形式逻辑演绎构成严密的数学理论体系的先河，标志着公理化的数学理论体系正式出现。一个数学理论 T 必须建立在一个确定的封闭论域 U 上，如果在 U 上的原始知识库 K_0 已包含了足够丰富和完整的经验性知识，就可从 K_0 中精选出极少量的原始知识 k_{0i} 作为无须证明的公理组成公理系统 $S=\{k_{0i}\mid i=1,2,\cdots,n\}$，然后从 S 出发，利用形式逻辑进行演绎证明，即可形成一个完整的因果关系链条(即常说的理论体系) T，T 不仅能把 K_0 中已知的原始知识全部串在一起，且能把 K_0 中没有但逻辑上已经蕴含于 S 中的全部“未知知识”都挖掘出来。这是数学发展史上一个前所未有的巨大进步，对后来的数学和科学理论发展有决定性影响，特别是 1899 年希尔伯特(Hilbert，1862—1943 年)针对《几何原本》中各种不严谨的问题，在《几何基础》中重新提出了一个完整的欧氏几何公理系统，并提出了组成公理系统的三原则(独立性、相容性、完备性)，建立了完整的公理系统理论。至此，公理化的形式演绎系统已成为构造数学理论体系的唯一范式，并成为现代科学理论体系的标准结构范式，影响深远。

世间事物都是一分为二的，有得必有失。数学理论体系的公理化在喜获内部协调性的同时，也失去了兼收并蓄的开放性，协调性限制了论域之外其他属性知识的随便进入(如"三角形三内角之和 $s<180°$"的知识就不能进入欧几里得几何)。数学家们逐步陷入封闭性思维的定势中,并用无定义(⊥)来规避论域外出现的不同性质,最终忘却了"数学知识"具有开放性的古老经验,这就是后来数学在封闭性发展的道路中,各种"悖论"和"理论危机"频现的思想根源。人们不禁要问:公理化系统是一切客观真理的生成器吗?一个数学(科学)一旦公理化了,它就无所不能、无所不包吗?能被它证明的命题都是客观真理,不能被它证明的命题都是谬误吗?"从实践中抽象出来,再回到实践中去进行检验"的循环往复过程还是研究和建立数学(科学)理论的基本原则和方法吗?这是一组十分复杂的科学哲学论题,若要从正面来论述需要漫长的篇幅和诸多视角的配合,不是本书的使命。所以作者仅举两个数学上的反例(几何论域的多样性和数学运算的论域开放性)从反面进行论述。

2. 客观世界中论域 U 的多样性必然导致公理系统 S 的多样性

众所周知,在整个宇宙的时空范围内,客观世界并不是各向同性的,在不同的时空范围内会有完全不同的基本属性,需要用不同的公理系统来刻画。例如,现代几何学已证明,客观世界中存在无穷多种不同基本属性的可能空间,需要用无穷多种几何来描述,不同几何的公理系统必然不同。最典型的几何理论体系有 3 种:

① 与线性空间(各向同性)对应的是欧氏几何,其公理系统规定过直线外一点只能作一条直线与该直线垂直($n=1$),两平行线永远不相交、三角形三内角之和 $s=180°$是其中的两个重要性质;

② 与非线性空间(各向异性)中的双曲空间对应的是罗氏几何,其公理系统规定过直线外一点不能作直线与该直线垂直($n=0$),两平行线在无穷远处发散、三角形三内角之和 $s<180°$是其中的两个重要性质;

③ 与非线性空间(各向异性)中的拟球面空间对应的是黎曼几何,其公理系统规定过直线外一点可作两条以上直线与该直线垂直($n\geqslant 2$),两平行线在无穷远处相交、三角形三内角之和 $s>180°$是其中的两个重要性质。

根据上述几何学研究成果可进一步归纳出以下具有普遍意义的结论。

① 在逻辑上互不矛盾的一组假设都能组成一个公理系统,用于描述一个可能世界(不一定是已知的客观世界)的基本属性,公理系统对外没有排他性,它只在论域内部具有约束力。

② 在一个公理系统中,有一部分公理是专门涉及无穷的,称为无穷公理;其他的公理称为非无穷公理。横向比较各种不同的公理系统,其差别主要是它们的无穷公理不同,而非无穷公理都基本相同或等价[ZHANJW99, DAICHY11, MSJAP84]。

3. 数学运算(逻辑操作)的论域开放性

如果在一个公理化理论体系内发现了既不能证明它为真,也不能证明它为假的命题,它到底是什么? 众所周知,公理系统只对论域内的数学对象有约束作用,而对于论域外的数学对象没有任何约束。但数学的发展过程反复揭示出一类事实:明明是在论域内部进行的数学运算(或逻辑操作),却得出了论域之外的意外结果。这类事实揭示有一条数学规律存在:在论域内定义的某些数学运算(或逻辑操作),却具有论域开放性的特质。可是长期以来数学家们并没有对这个提示产生兴趣,他们对于这类“跨界”行为的做法是用无定义(⊥)来人为地规避,以确保运算的论域封闭性。如某种原因让你没有发现这种“跨界”行为,仍然把它当成论域内的正常对象来证明,就必然会出现既不能证明它为真,也不能证明它为假的异常结果,于是“不可排除的悖论”和“数学理论危机”就这样被“意外地发现”了。

根据 S-型超协调逻辑的创立者张金成的研究,这个在公理化理论体系内既不能证明它为真,也不能证明它为假的命题其实是“域外不封闭项”,它不是所谓的“悖论”,而是本数学理论已进入跨越式扩张阶段的提示信号。可是受到封闭性思维习惯的影响,每当一个“域外不封闭项”被意外发现时,数学家们都会处于欲排除异己而又无能为力的矛盾状态,不知所措地陷入困惑、恐慌和理论危机之中。在强烈的“数学地震”面前,没有数学家能重新回想起古老的“开放性思维”传统,大胆地到论域外去寻找形成“地震”的成因,而是如鱼刺在喉,欲简单地强力排除而后快。在漫长的“解悖”过程中,仅个别具有突破“封闭性思维”勇气和辩证处理问题才能的数学巨匠,才有胆量承认这个在域外发现的新数学对象,扩大数学的研究视野和论域,创立范围更加宽广的新数学理论。至此这个所谓的“悖论”才算获得解决,“数学理论危机”的阴影才算消除。但是,只要“封闭数学”(即认为本数学理论已包含了世上所有的数学对象)的思维惯性仍然存在,只要形而上学的思想仍在绝对统治数学,新的所谓“悖论”还会再次出现,“数学理论危机”仍然会时有发生,它会一直困扰着公理化数学发展的全过程。

结束这一“被动挨震”局面的唯一出路是让数学家走下神坛,走出象牙塔,投身于火热的现实生活中去。智能化时代不同于工业化时代,它要求数学家和科学技术工作者必须面对现实问题中的各种辩证矛盾和不确定性,广泛接受辩证思维和辩证逻辑,承认理论体系的封闭性只是针对公理系统内部而言的,人类的理论认识其实是一个“跨越式发现新的规律→公理化完善理论体系→再跨越式发现新的规律→再公理化完善理论体系→…”的开放辩证发展过程,任何具体的理论认识都不可能一蹴而就。所以,在公理化发展的任何一个具体阶段,只要出现了“已经包容天下”的狭隘排外思想,都会出现“悖论”和“理论危机”的恶果。

13.1.2　S-型超协调逻辑的思想精华

现在,张金成的研究成果改变了这种“被动挨震”的局面,他在数学和逻辑中引入了辩证思维，通过 S-型超协调逻辑，用开放的心态主动把人们的视角从已知的封闭论域 U 内引到未知的封闭论域 U 外，让大家认识到在数学中制造大地震的所谓“悖论”不过是无害的“域外不封闭项”而已。通过对 S-型超协调逻辑的学习，可掌握在传统数学和逻辑中不曾有过的新思想精华[HEHUAC14]。

1. 数学运算和逻辑操作的论域开放性

在论域 U 上建立的公理化理论体系是一种封闭性数学，它要求其中定义的任何运算 $y=f(x_1,x_2,\cdots,x_n)$ 都必须是一个从 $U^n\to U$ 的映射，即参与运算的所有输入变量都应该是 U 中的元素，运算的输出变量也只能是 U 中的元素，否则，这个运算无定义($\perp$)。但是，从运算 $y=f(x_1,x_2,\cdots,x_n)$ 的内在特质看，它本质上不会受这种论域封闭性的约束。例如，在正整数及其比值(正有理数)的论域 U_1 上定义的四则运算(包括平方和开方运算)，可生成 U_1 之外的 0、负数、虚数 $\mathrm{i}=\sqrt{-1}$ 和无理数 $\sqrt{2}$；在实数论域 U_2 上定义的四则运算(包括指数运算)，可生成 U_2 之外的复数 $a+\mathrm{i}b$ 等。

于是，一个奇特的现象出现了：在聪明的人从事最严格的以追求完美为己任的数学研究过程中，两千多年来曾经引起多次大小不同的“理论危机”，每次都持续了百年甚至数百年之久才得以解决，这说明每次理论危机都确实难倒了几代数学家们。与之相反的是，一般没有受过多少教育的人都有这样的日常经验：人对一个事物的认识总是从局部到全体、从简单到复杂、从表面到深入、从具体到抽象的逐步完善过程，不可能一步到位。所以，他们对异常现象的出现不仅没有恐惧，而且十分好奇和兴奋，总想探索它到底是什么。为什么会形成如此巨大的思想落差？现在看来不是一般人错了，而是数学家们的思想信念存在缺陷，他们总相信自己建立或掌握的公理化数学理论体系是一个“放之四海而皆准”的普遍真理，忘却了公理化理论的相对真理性，他们手中掌握的公理化理论体系只是相对于本公理系统正确的数学真理，是否是客观真理，取决于这个公理系统是否与某个客观世界的基本属性一致：一致了这个数学真理就是这个客观世界的客观真理，否则就什么都不是！如果没有这样的数学观，把数学真理混同于绝对正确的客观真理，一旦出现了本来是域外不封闭项，就会不自觉地当成域内的反例，这是数学家们数学观不正确的必然结果。数学就是数学，它不是高高在上统领一切真理的绝对真理。其实，出现域外不封闭项的公理化理论体系本身并没有错，只是它管不了领域之外的数学对象，铁路警察各管一段嘛！辩证地看，如果一个公理化理论体系的论域不封闭，什么数学对象都可以进来参与演绎，结果必然是矛盾重重，根本建立不起来。反之，如果把公理系统描述的某个论域当成了数学视野的全部，不再关心其外部数学对象的存在，甚至排斥不同于域内对象的异常性质，那就只能不断地被数学运算(逻辑操作)的论域开放性特质拖着“被动挨震”了。近现代数学发展了两千多年，我们应该从接连不断的“悖论”和“理论危机”中清醒过来，认清本质，总结规律，更加从容地去面对未来。

2. 三分论域普遍存在

在自然界和科学理论中，存在大量的三分论域现象。如数学中有大于 1 的正整数域和小于 1 的正小数域，它们以特殊域{1}为分界线；有正数域和负数域，它们以特殊域{0}为分界线。在论域 U 上，谓词 $P(x)$ 的满足不仅有{永真公式}和{永假公式}这两种极端状态，还有{半真半假公式}的中间过渡状态；人的身体状况不仅有{健康}和{生病}两种极端状态，还有形形色色的{亚健康}状态；现代物理学已证实，在大家熟悉的{正物质世界}之外，还存在一个陌生的{反物质世界}，这两个世界之间被一个未知的{过渡空间}隔离，一旦正物质和反物质穿过过渡空间并相遇，就会一起湮灭，转化为能量。如此等等，不胜枚举。

3. 不封闭演算的普遍存在

自然数域上减法运算的不封闭性导致负数的产生；整数域上除法运算的不封闭性导致分数的产生；有理数域上开方运算的不封闭性导致无理数的产生；实数域上负数开平方运算的不封闭性导致虚数的产生；实数域上无穷运算的不封闭性导致超实数的产生等。张金成发现二分域上的自指代运算都是不封闭演算，都会产生不封闭项（域外项）。函数 $y=f(x)$ 如果是正、反域上的一个映射，则自指代 $x=f(x)$ 运算一定是不封闭演算，自指代方程 $x=f(x)$ 的解一定是不封闭项。不封闭项相对于域内项已经发生了变异。这是很多数学悖论产生的根源。

4. 域外不可判定命题普遍存在

当一个已知论域可被分割成正集合、反集合时，不封闭项是一个已知论域外的第三域，用标准逻辑描述，这时由于命题的二值性，只会产生悖论，不封闭项的逻辑意义被完全掩盖。不封闭项已经超出了标准逻辑的约束范围，如果把标准逻辑的命题范围自觉或不自觉地推广到域外不封闭项上，就会发现它是域外不可判定命题。

5. 所谓的“悖论”普遍存在

把在域外不封闭项上出现的域外不可判定命题自觉或不自觉地拉回到域内，用标准逻辑去解读它，就会出现所谓的“悖论”。其实，这些“悖论”并不威胁标准逻辑在域内的正常使用，问题仅是数学家错误地将标准逻辑用到了域外不可判定命题上，是一种处理不当造成的假象，根本不会导致现有理论体系的崩溃。通过改变数学家对域外数学对象的排斥心态，在思想上主动接纳这个新发现的数学对象并认识其基本性质，扩大数学研究的论域，建立新的数学理论等一系列步骤，完全可包容这个域外不封闭项，把它变成新理论体系中的域内不封闭项。在这个新的数学理论中，老的所谓“悖论”自然会消失，一切问题都可以解决！

需再次强调，数学发展史已反复证明，如果一个数学家没有开放的眼光，仍然坚持封闭性思维的习惯不改变，就算是他认可了某个数学巨匠创立的新数学理论体系，由于新的理论体系仍然具有论域封闭性和运算开放性特质，必然会在某一天重新发现新的域外数学对象，到时新的“悖论”仍会再现。现在是轰轰烈烈的智能化时代，简单的机械运动过程研究已经成为过去式，开放的复杂性演化系统的发展规律研究成了当代的基本科学问题，一个时代有一个时代的标志性数学理论，现在是数学家们大显身手的时候了，请大家积极投身到火热的智能革命中去，深入研究现实问题中的各种不确定性和辩证矛盾，研究智能主体的主观能动性和机动灵活处理复杂问题的能力与规律等。智能时代发展成熟的标志应该是智能数学的成熟和普遍应用。

还悖论以“域外不可判定命题”的本色是张金成的重大发现和理论贡献，他真正找到了形成悖论的逻辑根源和解悖方法：悖论是认识上的逻辑错觉，它在逻辑上是无害矛盾，无须排除，悖论应该被包容到更大的理论体系之中。数学史和逻辑史将记下张金成的这一重大发现和理论贡献！

6. 不可无视域外不封闭项的存在而盲目使用反证法

原因十分简单，因为张金成的研究已经阐明，域外不封闭项的存在会形成三分论域，而反证法的使用前提是必须二分论域，满足非此即彼的严格约束。数学界在这方面应认真地清理和反思历史上因为情况不明而盲目使用反证法的有关证明结论，该推翻的要推翻，该重写的就重写，不能因为今天的小人物推翻了历史上著名数学家的定论而畏缩不前。

例如，英国著名的哲学家、数学家、逻辑学家，分析哲学的主要创始人罗素(B. A. W. Russell，1872—1970 年)，他是罗素悖论的发现人，曾经为这个悖论困惑了两年而一筹莫展，后来提出的解悖方案不妥，让集合论损失了大片疆域(循环集合)；德国数学家康托尔(G. F. L. P. Cantor，1845—1918 年)，他是集合论的创始人，面对周围同事和老师的坚决反对，孤身一人勇闯无人区，取得了许多成功经验，也留下了无穷公理上的一些失误；捷克数理逻辑学家哥德尔(K. Gödel，1906—1978 年)，其不完备定理是 20 世纪最具启发性的思想发现之一，但是因为当时没有域外不可判定命题的概念，所以他的证明没有抓住本质。由此可见，这些数学大家都是因为发现了域外不可判定命题而不知其为何物，选择了一些不太准确或者错误的途径，获得了一些不太准确或者错误的结论。

历史的发展规律就是长江后浪推前浪，数学也只有在不断地去伪存真、由表及里、从现象到本质的过程中，才能不断地破浪前进。

7. 对现行公理集合论的修改建议

近现代数学有一个遗憾的大问题一直没有得到很好的解决：从应用角度看，微积分很好用，标准分析和非标准分析也很好用，但是从理论角度看，它们的逻辑基础都不牢固，存在各种漏洞，争论不休几百年，没完没了。这涉及数学的基础理论《公理集合论》的合理性问题，主要是“无穷公理”所描述的“无穷概念”到底是什么：

它是“各向同性”的？还是“各向异性”的？数学实践已经证明，试图把“无穷”概念中可能有的所有属性都包含在一条公理之中，结果必然顾此失彼，矛盾重重！为此，张金成提出了用两个不同的“无穷集合公理”来二分现有的《公理集合论》(非无穷公理相同或者等价)的建议，十分类似于欧几里得几何和非欧几何中平行线公理的差别。是否可行？请同行们批评指正。

下面请看张金成的 S-型超协调逻辑的精彩论述。

13.2　悖论是逻辑演算的不封闭项

13.2.1　自指代与悖论

悖论是相互矛盾命题的自指代运算，这种自指代运算一定产生不封闭项，悖论就是这种不封闭项引起的错觉，我们将这个不封闭项定义为域外项。

定义 13.2.1　正集、反集。

设性质 P 是对集合 $U=\{x_1,x_2,\cdots,x_i,\cdots\}$ 的一个二项划分，满足

$$+\alpha=\{x\mid P(x)\wedge x\in U\},\quad -\alpha=\{x\mid \neg P(x)\wedge x\in U\},\ U=+\alpha\cup-\alpha$$

① 满足性质 P 的元素组成的集合叫作正集，命题 $P(x)$ 在其中成立，记为 $+\alpha=\{x\mid P(x)\wedge x\in U\}$，正集中的元素叫正项。

② 不满足性质 P 的元素 x 组成的集合叫作反集，命题 $\neg P(x)$ 在其中成立，记为 $-\alpha=\{x\mid \neg P(x)\wedge x\in U\}$，反集中的元素叫反项。

例 13.2.1　整数上的正、反集。

设 $U=\{\cdots,-2,-1,0,1,2,\}=J$，即全体整数集合，设 $P(x)$：x 是偶数，则 $P(x)$ 对 U 是一个二项划分。

正集：偶数集合，即 $+\alpha=\{x\mid x=2n,n\in J\}$。

反集：奇数集合，即 $-\alpha=\{x\mid x=1-2n,n\in J\}$。

定义 13.2.2　正反集合上的映射。

设 $U=+\alpha\cup-\alpha$，f 是从正集合 $+\alpha$ 到反集合 $-\alpha$ 的映射，$y=f(x)$，若 $x\in+\alpha\rightarrow f(x)\in-\alpha$，记为 $f:+\alpha\rightarrow-\alpha$，若 $f:+\alpha\rightarrow-\alpha$ 为双射，记为 $f:+\alpha\approx-\alpha$。

例 13.2.2　正、反集上的双射函数。

设 $U=\{\cdots,-2,-1,0,1,2,\}=J$，即全体整数集合，设 $P(x)$：x 是偶数，则 $P(x)$ 对 U 是一个二项划分。

$$+\alpha=\{x\mid x=2n,n\in J\},\quad -\alpha=\{x\mid x=1-2n,n\in J\}$$

正反集合双射函数是 $f(x)=1-x$，$f:+\alpha\approx-\alpha$，$x\in+\alpha\leftrightarrow f(x)\in-\alpha$。

定理 13.2.1 正反集合对偶变换定理。

设全集 $U=\{x_1,x_2,\cdots,x_i,\cdots\}$ 是一个已经定义的集合，U 可以二分成正反对称集合 $U=+\alpha\cup-\alpha$，$+\alpha=\{x|P(x)\}$，$-\alpha=\{x|\neg P(x)\}$，如果性质 P 是 U 上的一个二项划分，对任意一个 $x^2<2$，x 满足性质 P，$f(x)$ 满足性质 $\neg P$，正、反集上的双射关系 $f:+\alpha\approx-\alpha$。$x\in+\alpha\leftrightarrow f(x)\in-\alpha$，则对 $x\in U$，有 $P(x)\leftrightarrow\neg P(f(x))$。

证明：

① $\vdash x\in+\alpha\leftrightarrow f(x)\in-\alpha$ ………………………… $f:+\alpha\approx-\alpha$ 是双射关系。

② $\vdash x\in+\alpha\leftrightarrow P(x),f(x)\in-\alpha\leftrightarrow\neg P[f(x)]$ ……………………… 由定义。

③ $\vdash[P(x)\leftrightarrow\neg P(f(x))]$ ……………………………………………………… ①②。

④ $\vdash[x\in+\alpha\leftrightarrow f(x)\in-\alpha]\leftrightarrow[P(x)\leftrightarrow\neg P(f(x))]$ ………………… ①③。

所以，本定理成立。 ▌

例 13.2.3 正反集合对偶变换。

设 $U=\{\cdots,-2,-1,0,1,2,\cdots\}=J$，即全体整数集合，设 $P(x)$：x 是偶数，则 $P(x)$ 对 U 是一个二项划分。

$$+\alpha=\{x|x=2n,n\in J\},\quad -\alpha=\{x|x=1-2n,n\in J\}$$

正反集合双射函数是 $f(x)=1-x$，$f:+\alpha\approx-\alpha$，$x\in+\alpha\leftrightarrow f(x)\in-\alpha$，$P(x)\leftrightarrow\neg P(f(x))$。

定义 13.2.3 自指代方程。

一般地，函数 $y=f(x)$，$x\in\mathbf{R}$，如果用 x 取代 y，得函数方程 $x=f(x)$，则我们把 $x=f(x)$ 叫作 $y=f(x)$ 的自指代方程。

例 13.2.4 函数自指代方程。

设 $U=\{\cdots,-2,-1,0,1,2,\cdots\}=J$，即全体整数集合，设 $P(x)$：x 是偶数，则 $P(x)$ 对 U 是一个二项划分。

正反集合双射函数是 $f(x)=1-x$，则 $f:+\alpha\approx-\alpha$，$x\in+\alpha\leftrightarrow f(x)\in-\alpha$，$x=f(x)$，$x=1-x$ 是自指代方程。

定理 13.2.2 悖论的一般形式。

设全集 $U=\{x_1,x_2,\cdots,x_i,\cdots\}$ 是一个已经定义的集合，U 可以二分成正反对称集合 $U=+\alpha\cup-\alpha$，$+\alpha=\{x|P(x)\}$，$-\alpha=\{x|\neg P(x)\}$，如果性质 P 是 U 上的一个二项划分，对任意一个 x，x 满足性质 P，$f(x)$ 满足性质 $\neg P$，正、反集上的双射关系 $f:+\alpha\approx-\alpha$。

当 $x=f(x)=x_p$ 时，即 x_p 为不动项时，有 $P(x_p)\leftrightarrow\neg P(x_p)$ 就表现为悖论。

证明：

根据“正反集合对偶变换定理”：

① $\vdash[P(x)\leftrightarrow\neg P(f(x))]$ ………………………… $x\in+\alpha\leftrightarrow f(x)\in-\alpha$；

② $\vdash P(x_p)\leftrightarrow\neg P(x_p)$ ……………………………………… ①，$x=f(x)=x_p$。

在“正反集合对偶变换定理”$P(x)\leftrightarrow\neg P(f(x))$中，$x\in+\alpha$，$f(x)\in-\alpha$，这并不矛盾，但是，当 $x=f(x)=x_P$ 时，即 x_P 为不动点时，有 $P(x_P)\leftrightarrow\neg P(x_P)$，设 $P(x_P)\leftrightarrow A$，则 $A\leftrightarrow\neg A$，即为悖论。

所以，本定理成立。 ▌

例 13.2.5　整数集合上的悖论形式。

设 $U=\{\cdots,-2,-1,0,1,2,\cdots\}=J$，即全体整数集合，设 $P(x)$：x 是偶数，则 $P(x)$对 U 是一个二项划分。

$$+\alpha=\{x\mid x=2n,n\in J\},\quad -\alpha=\{x\mid x=1-2n,n\in J\}$$

正反集合双射函数是 $f(x)=1-x$，f：$+\alpha\approx-\alpha$，$x\in+\alpha\leftrightarrow f(x)\in-\alpha$，$P(x)\leftrightarrow\neg P(f(x))$。

当 $x=f(x)$，$x=1-x$，$x=x_P$ 时，由于 $x_P=f(x_P)$，这就形成了类似悖论的命题 $P(x_P)\leftrightarrow\neg P(x_P)$。

13.2.2　逻辑演算的不封闭性

定义 13.2.4　逻辑演算的不封闭性。

设 $U=\{x_1,x_2,\cdots,x_i,\cdots\}$是某一种一元运算或多元运算$\odot$的定义域。

若 $\forall a\in U$，$\forall b\in U\Rightarrow a\odot b\in U$，那么，$U$ 对运算$\odot$是封闭的。

若 $\exists a\in U$，$\exists b\in U\Rightarrow a\odot b\notin U$，那么，$U$ 对运算$\odot$是不封闭的。

例 13.2.6　自然数集合上演算的不封闭性。

设 $N=\{0,1,\cdots,n,\cdots\}$，因为

$$\forall a\in N,\quad \forall b\in N\Rightarrow a+b\in N$$

$$\forall a\in N,\quad \forall b\in N\Rightarrow a\times b\in N$$

所以，N 对加法运算、乘法运算都是封闭的。因为

$$2\in N,\quad 7\in N\Rightarrow 2-7\notin N$$

$$2\in N,\quad 7\in N\Rightarrow 2/7\notin N$$

所以，N 对减法运算、除法运算都不是封闭的。

例 13.2.7　有理数集合上演算的不封闭性。

设 Q 是有理数集合，因为

$$\forall a\in Q,\quad \forall b\in Q\Rightarrow a-b\in Q$$

$$\forall a\in Q,\quad \forall b\in Q\Rightarrow a/b\in Q$$

所以，Q 对减法运算、除法运算都是封闭的。因为

$$2\in Q\Rightarrow\sqrt{2}\notin Q$$

$$-3\in Q\Rightarrow\sqrt{-3}\notin Q$$

所以，Q 对开平方运算不是封闭的。

定义 13.2.5 域外项。

设 $U=\{x_1,x_2,\cdots,x_i,\cdots\}$ 为一个集合，映射 $f:U\to U$，满足方程 $x=f(x)$ 的解是 x_0，若元素 $x_0\in U$，则元素 x_0 叫域外项。域外项的本质是演算的不封闭项。

定理 13.2.3 正反集合上自指代运算的不封闭性定理。

设全集 $U=\{x_1,x_2,\cdots,x_i,\cdots\}$ 是一个已经定义的集合，U 可以二分成正反对称集合 $U=+\alpha\cup-\alpha$，$+\alpha=\{x|P(x)\}$，$-\alpha=\{x|\neg P(x)\}$，如果性质 P 是 U 上的一个二项划分，$f:+\alpha\approx-\alpha$ 是正、反集上的双射函数，对任意一个 x，x 满足性质 P，$f(x)$ 满足性质 $\neg P$，则：

(A) $x\in U\vdash P(x)\leftrightarrow\neg P(f(x))$；

(B) 当 $x=f(x)=x_p$ 时，$P(x_p)\leftrightarrow\neg P(x_p)$ 就表现为悖论；

(C) 如果 U 上的演算是一致的，那么项 x_p 是域外项，即 $x_p\notin U$。

证明：

① $x\in U\vdash x\in+\alpha\leftrightarrow f(x)\in-\alpha$ …………………… $f:+\alpha\approx-\alpha$ 是双射函数。

② $\vdash x\in+\alpha\leftrightarrow P(x)$，$f(x)\in-\alpha\leftrightarrow\neg P[f(x)]$ …………………… 由定义。

③ $x\in U\vdash[P(x)\leftrightarrow\neg P(f(x))]$ …………………………………… ①与②。

④ $x_p\in U\vdash[P(x_p)\leftrightarrow\neg P(f(x_p))]$ ………………………………… ③代入 x_p。

⑤ $x_p\in U\vdash P(x_p)\leftrightarrow\neg P(x_p)$ …………………………………… $x_p=f(x_p)$，④。

⑥ $\vdash\neg(x_p\in U)$ …………………… ⑤ 反证法，这与 U 是一致的相矛盾。

③⑤⑥证明了以上定理(A)(B)(C)，即 $x_p\notin U$，说明正、反集合上的自指代运算是不封闭的。

所以，本定理成立。 ▌

例 13.2.8 整数集合上的不封闭演算与悖论。

设 $U=\{\cdots,-2,-1,0,1,2,\cdots\}=J$，即全体整数集合，设 $P(x)$：x 是偶数，则 $P(x)$ 对 U 是一个二项划分。

$$+\alpha=\{x|x=2n,n\in U\},\quad -\alpha=\{x|x=1-2n,n\in U\}$$

正反集合双射函数是 $f(x)=1-x$，$x\in+\alpha\leftrightarrow f(x)\in-\alpha$，正反集合命题对偶变换为

$$P(x)\leftrightarrow\neg P(f(x))$$

当 $x=f(x)$，$x=1-x$，$x=x_p$ 时，由于 $x_P=f(x_P)$，这就形成了类似悖论的命题$P(x_P)\leftrightarrow\neg P(x_P)$。

这个悖论可以通俗地表示为：如果“x_P 是偶数”$\Rightarrow$“$1-x_P$ 是奇数”$\Rightarrow$ $x_P=1-x_P$，则“x_P 是奇数”；如果“x_P 是奇数”$\Rightarrow$“$1-x_P$ 是偶数”$\Rightarrow x_P=1-x_P$，则“x_P 是偶数”。

即悖论“x_P 是奇数” $\Leftrightarrow$“x_P 是偶数”。

我们已经知道，$x_P=1-x_P$，$x_P=\frac{1}{2}$，$\frac{1}{2}\notin U$，$\frac{1}{2}$是整数集合上的一个不封闭项（域外项）。

例 13.2.9　有理数集合上的不封闭演算与悖论。

设 $U=Q^+$ 为全体正有理数集合，给定一个划分 $P(x):x^2>2$。

$$+\alpha=\{x|x^2>2,x\in Q^+\},\quad -\alpha=\{x|x^2<2,x\in Q^+\}$$

正反集合双射函数是 $f(x)=\frac{2}{x}$，$x\in+\alpha\leftrightarrow f(x)\in-\alpha$，正反集合命题对偶变换为

$$P(x)\leftrightarrow\neg P(f(x))$$

当 $x=f(x)$，$x=\frac{2}{x}$，$x=x_P$ 时，由于 $x_P=f(x_P)$，这就形成了类似悖论的命题$P(x_P)\leftrightarrow\neg P(x_P)$。

这个悖论可以通俗地表示为：如果“$x^2>2$”⇒“$x^2=\frac{4}{x^2}$”⇒$\frac{4}{x^2}>2$，则⇒ “$x^2<2$”；如果“$x^2<2$”⇒“$x^2=\frac{4}{x^2}$”⇒$\frac{4}{x^2}<2$，则⇒ “$x^2>2$”。即悖论“$x^2<2$”⇔“$x^2>2$”。

我们已经知道，$x_P=\frac{2}{x_P}$，$x_P=\sqrt{2}$，$\sqrt{2}\notin U$，$\sqrt{2}$是有理数集合上的一个不封闭项（域外项），它不会对标准逻辑在 U 内的有效性构成威胁。

例 13.2.10　实数集合上的不封闭演算与悖论。

设 $U=(-\infty,0)\cup(0,+\infty)$是不为 0 的全体实数集合，给定一个划分 $P(x):x>0$。

$$+\alpha=\{x|x>0,x\in U\}=(0,+\infty),\quad -\alpha=\{x|x<0,x\in U\}=(-\infty,0)$$

正反集合双射函数是 $f(x)=-\frac{1}{x}$，$x\in+\alpha\leftrightarrow f(x)\in-\alpha$，正反集合命题对偶变换为

$$P(x)\leftrightarrow\neg P(f(x))$$

当 $x=f(x)$，$x=-\frac{1}{x}$，$x=x_P$ 时，由于 $x_P=f(x_P)$，这就形成了类似悖论的命题$P(x_P)\leftrightarrow\neg P(x_P)$。

这个悖论可以通俗地表示为：如果“$x>0$”⇒“$x=-\frac{1}{x}$”⇒$-\frac{1}{x}>0$，则⇒ “$x<0$”；如果“$x<0$”⇒“$x=-\frac{1}{x}$”⇒$-\frac{1}{x}<0$，则⇒ “$x>0$”。即悖论“$x<0$” ⇔“$x>0$”。

我们已经知道，$x=-\frac{1}{x}$，$x=\sqrt{-1}=\mathrm{i}$，$\mathrm{i}\notin U$，i 是实数集合上的一个不封闭项（域外项），它不会对标准逻辑在 U 内的有效性构成威胁。

定理 13.2.3 更一般的情况是：

定理 13.2.4　正反集合上自指代运算的不封闭性定理。

设全集 $U=\{x_1,x_2,\cdots,x_i,\cdots\}$ 是一个已经定义的集合，如果性质 P 是 U 上的一个二项划分，U 可以二分成正反集合 $U=+\alpha\cup-\alpha$，$+\alpha=\{x\mid P(x)\}$，$-\alpha=\{x\mid\neg P(x)\}$，$g$ 是 U 上的任意运算，若 $T\in+\alpha\leftrightarrow g(T)\in-\alpha$，则：

① 当 $T=g(T)$ 时，$P(T)\leftrightarrow\neg P(T)$ 就表现为悖论；

② 如果 U 上的演算是一致的，那么项 T 是域外项，即 $T\notin U$。

证明：

① $T\in U\vdash T\in+\alpha\leftrightarrow g(T)\in-\alpha$ ………………………… 假设。

② $T\in U\vdash P(T)\leftrightarrow\neg P[g(T)]$ ………………………… ①，定义。

③ $\vdash T=g(T)$ ………………………………………… 假设。

④ $T\in U\vdash P(T)\leftrightarrow\neg P(T)$ ………………………… ②，③。

⑤ $\vdash\neg(T\in U)$ ………………………………………… ④。

即以上推论①，②成立。 ▌

定义 13.2.6 未定义项。

设全集 $U=\{x_1,x_2,\cdots,x_i\}$ 是一个已经定义的集合，不封闭项不属于正集 $+\alpha$，也不属于反集 $-\alpha$，即不封闭项不属于已定义的集合，$x_P\notin U$，我们单独给不封闭项命名一个集，叫作相对于 U 的未定义集，即不封闭集 $e=\{x_P\}$；域外项 x_P 叫作相对于 U 的未定义项；如果 x_P 是未定义项，P 是 U 上的一个谓词，那么 $P(x_P)$ 叫作未定义命题。

例 13.2.11 Russell 悖论的推理失误。

设一类集合是自身的元素，即 $x\in x$，$+\alpha=\{x\mid x\in x\}$；二类集合不是自身的元素，即 $\neg(x\in x)$，$-\alpha=\{x\mid\neg(x\in x)\}$；现在构造第二类集合全体组成的集合（即 $-\alpha$），用 $R=\{x\mid\neg(x\in x)\}$ 表示，即 $x\in R\leftrightarrow\neg(x\in x)$，问集合 R 是哪类集合？即用 R 去自指代。

设 $P(x)$ 表示命题 $x\in x$，$+\alpha=\{x\mid P(x)\}$，则 $\neg P(x)$ 表示命题 $\neg(x\in x)$，$-\alpha=\{x\mid\neg P(x)\}$，$U=+\alpha\cup-\alpha$，$R=\{x\mid\neg P(x)\}$。

Russell 悖论原来的推理形式：

$$\vdash x\in R\leftrightarrow\neg(x\in x)$$
$$\vdash R\in R\leftrightarrow\neg(R\in R)$$
$$\vdash P(R)\leftrightarrow\neg P(R)$$

上述推理形式的失误是 Russell 主观地认为 $R\in U$，所以导致了悖论。

而根据自指代运算的不封闭性定理，正确的推理形式应该是

$$x\in U\vdash\ \vdash x\in R\leftrightarrow\neg P(x)$$
$$R\in U\vdash R\in R\leftrightarrow\neg P(R)$$
$$R\in U\vdash P(R)\leftrightarrow\neg P(R)$$
$$\vdash R\notin U$$

所以，$R=\{x:x\notin x\}$，$R\notin U$，即 Russell 悖论其实是域外项，它不会对标准逻辑在 U 内的有效性构成威胁。

可见，正确的推理形式不会导致悖论，只有误将域外项当成域内项才会出现悖论。

例 13.2.12　概括公理中的推理形式有误。

概括公理用元素的性质 $A(x)$ 定义一个集合，$x\in I\leftrightarrow A(x)$，$I=\{x|A(x)\}$。其不当的推理形式是

$$\vdash x\in I\leftrightarrow A(x)$$

而根据自指代运算的不封闭性定理，正确的推理形式应该是[ZHANJC12，ZHANJC141，ZHANJC142，ZHANJC18]：

$$x\in U\vdash x\in I\leftrightarrow A(x)$$

13.3　从标准逻辑到 S-型超协调逻辑的扩张

现已知悉，标准逻辑的协调性只能对 U 内的命题成立，对因运算的自指代而形成的 U 外命题，它既不能判定是真，也不能判定是假。如误将 U 外的命题当成 U 内的命题来对待，就会出现所谓的"悖论"，引起"理论危机"，传统的数学方法是用无定义 $\perp$ 来消极地屏蔽。可是，历史反复证明域外不可判定命题的发现，不仅对数学和逻辑没有危害，而且是一个理论体系需要向外扩张的提示信号，所以不仅不应该被消极地屏蔽掉，而且应该积极地进行研究，实现数学理论的进一步扩张。为了从逻辑层面正面研究域外异常命题，很有必要将封闭的标准逻辑演算系统 K 进一步扩张为包含逻辑不封闭项的开放演算系统 SK。可见，S-型超协调逻辑的提出，并不是一时兴起的符号游戏，而是对两千多年数学和逻辑发展经验和教训的一种积极回应，是对数学和逻辑发展规律的一种认识深化，具有重要的里程碑意义。

13.3.1　S-型谓词演算系统 SK

设 $U=\{x_1,x_2,x_3,\cdots,x_n,\cdots\}$ 是一个项集合，P 是 U 上的一个性质，把 U 划分成正反集合，$U=+\alpha\cup-\alpha$，$+\alpha=\{x|P(x)\}$，$-\alpha=\{x|\neg P(x)\}$，对于 U 上的一个双射函数 $f:+\alpha\approx-\alpha$，在谓词演算系统 K 中，$P(x)\leftrightarrow\neg P(f(x))$ 成立。

$$\neg P(x)\leftrightarrow\neg P(f(x)) \tag{1}$$

以上(1) 的推理形式显然是错误的，应该修改成如下，(2)是正确的推理形式。

$$x\in U\vdash P(x)\leftrightarrow\neg P(f(x)) \tag{2}$$

谓词演算系统 K 中的所有公理都应该加上限制条件 $x\in U$。

我们在标准谓词演算系统 K 上引入公理“$x \in U \vdash P(x) \leftrightarrow \neg P(f(x))$”，组建一个新的谓词演算系统——S-型谓词演算系统 SK。

1. 基本符号

项：$U=\{x_1, x_2, x_3, \cdots, x_n, \cdots\}$。$P$ 是 U 上的一个性质，把 U 划分成正反集合，函数 $f: +\alpha \approx -\alpha$ 是 U 上的一个双射，$U=+\alpha \cup -\alpha$。

正项集合 $+\alpha=\{x \mid P(x)\}$，$+\alpha=\{x_1, x_2, \cdots, x_i, \cdots\}$。

不封闭项集合 $e=\{x_P\}$。

反项集合 $-\alpha=\{x \mid \neg P(x)\}$，$-\alpha=\{f(x_1), f(x_2), \cdots, f(x_i), \cdots\}$。

函数：$f_1, f_2, f_3, \cdots, f_n$ 分别是一元函数，二元函数，三元函数，…，n 元函数。

谓词：$A_1, A_2, A_3, \cdots, A_n, B_1, B_2, B_3, \cdots, B_n, C_1, C_2, C_3, \cdots, C_n$ 分别是一元谓词，二元谓词，三元谓词，…，n 元谓词。

联结词：$\neg$，$\rightarrow$，$\forall$。

括号：(，)。

公式：$P_i^{\alpha}(i=1,2,3,\cdots)$公式，若 A, B 是公式，则 $A \rightarrow B$，$\neg A$，$\forall(x_i)A$ 是公式。

若 $x=f(x)=x_P$，则 $P(x_P)$是域外项命题，$P(x_P)$在 U 上无定义。

2. 定义

$A \vee B = \mathrm{def} \neg A \rightarrow B$；　$A \wedge B = \mathrm{def} \neg(\neg A \rightarrow B)$。

$A \leftrightarrow B = \mathrm{def}(A \rightarrow B) \wedge (B \rightarrow A)$；　$\exists(x_i)A = \mathrm{def} \neg \forall(x_i) \neg A$。

3. 公理

K1 $x_i \in U \vdash A \rightarrow (B \rightarrow A)$。

K2 $x_i \in U \vdash (A \rightarrow (B \rightarrow C)) \rightarrow ((A \rightarrow B) \rightarrow (A \rightarrow C))$。

K3 $x_i \in U \vdash (\neg A \rightarrow \neg B) \rightarrow (B \rightarrow A)$。

K4 $x_i \in U \vdash \forall(x_i)A \rightarrow A$。

K5 $x_i \in U \vdash \forall(x_i)A(x_i) \rightarrow A(t)$。

K6 $x_i \in U \vdash \forall(x_i)(A \rightarrow B) \rightarrow (A \rightarrow \forall(x_i)B)$。

K0 $x_i \in U \vdash P(x_i) \leftrightarrow \neg P(f(x_i))$。

4. 系统内的推理规则

R1：分离规则。若 $x_i \in U \vdash A$ 且 $x_i \in U \vdash A \rightarrow B$，则 $x_i \in U \vdash B$。

R2：概括规则。若 $x_i \in U \vdash A$，则 $x_i \in U \vdash \forall x_i A$。

定义 13.3.1　S-型谓词演算系统 SK。

由以上 1、2、3、4 四个部分组成的公理系统，叫 S-型谓词演算系统 SK。

定理 13.3.1　标准逻辑定理在封闭域上的有效性。

在 S-型谓词演算系统 SK 中，标准逻辑的所有定理与演算模式都是有效的。

证明：

略。

定理 13.3.2　SK 的悖论定理。

在 S-型谓词演算系统 SK 中，当 $x_i=f(x_i)=x_P$ 时，$\neg(x_P\in U)$，即 x_P 是域外项。

证明：

P 是 $+\alpha$，$-\alpha$ 的一个对称划分，由正、反集合对偶变换公理：

$$x_i\in U\vdash P(x_i)\leftrightarrow\neg P(f(x_i))$$

当 $x_i=f(x_i)=x_P$ 时：

$$x_P\in U\vdash P(x_P)\leftrightarrow\neg P(x_P)$$

$$\vdash\neg(x_P\in U)$$

即 x_P 是域外项，这就是悖论。悖论项是域外项，悖论命题是域外命题。

所以，本定理成立。 ▌

下面我们给出 S-型谓词演算系统 SK 语义模型的精确定义。

定义 13.3.2　SK 的语义模型。

一个 S-型谓词演算系统 SK 的语义模型是一个有序二元组 (D,V)，D 称为项集，V 称为以 D 为项集的赋值，它是满足以下两个条件的函数：

① 对于系统中的每一个项 x，都有 $V(x)\in D$；

② 对于系统中的一个 n 元谓词 $A_n(n=1,2,\cdots)$ 都有 $V(A_n)\subseteq D^n$，即 $V(A_n)$ 是 D^n 的一个子集，是 D 上的一个 n 元关系。

定义 13.3.3　SK 的 i 等值。

(D,V)与(D,V')是项集相同的两个 SK 模型，若系统赋值 V 与 V' 满足以下两个条件，就称 V 与 V' 是 i 等值的（i 是自然数）：

① 对于系统中的每一个谓词 A_n 都有 $V(A_n)=V'(A_n)$；

② 当系统中的项 $t\neq x_i$ 时，都有 $V(t)=V'(t)$，即至多只可能有 $V(x_i)\neq V'(x_i)$。

定义 13.3.4　SK 的赋值。

S-型谓词演算系统 SK 的语义模型为(D,V)，其中赋值 V 满足 SK 中公式 A 的递归定义，如果 V 满足公式 A，就记作 $V(A)=1$，如果 V 不满足公式 A，就记作 $V(A)=0$。

① 如果 A 是原子公式 P_i^α，$V(P_i^\alpha)=0$ 或者 $V(P_i^\alpha)=1$。

② 如果 A 是公式 $B\rightarrow C$，$V(B\rightarrow C)=1$，当且仅当 $V(B)=0$ 或 $V(C)=1$；$V(B\rightarrow C)=0$，当且仅当 $V(B)=1$ 且 $V(C)=0$。

③ 如果 A 是公式 $B\wedge C$，$V(B\wedge C)=1$，当且仅当 $V(B)=1$ 且 $V(C)=1$，$V(B\wedge C)=0$；当且仅当 $V(B)=0$ 或 $V(C)=0$。

④ 如果 A 是公式 $B\vee C$，$V(B\vee C)=1$，当且仅当 $V(B)=1$ 或 $V(C)=1$；$V(B\vee C)=0$，当且仅当 $V(B)=0$ 且 $V(C)=0$。

⑤ 如果 A 是公式$\neg B$，$V(\neg B)=1$ 当且仅当 $V(B)=0$，$V(\neg B)=0$ 当且仅

当$V(B)=1$。

⑥ 如果A是公式$\forall(x_i)B$，$V(\forall(x_i)B)=1$当且仅当D上每一个与V为i等值的赋值V'，使得$V'(B)=1$；$V(\forall(x_i)B)=0$当且仅当D上存在一个与V为i等值的赋值V'，使得$V'(B)=0$。

⑦ 如果A是公式$P(x)$或$P(f(x))$，$V(P(x))=1$当且仅当$V(P(f(x)))=0$，$V(P(x))=0$当且仅当$V(P(f(x)))=1$。

⑧ 如果$x=f(x)=x_P$，$P(x_P)$是域外项命题，是未定义项，$V(P(x_P))=i$，真假不定[HAMIL78，KLEEN84，WANFT01，ZHANJC12，ZHANJC141，ZHANJC142，ZHANJC18]。

定理 13.3.3 SK与K的等价条件。

① 在SK中，不含域外项$P(x_P)$运算的全部公式可以翻译成K的公式，即不含域外项$P(x_P)$的系统SK与系统K等价。

② 命题$P(x_P)$在系统SK中是未定义命题。

证明：

① $U=+\alpha\cup-\alpha=\{x_1,x_2,\cdots,x_n,\cdots\}$，不封闭项$x_P$不参与谓词演算，系统SK就可以认为是系统K。

所以，系统SK与系统K等价。

系统K的一致性、不可判定性、完全性等元定理，在系统SK中都是有效的。

② 若$x_i=f(x_i)=x_P$，则$P(x_P)$是域外命题，x_P和$P(x_P)$在U上都无定义。

所以，本定理成立。 ▮

推理 13.3.1 $P(x_P)$是不可判定命题。

因为命题$P(x_P)$在系统SK中是不可判定命题，可见悖论本质上是不可判定命题。

13.3.2 S-型命题演算系统SL

包含域外项的命题演算系统可以很容易地建立起来。

设$U=\{X_1,X_2,\cdots,X_i,\cdots\}$，以下是包含域外命题演算的逻辑系统SL。

1. 定义

$$A\lor B=\text{def}\neg A\to B$$

$$A\land B=\text{def}\neg(\neg A\to B)$$

$$A\leftrightarrow B=\text{def}(A\to B)\land(B\to A)$$

2. 公理

SL1 $X\in U\vdash A\to(B\to A)$。

SL2 $X\in U\vdash(A\to(B\to C))\to((A\to B)\to(A\to C))$。

SL3 $X \in U \vdash (\neg A \to \neg B) \to (B \to A)$。

SL0 $X \in U \vdash P^{+\alpha} \leftrightarrow \neg P^{-\alpha}$。

3. 系统内的推理规则

R1:分离规则。若 $X \in U \vdash A$ 且 $X \in U \vdash A \to B$,则 $X \in U \vdash B$。

定理 13.3.4　SL 的悖论定理。

在系统 SL 中,当 $X \leftrightarrow \neg X$ 时,如系统 SL 是一致的,$\neg(X \in U)$,即 X 是域外项。

证明:

根据 SL0 公理:

$$X \in U \vdash P^{+\alpha} \leftrightarrow \neg P^{-\alpha}$$

当 $X \leftrightarrow P^{+\alpha} \leftrightarrow P^{-\alpha}$,进行自指代时:

$$X \in U \vdash X \leftrightarrow \neg X$$

$$\vdash \neg(X \in U)$$

即 X 是域外项。　■

把域外项拿到域内来分析,就是悖论。

不封闭项、域外项可以解释成标准逻辑真、假外的第三值 $\mathrm{i} = \bot$,它就是早已存在的建立在 $\{0,1,\bot\}$ 上的 Bochvar 三值逻辑,其运算准则是:凡是有 $\bot$ 参与的运算结果都是 $\bot$。其基本运算的真值表如图 13.1 所示。首先给出 $\neg$ 和 $\to$ 的真值表,然后按照下面的公式可获得 $\wedge$、$\vee$ 和 $\leftrightarrow$ 的真值表。

$$A \vee B = \text{def}\ \neg A \to B$$

$$A \wedge B = \text{def}\ \neg(\neg A \to B)$$

$$A \leftrightarrow B = \text{def}(A \to B) \wedge (B \to A)$$

¬	
T	F
F	T
i	i

→	T	F	i
T	T	F	i
F	T	T	i
i	i	i	i

∨	T	F	i
T	T	F	i
F	T	T	i
i	i	i	i

∧	T	F	i
T	T	F	i
F	T	T	i
i	i	i	i

↔	T	F	i
T	T	F	i
F	T	T	i
i	i	i	i

图 13.1　Bochvar 三值逻辑的真值表

依据以上真值表,可以证明 Bochvar 三值逻辑元的定理,当它退化成二值时就是标准逻辑的元定理。

一般地：

① 在逻辑系统 SL、SK 中，当 $X\in U$，$x_i\in U$ 为真命题时，即 $V(X\in U)=1$，$V(x_i\in U)=1$时，$X\in U$，$x_i\in U$ 可以省略，逻辑演算系统 SL、SK 就蜕变成标准逻辑演算系统 L、K；

② 标准逻辑演算系统 L、K 是 S-型逻辑演算系统 SL、SK，当 $X\in U$，$x_i\in U$ 为真命题时的特例。

标准逻辑只能在封闭的定义域 U 上成立，它不能处理域外项和域外命题，而逻辑演算本身具有开放性的特质，一旦出现域外项和域外命题时，就会产生悖论。S-型超协调逻辑的重大意义是把封闭演绎的标准逻辑改造成一个开放的逻辑演算系统，在这个逻辑系统中，可清楚地知道“悖论”不是系统内无法克服的逻辑矛盾，而是由于逻辑演算的开放性构造出来的域外项和域外命题。由于悖论是逻辑演算中“非真非假”的不可判定命题，如把标准逻辑看成描述“非真即假”论域的逻辑，把柔性逻辑看成描述“亦真亦假” 论域的逻辑，那 S-型超协调逻辑就是描述“非真非假” 的逻辑，在现实世界中，这 3 种逻辑都是不可或缺的[HAMIL78, KLEEN84, WANFT01, ZHANJC12, ZHANJC141, ZHANJC142, ZHANJC18]。

13.4　S-型超协调逻辑的应用

下面应用 S-型超协调逻辑来重新认识数学史上几个典型定理的证明，搞清楚它们为什么会带来如此多的争议和隐患。

13.4.1　对 Cantor 对角线法证明的重新解读

对角线证明法使用的是“反证法”，为 Cantor 于 1874 年所创造，他试图用它来证明实数集不可数，该证明法一度成为数学的经典案例，影响深远。通过 S-型超协调逻辑不难发现，对角线法构造的命题(即由全体实数的变换构造出来的 Cantor 对角线数 T)其实是实数域外的超实数，并非实数域中的数。也就是说，Cantor 对角线数 T 的意外发现，只能证明实数之外还有超实数存在，而超实数是实数的域外项和域外命题，它在实数域内表现为“非真非假”的不可判定命题。

下面介绍一些有缺陷的定理及其证明要点，帮助读者进行对比分析，知道其错在什么地方，如何改正，避免重蹈覆辙。

附记 13.4.1　Cantor 的实数集合不可数证明。

其证明要点如下：为了证明实数 R 是不可数的，只要证明[0,1]区间的实数不可数，现用反证法。

设[0,1]区间的实数可数,则可令$[0,1]=\{x_1,x_2,x_3,\cdots,x_n,\cdots\}$。由于$x_i\in[0,1]$,故可用无穷位十进制小数表示,并将这些数依任意规律列出:

$$x_1=0.a_{11}a_{12}a_{13}\cdots a_{1n}\cdots$$
$$x_2=0.a_{21}a_{22}a_{23}\cdots a_{2n}\cdots$$
$$x_3=0.a_{31}a_{32}a_{33}\cdots a_{3n}\cdots$$
$$\vdots$$
$$x_n=0.a_{n1}a_{n2}a_{n3}\cdots a_{nn}\cdots$$
$$\vdots$$

现在定义一新数$T=0.\bar{a}_{11}\bar{a}_{22}\bar{a}_{33}\cdots\bar{a}_{nn}\cdots$,称为 Cantor 对角线数,其中

$$\bar{a}_{ii}=\begin{cases}a_{ii}+1, & a_{ii}<9\\ 0, & a_{ii}=9\end{cases}\quad(\text{确保}\bar{a}_{ii}\text{与}a_{ii}\text{不同})$$

则$T\in[0,1]$显然是区间内的实数,但$T\neq x_i,i=1,2,3,\cdots,n,\cdots$,这样就与[0,1]区间的实数可数相矛盾,即证明了[0,1]区间的实数不可数,从而R不可数。

现在通过 S-型超协调逻辑可知道,除了有[0,1]区间的实数外,还有[0,1]区间的超实数存在,$T\in[0,1]$是区间内的超实数。所以 Cantor 并未证明[0,1]区间实数不可数(本章最后将有正式证明)。

Cantor 还用对角线法证明了"自然数和它的幂集合不具有一一对应关系",即$|N|<|\wp(N)|$。

附记 13.4.2　Cantor 的自然数幂集合不可数证明。

其证明要点如下:如果$\wp(N)$为N的幂集,且$N\approx\wp(N)$(即N与$\wp(N)$之间可以建立一一对应的双射关系),则存在$T,T\subseteq N$,且$T\notin\wp(N)$。

对N的一个子集而言,如能够决定N的元素中哪些属于该子集,那么N的子集就确定了。我们给出一般准则,由它可对N的任何元素x,决定该元素是否属于该子集。

在$N\approx\wp(N)$假设中,任意$x\in N$对应一个$y\in\wp(N)$,即$x\in N\leftrightarrow y\in\wp(N)$,$y$是$N$的一个子集,$y\subseteq N,x\in y$,或者$x\notin y$。我们规定:$x\in y\leftrightarrow x\notin T$;$x\notin y\leftrightarrow x\in T$。

假定$T\in\wp(N),N\approx\wp(N)$,存在$x_0\in N\leftrightarrow T\in\wp(N)$。

按规定:$x_0\in T\leftrightarrow x_0\notin T$;$x_0\notin T\leftrightarrow x_0\in T$。

矛盾,所以,$T\notin\wp(N)$。

注:这些证明在很多关于数理逻辑的书中都有[KLEEN84, MOSK89, MSJAP84, HAMIL78]。

按照 S-型谓词演算系统 SK 的推理规则,公理前面应该加上"$x\in U$",系统所有的演算都在U内进行。利用系统 SK 的推理规则,可以证明以下对角线数定理。

定理 13.4.1　Cantor 对角线数是域外项。

设全集 $U=\{x_1,x_2,\cdots,x_i,\cdots\}$ 是一个已经定义的集合，P 是定义在 U 上的一个性质，命题 P 是关于 $+\alpha$，$-\alpha$ 的一个划分，即 $+\alpha=\{x \mid P(x)\}$，$-\alpha=\{x \mid \neg P(x)\}$，构造项 T 满足以下关系，$x\in+\alpha\leftrightarrow\neg P(T)$，$x\in-\alpha\leftrightarrow P(T)$。

① 如果 $T\in U$，那么 $P(T)\leftrightarrow\neg P(T)$，即 $T\in U\vdash P(T)\leftrightarrow\neg P(T)$。

② 如果 U 上的演算是一致的，那么 $T\notin U$，T 是域外项。

证明：

① $\vdash x\in+\alpha\leftrightarrow P(x)$ ………………………… 正集合定义。

② $\vdash x\in+\alpha\leftrightarrow\neg P(T)$ ………………………… 构造项 T 的定义。

③ $x\in+\alpha\vdash P(x)\leftrightarrow\neg P(T)$ ………………………… ①，②。

④ $\vdash x\in-\alpha\leftrightarrow\neg P(x)$ ………………………… 反集合定义。

⑤ $\vdash x\in-\alpha\leftrightarrow P(T)$ ………………………… 构造项 T 的定义。

⑥ $x\in-\alpha\vdash\neg P(x)\leftrightarrow P(T)$ ………………………… ④，⑤。

⑦ $x\in U\vdash P(x)\leftrightarrow\neg P(T)$ ………………………… ③，⑥，$U=+\alpha\cup-\alpha$。

⑧ $T\in U\vdash P(T)\leftrightarrow\neg P(T)$ ………………………… ⑦ 代入 $x=T$。

⑨ $\vdash T\notin U$ ………………………… ⑧。

所以，本定理成立。 ▌

本定理从根本上否定了 Cantor 的实数不可数定理。

推论 13.4.1 自然数幂集上的 Cantor 对角线集是域外项。

① 如 T 是自然数集 N 的幂集 $\wp(N)$ 上的 Cantor 对角线集，那么

$$T\in\wp(N)\vdash P(x_0,T)\leftrightarrow\neg P(x_0,T)$$

② 如实数集 N 上的演算是一致的，那么 $T\notin\wp(N)$，$T\notin N$。即 N 的幂集 $\wp(N)$ 上的 Cantor 对角线集 T 是演算的不封闭项，是未定义集。在定理 13.4.1 的证明中，如加入 U 与自然数集合 N 的双射关系

$$F:N\approx U,\quad x\in U\vdash P(x)\leftrightarrow\neg P(T)$$

如 $T\notin U$，上式并没有矛盾；如 $T\in U$，则存在 $x=T$，代入则得到矛盾：

$$F:N\approx U,\quad T\in U\vdash P(T)\leftrightarrow\neg P(T)$$

可见，加入 $T\in U$，矛盾产生，撤销 $T\in U$，$x\neq T$ 矛盾又消失，这说明矛盾是由 $T\in U$ 引起的，与双射关系 $F:N\approx U$ 无关，即矛盾的存在与双射关系 $F:N\approx U$ 无关。

13.4.2 Gödel 不可判定命题是不封闭项

Gödel 不可判定命题 $U(m)$ 也是不封闭项，它本质上是悖论，是域外项。域外项 $U(m)$ 是不可判定命题，与自然数系统 PA 内命题的判定性无关，不会影响系统 PA 的完全性。以下不可判定命题 $U(m)$ 的构造与证明是由 Gödel 在 1931 年给出的[HAMIL78，KLEEN84，MOSK89，MSJAP84]。

附记 13.4.3　Gödel 不可判定命题。

Gödel 不完全定理的证明过程十分繁杂，这里只简单回顾其证明要点。

(1) 可表达定义

一个自然数集上的 k 元关系 R，称为在自然数系统 PA 中是可表达的，如果存在一个有 k 个自由变元的公式 $\xi(x_1, x_2, \cdots, x_k)$，使得对任何自然数 $n_1, n_2, \cdots, n_k$：

- 如果 $R(n_1, n_2, \cdots, n_k)$ 在 N 中成立，则 $N \vdash \xi(0^{(n_1)}, 0^{(n_2)}, \cdots, 0^{(n_k)})$；
- 如果 $R(n_1, n_2, \cdots, n_k)$ 在 N 中不成立，则 $N \vdash \neg \xi(0^{(n_1)}, 0^{(n_2)}, \cdots, 0^{(n_k)})$。

(2) 可表达定理

递归关系在系统 PA 中都是可以表达的。(证略)

(3) 二元关系 W 的定义

$W=\{(m,n)\}$，m 是公式 $U(x)$ 的 Gödel 数，n 是公式 $U(m)$ 从 PA 证明的 Gödel 数。

(4) 二元关系 W 递归性(证略)

二元关系 W 是递归的，所以，$W=\{(m,n)\}$ 在 PA 中是可表达的：

$(m,n)\in W \Rightarrow \text{PA} \vdash w(0^{(m)}, 0^{(n)})$；$(m,n)\notin W \Rightarrow \text{PA} \vdash \neg w(0^{(m)}, 0^{(n)})$

(5) 不可判定命题 $U(m)$ 的构造(简略)

① $U(x)=\forall y \neg w(x,y)$，构造公式 $U(x)$；$m=g(U(x))$；m 是公式 $U(x)$ 的 Gödel 数。

② 用 m 去替换 $U(x)$ 中所有自由出现的 x，得 $U(m)=\forall y \neg w(0^{(m)}, y)$，$y$ 是 $U(m)$ 证明的 Gödel 数；$\forall y \neg w(0^{(m)}, y)$ 的解释是"对任意 y，y 是 $U(m)$ 证明的 Gödel 数不成立"，或者"对任意 y，y 是 Gödel 数为 m 的公式〔即 $U(m)$〕证明的 Gödel 数不成立"，或者 $\forall y \neg w(0^{(m)}, y) \leftrightarrow \neg \exists y w(0^{(m)}, y)$，"不存在 y，y 是 $U(m)$ 证明的 Gödel 数"，即"$U(m)$ 是不可证明的"。

$U(m)$ 叙说自身的不可证性，即 $U(m) \Leftrightarrow [\text{PA} \nvdash U(m)]$。

(6) $U(m)$ 在 PA 中是一个不可判定命题(简证)

① $(m,n)\in W \Rightarrow \text{PA} \vdash w(0^{(m)}, 0^{(n)})$，$(m,n)\notin W \Rightarrow \text{PA} \vdash \neg w(0^{(m)}, 0^{(n)})$。

② $\text{PA} \vdash U(m)$——假设把 $U(m)$ 从 PA 证明的 Gödel 数记为 n，则 $(m,n)\in W$ …………………………………………………………………… ①。

③ $\text{PA} \vdash w(0^{(m)}, 0^{(n)})$ ………………………………………………… ①,②。

④ $\text{PA} \vdash \forall y \neg w(0^{(m)}, y)$ …………………… ①,$U(m)=\forall y \neg w(0^{(m)}, y)$。

⑤ $\text{PA} \vdash \neg w(0^{(m)}, 0^{(n)})$ ……………………………………………… ④,K4,MP。

⑥ $\text{PA} \nvdash U(m)$ …………………………………………………………… ③,⑤矛盾。

⑦ $\text{PA} \vdash \neg U(m)$ ……………………………………………………………… 假设。

⑧ $\text{PA} \vdash \neg \forall y \neg w(0^{(m)}, y) \leftrightarrow \exists y w(0^{(m)}, y)$ ……………………………… …………………………………………………… ⑦,$U(m)=\forall y \neg w(0^{(m)}, y)$。

⑨ 由⑥ 已证$U(m)$在 PA 中不成立，任意n，$(m,n)\notin W$ ……………… ⑥。

⑩ PA $\vdash \neg w(0^{(m)},0^{(n)})$ ………………………………………………… ①，⑨。

⑪ PA $\vdash w(0^{(m)},0^{(n)})$ …………… ⑧，设n是$U(m)$从 PA 证明的 Gödel 数。

⑫ PA $\nvdash \neg U(m)$ ………………………………………………………… ⑩，⑪矛盾。

⑬ $U(m)$，$\neg U(m)$都是不可证命题，$U(m)$在系统中是不可判定的 … ⑥，⑫。

命题 13.4.1 Gödel 不可判定命题是域外项。

设系统 PA 的全部公式集合为$U=\{U_1(x),U_2(x),\cdots,U_i(x),\cdots\}$，$U(m)$是 Gödel 不可判定命题。

如果$R(n_1,n_2,\cdots,n_k)$是递归谓词，$\xi(0^{(n_1)},0^{(n_2)},\cdots,0^{(n_k)})$是谓词$R(n_1,n_2,\cdots,n_k)$映射于系统 PA 上的公式，设$V$是自然数系统 PA 的标准模型，可表示定理写成如下形式：

- $V[R(n_1,n_2,\cdots,n_k)]=1\Rightarrow \text{PA}\vdash\xi(0^{(n_1)},0^{(n_2)},\cdots,0^{(n_k)})$；
- $V[R(n_1,n_2,\cdots,n_k)]=0\Rightarrow \text{PA}\vdash\neg\xi(0^{(n_1)},0^{(n_2)},\cdots,0^{(n_k)})$。

定理 13.4.2 在U上演算一致的假设下，$U(m)\notin U$。

证明：

递归谓词$U(m)$是可表示的，系统 PA 上的公式$U(m)$在模型中的映射公式是$u(m)$，根据可表示定理：$V[u(m)]=1\Rightarrow \text{PA}\vdash U(m)$，$V[u(m)]=0\Rightarrow \text{PA}\vdash \neg U(m)$。

① 假设$U(m)\in U$，则$V[u(m)]=1$，$V[u(m)]=0$二者必居其一，即$V[u(m)]=1\vee V[u(m)]=0$。

② 若$V[u(m)]=1$，则 PA $\vdash U(m)$ ………………………… 递归可表示定理。

③ PA $\nvdash U(m)$……………………………………… 已经证明$U(m)$不可判定。

④ $V[u(m)]\neq 1$ ………………………………………… ②，③矛盾，反证法。

⑤ 若$V[u(m)]=0$，则 PA $\vdash\neg U(m)$ …………………… 递归可表示定理。

⑥ PA $\nvdash\neg U(m)$ …………………………………… 已经证明$U(m)$不可判定。

⑦ $V[u(m)]\neq 0$ ………………………………………… ⑤，⑥矛盾，反证法。

⑧ $(V[u(m)]\neq 1)\wedge(V[u(m)]\neq 0)$ ……………………………………… ④，⑦。

⑨ $(V[u(m)]\neq 1)\wedge(V[u(m)]\neq 0)\leftrightarrow\neg(V[u(m)]=1\vee V[u(m)]=0)$。

⑩ $U(m)\in U\vdash\neg(V[u(m)]=1\vee V[u(m)]=0)$ ……………………… ⑨。

⑪ $\vdash\neg[U(m)\in U]$ ……………………………………… ①，⑨矛盾，反证法。

根据系统 S 推理规则，$U(m)\in U\vdash\neg(V[u(m)]=1\vee V[u(m)]=0)$，即$U(m)$是域外项，$U(m)\notin U$。 ▮

定理 13.4.3 $U(m)\in U\vdash[(m,n)\in W]\leftrightarrow\neg[(m,n)\in W]$。

证明：

递归谓词$U(m)$是可表示的，系统 PA 上的公式$U(m)$也应该有一个 Gödel

数，$U(m)$的 Gödel 数就是 m，问(m,n)是否在 W 中，$W=\{(m,n)\}$？

根据可表示定理：$(m,n)\in W\Rightarrow PA\vdash w(0^{(m)},0^{(n)})$；$(m,n)\notin W\Rightarrow PA\vdash\neg w(0^{(m)},0^{(n)})$。

(1A) 若$(m,n)\in W$ ………………………… 假设。

(2A) $PA\vdash w(0^{(m)},0^{(n)})$ ………………………… (1A)，递归可表示定理。

(3A) $PA\vdash\exists y w(0^{(m)},y)$ ………………………… (2A)。

(4A) $PA\nvdash\neg U(m)$ ………………………… 已经证明$\neg U(m)$不可判定。

(5A) $PA\nvdash\neg\forall y\neg w(0^{(m)},y)$ ………………………… $U(m)=\forall y\neg w(0^{(m)},y)$。

(6A) $PA\nvdash\exists y w(0^{(m)},y)$ ………………………… (5A)。

(7A) $\neg[(m,n)\in W]$ ………………………… (3A)，(6A)矛盾，反证法。

(8A) $(m,n)\in W\rightarrow\neg[(m,n)\in W]$ ………………………… (1A)，(7A)。

(1B) 若$(m,n)\notin W$ ………………………… 假设。

(2B) $PA\vdash\neg w(0^{(m)},0^{(n)})$ ………………………… (1B)，递归可表示定理。

(3B) $PA\vdash\neg\exists y w(0^{(m)},y)$ ………………………… (2B)。

(4B) $PA\nvdash U(m)$ ………………………… 已经证明 $U(m)$不可判定。

(5B) $PA\nvdash\forall y\neg w(0^{(m)},y)$ ………………………… $U(m)=\forall y\neg w(0^{(m)},y)$。

(6B) $PA\nvdash\neg\exists y w(0^{(m)},y)$ ………………………… (5B)。

(7B) $(m,n)\in W$ ………………………… (3B)，(6B)矛盾，反证法。

(8B) $\neg[(m,n)\in W]\rightarrow(m,n)\in W$ ………………………… (1B)，(7B)。

(9) $[(m,n)\in W]\leftrightarrow\neg[(m,n)\in W]$ ………………………… (8A)，(8B)。

根据逻辑系统 SK 推理规则，$U(m)\in U\vdash[(m,n)\in W]\leftrightarrow\neg[(m,n)\in W]$。

所以本定理成立。 ▌

定理 13.4.4　在 U 上演算一致的假设下，$U(m)\notin U$。

证明：

① $U(m)\in U\vdash[(m,n)\in W]\leftrightarrow\neg[(m,n)\in W]$。

② $\neg[U(m)\in U]$ ………………………… (1)。

即 $U(m)$是域外项，$U(m)\notin U$。 ▌

由于 $U(m)$是系统 PA 演算的不封闭项，所以它不会影响系统 PA 的完全性。

我们设定一个域 U，其元素 x 是满足某一谓词 $P(x)$的集合，如果集合 U 上的演算是一致的，那么满足谓词$\neg P(x)$的元素 x 必然在域外。因此，域外项产生矛盾是必然的。但是，“域外项”矛盾不适用于反证法，反证法有其严格的适用范围。

第 14 章　关于无穷公理的讨论

下面利用 S-型超协调逻辑的研究成果继续讨论无穷公理问题，请大家批评指正。

14.1　现行无穷公理的隐患与重建

在公理集合论 ZF 系统中，把无穷集合解释成数时，出现了很多似是而非的怪异结论，矛盾重重。作者认为，ZF 系统中的无穷公理混淆了实无穷与潜无穷的本质区别，试图把各种不同的无穷属性柔和在一个无穷公理之中，带来了许多隐患，是一种不成功的尝试，必须重建。下面详细介绍这些歧义和矛盾。

14.1.1　现行无穷公理中隐含诸多矛盾

我们知道，集合可以定义成数，有穷集合可以定义成有穷数；无穷集合可以定义成无穷数。

对有穷自然数，可以用集合定义：① $0=\varnothing, 0+1=\{0\}$；② $n+1=n\cup\{n\}$。

对任意有穷数和有穷集合，$n=\{0,1,2,\cdots,n-1\}$ 没有任何歧义。

现行公理集合论 ZF 系统中的无穷公理是

$$\exists\omega[(0\in\omega)\wedge(n\in\omega\rightarrow n+1\in\omega)], \omega=\{0,1,2,\cdots,n,\cdots\}$$

ω 是 Cantor 的超穷序数，它是有穷自然数的推广，既是集合又是数。但这个定义隐含了歧义和矛盾。如有穷集合 $n=\{0,1,2,\cdots,n-1\}$，用数学中广泛使用的沟通有穷和无穷的引渡工具(扩张路径)——取极限 $\lim\limits_{n\to\infty} n$，立即可以发现，两边同时取极限：$\lim\limits_{n\to\infty} n=\{0,1,2,\cdots,\lim\limits_{n\to\infty}(n-2),\lim\limits_{n\to\infty}(n-1)\}$。设 $\theta=\lim\limits_{n\to\infty} n$ 是超穷序数，只能得到：$\theta=\{0,1,2,\cdots,\theta-2,\theta-1\}$。

这里刻画了 θ 的前驱…，$\theta-2$，$\theta-1$ 及其大小关系，但是对于 θ 的后继是什么没有规定。分析起来无非只有两种可能性：$\theta+1\neq\theta$ 或 $\theta+1=\theta$。

（Ⅰ）如 $\theta+1\neq\theta$，则 $\theta-2\neq\theta-1\neq\theta\neq\theta+1$，$\theta=\{0,1,2,\cdots,\theta-2,\theta-1\}$。

（Ⅱ）如 $\theta+1=\theta$，则 $\theta-2=\theta-1=\theta=\theta+1$，$\theta=\{0,1,2,\cdots,\theta\}$。

可见，Cantor 关于序数的定义：对有穷集合定义成有穷数，没有歧义；对无穷集合定义成超穷序数 ω（实无穷大），就隐含了歧义——无穷集合的后继集合（ω^+）到底是 $\omega+1=\omega$，还是 $\omega+1\neq\omega$。下面从多方面来分析这些歧义。

1. 有穷数序列与无穷数序列的歧义

a1）在现行公理集合论规定中，自然数序列 $0,1,2,\cdots,n,\cdots$ 表示的是自然数在不断延伸，其中没有最大元存在。也就是说，这个序列全部由 0 和有穷的正整数组成，其中根本没有无穷大 ∞ 存在，属于由有穷数组成的序列。

b1）现行公理集合论又规定，必须由无穷位编码组成的[0,1]区间的实数序列却是

$$x=0.a_1a_2a_3\cdots a_n\cdots$$

它的编码位数 a_n 的表示方法和自然数序列 $0,1,2,\cdots,n,\cdots$ 尽管高度一致，意思却变成了无穷位已经出现在序列 $x=0.a_1a_2a_3\cdots a_n\cdots$ 中，这个序列属于全部由无穷位数组成的序列。也就是说，有穷位的编码器可生成无穷位的编码来！这是一个从全部由有穷位整数组成的自然数序列到无穷位编码实数的质的改变，却在不经意间通过人为的规定完成了！

作者认为，a1）和 b1）是不能并存的矛盾规定，是引起现行公理集合论诸多矛盾的根源之一。规定 a1）符合数学实际，应该保留；规定 b1）与规定 a1）矛盾，混淆了有穷数和无穷数位的本质差别，应该撤销（改为表示由有穷位编码组成的[0,1]区间有理数序列正好）。因为自然数无论怎么延伸，它总归是自然数，不会变成无穷大，只有[0,1]区间有理数序列才正好是这个情况，实数必然是无穷位编码。规定 b1）是现行公理集合论的致命缺陷，必须从根本上予以废除。

2. 在 ω 前驱中的歧义

如果 ω 满足（Ⅰ），即 $\omega=\theta$，则

$$\omega=\{0,1,2,\cdots,\omega-2,\omega-1\} \tag{a2}$$

而现行无穷公理认为

$$\omega=\{0,1,2,\cdots,n,\cdots\} \tag{b2}$$

在形式（a2）中，ω 存在前驱…，$\omega-2$，$\omega-1$，显然也存在后继 $\omega+1$，$\omega+2$，…。

在形式（b2）中，如果 ω 作为 n 的极限集合，$\omega=\lim\limits_{n\to\infty} n=\{0,1,2,\cdots,n,\cdots\}$，$\omega$ 只有后继 $\omega+1$，$\omega+2$，…，没有前驱…，$\omega-2$，$\omega-1$。

可见（a2），（b2）从形式上是不一致的，存在歧义。

3. 在 ω 后继中的歧义

如果 ω 满足(Ⅱ)，则 $\omega=\omega+1$，$\omega=\{0,1,2,\cdots,\omega\}$，$\omega$ 就是标准分析中的∞，但是由于在标准分析中$\infty=\infty+1$，立即可以得到

$$\cdots=\infty-n=\infty-2=\infty-1=\infty=\infty+1=\infty+2=\infty+n=\cdots$$

即

$$\omega=\omega+1 \tag{a3}$$

可是按照集合运算，$\omega+1=\omega\cup\{\omega\}=\{0,1,2,\cdots,\omega\}$，$\omega=\{0,1,2,\cdots,n,\cdots\}$，即

$$\omega+1\neq\omega \tag{b3}$$

可见(a3)，(b3)是矛盾的，ω 显然不是∞。

Cantor 超穷序数 ω 的定义不属于上面任何一种情况，显然它是脱离数学的内在规律，凭借个人主观意志搞没有根据的符号游戏，由此造成了现行公理集合论的诸多矛盾。

4. ω 的排序歧义

下面介绍关于 ω 的排序。如果 ω 是一个无穷大，按照无穷的直观排序，2^ω，3^ω 应该在 ω 与 ω^ω 之间，即

$$0,1,2,\cdots,\omega,\cdots,2\omega,\cdots,\omega^2,\cdots,\omega^3,\cdots,2^\omega,\cdots,3^\omega,\cdots,\omega^\omega,\cdots,\omega^{\omega^\omega},\cdots$$

无穷大的大小关系为

$$\omega<\omega^2<\omega^3<\cdots<2^\omega<3^\omega<\cdots<\omega^\omega<\cdots \tag{a4}$$

可是按照 Cantor 的序数运算定义

$$\beta+\alpha=\sup\{\beta+\gamma\mid\gamma<\alpha\}$$
$$\beta\cdot\alpha=\sup\{\beta\cdot\gamma\mid\gamma<\alpha\}$$
$$\beta^\alpha=\sup\{\beta^\gamma\mid\gamma<\alpha\}$$

立即可得出

$$\omega=2^\omega=3^\omega=n^\omega$$

$$\omega=2^\omega=3^\omega=n^\omega<2\omega<\omega^2<\omega^3<\omega^\omega<\omega^{\omega^\omega} \tag{b4}$$

(a4)与(b4)之间存在差异，让人无所适从。

5. ω 的幂运算歧义

在 Cantor 公理集合论中，由序数幂运算定理 $2^\omega=\sup\{2^n\mid n<\omega\}=\omega$ 可知 $2^\omega=\omega$。由“如两序数相等，则它们的基数相等”知

$$2^\omega=\omega\Rightarrow|2^\omega|=|\omega| \tag{a5}$$

由自然数幂集合不可数定理可知自然数幂集的基数大于自然数集的基数，即

$$|2^\omega|>|\omega| \tag{b5}$$

(a5)与(b5)之间存在矛盾。

于是，有些公理集合论书籍为回避这些矛盾和差异，干脆不讨论序数的幂运算。

6. 循环集合引起的矛盾

如果按标准分析的极限运算，$n=\{0,1,2,\cdots,n-1\}$的极限形式为

$$\lim_{n\to\infty} n=\{0,1,2,\cdots,\lim_{n\to\infty}(n-2),\lim_{n\to\infty}(n-1)\}$$

由于

$$\lim_{n\to\infty}n=\lim_{n\to\infty}(n-1)=\infty$$

立即可以得到

$$\infty=\{0,1,2,\cdots,\infty\}$$

即$\infty\in\infty$，这是一个随处可见的循环集合，Russell 等当时的数学家解释不了这种集合的意义，误将其认为是无法逾越的悖论，引起了集合论的理论危机，最后不得不在 ZF 系统中把全部循环集合当成奇异集合予以排除，让集合论丧失了大片疆域。新的公理集合论系统 SZF 重新容纳所有的循环集合，承认它们的合法性，如

$$\infty=\{0,1,2,\cdots,\infty\}=\{0,1,2,\cdots,n,\cdots\}$$

7. 不可数序数矛盾

Cantor 把所有可数序数定义为一个集合：

$$\omega_1=\{0,1,2,\cdots,n,\cdots,\omega,\cdots,2\omega,\cdots,n\omega,\cdots,\omega^2,\cdots,\omega^3,\cdots,\omega^n,\cdots,$$
$$\omega^{\omega},\cdots,\omega^{\omega^{\omega}},\cdots\omega^{\omega^{\omega^{\omega}}},\cdots\omega^{\omega^{\cdot^{\cdot^{\omega}}}},\cdots\}$$

他证明了如 ω_1 是一个可数序数，则 $\omega_1\in\omega_1$，与正则公理矛盾，由此推断 ω_1 是不可数序数。由于 ω_1 中没有包含 $2^{\omega},3^{\omega},n^{\omega}$ 等超穷幂集合，于是他异想天开，首先定义

$$\omega_0=\omega,\omega_1=\{x:\mathrm{on}(x)\wedge|x|\leqslant|\omega_0|\},\omega_{\lambda+1}=\{x:\mathrm{on}(x)\wedge|x|\leqslant|\omega_\lambda|\}$$

进而依次定义了一系列大于可数序数 $\omega_0=\omega$ 的越来越大的不可数序数数列[DAICHY11，MSJAP84，ZHANJW99]

$$\omega_0<\omega_1<\omega_2<\omega_3<\omega_4<\cdots$$

并根据实数不可数定理$|R|=2^{|N|}$，提出了著名的连续统假设(CH)和广义连续统假设(GCH)：

$$\omega_1=2^{\omega_0},\omega_{i+1}=2^{\omega_i}$$

其实 $\omega_1\in\omega_1$ 并不导致矛盾，因为 ω_1 只不过是域外项而已，从 $V=\{x\mid x=x\}$，$V=V\Rightarrow V\in V$，只能得到 $V\neq V$。

由此可知，Cantor 关于 ω_1 不可数的推理完全是主观臆想的，没有数学依据。序数虽然可越来越大，没有上限，但是它们全部都是通过后继运算和取极限操作生成的，不可能出现不可数的序数。

以上种种矛盾和歧义的存在，本质上都是由对无穷概念的不当定义和表示引起的，从而导致整个序数的定义和运算规则混乱。所以，要克服这些矛盾和歧义必须彻底修改现行的无穷公理 ZF6。

从现实世界中的有穷集合(数)到虚拟世界中的无穷集合(超穷数)，需要有引

渡的工具或扩张的路径，工具(路径)的混乱有可能会隐含差异和矛盾，增加协调一致的困难和风险。Cantor 是大无畏的勇敢探索者，他在老师和同行都坚决反对的情况下，孤独一人勇闯无人区，创立了集合论，充实了数学的基础理论，值得后人尊重和学习。但是，探索高难度目标不可能一蹴而就，一个人的研究成果不可能十全十美，无穷公理的失误在所难免。作者吸取 Cantor 的经验和教训，为避免从多种渠道引入超穷概念的隐患，下面统一用$\lim\limits_{n\to\infty} n=\theta$来完成从有穷到无穷的引渡和扩张，以期预先排除一切可能出现的隐患。在新的无穷公理中，将严格区分$\lim\limits_{n\to\infty} n=\theta$的可达与不可达：$\theta$ 不可达时是潜无穷，θ 可达时是实无穷。把同一个引渡工具引向两个不同的无穷世界区分得清清楚楚。

有的读者可能会产生疑问：同一个"取极限操作"($\lim\limits_{n\to\infty} n=\theta$)怎么能够生成两个不同的结果呢？这是一种传统的数学思维惯性在作怪！好比从武汉开出的轮船，过去只有向东开到上海的航线，现在增加了向西开到重庆的航线，这有什么不妥？在现实生活中并没有要求轮船和目的地必须一一对应，只是为了管理上的严谨，为驶向不同目的地的航班赋予不同的航班号即可，轮船还是那艘轮船没有改变。其实，在几何学研究中早已给数学提供了先例，同样的"直线、垂直线和平行线定义"，可以支撑多种不同的平行线公理，为什么在数学中不能？其实"取极限操作"($\lim\limits_{n\to\infty} n=\theta$)不过是从有穷世界过渡到无穷世界的轮船而已，它可以驶向不同的目的地，用航班号区分清楚即可。

14.1.2 两种可能的无穷公理

定义 14.1.1 标准无穷大。

设 N 是所有自然数的集合，存在一个 θ，它比所有自然数 E 都大，θ 是无穷变量，叫作无穷大，即

$$N=\{0,1,2,\cdots,n,\cdots\}$$

$$\exists\theta[\forall E\in N(\theta>E)]$$

规定以后直接用标准极限来描述上述定义：

$$\lim_{n\to\infty} n=\theta$$

根据标准极限的定义可知，$\lim\limits_{n\to\infty} n=\theta$ 是一个不可达的无穷大符号，而且

$$\lim_{n\to\infty} n=\lim_{n\to\infty} n+1$$

记为 $\theta+1=\theta$。

根据以上标准无穷定义可概括出如下标准无穷公理。

公理 14.1.1 标准无穷公理(潜无穷公理，记为 SZF6－)。

设 $N=\{0,1,2,\cdots,n,\cdots\}$，则

$$\exists\theta[\forall E\in N(\theta>E)\land(\theta+1=\theta)]$$

不同于标准无穷公理(潜无穷公理),如规定$\lim\limits_{n\to\infty} n=\theta$是可达的无穷大,即可提出非标无穷公理(即实无穷公理)。

公理 14.1.2　非标无穷公理(实无穷公理,记为 SZF6＋)。

设 $N=\{0,1,2,\cdots,n,\cdots\}$,则

$$\exists\theta[\forall E\in N(\theta>E)\land(\theta+1\neq\theta)]$$

上述两个无穷公理是相互矛盾的,不能在同一个理论体系中并存,只能在不同的公理系统中出现,用于描述不同的可能世界。

熟悉现有公理集合论的读者可能会感到不可思议,这不乱套了吗?数学一下子有了两个婆婆,以后听谁的?其实这是公理化中的正常现象,只要放下用一个公理系统包打天下的狭隘观念,像几何学家承认空间有多种不同的属性,需要用不同的平行线公理去描述一样,大大方方地承认论域有多种不同的属性,需要用不同的无穷公理去描述,就可以理解了。只要把握一条原则:两个不同的无穷公理描述的是两个不同的可能世界,它们不能同时出现在一个公理系统中。

为区别两个无穷公理的不同运算结果,下面引入两种不同结果的极限定义(航班号)。

定义 14.1.2　两种不同的极限。

① 满足标准无穷公理。$\exists\theta[\forall E\in N(\theta>E)\land(\theta+1=\theta)]$,其中 θ 记为 $\infty=\lim\limits_{n\to\infty} n$,称不可达的无穷大符号$\infty$和$\lim\limits_{n\to\infty} n$ 是**标准极限**。

② 满足非标无穷公理。$\exists\theta[\forall E\in N(\theta>E)\land(\theta+1\neq\theta)]$,其中 θ 记为 $\tilde{\omega}=\mu\lim\limits_{n\to\infty} n$,称可达的无穷大 $\tilde{\omega}$ 和$\mu\lim\limits_{n\to\infty} n$ 是**非标极限**。

由此可知,对自然数 n 取极限,至少可获得两种不同性质的无穷大,它们分别是不可达的无穷大$\infty=\lim\limits_{n\to\infty} n$ 和可达的无穷大 $\tilde{\omega}=\mu\lim\limits_{n\to\infty} n$。

例 14.1.1　两种无穷集合的差别。

有穷集合 $n=\{0,1,2,\cdots,(n-1)\}$,当 $n\to\infty$时:

① $\lim\limits_{n\to\infty} n=\{0,1,2,\cdots,\lim\limits_{n\to\infty}(n-2),\lim\limits_{n\to\infty}(n-1)\}$是**标准无穷集合**,其中

$$\infty=\{0,1,2,\cdots,n,\cdots\}=\{0,1,2,\cdots,\infty\},\ \infty=\infty+1,\ \frac{1}{\infty}=0$$

② $\mu\lim\limits_{n\to\infty} n=\{0,1,2,\cdots,\mu\lim\limits_{n\to\infty}(n-2),\mu\lim\limits_{n\to\infty}(n-1)\}$是**非标无穷集合**,其中

$$\tilde{\omega}=\{0,1,2,\cdots,\tilde{\omega}-1\},\ \tilde{\omega}\neq\tilde{\omega}+1$$

根据以上分析,可正式提出以下两个不同可能世界的无穷公理。

定义 14.1.3　两个不同的无穷公理。

(1) 标准无穷公理(潜无穷公理 SZF6－)

① $\varnothing$是集合。

② 如 n 是集合，则 $n^{+}=n\cup\{n\}$ 是集合。

③ $\infty=\lim\limits_{n\to\infty} n$ 也是集合，$\infty=\infty+1$。

(2) 非标无穷公理(实无穷公理 SZF6＋)

① $\varnothing$是集合。

② 如 n 是集合，则 $n^{+}=n\cup\{n\}$ 是集合。

③ $\tilde{\omega}=\mu\lim\limits_{n\to\infty} n$ 也是集合，$\tilde{\omega}\neq\tilde{\omega}+1$。

定义 14.1.4 两种不同可能世界的无穷概念。

① 由标准无穷公理(SZF6－)描述的是**潜无穷概念**。

$$\infty=\{0,1,2,\cdots,\infty\}=\{0,1,2,\cdots,n,\cdots\},\quad \infty=\lim_{n\to\infty} n,\ \infty=\infty+1$$

② 由非标无穷公理(SZF6＋)描述的是**实无穷概念**。

$$\tilde{\omega}=\{0,1,2,\cdots,\tilde{\omega}-1\},\ \tilde{\omega}=\mu\lim_{n\to\infty} n,\quad \tilde{\omega}+1\neq\tilde{\omega}$$

例 14.1.2 两种无穷概念的区别。

为了更深入地理解两个不同可能世界无穷公理的差别，下面详细对比分析由两种无穷公理描述的两种无穷概念的不同。

① 在潜无穷概念中，无穷大∞的基本含义是表示自然数序列可无限延伸，没有最大元存在，而∞是大于所有自然数的一个理想数，不属于自然数，所以，它不能出现在自然数序列中。规定无穷大∞的倒数是无穷小，记为$\frac{1}{\infty}=0$。如自然数序列是 $0,1,2,\cdots,n,\cdots$，不允许∞出现；超穷序数序列是 $0,1,2,\cdots,n,\cdots,\infty$，$\infty$必须出现。又如[0,1]区间的有理数序列是

$$x=0.a_1a_2a_3\cdots a_n\cdots$$

其中全部是有穷位 a_i，$i\in N$，不允许 a_∞ 位出现；而[0,1]区间的实数序列是

$$x=0.a_1a_2a_3\cdots a_n\cdots a_\infty$$

其中 a_∞ 位必须出现。

② 在实无穷中，实无穷大序列“$\cdots,\tilde{\omega}-1,\tilde{\omega},\tilde{\omega}+1,\cdots$”和实无穷小序列“$\cdots,\frac{1}{\tilde{\omega}-1},\frac{1}{\tilde{\omega}},\frac{1}{\tilde{\omega}+1},\cdots$”都是必然出现的数。如自然数序列是 $0,1,2,\cdots,n,\cdots$，其中不允许 $\tilde{\omega}$ 数出现；超穷序数序列是 $0,1,2,\cdots,n,\cdots,\tilde{\omega}-1,\tilde{\omega},\tilde{\omega}+1,\cdots$，$\tilde{\omega}$ 数必须出现。又如[0,1]区间的有理数序列是

$$x=0.a_1a_2a_3\cdots a_n\cdots$$

其中不允许 $a_{\tilde{\omega}}$ 位出现；而[0,1]区间的实数序列是

$$x=0.a_1a_2a_3\cdots a_n\cdots a_{\tilde{\omega}}$$

其中 $a_{\tilde{\omega}}$ 位必须出现。

[0,1]区间的超实数序列是

$$x=0.a_1a_2a_3\cdots a_n\cdots a_{\tilde{\omega}-1}a_{\tilde{\omega}}a_{\tilde{\omega}+1}a_{\tilde{\omega}+2}\cdots$$

其中实无穷远处可以有很多超穷位$\cdots a_{\tilde{\omega}-1}a_{\tilde{\omega}}a_{\tilde{\omega}+1}a_{\tilde{\omega}+2}\cdots$出现。

这就为非标准实数的引入奠定了逻辑基础。

$$\text{无穷}\begin{cases}\text{标准无穷(潜无穷)} & (\infty+1=\infty)\\ \text{非标无穷(实无穷)} & (\tilde{\omega}+1\neq\tilde{\omega})\end{cases}$$

14.1.3　刻画两种可能世界的两个公理集合论系统 SZF

Cantor 公理集合论的失误是无穷公理的错误，它试图用一个公理来包容不同可能世界中相互矛盾的无穷属性，必然会顾此失彼，刻意隐藏矛盾。作者吸取了他的经验和教训，明确用 $\theta+1=\theta$ 或 $\theta+1\neq\theta$ 把无穷公理分成不同的两大类 SZF－和 SZF＋，类似于欧几里得几何与非欧几何的公理系统差别。

在新的公理集合论 SZF 系统中，可证明“对任意可定义谓词 $P(n)$，如果对任意有穷数 n，$P(n)$成立，那么对任意无穷数 a，$P(a)$也成立”。幂集公理、分离公理、替换公理、选择公理、基础公理都变成了可证命题。

实际上，新的公理集合论系统只要“空集公理、对集公理、并集公理、无穷公理”这 4 个公理与几个定义就足够了。在 Cantor 公理集合论中，循环集合是指 $x\in x$ 形式的集合，叫奇异集合。循环集合是把一个集合映射成数后产生的正常现象，是一种重要的集合类型，不可或缺。如果缺少了这一种集合类型，不仅集合论的疆域破缺，而且会形成一些片面甚至错误的结论，所以在两个新的公理集合论中都容纳了循环集合。

例 14.1.3　循环集合无处不在。

设所有只含一个实数的集合$\{x\}$对应一个实数 y，即 $y=f(x)$，$f(x)=\{x\}$，如函数 $f(x)=1-\frac{1}{3}x$，$\{2\}=\frac{1}{3}$，$\{7\}=-\frac{4}{3}$，$\{\sqrt{2}\}=1-\frac{1}{3}\sqrt{2}$等。

问是否存在集合 $x\in x$？转化成以上映射关系，就是是否存在 $x=f(x)$？

$$x=1-\frac{1}{3}x,\quad x=\frac{3}{4}$$

即$\frac{3}{4}=\left\{\frac{3}{4}\right\}$，存在集合$\frac{3}{4}\in\frac{3}{4}$。

同样的道理，我们可以把含 2 个元素的实数集合、含多个元素的实数集合乃至含无穷个元素的实数集合映射成一个实数，都可以得到循环集合。

自然数集合$\{0,1,2,\cdots,n-1\}$对应一个数 $f(n)$，$f(n)=n$，即

$$f(n)=\{0,1,2,\cdots,n-1\},\quad n=\{0,1,2,\cdots,n-1\}$$

$$\lim_{n\to\infty}n=\lim_{n\to\infty}(n-1)=\infty$$

立即可以得到

$$\infty=\{0,1,2,\cdots,\infty\},\infty\in\infty$$

$\infty\in\infty$是一个循环集合，在 ZF 系统中解释不了这种集合∞的意义，可以把它当成一个需要排除奇异的集合。其实，循环集合是域外项，并不引起域内矛盾，排斥循环集合，没有道理。

所以，在下面的 SZF 系统中，将删除正则公理。

利用标准无穷公理(ZF6－)与非标无穷公理(ZF6＋)，替换 ZF 中的无穷公理 ZF6，分别组建两个不同的公理集合论系统 SZF－，SZF＋，用于刻画两个不同的可能世界(由 SZF 系统定义的集合的集合，简记为 V)。详情如下。

定义 14.1.5 集合的定义。

① 空集合：$\varnothing=\{\}$。

② 后继集合：$x^{+}=x\cup\{x\}$。

③ 子集：$x\subseteq y$ def$=(\forall v)(v\in x\rightarrow v\in y)$。

④ 序对集：(x,y)def$=\{\{x\},\{x,y\}\}$。

⑤ 直乘集：$u\times v$ def$=\{(x,y)\mid(x\in u)\wedge(y\in v)\}$。

公理 14.1.3 集合的公理。

ZF1 外延公理 如果两个集合的元素相同，那么这两个集合相等，即

$$x\in V\vdash(\forall A)(\forall B)(\forall x)(x\in A\leftrightarrow x\in B)\rightarrow(A=B)$$

ZF2 空集公理 可构造一个没有任何元素的集合$\varnothing$，即

$$x\in V\vdash(\exists\varnothing)(\forall x)\neg(x\in\varnothing)$$

ZF3 对集公理 如 x,y 是集合，可以构造一个只含元素 x,y 的集合，即

$$x\in V\vdash(\forall y)(\forall z)(\exists u)(\forall x)(x\in u\leftrightarrow(x=y\vee x=z))$$

ZF4 并集公理 如 x 是集合，存在集合 y，y 的元素恰好是 x 元素的元素，即

$$x\in V\vdash\forall x\exists y\forall z(z\in y\leftrightarrow\exists u(z\in u\wedge u\in x))$$

ZF5 幂集公理 如 y 是集合，可构造一个含 y 所有子集的集合 A，即

$$x\in V\vdash(\forall y)(\exists A)(\forall x)(x\in A\leftrightarrow x\subseteq y),\quad A=\wp(y)$$

ZF7 分离公理 $A(x)$是集合 V 上的一个性质，在 V 上可构造一个满足性质 $A(x)$的子集，即

$$x\in V\vdash(\exists I)(\forall x)(x\in I\leftrightarrow A(x))$$

ZF8 替换公理 如 z 是集合，利用函数 $A(x,y)$可构造集合 t，即

$$x\in V\vdash(\forall x)(\exists y)A(x,y)\rightarrow(\forall z)(\exists t)(\forall u)(u\in t\leftrightarrow(\exists v)(v\in z\wedge A(v,u)))$$

公理 14.1.4 两个不同的无穷公理。

SZF6－ 标准无穷公理(潜无穷公理)

① $\varnothing$是集合；② 如 n 是集合，则 $n^{+}=n\cup\{n\}$是集合；③$\infty=\lim\limits_{n\to\infty}n$ 也是集合。

$$(\infty=\infty+1)$$

SZF6＋　非标无穷公理(实无穷公理)

① $\varnothing$是集合;②如 n 是集合,则 $n^{+}=n\cup\{n\}$是集合;③ $\tilde{\omega}=\mu\lim\limits_{n\to\infty} n$ 也是集合。

$$(\tilde{\omega}\neq\tilde{\omega}+1)$$

定义 14.1.6　面向两种不同可能世界的两个 SZF 公理集合论系统。

① 由公理 **ZF1**,**ZF2**,**ZF3**,**ZF4**,**ZF5**,**ZF7**,**ZF8** 和标准无穷公理 **SZF6－**组成的公理系统叫作**标准公理集合论系统(潜无穷公理集合论系统)**,记为 **SZF－**。

② 由公理 **ZF1**,**ZF2**,**ZF3**,**ZF4**,**ZF5**,**ZF7**,**ZF8** 和非标无穷公理 **SZF6＋**组成的公理系统叫作**非标公理集合论系统(实无穷公理集合论系统)**,记为 **SZF＋**。

$$\text{公理集合论系统 SZF}\begin{cases}\text{标准系统(潜无穷 SZF}-\text{)}, & \infty+1=\infty\\ \text{非标系统(实无穷 SZF}+\text{)}, & \tilde{\omega}+1\neq\tilde{\omega}\end{cases}$$

在 ZF 系统中,幂集公理、分离公理、替换公理、选择公理和基础公理在有限集合的情况下是没有作用的,只有在无限的情况下才能发挥作用。

新的公理集合论系统 SZF 纠正了无穷公理隐含的各种矛盾和歧义,可证明"对任意可定义谓词,如果有穷数成立,无穷数也一定成立"。所以,幂集公理、分离公理、替换公理、选择公理、基础公理等都变成了可证命题,失去了公理的价值。

实际上,新的公理集合论系统只要空集公理、对集公理、并集公理、无穷公理这 4 个公理与几个定义就足够了,这里为了对比分析差异,暂时保留了这些"公理"。之后将使用超穷数学归纳法证明这些"公理"其实是可证命题。

至此,已利用标准无穷公理和非标无穷公理分别组建了面向不同可能世界的两个不同的公理集合论系统 SZF－,SZF＋。这两个系统类似于欧氏几何与非欧几何的两种典型情况,是相互矛盾不能并存的体系,只能用于刻画不同的可能世界[ZHANJC142, ZHANJC18]。

14.2　SZF 公理集合论中的几个重要问题

14.2.1　SZF 系统中的序数与超穷数学归纳法

在 Cantor 的公理集合论中,序数有可数与不可数之分,这是他为了掩盖某些无穷属性的矛盾,根据主观想象强加在序数上的一种错误区分,不符合序数的生成机理。在 SZF＋中将定义可数概念,并根据序数的连续后继生成机制,证明所有的序数都是可数的,没有不可数序数存在。因此,Cantor 的连续统假设是个伪命题,他提出的超穷数学归纳法也是错的。新的序数将确保真正自然数的超穷延伸:所有全体自然数的属性和偏大自然数的属性都可以直接推广到超穷序数中去,仅是偏小自然数的属性不能推广。所以，新的超穷数学归纳法将变得十分简单："对任意可定义谓词 $P(n)$，如对全体或者偏大的自然数 n，$P(n)$成立，则对任意超穷序数 a，$P(a)$也成立。"

可见，Cantor 公理集合论中的一切矛盾都来源于他试图包揽一切无穷属性的无穷公理，有了分类处理的 SZF 无穷公理后，一切矛盾和冲突都可迎刃而解，处理无穷和处理有穷一样简单直观，两者规律一致。

要全面准确地定义序数概念及其运算规律，只能在数谱结构最为复杂的实无穷公理集合论系统(SZF＋)中讨论，潜无穷公理集合论系统(SZF－)是它的特例。

定义 14.2.1 实无穷公理集合论系统(SZF＋)中的序数。

序数是自然数的超穷扩张，它包括有穷序数(即自然数)和超穷序数两部分，定义如下。

① 定基操作：$\varnothing$是有穷序数，记为 0。

② 后继操作：如 n 是有穷序数，则 $n+1\text{def}=n\cup\{n\}$是有穷序数。

③ 取极限操作：当 $n\to\infty$时，$\tilde{\omega}=\mu\lim\limits_{n\to\infty} n=\{0,1,3,\cdots,n,\cdots\}$是超穷序数。

④ 后继操作：如 α 是超穷序数，则 $\alpha+1\text{def}=\alpha\cup\{\alpha\}$是超穷序数。

⑤ 取极限操作：如 α 是超穷序数，n 是有穷序数，$f(\alpha,n)$ 是定义在序数上的函数，则 $\mu\lim\limits_{n\to\infty}[f(\alpha,n)]=f(\alpha,\tilde{\omega})$是超穷序数[ZHANJC142, ZHANJC18]。

在这个定义中，①和②形成的是有穷序数(即自然数)，其中 0 是自然数的生成基，1 是生成元；③和④ 形成的是超穷序数，其中 $\tilde{\omega}$ 是超穷序数的生成基，所以它也是一种超穷序数的定基操作，1 是生成元；④ 和⑤可反复迭代生成越来越大的超穷序数。所以，序数也称为非标准自然数。

请大家注意，超穷序数数列和有穷序数数列(即自然数数列)一样，都是从生成基($\tilde{\omega}$ 和 0)开始，严格按照生成元的步距(＋1)连续增长而成的，除了取极限操作是一种跨越式升级外，中间没有碎步或多步跳跃，这个生成机制造就了序数的许多优良性质，可作为度量集合中各种数量关系的标尺使用。而其他数列如下。

偶数数列

$$A=\{0,2,4,6,\cdots,2n,\cdots,2\tilde{\omega},2(\tilde{\omega}+1),\cdots\}$$

奇数数列

$$B=\{1,3,5,7,\cdots,2n+1,\cdots,2\tilde{\omega}+1,\cdots\}$$

平方数数列

$$C=\{0,1,4,9,\cdots,n^2,\cdots,\tilde{\omega}^2,\cdots\}$$

等都没有这种标尺属性。

数学归纳(mathematical induction)法是一种古老的数学证明方法，它是自然数公理的一个推论，很容易理解，可用于证明某个给定命题或谓词在整个(或偏大的)自然数范围内成立。数学归纳法的优势是用有限步操作完成了需要无限步验证的证明过程,并能获得准确无误的结果,所以应用十分广泛。SZF＋系统继承了这种证明方法,称为有穷数学归纳法,下面将把它进一步扩张为超穷数学归纳法。

1889 年意大利数学家皮亚诺(G. Peano,1858—1932 年)总结前人研究成果并提出了自然数公理,被后人称为皮亚诺公理。其开始只讨论正整数,现在讨论非负整数,内容如下。

公理 14.2.1　皮亚诺公理。

① 0 是自然数。

② 若 n 是自然数,则 n 的后继 n^+ 是自然数。

③ 0 不是其他自然数的后继。

④ 若有两个自然数的后继相等,即 $m^+ = n^+$,则 $m=n$。

⑤ a. 若 0 在 S 中;b. 若 n 在 S 中,则 n^+ 在 S 中。则所有的自然数都在 S 中。

推论 14.2.1　有穷数学归纳法。

① 第一步证明:当自然数 $x=n_0$ 时,谓词 $p(n_0)$成立。

② 第二步证明:如自然数 $x=n$ 时 $p(n)$成立,则 $p(n^+)$成立。

③ 结论:对 $x\geqslant n_0$ 的所有自然数 $p(x)$都成立。

如 $n_0=0$,结论是对所有自然数 $p(x)$成立;如 $n_0=1$,结论是对所有非零自然数 $p(x)$成立。有穷数学归纳法可表示如下:

$$n_0,n\in N \vdash A(n_0)\wedge[A(n)\rightarrow A(n^+)]\rightarrow \forall n\geqslant n_0 A(n)$$

例 14.2.1　等差数列求和公式的证明。

$$0+1+2+3+\cdots+n=\frac{n(n+1)}{2}$$

第一步,验证 $n = 0$ 时,上述公式 $0=\frac{0(0+1)}{2}=\frac{0}{2}=0$ 成立。

第二步,证明如 $n = m$ 时上述公式成立,则可推出 $n=m+1$ 也成立。步骤如下。

假设 $n=m$ 时上述公式成立,即

$$0+1+2+3+\cdots+m=\frac{m(m+1)}{2}$$

在等式两边同时加 $m+1$,得到

$$\begin{aligned}0+1+2+3+\cdots+m+(m+1)&=\frac{m(m+1)}{2}+(m+1)\\&=\frac{m(m+1)}{2}+\frac{2(m+1)}{2}\\&=\frac{(m+1)(m+2)}{2}\\&=\frac{(m+1)((m+1)+1)}{2}\end{aligned}$$

即上述公式成立。

结论为对于所有的自然数，等差数列求和公式成立：

$$0+1+2+3+\cdots+n=\frac{n(n+1)}{2}$$

下面用引渡工具 $\mu\lim_{n\to\infty} n=\tilde{\omega}$ 将有穷数学归纳法扩张为超穷数学归纳法。超穷数学归纳法可以看成有穷数学归纳法的非标准形式。

如果对于有穷序数，公式 $A(n)$ 成立，那么对于超穷序数，公式 $A(\tilde{\omega})$ 还成立吗？

根据等词公理，对于任意谓词 R，有

$$x=y\Rightarrow R(x)=R(y)$$

把 $x=y$ 换成关于自然数的恒等式 $P(n)=Q(n)$，则

$$P(n)=Q(n)\Rightarrow R(P(n))=R(Q(n))$$

将极限 $\mu\lim_{n\to\infty}$ 看成谓词 R：

$$P(n)=Q(n)\Rightarrow\mu\lim_{n\to\infty}(P(n))=\mu\lim_{n\to\infty}(Q(n))\Rightarrow P(\tilde{\omega})=Q(\tilde{\omega})$$

即如果 $A(n)$ 是等词定义的公式，$A(n)$ 成立，那么 $A(\tilde{\omega})$ 也成立，即

$$A(n)\Rightarrow A(\tilde{\omega})$$

实际上，在自然数系统中，任意谓词都是由等号定义的（在递归论中谓词都由等词递归定义[BOOLS02]），即任意谓词 $A(n)$ 成立，那么 $A(\tilde{\omega})$ 也成立。

更一般的情况是：有穷序数中的数学归纳法可以推广到超穷序数中，即超穷数学归纳法。

设有穷谓词 $P(n)$ 是等词定义的一个性质，且超穷谓词 $P(\alpha)$ 也可定义。

① 第一步证明：当有穷序数 $x=n_0$ 时，谓词 $P(n_0)$ 成立。

② 第二步证明：如有穷序数 $x=n$ 时 $P(n)$ 成立，则 $P(n^+)$ 成立。

③ 结论：对所有的超穷序数 $x=\alpha$，$P(\alpha)$ 成立。

定理 14.2.1 系统（SZF+）中的超穷数学归纳法。

设 n 是有穷序数变量 $n\in N$，α 是超穷序数变量 $\alpha\in N^*$。A 是自然数集合上由等词定义的一个性质：

$$\alpha\in N^*\vdash A(n_0)\wedge[A(n)\to A(n^+)]\to\forall\alpha\in N^*A(\alpha)$$

在超穷序数集合 N^* 中，数学归纳法仍然成立，叫超穷数学归纳法。

证明：

① $\vdash A(n_0)\wedge[A(n)\to A(n^+)]$ ………………………………………… 假设。

② $\vdash A(n)$ ………………………………………… ①，有限自然数归纳法。

③ $\vdash A([f_i(n)])$ ………………………………………… ②，代入自然数 $f_i(n)$。

④ $\vdash\mu\lim_{n\to\infty}A([f_i(n)])$ ………………………………………… ③，取极限。

⑤ $\vdash A([f_i(\mu\lim_{n\to\infty}n)])$ ………………………………………… ④。

⑥ $\vdash A([f_i(\tilde{\omega})])$ ………………………………………………… ⑤，$\mu\lim\limits_{n\to\infty} n=\tilde{\omega}$。

⑦ $\vdash A(\alpha)$ ………………………………………………… ⑥，设 $f_i(\tilde{\omega})=\alpha$。

⑧ $\vdash A(n_0)\wedge[A(n)\rightarrow A(n^+)]\rightarrow A(\alpha)$ ……………………………… ①，⑦。

⑨ $\vdash A(n_0)\wedge[A(n)\rightarrow A(n^+)]\rightarrow\forall\alpha\in N^* A(\alpha)$ ……………………… ⑧。

即任意命题，只要对大于等于 n_0 的有穷序数成立，对一切超穷序数都成立。▌

这与 Cantor 超限归纳法是不同的。

请读者注意：在超穷数学归纳法中，$p(x)$成立的条件仍然保留了大于等于自然数 n_0 这个条件，这说明只要是在偏大的自然数中稳定存在的性质 $p(x)$，就一定可推广到所有的超穷序数中去，不一定要求全体自然数满足的性质才能推广，这是自然数和超穷序数的不同。

众所周知，自然数有一定次序，可以比较大小，那么，把自然数推广到序数后，还能保持原来的次序关系不变吗？根据超穷数学归纳法，答案是肯定的。大家对自然数的大小关系十分熟悉，可以将其作为讨论的出发点。下面将逐段明确超穷序数的大小关系，以便获得一个完整的序数谱，准确掌握超穷序数中的大小关系。

推论 14.2.2　超穷序数的大小关系。

① 超穷序数中的前驱和后继关系如下。求 $n=\{0,1,2,\cdots,n-1\}$的极限 $\tilde{\omega}=\mu\lim\limits_{n\to\infty} n$，得到

$$\tilde{\omega}=\{0,1,2,\cdots,\tilde{\omega}-1\},\ \tilde{\omega}+1=\{0,1,2,\cdots,\tilde{\omega}-1,\tilde{\omega}\}$$

其中规定了超穷序数的减法运算（前驱）和加法运算（后继）的关系。所以在实无穷公理集合论系统（SZF+）中，超穷序数既有后继，也有前驱，与非零的自然数相同（注意：Cantor 的超穷序数 ω 只有后继，没有前驱），于是在序数中有大小关系如下：

$$0<1<2<\cdots<n-1<n<n+1<\cdots<\tilde{\omega}-1<\tilde{\omega}<\tilde{\omega}+1<\cdots$$

② 超穷序数中的偶数关系如下：

$$0<2<4<\cdots<2n<2(n+1)<\cdots<2\tilde{\omega}<2(\tilde{\omega}+1)<\cdots$$

③ 超穷序数中的奇数关系如下：

$$1<3<5<\cdots<2n+1<2(n+1)+1<\cdots<2\tilde{\omega}+1<2(\tilde{\omega}+1)+1<\cdots$$

④ 超穷序数中的乘方数关系如下：

$$0<1<2^2<\cdots<n^2<(n+1)^2<\cdots<\tilde{\omega}^2<\cdots<(\tilde{\omega}+1)^2<\cdots$$

$$\cdots<n<n^2<n^3<n^4<n^5<n^n<\cdots<\tilde{\omega}<\tilde{\omega}^2<\tilde{\omega}^3<\tilde{\omega}^4<\tilde{\omega}^5<\tilde{\omega}^{\tilde{\omega}}<\cdots$$

$$\cdots<n<n^n<n^{n^n}<n^{n^{n^n}}<n^{n^{\cdot^{\cdot^{n}}}}<\cdots<\tilde{\omega}<\tilde{\omega}^{\tilde{\omega}}<\tilde{\omega}^{\tilde{\omega}^{\tilde{\omega}}}<\tilde{\omega}^{\tilde{\omega}^{\tilde{\omega}^{\tilde{\omega}}}}<\tilde{\omega}^{\tilde{\omega}^{\cdot^{\cdot^{\tilde{\omega}}}}}<\cdots$$

⑤ 超穷序数中的指数关系如下：

$$1<2<2^2<2^3<2^4<\cdots<2^{n-1}<2^n<2^{n+1}<\cdots<2^{\tilde{\omega}-1}<2^{\tilde{\omega}}<2^{\tilde{\omega}+1}<\cdots$$

$$n<2^n<3^n<4^n<5^n<n^n<\cdots<\tilde{\omega}<2^{\tilde{\omega}}<3^{\tilde{\omega}}<4^{\tilde{\omega}}<5^{\tilde{\omega}}<\tilde{\omega}^{\tilde{\omega}}<\cdots$$

⑥ 在$[\bar{\omega},\bar{\omega}^{\bar{\omega}}]$区间内 $m^{\bar{\omega}}$ 和 $\bar{\omega}^m$ 之间的大小关系分析如下。

根据超穷数学归纳法，只有全体自然数和偏大自然数的属性才能推广到超穷序数中，仅是偏小自然数的属性不能推广到超穷序数中。由于在指数运算 m^n 中，指数由 n 到 $n+1$ 每前进一步，其结果都会增加 $m-1$ 倍，环比增长率一直能保持在$(m-1)\times 100\%$，绝对增幅会越来越大；而在乘方运算 n^m 中，当 n 偏小时会出现 $n^m \gg m^n$ 的情况，但当 n 足够大时，由于 $n+1$ 对 n^m 提供的增量十分微小(如从 1 000 到 1 001 仅 0.1%)，所以获得的环比增长率 $p(1\,000)=\dfrac{1\,001^m-1\,000^m}{1\,000^m}$ 也极其微小，而且随着 n 的继续增大会越来越微小。

如在最小的指数运算 2^n 中，随着 n 的增长，其结果是

$$1,2,4,8,16,32,64,128,256,512,1\,024,\cdots,62\,556,125\,112,\cdots$$

其环比增长率 $p(n)=\dfrac{2^{n+1}-2^n}{2^n}$ 一直保持在 100%。

而在乘方运算 n^4 中，随着 n 的增长，其结果是

$$0,1,16,91,256,625,1\,296,2\,401,4\,096,6\,561,10\,000,\cdots,65\,536,83\,521,\cdots$$

其环比增长率是 $p(n)=\dfrac{(n+1)^4-n^4}{n^4}$，开始很大，后来快速减少，具体数据如下：

$$\infty,15,4.69,1.81,1.44,1.07,0.85,0.706,0.602,0.524,0.464,\cdots,0.274,0.257$$

从上面的数据对比可以看出，开始时 $n^4 \gg 2^n$，但是到了 $n=17$ 时，$2^{17}=125\,112>17^4=83\,521$，已经开始反超了，而且它们的环比增长率差异能保证这种反超态势永远保持下去。

由此可见，虽然在偏小的自然数中，随着 n 的增长，n^m 可能比 m^n 占有增长优势，但是，在偏大的自然数中，随着 n 的增长，m^n 将比 n^m 占有绝对的增长优势，所以，在$[\bar{\omega},\bar{\omega}^{\bar{\omega}}]$区间内，$m^{\bar{\omega}}$ 和 $\bar{\omega}^m$ 之间的大小关系只能是

$$\bar{\omega}<\bar{\omega}^2<\bar{\omega}^3<\bar{\omega}^4<\bar{\omega}^5<\bar{\omega}^n<2^{\bar{\omega}}<3^{\bar{\omega}}<4^{\bar{\omega}}<5^{\bar{\omega}}<n^{\bar{\omega}}<\bar{\omega}^{\bar{\omega}}$$

在$[\bar{\omega}^{\bar{\omega}},\bar{\omega}^{\bar{\omega}^{\bar{\omega}}}]$区间和$[\bar{\omega}^{\bar{\omega}^{\bar{\omega}}},\bar{\omega}^{\bar{\omega}^{\bar{\omega}^{\bar{\omega}}}}]$区间内的大小关系与此类似。

推论 14.2.3 序数的大小比较原则。

设 $f(\bar{\omega}),g(\bar{\omega})$ 是含有 $\bar{\omega}$ 的超穷序数：

① 如存在有穷序数 n_0，$\forall n(n>n_0 \rightarrow f(n)>g(n))$，则 $f(\bar{\omega})>g(\bar{\omega})$；

② 如存在有穷序数 n_0，$\forall n(n>n_0 \rightarrow f(n)<g(n))$，则 $f(\bar{\omega})<g(\bar{\omega})$；

③ 如对任意有穷序数 n，$f(n)=g(n)$，则 $f(\bar{\omega})=g(\bar{\omega})$。

也就是说，上述大小比较原则对任何序数都成立。

定义 14.2.2 序数谱和序数集合。

根据超穷数学归纳法(定理 14.2.1)和推论 14.2.2 及推论 14.2.3，可以列出系统 SZF+中的序数谱如下：

$$[0,1,2,\cdots,n,n+1,\cdots,\tilde{\omega}-1,\tilde{\omega},\tilde{\omega}+1,\cdots,\tilde{\omega}+n,\cdots,2\tilde{\omega},\cdots,3\tilde{\omega},\cdots,n\tilde{\omega},\cdots,$$

$$\tilde{\omega}^2,\cdots,\tilde{\omega}^3,\cdots,\tilde{\omega}^n,\cdots,2^{\tilde{\omega}},\cdots,3^{\tilde{\omega}},\cdots,n^{\tilde{\omega}},\cdots,\tilde{\omega}^{\tilde{\omega}},\cdots,\tilde{\omega}^{\tilde{\omega}^{\tilde{\omega}}},\cdots,\tilde{\omega}^{\tilde{\omega}^{\tilde{\omega}^{\tilde{\omega}}}},\cdots,\tilde{\omega}^{\tilde{\omega}^{\cdot^{\cdot^{\tilde{\omega}}}}},\cdots]$$

于是可得实无穷系统 SZF＋中全体序数集合 N^* 的精准表达式如下：

$$N^*=\{0,1,2,\cdots,n,n+1,\cdots,\tilde{\omega}-1,\tilde{\omega},\tilde{\omega}+1,\cdots,\tilde{\omega}+n,\cdots,2\tilde{\omega},\cdots,3\tilde{\omega},\cdots,n\tilde{\omega},\cdots,$$

$$\tilde{\omega}^2,\cdots,\tilde{\omega}^3,\cdots,\tilde{\omega}^n,\cdots,2^{\tilde{\omega}},\cdots,3^{\tilde{\omega}},\cdots,n^{\tilde{\omega}},\cdots,\tilde{\omega}^{\tilde{\omega}},\cdots,\tilde{\omega}^{\tilde{\omega}^{\tilde{\omega}}},\cdots,\tilde{\omega}^{\tilde{\omega}^{\tilde{\omega}^{\tilde{\omega}}}},\cdots,\tilde{\omega}^{\tilde{\omega}^{\cdot^{\cdot^{\tilde{\omega}}}}},\cdots\}$$

在系统 SZF＋中，超穷序数运算的大小排序方式与自然数中偏大数运算的大小排序方式一致，与直观经验是一致的，没有了 Cantor 公理集合论中那些特殊规定和矛盾冲突。

例 14.2.2　超穷数学归纳法的应用 1。

在有穷序数中成立的命题，对超穷序数一样成立，如下。

对任意有穷序数 n 下列命题成立：

$$1^3+2^3+3^3+\cdots+n^3=\left[\frac{1}{2}n(n+1)\right]^2$$

$$\frac{1}{2^2-1}+\frac{1}{3^2-1}+\frac{1}{4^2-1}+\cdots+\frac{1}{n^2-1}=\frac{3}{4}-\frac{1}{2n}-\frac{1}{2(n+1)}$$

对任意超穷序数 α 它们也成立：

$$1^3+2^3+3^3+\cdots+\alpha^3=\left[\frac{1}{2}\alpha(\alpha+1)\right]^2$$

$$\frac{1}{2^2-1}+\frac{1}{3^2-1}+\frac{1}{4^2-1}+\cdots+\frac{1}{\alpha^2-1}=\frac{3}{4}-\frac{1}{2\alpha}-\frac{1}{2(\alpha+1)}$$

推论 14.2.4　潜无穷公理集合论系统(SZF－)中的超穷数学归纳法。

在潜无穷公理集合论系统(SZF－)中，由于

$$\lim_{n\to\infty}n=\infty,\ \infty+n=\infty,\frac{1}{\infty}=0$$

所以所有的无穷数都相等，无穷大只有一个，即∞：

$$\cdots=\infty-2=\infty-1=\infty=\infty+1=\infty+n=2\infty=n\infty=\cdots=$$
$$\infty^2=\infty^3=\infty^n=2^\infty=3^\infty=\infty^\infty=\infty^{\infty^\infty}=\cdots$$

在系统(SZF－)中可以用 $N=\{0,1,2,\cdots,n,\cdots\}$ 表示全体自然数的集合，用 N^* 表示全体序数集合：

$$N^*=\{0,1,2,\cdots,\infty\}$$

所以，超穷数学归纳法退化成如下形式：设 A 是自然数集合上由等词定义的一个性质，则

$$n_0,n\in N\vdash A(n_0)\wedge[A(n)\to A(n^+)]\to A(\infty)$$

即在自然数集合 N 中，如 $A(n_0)$ 成立，且 $A(n)\to A(n^+)$ 成立，则 $A(\infty)$ 成立。

例 14.2.3 超穷数学归纳法的应用 2。

用有穷数学归纳法可证明：

$$\frac{1}{1\times2}+\frac{1}{2\times3}+\frac{1}{3\times4}+\cdots+\frac{1}{n(n+1)}=\frac{n}{n+1}$$

$$\frac{1}{2^2-1}+\frac{1}{3^2-1}+\frac{1}{4^2-1}+\cdots+\frac{1}{n^2-1}=\frac{3}{4}-\frac{1}{2n}-\frac{1}{2(n+1)}$$

对于潜无穷∞，无穷级数仍然成立：

$$\frac{1}{1\times2}+\frac{1}{2\times3}+\frac{1}{3\times4}+\cdots+\frac{1}{i(i+1)}+\cdots=\lim_{n\to\infty}\frac{n}{n+1}=\frac{\infty}{\infty+1}=1$$

$$\begin{aligned}\frac{1}{2^2-1}+\frac{1}{3^2-1}+\frac{1}{4^2-1}+\cdots+\frac{1}{i^2-1}+\cdots&=\lim_{n\to\infty}\left[\frac{3}{4}-\frac{1}{2n}-\frac{1}{2(n+1)}\right]\\&=\frac{3}{4}-\frac{1}{2\infty}-\frac{1}{2(\infty+1)}=\frac{3}{4}\end{aligned}$$

14.2.2 SZF 系统中的基数与连续统假设问题

在新的公理集合论 SZF 中，序数就是基数，序数和基数都是可数的，不存在不可数的序数和基数。所以，Cantor 公理集合论关于不可数基数与序数的定义、定理、命题在这里都不可采信。

Cantor 的连续统假设(CH)是：在自然数集合的基数 $|N|$ 与其幂集合的基数 $|\wp(N)|$ 之间，不存在其他的基数，其中 $|N|=\omega$ 是可数序数，$|\wp(N)|=2^\omega=\omega_1$ 是不可数序数。所以，在新的公理集合论 SZF 中，连续统假设(CH)称为伪命题，这个论证在实无穷系统(SZF＋)中进行最合适，因为潜无穷系统中只有一个无穷大。

众所周知，自然数作为序数集合是 $n=\{0,1,2,3,\cdots,n-1\}$，故有如下关系：

$$|n|=|\{0,1,2,3,\cdots,n-1\}|=n$$

这种关系可以推广到超穷序数中去。

定义 14.2.3 实无穷公理集合论系统 SZF＋中超穷集合的基数。

设 M 是任意集合，α 是序数(也是集合)，如存在一个双射关系 $f: M\approx\alpha$，$\alpha\in N^*$，可在集合 M 和集合 α 的元素之间建立一一对应关系，就称集合 M 的基数是 α，记为 $|M|=\alpha$。

根据定义 14.2.1，先证明关于集合基数的基础性定理。

定理 14.2.2 序数 α 作为集合其基数是 α，用 $|\alpha|=\alpha$ 表示。

证明：

因为序数 α 既是数又是集合，作为集合的 $\alpha\in N^*$ 满足下列包含关系：

$$0\in1\in2\in3\in\cdots\in\tilde{\omega}-1\in\tilde{\omega}\in\tilde{\omega}+1\in\cdots\in2\tilde{\omega}\in\cdots\in3\tilde{\omega}\in\cdots\in$$

$$\tilde{\omega}^2 \in \cdots \in \tilde{\omega}^3 \in \cdots \in \tilde{\omega}^n \in \cdots \in \tilde{\omega}^{\tilde{\omega}} \in \cdots \in \tilde{\omega}^{\tilde{\omega}^{\tilde{\omega}}} \in \cdots \in \tilde{\omega}^{\tilde{\omega}^{\cdot^{\cdot^{\cdot^{\tilde{\omega}}}}}} \in \cdots$$

所以，一定存在一个从集合 α 到集合 α 的双射关系 $f(x)=x$，$f:\alpha \approx \alpha$，根据定义14.2.3可知，作为集合的 α 的基数即序数 α 本身，即 $|\alpha|=\alpha$。 ▌

由此可知，基数的大小次序关系和序数的大小次序关系是完全一致的。

$$\cdots|\tilde{\omega}-1|<|\tilde{\omega}|<|\tilde{\omega}+1|<\cdots<|\tilde{\omega}+n|<\cdots<|2\tilde{\omega}|<\cdots<|n\tilde{\omega}|<\cdots<|\tilde{\omega}^2|<\cdots<$$
$$|\tilde{\omega}^3|<\cdots<|\tilde{\omega}^n|<\cdots<|n^{\tilde{\omega}}|<\cdots<|\tilde{\omega}^{\tilde{\omega}}|<\cdots<|\tilde{\omega}^{\tilde{\omega}^{\tilde{\omega}}}|<\cdots<|\tilde{\omega}^{\tilde{\omega}^{\cdot^{\cdot^{\cdot^{\tilde{\omega}}}}}}|<\cdots$$

在系统 SZF+中，与自然数一样，超穷序数集合的基数就是最末那个元素的序数加1，如超穷集合 $\alpha=(0,1,2,\cdots,\alpha-1)$。

下面根据定理 14.2.2 讨论关于一般超穷集合 $A=\{a_0,a_1,a_2,a_3,\cdots,a_n,\cdots,a_\alpha\}$ 的基数问题，其中的元素 a_i 可以是任意元素，不一定是序数。

推论 14.2.5　一般超穷集合的基数。

在系统 SZF+中，一般超穷集合 $A=\{a_0,a_1,a_2,a_3,\cdots,a_n,\cdots,a_\alpha\}$ 的基数等于与它一一对应的超穷序数集合 $\alpha+1=\{0,1,2,3,\cdots,n,\cdots,\alpha\}$ 的基数。例如：

① 如有平方数集合

$$A=\{0,1,4,9,\cdots,n^2,\cdots,(\tilde{\omega}-1)^2\}$$

它对应的序数集合是

$$\tilde{\omega}=\{0,1,2,3,\cdots,n,\cdots,(\tilde{\omega}-1)\}$$

两者可建立一一对应关系

$$f(x)=x^2,x\in A \leftrightarrow f(x)\in\tilde{\omega}$$

所以，它的基数是

$$|A|=\tilde{\omega}$$

② 如有 10 的指数集合

$$B=\{10^1,10^2,10^3,\cdots,10^n,10^{n+1},\cdots,10^{\tilde{\omega}}\}$$

与它对应的序数集合是

$$\tilde{\omega}=\{1,2,3,\cdots,n,n+1,\cdots,\tilde{\omega}\}$$

两者可建立一一对应关系

$$f(x)=10^x,x\in B \leftrightarrow f(x)\in 10^{\tilde{\omega}}$$

所以，B 的基数是

$$|B|=\tilde{\omega}$$

③ 如有 $\tilde{\omega}$ 位十进制编码数集合

$$C=\{0,1,\cdots,9,10,11,\cdots,19,20,\cdots,10^{n-1},10^{n-1}+1,\cdots,$$
$$10^{n-1}+9,\cdots,10^{\tilde{\omega}-1},10^{\tilde{\omega}-1}+1,\cdots,10^{\tilde{\omega}-1}+9\}$$

与它对应的序数集合是

$$10^{\tilde{\omega}}=\{0,1,\cdots,9,10,11,\cdots,19,20,\cdots,10^{n-1},10^{n-1}+1,\cdots,10^{n-1}+9,\cdots,$$
$$10^{\tilde{\omega}-1},10^{\tilde{\omega}-1}+1,\cdots,10^{\tilde{\omega}-1}+9\}$$

两者可直接建立一一对应关系，所以$|C|$的基数是

$$|C|=10^{\tilde{\omega}}$$

可见，由不同的进位制编码组成的超穷集合有不同的基数，这一点与有穷位编码的规律一致。如 n 位二进制编码数是 2^n 个，n 位十进制编码数是10^n个；$\tilde{\omega}$ 位二进制编码数是 2个，$\tilde{\omega}$ 位十进制编码数是10个。

定理 14.2.3 在系统 SZF＋中所有的集合都不与其真子集等基数。

证明：

① 因为空集没有真子集，任何非空有穷集合的真子集都至少丢失了一个元素，两者之间无法建立双射关系，所以所有有穷集合都不能与其真子集建立双射关系，即两者不能等基数。

② 设有超穷集合 A,B，且 A 是 B 的真子集，$A\subset B$，$|B|=f(\tilde{\omega})$，$|A|=f(\tilde{\omega})-\alpha$，$\alpha\in N^*$，如 A,B 集合可以建立双射关系，则有$|B|=|A|$，$f(\tilde{\omega})-\alpha=f(\tilde{\omega})$，根据超穷序数的运算法则：$f(\tilde{\omega})-\alpha<f(\tilde{\omega})$。

归纳①和②，系统 SZF＋中所有的集合都不可与其真子集建立双射关系，即两者不能等基数。 ▌

例 14.2.4 系统 SZF＋中的无穷集合。

超穷偶数集合

$$S_1=\{0,2,4,\cdots,2(\tilde{\omega}-1)\}$$

$$S_2=\{0,2,4,\cdots,2(\tilde{\omega}-1),2\tilde{\omega},2(\tilde{\omega}+1)\}$$

$$S_1\subset S_2,\ |S_1|=\tilde{\omega},\ |S_2|=\tilde{\omega}+2$$

在系统 SZF＋中，超穷集合 S_1 是 S_2 的子集合，S_2 比 S_1 多 2 个元素 $2\tilde{\omega}$，$2(\tilde{\omega}+1)$，S_1 与 S_2 不能等基数。

例 14.2.5 在系统 SZF＋中超穷集合的生成方式不同则基数不同。

① 有穷序数集合 $A_1=\{0,1,2,3,\cdots,n\}$按每次生成一个后继方式增长，其超穷集合是

$$\mu\lim_{n\to\infty}A_1=\{0,1,2,3,\cdots,\tilde{\omega}\}$$

其基数是$|\mu\lim\limits_{n\to\infty}A_1|=\tilde{\omega}+1$。

② 有穷序数集合 $A_2=\{0,1,2,3,4,\cdots,2n-1,2n\}$按每次生成两个后继方式增长，其超穷集合是

$$\mu\lim_{n\to\infty}A_2=\{0,1,2,3,4,\cdots,2\tilde{\omega}-1,2\tilde{\omega}\}$$

其基数是$|\mu\lim\limits_{n\to\infty}A_2|=2\tilde{\omega}+1$。

③ 有穷序数集合 $A_3=\{0,1,2,3,4,\cdots,n^2-1,n^2\}$，按照 n^2 方式增长，其超穷集合是

$$\mu\lim_{n\to\infty}A_3=\{0,1,2,3,4,\cdots,\tilde{\omega}^2-1,\tilde{\omega}^2\}$$

其基数是$|\mu\lim\limits_{n\to\infty}A_3|=\tilde{\omega}^2+1$。

④ 有穷序数集合$A_4=\{0,1,2,3,\cdots,2^{n-1},2^{n-1}+1,\cdots,2^n-1\}$按照二进制编码方式增长，其超穷集合是

$$\mu\lim_{n\to\infty}A_4=\{0,1,2,3,\cdots,2^{\tilde{\omega}-1},2^{\tilde{\omega}-1}+1,\cdots,2^{\tilde{\omega}}-1\}$$

其基数是$|\mu\lim\limits_{n\to\infty}A_4|=2^{\tilde{\omega}}$。

⑤ 有穷序数集合$A_5=\{0,1,2,\cdots,9,\cdots,10^{n-1},10^{n-1}+1,\cdots,10^{n-1}+9\}$按照十进制编码方式增长，其超穷集合是

$$\mu\lim_{n\to\infty}A_5=\{0,1,2,\cdots,9,\cdots,10^{\tilde{\omega}-1},10^{\tilde{\omega}-1}+1,\cdots,10^{\tilde{\omega}-1}+9\}$$

其基数是$|\mu\lim\limits_{n\to\infty}A_3|=10^{\tilde{\omega}}$。

⑥ 有穷序数集合$A_6=\{0,1,2,3,\cdots,n^n\}$按照$n^n$方式增长，其超穷集合是

$$\mu\lim_{n\to\infty}A_6=\{0,1,2,3,\cdots,\tilde{\omega}^{\tilde{\omega}}\}$$

其基数是$|\mu\lim\limits_{n\to\infty}A_6|=\tilde{\omega}^{\tilde{\omega}}+1$。

⑦ 有穷序数集合$A_7=\{0,1,2,3,\cdots,f_i(n)\}$按照$f_i(n)$方式增长，其超穷集合是

$$\mu\lim_{n\to\infty}A_7=\{0,1,2,3,\cdots,f_i(\tilde{\omega})\}$$

其基数是$|\mu\lim\limits_{n\to\infty}A_7|=f_i(\tilde{\omega})+1$。

可见，超穷集合在不同的生成方式下，其基数不同。

推论 14.2.6 在系统 SZF＋中超穷集合生成的编码制不同，则其基数不同。

定义 14.2.4 在系统 SZF＋中的超实数。

含有超穷位的整数和小数叫超实数，用$\overline{a_\alpha\cdots a_2a_1a_0\cdot b_1b_2b_3\cdots b_\beta}$表示。

设$R^*=\{x|x=\overline{a_\alpha\cdots a_2a_1a_0\cdot b_1b_2b_3\cdots b_\beta}\}$是超实数集合，$a_i,b_i$是$0,1,2,\cdots,9$的全部排列，$\alpha,\beta$是超穷序数(即超自然数)，$x$是由 2 个数码段组成的一个序列，并用小数点分开，其中$a_\alpha\cdots a_2a_1a_0$叫整数位，它可以是超穷位或有穷位；$b_1b_2b_3\cdots b_\beta$叫小数位，它可以是超穷位或有穷位。

其十进制展开式为

$$x=a_\alpha 10^\alpha+\cdots+a_{\tilde{\omega}}10^{\tilde{\omega}}+\cdots+a_n 10^n+\cdots+a_1 10^1+a_0 10^0+$$
$$b_1 10^{-1}+b_2 10^{-2}+\cdots+b_n 10^{-n}+\cdots+b_{\tilde{\omega}}10^{-\tilde{\omega}}+\cdots+b_\beta 10^{-\beta}$$

与超自然数一样，超实数集合的基数随着编码方式的不同而不同。

推论 14.2.7 系统 SZF＋中超穷实数集合生成的编码制不同，则其基数不同。

如超穷实数集合R^*由B进制编码数组成，其整数部分有$\alpha+1$位，小数部分有β位：

$$R^*=\{x|x=\overline{a_\alpha\cdots a_2a_1a_0\cdot b_1b_2b_3\cdots b_\beta}\}$$

则其基数是

$$|R^*|=B^{\alpha+\beta+1}$$

根据以上分析可得出以下结论：在非标准形式下，不同运算方式生成的超穷集合的基数可以不一样，只能在相同的运算中比较两个实无穷集合的大小。

下面回答 Cantor 的连续统假设(CH)为什么在系统 SZF+中是伪命题。

定义 14.2.5 幂集的存在性定义。

自然数 $n=\{0,1,2,3,\cdots,n-1\}$ 的幂集合是由 n 的所有子集组成的集合，用 $\wp(n)$ 表示，即 $\wp(n)=\{x|x\subseteq n\}$，$n=\{0,1,2,3,\cdots,n-1\}$，$\wp(n)=\wp(\{0,1,2,3,\cdots,n-1\})$，全体自然数集合的幂集记为 $\wp(N)=\{x|x\subseteq N\}$。

幂集的存在性由幂集公理保证，即

$$(\forall y)(\exists A)(\forall x)(x\in A\leftrightarrow x\subseteq y)$$

记 $A=\wp(y)$。

定理 14.2.4 有限集合 n 的幂集合的基数 $|\wp(n)|=2^n$。

证明：

如 $n=0=\{\}$，则 $|\wp(0)|=C_0^0=\{\}=2^0$。

如 $n=1=\{0\}$，则 $|\wp(1)|=C_1^0+C_1^1=\{\{\},1\}=2^1$。

如 $n=\{0,1,2,3,\cdots,n-1\}\rightarrow|\wp(n)|=C_n^0+C_n^1+C_n^2+C_n^3+\cdots+C_n^n=2^n$ 成立，则 $n+1=\{0,1,2,3,\cdots,n\}\rightarrow|\wp(n+1)|=C_{n+1}^0+C_{n+1}^1+C_{n+1}^2+C_{n+1}^3+\cdots+C_{n+1}^{n+1}=2^{n+1}$ 成立。

所以，对于所有的自然数 n，$|\wp(n)|=C_n^0+C_n^1+C_n^2+C_n^3+\cdots+C_n^n=2^n$ 成立。 ▌

定理 14.2.5 无穷集合 $\bar{\omega}$ 幂集的基数 $|\wp(\bar{\omega})|=2^{\bar{\omega}}$。

证明：

由于对于所有自然数 n，$|\wp(n)|=2^n$ 成立，根据超穷数学归纳法，$\bar{\omega}$ 幂集的基数 $|\wp(\bar{\omega})|=2^{\bar{\omega}}$ 成立。 ▌

推论 14.2.8 对任意超穷序数集合 $\alpha\in N^*$，其幂集的基数 $|\wp(\alpha)|=2^\alpha$。

附记 14.2.1 Cantor 的连续统假设(CH)问题。

① Cantor 证明，$2^{\aleph_0}$，$2^{2^{\aleph_0}}$，…，$2^{2^{\cdot^{\cdot^{2^{\aleph_0}}}}}$，…都是不可数基数。他首先把 $\wp(N)$ 元素的个数记为 $|\wp(N)|=2^{\aleph_0}$，认为它是最小的不可数基数，然后认为 $|\underbrace{\wp\wp\cdots\wp}_{n}(\bar{\omega})|=2^{2^{\cdot^{\cdot^{2^{\aleph_0}}}}}\}n$ 是更高层的不可数基数。Cantor 的证明过程是：他首先证明所有的超穷序数

$$\omega,\cdots,2\omega,\cdots,3\omega,\cdots,\omega^2,\cdots,\omega^3,\cdots,\omega^\omega,\cdots,\omega^{\omega^\omega},\cdots,\omega^{\omega^{\cdot^{\cdot^{\omega}}}},\cdots$$

都是可数序数，它们的基数都是 $\aleph_0$，然后定义 $\aleph_1=2^{\aleph_0}$，$\aleph_{i+1}=2^{\aleph_i}$ 是越来越大的不可数基数，从而得出一个从可数基数到不可数基数的谱系[ZHANJW99,

DAICHY11]：

$$\aleph_0,\aleph_1,\aleph_2,\cdots,\aleph_n,\cdots,\aleph_\omega,\cdots$$

② 据此 Cantor 提出如下猜想：连续统假设(CH)$\neg\exists S(\aleph_0<|S|<2^{\aleph_0})$；广义连续统假设(GCH)$\neg\exists S(\aleph_\alpha<|S|<2^{\aleph_\alpha})$。这些假设至今无人证明其真伪。

③ 由于$\aleph_\alpha$可以看成一个无穷集合的基数，$2^{\aleph_\alpha}$可以看成这个无穷集合幂集合的基数，所以 Cantor 连续统假设问题可以看成：在超穷集合的基数$\aleph_\alpha$与这个超穷集合幂集的基数 $2^{\aleph_\alpha}$之间，是否存在其他基数。

在 SZF 公理集合论系统中，不可数序数与不可数基数都不存在，Cantor 连续统假设问题可看成：在超穷集合的基数 α 与其幂集的基数 2^α 之间，是否存在其他基数。

对于这个问题，可在潜无穷公理集合论系统和实无穷公理集合论系统中回答。

定理 14.2.6　在系统 SZF＋中 $\exists S_1(\tilde{\omega}<|S_1|<2^{\tilde{\omega}})$，$\exists S_2(\alpha<|S_2|<2^\alpha)$。

证明：

$$\tilde{\omega}=\{0,1,2,3,\cdots,\tilde{\omega}-1\}$$

根据超穷数学归纳法，幂集合 $\wp(\tilde{\omega}),\wp\wp(\tilde{\omega}),\cdots,\underbrace{\wp\wp\cdots\wp}_{n}(\tilde{\omega}),\cdots$的基数是

$$|\wp(\tilde{\omega})|=2^{\tilde{\omega}},|\wp\wp(\tilde{\omega})|=2^{2^{\tilde{\omega}}},\cdots,|\underbrace{\wp\wp\cdots\wp}_{n}(\tilde{\omega})|=2^{2^{\cdot^{\cdot^{2^{\tilde{\omega}}}}}}\}n,\cdots$$

它们之间存在大小关系：

$$\tilde{\omega}<2^{\tilde{\omega}}<2^{2^{\tilde{\omega}}}<\cdots<2^{2^{\cdot^{\cdot^{2^{\tilde{\omega}}}}}}<\cdots$$

对任意超穷基数 α 有

$$\alpha<2^\alpha<2^{2^\alpha}<\cdots<2^{2^{\cdot^{\cdot^{2^\alpha}}}}<\cdots$$

在 $\tilde{\omega}$ 与 $2^{\tilde{\omega}}$ 之间还有 $\tilde{\omega},\tilde{\omega}+1,\tilde{\omega}+2,2\tilde{\omega},\tilde{\omega}^2,\cdots$基数；在 α 与 2^α 之间还有 $\alpha,\alpha+1,\alpha+2,2\alpha,\alpha^2,\cdots$基数。

$$\tilde{\omega}<\tilde{\omega}+1<\tilde{\omega}+2<2\tilde{\omega}<\tilde{\omega}^2<\cdots<2^{\tilde{\omega}}$$

$$\alpha<\alpha+1<\alpha+2<2\alpha<\alpha^2<\cdots<2^\alpha$$

设 $S_1=\tilde{\omega}+1,S_2=\alpha+1$，即

$$\exists S_1(\tilde{\omega}<|S_1|<2^{\tilde{\omega}}),\quad \exists S_2(\alpha<|S_2|<2^\alpha)$$ ▌

定理 14.2.7　在系统 SZF－中无穷集合可与自身的真子集等基数。

证明：

在潜无穷公理集合论系统 SZF－中，序数的基数大小次序就是序数本身的次序不变，无穷基数只有一个∞，基数与序数是统一的。

$$\cdots|\infty-1|=|\infty|=|\infty+1|=\cdots=|\infty+n|=\cdots=|2\infty|=\cdots=|n\infty|=\cdots=|\infty^2|=$$

$$|\infty^3|=\cdots=|\infty^n|=\cdots=|2^\infty|=|2^{2^\infty}|=\cdots=|\infty^\infty|=\cdots=|\infty^{\infty^\infty}|=\cdots=\infty$$

∎

由定理 14.2.6 知,在系统 SZF+中连续统假设和广义连续统假设都不成立;由定理 14.2.7 知,在系统 SZF−中连续统假设和广义连续统假设根本不存在,所以,SZF 公理集合论系统彻底地解决了这个世纪难题。

定理 14.2.7 为无穷集合与自己的真子集建立双射关系提供了理论支撑。例如,自然数集合 $N=\{0,1,2,3,\cdots,n,\cdots,\infty\}=\infty$,平方数集合 $A=\{0,1,4,9,\cdots,n^2,\cdots,\infty\}$是自然数集合的真子集,由于两者之间存在双射关系 $f(x)=x^2$,使得 $x\in N\leftrightarrow f(x)\in A$,所以$|A|=|N|=\infty$,即在系统 SZF−中无穷集合可与自身的真子集等基数。

例 14.2.6 在系统 SZF−中不同计数方式生成的自然数集合基数相同。

① 自然数集合 $A_1=\{0,1,2,3,\cdots,n\}$,按照后继加 1 方式增长,其无穷集合是

$$\lim_{n\to\infty} A_1=\{0,1,2,3,\cdots,\infty\}$$

基数是$|\lim\limits_{n\to\infty} A_1|=\infty$。

② 自然数集合 $A_2=\{0,1,2,3,4,\cdots,2n\}$,按照 2 倍方式增长,其无穷集合是

$$\lim_{n\to\infty} A_2=\{0,1,2,3,4,\cdots,\infty\}$$

基数是$|\lim\limits_{n\to\infty} A_2|=\infty$。

③ 自然数集合 $A_3=\{0,1,2,3,4,\cdots,n^2\}$,按照 n^2 方式增长,其无穷集合是

$$\lim_{n\to\infty} A_3=\{0,1,2,3,4,\cdots,\infty\}$$

基数是$|\lim\limits_{n\to\infty} A_3|=\infty$。

④ 二进制编码数集合 $A_4=\{0,1,2,3,\cdots,2^n-1\}$,按照 2^n 方式增长,其无穷集合是

$$\lim_{n\to\infty} A_4=\{0,1,2,3,\cdots,\infty\}$$

基数是$|\lim\limits_{n\to\infty} A_4|=\infty$。

⑤ 十进制编码数集合 $A_5=\{0,1,2,\cdots,9,\cdots,10^{n-1},10^{n-1}+1,10^{n-1}+2,\cdots,10^{n-1}+9\}$,按照$10^n$ 方式增长,其无穷集合是

$$\lim_{n\to\infty} A_5=\{0,1,2,\cdots,9,\cdots,\infty\}$$

基数是$|\lim\limits_{n\to\infty} A_5|=\infty$。

⑥ n^n 数集合 $A_6=\{0,1,2,3,\cdots,n^n\}$,按照 n^n 方式增长,其无穷集合是

$$\lim_{n\to\infty} A_6=\{0,1,2,3,\cdots,\infty\}$$

基数是$|\lim\limits_{n\to\infty} A_6|=\infty$。

⑦ $f_i(n)$数集合 $A_7=\{0,1,2,3,\cdots,f_i(n)\}$,按照 $f_i(n)$方式增长,其无穷集

合是

$$\lim_{n\to\infty} A_7=\{0,1,2,3,\cdots,\infty\}$$

其基数是$|\lim_{n\to\infty} A_7|=\infty$。

可见,在系统 SZF－中不同计数方式生成的自然数集合基数相同。

推论 14.2.9　在系统 SZF－中自然数集合的基数在任意编码方式下都是∞。

推论 14.2.10　在系统 SZF－中实数集合的基数在任意的编码方式下都是∞。

如果

$$R=\{x\,|\,x=\overline{a_n\cdots a_2a_1a_0\cdot b_1b_2b_3\cdots b_\infty}\}$$

则其基数是

$$|R|=10^{n+1+\infty}=\infty$$

定理 14.2.8　在系统 SZF－中对于任意无穷集合 $N=\{0,1,2,3,\cdots,\infty\}$ 有$|\wp(N)|=2^\infty=\infty$。

证明:

根据以上各种定理和超穷数学归纳法,定理显然成立。 ▌

推论 14.2.11　在系统 SZF－中 Cantor 连续统假设成立。

$$\neg\exists S(\infty<|S|<2^\infty)$$

定理 14.2.9　在系统 SZF－中

$$|\wp(N)|=|\wp\wp(N)|=\cdots=|\underbrace{\wp\wp\cdots\wp}_{n}(N)|=\cdots=\infty$$

证明:

$$N=\{0,1,2,3,\cdots,\infty\}$$

根据超穷数学归纳法,幂集合$\wp(N)$,$\wp\wp(N)$,…,$\underbrace{\wp\wp\cdots\wp}_{n}(N)$,…的基数是

$$|\wp(N)|=2^\infty,|\wp\wp(N)|=2^{2^\infty},\cdots,|\underbrace{\wp\wp\cdots\wp}_{n}(N)|=2^{2^{\cdot^{\cdot^{2^\infty}}}}\}n,\cdots$$

由于 $\infty=2^\infty=2^{2^\infty}=\cdots=2^{2^{\cdot^{\cdot^{2^\infty}}}}=\cdots$,所以它们的结果都是$\infty$。 ▌

推论 14.2.12　在系统 SZF－中 Cantor 广义连续统假设成立。

$$\neg\exists S(2^{2^\infty}<|S|<2^{2^{2^\infty}})$$

14.2.3　SZF 系统中的标准分析与非标准分析

SZF－和 SZF＋是两个相互矛盾的公理系统,SZF－可作为标准分析的基础,SZF＋可作为非标准分析的基础。在标准分析中,无穷大、无穷小都不是数;在非标准分析中,存在多层次的无穷大、无穷小,它们都是数[ZHANJW99,

DAICHY11，MSJAP84]。

下面首先介绍多层实无穷公理集合论系统 SZF＋中的非标准分析。

定义 14.2.6 系统 SZF＋中的基本无穷大与无穷小。

非标准自然数 $\tilde{\omega}$ 叫基本无穷大，非标准自然数 $\tilde{\omega}$ 的倒数 $\varepsilon=\frac{1}{\tilde{\omega}}$ 叫基本无穷小。

由基本无穷大 $\tilde{\omega}$ 衍生的无穷数都是无穷大量，如

$$\cdots,\tilde{\omega}-2,\tilde{\omega},\tilde{\omega}+1,2\tilde{\omega},3\tilde{\omega},\tilde{\omega}^2,\tilde{\omega}^3,2^{\tilde{\omega}},3^{\tilde{\omega}},\tilde{\omega}^{\tilde{\omega}},\tilde{\omega}^{\tilde{\omega}^{\tilde{\omega}}},\cdots$$

无穷大量的倒数都是无穷小量，如

$$\cdots,\frac{1}{\tilde{\omega}-2},\frac{1}{\tilde{\omega}},\frac{1}{\tilde{\omega}+1},\frac{1}{2\tilde{\omega}},\frac{1}{3\tilde{\omega}},\frac{1}{\tilde{\omega}^2},\frac{1}{\tilde{\omega}^3},\frac{1}{2^{\tilde{\omega}}},\frac{1}{3^{\tilde{\omega}}},\frac{1}{\tilde{\omega}^{\tilde{\omega}}},\frac{1}{\tilde{\omega}^{\tilde{\omega}^{\tilde{\omega}}}},\cdots$$

定义 14.2.7 系统 SZF＋中的实数与非标准自然数的运算。

非标准自然数的运算满足非标准实数极限运算的定义(其中 $a\in R$，即 a 是标准实数，"def＝"是定义符号)。

① 基本无穷大与无穷小：

$$\omega \text{ def}=\mu\lim_{n\to\infty} n,\quad \varepsilon \text{ def}=\frac{1}{\tilde{\omega}}=\mu\lim_{n\to\infty}\frac{1}{n}$$

② 加减运算：

$$\tilde{\omega}\pm a \text{ def}=\mu\lim_{n\to\infty}(n\pm a),\quad a\pm\tilde{\omega} \text{ def}=\mu\lim_{n\to\infty}(a\pm n)$$

③ 乘法运算：

$$\tilde{\omega}\cdot a \text{ def}=\mu\lim_{n\to\infty} n\cdot a,\ a\cdot\tilde{\omega} \text{ def}=\mu\lim_{n\to\infty} a\cdot n$$

④ 除法运算：

$$\frac{a}{\tilde{\omega}} \text{ def}=\mu\lim_{n\to\infty}\frac{a}{n},\ \frac{\tilde{\omega}}{a} \text{ def}=\mu\lim_{n\to\infty}\frac{n}{a}$$

⑤ 乘方运算：

$$\tilde{\omega}^a \text{ def}=\mu\lim_{n\to\infty} n^a,\ a^{\tilde{\omega}} \text{ def}=\mu\lim_{n\to\infty} a^n$$

⑥ 开方运算：

$$\sqrt[a]{\tilde{\omega}} \text{ def}=\mu\lim_{n\to\infty}\sqrt[a]{n},\ \sqrt[\tilde{\omega}]{a} \text{ def}=\mu\lim_{n\to\infty}\sqrt[n]{a}$$

⑦ 对数运算：

$$\log_a\tilde{\omega} \text{ def}=\mu\lim_{n\to\infty}\log_a n,\ \log_{\tilde{\omega}}a \text{ def}=\mu\lim_{n\to\infty}\log_n a$$

⑧ 三角运算：

$$\sin\tilde{\omega} \text{ def}=\mu\lim_{n\to\infty}\sin n,\ \cos\tilde{\omega} \text{ def}=\mu\lim_{n\to\infty}\cos n$$

⑨ 复合运算：一般地，如果 $f(\tilde{\omega})$ 是关于 $\tilde{\omega}$ 的复合运算，则

$$f(\tilde{\omega}) \text{ def}=\mu\lim_{n\to\infty} f(n)$$

定义 14.2.8 系统 SZF＋中的超实数。

如果 $a=x+yf(\bar{\omega})$满足以下条件：

① $f(\bar{\omega})$是一个非标准自然数的任意复合函数运算；

② x,y 是标准实数，$x\in R,y\in R$。

那么，我们称 $a=x+yf(\bar{\omega})$是一个超实数，$a\in R^*$，其中，如果 $y\neq 0$，我们称 $a=x+yf(\bar{\omega})$是非标准实数，如果 $y=0$，$a=x+yf(\bar{\omega})$就蜕变为标准实数。

下面介绍系统 SZF+中常见的非标准形式。

(1) 极限的非标准形式

非标准形式：$\mu\lim\limits_{n\to\infty} n=\bar{\omega}$，$\bar{\omega}$ 是一个超自然数，无穷大量。

非标准形式：$\mu\lim\limits_{n\to\infty}\dfrac{1}{n}=\dfrac{1}{\bar{\omega}}$，$\dfrac{1}{\bar{\omega}}$是一个超实数，无穷小量。

例 14.2.7　在系统 SZF+中极限的非标准形式。

$$\mu\lim_{n\to\infty}\frac{3n^2+n+1}{n^2+2}=\frac{3\bar{\omega}^2+\bar{\omega}+1}{\bar{\omega}^2+2},\quad \mu\lim_{x\to 0}\frac{\sin x}{x}=\frac{\sin\varepsilon}{\varepsilon}$$

$$\mu\lim_{n\to\infty}\left(1+\frac{1}{n}\right)^n=\left(1+\frac{1}{\bar{\omega}}\right)^{\bar{\omega}},\quad \mu\lim_{n\to\infty}\sqrt[n]{n}=\sqrt[\bar{\omega}]{\bar{\omega}}$$

或

$$\mathrm{st}\left(\frac{3\bar{\omega}^2+\bar{\omega}+1}{\bar{\omega}^2+2}\right)=3,\quad \mathrm{st}\left(\frac{\sin\varepsilon}{\varepsilon}\right)=1,\quad \mathrm{st}\left(1+\frac{1}{\bar{\omega}}\right)^{\bar{\omega}}=e,\quad \mathrm{st}(\sqrt[\bar{\omega}]{\bar{\omega}})=1$$

(2) 导数与微分的非标准形式

$\mathrm{st}(\dfrac{f(x_0+\varepsilon)-f(x_0)}{\varepsilon})=f'(x_0)$或 $\mathrm{d}y=f'(x)\varepsilon$。

例 14.2.8　在系统 SZF+中导数与微分的非标准形式。

$$\mathrm{st}\left(\frac{\sin(x+\varepsilon)-\sin x}{\varepsilon}\right)=(\sin x)'=\cos x$$

(3) 积分的非标准形式

$$\mathrm{st}\left(\sum_{i=1}^{\bar{\omega}}f(x_i)\,\frac{b-a}{\bar{\omega}}\right)=\int_a^b f(x)\mathrm{d}x,\quad x_i=a+\frac{i}{\bar{\omega}}(b-a)$$

例 14.2.9　系统 SZF+中积分的非标准形式。

$$\mathrm{st}\left(\sum_{i=1}^{\bar{\omega}}\left(\frac{i-1}{\bar{\omega}}\right)^2\frac{1}{\bar{\omega}}\right)=\int_0^1 x^2\mathrm{d}x=\frac{1}{3}$$

(4) 级数的非标准形式

$$\sum_{i=1}^{\bar{\omega}}a_i=a_1+a_2+a_3+\cdots+a_{\bar{\omega}}$$

例 14.2.10　系统 SZF+中级数的非标准形式。

$$\mathrm{st}\left(1+\frac{1}{1!}+\frac{1}{2!}+\frac{1}{3!}+\cdots+\frac{1}{\bar{\omega}!}\right)=\mathrm{e}$$

$$\mathrm{st}\left(\frac{1}{1^2}+\frac{1}{3^2}+\frac{1}{5^2}+\frac{1}{7^2}+\cdots+\frac{1}{(2\tilde{\omega}-1)^2}\right)=\frac{\pi^2}{8}$$

非标集合论公理系统(SZF+)可以为鲁滨孙(A. Robinson)的非标准分析提供基础,对多元微积分同样适用。

下面再介绍标准公理集合论系统(SZF−)中的标准分析。

非标准分析中的无穷大在标准分析中都蜕变成一个无穷大∞,如

$$\mathrm{st}(\tilde{\omega})=\mathrm{st}(\tilde{\omega}+2)=\mathrm{st}(\tilde{\omega}^2)=\mathrm{st}(\tilde{\omega}^3)=\mathrm{st}(2^{\tilde{\omega}})=\mathrm{st}(\tilde{\omega}^{\tilde{\omega}})=\mathrm{st}(\tilde{\omega}^{\tilde{\omega}^{\tilde{\omega}}})=\cdots=\infty$$

非标准分析中的无穷小在标准分析中都蜕变成0,如

$$\mathrm{st}\left(\frac{1}{\tilde{\omega}}\right)=\mathrm{st}\left(\frac{1}{\tilde{\omega}+2}\right)=\mathrm{st}\left(\frac{1}{\tilde{\omega}^2}\right)=\mathrm{st}\left(\frac{1}{2^{\tilde{\omega}}}\right)=\mathrm{st}\left(\frac{1}{\tilde{\omega}^{\tilde{\omega}}}\right)=\mathrm{st}\left(\frac{1}{\tilde{\omega}^{\tilde{\omega}^{\tilde{\omega}}}}\right)=\cdots=0$$

(1) 极限的标准形式

标准形式:$\lim\limits_{n\to\infty} n=\infty$,无穷大量。标准形式:$\lim\limits_{n\to\infty}\frac{1}{n}=0$,无穷小量。

例 14.2.11 系统 SZF−中极限的标准形式。

$$\lim_{n\to\infty}\frac{3n^2+n+1}{n^2+2}=3,\quad \lim_{x\to 0}\frac{\sin x}{x}=1,\quad \lim_{n\to\infty}\left(1+\frac{1}{n}\right)^n=\mathrm{e},\quad \lim_{n\to\infty}\sqrt[n]{n}=1$$

(2) 导数与微分的标准形式

$\lim\limits_{x\to x_0}\frac{f(x_0+\varepsilon)-f(x_0)}{\varepsilon}=f'(x_0)$或 $\mathrm{d}y=f'(x)\mathrm{d}x$。

例 14.2.12 系统 SZF−中导数与微分的标准形式。

$$\lim_{\Delta x\to 0}\frac{\sin(x+\Delta x)-\sin x}{\Delta x}=(\sin x)'=\cos x$$

(3) 积分的标准形式

$$\lim_{n\to\infty}\sum_{i=1}^{n}f(x_i)\,\frac{b-a}{n}=\int_a^b f(x)\mathrm{d}x,\quad x_i=a+\frac{i}{n}(b-a)$$

例 14.2.13 系统 SZF−中积分的标准形式。

$$\lim_{n\to\infty}\sum_{i=1}^{n}\left(\frac{i-1}{n}\right)^2\frac{1}{n}=\int_0^1 x^2\mathrm{d}x=\frac{1}{3}$$

(4) 级数的标准形式

$$\sum_{i=1}^{\infty}a_i=a_1+a_2+a_3+\cdots+a_i+\cdots$$

例 14.2.14 系统 SZF−中级数的标准形式。

标准形式:

$$1+\frac{1}{1!}+\frac{1}{2!}+\frac{1}{3!}+\cdots+\frac{1}{n!}+\cdots=\mathrm{e}$$

$$\frac{1}{1^2}+\frac{1}{3^2}+\frac{1}{5^2}+\frac{1}{7^2}+\cdots+\frac{1}{(2n-1)^2}+\cdots=\frac{\pi^2}{8}$$

标准公理集合论系统可以为标准分析提供基础，对多元微积分同样适用。

14.2.4 Cantor的对角线数是超实数

几百年来有无数能人志士挑战Cantor的对角线法，但是都不得其门而入。作者认为要获得正确的结果需要充分利用好两个条件：①实数的进位制编码；②实数的实无穷表示。Cantor在对角线法证明中首先使用进位制编码来实施变换，然后使用潜无穷表示来掩盖对角线数的域外项本质，所以其结论虽然荒谬，但是很难破解。

在SZF公理集合论中，两个不同的无穷公理系统分工描述两种不同可能世界的无穷属性，系统中的是非曲直立判无疑：在潜无穷公理系统SZF－中，由于∞不可达，由全体实数构造的对角线数T根本生成不出来，而且有属性$\infty+1=\infty$保证，即使多了一个T也不能改变什么；在实无穷公理系统SZF＋中，由全体实数构造的对角线数T可生成出来，但有属性$\tilde{\omega}+1>\tilde{\omega}$明确标示，多出来的$T$是域外的超实数。为详细了解其中的奥秘，先从有穷位编码实数说起，然后用$\mu\lim_{n\to\infty}n=\tilde{\omega}$把它过渡到实无穷位编码实数中。

定义14.2.9 有限位编码$[0,1]_n$的Cantor对角线数。

区间$[0,1]$的n位小数集合记为$[0,1]_n$，$x=0.a_1a_2a_3\cdots a_n$，一共有10^n个不同的编码，为了形成对角线方阵，生成对角线数，对于区间$[0,1]_n$中的n位编码小数，可采用后面补0的办法变成10^n位编码小数，由于这些0都处在虚位上，并没有改变它们是区间$[0,1]_n$中的n位编码小数的事实。

$$x=0.a_1a_2a_3\cdots a_n00\cdots0_{10^n}$$

这样一来，位数与小数个数在形式上就相等了（可令$10^n=m$），然后即可构造Cantor对角线数。请注意：在构造对角线数时，这些虚位上的0变成了1，情况就发生了质变，虚位0变成了实位1。

定理14.2.10 有穷位编码$[0,1]_n$上的Cantor对角线数是不封闭项。

设$T=0.\overline{a_{11}}\ \overline{a_{22}}\ \overline{a_{33}}\cdots\overline{a_{m}}11\cdots1_{mm}$是区间$[0,1]_n$上所有$10^n=m$个$n$位编码实数构成的Cantor对角线数，则$T\notin[0,1]_n$是不封闭项。

证明：

根据定义14.2.9，设

$$x_1=0.a_{11}a_{12}a_{13}\cdots a_{1n}00\cdots0_{1m}$$

$$x_2=0.a_{21}a_{22}a_{23}\cdots a_{2n}00\cdots0_{2m}$$

$$x_3=0.a_{31}a_{32}a_{33}\cdots a_{3n}00\cdots0_{3m}$$

$$\vdots$$

$$x_n=0.a_{m1}a_{m2}a_{m3}\cdots a_{mn}00\cdots0_{mm}$$

是所有$[0,1]_n$区间内$10^n=m$个实数的一个列表，定义对角线数$T=0.\bar{a}_{11}\bar{a}_{22}\bar{a}_{33}\cdots\bar{a}_{mm}$，其中$\bar{a}_{ii}$是与$a_{ii}$不同的数字，变换规则是：

- 如$a_{ii}\neq 9$，则定义$\bar{a}_{ii}=a_{ii}+1$；
- 如$a_{ii}=9$，则定义$\bar{a}_{ii}=0$。

由上述定义可知，对角线数$T=0.\bar{a}_{11}\bar{a}_{22}\bar{a}_{33}\cdots\bar{a}_{m}11\cdots1_{mm}$已经不属于$[0,1]_n$内的实数，而是$[0,1]_m$内的实数。所以$T\notin[0,1]_n$是不封闭项。 ▌

对于有限位对角线数$T=0.\bar{a}_{11}\bar{a}_{22}\bar{a}_{33}\cdots\bar{a}_{m}$，$T$不在列表中，$T$是一个域外项。如果$T$排在列表中，会发生矛盾。因为$T$不同于区间$[0,1]_n$中的$n$位编码小数，它变成了区间$[0,1]_m$中的一个$m$位编码小数。可见，Cantor对角线数引起了数域的跨越，这是编码实数中无法回避的规律，但是它隐藏得很深，今天终于被我们挖掘出来。

推论 14.2.13 区间$[0,1]_n$上的n位编码小数的Cantor对角线数T，已经变成了区间$[0,1]_{10^n}$上的一个10^n位编码小数。

下面通过$\mu\lim\limits_{n\to\infty} n$把有穷位编码实数中的规律扩张到实无穷公理集合论系统(SZF+)中。

定理 14.2.11 在系统SZF+中，无穷位编码区间$[0,1]_{\tilde{\omega}}$上的Cantor对角线数是不封闭项。设$T=0.\bar{a}_{11}\bar{a}_{22}\bar{a}_{33}\cdots\bar{a}_{\tilde{\omega}\tilde{\omega}}11\cdots1_{10^{\tilde{\omega}}}$是区间$[0,1]_{\tilde{\omega}}$上所有无穷$\tilde{\omega}$位实数的Cantor对角线数，则$T\notin[0,1]_{\tilde{\omega}}$

证明：

由定理14.2.11知，$T\notin[0,1]_n$，根据超穷数学归纳法：

$$T=\mu\lim_{n\to\infty}\left(\frac{\bar{a}_{11}}{10^1}+\frac{\bar{a}_{22}}{10^2}+\cdots+\frac{\bar{a}_{nn}}{10^n}+\cdots+\frac{\bar{a}_{10^n10^n}}{10^{10^n}}\right)$$

$$=\frac{\bar{a}_{11}}{10^1}+\frac{\bar{a}_{22}}{10^2}+\cdots+\frac{\bar{a}_{\tilde{\omega}\tilde{\omega}}}{10^{\tilde{\omega}}}+\cdots+\frac{\bar{a}_{10^{\tilde{\omega}}10^{\tilde{\omega}}}}{10^{10^{\tilde{\omega}}}}$$

$$T=0.\bar{a}_{11}\bar{a}_{22}\bar{a}_{33}\cdots\bar{a}_{\tilde{\omega}\tilde{\omega}}11\cdots1_{10^{\tilde{\omega}}}$$

$$=x_{\tilde{\omega}}+\frac{1}{10^{\tilde{\omega}+1}}+\frac{1}{10^{\tilde{\omega}+2}}+\cdots+\frac{1}{10^{10^{\tilde{\omega}}}}$$

可见$T\notin[0,1]_{\tilde{\omega}}$，由推论14.2.13知，$T\in[0,1]_{10^{\tilde{\omega}}}$，即$T$是$[0,1]_{\tilde{\omega}}$的不封闭项。▌

下面再讨论潜无穷公理集合论系统中的Cantor对角线数。

定理 14.2.12 在系统SZF−中，无限位区间上的Cantor对角线数$T\in[0,1]$。

证明：

由推论14.2.13知，区间$[0,1]_n$上的n位编码小数的Cantor对角线数T已变成区间$[0,1]_{10^n}$上的一个10^n位编码小数。

根据超穷归纳法，设

$$x_1=0.a_{11}a_{12}a_{13}\cdots a_{1\infty}$$

$$x_2 = 0.a_{21}a_{22}a_{23}\cdots a_{2\infty}$$
$$x_3 = 0.a_{31}a_{32}a_{33}\cdots a_{3\infty}$$
$$\vdots$$
$$x_\infty = 0.a_{\infty 1}a_{\infty 2}a_{\infty 3}\cdots a_{\infty\infty}$$

是所有$[0,1]_\infty$区间内实数的一个列表，则 $T\in[0,1]_{10^\infty}$。由于在潜无穷公理集合论系统中，$10^\infty=\infty$，所以，$T\in[0,1]_\infty$。 ∎

在现行的公理集合论中，Cantor 的实数不可数定理是讨论一切无穷问题的基础，是产生连续统假设的出发点，是解决许多世纪数学难题的关键所在。我们通过 SZF 系统中的两个不同公理集合论的分离，把潜无穷系统（SZF－）和实无穷系统（SZF＋）彻底分开，就清楚地证明了，Cantor 的实数不可数定理不成立，从而为数学排除了一个世纪隐患。

定理 14.2.13　在 SZF 系统中，Cantor 的实数不可数定理不成立。

证明：

① 在实无穷系统中，根据定理 14.2.11，$[0,1]_\omega$ 上的 Cantor 对角线数 $T\notin[0,1]_\omega$，是域外的超实数，所以不能得出实数不可数的结论。

② 在潜无穷系统中，根据定理 14.2.12，$[0,1]_\infty$ 上的 Cantor 对角线数 $T\in[0,1]_\infty$，但是，根据$\infty+1=\infty$的基本属性，多出来一个 $T\in[0,1]_\infty$，不能得出实数不可数的结论。

所以，本定理成立。 ∎

14.3　结　束　语

从前面的论述可以清楚地看出，现行公理集合论中的 Cantor 对角线数、连续统假设，还有 Gödel 不可判定命题等问题，都涉及“非真非假”的域外不封闭项，只有利用 S-型超协调逻辑才能获得正确认识和彻底解决，数学和逻辑都离不开 S-型超协调逻辑，有必要对其进一步进行深入研究和广泛应用。

最早出现的数理逻辑理论体系是德国数学家、逻辑学家弗雷格（G. Frege）等人创立的数理（形式）逻辑，它是专门研究各种逻辑要素都受“非真即假性”刚性约束的逻辑系统，是描述客观世界逻辑规律不可或缺的第一类数理逻辑系统。

最近新出现的是在模糊逻辑和各种非标准连续值逻辑的基础上，由何华灿等人创立的柔性逻辑，它允许命题真度和其他某些逻辑要素具有“亦真亦假性”的柔性，是描述客观世界逻辑规律不可或缺的第二类数理逻辑系统。

S-型超协调逻辑则允许自己的某些命题具有“非真非假性”，它不属于上面的任何一类，而是描述客观世界逻辑规律不可或缺的第三类逻辑系统。当然，S-型超协调逻辑不能满足于对刚性逻辑的“非真非假性”扩充,还要进一步实现对柔性逻辑的“非真非假性”扩充。

泛逻辑研究逻辑的一般规律,建立能够包容或者生成各种逻辑的生成器,指导人们识别环境,在不同的环境中使用不同的逻辑,辨证论治,对症下药。

参考文献

A

[ABMO95] A. A. Abdel-Hamid, N. N. Morsi. On the Relationship of Extended Necessity Measures to Implication Operators on the Unit Interval. Information Sciences, 1995, 82:129-145.

[ACZE87] J. Aczel. A Short Course on Functional Equations Based on Recent Applications to the Social and Behavioral Science. Holland: D. Reidel Publishing Company,1987.

[ALQU88] C. Alsina, J. J. Quesada. On the Associativity of $C(x,y)$ and $x-C(x,1-y)$. Int. Sym. on Multiple-valued Logic, 1988.

[ALSI85] C. Alsina. On a Family of Connectives for Fuzzy Sets. Fuzzy Sets and Systems,1985,16:231-235.

[ALSI86] C. Alsina. The Associative Solutions of the Functional Equation $\zeta(F,G)+\xi(F,G)=F+G$. Utilitas Mathematica,1986,29:93-98.

[ALTO88] C. Alsina, M. S. Tomas. Smooth Convex t-norms Do Not Exist. Proceedings of the American Mathematical Society,1988,102:317-320.

[ALTR92] C. Alsina, E. Trillas. On Almost Distributive Lukasiewicz Triplets. Fuzzy Sets and Systems,1992,50:175-178.

[ALTV83] C. Alsina, E. Trillas, L. Valverde. On Some Logical Connectives for Fuzzy Sets Theory. J. of Math. Anal. and appli. ,1983,93:15-26.

B

[BAKA99] I. Batyrshin, O. Kaynak. Parametric Classes of Generalized Conjunction and Disjunction Operations for Fuzzy Modeling. IEEE Trans. on Fuzzy System,1999,7: 586-595.

[BAKO80] W. Bandler, L. J. Kohout. Semantics of Implication Operators and Fuzzy Relational Products. Int. J. Man-machine Studies,1980,12:89-116.

[BALD87] J. F. Baldwin. Evidential Support Logic Programming. Fuzzy Sets and Systems. 1987,24:1-26.

[BEGI73] R. E. Bellman, M. Giertz. On the Analytic Formalism of the Theory of Fuzzy Sets. Information Science, 1973,5:149-156.

[BELI00] G. Beliakov. Definition of Aggregation Operators through Similarity Relations. Fuzzy Sets and Systems,2000,114:437-453.

[BEWC93] 贲可荣,王戟,陈火旺. 关于不完全、不确定信息推理的基础探讨. 计算机杂志, 1993,21(3):1-6.

[BEZA70] R. Bellman, L. A. Zadeh. Decision Making in a Fuzzy Environment. Management Science, 1970,17:141-164.

[BEZA77] R. E. Bellman, L. A. Zadeh. Local and Fuzzy Logics, In:Modern Uses of Multiple-valued Logic, Edited by J. M. Dunn, G. Epstain and D. Reidel, Dordrecht. 1977:103-165.

[BEZJY01] Jean-Yves Béziau. From Paraconsistent Logic to Universal Logic. SORITES, 2001, 12: 5-32.

[BEZJY05] Jean-Yves Beziau. Logica Universalis—Towards a General Theory of Logic. Basel :Birkhauser Verlag, 2005.

[BHAK97] S. K. Bhakat. A Note on Fuzzy Archimedean Ordering. Fuzzy Sets and Systems, 1997,91:91-94.

[BODE86] P. P. Bonissone, K. S. Decker. Selecting Uncertainty Calculi and Granularity: an Experiment in Trading-off Precision and Complexity, In: L. Kanal and J. Lemmer, Editors, Uncertainty in Artificial Intelligence. Amsterdam :North-Holland,1986.

[BOOLS02] Boolos. 可计算性与数理逻辑. 北京:电子工业出版社,2002: 152-160.

[BOUC87] B. Bouchon. Fuzzy Inference and Conditional Possibility Distribution. Fuzzy Sets and Systems, 1987,23:33-41.

[BOWO89] P. P. Bonissone, N. C. Wood. T-norms based reasoning in situation assessment application, In: Uncertainty in artificial intelligence 3, L. N. Kanal, T. S. Levitt and J. F. Lemmer Eds. Amsterdam: North-Holland, 1989.

[BOYA87] B. Bouchon, R. R. Yager. Uncertainty in Knowledge Bases Systems. Springer- verlag, 1987.

[BUCK92] J. J. Buckly. A General Theory of Uncertainty Based on t-conorms. Fuzzy Sets and Systems, 1992,49:261-269.

[BURI00] P. Burillo. Inclusion Grade and Fuzzy Implication Operators. Fuzzy Sets and Systems, 2000,114:417-429.

[BUSI98] J. J. Buckley, W. Siler. A New t-norm. Fuzzy Sets and Systems, 1998, 100:283-290.

C

[CAGU91] 蔡经球,郭红. IBARM:一种基于区间表示的不精确推理模型. 计算机科学, 1991, 18:21-24.

[CAXY91] 蔡希尧. 不确定信息的数值表示和计算方法. 计算机科学,1991,18(5):50-55.

[CHAN81] C. C. Chang. A New Proof of the Completeness of Lukasiewicz Axioms. Int. Sym. on Multiple-valued Logic, 1981.

[CHEN82] 陈永义. Fuzzy 算子探讨 I. 模糊数学,1982,1(2): 1-10.

[CHENH01] 陈虹. 泛逻辑运算的电路实现研究. 西安:西北工业大学,2001.

[CHENHE091] Chen Jialin, He Huacan, Liu Chengxia. Feature Extraction of Brain CT Image Based on Target Shape. 2009 Chinese Control and Decision Conference, Guilin China, 2009:3553-3556.

[CHENHE092] Chen Jialin, He Huacan. Operator Matching in Fuzzy Decision Tree Based on Sound Logic. 2009 International Conference on Network Infrastructure and Digital Content, Beijing China, 2009:344-348.

[CHENHE093] Chen Jialin, He Huacan. Feature Extraction and Classification of Brain CT Image Based on Sound Logic. 2009 IEEE International Conference on Broadband Network & Multimedia Technology, Beijing China, 2009:868-872.

[CHENHW06] 陈汉武. 量子信息与量子计算简明教程. 南京:东南大学出版社,2006.

[CHENJL11] 陈佳林. 柔性逻辑的健全性研究与应用. 北京:北京邮电大学,2011.

[CHENHLL11] 陈佳林,何华灿,刘城霞,等. 柔性逻辑零级运算模型的健全性. 北京: 北京邮电大学学报,2011, 34(4): 10-13.

[CHER92] S. Cho, O. K. Ersoy. An Algorithm to Compute the Degree of Match in Fuzzy Systems. Fuzzy Sets and Systems, 1992,49:285-299.

[CHIA99] D. A. Chiang. Correlation of Fuzzy Sets. Fuzzy Sets and Systems, 1999,102:221-226.

[CHPE88] Cheng Lichun, Peng Boxing. The Fuzzy Relation Equation with Union or Intersection Preserving Operator. Fuzzy Sets and Systems, 1988, 25: 191-204.

[CLSZ99] 陈晖,李德毅,沈程智,等. 云模型在倒立摆控制中的应用. 计算机研究与发展, 1999,36(10):1180-1187.

[COHE85] P. R. Cohen. Heuristic Reasoning about Uncertainty: an Artificial Intelligence Approach. Pitman Publishing Int. ,1985.

[CUITJ20] 崔铁军. 空间故障网络理论与系统故障演化过程研究. 安全与环境学报, 2020,20(4): 1254-1262.

[CUILI201] 崔铁军,李莎莎. 少故障数据条件下 SFEP 最终事件发生概率分布确定方法. 智能系统学报,2020,15(1):136-143.

[CUILI202] 崔铁军,李莎莎. 空间故障网络中边缘事件结构重要度研究. 安全与环境学报,2020,20(5):1705-1710.

[CUILI203] 崔铁军,李莎莎. 空间故障网络的柔性逻辑描述. 智能系统学报: 1-8 [2020-08-19]. http://kns. cnki. net/kcms/detail/23. 1538. TP. 20200714. 1022. 010. html.

[CUILI204] 崔铁军,李莎莎. SFN 结构化表示中事件的柔性逻辑处理模式转化研究. 应用科技,2020,47(6):36－41.

[CZDR84] E. Czogala, J. Drewniak. Associative Monotonic Operations in Fuzzy Set Theory. Fuzzy Sets and Systems, 1984,12:249-269.

[CZZI84] E. Czogala, H. J. Zimmermann. The Aggregation Operators for Decision Making in Probabilistic Fuzzy Environment. Fuzzy Sets and Systems, 1984,13:223-239.

D

[DAICHY11] 戴牧民,陈海燕. 公理集合论导引. 北京:科学出版社,2011:15-17.

[DARW91] 戴汝为. 从定性到定量的综合集成技术. 模式识别与人工智能,1991,4(1):5-10.

[DETR99] A. R. de Soto, E. Trillast. On Antonym and Negate in Fuzzy Logic. International Journal of Intelligent Systems,1999,14:295-303.

[DHOM84] J. G. Dhombres. Some Recent Applications of Functional Equations. In:J. Aczel ed., Functional Equations: History, Applications and Theory. Reidel Publishing Company,1984:67-71.

[DOMB82A] J. Dombi. Basic Concepts for a Theory of Evaluation: the Aggregative Operator. European J. Operat. Res., 1982,10:282-293.

[DOMB82B] J. Dombi. A General Class of Fuzzy Operators,the DeMorgan Class of Dombi Fuzzy Operators and Fuzziness Measures Induced by Fuzzy Operators. Fuzzy Sets and Systems, 1982,8:149-163.

[DOTV81] X. Domingo, E. Trillas, L. Valverde. Pushing lukasiewicz-tarski Implication a Little Farther. Int. Sym. on Multiple-valued Logic,1981.

[DOZZ95] 窦振中,模糊逻辑控制技术及其应用.北京:北京航空航天大学出版社,1995.

[DRIA87] D. Driankov. A Calculus for Belief-intervals Representation of Uncertainty. IMPU,1987.

[DROS99] C. A. Drossos. Generalized t-norm Structures. Fuzzy Sets and Systems,1999,104:53-59.

[DUPR80] D. Dubois,H. Prade. New Results about Properties and Semantics of Fuzzy Set-theoretic Operators. In: Sym. on Policy Anal. and Information Systems. New York:Plenum Press,1980.

[DUPR84] D. Dubois, H. Prade. Criteria Aggregation and Ranking of Alternatives in the Framework of Fuzzy Set Theory. TIMS/Studies in the Management Sciences, 1984, 20 :209-240.

[DUPR85] D. Dubois, H. Prade. A Review of Fuzzy Set Aggregation Connectives. Information Science, 1985,36:85-121.

[DUPR86] D. Dubois, H. Prade. A Set-theoretic View of Belief Functions. Int. J. of General Systems, 1986,12:193-226.

[DUPR87] D. Dubois,H. Prade. The Mean Value of a Fuzzy Number. Fuzzy Sets and Systems, 1987, 26:279-300.

[DUBO92] D. Dubois. A Class of Fuzzy Measures Based on Triangular Norms. Int. J. of General Systems, 1992, 8:43-61.

[DUVI95] C. Dujet, N. Vincent. Force Implication:a New Approach to Human Reasoning. Fuzzy Sets and Systems, 1995, 69:53-63.

[DYPE84] H. Dyckhoff, W. Pedrycs. Generalized Means as Model of Compensative Connectives. Fuzzy Sets and Systems, 1984, 14:143-154.

[DYCK85] H. Dyckhoff. Basic Concepts for a Theory of Evaluation: Hierarchical Aggregation via Autodistributive Connectives in Fuzzy Set Theory. European J. of Operational Research, 1985, 20:221-233.

E

[ELKA94] C. Elkan. The Paradoxical Success of Fuzzy Logic. Special Volume on

Expert System, 1994, 8:3-8.

[ESTE81] F. Esteva. On the Form of Negations in Posets. Int. Sym. on Multiple-valued Logic, 1981.

[ESTD81] F. Esteva, E. Trillas, X. Domingo. Weak and Strong Negation Functions for Fuzzy Set Theory. Int. Sym. on Multiple-valued Logic, 1981.

F

[FEBR90] K. W. Fertig, J. S. Breese. Interval Influence Diagrams. In: M. Henrion, R. D. Shachter, L. N. Kanal, J. F. Lemmer Editors, Uncertainty in Artificial Intelligence 5, B. V. North-Holland : Elseiver Science Publishers, 1990.

[FODO91A] J. C. Fodor. A Remark on Constructing t-norms. Fuzzy Sets and Systems. 1991, 41 :195-199.

[FODO91B] J. C. Fodor. On Fuzzy Implication Operators. Fuzzy Sets and Systems. 1991, 42:293-300.

[FODO91C] J. C. Fodor. Strict Preference Relations Based on Weak t-norm. Fuzzy Sets and Systems, 1991, 43:327-336.

[FODO93A] J. C. Fodor. Fuzzy Connectives via Matrix logic. Fuzzy Sets and Systems, 1993, 56 :67-77.

[FODO93B] J. C. Fodor. A New Look at Connectives. Fuzzy Sets and Systems, 1993, 57 :141-148.

[FOKE94] J. C. Fodor, T. Keresztfalvi. A Characterization of the Hamacher Family of t-norms. Fuzzy Sets and Systems, 1994, 65:51-65.

[FRAN79] M. J. Frank. On the Simultaneous Associativity of $F(x,y)$ and $x+y-F(x,y)$. Aequations Mathematicae, 1979, 19:194-227.

[FUKE92] R. Fuller, T. Keresztfalvi. T-norm Based Addition of Fuzzy Intervals. Fuzzy Sets and Systems, 1992, 49:155-159.

[FULIH05] 付利华. 复杂系统的柔性逻辑控制理论及应用研究[D]. 西安:西北工业大学, 2005.

G

[GALS99] L. S. Gao. The Fuzzy Arithmetic Mean. Fuzzy Sets and Systems, 1999, 107:335-348.

[GEWW97A] M. Gehrke, C. Walker, E. Walker. DeMorgan Systems on the Unit Interval. International Journal of Intelligent Systems, 1996, 11:733-750.

[GEWW97B] M. Gehrke, C. Walker, E. Walker. Averaging Operators on the Unit Interval. Int. Journal of Intelligent Systems, 1997, 14:883-898.

[GILE76] R. Giles. Lukasiewicz Logic and Fuzzy Set Theory. Int. J. Man-machine Studies, 1976, 8:313-327.

[GILE85] R. Giles. A Resolution Logic for Fuzzy Reasoning. Int. Sym. on Multiple-valued Logic, 1985.

[GLCL95] Gu Wenxiang, Li Suyun, Chen Degang, et al. The Generalized t-norms and the TLPF-groups. Fuzzy Sets and Systems, 1995, 72:357-364.

[GORZ87] M. B. Gorzalczany. A Method of Inference in Approximate Reasoning Based on Interval-valued Fuzzy Sets. Fuzzy Sets and Systems, 1987, 21: 1-17.

[GORZ89] M. B. Gorzalczany. An Interval-valued Fuzzy Inference Method—Some Basic Properties. Fuzzy Sets and Systems, 1989, 31:243-251.

H

[HALL90] L. O. Hall. The Choice of Ply Operation Fuzzy Intelligent Systems. Fuzzy Sets and Systems, 1990, 34:135-144.

[HAMIL78] A. G. Hamilton. Logic for Mathematicians. Cambridge of University, 1978: 29-40, 82-92.

[HARM96] J. Harmse. Continuous Fuzzy Conjunctions and Disjunctions. IEEE Trans. Fuzzy Systems,1996, 43:295-314.

[HEAW07] 何华灿,艾丽蓉,王华.辩证逻辑的数学化趋势.河池学院学报,2007,1:6-11

[HECH86] D. Hecherman. Probabilistic Interpretations for MYCIN's Certain Factors. In: Uncertainty in Artificial Intelligence, L. N. Kanal, J. F. Lemmer Editors. North-Holland:Elsevier Science Publishers, 1986.

[HECJ97] 何华灿,成华,吉玉琴,等.符号主义向何处去?——四十年的回顾与展望.魏世泽.人工智能及计算机应用.北京:中国人民公安大学出版社,1997:3-5.

[HEHC82] 何华灿.智能论(关于人脑和其他各种系统中信息处理规律的科学).人工智能学报,1982(3):1-18.

[HEHC88] 何华灿.人工智能导论.西安:西北工业大学出版社,1988.

[HEHC14] 何华灿. S型超协调逻辑中的一项重大研究突破——评张金成《逻辑及数学演算中的不动项与不可判定命题》.智能系统学报,2014,9(4):511-514.

[HEHC15] 何华灿. 人工智能基础理论研究的重大进展——评钟义信的专著《高等人工智能原理》. 智能系统学报,2015,10 (1):163-166.

[HEHC18] 何华灿. 泛逻辑学理论——机制主义人工智能理论的逻辑基础[J]. 智能系统学报,2018,13(1):19-36.

[HEHC19] 何华灿. 重新找回人工智能的可解释性. 智能系统学报,2019,14(3):393-412.

[HEHCH06] 何华灿,何智涛. 对智能科学逻辑基础研究的战略思考. 智能技术,2006, 1(2): 53-62.

[HEHCH11] 何华灿,何智涛. 统一无穷理论. 北京:科学出版社, 2011.

[HEHCM08] 何华灿. 探索信息世界的基本运动规律. 何华灿,马盈仓. 信息、智能与逻辑 第一卷. 西安:西北工业大学出版社,2008:1-11.

[HEHW06] 何华灿,何智涛,王华. 论第二次数理逻辑革命. 智能系统学报,2006, 1(1) : 29-37.

[HEJR82] 何家儒. 关于 Fuzzy 集合上的基本运算. 模糊数学, 1982,1.

[HELH961] 何华灿,刘永怀,何大庆. 经验性思维中的泛逻辑. 中国科学,1996(1):72-78.

[HELH962] He Huacan,Liu Yonghuai. Generalized logic in experience thinking. Science in China,1996,39(2):225-234.

[HELIU981] 何华灿,刘永怀,等. 一级泛非运算研究. 计算机学报, 1998(21 增刊):24-28.

[HELIU982] 何华灿,刘永怀,等. 泛"蕴含"运算和泛"串行推理"运算研究. 软件学报, 1998, 9(6):469-473.

[HENR90] M. Henrion. A Introduction to Algorithms for Inference in Belief Nets. In: M. Henrion, R. D. Shachter, L. N. Kanal, J. F. Lemmer Editors. Uncertainty in Artificial Intelligence 5. B. V. North-Holland : Elseiver Science Publishers,1990.

[HEWL01] 何华灿,王华,刘永怀,等. 泛逻辑学原理. 北京: 科学出版社, 2001.

[HEXG98] 何新贵. 模糊知识处理的理论和技术. 2 版. 北京:国防工业出版社,1998.

[HEZX83] 贺仲雄. 模糊数学及其应用. 天津:天津科学技术出版社,1983.

[HISD85] E. Hisdal. A Fuzzy IF THEN ELSE Relation with Guaranteed Correct Inference. Fuzzy Set and Possibility Theory. North-Holland,1985:204-210.

[HOHL85] U. Hohle. A Mathematical Theory of Uncertainty. Fuzzy Set and Possibility Theory. North-Holland,1985:344-355.

[HOHW94] D. H. Hong,S. Y. Hwang. On the Compositional Rule of Inference under Triangular Norms. Fuzzy Sets and Systems，1994，66:25-38.

[HORI88] K. Horiuchi. Mode-type Operators on Fuzzy Sets. Fuzzy Sets and Systems，1988，27：131-139.

[HUOJIN17] 霍金：人工智能也有可能是人类文明史的终结者. https://baijiahao.baidu.com/s? id=1586679129994647368&wfr=spider&for=pc.

[HUSU91] 黄林鹏，孙永强. 线性逻辑导论. 计算机科学，1991，18(1):15-19.

I

[IANC97] I. Iancu. T-norm with Threshold. Fuzzy Sets and System，1997，85：83-92.

J

[JEFO98] S. Jenei，J. C. Fodor. On Continuous Triangular Norms. Fuzzy Sets and Systems，1998，100:273-282.

[JENE98] S. Jenei. On Archimedean Triangular Norms. Fuzzy Sets and Systems，1998，99:179-186.

[JENE00] S. Jenei. New Family of Triangular Norms via Contrapositive Symmetrization of Residuated Implications. Fuzzy Sets and Systems，2000，110:157- 174.

[JIHU90] 金芝，胡守仁. 限制推理及其应用. 计算机科学，1990，17(6):42-46.

[JIAPT08] 贾澎涛. 基于柔性逻辑的时间序列数据挖掘研究. 西安：西北工业大学，2008：54-62.

[JINLI19] Jin Yi，Li Shuang. Ternary logical naming convention and application in ternary optical computer. Turkish Journal of Electrical Engineering & Computer Sciences，2019，28(2):904-916.

K

[KEYN21] J. M. Keynes. A Treatise on Probability. London:McMillan，1921.

[KLEEN84]. 克林. 元数学导论. 莫绍揆，译. 北京:科学出版社，1984:4-12.

[KLEM81] E. P. Klement. Operations on Fuzzy Sets and Fuzzy Numbers Related to Triangular Norms. Int. Sym. on Multiple-valued Logic，1981:218-215.

[KLEM82A] E. P. Klement. Construction of Fuzzy-algebras Using Triangular Norms. J. of Math. Anal. Appli.，1982，85:543-565.

[KLEM82B] E. P. Klement. Characterization of Fuzzy Measures Constructed by Means of Triangular Norms. J. of Math. Anal. Appli.，1982，86:345-358.

[KLEM82C] E. P. Klement. Operations on Fuzzy sets—an Axiomatic Approach. Information Science, 1982, 27:221-232.

[KRLE92] R. Krishapuram, J. Lee. Fuzzy Connective Based Hierarchical Aggregation Networks for Decision Making. Fuzzy Sets and Systems, 1992, 46:11-27.

[KUND00] S. Kundu. Similarity Relations, Fuzzy Linear Orders, and Fuzzy Partial Orders. Fuzzy Sets and Systems, 2000, 109:419-428.

L

[LIDY95] 李德毅. 隶属云和隶属云发生器. 计算机研究与发展, 1995, 32(6): 15-20.

[LIFAN92] 李凡. 人工智能中的不确定性. 北京:气象出版社, 1992.

[LIFAN98] 李凡. 模糊信息处理系统. 北京:北京大学出版社, 1998.

[LINBJ85] 林邦瑾. 制约逻辑、传统逻辑和现代逻辑的结合. 贵阳:贵州人民出版社, 1985.

[LINDA92] 林作铨, 戴汝为. 纯粹理性批判与人工智能. 计算机科学, 1992, 19(5):1-7.

[LINLI94] 林作铨, 李未. 超协调逻辑 1-传统超协调逻辑研究. 计算机科学, 1994, 21(5):1-8. 超协调逻辑 2-新超协调逻辑研究. 计算机科学, 1994, 21(6):1-6.

[LINLI95] 林作铨, 李未. 超协调逻辑 3-超协调性的逻辑基础. 计算机科学, 1995, 22(1):1-3. 超协调逻辑 4-非单调超协调逻辑研究. 计算机科学, 1995, 22(1): 4-8.

[LING65] C. H. Ling. Representations of Associative Functions. Publ. Math. Debrecen, 1965, 12: 182-212.

[LINZ91] 林作铨. 参态系统:单调与非单调逻辑的统一基础. 模式识别与人工智能, 1991, 4 (1):20-27.

[LINZ93] 林作铨. 容错推理. 计算机科学, 1993, 20(2):18-21.

[LINZ95] 林作铨. 超协调限制逻辑. 计算机学报, 1995, 18:665-670.

[LISH90] 林作铨, 石纯一. 非单调推理十年进展. 计算机科学, 1990, 17 (6): 15-31.

[LIUCH95] 刘叙华, 程晓春. 基于信度语义的算子模糊逻辑. 计算机学报, 1995, 18 :881-885.

[LIUDB93] 刘东波. 模糊逻辑程序设计基础. 计算机科学, 1993, 20 (2):33-38.

[LIUHE97] 刘永怀, 何华灿, 等. M 范数的定义、性质及生成定理. 西安:西北工业大学学报, 1997, 15:102 -107.

[LIUHW97] Liu Yonghuai, He Huacan, Wei Baogang, et al. Researches on the General Paradigm of Logical Operations. Proc. of the 1997 IEEE International Conference on Intelligent Processing System. Beijing, 1997:731-735.
[LIULI07] 刘丽. 基于柔性逻辑的智能控制研究. 西安:西北工业大学, 2007.
[LIULIU95] 刘瑞胜,刘叙华. 非单调推理的研究现状. 计算机科学, 1995, 22(4): 14-17.
[LIULIU96] 刘增良,刘有才. 模糊逻辑与神经网络——理论研究与探索. 北京:北京航空航天大学出版社,1996.
[LIUWWL97] 刘开第,吴和琴,王念鹏,等. 未确知数学. 武汉:华中理工大学出版社,1997.
[LIUX89] 刘叙华. 模糊逻辑与模糊推理. 吉林:吉林大学出版社,1989.
[LIUY96] 刘永怀. 基于广义范数的不确定性推理理论研究. 西安:西北工业大学,1996.
[LIUYHH971] 刘永怀,何华灿,等. M 范数的定义、性质及生成定理. 西安:西北工业大学学报, 1997,15(1):2.
[LIUYHH972] 刘永怀,何华灿,等. 逻辑运算统一算子的研究. Proc. of ICIPS IEEE,1997.
[LIWE921] 李未. 一个开放的逻辑系统. 中国科学, 1992(10).
[LIWE922] 李未. 开放逻辑——一个刻画知识增长和更新的逻辑理论. 计算机科学, 1992, 19(4):1-8.
[LIYZ92] 李英华,叶天荣,张虹霞. 计算机非传统推理导论. 北京:中国宇航出版社,1992.
[LIZS03] 李祖枢. 仿人智能控制. 北京:国防工业出版社,2003.
[LIZS06] 李祖枢. 仿人智能控制与多级摆的摆起控制. 涂序彦,等. 人工智能:回顾与展望. 北京:科学出版社,2006.
[LOWE78] R. Lowen. On Fuzzy Compliments. Information Sciences, 1978, 14 :107 -113.
[LUHA82] M. K. Luhandjula. Compensatory Operators in Fuzzy Linear Programming with Multiple Objectives. Fuzzy Sets and Systems, 1982, 8: 245-252.
[LUHC92] 罗铸楷,胡谋,陈廷槐. 多值逻辑的理论及应用. 北京:科学出版社,1982.
[LUZW98] 陆钟万. 面向计算机科学的数理逻辑. 北京:科学出版社,1998.

M

[MABU92] S. Mabuchi. An Interpretation of Membership Functions and the Properties of General Probabilistic Operators as Fuzzy Set Operators—Part I: Cases of Type 1 Fuzzy Sets. Fuzzy Sets and Systems, 1992, 49 :271-283.

[MATO88] G. Mayor, J. Torrens. On a Class of Binary Operations: Non-strict Archimedian Aggregation Functions. Int. Sym. On Multiple-valued Logic, 1988.

[MATO89] G. Mayor, J. Torrens. Some Brief Considerations on the Associativity Degree of Binary Operations. Int. Sym on Multiple-valued Logic, 1989.

[MATO91] G. Mayor, J. Torrens. On a Family of T-norms. Fuzzy Sets and Systems, 1991, 41:161-166.

[MATR86] G. Mayor, E. Trillas. On the Representation of Some Aggregation Functions. Int. Sym. on Multiple-valued Logic, 1986.

[MENG42] K. Menge. Statistical Metrics. Proc. Nat. Acad. Sci, USA, 1942, 28: 535-537.

[MESI92] R. Mesiar. Pseudofundamental triangular norms and g-tribes. Fuzzy Sets and Systems, 1992, 51:97-101.

[MIAO87] 苗东升. 模糊学导引. 北京:中国人民大学出版社, 1987.

[MISH85] M. Miyakoshi, M. Shimbo. Solutions of Composite Fuzzy Relational Equations With Triangular Norms. Fuzzy Sets and Systems, 1985, 16: 53-63.

[MIZI82] M. Mizumoto, H. J. Zimmermann. Comparison of Fuzzy Methods. Fuzzy Sets and Systems, 1982, 8:252-283.

[MIZR92] E. Mizragi. Vector Logics: the Matrix-vector Representation of Logical Calculus. Fuzzy Sets and Systems, 1992, 50:179-185.

[MIZU89] M. Mizumoto. Pictorial Representations of Fuzzy Connectives, Part I: Cases of T-norms, T-conorms and Averaging Operators, Part II: Cases of Compensatory Operators and Self-dual Operators. Fuzzy Sets and Systems, 1989, 31:217-242; 1989, 32:45-79.

[MOSH57] P. S. Mostert, A. L. Shields. On the Structure of Semigroups on a Compact Manifold With Boundary. Annals of Mathematics, 1957, 65: 117-143.

[MOSK89] 莫绍揆. 数理逻辑概貌. 北京:科学技术文献出版社, 1989.

[MOYN80] R. Moynihan. Conjugate Transforms for Semigroups of Probability

Distribution Functions. J. Of Math. Anal. and Appli. ,1980:15-30.

[MSJAP84] 日本数学会.数学百科辞典. 北京:科学出版社，1984.

[MYBR89] J. Mylopolous, M. Brodie. Readings in Artificial Intelligence and Databases. Morgan Kaufmann Publishers,1989.

N

[NERA75] C. V. Negoita, D. A. Ralescu. Representation Theorems for Fuzzy Concepts. Kybernetes, 1975, 4:169-174.

[NGUY78] H. T. Nguyn. A Note on the Extension Principle for Fuzzy Sets. J. of Math. Anal. and Appli. , 1978, 64 :369-380.

[NOPE88] V. Novak, W. Perdrycz. Fuzzy Sets and t-norms in the Light of Fuzzy Logic. Int. j. Man-machine Studies, 1988, 29:113-127.

[NOPS88] A. D. Nola, W. Pedrycz, S. Sessa. Fuzzy Relation Equations with Equity and Difference Composition Operators. Fuzzy Sets and Systems, 1988, 25:205-215.

[NOVE89] A. D. Nola, A. G. S. Ventre. On Fuzzy Implication in DeMorgan Algebras. Fuzzy Sets and Systems, 1989, 33:155-164.

O

[OUZH88] 区奕勤,张先迪.模糊数学原理及应用.成都:成都电讯工程学院出版社,1988.

[OVCH83] S. V. Ovchinnikov. General Negations in Fuzzy Set Theory. J. of Math. Anal. and Appli. , 1983, 92:234-239.

[OVCH87] S. V. Ovchinnikov. On Modeling Fuzzy Preference Relations. IMPU, 1987.

[OVCH91] S. V. Ovchinnikov. Similarity Relations,Fuzzy Partitions and Fuzzy Orderings. Fuzzy Sets and Systems, 1991, 40:107-126.

P

[PEARLJ18] 从先锋到批判者:图灵奖得主 Judea Pearl 的世界.(2018-05-25). http://tech. 163. com/18/0525/10/DIL628MQ00098IEO. html.

[PIMS88] N. Piera,J. A. Martin, M. Sanchez. Mixed Connectives Between Min and Max. Int. Sym. on Multiple-valued Logic,1988.

[POOL91] D. Poole.缺席推理的逻辑框架.计算机科学，1991，18(3):57-65.

[PRNE86] H. Prade, C. V. Negoita. Fuzzy Logic in Knowledge Engineering.

Verlag Tur Rheinland，1986.

[PROV90] G. M. Provan. A Logic-based Analysis of Dempster-Shafer Theory. Int. j. Approximate Reasoning，1990，4 :451-495.

[PRIGG96] 普里戈金. 确定性的终结——时间、混沌与新自然法则. 湛敏，译. 上海：上海科技教育出版社，1998.

Q

[QIHAIY99] 戚海英. 泛逻辑运算电路的设计与初步实现. 西安：西北工业大学，1999.

[QIXS91] 钱学森. 再谈开放的复杂巨系统. 模式识别与人工智能，1991，4(1)：1-4.

[QIZH92] 邱玉辉，张为群. 自动推理导论. 成都：电子科技大学出版社，1992.

R

[RALE92] D. A. Ralescu. A Generalization of the Representation Theorem. Fuzzy Sets and Systems，1992，51:309-311.

[RAYM84] T. Raymond. Logics for Artificial Intelligence. Ellis Horwood Limited，1984.

[REIC49] H. Reichenbach. The Theory of Probability. Berkeley：The University of California Press，1949.

[ROVI88] R. Rovira. Copulas in the Unit Interval Uniformly Close to Some T-norms. Int. Sym. on Multiple-valued Logic，1988.

[ROYC98] S. Roychowdhury. Connective Generators for Archimedian Triangular Operators. Fuzzy Sets and Systems，1998，91:367-384.

[RUJZ91] 茹季札. 实用符号逻辑. 西安：西北大学出版社，1991.

S

[SASA87] E. S. Santos，S. Santos. Reasoning with Uncertainty in a Knowledge Based System. Int. Sym. on Multiple-valued Logic，1987.

[SAZA87] E. Sanchez，L. A. Zadeh. Approximate Reasoning in Intelligence Systems. Decision and Control，1987.

[SCHE80] P. Schefe. On Foundations of Reasoning with Uncertain Facts and Vague Concepts. Int. j. Man-machine Studies，1980，12:35-62.

[SCSK60] B. Schweizer，A. Sklar，Statistical. Metric Spaces. Pacific j. Math.，1960，10：313-334.

[SCSK61] B. Schweizer, A. Sklar. Associative Functions and Statistical Triangle Inequalities. Publ. Math. Debrecen, 1961, 8:169-186.

[SCSK63] B. Schweizer, A. Sklar. Associative Functions and Abstract Semi-groups. Pub. Math. Debrecen, 1963, 10:69-81.

[SCSK83] B. Schweizer, A. Sklar. Probabilistic Metric Spaces. Amsterdam: North-Holland, 1983.

[SHER84] H. Sherwood. Characterizing Dominates on a Family of Triangular Norms. Aequationes Mathematicae, 1984, 27 :255-273.

[SHHU93] 石纯一,黄昌宁,等.人工智能原理.北京:清华大学出版社,1993.

[SHLI93] 石生利,刘叙华.形式化模糊量词及推理.软件学报,1993,4 (3):8-14.

[SHSH90] P. P. Shenoy, G. Shafer. Axioms for Probability and Belief Function Propagation. Uncertainty in Artificial Intelligence, Elsevier Publishers,1990.

[SHWU91] 石纯一,吴铁华.人工智能基础.国家智能计算机研究开发中心技术资料,NCIC-YM91,1991.

[SILV79] W. Silvert. Symmetric Summation: a Class of Operations on Fuzzy Sets. IEEE Trans. on Systems,Man,and Cyber., 1979,9(10).

[SOMB90] L. Sombe. Reasoning under Uncomplete Information in Artificial Intelligence. International Journal of Intelligent Systems, 1990, 5(4).

[SOTR99] A. R. de Soto, E. Trillos. On Antonym and Negate in Fuzzy Logic. International Journal of Intelligent System, 1999, 14:295-303.

[SUYU90] 苏越.科学发现中的逻辑方法.北京:北京师范大学出版社,1990.

T

[TANTL18] 谭铁牛.人工智能,天使还是魔鬼?.(2018-06-13). http://www.sohu.com/a/235446077_453160

[TIAN93] 田盛丰,等.人工自能原理与应用.北京:北京理工大学出版社,1993.

[TURK92] I. B. Turksen. Interval-valued Fuzzy Sets and Compensatory AND. Fuzzy Sets and Systems, 1992, 51:295-307.

[TURK95] I. B. Turksen. Fuzzy Normal Forms. Fuzzy Sets and Systems, 1995, 69:319-346.

[TURK99] I. B. Turksen. Normal Forms of Fuzzy Middle and Fuzzy Contra dictions. IEEE Trans. On Systems, Man and Cybernetics, 1999, 29: 237-253.

[TURN84] R. Turner. Logics for Artificial Intelligence. Halsted Press,1984.

[TURU92] E. Turunen. Algebraic Structures in Fuzzy Logic. Fuzzy Sets and

Systems，1992，52：181-188.
[TUXY06] 涂序彦. 人工智能：回顾与展望. 北京：科学出版社，2006：77-111.

V

[VALV85] L. Valverde. On the Structure of F-indisting-Uishability Operators. Fuzzy Sets and Systems，1985，17:313-328.

W

[WANHS92] 王克宏，胡篷，石纯一. 情景逻辑与时态逻辑在知识处理中的应用. 计算机科学，1992，19(2):25-27.
[WANLI96] 汪培庄，李洪兴. 模糊系统理论与模糊计算机. 北京：科学出版社，1996.
[WANYY89] 王元元. 计算机科学中的逻辑. 北京：科学出版社，1989.
[WANQY96] 王清印，等. 灰色数学基础. 武汉：华中理工大学出版社，1996.
[WANPZ18] 汪培庄. 因素空间理论——机制主义人工智能理论的数学基础. 智能系统学报，2018，13 (1)：37-54.
[WANGJ99] 王国俊. 模糊推理的全蕴涵三 I 算法. 计算机学报，1999，22(2)：43-53.
[WANFT01] 汪芳庭. 数理逻辑. 北京：科学出版社，2001:159-163.
[WAXC91] 王士同，夏祖勋，陈剑夫. 模糊数学在人工智能中的应用. 北京：机械工业出版社，1991.
[WEBE83] S. Weber. A General Concept of Fuzzy Connectives: Negations and Implications Based on t-norms and t-conorms. Fuzzy Sets and Systems，1983，11:115-134.
[WENW90] W. X. Wen. Minimum Cross Entropy Reasoning in Recursive Causal Networks. In：R. D. Shachter，J. S. Levitt，L. N. Kanal，J. F. Lemmer Editors. Uncertainty in Artificial Intelligence 4. B. V. North-Holland: Elsevier Science Publishers，1990.

Y

[YAGE79] R. R. Yager. On the Measure of Fuzziness and Negation Part I: Membership in the Unit Interval. Int. j. of General Systems，1979，5 ：221-229.
[YAGE80A] R. R. Yager. Generalized "AND/OR" Operators for Multiple-valued and Fuzzy Logic. Int. Sym. on Multiple-valued Logic，1980.

[YAGE80B] R. R. Yager. On the Measure of Fuzziness and Negation, Part II. Lattice, Information and Control, 1980, 44:236-260.

[YAGE81] R. R. Yager. Quasi-associative Operations in the Combination of Evidence. Utilities, 1981, 16 :37-41.

[YAGE82] R. R. Yager. Some Procedures for Selecting Fuzzy Set-theoretic Operators. Int. j. of General Systems, 1982, 8:115-134.

[YAGE83] R. R. Yager. On the Implication Operator in Fuzzy Logic. Information Sciences, 1983, 31:141-164.

[YAGE88] R. R. Yager. On Ordered Weighted Averaging Aggregation Operators in Multicriteria Decision Making. IEEE Transaction on System, Man, and Cybernetics, 1988, 18:183-190.

[YAGE93] R. R. Yager. MAM and MOM Bag Operators for Aggregation. Information Science, 1993, 69:259-273.

[YAGE94] R. R. Yager. Aggregative Operators and Fuzzy Systems Modeling. Fuzzy Sets and Systems, 1994, 67:129-145.

[YAGE99] R. R. Yager. On Global Rrequirements for Implication Operators in Fuzzy Modus Ponens. Fuzzy Sets and Systems, 1999, 106 :3-10.

[YANG89] L. C. Yang. A Sufficient and Necessary Conditions for Functions to be Zadeh Type Functions. Int. Sym. on Multiple-valued Logic, 1989:248-254.

[YARY96] R. R. Yager, A. Rybalov. Uninorm Aggregation Operators. Fuzzy Sets and Systems, 1996, 80:111-120.

[YENJ90] J. Yen. A Framework of Fuzzy Evidential Reasoning. In R. D. Shachter, J. S. Levitt, L. N. Kanal, J. F. Lemmer Editors. Uncertainty in Artificial Intelligence 4. B. V. North-Holland :Elsevier Science Publishers, 1990.

[YIXU91] 伊波,徐家福.类比推理综述.计算机科学, 1991, 18(1):1-8.

[YOUZ83] You Zhaoyong. Methods for Constructing Triangular Norms. 模糊数学,1983(1).

Z

[ZADEH65] L. A. Zadeh. Fuzzy Sets. Information and Control, 1965, 8: 338-357.

[ZADEH79] L. A. Zadeh. A Theory of Approximate Reasoning. In:J. Hayes, D. Michie, L. I. Mikulich ed. Machine Intelligence, 9 Halstead Press, New York, 1979:149-194.

[ZADZI92] L. A. Zadeh, H. J. Zimmermann. On Computation of The

Compositional Rule of Inference Under Triangular Norms. Fuzzy Sets and Systems, 1992, 51:267-275.

[ZHANCQ83] 张长青. Fuzzy 集上的一类算子. 模糊数学, 1983, 2(3).

[ZHANJC12] 张金成. 容纳矛盾的逻辑系统与悖论. 系统智能学报,2012(3):208-209.

[ZHANJC141] 张金成. 逻辑与数学演算中的不动项与不可判定命题(Ⅰ). 系统智能学报,2014(4).

[ZHANJC142] 张金成. 逻辑与数学演算中的不动项与不可判定命题(Ⅱ). 系统智能学报,2014(5).

[ZHANJC18] 张金成. 悖论、逻辑与非 cantor 集合论. 哈尔滨:哈尔滨工业大学出版社,2018:1.

[ZHANJL93] 张家龙. 数理逻辑发展史——从莱布尼兹到哥德尔. 北京:社会科学文献出版社,1993.

[ZHANJW99] 张锦文. 公理集合论导引. 北京:科学出版社,1999.

[ZHANWX84] 张文修. 模糊数学基础. 西安:西安交通大学出版社,1984.

[ZHDA95] 周生炳,戴汝为. 基于标记逻辑的非单调推理 1,2 . 计算机学报, 1995, 18 :641-656.

[ZHKQL03] 张凯,钱峰,刘漫丹. 模糊神经网络技术综述. 信息与控制. 2003, 32 (5):431-435.

[ZHKY93] 中国科学院《复杂性研究》编委会. 复杂性研究. 北京:科学出版社,1993.

[ZHLE84] 张文修,乐惠玲. Fuzzy 集的模系结构. 工程数学学报,1984(1).

[ZHLI96] 张文修,梁怡. 不确定性推理原理. 西安:西安交通大学出版社,1996.

[ZHOYX14] 钟义信. 高等人工智能原理——观念·方法·模型·理论. 北京:科学出版社, 2014.

[ZHOYX18] 钟义信. 机制主义人工智能理论——一种通用的人工智能理论. 智能系统学报, 2018, 13 (1): 2-18.

[ZIZY80] H. J. Zimmermann, P. Zysno. Latent Connectives in Human Decision Making. Fuzzy Sets and Systems, 1980, 4:37-51.

[ZNXTXB18] 智能系统学报编者按. 智能系统学报, 2018, 13 (1): 1.

附录　泛逻辑团队的主要研究成果及应用
(1996—2019 年)

一、泛逻辑研究团队学术影响力评估

图 1 是教育部科技查新工作站 2019 年 11 月 11 日出据的泛逻辑研究团队发表论文的检索报告。

检索报告原件	检索报告内容
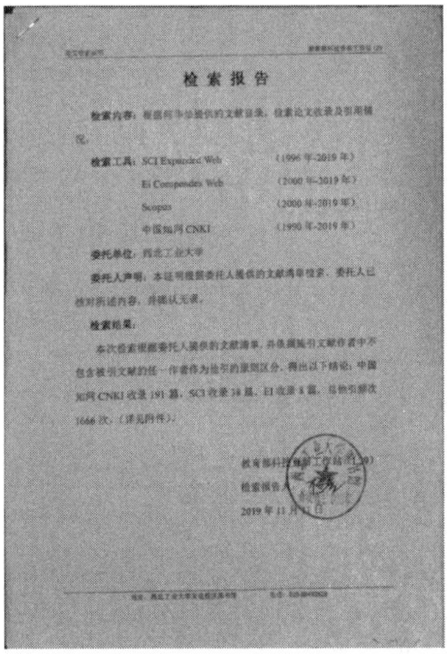	**检 索 报 告** **检索内容:** 根据何华灿提供的文献目录,检索论文收录及引用情况。 **检索工具:** SCI Expanded Web　(1996—2019 年) Ei Compendex Web　(2000—2019 年) Scopus　(2000—2019 年) 中国知网 CNKI　(1990—2019 年) **委托单位:** 西北工业大学 **委托人声明:** 本证明根据委托人提供的文献清单检索,委托人已核对所述内容,并确认无误。 **检索结果:** 本次检索根据委托人提供的文献清单,并依据施引文献作者中不包含被引文献的任一作者作为他引的原则区分,得出以下结论:中国知网 CNKI 收录 191 篇,SCI 收录 38 篇,EI 收录 8 篇,总他引频次 1 666 次(详见附件)。 教育部科技查新工作站(L29) 检索报告人:杨兰(签字盖公章) 2019 年 11 月 11 日

图 1　泛逻辑研究团队发表论文的检索报告

检索报告的附件有 20 页，这里从略，其重要结果已用**黑体字**标注在下面的成果清单中。

二、泛逻辑团队的主要研究成果清单

（一）出版的主要著作

[1] 何华灿，王华，刘永怀，等. 泛逻辑学原理[M]. 北京：科学出版社，2001.

[2] He Huacan, Wang Hua, Liu Yonghuai, et al. Principle of Universal Logics [M]. Beijing: Sciene Press, 2006.

[3] 何华灿，马盈仓. 信息、智能与逻辑（第一卷）[M]. 西安：西北工业大学出版社，2008.

[4] 毛明毅，陈志成，何华灿. 面向对象空间逻辑[M]. 西安：西北工业大学出版社，2009.

[5] 罗敏霞，何华灿. 泛逻辑学语构理论[M]. 北京：科学出版社，2010.

[6] 何华灿，马盈仓. 信息、智能与逻辑（第二卷）[M]. 西安：西北工业大学出版社，2010.

[7] 何华灿，欧阳康. 信息、智能与逻辑（第三卷）[M]. 西安：西北工业大学出版社，2010.

（二）何华灿指导完成的博士论文

[1] 刘永怀. 基于广义范数的不确定性推理理论研究[D]. 西安：西北工业大学，1997.

[2] 白振兴. 泛符号机制及知识表示的超拓扑结构研究[D]. 西安：西北工业大学，1999.

[3] 艾丽蓉. 设计模式基于规则的表示及施用过程研究[D]. 西安：西北工业大学，2000.

[4] 谷晓巍. 泛类比推理原理研究[D]. 西安：西北工业大学，2000.

[5] 周延泉. 关联知识挖掘算法研究及应用[D]. 西安：西北工业大学，2000.

[6] 王拥军. 需求工程中的不确定性研究[D]. 西安：西北工业大学，2001.

[7] 张保稳. 时间序列数据挖掘研究[D]. 西安：西北工业大学，2002.

[8] 李新. 面向神经计算的视觉信息处理研究[D]. 西安：西北工业大学，2002.

[9] 陈丹. 基于精细分层编码的视频通信技术研究[D]. 西安：西北工业大学，2002.

[10] 金翊. 三值光计算机原理和结构[D]. 西安：西北工业大学，2003.

[11] 鲁斌. 广义智能系统柔性超拓扑空间模型研究与应用[D]. 西安：西北工业大学，2003.

[12] 陈志成. 复杂系统中分形混沌与逻辑的相关性推理研究[D]. 西安:西北工业大学,2004.
[13] 杜永文. 基于灵活内核的和欣操作系统研究[D]. 西安:西北工业大学,2004.
[14] 付利华. 复杂系统的柔性逻辑控制理论及应用研究[D]. 西安:西北工业大学,2005.
[15] 张静. 基于粗糙集理论的数据挖掘算法研究[D]. 西安:西北工业大学,2005.
[16] 张剑. 多粒度免疫网络研究及应用[D]. 西安:西北工业大学,2005.
[17] 罗敏霞. 泛逻辑学语构理论研究[D]. 西安:西北工业大学,2005.
[18] 张小红. 基于 T-模与伪 T-模的逻辑系统及其代数分析[D]. 西安:西北工业大学,2005.
[19] 赵敏. 基于 IP 网络视频质量自适应控制的研究[D]. 西安:西北工业大学,2006.
[20] 何汉明. 基于角色的多智能体社会模型研究与应用[D]. 西安:西北工业大学,2006.
[21] 毛明毅. 面向对象的广义空间逻辑运算模型与推理研究[D]. 西安:西北工业大学,2006.
[22] 马盈仓. 命题泛逻辑的演算理论及推理研究[D]. 西安:西北工业大学,2006.
[23] 刘扬. 面向协同共享的网络资源管理技术研究[D]. 西安:西北工业大学,2006.
[24] 薛占熬. 柔性区间逻辑及推理研究[D]. 西安:西北工业大学,2006.
[25] 王澜. 基于关系系数的 Agent 交互作用研究[D]. 西安:西北工业大学,2006.
[26] 胡麒. 智能辅导系统关键技术研究[D]. 西安:西北工业大学,2006.
[27] 刘丽. 基于柔性逻辑的智能控制研究[D]. 西安:西北工业大学,2007.
[28] 贾澎涛. 基于柔性逻辑的时间序列数据挖掘研究[D]. 西安:西北工业大学,2008.
[29] 林卫. fMRI 脑图分析——特征提取、回归与机器学习[D]. 西安:西北工业大学,2008.
[30] 张宏. 生态化 MAS 的认知与自动协商模型研究[D]. 西安:西北工业大学,2009.
[31] 范艳峰. [0,∞]值柔性逻辑运算模型及分类问题研究[D]. 西安:西北工业大学,2009.
[32] 王万森. 基于泛逻辑学的柔性概率逻辑研究[D]. 西安:西北工业大学,2009.
[33] 李梅. 基于三值光计算机的光学向量矩阵乘法研究[D]. 西安:西北工业大学,2010.
[34] 陈佳林. 柔性逻辑的健全性研究与应用[D]. 北京:北京邮电大学,2011.

[35] 袁修久.优势关系下信息系统的约简研究[D]. 西安:西北工业大学,2008.

(三)何华灿指导完成的硕士论文

[1] 戚海英.泛逻辑运算电路的设计与初步实现[D]. 西安:西北工业大学, 1999.
[2] 陈丹.泛逻辑控制模型的设计与仿真[D] .西安:西北工业大学,2000.
[3] 陈虹.泛逻辑运算的电路实现研究[D].西安:西北工业大学,2001.
[4] 王华.命题泛逻辑学的包容性研究[D].西安:西北工业大学,2004.
[5] 吉张媛.通用模糊 PROLOG 方法及其应用[D].西安:西北工业大学,2006.

(四)团队发表的主要研究论文

1996 年

[1] 何华灿,刘永怀,何大庆.经验性思维中的泛逻辑[J].北京:中国科学(E 辑),1996,26(1). **(他引频次 22/41)**
[2] 何华灿,等.数值化推理技术研究[J].模式识别与人工智能, 1996,9(4).
[3] 何华灿,等.石油钻井开发中人工智能应用研究[J].软件学报, 1996,7(863 专刊).
[4] 张绍槐,何华灿,李琪,等.石油钻井信息技术的智能化研究[J].石油学报,1996(4). **(他引频次 27/27)**
[5] He Huacan, et al. Generalized logic in experience thinking[J]. Science in China(S. E),1996,39(2). **(SCI 96 收录 ID-WB009,他引频次 3/10。**注:1995 年提出泛逻辑观念时暂用的英文译名是"Generalized logic in experience thinking", 2001 年出版《泛逻辑学原理》时,根据其无限的包容性正式更名为"Universal logics in experience thinking")
[6] He Huacan,et al. Solution generation rule based N-queens problem solving method[C]. Suc. And fail. of know. -based sys. in real- world appli,1996.
[7] Wei Baogang, He Huacan, et al. A general implementable approach to distributed problem solving system[C]. Proc. of ICMA IEEE,1996.

1997 年

[1] 何华灿,等.基于规则矩阵的数值化推理算法[J].西北工业大学学报, 1997,15(1).
[2] 刘永怀,何华灿,等.M 范数的定义、性质及生成定理[J].西北工业大学学报,1997,15(1).
[3] 艾丽蓉,何华灿. 遗传计算方法综述[J].计算机应用研究,1997(4). **(他引频次 61/61)**
[4] 魏宝刚,何华灿,刘永怀.分布式人工智能的工程应用研究与实现[J].电力系统自动化, 1997(6). **(他引频次 10/10)**
[5] Liu Yonghuai, He Huacan, et al. Research on unified operator of logical

operation [C]. Proc. of ICIPS IEEE,1997.

[6] Wei Baogang, He Huacan, et al. The design method based on DAI system in software engineering [C]. Proc. of ICIPS IEEE,1997.

1998年

[1] 魏宝刚,何华灿,等.分布式问题求解中协作方法的研究[J].西北工业大学学报,1998,16(1).

[2] 何华灿,王瑛.泛蕴含运算和泛串行推理运算研究[J].软件学报,1998,9(6).

[3] 何华灿,等.一级泛非运算研究[J].计算机学报,1998,21(增刊).

2000年

[1] 艾丽蓉,刘西洋,何华灿.设计模式中知识表示的引入[J].西北工业大学学报,2000(2).**(他引频次23/23)**

[2] 艾丽蓉,刘西洋,何华灿. WWW下的分布对象计算模型[J].计算机工程与应用,2000(1).**(他引频次15/15)**

[3] 王晖,何华灿,等.分布式多媒体系统的QoS动态控制策略研究[J].计算机科学,2000,27(1).

[4] 白振兴,何华灿,等.知识表示的超拓扑结构研究[J].西北工业大学学报,2000,18(2).

[5] 祝峰,何华灿,等.粗集的公理化[J].计算机学报,2000,23(3).**(他引频次101/108)**

[6] 祝峰,何华灿,等.粗集中粗元的结构及其拓广[J].计算机科学,2000,27(6).

[7] 祝峰,何华灿,等.粗集中上下近似运算的逻辑性质[J].计算机科学,2000,27(11).

[8] 陈丹,何华灿,等.模糊蕴含运算和模糊推理研究[J].计算机科学,2000,27(7).

[9] Zhu Feng, He Huacan, et al. Logical properties of rough sets[C]. Proc. of HPC-Asia,2000.

[10] Chen Dan, He Huacan, et al. A new t-norm and its appincation in fuzzy control[C]. Proc. of WCICA IEEE,2000.

[11] Chen Dan, He Huacan, et al. A review of fuzzy implication operations and fuzzy enforce[J]. Proc. of the 7th inter. Jointcomputer confer,2000.

2001年

[1] 何华灿.人工智能的基础理论——泛逻辑学[C].北京:北京邮电大学出版社,2001.(在2001年中国人工智能学会上的大会特约报告)

[2] 何华灿,金翊.用光模拟计算机实现泛逻辑智能机[C].北京:北京邮电大学出版社,2001.

[3] 辛明军,李伟华,何华灿.基于黑板Agent结构的应用模块工作流通用模板设

计[J]. 计算机工程与应用，2001，37(14).
[4] 辛明军，李伟华，何华灿. 分布式问题求解方案的模糊综合评价模型及其算法实现[J]. 计算机工程与应用，2001，37(15). **(他引频次 20/21)**
[5] 周延泉，何华灿，李金荣. 利用广义相关系数改进的关联规则生成算法[J]. 西北工业大学学报，2001，19(4). **(他引频次 10/10)**
[6] 王拥军，何华灿，杜永文. 利用广义粗近似挖掘缺省规则[J]. 模式识别与人工智能，2001，14(3).
[7] 王拥军，何华灿. 需求工程中处理演化的策略[J]. 西北工业大学学报，2001，19(4).
[8] 王拥军，何华灿. 模糊决策中的粗近似[C]. 北京：北京邮电大学出版社，2001.
[9] 王拥军，何华灿. 使用背景知识处理不完全信息[J]. 计算机科学，2001，28(12).
[10] 王拥军，何华灿，艾丽蓉，等. 需求工程中的不确定性研究[J]. 计算机科学，2001，28(2). **(他引频次 11/11)**
[11] 王拥军，何华灿，杜永文. 模糊不一致需求的折衷分析[J]. 计算机科学，2001，28(5).
[12] 王晖，何华灿，陈丹，等. LS SIMD C 编译器的数据通信优化算法[J]. 计算机科学，2001，28(9).
[13] 陈丹，何华灿，王晖. 模糊推理中蕴涵运算的信息度约束[J]. 计算机科学，2001，28(8).
[14] 陈丹，何华灿，王晖. 一种新的基于弱 T 范数簇的神经元模型[J]. 计算机学报，2001，24(10). **(他引频次 22/22)**
[15] 陈丹，何华灿，王晖. 基于连续可控 T 范数的模糊控制方法研究[J]. 控制理论与应用，2001，18(5).
[16] 祝峰，何华灿. 粗集的一种刻划方法[J]. 西北工业大学学报，2001，19(3).

2002 年

[1] 何华灿. 谈生命与智能——新自然法则的启示[C]. 在中国人工智能学会第一届人工生命专题研讨会上的大会特邀报告，2002.
[2] 何华灿. 对人工智能学科历史使命的再认识[C]. 在中国人工智能学会第一届人工智能基础及应用专题研讨会上的大会主题报告，2002.
[3] 何华灿. 泛集合和泛逻辑的关系——研究不确定性的重要工具[C]. 在中国人工智能学会第一届人工智能基础及应用专题研讨会上的大会特邀报告，2002.
[4] 张宝稳，何华灿. 时态数据挖掘研究进展[J]. 计算机科学，2002，29(2). **(他引频次 56/56)**
[5] 张宝稳，何华灿，冯红伟. 发现模糊状态演化模式[J]. 计算机科学，2002，29(3).
[6] 张保稳，何华灿. 有效支持度和模糊关联规则挖掘[J]. 小型微型计算机系统，2002，23(9). **(他引频次 16/16)**

[7] 李新,何华灿,付凯.反馈网络在资源分配中的应用[J].计算机工程与应用,2002,38(5).

[8] 李新,何华灿.单窗口嵌入式 GUI 的页面管理研究[J].计算机应用研究,2002,19(6).**(他引频次 28/28)**

[9] 陈志成,何华灿,毛明毅. GB18030 字库的解读与压缩封装程序设计[J].计算机工程与应用, 2002,38(18).

[10] 陈志成,何华灿,陈榕,等.基于和欣操作系统的高压大功率变频器控制系统[J].北京:计算机工程与应用, 2002,38(20).

[11] 张小红,何华灿,李伟华.关于模糊逻辑的形式系统 L* 及其他[J].计算机工程与应用, 2002,38(增刊).

[12] 韩家新,何华灿.基于支持矢量机和决策树的多值分类器[J].计算机工程与应用, 2002,38(增刊).

[13] 金翊,何华灿.从泛逻辑学生成的三值逻辑运算符的光学实现原理[J].计算机工程与应用, 2002,38(增刊).

[14] 张剑,何华灿.免疫原理在人工智能中的应用[J].计算机工程与应用, 2002,38(增刊).

2003 年

[1] 何华灿.论第二次逻辑学革命[C].中国人工智能进展——中国人工智能学会第十届全国学术年会特邀报告,2003.

[2] 何华灿,罗敏霞.论集合、逻辑和代数的三位一体关系[C].中国人工智能进展——中国人工智能学会第十届全国学术年会,2003.

[3] 金翊,何华灿,吕养天.三值光计算机基本原理[J].中国科学 E 辑,2003,33(2).**(他引频次 24/40)**

[4] 金翊,何华灿,艾丽蓉.三值光计算机处理高并行度复杂问题的策略[C].中国人工智能进展——中国人工智能学会第十届全国学术年会,2003.

[5] 毛明毅,何华灿,陈志成,等.分形图像的泛逻辑运算模型[C].中国人工智能进展——中国人工智能学会第十届全国学术年会,2003.

[6] 陈志成,何华灿,毛明毅,等.生物细胞生长的计算机分形模拟[C].中国人工智能进展——中国人工智能学会第十届全国学术年会,2003.

[7] 陈志成,毛明毅,杨瑞成,等. CF 钢的价电子结构与氢行为[C].西北工业大学第八届研究生学术年会论文集,2003.(十佳优秀论文)

[8] 李新,何华灿.基于 EP 算法的模糊神经推理机研究[J].小型微型计算机系统,2003,24(3).

[9] 杜永文,何华灿,陈榕.构件化驱动程序模型[J].计算机工程与应用, 2003,39(5).**(他引频次 137/16)**

[10] 张小红,何华灿,李伟华. 泛逻辑的基本形式演绎系统 UL 及其可靠性[J]. 计算机科学，2003,30(11).

[11] 张小红,何华灿,李伟华. 形式系统 UL 的弱完备性[J]. 计算机科学，2003,30(12).

[12] 鲁斌,何华灿. 基于概念图的不精确知识表示方法[C]. 西北工业大学第八届研究生学术年会论文集，2003.

[13] 鲁斌,何华灿. 泛模糊逻辑控制器研究[J]. 计算机工程与应用，2003,39(16).

[14] 鲁斌,何华灿. 基于超拓扑结构图的一体化推理与搜索技术[J]. 计算机工程与应用,2003,39(28).

[15] 鲁斌,何华灿. 自适应神经模糊推理系统建模研究[J]. 计算机科学，2003,30(10).

[16] 薛占熬,何华灿. 粗糙蕴涵[J]. 计算机科学，2003,30(11).

[17] 安军社,何华灿,等. vxWorks 操作系统板级支持包的设计与实现[J]. 计算机工程，2003,29(1).

[18] 安军社,何华灿,等. 软件的动态维护与实现[J]. 计算机工程，2003,29(2).

[19] 安军社,何华灿,等. 基于 vxWorks 的嵌入式计算机系统的设计与实现[J]. 计算机工程与应用，2003,39(3).

[20] 韩家新,王家华,何华灿. 基于表面模型的油藏储层可视化算法研究[J]. 计算机工程，2003,29(16). **(他引频次 11/11)**

[21] 赵红,夏勇,梁小果. 基于关联积分的诊断方法研究[J]. 国际设备工程与管理，2003,8(2).

[22] 赵红,夏勇,梁小果. 基于小波包与图像处理的内燃机故障诊断研究[J]. 国际设备工程与管理,2003,8(3).

[23] 赵红,毕义明,韩先锋. 无人机地标匹配定位技术研究[J]. 系统工程与电子技术，2003,25(7).

[24] He Huacan, Ai Lirong, Wang Hua. Uncertainties and the Flexible Logics [C]. IEEE Proceedings of 2003 International Conference on Machine Learning and Cybernetics，2003:2573-2578. **(SCI 03 收录)**

[25] Jin Yi，He Huacan，Lü Yangtian. Ternary Optical Computer Principle[J]. Science in China (Series F),2003,46(2). **(SCI 03 收录 ID-664BR,他引频次 24/38)**

[26] Jin Yi，He Huacan，Lü Yangtian. Three-state Optical Fiber Communication Principle[C]. Future Telecommuni-cation Conference，2001:368-370.

[27] Chen Zhicheng，He Huacan，Mao Mingyi. Correlation Reasoning of Complex System Based on Universal Logic[C]. IEEE Proceedings of 2003 International Conference on Machine Learning and Cybernetics，2003:1831-1835. **(SCI 03 收录)**

[28] Chen Zhicheng, He Huacan, Mao Mingyi. Approach to Fractal and Chaos Logics Based on Universal[C]. Proceedings of 2003 Sino-Korea Symposium on Intelligent Systems, 2003:140-145.

[29] Mao Mingyi, He Huacan, Chen Zhicheng. Embodiment of Universal Logic Principles in BAN Logic[C]. Proceedings of 2003 Sino-Korea Symposium on Intelligent Systems, 2003:153-156.

[30] Mao Mingyi, He Huacan, Chen Zhicheng. Analysis of Kailar Logic Based on Universal Logic Principles[C]. Proceedings of the International Conference on Electronic Commerce Engineering, 2003:582-585. **(SCI 03 收录)**

[31] Lu Bin, He Huacan. Analysis of Universal-Logics-based fuzzy neural networks[C]. In: Proceeding of the 5th International Symposium on Instrumentation and Control Technology, 2003:673-680. **(SCI 03 收录,他引频次 1/1)**

[32] Luo Minxia, He Huacan. Relationship between the quasi-ideal adequate transversals of an abundant semigroup. NorthWestern Polytech University. Advances in Web-age Information Management, 2003:411-418. **(SCI 03 收录,他引频次 9/9)**

[33] Zhang Jing, Wang Jianmin, Li Deyi, et al. A New Heuristic Reduct Algorithm Based on Rough Sets Theory[C]. The Fourth International Conference on Web—Age Information Management (WAIM 2003), 2003. **(SCI 03 收录,他引频次 21/21)**

2004年

[1] 金翊,何华灿,艾丽蓉.进位直达并行三值光计算机加法器原理[J].中国科学(E辑),2004,34(8).

[2] 罗敏霞,何华灿.理想状态下泛逻辑的形式演绎系统B[J].计算机科学,2004,31(3).

[3] 罗敏霞,何华灿.基于幂零泛与运算模型的命题模糊逻辑[J].计算机科学,2004,31(8).

[4] 罗敏霞,何华灿.泛逻辑的一级泛运算模型的代数性质[J].计算机工程与应用,2004,40(30).

[5] 马盈仓,何华灿.一类剩余格上的三I算法[J].计算机科学,2004,31(5).

[6] 马盈仓,何华灿.基于泛逻辑学的模糊推理规则[J].计算机科学,2004,31(8).

[7] 马盈仓,何华灿,薛占熬.泛逻辑的中极形式系统中的广义重言式理论[J].计算机工程与应用,2004,40(35).

[8] 付利华，何华灿. 模糊推理中相异因子的研究[J]. 计算机科学，2004，31(2).
[9] 付利华，何华灿. 基于人工免疫计算的一种柔性神经模糊推理系统[J]. 计算机工程与应用，2004，40(18).
[10] 薛占熬，张小红，何华灿. 论广义相关性在柔性逻辑中的重要性[J]. 计算机科学，2004，31(2).
[11] 陈志成，何华灿，毛明毅，等. 基于格图像的康托集分维与泛逻辑运算[J]. 计算机科学，2004，31(4).
[12] 陈志成，何华灿，毛明毅. 基于泛逻辑的分形与混沌逻辑初探[J]. 计算机科学，2004，31(6).
[13] 毛明毅，何华灿，陈志成，等. 分形图像的泛逻辑运算模型[J]. 计算机工程与应用，2004，40(2).
[14] 毛明毅，何华灿，陈志成. 正态分布参量的广义自相关性[J]. 计算机科学，2004，31(11).
[15] 杜永文，何华灿，陈榕. 基于灵活内核的构件化驱动程序[J]. 小型微型计算机系，2004，25(4). **(他引频次 14/14)**
[16] 杜永文，何华灿，陈榕. 和欣操作系统的灵活内核技术[J]. 计算机工程与应用，2004，40(32).
[17] 韩家新，何华灿. SVMDT 分类器及其在文本分类中的应用研究[J]. 计算机应用研究，2004，21(1). **(他引频次 31/31)**
[18] 刘扬，何华灿，蒋芸. 集群作业管理系统的分层实现模型[J]. 计算机应用，2004，24(8).
[19] 安军社，孙才，刘艳秋，等. 一种嵌入式计算机系统的设计与实现[J]. 计算机工程与设计，2004，25(4).
[20] 鲁斌，何华灿. 联想思维的超拓扑结构模型[J]. 小型微型计算机系，2004，25(6).
[21] 李琪，何华灿. 石油钻井知识共享体系和环境的建立[J]. 天然气工业，2004，24(10).
[22] 李琪，何华灿，张绍槐. 复杂地质条件下复杂结构井的钻井优化方案研究[J]. 石油学报，2004，25(4). **(他引频次 17/21)**
[23] 何汉明，何华灿. 多智能体社会[J]. 计算机工程与应用，2004，40(33).
[24] 张剑，谢学科，何华灿，等. 免疫计算的主要模型[J]. 微电子学与计算机，2004(10).
[25] 张剑，何华灿，赵敏. 免疫计算中复合检测集生成算法[J]. 计算机工程与应用，2004，40 (28).
[26] 张剑，何华灿，赵敏. 免疫计算中最小有效监测器集分析[J]. 计算机工程与应

用，2004,40(19).

[27] 赵敏,何华灿,张剑,等.基于 IP 网络 MPEG-4 视频优化打包模型的研究[J].计算机工程与应用，2004,40(24).

[28] 赵敏,何华灿,张剑,等.基于视频发送端速率控制的 QoS 技术研究[J].计算机工程与应用，2004,40(27).

[29] 王澜,何华灿.基于广义相关系统的多 Agent 交互作用研究[J].计算机科学，2004,31(12).

[30] 王万森,何华灿.基于泛逻辑学的柔性命题逻辑研究[J].小型微型计算机系统，2004,24(12).

[31] 胡麒,何华灿,张保稳.具有通用性的设备面板模拟程序的设计[J].计算机应用，2004,24(4).

[32] Luo Minxia, He Huacan. The Mobel of 0-Level Universal-conjunction-based Propositional Fuzzy Logic [C]. In Proceedings of the tenth joint international computer conference,2004.

[33] Ma Yingcang, He Huacan. New Modification Functions of Approximate Analogical Reasoning Schema [C]. In Proceedings of the tenth joint international computer conference,2004.

[34] Min Zhao, He Huacan, Jian Zhang. A Study on the Technology of Video Stream Sender Rate Control for Guaranteed QoS [C]. International Conference on Signal Processing,2004.

[35] Min Zhao, He Huacan, Jian Zhang. An Optimal Packetization Scheme for Video Streaming Based on IP Network[C]. Nternational Conference on Signal Processing,2004.

[36] Min Zhao, He Huacan, Jian Zhang. A Study of Video Stream Transmission Technology Based on Internet Environment [C]. The Third Asian Workshop on Foundations of Software. (Nov. 13-15, 2004, Xi'an, China)

[37] Jian Zhang, He Huacan, Min Zhao. Hybrid Detector Set: Detectors with Different Affinity[C]. Proceedings of the Third International Conference on Information Security. (Infosecu'04, Shanghai)

[38] Wang Lan, He Huacan. Decision-Making Model for Agents Based on Generalized Correlation[C]. 7th International Conference on Information Technology. (December 20-23, 2004, India)

[39] Wang Lan, He Huacan. Model of Decision Making for Agents Based on Relationship Coefficient[C]. Third International Workshop on Cooperative Internet Computing. (December 12, 2004 Hong Kong, China)

[40] Wang Lan, He Huacan. Interaction of Multi-Agent Based On Generalized Correlation Coefficient[C]. The Third Asian Workshop on Foundations of Software. (Nov 13th-15th, 2004, Xi'an, China)

[41] Fu lihua, He huacan. Research on information requiment of zero-oder universal implication operators in fuzzy reasoning[C]. Proceeding of 5th world congress on intelligent control and automation. (2004,6 Hangzhou, IEEE Press)

[42] Fu Lihua, He Huacan. Research on information requiment of first-oder universal implication operators in Fuzzy Reasoning[C]. International conference on intelligent information processing Ⅱ,2004:153-162. (Beijing, China. Springer Publishers. October 21-23)

[43] Xue Zhanao, He Huacan, Ying-cang. Algebraic Property of Rough Implication Based on Interval Structure[C]. International Conference on Intelligent Information Processing Ⅱ, 2004: 147-152. (Beijing,China. Springer Publishers. October 21-23)

[44] He Hanming, He Huacan. The Structure Model of Multi-Ulti-Agent Society[C]. In Proceedings of the Tenth Joint International Computer Conference, 2004:444-449.

[45] He Hanming, He Huacan. Role-Based Social Mental States of Agents[C]. The 2nd International Conference on Autonomous Robots and Agents 2004. (ICARA 2004)

2005 年

[1] 何华灿，罗敏霞. 论集合、逻辑和代数的三位一体关系[C]. 北京:北京邮电大学出版社,2003:161-166.

[2] 罗敏霞,何华灿. 理想状态下泛逻辑形式演绎系统 B 的完备性[J]. 计算机科学, 2005, 32(6).

[3] 罗敏霞,何华灿. 一种泛逻辑代数性质[J]. 计算机工程与应用, 2005,41(14). **(他引频次 10/10)**

[4] 罗敏霞,何华灿. 基于严格泛与运算模型的模糊命题逻辑[C]. 模糊逻辑与计算智能研究进展,2005:121-126. (2005 年中国模糊逻辑与计算智能联合学术会议,2005-04-16)

[5] 罗敏霞,何华灿,马盈仓. 一类含恰当断面的左恰当半群[J]. 西南师大学报, 2005,30(3).

[6] 罗敏霞,何华灿. 基于一级泛与运算模型的模糊命题逻辑[C]. 北京:北京邮电大学出版社,2005.

[7] 罗敏霞,何华灿. 泛逻辑的零级泛运算模型的代数性质[J]. 模糊系统与数学,2005(4).

[8] 王万森,何华灿. 基于泛逻辑学的逻辑关系柔性化研究[J]. 软件学报,2005,16(5). **(他引频次 22/28)**

[9] 王万森,何华灿. 基于泛逻辑学的概率命题逻辑的研究与分析[J]. 计算机研究与发展,2005,42(7).

[10] 薛占熬,何华灿. 泛逻辑学的蕴涵性质[J]. 计算机科学,2005,32(5).

[11] 薛占熬,何华灿. 区间值逻辑柔性化的研究[J]. 计算机科学,2005,32(7).

[12] 付利华,何华灿. 模糊推理中零级泛蕴涵的信息度约束研究[J]. 计算机科学,2005,32(1).

[13] 马盈仓,何华灿. 泛逻辑的基本形式系统中的广义重言式理论[J]. 计算机科学,2005,32(6).

[14] 马盈仓,何华灿,罗敏霞. 泛蕴涵的若干性质[J]. 计算机工程与应用,2005,41(3).

[15] 陈志成,何华灿,毛明毅. 任意区间上的广义N范数与生成元[J]. 西北工业大学学报,2005,23(3).

[16] 毛明毅,陈志成,何华灿. 在复杂控制系统中随机参数的广义自相关性研究[J]. 控制与决策,2005,20(8).

[17] 张小红,薛占熬,马盈仓. R0代数(NM-代数)的布尔MP滤子及布尔MP理想[J]. 工程数学学报,2005,22(2).

[18] 张小红,何华灿. 逻辑系统UL的广义H-赋值[J]. 计算机科学,2005,32(11).

[19] 张小红,何华灿,徐扬. 基于Schweizer-Sklar T-范数的模糊逻辑系统[J]. 中国科E辑:信息科学,2005(12). **(他引频次 18/23)**

[20] 何汉明,何华灿. 社会Agent的思维模型[J]. 计算机应用研究,2005,23(7). **(他引频次 10/11)**

[21] 刘扬,何华灿,蒋芸. 一种基于Workflow的作业流管理系统研究[J]. 计算机工程,2005,31(5).

[22] 王澜,何华灿. 基于广义相关系数的Agent决策模型[J]. 计算机科学,2005,32(3).

[23] 张静,王建民,何华灿. 基于属性相关性的属性约简新方法[J]. 计算机工程与应用,2005(28). **(他引频次 35/35)**

[24] Zhang Xiaohong, He Huacan, Xue Zhanao. Fuzzy Logic System LN and Strong Regular Residuated Lattice[C]. Proceedings of the Third Asian Workshop on Foundations of Software. Northwest University Press, 2005: 279-286.

[25] Xue Zhanao, He Huacan. A New Kind of Flexible Interval-implication[C]. IEEE Proceedings of the Fourth International Conference on Machine Learning and Cybernetics (ICMLC 2005), 2005:2812-2817. **(SCI 05 收录)**

[26] Ma Yingcang, He Huacan. The Fuzzy Reasoning Rules Based on Universal Logic[C]. 2005 IEEE International Conference on Granular Computing (Vol. 2), 2005: 561-564. **(SCI 05 收录)**

[27] Ma Yingcang, He Huacan. A Propositional Calculus Formal Deductive System UL_h(0,1] of Universal Logic[C]. IEEE Proceedings of the Fourth International Conference on Machine Learning and Cybernetics (ICMLC 2005), 2005:2716-2721. **(SCI 05 收录)**

[28] Mao Mingyi, Chen Zhicheng, He Huacan. Expression Object-Oriented of Universal Logic [C]. IEEE Proceedings of the Fourth International Conference on Machine Learning and Cybernetics (ICMLC 2005), 2005: 2593-2597. **(SCI 05 收录)**

[29] Luo Minxia, He Huacan. A Propositional Calculus Formal Deductive System LU of Universal Logic and Its Completeness[J]. Lecture Notes in Artificial Intelligence,2005(3613):31-41. **(SCI 05 收录)**

[30] Luo Minxia, He Huacan. A fuzzy propositional calculus formal deductive system UBL[C]. Proceedings of the Third Asian Workshop on Foundations of Software (AWFS 2004), 2005: 287-294.

[31] Luo Minxia. Relationship between the quasi-ideal adequate transversals of an abundant semigroup[J]. Semigroup Forum,2003(3):411-418. **(SCI 索引号:000185255400006)**

[32] Jia Pangtao, He Huacan. Expression Object-Oriented of Universal Logic [C]. IEEE Proceedings of the Fourth International Conference on Machine Learning and Cybernetics (ICMLC 2005), 2005: 2593-2597. **(SCI 05 收录)**

2006 年

[1] 何华灿,何智涛,王华. 论第 2 次数理逻辑革命[J]. 智能系统学报,2006(1).

[2] 何华灿,何智涛,等. 从逻辑学的观点看人工智能学科的发展[C]. 涂序彦. 等编辑. 人工智能:回顾与展望. 北京:科学出版社,2006:77-111.

[3] 何华灿,罗敏霞. 论泛集合、泛逻辑和泛代数的关系[J]. 重庆工学院学报,2006,20(2).

[4] 罗敏霞,何华灿,马盈仓. 泛逻辑泛运算模型之间的关系[J]. 计算机应用研究,2006,23(6).

[5] 张静,王建民,何华灿. 基于 DBSCAN 聚类的连续属性离散化算法[J]. 计算机

工程与应用，2006,42(13).

[6] 张静，王建民，何华灿.基于聚类的连续属性动态离散化算法[J].制造业自动化，2006,28(7).

[7] 薛占熬，何华灿，许勇. 区间平均运算模型柔性化的研究[J].河南师范大学学报，2006,34(4).

[8] 刘丽，何华灿.五种倒立摆控制器对比研究[J].计算机工程与应用，2006,42(30).**(他引频次10/10)**

[9] 刘丽，何华灿.倒立摆系统稳定控制之研究[J].计算机科学，2006,33(5).**(他引频次47/48)**

[10] 袁修久，何华灿. 优势关系下的相容约简和下近似约简[J].西北工业大学学报，2006,24(5).**(他引频次61/61)**

[11] 袁修久，何华灿.优势关系下模糊目标信息系统约简的辨识矩阵[J].空军工程大学学报(自然科学版)，2006,7(2).**(他引频次21/21)**

[12] 袁修久，何华灿.优势关系下广义决策约简和上近似约简[J].计算机工程与应用，2006,42(5).**(他引频次36/36)**

[13] 李卫，刘建毅，何华灿，等.基于主题的智能Web信息采集系统的研究与实现[J].计算机应用研究，2006,23(2).

[14] 贾澎涛，何华灿，林卫.基于专家域的多层分类器融合[J].计算机工程与应用，2006,42(26).

[15] 赵红，何华灿，赵宗涛，等.一种地形分析方法在航迹规划中的应用[J].空军工程大学学报(自然科学版)，2006,7(4).

[16] 赵红，何华灿，赵宗涛，等.巡航导弹飞控数据链信道编译码器模型及算法分析[J].微电子学与计算机，2006,23(6).

[17] 韩家新，何华灿.多媒体通信中组播路由选择的免疫算法[J].计算机工程与应用，2006,42(18).

[18] 张宏，何华灿.换位原理与几个模态特征公式的有效性[J].计算机科学，2006,33(8).

[19] 张宏，何华灿.多Agent自动协商策略和算法[J].计算机应用，2006,26(8).**(他引频次26/26)**

[20] Mao Mingyi, Chen Zhicheng, He Huacan. A new uniform neuron model of generalized logic operators based on $[a,b]$ [J]. International Journal of Pattern Recognition and Artificial Intelligence, 2006,20(2):159-171. **(SCI:000237140000005)**

[21] Zhang Xiaohong, He Huacan, Xu Yang. A fuzzy logic system based on Schweizer-Sklar t-norm [J]. Science in China: Series F Information

Sciences，2006，49(2)：175-188. **(SCI 06 收录 000237613200003，他引频次 7/14)**

[22] Ma Yingcang，He Huacan. The axiomatization for 0-level universal logic [J]. Lecture Notes in Artificial Intelligence，2006(3930)：367-376. **(SCI：000238282100039).**

[23] Han Jiaxin，He Huacan，Ma Yingcang. Properties and relations between implication operators[J]. Lect Notes Artif Int 4114，2006：831-837. **(SCI：000240083300104)**

[24] Chen Zhicheng，Mao Mingyi，Yang Weikang，et al. A new uniform OR operation model based on generalized S-norm[J]. Source：Lecture Notes in Computer Science (including subseries Lecture Notes in Artificial Intelligence and Lecture Notes in Bioinformatics)，v 4114 LNAI - II，Computational Intelligence International Conference on Intelligent Computing，ICIC 2006，Proceedings，2006：96-101. **(SCI：000240083300011)**

[25] Mao Mingyi，Chen Zhicheng，He Huacan. Generalized self-correlation of random parameter in complex control systems[J]. Source：Kongzhi yu Juece/Control and Decision，2005：860-865.

[26] Chen Zhicheng，Mao Mingyi，He Huacan，et al. Generalized T-norm and fractional "AND" operation model[J]. Lecture Notes in Artificial Intelligence，2006(4062)：586-591. **(SCI：IDS No. BEV60，000239623500085)**

[27] Wan Haiping，He Huacan. Locality preserving kernel on graphs source[J]. Journal of Computational Information Systems，2006，2(3)：993-996.

[28] Lin W，He H C，Jia P T. Learning for universal logic operation selection [C]. WCICA 2006：Sixth World Congress On Intelligent Control and Automation，2006：3613-3617. **(SCI 06 收录)**

[29] Wan Haiping，He Huacan. Tools for privacy preserving Kernel methods in data mining[C]. Proceedings of the 24th IASTED international conference on Artificial intelligence and applications，2006：388 -391. **(SCI 06 收录)**

[30] Jia Pengtao，He Huacan，Lin Wei. Multiple Classification Combination Based on Specialists' Field[J]. Proceeding of Mexican International Conference on Artificial Intelligence，2006.

[31] Zuo Shenzheng，Wu Chunhuo，Zhou Yanquan，et al. Chinese short-text categorization based on the key classification dictionary words[J]. The Journal of China Universities of Posts and Telecommunications，2006(13)：47-49.

[32] Zhang Hong，He Huacan. Minimal Cognitive Model for Deliberate Agents

[C]. Proceedings of the 5th IEEE International Conference on Cognitive Informatics(ICCI 2006), 2006: 738-742. **(SCI 06 收录)**

[33] Liu Li, He Huacan. An intelligent control model based on the flexible logic [C]. Proceedings of the 2006 International Conference on AI－50 Years' Achievements, Future Directions and Social Impacts (ICAI'06), 200:100-103. **(SCI 06 收录)**

[34] Han Jiaxin, He Huacan, Wang Zheng. Application of Case-based Reasoning in PDS[C]. Proceedings of the 2006 International Conference on AI－50 Years' Achievements, Future Directions and Social Impacts (ICAI'06), 2006:82-85.

[35] Zhu Qiangsheng, Zhou Yanquan, He Huacan, et al. A Unified View on Clustering Analysis[C]. Proceedings of the 2006 International Conference on AI－50 Years' Achievements, Future Directions and Social Impacts (ICAI'06), 2006:747-749.

[36] Zhu Qiangsheng, Zhou Yanquan, He Huacan. A New Fuzzy Text Clustering Method based on Nonnegative Factor Analysis[C]. Proceedings of the 2006 International Conference on AI－50 Years' Achievements, Future Directions and Social Impacts (ICAI'06), 2006:652-653.

[37] He Huacan, He Zhitao, Ma Yingcang, et al. Research on Propositional Logic Spectra[C]. Proceedings of the 2006 International Symposium on Humanized Systems, 2006.

2007年

[1] 何华灿,艾丽蓉,王华. 辩证逻辑的数学化趋势[J]. 河池学院学报,2007(1).

[2] 马盈仓,薛占熬,何华灿. 若干模糊蕴涵及其性质分析[J]. 纺织高校基础科学学报,2007(4).

[3] 马盈仓,何华灿,薛占熬. 基于零级泛与运算的泛逻辑中广义重言式理论[J]. 计算机工程与应用, 2007(3).

[4] 刘丽,何华灿,贾澎涛,等. 二级倒立摆的泛逻辑稳定控制研究[J]. 计算机工程与应用,2007(36).

[5] 刘丽,何华灿,贾澎涛. 泛逻辑控制模型研究[J]. 计算机工程,2007(19).

[6] 范艳峰,张德贤,何华灿,等. 遗传算法在烘焙面包品质分类中的研究与应用[J]. 计算机工程与设计,2007(23).

[7] 范艳峰,张德贤,何华灿,等. 多分类光滑支持向量机及 Gabor 滤波应用研究[J]. 微电子学与计算机,2007(12).

[8] 贾澎涛,何华灿,刘丽,等. 时间序列数据挖掘综述[J]. 计算机应用研究,2007

(11). **(他引频次 237/237)**
[9] 林卫,何华灿,刘丽,等. fMRI 脑图的感知状态分析——回归模型及其寻优的非同质检验[J]. 计算机工程与应用,2007(31).
[10] 林卫,何华灿,贾澎涛. 基于泛组合运算的分类器融合[J]. 计算机科学,2007(10).
[11] 刘扬,何华灿. 一种基于 QoS 的网格服务选择机制[J]. 计算机工程,2007(7). **(他引频次 14/14)**
[12] 毛明毅,陈志成,李文正,等. GB18030 汉字的分形相关性研究[J]. 计算机科学,2007(11).
[13] 朱强生,何华灿,周延泉. 谱聚类算法对输入数据顺序的敏感性[J]. 计算机应用研究,2007(4). **(他引频次 10/10)**
[14] 韩家新,何华灿. 基于抽象度的概念层次上的推理方法[J]. 计算机工程与设计,2007(3).
[15] 王征,何华灿. 一个包含案例 Agent 的产品包装设计方案生成系统[J]. 微电子学与计算机,2007(2).
[16] 胡麒,何华灿. 基于试题空间的学习诊断方法[J]. 微计算机信息,2007(30). **(他引频次 19/20)**
[17] Fu Lihua, He Huacan. A New Control Method Based on Flexible Logic [C]. The 3rd International Conference on Natural Computation and the 4th International Conference on Fuzzy Systems and Knowledge Discovery (ICNC'07-FSKD'07), 2007: 46- 51.
[18] Fu Lihua, He Huacan. Research on the Principle of Minimal Incompatibility for Fuzzy Reasoning[C]. 2007 International Conference on Intelligent Systems and Knowledge Engineering (ISKE2007), 2007: 1521-1525.
[19] Luo Minxia, He Huacan. A Propositional Calculus Formal Deductive System UBL of Universal Logic[C]. Dynamics of Continuous, Discrete & Impulsive System, 2007: 225-230.
[20] Fan Yanfeng, Zhang Dexian, He Huacan. A new classification algorithm research [C]. 2007 International Conference on Wavelet Analysis and Pattern Recognition,2007.
[21] Fan Yanfeng, Zhang Dexian, He Huacan. Smooth SVM Research: a Polynomial-based Approach [C]. Six International Conference on Information, Communications and Signal Processing,2007.
[22] Liu Yang, He Huacan. An Economic Policy Constrained Grid Resource Allocation Algorithm [C]. In Proceedings of the 7th International Symposium on Communications and Information Technologies, 2007:

672-676.

[23] Liu Yang, He Huacan. Multi-Unit Combinatorial Auction based Grid Resource Co-allocation Approach [C]. In: Proceedings of Third International Conference on Semantics, Knowledge and Grid, 2007: 290-293.

[24] Liu Yang, He Huacan, Zhou Xingshe. Grid Resource Discovery Approach Based on Matchmaking Engine Overlay [C]. In Proceedings of Third International Conference on Semantics, Knowledge and Grid, 2007: 294-297.

[25] Liu Yang, He Huacan. Grid Service Selection Using QoS Model[C]. In Proceedings of the Third International Conference on Semantics, Knowledge and Grid, 2007:576-577.

2008 年

[1] 毛明毅,陈志成,莫倩,等. 指数分布的泛逻辑自相关性[J]. 计算机工程与设计,2008(2).

[2] 罗敏霞,何华灿. 基于一类严格三角范数的命题逻辑[J]. 计算机科学,2008(4).

[3] 张宏,何华灿. 多 Agent 自动协商中的改进遗传算法[J]. 西北工业大学学报,2008(5).

[4] 张宏,何华灿. 生态化 MAS 的认知模型[J]. 计算机工程与应用,2008(9).

[5] 贾澎涛,林卫,何华灿. 时间序列的自适应误差约束分段线性表示[J]. 计算机工程与应用,2008(5). **(他引频次 21/21)**

[6] 王万森,何华灿. 基于 Schweizer 算子簇的柔性概率逻辑算子的研究[J]. 计算机科学,2008(1).

[7] 刘扬,何华灿. 基于匹配引擎覆盖网络的网格资源发现模型[J]. 计算机工程,2008(2).

[8] Fu Lihua, He Huacan. A New Universal Combinatorial Operation Model with Unequal Weights[C]. The 3rd International Symposium on Intelligence Computation and Applications(ISICA2008), 2008: 599- 607.

[9] Ma Yingcang, He Huacan. Axiomatization for 1-level Universal AND Operator [C]. The Journal of China Universities of Posts and Telecommunications,2008,15(2): 125-129.

[10] Fan Yanfeng, Zhang Dexian, He Huacan. Tangent Circular Arc Smooth SVM (TCA-SSVM) Research[C]. 2008 Internat ional Conference on Image and Signal Processing,2008.

2009 年

[1] 付利华，毛明毅，何华灿. 任意区间上的泛组合运算模型研究[J]. 计算机工程与应用，2009，45(36).

[2] 付利华，何华灿. 不等权泛组合运算模型研究[J]. 计算机科学，2009，36(6).

[3] 付利华，何华灿. 一种基于柔性逻辑的控制方法研究[J]. 计算机科学，2009，36(2).

[4] 林卫，何华灿，艾丽蓉，等. 脑 fMRI 特征重建的分层快速聚类方法[J]. 计算机工程与应用，2009，45(32).

[5] 王万森，何华灿. 基于 Frank T/S 范数的柔性概率逻辑算子研究[J]. 电子学报，2009，37(5).

[6] 薛占熬，岑枫，卫利萍，等. 广义区间值模糊粗糙近似算子的构造研究[J]. 计算机科学，2009，36(1).

[7] 李梅，何华灿，金翊，等. 一种实现平衡三进制向量矩阵乘法的光学方法[J]. 计算机应用研究，2009，26(10).

[8] 李梅，金翊，何华灿，等. 基于三值逻辑光学处理器实现向量矩阵乘法[J]. 计算机应用研究，2009，26(8). **(他引频次 11/24)**

[9] Li Mei，He Hua-can，Jin Yi，et al. MSD Addition by Ternary Logic Optical Processor [C]. Proceedings of the 2009 International Conference on Computational Intelligence and Software Engineering，2009.

[10] Li Mei，He Huacan，Jin Yi. Principle，Equipment and Experiment of Vector-Matrix Multiplication by Liquid Crystal Array [C]. 2009 International Conference on Information Management and Engineering，2009：103-107. **(SCI 09 收录，他引频次 3/3)**

[11] Li Mei，He Huacan，Jin Yi. A New Method for Optical Vector-Matrix Mulitiplier[C]. 2009 International Conference on Electronic Computer Technology，2009：191-194.

[12] Fan Yanfeng，Zhang Dexian，He Huacan. A New Approach for Attribute Importance Measure Based on TCA-SSVM[C]. 2009 Global Congress on Intelligent Systems，2009.

2010 年

[1] 何华灿，何智涛. 无穷概念的重新统一[J]. 智能系统学报，2010，5(3).

[2] 范艳峰，何华灿. [0，∞]区间 N 范数的定义及生成定理[J]. 计算机科学，2010，37(5).

[3] 范艳峰，何华灿，艾丽蓉. [0，∞)区间的 N 范数及广义自相关系数 k 的计算方法[J]. 西北工业大学学报，2010，28(2).

[4] 贾澎涛,何华灿. 泛组合运算模型研究[J]. 计算机科学,2010,37(10).
[5] 李梅,何华灿,金翊,等. 一种实现 MSD 加法的光学方法[J]. 光子学报,2010,39(6).
[6] 马盈仓,何华灿. 谓词形式系统 $UL_{\_h\in[0.75,1]}$ 及其完备性[J]. 计算机工程与应用,2010,46(34).
[7] 罗敏霞,何华灿. 再论集合、逻辑与代数的关系[C]. 信息、智能与逻辑(第二卷上). 西安:西北工业大学出版社,2010:355-371.

2011 年

[1] 马盈仓,何华灿. 基于零级泛与运算的谓词形式系统及其完备性[J]. 小型微型计算机系统, 2011,32(10).
[2] 马盈仓,何华灿. 谓词形式系统 $UL_{h\in[0.75,1]}$ 及其完备性[J]. 计算机工程与应用,2010,46 (34).
[3] 马盈仓,何华灿. 谓词形式系统 $UL_{h\in[0.75,1]}$ 及其可靠性[J]. 计算机科学. 2011,38(5).
[4] 马盈仓,何华灿. 基于零级泛与运算的谓词形式系统及其可靠性[J]. 计算机应用研究, 2011,28(1).
[5] 马盈仓,何华灿. 基于零级泛与运算的谓词形式系统及其完备性[J]. 小型微型计算机系统, 2011, 32(10).
[6] 马盈仓,何华灿. 谓词形式系统 $UL_{\_h\in[0.75,1]}$ 及其可靠性[J]. 计算机科学,2011,38(5):178-180,223.
[7] 马盈仓,何华灿. 基于零级泛与运算的谓词形式系统及其可靠性[J]. 计算机应用研究,2011,28(1).
[8] 陈佳林,何华灿,刘城霞,等. 柔性逻辑零级运算模型的健全性[J]. 北京邮电大学学报,2011,34(4).
[9] 贾澎涛,何华灿. 不等权泛平均运算模型研究[J]. 计算机科学,2011,38(10).

2012 年

[1] 罗敏霞,桑睆,何华灿. 基于 Schweizer-Sklar 三角范数簇诱导的剩余蕴涵簇的反向三Ⅰ算法[J]. 智能系统学报, 2012,7(6).
[2] 贾澎涛,何华灿. 多分类器系统的泛组合规则研究与应用[J]. 计算机工程与应用,2012,48(17).

2013 年

[1] 杨志晓,范艳峰,何华灿. [0,∞)值柔性逻辑中平均运算模型的研究[J]. 计算机科学,2013,40(1).

2014 年

[1] 何华灿. S 型超协调逻辑中的一项重大研究突破——评张金成《逻辑及数学演算中的不动项与不可判定命题》[J]. 智能系统学报,2014,9(4).

[2] 何智涛,何华灿,刘超. 基于统一无穷理论的软件测试可穷尽性研究[J]. 智能系统学报,2014,9(6).

2015 年

[1] 何华灿. 人工智能基础理论研究的重大进展——评钟义信的专著《高等人工智能原理》[J]. 智能系统学报, 2015,10(1). **(他引频次 13/13)**

[2] 刘城霞,何华灿. 广义相关性基础上的量化容差关系的改进[J]. 北京邮电大学学报,2015,38(5).

[3] 刘城霞,何华灿. 基于信息熵的属性约简算法研究与实现[J]. 北京信息科技大学学报(自然科学版), 2015,30(4).

2016 年

[1] 刘城霞,何华灿,张仰森,等. 基于泛逻辑的泛容差关系的研究[J]. 西北工业大学学报,2016,34(3).

2017 年

[1] 刘海涛,郭嗣琮,刘增良,等. 因素空间发展评述[J]. 模糊系统与数学,2017,31(6).

2018 年

[1] 何华灿. 泛逻辑学理论——机制主义人工智能理论的逻辑基础[J]. 智能系统学报,2018,13(1).

2019 年

[1] 何华灿. 重新找回人工智能的可解释性[J]. 智能系统学报,2019,14(3).

[2] 汪培庄,周红军,何华灿,等. 因素表示的信息空间与广义概率逻辑[J]. 智能系统学报,2019,14(5).